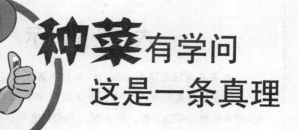

种菜有学问
这是一条真理

夏春森 等 编著

中国农业出版社

内 容 提 示

　　本书以城镇居民为对象，以阳台、屋顶、门前及庭院为阵地，以盆栽为主要形式。介绍蔬菜的46种药效成分，69种蔬菜的营养价值与保健功能，70种常见蔬菜的选购标准，128种蔬菜的最新栽培技术。创意新颖，文字深入浅出，利于创造环保型社区乡镇，创建美丽中华的需要。

　　本书分蔬菜与保健，盆栽蔬菜的基础知识，食叶蔬菜、食根茎蔬菜、食果蔬菜、水果用蔬菜、特菜及珍稀菌类等8章，突出新品种及实用技术。有很强的实用性、趣味性、知识性，使你在美好的享受中掌握每种蔬菜的栽培方法，并获得丰硕的成果。一书在手，乐趣无穷。亦可作蔬菜科技工作者、销售经营者的不可多得的参考书。

编著人员

夏春森

夏志卉

司少鹏

夏文斐

周　萍

郭宝清

前 言

随着人民生活水平的不断提高，随着家庭结构小型化（一对夫妻带一个小孩），住房的单元化与商品化，消费者对蔬菜的消费习惯也发生根本性的转变，追求纯天然、无污染、新鲜蔬菜成为一种时尚，人们对蔬菜的要求，不再满足吃饱、吃好，更要求吃得健康。蔬菜的新鲜、高质量、安全性、多样性被人们重视。随着蔬菜栽培过程中，对农药、化肥的依赖，加上环境污染日益加重，人们对蔬菜的安全性的要求与日俱增。因此，利用阳台、住宅小区的房前屋顶及庭院种植蔬菜，既可盆栽，又可地栽，通过亲手劳动培育，欣赏蔬菜生长结果全过程，既可美化、绿化环境，又可尝到新鲜安全的蔬菜，保证人民的身体健康。

要想吃得营养、健康，必须先了解各种蔬菜的营养价值、保健功能及与健康长寿的关系，从而选吃哪些蔬菜，种什么样的蔬菜，怎样才能种得好、吃得可口、吃得有营养、合乎科学、合乎卫生，所以，种菜有学问，这是一条真理。

本书介绍46种蔬菜的药效成分，69种蔬菜的营养价值与保健功能，介绍128种蔬菜的栽培关键技术，70种蔬菜的选购标准，为读者建立正确的健康观念，养成科学合理的饮食方法，以调节饮食结构，自己掌握健康的主动权，并根据各自的身体状况，缺什么补什么。通过营养、保健、生活调理，将生命的列车从潜临床状态驶回健康状态，使健康者更强壮。一书在手，其乐无穷，光览全书，快乐如仙！

本书突出蔬菜营养与保健、选购、新品种、盆栽技术，内容新颖，文字深入浅出，可读、可用，是城乡居民种菜、购菜、吃菜的良师益友，亦是蔬菜科技工作者、营销者的参考书。

由于本人水平有限，不当及错误之处，恳请批评指正。同时，对本书引用文献、资料的作者，特别是青岛的纪秀华、杭州的牟幼春、常州的王兰、南京的童华提供精贵的文献资料，特致谢忱。

作　者

2013年春节于浙江海门

目 录

前言

第一章　蔬菜与健康 ························· 1

一、蔬菜与长寿 ··············· 1
二、蔬菜的保健作用 ······· 3
三、蔬菜的养生与药效成分 ··· 9
四、各种蔬菜的营养价值和保健功能 ············· 28
五、无公害农产品与绿色食品 ··················· 62
六、有机食品 ················· 76
七、蔬菜的选购 ············· 90
八、病虫害防治的大改革 ··· 96
九、城乡居民自制肥料技术 ··················· 101

第二章　盆栽蔬菜的基础知识 ··················· 103

一、基质 ··············· 103
二、容器 ··············· 111
三、蔬菜对环境条件的要求 ············· 116
四、育苗新技术 ········· 121
五、无土栽培 ··········· 130
六、盆栽蔬菜的放置形式 ··· 136
七、屋顶蔬菜 ··········· 137

第三章　食叶蔬菜 ························· 142

一、白菜 ··············· 142
二、大白菜 ··········· 146
三、甘蓝 ··············· 150
四、红球甘蓝 ········· 153
五、花椰菜 ··········· 155
六、青花菜 ··········· 160
七、菜心 ··············· 164
八、芥蓝 ··············· 170
九、叶芥菜 ··········· 174
十、抱子甘蓝 ········· 179
十一、芹菜 ··········· 182
十二、叶用莴苣 ······· 192

十三、菠菜 …………… 201
十四、芫荽 …………… 212
十五、落葵 …………… 216
十六、茼蒿 …………… 224
十七、蕹菜 …………… 228
十八、苋菜 …………… 234
十九、紫苏 …………… 237
二十、马齿苋 ………… 240
二十一、荠菜 ………… 241
二十二、鱼腥草 ……… 242
二十三、蒲公英 ……… 245
二十四、马兰 ………… 246
二十五、阳台或房顶的芽菜
　　　栽培 …………… 247
二十六、十字花科蔬菜病虫害的
　　　综合治理 ……… 258

第四章　食根、茎蔬菜 ………… 262

一、胡萝卜 …………… 262
二、牛蒡 ……………… 266
三、芦笋 ……………… 270
四、山药 ……………… 278
五、百合 ……………… 281
六、马铃薯 …………… 285
七、葛根 ……………… 288
八、茭白 ……………… 293
九、蒲菜 ……………… 296
十、姜 ………………… 297
十一、莴笋 …………… 303
十二、芋头 …………… 311
十三、荸荠 …………… 314
十四、洋葱 …………… 324
十五、大蒜 …………… 329
十六、韭菜 …………… 333
十七、葱 ……………… 339
十八、荞头 …………… 343
十九、辣根 …………… 346
二十、芜菁甘蓝 ……… 350
二十一、紫背天葵 …… 352

第五章　食果蔬菜 ………… 356

一、番茄 ……………… 356
二、茄子 ……………… 361
三、辣椒 ……………… 365
四、苦瓜 ……………… 370
五、丝瓜 ……………… 376
六、西葫芦 …………… 378
七、瓠瓜 ……………… 381
八、观赏南瓜 ………… 383
九、小冬瓜 …………… 386
十、佛手瓜 …………… 388
十一、节瓜 …………… 391
十二、菜豆 …………… 397

十三、长豇豆 ………… 405
十四、豌豆 …………… 411
十五、菜用大豆 ……… 417
十六、蚕豆 …………… 421
十七、扁豆 …………… 426
十八、金针菜 ………… 429
十九、黄秋葵 ………… 434
二十、菜用玉米 ……… 439

第六章 水果用蔬菜 ………… 447

一、水果黄瓜 ………… 447
二、水果萝卜 ………… 452
三、樱桃番茄 ………… 457
四、菜用甜瓜 ………… 465
五、紫苤蓝 …………… 467
六、观赏茄子 ………… 469
七、水果椒 …………… 472
八、彩色西葫芦 ……… 476
九、草莓 ……………… 478
十、蓝莓 ……………… 486
十一、雪莲果 ………… 507

第七章 特菜 ………… 512

一、菱蒿 ……………… 512
二、苣荬菜 …………… 515
三、薄荷 ……………… 516
四、山葵 ……………… 518
五、菊花脑 …………… 519
六、枸杞头 …………… 521
七、绞股兰 …………… 523
八、金花菜 …………… 524
九、冬寒菜 …………… 525
十、茴香 ……………… 526
十一、叶荞菜 ………… 528
十二、豆瓣菜 ………… 529
十三、珍珠菜 ………… 530
十四、千宝菜 ………… 531
十五、罗勒 …………… 532
十六、京水菜 ………… 533
十七、百里香 ………… 534
十八、剪刀菜 ………… 535
十九、紫荆芥 ………… 535
二十、车前草 ………… 536
二十一、芝麻菜 ……… 536
二十二、沙姜 ………… 537
二十三、羽衣甘蓝 …… 538
二十四、守宫木 ……… 538
二十五、凤花菜 ……… 539
二十六、地肤 ………… 540
二十七、明日叶 ……… 540
二十八、藤三七 ……… 541
二十九、菊芹 ………… 542
三十、菜用甘薯叶 …… 542

三十一、蜂斗菜 ………… 543　　三十二、凤仙花 ………… 544

第八章　珍稀菇类 ………… 546

一、杏鲍菇 ………… 546　　十一、金耳 ………… 572
二、鲍鱼菇 ………… 549　　十二、鸡腿蘑 ………… 575
三、大肥菇 ………… 551　　十三、茶薪菇 ………… 579
四、姬松菇 ………… 554　　十四、阿魏菇 ………… 583
五、大球盖菇 ………… 558　　十五、真姬菇 ………… 585
六、牛舌菇 ………… 561　　十六、灰树花 ………… 589
七、滑菇 ………… 562　　十七、金福菇 ………… 592
八、紫孢侧耳 ………… 565　　十八、金针菇 ………… 595
九、紫花脸香菇 ………… 568　　十九、双孢菇 ………… 604
十、长根菇 ………… 570　　二十、食用菌病虫害防治 … 618

第一章

蔬菜与健康

一、蔬菜与长寿

健康、长寿，古今中外为人们所神往。人的生命是有一定期限的，古时称作为"天年"，并有"以一百二十岁为寿"之说。巴弗（Buffon）认为哺乳动物寿命约为生长期的 5～7 倍，称为巴弗寿命系数，人的生长期为 20～25 年，人最高寿命为 100～175 岁。

长生不能，长寿有道，古今中外长寿老人大有人在，据记载有：梁代王远知 126 岁，唐朝李元爽 136 岁，伊朗人阿布·塔利姆·穆萨德 191 岁，原苏联妇女特普隆·阿布基娃 180 岁，日本农民万部 194 岁。最长寿的国家为欧洲安道尔公国，最长寿民族为喜马拉雅山的洪札族，最长寿村为鲁维尔卡旺巴圣谷村。

中国神话中高寿者有董奉 300 岁，高僧慧昭年 209 岁，彭祖篯铿 800 余岁（90 天为一岁）。我国帝皇圣贤求长生不老，皆未尽人意，例如秦始皇 49 春而终，足智多谋的诸葛亮只活了 53 岁，孔子 70 多而终。内经的养生之道比较全面，"法于阴阳，和于术数，饮食有节，起居有常，不妄作劳，故能形与神俱，而尽终其天年，度百岁而去"。

世界三大长寿区是苏联的高加索、厄瓜多尔的维利巴姆巴和巴基斯坦的罕萨。中国百岁老人比例最高省有青海、西藏、新疆及广西部分地区，大部分都是山区，他们饮自然泉水，住森林峡谷，但人们生活环境的选择余地是很小的，情志的抑兴，受性格和一生中的境遇不同，自我调节的幅度亦不大。唯有食物人可自己掌握，广西巴马县、四川长寿县（现重庆长寿区）是著名长寿区，他们喜食甘蓝、莴苣。节制饮食，以素食为主是长寿秘诀。因此，蔬菜有健康长寿食品之美称。

菜字由爪、木组成，比喻用手摘取植物，凡草菜可食者通名为蔬（东晋尔雅记载）。时至今日，蔬菜合一，为佐餐植物性食物之总称。蔬菜烹调技术，是中国传统文化的组成部分，是营养、艺术和保健的完美结合。我国自古药食同源，每种菜肴可看作增进健康和防治疾病的药物，通过蔬菜的搭配、变换和烹调，达到防病治病健康长寿的目的。

药食同源，蔬菜与中药一样，亦有四气五味，即寒、热、温、凉为四气：寒性蔬菜能治疗和缓解热性疾病，有清热泄火，解毒平肝之功如西瓜、苦瓜、黄瓜、茄子、冬瓜、菠菜、莴苣、芹菜及苋菜等；热性蔬菜能治疗和缓解寒凉，有温中散寒、补阳益气的作用，如姜、大葱、辣椒、洋葱、芥菜、茴香、韭菜、大蒜及山药等；温性蔬菜有：芫荽、菜豆、胡萝卜、花椒、南瓜、茼蒿等；平性蔬菜有：香菇、金花菜、扁豆、蚕豆、花生、荠菜、蕹菜、马铃薯、西红柿、花菜、木耳、芋头、菱角等；凉性蔬菜有：毛豆、绿豆、百合、薏苡仁、丝瓜、甘蓝、慈菇、葛根、马齿苋、马兰、蒲菜、枸杞头、金针菜、蘑菇。

五味即酸、苦、甘、辛、咸。辛指麻辣芳香，有发散、行气活血、通窍、化湿之功，如姜、葱、藠头、芥、薤；甘味有补益、和中、缓急的功能，主治营养不良，脾胃不和，如甘薯、山药、南瓜、马铃薯、胡萝卜；甘淡蔬菜如茭白、冬瓜、枸杞，有除湿利尿作用；酸涩有收敛、固涩之功，如马齿苋、番茄、落葵、韭菜，主治久泻、遗尿、咳嗽、气喘、阳痿；苦味有清热泄火、养心、凉血、解毒降压作用，如苦瓜、苜蓿、芦笋、慈菇、牛蒡、莲房、枸杞苗、蒲公英、薤菜；咸味有软坚散结之功如石花菜、海带、紫菜。

二、蔬菜的保健作用

蔬菜是人们维生素、矿物质、糖类及蛋白质等营养物质的重要来源，具有刺激食欲、调节体内酸碱平衡、促进肠的蠕动、帮助消化等多种功能，是维持人体正常生理活动和增进健康不可缺少的食物。

（一）调节血液的酸碱度

人体血液的pH为7.35，微碱性，血液中92%是水分，其余8%为氨基酸、脂肪酸、葡萄糖及各种维生素、矿物质。人体内蛋白质的理化性状、酶的活性及各种重要生理生化过程，都要维持稳定的pH值。

当我们吃进蛋白质、脂肪、糖类后，经人体消化、吸收和生物氧化过程，以二氧化碳形式进入血液，与水形成碳酸。半胱氨酸等含硫氨基酸氧化后能产生亚硫酸。核酸和磷脂分解产生磷酸，糖代谢产生丙酮酸、乳酸，脂肪在肝内氧化成酮体等。这些物质称为内源性酸性物质。蔬菜中含有丰富的有机酸，如柠檬酸、苹果酸、乳酸、琥珀酸等，例如成熟的番茄果实中，每100毫升果汁含苹果酸0.55克，柠檬酸0.47克，每100克莴苣叶中含苹果酸0.065克，柠檬酸0.048克。而这些有机酸呈盐状态存在。有机酸盐类进入人体进行分解代谢，有机酸根结合氢离子形成柠檬酸、乳酸、苹果酸，经人体代谢氧化成二氧化碳和水排出体外，或在肝内合成糖元贮存起来，使血液中氢离子浓度降低。而原来与有机酸结合的钾（钠）则与碳酸氢根结合，增加血液的碱性。所以蔬菜是碱性食物（见表1-1）。

食品的无机质如果是碱性，那么血液和尿偏向碱性，健康的人体内的钙和其他碱性元素与酸中和，尽量保持血液的微碱性。

表 1-1 食品的酸碱性

(以 100 克食品中和需 0.1 摩尔/升 NaOH 和 0.1 摩尔/升 HCl 的毫升数)

碱性食品	碱度（毫升数）	酸性食品	酸度（毫升数）
大豆	9～10	精大米	3～5
胡萝卜	9～15	糙大米	9～14
海带	40	大麦	10
马铃薯	6～9	面粉	3～5
萝卜、芜菁	6～10	燕麦粥	15
洋葱	1～2	玉米	5
番茄	3～5	精米饭	1
苹果	1～3	白面包	2～3
柑橘	5～10	鸡蛋	10～20
牛奶	2	肉类	10～20
羊血、猪血	5	鱼类（无骨）	10～20

当人们疲劳时，会产生乳酸和焦性葡萄酸，使血液变酸，表现疲劳。糖尿病人调节酸碱能力降低，常陷于疲倦之中。另外生活步调失常，承受压力过大，情绪紧张，过量摄取酸性食物如蛋类、肉类、乳酪、牛油、火腿，均使血液变酸，要保持酸碱比1∶3。调节酸碱度的主角是钙离子，碱性食品的代表是水果，蔬菜和藻类。

（二）调节人体的钾、钠比

矿质元素占人体重量的 2.2%～4.3%，钙、磷、镁是人体骨骼、牙齿、脑等组织的结构物质；钠、钾、钙、镁、氯、硫、磷等盐类，是细胞内液及细胞间质的重要成分，在维持组织渗透压，构成缓冲体系和保持酸碱平衡上有重要作用。有些矿质元素是酶系及生理活性物质的组成成分如多酚氧化酶中的铜，维生素 B_{12} 中的钴，细胞色素和血红蛋白中的铁，甲状腺中的碘、胰岛素的锌及抑制致癌物亚硝酸盐的钼等,都必需通过食用多种蔬菜来补充。

在人体代谢中,钾、钠比十分重要,以1∶2(5∶10)为好,高血压、糖尿病、癌症均与钾钠比有关。现代人的钾钠为1∶0.5,而水果、蔬菜是重要的钾的来源。钠多,钾少的环境,适合癌症的发生(见表1-2)。钠是血液中的重要元素,与钾合作帮助身体维持正常的体液平衡,保持人体适当的水分平衡,血液酸碱值不可没有钠。胃、神经、肌肉的正常功能亦需要它,过量的钠会引起高血压,钠在食盐、胡萝卜、甜菜、马铃薯、茼蒿中存在。

表1-2 食品中的钾钠比

种类	K/Na	种类	K/Na	种类	K/Na	种类	K/Na	种类	K/Na
核桃	500	柚	150	蚕豆	121	花菜	23	山芋	24
大豆粉	830	桃	199	绿豆	173	胡萝卜	7.3	番茄	79
枣	588	梨	267	面粉	120	黄瓜	27	菱、荸荠	25
榛子	355	凤梨	172	麦片	177	大蒜	28	豌豆	29
燕麦	423	草莓	179	花生	133	姜	45	腰果	31
玉米粉	225	李	154	杏仁	195	生菜	30	芝麻	12
马铃薯	300	樱桃	98	葵花籽	310	草菇	28	米	18
南瓜	360	西瓜	105	石榴	82	黄秋葵	81	猪肉	4
李	300	橘	221	哈密瓜	21	洋葱	16	牛肉	3.9
无花果	189	茜果	115	绿花菜	26	青椒	17	羊肉	3.9
香蕉	380	芦笋	141	甘蓝	28	萝卜	18	鱼	1.5~5.4
丝瓜	200~300	玉米	140	大白菜	11	菠菜	6.6	虾	1.6
黄豆	331	大麦	52	面包	0.2	牛奶	2.2	蛋	1.1

(三)维生素的重要来源

维生素是维持机体代谢必需的,但自身代谢中又不能产生,是一类不可替代作用的靠外源供给的化合物，如缺乏，机体会生病如夜盲症、软骨病、脚气症及坏血病等。

维生素的计量单位以毫克（mg）、微克（μg）、纳克（ng）表示，许多同效的维生素用国际单位（IU）表示。1 国际单位（IU）相当于维生素 A 0.30 微克全-反式 A 醇或 0.34 微克 A-醋酸盐；维生素 D 0.25 微克胆钙化醇；维生素 E：1 毫克外消旋α-醋酸生育酚；维生素 B_1：0.003 毫克盐酸硫胺素；维生素 C：0.05 毫克抗坏血酸。

维生素分水溶性、脂溶性两大类。脂溶性有维生素 A_1（维生素 A 醇）、A_2（脱氢视黄醇）、E（α-生育酚）、K_1（叶绿醌）、K_2（金合欢醌）、K_3（2，甲萘醌）。水溶性有维生素 B_1、B_2、PP（尼古丁胺、尼古丁酸）、B_6（吡哆醛、吡哆醇、吡哆胺）、B_{12}（氰钴胺素复合物）、$B_{12}b$（羟氰钴铵素）、$B_{12}c$（硝钴胺素）、B_5（泛酸）、M（叶酸）、Bc（蝶酰谷胺酸）、H（生物素）、C（抗坏血酸）。

水溶性维生素在酸中活性强，在碱中活性弱，脂溶性维生素在酸中活性弱，碱中强。对热的稳定性以维生素 E 最大，其次为维生素 D、维生素 B_2、维生素 B_1、维生素 A，维生素 C 最弱。氧化性以维生素 A、维生素 C 最强。对人体来说，维生素 A、维生素 D 有过剩症，不能吃得太多。水溶性维生素没有过剩。

维生素 C 在辣椒、蒜苗、菠菜、芹菜、菜心、白菜、豌豆苗、乌蹋菜、青花菜、花椰菜、抱子甘蓝、羽衣甘蓝、青菜、紫菜薹、甘蓝、荠菜、青蒜、金花菜、落葵、香椿、苦瓜、白兰瓜、芫荽、绿芦笋、大头菜、球茎甘蓝及番茄中含量较高，缺乏维生素 C，会得坏血病，使毛细血管的透性和脆性增加，胶原蛋白合成受阻，伤口和溃疡不易愈合，抵抗力降低，解毒和造血机能降低。

维生素 A 蔬菜不含维生素 A，但含有类胡萝卜素，在人体内每分子β-胡萝卜素可分解两分子维生素A，若以β-胡萝卜素的生物价为100，α-胡萝卜素为53，γ-胡萝卜素为27。在胡萝卜、辣椒、青菜豆、青豌豆、青花菜、老南瓜、芥菜、白菜、荠菜、苋菜、菠菜、茼蒿、蕹菜、葱、韭菜等含量较多。冬寒菜、芹菜叶、枸杞等中胡萝卜素含量超过胡萝卜2~3倍。

维生素 B_1 含量较多的有豌豆、菜豆、香椿、毛豆、青豌豆、黄花菜。如维生素 B_1 不足会引起脚气病，多发性神经炎，胃肠道机能障碍等。

维生素 B_2 含量较多的蔬菜有黄豆、蚕豆、金针菜、紫菜、韭菜、洋葱、羽衣甘蓝、西葫芦、苋菜、番杏、芥菜、芦笋等。如缺乏会引起眼睛疲劳、刺痒、畏光、角膜充血、口角炎、眼睑缘炎、品红舌、皮炎、鼻两侧皮脂性溢出物聚积、阴囊皮炎、鳞状脱屑。

尼克酸 含量较多的有蘑菇、酸浆、金针菜、豌豆、茄子、香菇、紫菜、马兰头、芹菜、豇豆、苋菜、甜玉米、青豌豆、菜豆。如缺乏会引起癞皮病、腹泻、痴呆。

维生素 B_6 含量较多的有豌豆、马铃薯、花生、白菜、绿叶菜。如缺乏会贫血、惊厥、皮炎等。

维生素 E 100克鲜重，莴苣含0.29毫克，番茄含0.27毫克，胡萝卜0.45毫克。它在维持人体正常生育功能，促进发育、小儿智力发育中有重要生理功能。

维生素 K 在菠菜、苜蓿等绿叶菜中较多，它参与凝血作用，常作止血的验方。

叶酸 含量较多的蔬菜有芦笋、草莓、豆类、菠菜、莴苣及全麦食品等。

（四）纤维素的来源

纤维素是由纤维二糖缩合而成，半纤维素是聚合度较低的六碳聚糖和五碳聚糖，木质素不是多糖，是高分子芳香族聚合物。

菊芋中的菊糖、魔芋中的菊甘露聚糖不是能量的底物，因为人类没有消化它们的酶。所以纤维素没有营养价值，不能被人体消化吸收，但它可加速胆固醇降解为胆酸，降低心血管病的发病率。大肠杆菌能利用纤维素合成泛酸、尼克酸、谷维素、肌醇、生物素及维生素K等。它可促进肠的蠕动，防止便秘，降低结肠癌的发病率。被列为第七类营养素。纤维素每人每天不超过30克，粗粮不超过100克，芹菜、韭菜不超过200克。甘蓝纤维素高达2.25%，芹菜2%，菠菜1%，冬笋1.8%，魔芋1.46%，豇豆1.4%，马铃薯1.2%，芥菜头2.1%，胡萝卜1%，苋菜1.2%，韭菜1.5%，蒜苗1%，花椰菜1.1%，菜豆1.2%，豌豆2%，芜菁、蕹菜、大葱、球茎甘蓝、茭白、芥蓝等1%，辣根2.3%，韭黄1.9%。

（五）减少致癌的机会

致癌的四大毒素有亚硝酸盐（腌制品、咸鱼、冻鱼、熏制品、隔夜菜、百滚开水）、黄曲霉素（霉变）、多环芳烃（油炸、多炸剩油）及苯并芘素（烧烤、油煎）。

癌症的演变，先在细胞内发生基因突变，经10～40年才能表现出来，它的发生与遗传、病毒、化学物质、辐射线有关，约占30%，70%的癌症与食物有关，而灵芝、香菇、草菇、金针菇、猴头及许多蔬菜，可增强免疫力，提高抗癌能力。多吃蔬菜、水果及带麸的食物，可减少癌症发病率。多吃黄豆，可减少食道癌的发生。

肉类吃得太多是有害的，肉类腐坏产生有毒细菌（每千克10万～9 000万），一般烹饪是杀不死的。动物本身的病害如疯牛病、口蹄疫、羊搔痒症，鸡、牛血癌对人体的传染，饲养过程中施用抗生素、激素，人吃后形成抗体与致癌物，肉食后的脂肪形成自由基，使血液酸化，是癌细胞生长的温床。动物垂死挣扎产生的毒素与激素如苯基嘌呤、甲基胆菲，烤肉产生的苯丙芘素，都能形成致癌物。

世界卫生组织公布的垃圾食品有油炸、腌制、加工肉食、饼干、碳酸饮料、方便食品、果脯、冷冻甜品及烧烤食品。

三、蔬菜的养生与药效成分

（一）蔬菜的养生作用

根据中国居民膳食指南即膳食宝塔，底层为谷物薯类及杂豆，按劳动强度为250～400克，老人及糖尿病人为200～250克。要多吃杂粮，品种要全面；二层为蔬菜与水果，每人每天蔬菜300～500克，水果200～400克，要重视深色蔬菜；第三层为畜禽肉类50～75克，鱼虾类50～100克，蛋类25～50克，肉颜色以浅为好，鱼肉比禽肉，比牛、羊、猪肉好，并经常食用海鱼、虾、贝类，以满足对微量元素（如硒）及生活素的需要；第四层奶类300克、大豆类及坚果30～50克；顶层为油与盐，每人日油不超过25～30克，盐不超过5克（世界卫生组织最近规定），油以不饱和的油酸、亚油酸为好，尽量少用动物脂肪。同时，不能忽视每天1 200毫升的水。

养生的八字方针是：调整水果饭前吃；维持高纤维，多样化；控制盐、肉、油；增加水果牛奶、谷物及薯类。

膳食的八原则是：食物多样化，谷物为主；多吃菜、果、薯；常吃奶、豆品；适量鱼禽、蛋、瘦肉，少吃肥肉、荤油；食量与体重要平衡（体重标准：男＝身高－105，女＝身高－100）；清淡少盐；限量饮酒；清洁卫生，不变质。

1. 降血糖的蔬菜 芹菜、马齿苋、苦瓜、魔芋、燕麦、海带、洋葱、大蒜、香菇、蘑菇、西葫芦、黑芝麻、薏苡仁、山药、枸杞头、马兰头、菊花脑及紫菜等。马铃薯、黄瓜、莲藕、甘蓝、空心菜、大白菜及菠菜是糖尿病的人充饥蔬菜。猪胰、蚕蛹降糖作用明显。

以血糖指数表示该食物的血糖反应，把葡萄糖定为100，>70高血糖指数，<55血糖指数低。蜂蜜73、西瓜72、黑米粥42.3、豆腐31、牛奶28、苹果36。糖尿病人应吃血糖指数低的食品，如全麦面条为37。还应搭配富含蛋白质和脂肪的食物，如吃馒头为88.1，馒头加芹菜炒鸡蛋为48.6。

2. 降血压 洋葱、大蒜、芹菜、黑木耳、荠菜、莲子心、海蜇、山楂。

3. 降血脂 核桃、向日葵、绿豆、芦笋、香菇、玉米、大蒜、花生。当总胆固醇为5.72~6.3毫摩尔/升，低密度脂蛋白胆固醇为3.7~5微摩尔时，可用食物调整。如总胆固醇超过6.4，低密度脂蛋白超过5.1时，应用药物（他汀类）来调整。降脂果蔬还有猕猴桃、银耳、山楂、荷叶、金银花、花粉、酸枣、生姜、紫菜、荞麦、燕麦。

4. 养脑 核桃、花生、开心果、腰果、松子、杏仁、芝麻、枸杞子、大豆、菠菜、韭菜、南瓜、葱、花椰菜、菜椒、豌豆、番茄、胡萝卜、小青菜、蒜苗、芹菜。

5. 补钙 荠菜、芥菜、小白菜、香椿、萝卜叶、绿苋菜、豌豆苗、油菜薹、芫荽、扁豆、毛豆。

6. 消肿 冬瓜皮、西瓜、赤豆、葫芦、白菜、茯苓、鲤鱼、薏苡仁。

7. 抗癌菜 芦笋、百合、番茄、辣椒、甘蓝、竹笋、香菇、金针菇、青花菜、芥菜、金花菜、大蒜、平菇、黑木耳、猴头菇、藕、牛蒡、魔芋、朝鲜蓟、发菜、莴笋、苦瓜、灵芝、茯苓、冬虫夏草、薏苡仁、鱼腥草。

8. 明目 山药、枸杞子、蒲菜。

9. 聪耳 莲心、山药、荸荠、蒲菜、荠菜、核桃仁。

10. 轻身减肥 菱角、大枣、龙眼、荷叶、山楂、燕麦、冬瓜、薏苡米、红豆。

11. 美容 冬瓜子、山药、黑芝麻、荷花蕊、松子、芦荟、丝瓜汁、莴苣、枸杞子、黄瓜、毛豆、百合、杏仁、胡萝卜、核桃仁。

12. 壮阳　韭菜、佛手瓜、黄秋葵、芹菜、虾、羊肾、麻雀、狗肉。

13. 消炎　茭蒿、紫苏、茴香、鱼腥草、灵芝、荠菜、猴头菇、平菇、马兰、黄秋葵、马齿苋、红凤菜、百合、荸荠、广菜心、薄荷脑、发菜、芦荟。

14. 宁心　灵芝、莲子芯、茯苓、百合、人参、蘑菇、燕麦、海鱼、洋葱、黄豆、橄榄油、葡萄酒、番茄、山楂、胡萝卜、茄子、山芋。

15. 血管年轻的食品　①有叶菜：绿花菜、花椰菜、孢子甘蓝、甘蓝、芹菜；②鲜亮色素菜：菠菜、莴苣、山芋、南瓜、西葫芦、胡萝卜、辣椒；③水果：苹果、桃、杏、番茄、草莓；④全谷类：全面、糙米、燕麦片；⑤植物油；⑥乳制品；⑦深海鱼；⑧豆制品；⑨葡萄酒。

16. 光敏皮肤病（过敏）　紫云英、荠菜、菠菜、苋菜、油菜、莴苣、马兰头。

17. 清热泻火　茭白、蕨菜、苦瓜、松花蛋、西瓜、梨。

18. 祛风寒　生姜、葱、荠菜、芫荽。

19. 通便　菠菜、竹笋、番茄、香蕉、芝麻。

20. 止血　黄花菜、栗子、茄子、黑木耳、莴苣、藕节、香蕉、乌梅。

21. 活血　桃仁、油菜、慈姑、茄子、山楂、玫瑰花、田七。

22. 行气　橙子、橘皮、佛手、柑、菠菜、刀豆、白萝卜、茴香、大蒜。

23. 祛风湿　樱桃、木瓜、鳝鱼、蛇肉、鸡肉。

24. 美发　芝麻、韭菜子、核桃仁、黑豆、核桃。

25. 调肾　韭菜、卷心菜、山药、黑豆、葡萄、樱桃、桑椹、莲子、核桃、板栗、白果、芡实。

26. 调脾 黄瓜、苦瓜、南瓜、卷心菜、藕、胡萝卜、茄子、山药、香菇、木耳、蚕豆、花生仁、芡实、山楂。

27. 调肺 冬瓜、苦瓜、芫荽、竹笋、萝卜、胡萝卜、山药、蘑菇、银耳、薏苡仁、核桃、白果、花生、松子。

28. 调肝 苦瓜、丝瓜、芹菜、韭菜、番茄、芝麻、荔枝、樱桃、桑椹、山楂。

29. 化石 荸荠、核桃仁、鱼脑石、金钱草。

30. 发物 带鱼、虾、蟹对哮喘、荨麻疹、疮疡肿毒要忌口。公鸡、鸡头、猪头肉、鹅肉对头痛、眩晕人禁忌。南瓜、菠菜、竹笋、芥菜诱发皮肤炎症。

31. 补气 山药、桂圆、人参。

32. 缺氧 脑缺氧吃蚕豆；肌肉缺氧吃枸杞叶、牛皮菜；眼缺氧吃韭菜；心缺氧吃蕨菜、苜蓿；肺缺氧吃马兰头；皮肤缺氧吃心里美萝卜；胰腺缺氧吃荠菜、莴苣叶。

（二）蔬菜的药效成分

1. 维生素 A 蔬菜中不含维生素 A，但广泛存在于 β-类胡萝卜素，可在人体中的肠壁或肝脏中转变为有生理活性维生素 A，β-胡萝卜素有两个与维生素 A 相似白芷酮环和 11 个双键的对称分子。类胡萝卜素有 α、β、γ 等异构体，β 胡萝卜素理论上可生成两个维生素 A，故称维生素 A 原。实际上 0.6 毫克胡萝卜素可转变成 1 000 国际单位维生素 A，胡萝卜素吸收率为 50%，故实际要吃 1.2 毫克胡萝卜素。在青春发育期每天供给量不少于 1 400 国际单位。

由于维生素 A 原的吸收率、转化率、利用率均较低，胡萝卜中含 β-胡萝卜素占 85%，α-胡萝卜素占 15% 以下，鲜红色比橘红色胡萝卜含有较多的茄红素，因此，从维生素 A 的角度看，黄色的胡萝卜比红色好。番茄不含环状结构，不能在体内分解出维生素 A。

维生素 A 原有抗氧化、防衰老、保护心脑血管的作用，可预防夜盲症、干眼病。可提高白血球、细胞介质、T 淋巴细胞、β-淋巴细胞及吞噬细胞的活性，提高免疫力。电脑操作员、写作者、驾驶员可多用，哺乳期、孕妇、服长效避孕药者少服。在冬寒菜、芹菜叶、落葵、枸杞叶、胡萝卜中含量较多。

2. 维生素 B_1 是由含硫的噻唑环和含氨基的嘧啶环组成，故称硫胺素，在蔬菜中以单磷酸盐、焦磷酸盐和过磷酸盐的形式存在。可完全溶解于水，易在洗菜中流失，在酸性环境中耐高温烹调。有抗脚气病维生素之称，成人每天需 1.5 毫克，在粗粮、黄豆、花生、糙米、酵母、蛋黄中含量较多。

3. 维生素 B_2 由 D-核醇和 7,8-二甲基异咯嗪组成，黄色，对热和酸稳定，在碱性条件易被破坏。参与物质代谢，如缺乏会出现表皮组织综合征，主要来源于动物食品，在豆类或深绿菜中较多。

4. 维生素 D 是抗佝偻症活性的类固醇衍生物，以 D_2、D_3 形式最主要。是由麦角固醇，去氢胆固醇经紫外线照射后产生。可调节体内钙的平衡，促进钙、磷吸收代谢，保持骨骼健康，正常人每天需要 400 国际单位。病重时在医生指导下服用鱼肝油丸。存在于动物肝脏、乳制品、蛋黄及香菇、山芋中。为保证维生素 D 的效果，婴儿要经常晒太阳。

5. 维生素 E 极强抗氧化作用，延缓衰老，保护心脑血管，防止动脉硬化，降低前列腺癌风险 56%，减少急性心肌梗死的发生。又称生育素，成年人每天需 10 毫克，孕妇、乳母、老人 12 毫克。在麦胚、玉米油、花生油、麻油、莴苣叶、南瓜、绿花菜、萝卜叶、橘皮中较多。

6. 维生素 K K_1（绿叶醌）、K_2（金合欢醌）、K_3（2-甲萘醌），止血功臣，每天每人需要 1 毫克，在苜蓿、菠菜、绿花菜、花椰菜、海藻、卷心菜中含量高。

7. 维生素 B_6 又名吡哆素，缺乏会引起贫血、精神病、泌尿结石、免疫力低下。每人每日需 2 毫克。在谷豆类、酵母、麦胚芽、玉米、燕麦、豌豆、菠菜、甘蓝、香菇、山芋、花生、马铃薯中含量较多。

8. 烟酸 又名维生素 B_3、维生素 Pp、尼克酸，在组织中有酸和酰胺两种存在方式，由烟碱氧化制得。与 B_1、B_2 负责糖类代谢，促进血液循环和皮肤健康，参与神经与消化系统运作。如缺乏会引起腹泻、癞皮病，可改善梅尼尔综合征的不适症状。存在于绿花菜、胡萝卜、番茄、马铃薯、蚕豆、洋葱、芹菜及紫菜中。

9. 泛酸 又称维生素 B_5，是辅酶 A 的组成部分，参与肾上腺素合成，协助糖类脂肪转化能量，降低高脂病人的胆固醇及三酸甘油脂。存在于绿叶菜及荚豆类。

10. 维生素 B_{12} 又名钴胺素，红色维生素，有 B_{12}（氰钴胺素）、$B_{12}b$（羟氰钴胺素）、$B_{12}c$（硝钴胺素），它是唯一含有必需矿物质的维生素。有助于红血球的形成、神经系统的运作。抗贫血。存在于紫菜、香菇、豆腐及南瓜籽中。

11. 胆碱 属维生素 B 族，亲脂性，对脑、神经、肝、胆功能有调节的作用，控制脂肪和胆固醇，治疗老年痴呆。存在于豆类、绿叶菜、紫菜、山药、海带中。

12. 叶酸 又称维生素 Bc、维生素 M。潜在的抗癌功效，是大脑的食物，是细胞分裂、制造遗传基因不可缺少物质，影响胚胎发育。叶酸加维生素 B_{12}，可使同型半胱氨酸水平降低 32%，减少冠心病的发生。还可防止口腔溃疡。存在于胡萝卜、南瓜、菠菜、绿花菜及根菜类中。

13. 肌醇 属 B 族维生素，与胆碱结合形成卵磷脂。可防止脱发，清除肝脏脂肪，降低胆固醇，防止湿疹。存在于花生、白花豆、麦芽及蔬菜中。

14. 维生素 P 又称生物类黄酮。能降低腿部及背部疼痛，缓和出血。增强毛细血管弹性，防治牙龈出血。存在于青椒、荞麦、番茄、马齿苋及菱角中。

15. 硒 成人体内硒总量为13毫克，1/3的硒存在于肌肉中，以心肌含量高，正常血硒浓度为0.02～0.05微克/毫升。硒是细胞中谷胱甘肽过氧化物的组成成分，具有防止氧化，保护细胞膜的作用。可促进免疫球蛋白生成，保护血管与心肌。硒与金属有很强的亲和力，是天然的金属解毒剂。硒可降低黄曲霉毒素的毒性，抑制癌症，防止冠心病及心肌梗塞，与谷胱甘肽共同作用消除自由基，提高免疫力，防治头皮屑。存在于大蒜、大白菜、南瓜、洋葱、绿花菜、番茄及蕨菜中。硒与维生素E有相乘作用，都是抗氧化物质，男性更需要更多的硒，因为半数集中在睾丸及连接前列腺的输精管中，可治女性更年期的体热感及烦恼，防止头皮屑，预防癌症。

16. 维生素C 又称抗坏血酸，是一个己糖酸的多羟基内酯，因有烯醇式羟基，故比乙酸更强的酸性，易溶于水，微溶于己醇和甘油。有还原型和氧化型（去氢抗坏血酸），通常说维生素C即指还原型。它的生理作用是在形成胶原质中扮演重要角色，促进人体激素合成，伤口修复、铁的吸收。是体细胞组织、牙龈、血管、骨、齿成长及修补上的重要物质，可治疗受伤、牙床出血、降低胆固醇、减少血栓形成，预防感染、治疗感冒、抗过敏、预防坏血症及回复维生素E的活性等。

维生素C在pH<5中对热稳定，在碱性中破坏。光和铁、铜使其氧化，特别是黄瓜、白菜切碎后接触空气被破坏，炒菜时切好后立即下锅。蔬菜中的氧化酶，在100℃一分钟失去活性，所以要高温快炒。每天每人需60毫克。怕光、热、碱及铜铁器等。

17. 锌 是合成蛋白质，胶原蛋白质的主要成分，是前列腺及生殖器官正常发育及细胞分裂生长、修复不可缺少物质，防治生殖能力障碍，预防前列腺疾病，减少胆固醇，帮助形成胰岛素、维持血液酸碱平衡。最近发现锌是脑机能的重要物质，可治疗精神分裂症，合成DNA时是必需的，促进伤口愈合，除去指甲白斑。存在于大白菜、黄豆、芫菁、莴苣、南瓜、蕨菜、海带、芹菜、萝卜叶、香菇、大豆及芝麻中。

18. 生物素 又叫辅酶R、维生素H，属B族维生素，水溶性，在小肠中合成。帮助脂肪与蛋白质代谢，维护皮肤健康，防止秃发、白发。存在于菜花、蛋黄、肉类中。

19. 铬 又称葡萄糖耐受因子（GTF），有与胰岛素类似的作用，可预防和减轻糖尿病、增加高密度脂蛋白，防止中风，预防高血压、低血糖。存在于玉米、香菇、马铃薯、海带、绿花菜中。自然有机铬来源于酵母。

铬是人体必需的微量元素，近年发现有减肥功能。它可阻断糖类的需求降低热量的吸收，降低人体脂肪，增加肌肉组织。在临床上，若补充200毫厘克（百分之一毫克）的有机铬，血糖可降低两成，可降低胆固醇，增加高密度脂蛋白。常用每天0.2毫克，最高1毫克。

20. 铜 是氧化酶性酶类的成分，参与体内重要的氧化还原反应，对造血机能、维护骨骼、血管、皮肤、毛发及神经系统的正常结构和功能有重要作用，如缺乏会引起脑萎缩、骨质疏松、贫血等。是将体内的铁转变为血红素时不可缺少的物质，促进酪氨酸被利用，为毛发着色素，在维生素C的活用上，更不可缺少。帮助铁的吸收，提高您的能量供应。含铜较多的蔬菜有芋头、菠菜、茄子、茴香、荠菜、葱、大白菜。

21. 锰 可活化必要的酶，使维生素H、B_1、C能顺利地被人体利用。是制造正常的骨骼、甲状腺素的必要物质。使食物充分消化吸收，在细胞再生和维持中枢神经的正常机能上起重要作用。可解除疲劳协助肌肉的反射作用，增进记忆，缓和神经过敏和烦躁不安。在扁豆、萝卜缨、大白菜、黄豆、茄子中含量较多。

22. 钙 是人体矿物质中含量最多的元素，成人体内含钙总量约1 200克左右，占体重的1.5%～2%，其中99%的钙在于骨骼和牙齿中和磷结合而成骨盐,如羟磷灰石,1%存在于血浆和其他体液中,呈游离或结合的离子状态。钙在体内的活性状态,能促进血液凝固,完成神经冲动传导,参与肌肉运动,维持细胞膜的通透性,对多种酶有激活作用,使神经兴奋维持正常水平。钙在身体细胞正常功能中,提供能量供应,参与蛋白质形成RNA(核糖核酸)和DNA(去氧核糖核酸)结构的过程。

离子态钙存在于血液、软组织和细胞外液中,统称混溶钙池,并与骨骼中的钙维持动态平衡。即骨钙不断从破骨细胞中释放出来,进入混溶钙池,混溶钙池以骨盐形成沉积于成骨细胞。这种钙的更新,每日成年人700毫克,钙的更新率随年龄增长而减慢。幼儿骨骼1~2年更新1次,成人10~12年更新1次。40岁后出现骨质疏松,故要不断给机体补钙。钙可预防结肠癌,降低血压、治疗骨质疏松症、肌肉痉挛、维持骨骼牙齿健康,免受铅毒,缓解失眠、预防妇女更年期的暴躁、燥热、盗汗、抽筋等症、婴幼儿佝偻病。广泛存在于芦笋、绿花菜、甘蓝、豆角、羽衣甘蓝、蒲公英叶、大蒜、苜蓿、绿豆、蚕豆、葱、芹菜、毛豆、香菜中。

23. 铁 72%以血红蛋白、3%以肌红蛋白、0.2%以其他化合物存在。其余为贮备铁,并以铁蛋白形式存在于肝脏、脾脏和骨骼的网状内皮系统中。铁参与氧的运输、交换、和组织呼吸过程,铁又是铁化酶的成分如铁超氧化物歧化酶,参与细胞色素酶的形成及氧化还原过程,造成缺血性与营养性贫血。铁是制造血红素、红细胞、血红蛋白、免疫系统和能量制造的主要物质。胃内必须有足够的盐酸,利于铁的吸收,铜、锰、钴、维生素A、C、B可促进铁的吸收。

缺铁是世界四大营养问题之一,它易得易失,每月妇女流失的铁是男性的2倍。从怀孕到胎儿出生需300~400毫克的铁。所以孕妇贫血率很高。缺铁可引起毛发变脆,指甲呈汤匙,消化不良、肠胃溃疡、经血过多、缺维生素B_6、B_{12}有关。广泛存在于海带、深绿蔬菜、豌豆、草莓、菠菜、芦笋、葱、紫菜、鸡毛菜、芹菜、荠菜、大头菜、黄花菜、黑木耳、香菇中。动物类食物的原血红素铁比植物类铁易吸收。

24. 磷 人体无机盐含量磷仅次于钙，约占总量的 1/4，磷与钙以磷酸钙的形式组成骨、齿的主要成分，体内磷约 600 克，骨、齿中就占 80%。磷是组成细胞核的主要成分之一，尤其以神经细胞最为重要，因为多种辅酶和磷脂的组成原料，磷脂是构成细胞的重要成分，可以由食物供给和体内合成。磷脂中比较重要的有卵磷脂与脑磷脂，卵磷脂存在于脏器中，尤以脑、精液、肾上腺和红细胞中较多，有促进肝脏脂肪代谢，预防脂肪肝、促进脂肪乳化，利于胆固醇的溶解与排泄。脑磷脂存在于脑髓、血小板等处，与血液凝固有关。

磷参与蛋白质、脂肪、糖类的新陈代谢，是糖类、脂肪代谢的桥梁，并与能量产生有关。三磷酸腺甙和磷酸肌酸中的磷，有贮存与转移能量的作用，也是肌肉收缩的必需物质，磷对维持酸碱平衡也不可缺少。维生素 D 与钙可维持磷的正常机能，磷与钙应保持 1.5∶1，磷广泛存在于食物中，一般缺磷较少见。但维生素 D 缺乏，甲状腺功能亢进，慢性肾炎患者，会产生低血磷。在芦笋、玉米、大蒜、百合、芝麻、紫花苜蓿、毛豆、蚕豆、绿豆、葵花子中较多。

25. 钾 是维持生命的必需物质，它与钠共同作用，调节体内水分平衡，并使心脏跳动，钾对细胞内化学反应很重要，协助维持稳定的血压及神经传导活动，钾钠平衡失调时会损害神经和肌肉机能。低血糖长期腹泻、服用利尿剂、通便剂、肾脏病会造成钾流失，精神或肉体紧张会造成钾不足。钾缺乏会造成副肾皮质机能亢进，减少肌肉兴奋性，使肌肉收缩、放松无法进行，易倦怠，会妨碍肠的蠕动，造成便秘、浮肿、高血压、心律不齐、高血糖及心脏病等，广泛存在于瓜类，甘薯、番茄、绿叶菜、大蒜、海带、黄花菜、茼蒿、甘蓝、莴苣、芋头、毛豆、萝卜叶中。

26. 碘 是合成甲状腺素的主要成分，碘与身体与智力发育，神经和肌肉组织功能，循环活动和各种营养素代谢有关。碘缺乏会造成甲状腺肿大和甲状腺机能衰退，其症状是嗜睡、颏下浮肿，体重增加，怕冷。儿童缺碘会造成智障、侏儒症、小儿头大。成人会贫血、低血压、脉博缓慢等。乳癌与缺碘有关。正常人需碘0.1～0.3毫克。我国碘供给标准为成人150微克，初生儿40微克，学前儿童70微克，学龄儿童120微克，孕妇175微克，乳母200微克。广泛存在于海带、紫菜、芦笋、大蒜、芝麻、大豆、菠菜、甜菜、洋葱、芜菁叶中。

27. 镁 能帮助骨骼的形成，蛋白质的制造，肌肉能量的释放及体温的调节，在钙、钾、磷、钠及维生素C的代谢上，镁是必要物质。镁可保护动脉血管壁免受血压突然改变引起的压迫，在血糖转变为能量过程中扮演重要角色，是良好的抗紧张剂。镁、钙是调节心跳和肌肉收缩的两大相反的力量，镁松驰血管，钙收缩血管。在有维生素B_6的情况下，有助于减少并溶解磷酸钙结合。

镁有助于预防忧郁、头晕、肌肉衰竭、肌肉抽痛、血压高、心脏疾病，维持适当的酸碱值。有助牙齿釉质健康，有助排毒、防止肾结石、胆结石，使Ⅱ型糖尿病人维持正常血压，预防血小板聚集，防止血栓形成而诱发心脏病或中风。19～30岁女性，每日310毫克，31岁以上320毫克；19～30岁男性每日400毫克，31岁以上420毫克。在紫菜、冬菇、蘑菇、荠菜、苋菜、牛蒡、毛豆、枸杞、马兰头、芥菜、水芹、甘薯片中大量存在。

28. 萝卜硫素 是由葡萄糖莱菔子苷经黑芥子硫酸苷酶酶解或酸水解后产生。是目前蔬菜中抗癌成分最强的。它是1-异硫氰酸-4-甲磺酰基丁烷，易溶于水，相对分子质量177.3，分子式$C_6H_{11}S_2NO$，它可诱导机体产生Ⅱ型解毒酶——谷胱甘肽转移酶和醌还原酶同时抑Ⅰ型酶的产生，使细胞形成对抗外来癌物侵蚀的膜，达到抗癌的效果，对食道癌、肺癌、结肠癌、乳腺癌、肝癌、大肠癌有疗效。广泛存在于十字花科蔬菜如甘蓝、花椰菜、球茎甘蓝、芥蓝、莴苣、白萝卜及青花菜中。在甘蓝的种子中含1‰～2‰。近来研究证实萝卜硫素具有杀死致胃癌的幽门螺旋杆菌,日本福家洋子试验,确认可杀死对白血病细胞的作用。1997年Talalaypi发现青花菜芽苗(发芽后3天)萝卜硫素的含量是植株10～100倍,使其一跃成名。国外专家建议,每周每人吃2磅青花菜和28.4克芽苗菜,患大肠癌机率减少一半。

研究者发现,青花菜种子中含萝卜硫素75.9微克/克,叶子中110微克/克。已从青花菜种子及芝麻菜种子提取萝卜硫素。

29. 葡萄籽油 是葡萄籽的提取物,属多酚类,可转换成生物黄酮,其主要成分为原花色素,由一种异黄酮醇三个油分子组成的化合物,单量素为儿茶素,四个以上结合成单宁,双量素、三量素活性高,其抗氧化效率比维生素C高18倍,比维生素E高50倍,在体内可维持72小时,存在红葡萄皮、小蓝莓、欧越莓、樱桃、红茶、绿茶、柠檬、大麦外壳中。可强化免疫系统,减缓皮肤老化速度、减少皱纹产生,加强视力、加强血管壁结构,尤其对糖尿病、末梢行血不良患者有改善功效,有抗炎抗过敏作用。葡萄籽油无色,不同于类黄碱素,可从红葡萄籽、松树皮、花生皮及多种水果中提取,抗氧化能力很强,可清除自由基(每天2%的氧气转变成带负电的活性氧,即自由基)。

从绿茶中提取的表没食子儿茶素没食子酸酯与治男性勃起功能障碍药"万艾"联合,可抑制癌细胞增殖。

葡萄籽油加上维生素C可帮助形成和防止被破坏的胶原蛋白,利于术后的伤口复原。每天保健量50毫克,治疗量150～300毫克。葡萄籽油还含有亚麻仁油酸,是人体无法制造必需的脂肪酸。

30. 茄红素 是类胡萝卜素的一种,属天然抗氧化剂,烹调时较稳定,从细胞膜中释放出来。抗氧化作用特强,是维生素E的100倍,β-胡萝卜素的3倍,可减缓血管的老化,抗摀护腺癌、口腔癌，预防乳腺癌及心血管疾病，提高免疫力。番茄汁比鲜果含量多，颜色愈红愈好，熟食比生食好。食用过量皮肤会变黄。

31. 活性肽 广泛存在于蔬菜、水果、谷类、菇类及海藻。尤在酵母、小麦胚芽及肝脏含量尤丰。因其分子量小，易被人体吸收。其中谷胱甘肽由谷胺酸、半胱胺酸及甘胺酸由肽链连接成三肽结构。谷胱甘肽的硫氢基易脱氢氧化，2个分子的谷胱甘肽脱氢后合成氧化型谷胱甘肽，可消除体内自由基，发挥抗氧化作用，然后在肝脏及红血球中谷胱甘肽还原酶催化下，由$NADH_2$还原，重回到谷胱甘肽，继续发挥清除自由基的作用。

32. SOD 即超氧化歧化酶。人体内的SOD有两种，即一种含锰，另一种含铜及锌，一个70千克的人体约含4克的SOD。是人体对抗超氧自由基的酵素，是人体防卫自由基的第一道防线。它可以预防老化，减少皮肤皱纹及斑点，恢复皮肤弹性、光润，预防癌症的发生与扩散，减轻辐射及抗癌药物的伤害，改善各种发炎疾病（如关节炎）。以瑞典爱绿根大药厂生产的Dolbax较可靠。

33. 维生素Bt 是一种得动物之肌肉的氨基酸，运送脂肪到负责燃烧的细胞内的粒腺体。人体可自行合成，但需要维生素C、B_6、烟酸、铁及甲硫氨基酸配合。其功能是将脂肪带过细胞膜送达人体的脂肪燃烧炉（粒线体），促进肝脏内脂肪燃烧速率。

34. 卵磷脂 能使血液中的胆固醇和脂肪颗粒变小，保持悬浮状态，阻止血管壁的沉积。在黄豆、木耳、黄花菜、蛋类、核桃仁、杏仁及花生油中较多。

35. 蛋白质与氨基酸 蔬菜中含有人体内必需氨基酸，如色氨酸、苏氨酸、异亮氨酸、亮氨酸、赖氨酸、蛋氨酸、苯丙氨酸、酪氨酸及缬氨酸等，蔬菜中含有辅酶Q10过氧化物歧化酶（生姜亦有），这些酶都是蛋白质，是由多个氨基酸组成的肽，如谷胱甘肽是生物体内重要的三肽化合物，其胱氨酸上的一处巯基

(-SH)，可被氧化成-S-S键，具有氧化还原的可逆性，在体内可保护血红蛋白、酶和辅酶。蘑菇、大蒜、洋葱中含有硒，硒是谷胱甘肽过氧化物酶的成分，故是有抗癌作用。

南瓜籽中瓜氨酸对吸血虫幼虫有抑制作用。姜中的γ-氨基丁酸有降血压作用，大蒜中的蒜氨酸经蒜酶分解生成蒜辣素，有杀菌作用（破坏细胞生长必须疏基衍生物）。大蒜中环蒜氨酸、大蒜肽A、B、C、D、E、F都有致泪作用。大葱、洋葱中含S-丙烯基-L-半胱氨酸硫氧化合物，是环酸氨酸的前体，亦有致泪作用。大葱中的巴豆醛、双-n-丙基二硫化丙烷共同作用，有抗菌、发汗、解表、通窍作用。

蚕豆芽和黎豆种子中含L-3，4-二羟基丙氨酸，是中枢神经系统的传导和调节剂，可治帕金森病。西瓜汁中含L（十）瓜氨酸和吡唑丙氨酸有利尿清热降压和治疗肾炎的作用。荠菜中的酪胺、甜瓜汁中的组织胺，对正常代谢和激素平衡起重要作用，与酪胺相近的多巴胺，是中枢神经的化学递质，作用与肾上腺素相似。甜菜中的甜菜碱，是甘氨酸的季胺衍生物，可治疗高血压。

36. 糖类 蔬菜中含有多种单糖与多糖，还有蔗糖、麦芽糖、棉子糖、乳糖、水苏糖、番茄双糖、茄双糖、番茄三糖及马铃薯三糖等，这些糖的半缩醛羟基与其他羟基化合物结合成苷，都有药效。芥子油苷，是硫氰酸酯类和硫酸离子的一类植物成分的总称。广泛存在于十字花科、白花菜科、车前科、大戟科的根和种子中，亦存在于辣根、山葵中，有止痛消炎作用。芥子苷经芥子酶解后生成黑芥子油（异硫氰酸丙烯酯），具温肺、利气、祛痰、消肿止痛作用。

萝卜肉质根中的萝卜苷和红根苷，酶解后产生萝卜芥子油和红根芥子油，有降气消食作用。从芜菁、甘蓝、花椰菜中还分离出乙烯硫代噁唑烷酮，甲状腺肿素，可治疗甲亢症。

芸薹属植物含有芸薹苷，酶解后产生芸薹因子和具有生长素作用的吲哚衍生物，有对皮肤消炎止痛作用及促甲状腺肿作用。

第一章　蔬菜与健康

荠菜中的荠菜苷、黄色黄素-7-芸香糖、洋芫荽苷及甜菜苷、利马豆苷（豆类中），芹菜的芹黄素作为糖芹苷，有清热利尿、止血、止泻作用。

香菇中的香菇多糖具有1，3-β-D葡萄糖缩合苷键，是一种直链多糖，有抗癌作用，海带中昆布素，也有β-1，3葡萄糖结构可治动脉粥状硬化。在芦笋、黄皮洋葱、荸荠、番茄茎、荞麦中提取的芦丁即3-芸香糖槲皮素苷，是维生素P的主要成分，有降低血管脆性的作用。是重要的降血压药物。

魔芋中含有葡甘聚糖是甘露糖与葡萄糖的聚合物。莼菜含莼菜黏液，也是多聚糖的水解物。果胶质是聚半乳糖醛酸甲酯。膳食纤维是指有能被人体消化酶分解吸收的纤维素、半纤维素、水溶性纤维组织和木质素。

37. 有机酸　蔬菜中有机酸种类繁多，性质各异，除草酸、丙二酸、苹果酸、柠檬酸、酒石酸、抗坏血酸外，许多都有药效成分。氯原酸有利胆、抗菌、止血和增加白血球作用。存在于甘薯、马铃薯中。朝鲜蓟中的朝鲜蓟酸（Cynarin）是强力利胆护肝剂，可治肝功能不全。姜中的姜辣素、姜酚、姜酮和姜烯酚具祛风解表、辛辣健胃作用。欧芹中含欧芹酸和芥菜中含芥酸。

38. 黄酮类及内脂物质　内脂是一类含氧杂环衍生物。苜蓿中拟雌内酯和苜蓿内酯具雌性激素生物活性。豆薯中的豆薯内酯和沙葛内酯亦有雌激素活性。芹菜中芹内酯具抗胆碱的镇挛作用和消炎镇痛作用。

类黄酮存在于果菜花的天然色素中，能清除损伤血管的氧自由基，并降低血小板的黏性，保障血流畅通。在洋葱、葡萄、苹果中含量较多。

蝶形花科植物中存在紫檀素类成分，如菜豆中的菜豆素、羟基菜豆素、豌豆中的豌豆素，有抗癌、抗霉菌活性。山药中的薯芋皂苷，对胃、肾、脾有良好的功能。

39. 苦味素　葫芦科植物含葫芦苦素、葫芦苦素E和I，属四环三萜衍生物,有抗癌活性。甜瓜蒂作为催吐药,其有效成分为喷瓜苦素,或甜瓜毒的苦味素,从甜瓜蒂中已分离出葫芦苦素 E 和 B(降转氨酶作用),最近又分离出葫芦苦素 O、P、Q 与葫芦苦素 F 相近。

莴苣叶(根)含莴苣苦内酯及莨菪碱,作为镇咳和镇静药。酸浆带宿萼的成熟果含酸浆苦素,日本已分离出结晶苦味素 A、B、C,有清热解毒、利咽化痰作用。

40. 生物碱 是一类含氮的复杂环状结构,氮含在环内。荷叶含荷叶碱有消暑利湿止血作用,荷梗含 2-羟-1-甲氧基阿扑啡,有宽中理气作用,莲芯含莲心碱与异莲心碱,有清火降压作用。马铃薯、番茄含茄碱,是支气管扩张药,治气喘,还有强的抗霉菌作用。番茄叶中含有番茄碱与番茄次碱,可合成甾体激素,是一种植物抗菌素。

41. 香气 是指在常压下加热、烹煮后能挥发,并人能嗅到的有机化合物,其发香基团有烃、醛、酮、醇、酯、酸、酚、胺及杂环衍生物等。青菜、萝卜缨等绿叶菜的青草味是绿叶醇和绿叶醛,黄瓜中的青香味是黄瓜醇和堇叶醛。芫荽的香气是 α,β-十二烯醛和芫荽醇。芹菜的香气是芹菜籽油内脂和香芹酚。胡萝卜及缨子含 α-蒎烯、莰烯,胡萝卜烯醇、胡萝卜醇等。松茸的香气是松蕈醇和桂皮醛甲酯,香菇的香味是含硫的环状物香菇香精。蘑菇主要是辛烯-[1]-醇,芦笋的香气是将二甲基-β-硫代丙酸水解为二甲基硫与丙烯酸。姜的辛辣味主要是姜烯、姜醇、没药烯、α-姜黄烯、β-倍半菲兰烯、壬醛等。紫苏的香气是紫苏醛、柠檬烯。

十字花科的芥子油苷、萝卜的萝卜苷、芜菁中 5-丙烯基-2-硫代噁唑烷酮。藠头含双甲基二硫化合物和丙烯-n-丙基二硫化合物。韭菜中的二硫化丙烷和甲基-n-丙基二硫化物。八角茴香含大茴香醚及茴香醛。紫菜含二甲硫醚(香味),鱼腥草腥味含十烷酰乙醛。草莓香气中含丙酮、醋酸乙酯、1,1-二乙基乙烷、甲基正丁酯、乙基正丁酯及醋酸异戊酯等。

大蒜含有蒜氨酸经蒜酶分解成蒜辣素，即具杀菌作用的臭辣味，只有捣碎蒜头，蒜氨酸才会在蒜酶作用下分解成蒜辣素。

黄芽芥中含有丙烯异硫氰酸酯，如脱水后消失，用芥子提取物处理干燥物，使恢复新鲜黄芽芥的新鲜气味。称为风味酶，利用提取的风味酶，可以再生，强化以至改变食物的香气。例如用洋葱风味酶处理脱水甘蓝，使得到洋葱味。

42. 辣味 辣味是一种强烈刺激性味感。辣椒的辣味决定于辣椒素与二氢辣椒素。姜中含有姜酮和姜烯酚，具有辣味。姜酚是油状液体，姜酮是结晶，它们在结构上是同系物，因此都有辣味的原因。花椒和胡椒的辣味成份是花椒酰胺和胡椒酰胺。大蒜的辛辣味主要是二烯丙基二硫化合物、丙基烯丙基二硫化合物、二丙基二硫化合物，来源于蒜氨酸的分解。洋葱主要是二正丙基二硫化合物及甲基正丙基二硫化合物等。葱蒜类的辛辣味还与丙酮酸含量相关。葱蒜煮熟后失去辣味变甜，是二硫化物被还原生成甜味很强硫醇类物质，丙硫醇的甜度是蔗糖的 50 倍。

43. 色素 蔬菜的色素有叶绿素、胡萝卜素，花青素及其他化学显色物质。

（1）类胡萝卜类 它的发色团是大量的共轭双键，包括番茄红素（番茄、西瓜、辣椒、枸杞、南瓜中存在）、β-胡萝卜素（$C_{40}H_{56}$）。茄红素的形成以 22～25℃ 和 80%～85% 湿度为适宜。

（2）叶黄素 是共轭多烯烃加氧的衍生物，耐酸碱，耐热，加工时损失少，包括叶黄素（橙黄）、玉米黄素（橙黄、黄）、隐黄素（橙黄）、杏菌红素（红），辣椒红素、辣椒玉红素（红）。

（3）花青素 其基本结构是 2-苯基苯并吡喃（花色基元），分子中氧原子是 4 价的。紫色主要是矢车菊素和飞燕草素。花青素随 pH 值的变化而改变结构，红色是酸性花青素显色。蓝色是协同着色和金属螯合的结果。

（4）花黄素类 浅黄色至无色，偶而为橙黄色，它的母核是

2-苯基苯并吡喃酮。槲皮素称 5, 7, 3′, 4′-四羟基黄酮醇, 在洋葱、甜玉米、芦笋中存在, 在自然情况下由浅黄至无色, 在碱性条件下深黄色。芸香苷是 3-β-芸香糖甙基槲皮素, 即芦丁, 在柑橘及芦笋中存在。黄酮类色素还有蓼黄素, 芹菜黄素和大豆黄素。

(5) 甜菜红素 是吡啶衍生物。基本发色团是重氮七甲川, 红色或黄色。甜菜红素在自然情况下与葡萄糖醛酸合成甙称甜菜红苷, 占全部红色素的 75%～95%。甜菜色素中的黄色素是甜菜黄素Ⅰ和Ⅱ。

44. 蔬菜中的有毒成分

(1) 毒蛋白、毒氨基酸 大豆凝集素是一种糖蛋白, 主要是甘露糖和 N-乙酰葡萄糖胺, 在菜豆、芸豆、绿豆、扁豆、蚕豆中发现, 是凝集剂和蛋白酶抑制剂, 引起恶心、呕吐, 甚至死亡, 但在蒸气处理 1 小时, 高压处理 15 分钟后失活。在马铃薯、豆类中有毒蛋白, 其毒性在抑制胰蛋白酶的活性, 引起胰腺肿大。故一定要煮熟才能食用。

毒氨基酸 β 氰基丙氨酸, 是一种神经毒素, 存在于蚕豆中, 中毒症状是肌肉无力, 不可逆的脚腿麻痹, 甚至致命。刀豆氨酸, 是精氨酸的同系物, 煮沸 15～45 分钟全部破坏。蚕豆病的 L-dapa, 引起急性溶血性贫血, 在 3～5 月蚕豆成熟季节发病。L-Dopa 亦是药物又可治帕森金症。

(2) 毒苷类 生氰苷类, 在某些豆类、核果仁果的种仁及木薯的块根中, 主要产生氢氰酸中毒。

硫苷, 致甲状腺肿原, 在甘蓝、萝卜、芥菜等十字花科蔬菜及洋葱、大葱、大蒜中存在, 妨碍碘的吸收。

(3) 皂苷类 大豆皂苷有溶血和发生泡沫性质, 但熟食对人体无毒, 茄苷及茄解苷, 在茄子, 马铃薯中存在, 烹煮后破坏, 在马铃薯芽眼及绿色部分含量极高。中毒后瘙痒、灼热感、呕吐、昏迷。

(4) 植物酚和有机酸　绿原酸对中枢神经有兴奋作用。洋蓟酸（朝鲜蓟中）致舞蹈病。草酸以菠菜、食用大黄、甜菜中含量高，大量吸食草酸会引起尿路结石。但与肾结石无关。

(5) 生物碱　秋水仙碱，存在生黄花菜中，水泡、蒸煮后毒性破坏。

(6) 硝酸盐、亚硝酸盐　是致癌物质，蔬菜糜烂变质，鲜菜存放在高温潮湿处，熟菜久贮、腌菜未达到一个月，均会引起中毒。

(7) 霉变甘薯毒素　甘薯黑斑病、茄镰刀菌会产生薯萜酮、薯素、薯醇及薯萜酮醇，为害动物肝脏，引起肺水肿。

45. 蔬菜中的鲜、清凉、涩、苦味　海带的鲜味是谷氨酸钠，香菇的鲜味是$5'$-鸟苷酸，竹笋中主要是天门冬氨酸钠。此外核苷酸、酰胺、三甲基胺、肽、有机酸等互相结合，形成鲜味。

清凉味以薄荷最典型，主要含薄荷醇、薄荷酮和醋酸薄荷酯。

涩味：菠菜是草酸引起，甘蓝类的涩味与其含香豆酸、酒石酸、绿原酸有关，未熟瓜果的涩味与较高有机酸类化合物有关。

苦味：瓜类的苦味是葫芦苦素，黄瓜苦味素有B、C两种。苦瓜嫩果中苦瓜糖苷含量很高，苦味很浓。莲子苦味是莲心碱，莴苣中的苦味有莴苣苦素，蜂斗菜中苦味有蜂斗菜素，番茄幼果中苦涩物质是茄碱。

46. 自由基与抗氧化剂　自由基是一种不稳定的原子，即带有一个单独不成对电子的原子、分子与离子，它功击细胞膜、细胞和组织，引起过氧化反应，产生退化性症侯群，如血管变脆、脑细胞老化、免疫性降低及产生癌症。自由基来源有活性氮和活性氧，而人成功于氧气亦败于氧气，因为每天有2%的氧气转变成带负电的活性氧（即自由基）。因此应用抗氧化剂来与自由基结合。传统的抗氧化剂有维生素C、维生素E、β-胡萝卜素、硒、类黄酮、原花青素及番茄红素。而原花青素（OPC）最受专家重视。外用抗氧化剂有多酚类（葡萄多酚、绿茶多酚）、超氧化歧化酶（SOD）、抗氧化物助酵素（硒、古胱肝酶的助酵素）、X硫辛酸、辅酶Q_{10}（维尼雅）。维生素E将电子给活性氧，维生素C将电子送给维生素E，让维生素变回抗氧化物质、交替循环，故维生素E与C要配合食用，使体内细胞免受自由基攻击。原花青菜（OPC）代替红酒，抗氧化能力是维生素E的50倍，维生素C的20倍。

四、各种蔬菜的营养价值和保健功能

1. 大白菜 水分含量为95%，热量低，是减肥菜。含有大量的维生素，维生素C和核黄素的含量是苹果、梨的4~5倍。锌高于肉类，是维生素A、钾源，钙磷比值高。含有抑制亚硝酸铵形成的钼，含有分解乳腺癌的雌激素，大白菜中的硅可有排铝作用，使形成硅酸盐，硅还可促使骨及结缔组织生长，软化血管。大白菜的抗氧化作用与芦笋、菜花相似，嫩叶与嫩株效果更佳。大白菜中的粗纤维，可促进胃肠蠕动，帮助消化，防止便秘，有护肤养颜，润肠排毒作用。中医认为，大白菜性寒味甘，有养胃生津、除烦解渴、利尿通便、化痰止咳、清热解毒之功。但会干扰甲状腺对碘的利用，会引起甲状腺肿，可用海藻来克服。在食用时，防止吃腐烂、变质的菜。

2. 甘蓝 含水量90%以上，热量低，含有大量的维生素C、E、U。维生素C含量高，抗氧化效果与芦笋、菜花相似。维生素U可防治胃及十二指肠溃疡，维生素E可提高免疫力。叶酸含量高，是造血及血细胞生成的重要物质，可提高免疫力，是贫血患者理想食品。预防感冒，保证癌症患者的生活质量，抗癌菜中排名第五，是糖尿病、肥胖者的理想辅助食品。含有多种分解硝酸铵的酶，抑制癌细胞突变，含有的钼可清除致癌物，含有吲哚成分，消除人工合成激素，抑制乳房肿癌的生长，有明显抗癌作用。含有植物杀菌素，有抑菌消炎作用，对咽喉肿痛、胃痛、牙痛有作用，含较多的胆碱，可调节脂肪代谢，对肥胖、高血脂症者有益。含溃疡愈合因子，可加速伤口愈合，是溃疡病理想食品。对骨骼发育，对小儿先天不足，发育迟缓或久病体虚，四肢软弱无力，耳聋健忘有治疗作用。有少量甲状腺肿物质，干扰碘的作用，形成甲状腺肿，可用碘盐、海藻来解。

甘蓝性甘、凉、无毒，具补髓、利关节、壮筋骨、利脏器和消肿止痛之功。可减少雀斑及皮肤色素沉积，对胃及十二指肠溃疡、胆绞痛、胆囊炎有止痛及促进愈合作用。

抱子甘蓝蛋白质含量是甘蓝的 4 倍（4.7%），甘蓝为 1.2%，维生素 C 是甘蓝的 2.6～4.5 倍（98～170 毫克/100 克），钙、磷、铁含量高，适于儿童食用。对胃和十二指肠溃疡有止痛及促进愈合作用，适于脂肪代谢失调者食用。含维生素 U，是癌细胞的天然抑制剂。防止皮肤色素沉积，减少青年人雀斑，延缓老年斑的出现。

羽衣甘蓝每 100 克鲜叶含蛋白质 0.9 克，糖类 3.8 克，胡萝卜素 590 国际单位，维生素 C122 毫克，维生素 E153.6 毫克，钙 208 毫克，磷 80.6 毫克，钾 367 毫克，硒 3.87 微克，是世界卫生组织推广的防治儿童夜盲症食品。

3. 花椰菜 含水量 92.6%，蛋白质 2.4%，糖类 3%，含 18 种氨基酸，每 100 克鲜重含维生素 C88 毫克，可溶性固形物 5.4%，维生素 K、核黄素含量较高。含抗癌物质，可减少乳腺癌、直肠癌、胃癌的发病率。含类黄酮，可防感染，清血管，减少中风与心脏病的发生。维生素 C 含量高，抗氧化能力强。维生素 K 能增加血管韧性，防止紫斑形成，增加肝脏的解毒能力，提高免疫力，防感冒与坏血病的发生。中医认为，花椰菜性平味甘，有强肾壮骨，补脑填髓，健脾养胃，清肺润喉，减肥作用。但要注意农药残留。

4. 青花菜 营养价值高，每 100 克花球含蛋白质 4.3 克，含糖 5.9 克，脂肪 0.3 克，含钙 103 毫克，磷 78 毫克。含 18 种氨基酸，维生素 C 的含量为 100 克鲜重含 162 毫克，为花椰菜的 3 倍多，可溶性固形物为 15.2%，为花椰菜近 3 倍。含抗癌物质硫代葡萄糖甙，在酶的作用下，转化为异硫代葡萄糖苷，具有抗癌的生物活性。维生素 K、钙和核黄素含量特别高，适于老人与儿童食用。

5. 芥菜 分根用芥（大头菜）、茎用芥（榨菜）和叶用芥（雪里蕻）。

芥菜含有硫的配糖体，芥子糖经水解作用产生挥发性的芥子油，具有特殊的香辣味，同时，芥菜含有较多的蛋白质，糖和矿物质，其蛋白质经水解后产生大量的氨基酸故鲜香美味。在腌菜时，氨基酸与食盐作用后，生成瓜氨酸钠，其氨基酸有 17 种之多，鲜味超过味精。叶用芥的大芥菜，剥叶片供鲜食，花芥菜与分蘖芥经乳酸菌、酵母及醋酸菌的作用下，使芥子油变香气，使氨基酸变鲜味，乳酸酸酵生成乳酸，酒精发酵发生酯化反应，具特殊的芳香。

6. 马铃薯 以淀粉为主，含热量低，148 克马铃薯含 100 卡路里热量，含膳食纤维使人有饱腹感，防止摄入过多的热量，减肥轻身。一个 150 克马铃薯含 3 克膳食纤维，占人体需要量的 12%，不含脂肪和胆固醇，可降低胆固醇，使肠胃运动，防止心脏病与结肠癌。150 克马铃薯含 4.3 克植物蛋白，它与谷物蛋白混合，使质量提高，可补充谷物无谷氨酸的缺点，相当 100 克牛奶。钙、镁、钾含量高，保护牙龈健康及免疫系统。能提供人体 21% 的钾，是蔬果之最，可防止中风，降低血压。含较高的硫胺素，每 100 克含 1.5 克维生素 B_6，占人体需要量的 10%，在蛋白质代谢及神经系统中发挥重要作用。含叶酸有健脑、防止心脏病及痴呆有关。性平味甘，有和胃调中、益气健脾、强身益肾、消炎、活血、消肿作用，可治消化不良便秘、胃炎等症。油炸土

豆 水分少，热量与蛋白质高于煮的数倍。

7. 胡萝卜 含 β 胡萝卜素，具抗氧化能力，促进机体生长与繁殖，维持上皮组织，防止呼吸道感染，提高视力，提高免疫力，抗癌，降低卵巢癌的发病率。含琥珀酸，可软化血管，降低胆固醇含量，防治高血压，清除自由基，防止衰老。含有戊聚糖果胶、甘露醇及各种氨基酸，抗坏血酸可阻断"N-2甲基硝胺"致癌物的形成，减轻砷、铝、苯对肝的伤害，增强肝的解毒能力。果胶酸钙具抗癌作用，甘露醇有排毒作用。绿原酸、咖啡酸有杀菌、明目健脾、化滞作用。含硼量是菜中之最，钙含量高（37毫克/100克）人体吸收率高（13.4%）仅次于牛奶，胡萝卜含叶酸和木质素，具有抗癌作用。胡萝卜纤维含量较高，可降低胆固醇，防止中风。中医认为，胡萝卜性平味甘，可健胃行气消食，凡脾虚食停、气滞不畅、胸满脘闷、食欲不振、久痢不愈者可作辅助食疗。有降脂、降压、抗癌作用，还有抗炎、抗过敏之功，可治夜盲症。由于胡萝卜素是脂溶性的不能生食，宜溶解在脂肪内，与芹菜、甘蓝同烹食疗特佳。不能与维生素C高的菜同煮，每餐不超过70克。酒与胡萝卜不能同食，会产生毒素，致肝病。据美国对4 500人历时15年追踪调查，食用胡萝卜的人糖尿病发病率危险下降50%。

8. 萝卜 萝卜含水量高（94%），热量较低，钙、磷、铁、钾、维生素C、叶酸含量较高，并含有丰富的消化酶，该酶不耐加热，故生食效果好。萝卜含莱服子素（$C_6H_{11}ONS_3$）为杀菌物质，具祛痰止泻、利尿作用，萝卜含干扰素诱剂双链核糖核酸，有防癌作用。含淀粉酶，芥子油（$C_3H_5CH_5$），能助消化，刺激肠内合成维生素B_1。萝卜含芥辣油，是抑制微生物活动及杀菌的物质。富含果胶酸钙与胆汁酸磨合后从粪便排出，可降低胆固醇。萝卜含淀粉酶，它不但分解淀粉，还能预防胃下垂、胃炎、胃溃疡等症。萝卜含有脂肪酶与蛋白酶和很强解毒作用的氧化酶。萝卜中的维生素C促进皮肤和细胞间结合的胶原蛋白生成，减少皱纹起美容作用。萝卜含维生素 C，β 胡萝卜素、钙、铁等物质，萝卜纤维素多，吃后易饱胀感，有助减肥。常吃萝卜可降血脂，软化血管，稳定血压，预防冠心病，动脉硬化，胆石症等。中医认为萝卜味甘辛，无毒化积滞，解酒毒，散淤血，有消食、顺气化痰止咳、利尿补虚作用。阴盛偏寒者少食，与西洋参不能同吃，单纯性甲状腺肿患者慎食，能产生硫氰酸，使肿加重。腹胀、先兆流产、子宫下垂患者慎食。萝卜含辛辣硫化物，肠道发酵腹部会有胀气。500 克萝卜一天分 3~4 次吃完，饭前半小时到一小时或饭后吃，吃后半小时不吃任何东西，连吃 2~3 个月，可治胃病。把萝卜晒干装袋，能温煦身体，可治疗肢冷症，痔疮及妇科病。

萝卜子，性味辛、甘、平，有消食、降气、化痰之功。莱服子，长于利气，生能升，熟能降，升则吐风痰，散风寒，发疱疹，降则定痰喘咳嗽，调下痢后重，止内痛，皆是利气之效。

9. 甘薯 维生素 C 少，维生素 A 多，蛋白质质量高，纤维素较多，可促进胃肠蠕动，防止便秘，对预防直肠癌有效。含黏蛋白属胶原和黏液多糖类物质，抗疲劳，提高免疫力，促进胆固醇排泄，防止血管脂肪沉积，维护血管弹性，防止动脉粥状硬化，降低心血管的发病率。含脱氢去雄甾酮，是与肾上腺激素相类似，对器官黏膜有保护作用，防止肝肾中结缔组织萎缩，预防胶原病发生。含有类似女性激素，使皮肤细腻。是减肥食品，防癌益寿，防止乳腺癌、结肠癌的发生。甘薯叶胡萝卜素含量高于胡萝卜 3.8 倍，维生素 B_2 含量高，可补气疗虚，健脾益胃，防便秘、美容，可防止血脂沉积，降低胆固醇含量。成年人每天进食 100 克嫩梢，可满足生命活动 1/4 的维生素 B_2，1/2 维生素 C 和铁，2 倍的维生素 A，可减轻营养不平衡引起的疾病。甘薯含气化酶，易腹胀，不能多吃，消化系统疾病人少吃，生甘薯、冻坏、黑斑病的甘薯不能吃。

10. 山药 山药的热量是甘薯的 1/2，不含脂肪，蛋白质含量比甘薯高，含淀粉、淀粉酶、精氨酸、皂苷、胆碱、黏液质等，可增加人体免疫力 T 淋巴细胞的比值，增强免疫功能，延缓衰老，延年益寿。含维生素 B_{12}、钾、磷、维生素 D 及胡萝卜素少，但山药叶是胡萝卜素、钙、维生素 C 的极好来源。山药中含粘液蛋白，是多糖蛋白质的混合物，能预防心血管系统的脂肪沉积，保护动脉血管，阻止过早硬化，减少皮下脂肪沉积，避免过度肥胖，对糖尿病有治疗作用，还可防止黏膜损伤，在胃蛋白酶作用下保护胃壁，预防胃炎及胃溃疡。山药可防止肝、肾结缔组织萎缩，预防胶原病的发生，保护消化道、呼吸道及关节腔的润滑，黏多糖与无机盐结合，可形成骨质，使软骨有一定的弹性。黏胶蛋白主要成分为乙氨基-[5]胍基戊酸，含量为 2.4%，蛋白质含量为 10%，可提取代肾皮素，可治风湿症、哮喘及急性白血病。山药性平、味甘，有补益脾肺、固肾益精、滋养气阴的作用，在滋补药中为无上之品，可提高免疫力，预防传染病，治疗小儿腹泻。以河南古怀庆质量最佳（即现博爱、沁阳、温县），故称"怀山药"。但是山药有收涩作用，大便干燥者不宜食用。

11. 魔芋 以葡萄糖和甘露多糖以 1：2 比例结合成魔芋甘聚糖，热量低，其黏蛋白可降低胆固醇，防止动脉硬化，预防心脑血管病发生。因为魔葡甘聚糖、维生素 C 及烟酸，可抑制小肠对胆固醇、胆汁酸等脂肪分解物的吸收。促进脂肪外排，降低血清中甘油三脂和胆固醇的含量。葡甘露聚糖分子量大，黏性高，能延缓人体对糖的吸收、降低餐后血糖，减轻饥饿感，降低体重，是糖尿病人及减肥者的理想食品。含甘露甙及维生素 C 对癌细胞有杀灭作用，利于防癌。钙、磷、钾含量高，是碱性食品，可补钙、排毒，可促进酸碱平衡。纤维含量高，有润肠通便的作用，可做成毛巾解疼热。魔芋有毒，必须经过加工后才能食用，每人每餐以 80 克为宜。可在超市购四川魔芋粉及粉丝食用。

12. 芦笋 氨基酸含量比番茄高 1.8 倍，含天门冬酰胺、甾体甙皂物质、芦丁、甘露聚糖、胆碱、叶酸等，叶酸每5根含100微克，达人体日需量的1/4，可防止癌扩散，对膀胱癌、肺癌、皮癌有防治效果。芦笋含有芦笋苷结晶，富含组蛋白，有效抑制癌细胞的生长，含微量元素硒有效防治胃癌。含维生素B_1、B_2、B_6。味甘寒，清热利小便，消暑止渴。对心脏病、高血压、心动过速、水肿肾炎有疗效。对肾炎、膀胱炎、胆石症、肝功能异常及减肥有功效。嫩茎有利尿、镇定、防止血管硬化、降血压、清除结石、健胃及防癌作用。生食易腹胀腹泻。治肿痛要每天食用才有效。

13. 姜 含姜油酮和姜脑1.8%~2.6%，有发汗、促进伤口愈合，增加新陈代谢的作用。香味为安树香，姜醇，姜烯，可保暖、消炎、化痰、健胃，对寒症、神经痛有疗效。姜辣素可产生自由基抗氧化酶，有抗衰老，除老年斑，解毒杀菌作用，在浙江、江西常作为产妇的产后食品。嫩姜可改善食欲，有"饭不香吃生姜"之说。但不能吃得太多，会刺激肾脏，会上火。姜可使肠道张力、节律及蠕动增加，制止因胀气所致肠绞痛。腐烂、变质、发黑的姜不能食用，会中毒。

生姜能调节人体前列腺水平，预防胆结石。因为姜酚可抑制前列腺素的合成，并有利胆作用，防止胆汁中的黏蛋白与钙离子和非结石型胆红素合成胆石支架和晶核，从而抑制胆结石的形成。姜对大脑皮质、心脏、延髓的呼吸中枢及血管运动中枢有兴奋作用。对身体肥胖，不爱运动，有慢性胆道疾病患者，适量生姜，阻止逆上呕吐，预防胆结石。还可用于鱼、蟹、肉等的食物中毒，姜对癣菌、阴道滴虫有抑制和杀灭作用。

生姜性味辛、温、有发表、散寒、止呕、升痰之功。可治感冒风寒、呕吐、痰饮、喘咳、胀满、泄泻等症。生姜又称还魂草，传说白娘子救许仙的仙草即尖微紫的生姜芽。

14. 藕 维生素C、钾、铁含量较高。藕的涩液叫丹宁酸色素，有抗氧化作用，可预防动脉硬化及癌症，消除血管炎症，有止血作用，对胃、十二指肠溃疡防复发，可治产后恶露、咽喉肿痛、止咳，藕汁可治感冒。藕节含丹宁酸最高，故有使血管收缩、收敛性，有止血止泻作用，可磨碎食用。藕含糖不高，含有维生素C及膳食纤维丰富，对肝病、便秘、减少胆固醇和糖值，对糖尿病有治疗作用。藕丝可形成黏蛋白，似植物纤维，有润肠通便作用。含铁高，可消暑轻热。藕中含有维生素B_{12}，对预防及治疗贫血有效，也是美容美发的佳品。藕味甘寒，清热止渴，凉血止血。鲜藕对发热口渴、吐血、鼻出血、尿路感染有治疗作用。对干咳、口舌干燥、咳痰带血很有效。熟藕有健胃、养血、养心、治泄泻。藕性凉，产妇要产后2周后才能吃。湘莲饱满圆滑、子质色白坚实，淀粉细腻、香气浓郁。莲子性甘、平涩，益力气、除百疾、轻身耐老、壮腰肾。

荷叶性味苦、涩平。有清暑利湿、升发清阳之功。荷叶清香无毒，江南民间常用以蒸肉、煮饭、食之美味可口。中医认为，荷叶清暑利湿，健脾退肿之药。藕粉味甘咸平，益血止血，调中开胃，治虚损失血。

15. 牛蒡 每100克牛蒡嫩茎叶含水分87克，蛋白质4.7克，脂肪6.8克，糖类3克，膳食纤维2.4克，钙242毫克，磷61毫克，铁7.6毫克，维生素B_1 0.02毫克，维生素B_2 0.29毫克，尼克酸1.1毫克，胡萝卜素390毫克及维生素C25毫克。牛蒡根含蛋白质糖类、牛蒡甙、咖啡酸、绿原酸、异绿原酸及牛蒡酸等。现代药理研究表明，牛蒡有抗菌、抗真菌的作用，如对肺炎双球菌有显著的抑制作用，对致病皮肤真菌有抑制作用，可治疗咽喉肿痛、咳嗽伤肺、疥疮等症。牛蒡根的绿原酸有抗菌、抗真菌作用。异绿原酸有抑菌，兴奋中枢神经，增加大肠蠕动和子宫张力及利胆作用，还有止血、促进血液凝固、抗病毒、升高白血球的作用。可治便血、血痢、痈肿、咽喉肿痛等症。牛蒡苷有扩张血管、降压作用。牛蒡根还有抗癌物质，其粗提取物，可抑制癌细胞增殖。牛蒡根还有增进新陈代谢，通便、通经、促进血液循环作用。中医认为牛蒡性寒味苦,有祛风热、消肿毒之功。适于风毒面肿、头晕、咽喉热肿、齿痛、咳嗽、消渴、痈疽及疥疮等症。脾胃虚寒的人应少食。

每年4~5月采嫩茎叶食用,秋季挖根炒、炖、烧、炝、拌、做汤。

16. 慈姑 可食球茎含蛋白质4.4克/100克,脂肪0.2克,糖15.4克,可食纤维1.6克,钾435毫克,磷113毫克,钙15毫克、镁25毫克、铁2.5毫克、锌0.75毫克,维生素E 3.76毫克,维生素B_1 0.17毫克,维生素B_2 0.67毫克,尼克酸1.3毫克及慈姑醇。中医认为慈姑性微寒,味苦、甘,具有润肺止咳、利尿通淋、行血消肿、清热解毒之功。适于治疗咳嗽、咯血、产后血崩、食毒、药毒、肺结核、尿路结石、淋浊尿闭、胎衣不下等病。因含较多的胰蛋白酶,不能多吃,以免影响食物消化吸收,甚至会产生腹胀感。

现代药理研究,慈姑中的蛋白质、氨基酸及糖类,可促进机体发育,提供能量。丰富的磷是骨骼、牙齿及核蛋白等的组成成分,促进磷脂代谢,调节酸碱平衡。慈姑中钾含量高,可维持心跳节律,参与物质代谢,并有利尿作用。含胰蛋白酶抑制素,减少胰蛋白酶的分泌,减少食物消化吸收,达到减肥的效果。

慈姑可拌、炒、烧、熘、炸、炖、做汤,慈姑有苦味,烹制前应烫漂。

17. 葛根 每100克食用部分含胡萝卜素7.26毫克、维生素B_2 0.14毫克、维生素C 62毫克,葛根粉中含有钙、锌、铁、钼、磷、钾及人体必需的微量元素。其根含有大豆黄酮苷、葛根素、葛根黄苷等黄酮物质,对高血压、冠状动脉硬化、冠心病、心绞痛有特效,并能对抗垂体后叶素引起的急性心肌缺血有疗效。可扩张血管,改善微循环,促进儿童骨骼及智力成长,成为世界上乘保健品,是日本皇室的特供品。葛根味甘性辛凉,归脾胃经。葛根具有解酒醒脾、憎寒壮热、升阳解肌、透疹止泻、除

第一章 蔬菜与健康

烦止渴等作用。可治不思饮食、伤寒、耳聋、高血压、颈项强直引起的疼痛。

葛根种类较多,食用的以野葛、甘葛为主,大部分以葛根入药,山区农民取其肥大的肉质根加工成粉,但云南葛有毒,仅作农药或洗衣。

18. 番茄 含水量94%,热量低,含维生素A、P、C、D及谷酰氨酸,每人每天食用100克番茄,就能满足人体的维生素与矿物质之需。维生素C多与骨胶原合成,保持皮肤弹性,防止病毒入侵。含谷胱甘肽,维生素PP,是一种抗癌物质,果皮茸毛能分泌芦丁,与维生素P作用相似,可降血压。茄红素对心血管有保护作用,并具独特的抗氧化能力,清除自由基,保护细胞,使脱氧核糖核酸及基因免遭破坏,阻止癌变。对前列腺癌有预防作用,可减少胰腺癌、直肠癌、口腔癌、肺癌、乳癌的发病危险。含烟酸可维持胃液正常分泌,促进红细胞形成,保持血管弹性,对动脉硬化、高血压、冠心病人有益。含果胶膳食纤维防便秘。含柠檬酸、苹果酸、防止疲劳。叶中黄酮素(11毫克/克)可防止动脉硬化,降血压、止血利尿作用。中医认为番茄性甘酸微寒,有生津止渴、健胃消食、凉血平肝、清热解毒、降压之功。对高血压、肾病有辅助治疗作用。未熟青果番茄碱含量高,不宜食用,如加醋煮熟,毒性消失。急性肠炎、菌痢、溃疡活动期病人不宜食用。番茄中草酸含量高,患肝、胆、肾结石者少吃。

19. 辣椒 低热、高水分,含丰富的维生素C(185毫克/100克)是番茄的3.5倍。维生素A随果实的成熟而增加,可增强体力,缓解疲劳。辣椒素($C_{18}H_{27}O_3$)、二氢辣椒碱、高辣椒碱具辛辣味,可增进食欲,帮助消化,促进血液循环,辣椒中的维生素C,胡萝卜素,钴有防癌作用,可减少胃癌、食道癌的发病率,还有驱寒解毒、活络生肌、降低血压,活跃新陈代谢,促进造血功能。降低胆固醇,低密度脂蛋白、三酸甘油脂含量,预防中风。可治坏血病，防治牙龈出血、寒滞腹痛、呕吐泻痢、消化不良、胃纳不佳、冻疮、疥癣、风湿性关节炎等。每餐食用60克为宜。痔疮、疮疖患者应少吃，胃溃疡、食道炎、咳嗽、喉咽肿痛、痔疮患者宜少吃。

辣椒叶入药能补肝明目、除寒湿和治疟疾。辣椒根入药，可治疗功能性子宫出血。

20. 茄子 含有较多的维生素 K、E、P 及铁，维生素 P 可降低胆固醇，软化脑血管，增强细胞的黏着力，提高微细血管对疾病的抵抗力，防止中风，对高血压、紫癜有防治作用。茄子富含维生素 E，可抗衰老，延长寿命。茄子含乙酰胆碱，使消化液增加，消化道运动功能增强。茄子含茄碱甙 M_1 可增加肝脏生理功能，保护肝脏。茄子含龙葵碱及植化物，可消除类固醇激素的作用。对癌症有抑制作用，降压，防坏血病，促进伤口愈合，对痛经、胃炎、水肿有治疗作用。茄子含有大量的钾，可调节血压及心脏功能，预防心脏病和中风。茄子纤维含皂草甙，可降低胆固醇。茄子皮含维生素 PP 最高，可防止高血压、动脉硬化、咯血及紫斑。茄子萼片可防牙痛、口疮。白茄花可治妇女白带过多。中医认为，茄子清热活血，消肿止痛，祛风通络、止血作用，对内痔便血有作用。生白茄 30~60 克，煮熟后去渣加蜜，可治咳嗽。秋后茄子不宜多吃，因茄碱多会中毒，关节炎术前一周不能吃茄子。烹调前将茄子片（块）放入淡盐水中，可洗去黑斑（茄锈）。

21. 南瓜 每 100 克鲜南瓜含糖类 1.3~5.7 克，胡萝卜素 0.57~2.4 毫克，含水分 90%，热量低，每 100 克果肉，含瓜氨酸 20.9 毫克，是维生素 A、PP、K、C 的重要来源，果胶占干物质的 7%~17%。果胶可促进胃肠溃疡愈合，防止动脉硬化，还可清除重金属及农药残毒，防中毒，增强肝肾功能。南瓜含较多的 SOD（超氧化歧物酶），有减肥美容之功。南瓜含甘露醇，能催化亚硝酸盐残毒，减少结肠癌的发生。南瓜的 β-胡萝卜素、维生素C和钾作用下,对去除导致癌症、动脉硬化、消除心肌梗塞的自由基有一定的作用。预防高血压、防止眼睛受氧化破坏,防止白内障。含有的果胶和钴,可延缓肠道对糖及脂质的吸收,钴是胰岛细胞合成胰岛素的微量元素,对防止糖尿病有辅助作用。南瓜籽含蛋白质30%～40%,氨基酸量为527.1毫克/克,锌、铁、钙、钾含量很高,有驱虫作用,含有防止动脉硬化的不饱和脂肪酸。每天吃50克南瓜籽,可防止前列腺癌的发生,南瓜籽中有泛酸,可降压、缓解心绞痛作用,过量会头晕。还可治百日咳、痔疮等症。南瓜中的维生素A,有保护视力作用。中医认为南瓜性味甘温,有补中益气,消炎止痛、杀虫解毒作用。但是有脚气病、黄疸病人忌食。南瓜治糖尿病,误传二十多年,糖尿病人不宜多吃。

22. 黄瓜 含水分高,热量低,含有葡萄糖苷、果糖、甘露醇、木糖,不参与糖的代谢,是糖尿病人的充饥食品。含丙醇二酸,可抑制糖转化为脂肪,有减肥健美之功。瓜的青皮含绿原酸、咖啡酸,有抗菌消炎作用,可治咽喉肿痛。黄瓜含活性很强的黄瓜酶,可美容。黄瓜头部(柄)的苦味含葫芦素,有抗肿瘤作用,所以黄瓜要连皮连柄部一起吃。黄瓜含丙氨酸、精氨酸、谷胺酰胺,对治疗肝脏疾病,特别是酒精肝有治疗作用。精氨酸改善性功能,生物活性很强的黄瓜酶,可清邪热、生津液,有护肤去皱作用,使皮肤洁嫩。黄瓜凉拌时加盐,浸出的汁中含80%的维生素C,要连汁一起吃,要随拌随吃。黄瓜性甘寒,清热解毒、消肿利尿、止泻镇痛。

黄瓜皮可利尿,籽可接骨,藤可镇痉,秧可降压,根可解毒,叶可治痢,是全面的保健食品。

23. 苦瓜 幼果中苦味苷、苦味素含量很高,含苦瓜苷、5-羟基色氨、多种氨基酸、果胶及生物碱类中的奎宁,有促进食欲、利尿、活血、消炎退热、清心明目的功效。苦瓜中的苦味物质是维生素B_{17}的来源,对癌细胞有很强的杀伤力。苦瓜中有类似胰岛素的物质,有降低血糖作用。苦瓜中维生素 C 的含量较高,是甜瓜、丝瓜的 10~20 倍,是防治坏血病,防止动脉硬化、抗癌,保护心脏作用。嫩苦瓜味甘苦、性寒、有清凉解毒、清心明目、助消化作用,可益气壮阳、延缓衰老、解除疲劳作用,是心血管、糖尿病人理想的食品。可治痢疾、疮肿、热病烦渴、中暑发热、眼结膜炎、小便短赤、痱子过多等症。

苦瓜中维生素 B_1 是瓜类中最高,可防治脚气病,维持心脏正常功能,促进乳汁分泌,增进食欲。苦瓜中的脂蛋白成分,可提高机体免疫力,抗癌、抗病毒作用。苦瓜含生理活性蛋白,利于皮肤新生,伤口愈合,使皮肤细嫩。

苦瓜性寒,脾胃虚寒者少食。

24. 冬瓜 每 500 克食用部分含蛋白质 1.5 克、糖类 8 克、粗纤维 15 克、钙 72 毫克、磷 45 毫克、铁 1.1 毫克、胡萝卜素 0.08 毫克及尼克酸 1.1 毫克、维生素 C61 毫克、硫胺素 0.04 毫克、核黄素 0.08 毫克。冬瓜含水分高,含有较多的维生素 B_1、B_2 及纤维素,冬瓜不含脂肪,含钠量亦低,有去湿利尿、生津止渴、可除去多余的脂肪和水。冬瓜皮可治水肿、降血糖的作用。中医认为,冬瓜味甘淡、性凉、入肺、大小肠、膀胱经,为清热利水佳品,有利水消肿、清肺化痰、排脓、生津止渴、减肥瘦人、解毒清热、止痱止痒、润泽面容等功效,也可用于消渴、解河豚、鱼蟹中毒。适于热性体质、肥胖之人、热病初愈、孕妇及暑热之时食用,每次 15~20 克。如是浮肿、小便不利、肠痈可用冬瓜籽。冬瓜性凉,不宜生食,脾胃虚弱、肾脏虚寒、久病滑泻者忌食。现代药理研究证实,冬瓜含葫芦巴碱和丙醇二酸,前者对人体代谢有独特作用,后者可有效阻止糖类转化为脂肪,从而取得减肥效果。冬瓜低钠高锌,高维生素 C 对肥胖高血压、肾脏病、浮肿病、糖尿病大有益处。

节瓜是冬瓜的变种,以幼果供食。每 100 克果肉中含蛋白质 0.6 克,还原糖 3.3 克,维生素 38.3 毫克,钾 187 毫克,钙

12.1毫克,磷31.3毫克,铁0.43毫克,锌0.69毫克,锶0.06毫克,几乎不含钠,是肾脏病人的理想食品。

25. 丝瓜 含皂苷、丝瓜苦味质、黏液、瓜氨酸、木聚糖、脂肪、维生素C、维生素B等。丝瓜含干扰素诱生剂,能刺激机体产生干扰素,有抗病毒、防癌抗癌作用,但它极易遇热破坏,故炒丝瓜不要过熟。丝瓜含皂甙物质,有一定的强心作用。丝瓜汁有清洁、护肤美容作用,治疗皮肤色素沉着,可减轻青春痘、口臭、牙龈出血。

性味甘、凉,入肝胃经。有清热化痰、凉血解毒、抗病毒作用,清肤除雀斑。主治身热烦渴、多痰咳嗽、肠风痔瘘、崩带、血淋、疔疮、乳汁不通、痈肿等,可防止便秘、口臭和周身骨痛。烹食、煎汤服,或捣汁涂患处。体虚内寒者少食。丝瓜性凉,特别立秋后的丝瓜,不宜过多食用,要尽量吃鲜嫩的瓜。

丝瓜鲜嫩清香,绿中透白、无论炒食、做汤、配素配荤、味正鲜美,可护肤美容,止咳平喘、清热解暑、深受人们青睐。

26. 西葫芦 又名美洲南瓜、荽瓜。含水量为95%以上,热量低,其他营养物质含量低,而钾和维生素A、K、C含量较多。西葫芦瓜子热量较高,蛋白质、铁、磷含量丰富,蛋白质含量为29%,铁11.2毫克/100克,磷11.44毫克/100克。西葫芦中含瓜氨酸、腺嘌呤、天门冬氨酸、葫芦巴碱、含钠盐很低,公认的保健品。西葫芦有促进人体胰岛素的分泌,有效防治糖尿病,预防肝肾细胞再生能力,刺激干扰素的产生,提高免疫力,发挥抗病毒和肿瘤的作用。含水量丰富有润泽肌肤作用。中医认为:西葫芦具有清热利尿、除烦止渴、润肺止咳、消肿散结功能,可用于水肿腹胀、烦渴、疮毒以及肾炎、肝硬化腹水的辅助治疗。西葫芦不宜生食,烹调时不宜煮的太软,以免营养损失。脾胃虚寒者少食。

27. 洋葱 营养价值极高,总糖占干重的50%以上,含氮物占6.25%~13.8%,蛋白质占全氮的50%,有18种氨基酸,维生素 A 达 5 000 国际单位，维生素 C45 毫克/100 克，还有少量的磷、铁、钙和杀菌物质，可杀死原胞生物，抗真菌，洋葱含挥发油，可降低胆固醇，还含前列素 A，有舒张血管，对抗儿茶酚胺等升压物质的作用，还有促进肾脏利尿排钠作用，调节体内肾上腺素神经介质释放，从而起降血压的作用。含烯丙基三硫化合物及硫氨基酸，可降血脂，预防动脉硬化。洋葱有提高胃肠张力，增加消化道分泌作用。洋葱有驱风发汗、消食、治伤风、杀菌、催眠作用。洋葱含有一定量的钙，从而补钙降压。洋葱的硫化物可降低胆固醇。据日本、欧美医学家论证，常吃洋葱，可长期稳定血压，减低血管脆性，保护动脉血管，被称为"菜中皇后"。洋葱含有谷胱甘肽及类黄酮，有防癌作用。洋葱的硫黄成分，可治疗和预防呼吸道疾病。

洋葱性味辛温，有杀虫除湿，温中消食，杀菌消炎，提神健体，降血压，消血脂之功。可治腹中疼痛，宿食不消、高血压、高血脂、糖尿病。

28. 大葱 葱含有硫化丙烯，杀菌，调味，增进食欲，葱素可降低胆固醇，防止血液不正常凝固，防止动脉硬化。可防止呼吸道及肠道传染病，嚼食一颗葱，可杀死口腔内病菌。鲜葱汁加蜂蜜，可化痰止咳，把葱头捣碎敷在伤口上，可消炎止痛。鲜葱可治疖子和冻疮。

葱具利肺通阳、发汗解表、通乳止血、定痛疗伤的功效，用于痢疾、腹痛、关节炎、便秘等症。葱含有香辣味的葱素，能刺激唾液和胃液分泌，增进食欲。葱含有苹果酸、磷酸糖、能兴奋神经，改善促进循环，解表清热。常吃葱可减少胆固醇在血管壁上堆积，防止中风发生。

29. 大蒜 含大蒜素是一种强有力的杀菌和抑菌物质，可清除血管中的脂肪，防止动脉硬化和心脏冠状动脉血栓的形成。含硫化丙烯，可减少胆固醇，防止血栓形成，增加高密度脂蛋白，保护心脏动脉，大蒜能减慢心率，增加心收缩率，扩张末梢血管，增强利尿作用，降低血压。大蒜含锗、硒、大蒜素，可阻断硝酸胺的合成，合成抗癌的干扰素与巨噬细胞，防止胃癌发生。含硒较多，可促进胰岛素的合成，减轻糖尿病的发生。大蒜有很强的氧化活性，可防铝中毒。不可空腹生食用，食后宜喝热汤，每次2～3瓣。不可与蜂蜜同食。患有肝肾、膀胱、心脏病的人宜少食。

蒜薹对脾胃虚弱、泻肚、毒疮、水肿等症有辅助疗效。大蒜性味辛温，有行气、暖脾胃、消症积、解毒、杀虫之功。大蒜含锗量很高（754毫克/升），以独头紫皮大蒜为佳，比人参多1倍，能持久降压，防止心血管病。每天吃3克大蒜，低密度脂蛋白水平可降低50%。

30. 韭菜 含水分85%，含铁、钾、维生素A、维生素C及纤维素，防止便秘及肠癌。含硫化物、挥发油，可降血脂，增进食欲。含胡萝卜素及纤维素有排毒作用。韭菜粗纤维较多，可保持大便通畅，使多余营养从肠道排出而减肥。韭菜含有生物碱，皂苷，有温补肝肾，固精壮阳作用。韭菜含挥发性精油和硫化物，有兴奋神经和杀菌功能，对葡萄球菌、痢疾杆菌、伤寒杆菌、大肠杆菌、绿脓杆菌有抑制作用。韭菜还有益于高血脂及冠心病患者。韭菜味辛、性温阳，有增加体力，促进肠胃蠕动，增进食欲，下气散血、解毒降脂作用。适于阳痿、阳衰、早泄、遗精、遗尿、妇女干阴不足、胸痹、反胃、吐血、衄血、尿血、痢疾、消渴、脱肛、大便干燥、癌症患者食用。

春食韭菜补肝肾，晚秋次之，夏季易上火，阴虚火旺者不宜食用，每人每次不超过50克。韭菜对农药有增毒作用，在防治韭菜蛆时用农药的毒韭菜不宜食用。胃溃疡患者慎用。

31. 百合 富含蛋白质（3.57%）、脂肪（0.15%）、糖类（10.18%）、果胶（3.14%）及13种营养元素，18种氨基酸，还含有卵磷脂31.5～369.7毫克，生物碱，吲哚乙酸、吲哚丁酸。药用成分为百合甙A和B。百合富含钾，有利于加强肌肉兴奋度，促进代谢功能协调，使皮肤有弹性少皱纹。还有水解秋水仙碱，有滋养安神作用。百合性微寒、味甘平、入心肺经，健脑强身，滋阴润燥，补中益气、润肺止咳、宁心安神，对肺结核、老年慢性支气管炎、肺脓疡、神经衰弱症有较好的疗效。主治咳嗽、咯血、虚烦惊悸等症。花和梗可作止血药。风寒咳嗽、溃疡症、结肠炎患者不宜服。

据现代医学认为，百合有抑制癌细胞生长，提高机体缺氧耐力的功效。百合作药十分讲究，秋后挖起洗净，在鳞茎上部横切一刀使其散下，按内、外、中心三层，分开堆放，再用清水洗净后用开水烫或蒸 5~6 分钟，至鳞茎边缘柔软或背面极细裂纹时，捞起洗去黏液，摊薄层晒干供食。可蒸食、煮汤、熬粥、做羹、炒食等。

32. 黑木耳 黑木耳以补血、活血、止血见长，是天然的抗凝剂，能使血液凝固减慢，有防治动脉硬化、冠心病、高血压和高血脂症的作用。它能明显抑制血小板聚集，对脑血栓抑聚率特高，可有效防止中风的发生。黑木耳含铁量高（185 毫克/100 克），比菠菜高 20 倍，比猪肝高 7 倍，对缺铁性贫血疗效显著。黑木耳胶体吸附力强，能吸收肠内残渣和毒素，起到清除胃肠的排毒作用。黑木耳含卵磷脂，对脑细胞和神经细胞有营养作用，可补脑、抗衰老、美容作用。含多糖物质，抗癌成分，可增强免疫力，有抗癌的作用。出血的病人少吃。黑木耳有滋补润燥、养血益胃、抗衰延年之功，是久病体弱，腰腿酸软、肢体麻木、贫血、高血压、冠心病、脑血栓、癌症的理想保健品。

黑木耳常与红枣（炖）、豆腐、黄花菜、猪肉搭配。一般每天约 25 克左右。新鲜的黑木耳中含有一种物质，会引起日光性皮炎，故新鲜的黑木耳不宜食用。

黑木耳性味甘平，含微量元素锗（101 毫/升）相当高，有和血养荣、凉血止血之功。治高血压、血管硬化等症，称之"素中之荤"，南美人称为"树鸡"。可烩、炒、炖、烧做汤、美味适口，病后、产后补品。

33. 银耳 以滋补闻名，是古代皇家之延年益寿老药。银耳具健脑润补、扶正固本、抗病延年作用。亦可防治高血压、动脉硬化、神经衰弱、白血球减少症及癌症等症。银耳含胶质，使食物中营养物质易吸收，增加血黏度，防止出血。银耳含酸性多糖，促进细胞的活力，抑制杀灭癌细胞。

银耳是美容补品，性味甘、淡、平，有良好滋阴、润肺、生津作用，肺阴得补、肺津得濡，使皮肤细嫩光泽富有弹性，减少皱纹。并能兴奋机体的造血功能，使人面部红润。对化疗、放疗造成骨髓抑制的病人效果显著。由于银耳能益气和血、补脑安神、对用脑过度、失眠造成面黄憔悴、皮肤粗糙有效。是虚劳咳嗽、痰中带血、老年慢性支气管炎、肺结核、肺原性心脏病、癌症及虚热口渴患者的康复食品。

银耳以朵大、色白、质厚者为上品，发黄、发红及燻硫的银耳选购时应注意。

34. 蘑菇 干菇每100克含蛋白质35.6克，脂肪1.4克，糖14克，钙100毫克，磷162毫克，铁32毫克，维生素B_2 2.53毫克，烟酸55.1毫克及维生素C、B_6、D、E、K、A。蘑菇含多糖，有明显的抗癌作用，日本宣传每天吃一个蘑菇，既饱口福，又防食道癌，玻西美亚的樵夫常吃野蘑菇，从未患过癌症。蘑菇中含有一种蛋白，及抑制癌生长的叫"PSK"的物质，可阻止癌细胞蛋白质合成，对乳腺癌、肺癌、皮肤癌有抑制作用，蘑菇提取汁对治疗病毒性肝炎、白细胞减少症有效。蘑菇有降血糖作用。

蘑菇含亚油酸能降低胆固醇，降低血压、防止动脉硬化及肝硬化、镇咳、稀化痰液，防治感冒和抗菌。可治疗心血管疾病、糖尿病、高血脂、肺炎、肺结核、伤寒和肠炎等病菌引起的疾病。但要注意区别毒蘑菇。

蘑菇性味甘、凉，入肠、胃、肺经。开胃、理气、化痰、悦神、解毒、透疹、止吐、止泻。主治热病中后期体倦气弱、口干不食、咳嗽有痰、胸膈闷满、沤止泄泻、小儿麻疹透发不畅等，可作传染性肝炎、白细胞减少症的辅助疗法。

35. 香菇 含麦角甾醇，经日光作用变成维生素 D，可补充维生素 D 的不足，还含有多种维生素，防治脚气病，口腔溃疡、皮肤角膜炎。含香覃太生、丁酸、核酸类物质（腺嘌呤衍生物），有降低血脂的特殊作用，并有减缓动脉硬化与血管变脆、降低血压、降低胆固醇的作用。含香菇多糖，可抑制癌细胞的发生，对心血管疾病，内分泌失调，肝硬化有食疗和预防作用。还含有大量纤维素，可降低血清胆固醇，有降糖、降脂作用，增强免疫的 T 淋巴细胞的功能，提高免疫力，抑制病毒的感染。香菇含香菇素，使脑干的自律神经安宁，增强心、肝、甲状腺、前列腺的功能，抗衰老，增强活力。含干扰素，干扰病毒的蛋白合成，提高免疫力，防止病毒引起的流感、麻疹、肝炎的发病率。

香菇味甘、性平，有补脾开胃、养血补气、缓衰老、主治脾胃虚弱、食饮减少、少气乏力、子宫出血、宫颈癌、贫血、佝偻病、肝硬化、肿瘤等症。

现代药理研究证实，高血脂、高血压、糖尿病人连服香菇有效成分（香菇多糖）150～300 毫克/天，15 周后，血脂明显下降，故称为"食用菌皇后"，"益寿延年之上品"。日本称为植物性食物的顶峰。美国已把它选为"宇航食品"。发现经常食用香菇的人很少患流感。

36. 金针菇 低热量、高蛋白质、低脂肪、多糖、多种维生素。赖氨酸、锌的含量高，有益智作用，故称"增智菇"。可防肝病、肠道溃疡。适于儿童、中老年高血压、肥胖者食用，可使儿童长高。高钾低钠，可抑制血压升高，降低胆固醇，防止高血脂，减少心脑血管疾病。可抗疲劳、抗菌消炎、清除重金属，抗肿瘤。据新加坡研究，金针菇含一种蛋白质，可防哮喘、鼻炎、湿疹等过敏症。中医认为，金针菇性寒味咸，能利肝脏、益肠胃、增智慧，抗癌瘤。金针菇变质发霉不能吃，会中毒，脾胃虚寒者少吃。

37. 草菇 营养丰富，粗蛋白比香菇高 2 倍，含有 20 种氨基酸，包括 7 种人体必需的氨基酸，维生素 C、脂肪、糖类、粗纤维、铁、磷的含量亦较高。

草菇有清热、解暑、降血压、降血脂的作用，对高血压、高血脂、动脉硬化、冠心病，糖尿病及癌症患者，有辅助疗效。由于含 7 种人体必需的氨基酸及维生素，具滋补、开胃、养人的功效。

38. 平菇 营养丰富，含 18 种氨基酸及人体必需 8 种氨基酸，粗蛋白的含量是鸡蛋的 2.6 倍，猪肉的 1.5 倍，脂肪较少，还含有丰富的维生素及钙、磷、铁等矿物质。

平菇蛋白质及氨基酸的含量较高，可滋补强身，调节植物神经。平菇中的多种化合物，有防癌抗癌的作用。

39. 猴头菇 蛋白质含量高于肉类、鸡蛋和牛奶，含 16 种氨基酸中有 7 种是人体所必需而植物食品中没有的。猴头菇维生素 B_1 的含量是一般米面、蔬菜的 30 倍，是香菇的 10 倍。

猴头菇菌丝体中含有多糖体及多肽类物质，可增强胃黏膜屏障机能，提高淋巴细胞的转化率，提高人体免疫功能。猴头菇有抗癌作用，对胃癌、食道癌治疗效果显著。

猴头菇具有助消化、利五脏之功。对治疗胃溃疡、胃窦炎、消化不良、胃痛腹胀及神经衰弱有一定的作用。

40. 蚕豆 蚕豆含大量蛋白质，氨基酸较齐全，特别是赖氨酸，可以延缓动脉硬化。蚕豆含丰富的膳食纤维，有降低胆固醇，对动脉硬化，抗衰防病有较好的作用，还可促进肠蠕动作用。蚕豆含叶酸和维生素 A，是抗癌食品，可预防肠癌。蚕豆中含有大脑和神经组织的重要组成的磷脂，丰富的胆碱，有增强记忆及健脑作用。成熟的蚕豆固体物质的含量是未熟的 3 倍以上。未熟蚕豆是维生素 A、C 的来源。中医认为蚕豆能益气健脾、利湿消肿、止血解毒，有利尿、止血、补肾之作用，心脏水肿、肾炎水肿症患者宜食。蚕豆花能止血、止带、降血压。蚕豆梗能止血。蚕豆皮能健脾利湿，蚕豆荚烧炭研末可治烫伤、脓疱疮。

有蚕豆过敏史者忌食（蚕豆病）这是人体缺乏 6-磷酸葡萄糖脱氢酶所致。蚕豆含抑蛋白酶抑制物和血球凝激素，故宜水浸泡或焯水后再烹调。蚕豆不能多吃，防肚胀伤脾胃，会产气，吃多了会腹泻。

41. 扁豆 食荚或鲜豆粒，热量低，维生素 A、C 较多。干扁豆含蛋白质 23%～25%。糖类 61%～63%，脂肪 1.5%，钙的含量是含磷量的 1/6，钠的含量很低，是高血压、心脏病、肾炎患者的理想蔬菜。食用扁豆时要补充高钙低磷的食品如奶制品、绿叶蔬菜等。紫褐色扁豆有清肝消炎作用，可治眼生翳膜。扁豆富含蛋白质和多种氨基酸，能健脾胃，增食欲，夏季可消暑清口。含丰富的铁和维生素 C，对缺铁性贫血有益。扁豆含可溶性纤维可降低胆固醇，防治心血管病，其非可溶性纤维，可降低结肠癌发生。中医认为，扁豆性平，味甘、健脾和中、消暑化湿、养胃下气、补虚止泻，是治疗暑湿吐泻、脾虚呕逆、食少久泄、水停消渴、赤白带下、小儿疳和、胎动不安、酒醉呕吐及糖尿病之上品，亦是夏令暑湿内侵、痢疾肠炎之良药。

扁豆荚含大量皂苷和红细胞凝集素，需高温才能破坏，没有熟透会中毒，必须经沸水焯透或热油煸熟透才可食。是豆类中最易中毒的食品，千万不可大意。扁豆种子有白、黑、红、褐色之分，以白色为佳，花可治血痢，可健脾和胃、消暑化湿。扁豆种子可菜、可汤、可甜食。但脾胃虚寒中满，食之腹胀者要慎用。

42. 毛豆 毛豆是未成熟的大豆，或称菜用大豆，蛋白质含量高达 40% 左右，具植物蛋白，含有 8 种氨基酸，富含油酸，亚油酸，高密度脂蛋白，不含胆固醇，富含微量元素，及大豆磷脂，可防止老年痴呆及记忆减退，可降低胆固醇，防止血管硬化，高血压和冠心病的发生。大豆含抑胰酶，对糖尿病有一定的疗效，还可防治肥胖，增强耐久力。含异黄酮（木因）可抑制刺激肿瘤生长的酶，可防癌。特别对乳腺癌、前列腺癌、结肠癌效果好。

毛豆含钙、磷，对预防小孩佝偻症，老人骨质疏松有效。毛豆含易吸收的铁，对生长发育的小孩、缺铁性贫血者有效。毛豆含植物雌性激素，调节妇女更年期的激素水平，防止骨骼中钙流失。毛豆具有健脾、益气、宽中、润燥消水作用，可治脾气虚弱、消化不良、疳积泻痢、腹胀羸瘦、妊娠中毒、疮痈肿毒、外伤出血及前列腺疾病。毛豆含丰富的微量元素，与机体生长发育，新陈代谢及免疫功能等有关。大豆的利用率仅为50%～65%，如将其制成豆浆，利用率可上升到85%。

豆腐 豆腐属完全蛋白，几乎含人体所需的18种氨基酸。大豆含18%油脂，大部分是亚油酸，有益于人体神经、血管、大脑的生长发育。预防心血管病及肥胖症。蛋白质的吸收率高达92%～95%（大豆为65%）。豆腐的豆固醇在肠道中吸收较高胆固醇分解的胆汁酸，降低清胆固醇，抑制结肠癌，预防心血管疾病。是豆腐中异黄酮，调整雌激素使乳腺组织不易异常，减少前列腺癌，抑制白血病、结肠癌、肺癌、胃癌的发生。豆腐中的皂苷，可清除自由基，具有氧化和降低过氧化脂质的作用，降低胆固醇及甘油三脂含量，对预防心脑血管及动脉硬化有一定的作用。还有抗癌活性，抑制肿瘤细胞生长，抑制血小板聚集，有抗血栓作用，豆腐中的卵磷脂，有益于神经、血管、大脑的生长发育。中医认为，豆腐味甘性凉，入脾胃大肠经，具益气和中，生津解毒之功，解赤眼、消渴等症，解硫磺烧酒之毒。豆腐性凉，胃寒、腹泻、腹胀者少食。

豆浆 与豆腐相似，补虚清火，可治咳嗽、哮喘、多痰、大便秘结，豆浆不能加红糖，不能与红霉素同服，不能放在热水瓶中，大豆中有皂素，有刺激胃黏膜作用，煮沸后破坏，煮时要敞开锅盖，一般烧开后15分钟即可食用。防止吃后恶心、呕吐、头晕、腹泻等症。豆浆对心血管病人可降低胆固醇,防止血管硬化。豆腐的镁盐可防止冠心病,钙可防骨质疏松。

豆芽 热量低,水分和膳食纤维较高。含优质植物蛋白,发芽后生成维生素 C、B_1、B_2、钙、钾、磷、铁,使淀粉转化为糖类,蛋白质转化氨基酸,提高了利用率。豆芽可治维生素 B_2 缺乏症,丰富的蛋白质,维生素 C 具保护肌肉、皮肤和血管,消除紧张综合征。豆芽中的干扰素诱生剂,能诱发干扰素,抗病毒、抗癌。黄豆芽营养毛发,使头发乌亮、淡化雀斑。豆芽含纤维素,治便秘,预防消化道癌症。绿豆芽有清热解毒、利尿、除湿、解酒毒、热毒作用。

豆芽纤维较粗,不易消化,性偏寒,脾胃虚寒者少食。

43. 菜用豌豆 有极高的营养价值,粒用豌豆干物质中含蛋白质 23%～32%,糖类 16%,淀粉 10%～31%,脂肪 16%～27%,并含有维生素 A、B、C。以嫩荚供食的大荚豌豆每 100 克中含蛋白质 2.8 克,脂肪 0.2 克,糖类 4 克,维生素 A580 国际单位,维生素 B_1 0.15 毫克,维生素 B_2 0.08 毫克,维生素 C60 毫克,钙 43 毫克,磷 59 毫克,铁 0.9 毫克。豌豆头每 100 克中含蛋白质 4.9 克,脂肪 0.3 克,糖类 2.6 克,胡萝卜素 1.59 毫克,维生素 B_1 0.15 毫克,维生素 B_2 0.19 毫克,维生素 C53 毫克,是冬春人民喜食的蔬菜。

豌豆具有益气和中、利小便、解疮毒、通乳消胀等功效,可治痈肿、脚气病、糖尿病、产后少乳、霍乱等症,豌豆富含维生素 C、胡萝卜素及钾,可预防心脏病。豌豆含纤维素及分解亚硝酸铵的酶,可防结肠癌,降低胆固醇。豌豆苗有润肤、抑制黑色素形成,有美容功效。食之过多会腹胀、脾胃虚弱者宜少食。

44. 菜豆 嫩荚含可溶性固形物 8.5%～11.8%,糖类 2.6%～3.6%,维生素 C12.4～18.2 毫克/100 克,胡萝卜素 0.28～0.48 毫克/100 克。矿物质含钠量低,是高血压,冠心病及忌盐病人保健佳蔬。

菜豆具有维持人体正常代谢功能，增强人体内多种酶的活性，增强大脑皮质功能，使人神志清楚、精力充沛，菜豆与牛羊肉同煮，有补肾壮阳功能。但是菜豆嫩荚中含有皂苷和红细胞凝集素，必须煮透才能食用，否则会产生恶心、呕吐、头痛、头晕、腹胀、腹泻等症，如发生中毒要及时抢救。

菜豆性味甘温，有温中下气，健脾散寒、益肾补气之功。治虚寒、呃逆、呕吐、腹胀、肾虚腰痛、气喘诸症。临床上治疗虚寒呃逆、肾气虚损、肠胃不和、呃逆、腹胀及吐泻等。

45. 菠菜 含水量90%～93%，热量低，是镁、铁、钾的优质来源，含钙量超过含磷量2倍。其粗蛋白占干重的17%～33%，可与牛奶相比，蛋白质中有70%～80%为纯蛋白，10种氨基酸。维生素A含量为2 600国际单位/100克，维生素C为100毫克，可防止夜盲症。含丰富的叶黄素，胡萝卜素，维生素B_1、B_2等故称为"维生素宝库"。会产生斑点色素细胞，防止老人视网膜黄斑病、口角炎，故可明目防盲。丰富铁、维生素C高，可提高铁的吸收率，防止贫血。含类胰岛素样物质，使血糖稳定，是糖尿病人辅助食品。尤其是根。

菠菜含维生素E、辅酶Q_{10}，菠菜含大量抗氧化剂，具有抗衰老，促细胞增殖，激活大脑功能，增强青春活力。菠菜尖叶比圆叶营养成分高，但由于草酸含量高，有土腥味，必须焯过再食，不能和豆腐合煮，防止产生草酸钙。钙片食后2小时内不能吃菠菜。菠菜与胡萝卜合吃，使脑血管畅通，防止胆固醇沉积，防止中风。中医认为菠菜味甘、性凉、入胃、大肠经，为养血补血、止血、敛血润燥之佳品。可清理肠胃热毒，防治便秘。适于血虚体质、面色萎黄、产后虚弱、大便涩滞的人，也可用于神经衰弱、高血压、糖尿病的治疗。婴幼儿缺钙、软骨症、肺结核、肾结石、腹泻的人不宜食，会干扰锌、铁的吸收，小孩不能多吃。

46. 芹菜 芹菜叶片每100克含蛋白质3.2克，脂肪0.8

克，糖类 3.8 克，钙 61 毫克，磷 71 毫克，铁 0.4 毫克，胡萝卜素 3.12 毫克，硫胺素 0.12 毫克，核黄素 0.18 毫克，尼克酸 0.9 毫克，维生素 C29 毫克。而叶柄的钙 160 毫克，铁 8.5 毫克比叶片高，而叶柄胡萝卜素 0.11 毫克，硫胺素 0.03 毫克，核黄素 0.04 毫克，维生素 C6 毫克，糖类 1.9 克，脂肪 0.3 克，叶柄都比叶片低，所以叶与柄要一起吃。特别是降血压更加连叶吃，芹菜是钾的优质来源，含量比较高，含铁高，是缺铁性贫血之佳蔬。含钾高，含二十碳烯酸，含磷、钙，对防治高血压、对血管硬化、神经衰弱有辅助疗效。还能促进食欲，调和胃肠，兴奋精神，健脑镇痛、除痰补肾作用。治痛风、降血糖。粗纤维多（叶片 1.1 克，叶柄 0.6 克/100 克），刺激胃肠蠕动，促进排便。是一种助性菜，国外称"夫妻菜"。古希腊为僧侣禁食。可治浮肿。芹菜含补骨胎素，可预防牛皮癣。

西洋芹含维生素 P、D 及磷钙较多，有镇静大脑皮层，保护血管的作用。对防治高血压，血管硬化，神经衰弱、止咳、通便清肠有一定的疗效。

芹菜性甘、凉、无毒，具有清胃、散热、驱风、利咽、止咳、利尿明目的作用，可治疗高血压，血管硬化、神经衰弱、头痛脑胀、小儿软骨症等。

47. 马齿苋 现代药理认为，马齿苋含丰富的铜，体内铜离子是酪氨酸酶的组成部分，可使表皮中黑色素细胞的密度及黑色细胞内的酪氨酸酶的活性增加，使白发变黑。马齿苋又是天然抗生素，对大肠杆菌、痢疾杆菌、伤寒杆菌、金黄色葡萄球菌有抑制作用，还可防治矽肺病，消除尘毒，防止淋巴管发炎，阻止纤维性变化。马齿苋含高浓度去甲肾上腺素，可降低血糖浓度，含有钾盐、二羟基苯乙氮、二羟基苯丙氨酸、欧美加-3 脂肪酸，使前列腺素增加血栓素减少，防止冠状动脉痉挛和血栓形成，可防治冠心病。马齿苋含有的镁对缺血性心脏病的防治有效。每 100 克可食部分含蛋白质 2.3 克，脂肪 2.3 克，糖 3 克，粗纤维

0.7克，钙85毫克，尼克酸0.7毫克，维生素23毫克，硫胺素0.03毫克。还含有苹果酸、柠檬酸、谷氨酸、天门冬氨酸及丙氨酸等，经常食用可补充营养，无增加胆固醇之虑，对防治肺病、白癜风、水肿亦有一定的疗效。

性味酸寒，入大肠、肝、脾经。马齿苋利水去湿，清热解毒、止血消肿、杀虫杀菌、消炎镇痛的作用。主治热痢脓血、热淋、血淋、带下、痈肿恶疮、丹毒、百日咳、肺结核、腮腺炎。其水煎液，对大肠杆菌、伤寒杆菌及皮肤真菌有明显的抑制作用。外用可治小儿丹毒、下肢溃疡、带状泡疹。煎汤服、炒食或烫漂后用蒜调食。腹泻便溏之人忌食。性寒渴，不宜过多食之。

马齿苋5～9月嫩茎叶鲜食或干制，鲜食时要用沸水焯一下，可拌、炝、腌炒、煮、炖，可做馅，味道鲜美。

48. 荠菜 每100克可食部分含蛋白质5.3克，脂肪0.3克，糖类4.8克，钙336毫克，比豆腐高，维生素A 3.2毫克，比胡萝卜高4倍，维生素B比香蕉高6倍，其中硫胺素0.11毫克、核黄素0.15毫克、尼克酸0.56毫克，维生素C 44毫克，比柑橘、白菜高2倍，磷584毫克，铁5.0毫克。荠菜含荠菜酸，可缩短凝血时间，对子宫出血有奇效，对治疗泌尿系统感染、肾炎水肿、小便不利有一定的疗效。因含有胆碱、乙酰胆碱、芳香甙及配糖体，能轻度扩张冠状动脉，有降血压作用，治疗冠心病。上海二医大发现荠菜有抗衰老作用。日本发现防癌、抑癌作用。到了三月三，荠菜当灵丹。性味甘平，入肝、心、肺、脾经，和脾、利水、止血、明目。可治疗泌尿系统感染、肾炎水肿。主治痢疾、水肿、淋症、乳糜尿、吐血、衄血、便血、月经过多、崩漏、目赤肿痛、胆石症等。煎汤、炒菜或包饺子食。

49. 芫荽 又名香菜，芫荽每100克可食部分含水分88.3克，蛋白质2克，脂肪0.3克，糖类6.8克，粗纤维1克，维生素B_1 0.14毫克，维生素B_2 0.15毫克，维生素C 92～98毫克，胡萝卜素 3.77 毫克，尼克酸 1 毫克，钙 184 毫克，磷 49 克，铁 5.6 克。

性味辛、温，入肺脾经。全株入药发汗透疹，消食下气，主治麻疹透发不畅，食物积滞。沸水余后食，炒食，煎汤内服或外洗。

传统医学认为果实入药，可治沙疹，豆疮，有驱风、健胃、祛痰之功。是人们喜爱的火锅蔬菜。

麻疹已透，虽未透出而热毒壅滞，非风寒外束者忌食。

50. 莴苣 每 100 克叶片含蛋白质 1.6 克，糖类 2.2 克，纤维素 0.6 克，维生素 A3 000 国际单位，维生素 C13 毫克，烟碱酸 0.5 毫克，磷 27 毫克，钙 30 毫克，铁 1.2 毫克。氨基酸占蛋白质的 30%～36%。茎叶乳汁中含糖类、甘露醇、莴苣素和矿物质，能刺激肠胃，增加食欲。莴苣素是一种苦味物质，具镇痛、催眠、降低胆固醇、治神经衰弱的作用。莴苣中的维生素 E 有促进人体细胞分裂，延缓衰老的作用。莴苣含钾量较高，含钠量较低，利于人体的水分平衡，可增强排尿和血管张力，对高血压、心脏病患者有一定的医疗保健效果。莴苣还含有碘、氟、锌等人体必需的元素，碘参与甲状腺素的组成，氟能参与牙釉质骨骼的形成，锌则是胰岛素的激活剂。

莴苣味甘苦、性凉，具有利五脏、补筋骨、通经脉、去口臭、白齿牙、明目、通乳、杀虫、利小便、去蛇毒等功效。莴苣汁有安神、镇静之功，是儿童、中老年安眠之品，适于临睡前食用。

莴笋含有芳香烃羟化脂，对胃癌、肝癌有预防作用。也可缓解放化疗的副作用。患有尿血、水肿、产后少奶、乳汁不通可起治疗作用。莴笋含氟丰富，对牙齿有保护作用，参与骨骼的生长过程，对儿童生长发育有利。神经官能症，高血压、心律不齐、失眠患者疗效显著。

51. 番杏 番杏的嫩茎叶片含微量元素硒较多，每 100 克鲜样中含硒 1.27 微克，锶 0.43 毫克，锌 0.33 毫克，钾 221 毫克，钙 97

毫克，磷 36.6 毫克，维生素 C46.4 毫克，胡萝卜素 2.6 毫克。

番杏有清热解毒、利尿、消肿、解蛇毒作用，可治疗肠炎、消化道癌症、败血症、风热目赤、疔疮红肿等症。加工时用湿粉勾芡，可解涩、糙。

52. 马兰头 每 100 克嫩茎叶含蛋白质 4 克，脂肪 0.4 克，粗纤维 1.6 克，糖类 6.7 克，胡萝卜素 3.32 毫克，钙 285 毫克，磷 106 毫克，钾 522 毫克，铁 2.4 毫克，含有乙酸龙脑脂、甲酸龙脑脂、倍伴萜烯、二聚戊烯和辛酸等挥发油。还含有维生素 B_1 0.06 毫克，维生素 B_2 0.13 毫克，尼克酸 0.8 毫克，维生素 C26 毫克。

性甘、凉、无毒、具清热解毒、抗菌消炎、凉血、利尿之功。适于吐血、衄血、急性肝炎、咽喉炎、扁桃体炎、腮腺炎等症。现代药理研究发现，马兰对 HBsAg 阳性的乙肝病毒携带者、慢性胃炎、支气管炎有一定疗效。还可治外感风热、肝炎、消化不良及中耳炎等。可凉拌、炒蛋、烤肉。少数人食用后有上腹不适、胸闷呕吐等副作用。脾胃虚寒者慎用。

春天取其嫩茎叶，焯水后拌、炝、腌、炒、做汤、制粥。干制品与肉同煮，别具风味。

53. 芦蒿 营养丰富，每 100 克食用部分含蛋白质 3.6 克，钙 730 毫克，磷 102 毫克，胡萝卜素 13.9 毫克，维生素 4.7 毫克及 13 种氨基酸，纤维素和香脂。有清凉、平抑肝火、预防牙痛、喉痛和便秘作用。有祛风湿、健脾胃、化痰助消化之功。

54. 落葵 又名天葵、木耳菜。按茎的颜色分紫落葵和绿落葵，食用部分为幼苗或嫩梢，质地滑嫩多汁，是夏季的理想绿叶野菜。是一种少脂肪、低热量、高胡萝卜素、维生素 C 及高钙的伏缺蔬菜。每 100 克食用部分含蛋白质 1.9 克，糖类 3.1 克，其中还原糖 0.37 克，脂肪 0.2 克，胡萝卜素 4.55 毫克，维生素 C102 毫克，钾 332 毫克，钙 143 毫克，磷 43.8 毫克，铁 12.7 毫克，锌 0.51 毫克，锶 0.95 毫克，硒 1.26 微克，以及葡聚糖、粘多糖、有机酸和皂苷等。落葵性寒、味甘酸、无毒、具清热凉血、清肠解毒、降压益肝、美容强身之功。可治大便秘结、小便短涩、痢疾、便血、斑疹、疔疮等症。但脾胃虚弱者及孕妇不宜食用，可炒、可烧，亦可做汤。

55. 蕹菜 营养丰富，每100克可食部分含水分90.1%，蛋白质2.3克，脂肪0.3克，糖类4.5克，粗纤维1克。钙100毫克，磷37毫克，铁1.4毫克，胡萝卜素2.14毫克，维生素B_1 0.06毫克，维生素B_2 0.16毫克，尼克酸0.7毫克，抗坏血酸28毫克。胡萝卜素的含量为番茄的7倍，维生素C含量比番茄高3倍，钙高出近20倍，粗纤维高2.5倍。含有类胰岛素，具有降低血糖的作用，老人及肥胖人可多吃。

蕹菜味甘性平，有清热、凉血解暑、去毒利尿等功效。可解黄藤、钩吻、砒霜、野毒菇中毒，可治小便不利、尿血、鼻血、咳血等症。外用可治疮痈肿毒。

蕹菜茎叶、根皆可吃。

56. 茼蒿 营养全面，每100克食用部分含水分95.8克，蛋白质0.8克，糖类1.9克，粗纤维0.6克，钙330毫克，磷18毫克，铁0.8毫克，维生素A 0.28毫克，维生素B_1 0.01毫克，维生素B_2 0.03毫克，尼克酸0.2毫克，维生素C 2毫克。还含有13种氨基酸，其中丙氨酸，天门冬氨酸和脯氨酸含量较高，脆嫩可口，有清香味。茼蒿含类似菊花香味的挥发油，有助于宽中理气，消食开胃，增加食欲，茼蒿的粗纤维，有润脾利肠作用。茼蒿中含有多种氨基酸、脂肪、蛋白质及钾钠盐，可调节体内水分代谢、通小便、消水肿。其挥发性精油及胆碱物质，有降压补脑作用。

茼蒿味甘性平，有开胃、健胃、祛痰、安心、润肺补肝、稳定情绪、防止记忆力减退、消痰开郁、避秽化浊的作用。

57. 金花菜 又名黄花苜蓿。营养丰富，以蛋白质含量高而称著，胡萝卜素含量高于胡萝卜，核黄素含量是蔬菜中最高的，还含有苜蓿酚,植物皂素,苜蓿素,卢瑟醇及大豆黄酮等成分,被日本列为20种防癌蔬菜之一。对冠心病患者有辅助疗效。每100克食用部分含水分81.8克,蛋白质3.9克,脂肪1克,膳食纤维2.1克,糖类8.8克,钙713毫克,磷78毫克,铁9.7毫克,维生素A2.64毫克,维生素$B_1$0.1毫克,维生素$B_2$0.73毫克,尼克酸2.2毫克,维生素C118毫克。

金花菜性平、味苦、涩、无毒,具清热利尿、利大小肠、补血止喘、舒筋活络、减肥轻身之功。现代药理研究,苜蓿素、苜蓿酚可抑制结核菌生长,有止咳作用,对支气管疾病有疗效。苜蓿素能抑制肠道收缩,增加血中甲状腺素的含量,可防止肾状腺素的氧化,并有轻度雌激素样作用和抗癌作用。金花菜中的大豆黄酮、苜蓿酚均具有雌激素的生物活性。金花菜中含有较多的铁元素,可治疗贫血的辅助食品,其中维生素B_{12},可治疗恶性贫血。胃病患者慎食。

以嫩芽供食,每年4~5月采摘,可切碎凉拌、炝、腌、炒、煎、炖、做汤或粥。亦可制干或素炒。

58. 苋菜　每100克嫩茎含蛋白质1.8克,脂肪0.3克,糖类5.4克,钙180毫克,磷46毫克,维生素C28毫克,胡萝卜素1.95毫克,硫胺素0.04毫克,核黄素0.16毫克,尼克酸1.1毫克。含钙量居蔬菜中第3位,铁含量比菠菜高1倍,是夏季供应的季节性绿叶菜。以嫩头及叶供食。在长江以南地区食用较多。苋菜性甘凉,利补气除热,收敛止泄、通窍滑胎。

59. 菊花脑　含有菊苷、胆碱、腺嘌呤、小苏碱、小檗碱、维生素B及纤维素,尤以维生素A、B、C、蛋白质、矿物质含量高,还含有黄酮素,挥发油等芳香物质,有特殊香味。有清热解毒、凉血、开胃调中、降压、抑菌及抑制病毒的作用,可扩张冠状动脉,防止中风。但性寒,凡气虚胃寒、食少泄泻者不宜多食。

菊花脑性味甘、凉。有清热解毒、健脾开胃之功,适于热疖、痱子、疱疹等皮肤脓性炎症、高血压、红眼病、中暑痊夏等症。

60. 香椿头 每 100 克食用部分含水分 85.2 克，蛋白质 1.7 克，脂肪 0.4 克，粗纤维 1.8 克，糖类 9.1 克，钙 96 毫克，磷 147 毫克，铁 3.9 毫克，硫胺素 0.08 毫克，核黄素 0.13 毫克，尼克酸 0.9 毫克，抗坏血酸 12 毫克，胡萝卜素 0.78 毫克及香椿素等。有降低胆固醇、抗疲劳、抑癌症、壮阳助孕作用（含有维生素 E 及性激素）。

性平味苦，有清热解毒、涩肠止血、健胃理气、祛风利湿、止血止痛、杀虫固精之功。对黄色葡萄球菌、痢疾杆菌、伤寒杆菌有杀灭作用。适于肠炎、痢疾、疔、疽、疮、疥疮、白秃等症。

不能多食，否则会令人神昏、血气微、壅气动风。一般烫后冷拌或炒蛋食。香椿是一种"发物"，多食会诱发痼疾复发，故慢性病患者宜少食或不食。性偏凉，慢性肠炎、痢疾者不宜多食。

香椿以嫩芽供食。嫩梢长度以不超 12 厘米为宜。香椿芽可炒食、凉拌、做汤、亦可腌制后食用。将香椿芽和蒜捣成糊状，加盐、醋、酱油、麻油、开水，做成香椿汁，用来拌面条风味特别。

61. 蒲菜 每 100 克可食部分含蛋白质 1.2 克，脂肪 0.1 克，糖类 1.5 克，膳食纤维 4 克，维生素 C6 毫克，钙 53 毫克，磷 24 毫克，还含有大量的 18 种氨基酸和维生素 B_1、维生素 B_2、维生素 E、胡萝卜素等。它的雄花花粉（蒲黄）有止血作用，可治冠心病。它的提取物，具有催产、降压作用。

蒲菜性凉味甘，具清热凉血、利水消肿、活血化瘀的功效。适于孕妇劳热、胎动下血、消渴口疮、热痢、淋病、白带、水肿等症。凡湿热内蕴、痢疾、淋病、遗精、白带、水肿患者，宜常食之。

每年春秋挖假根茎食用，可拌、炝、炒、扒、烧、焖、煮、做汤、调馅、制粥等。

脾胃虚寒者宜少食。

62. 荸荠 含淀粉 21.8%，维生素 PP0.44 毫克，及蛋白质、维生素 A、B_1、B_2、C 和磷、钙、铁等矿物质。含有不耐热的抗菌成分荸荠英，对黄色葡萄球菌、大肠杆菌、绿脓杆菌有抑制作用。还含有降血压及防治癌症的有效成分，可作乳腺癌、子宫颈癌、食道癌的辅助食品。

性寒、味甘、有清热生津、化痰消积、开胃消食、益中补气及明目之功。可用于湿热口干、胸中烦热、咽喉肿痛、尿少尿黄等症。但对于性寒而滑、脾胃虚寒、小孩遗尿者忌食。

荸荠易寄生薑片虫，宜煮食，如生食一定将皮削净后在开水烫后再食。

荸荠自古入药，干燥叶状茎中医称"通天草"，性寒味甘，有清热利尿、治呃逆等。其汁是麻疹病孩最好的饮料。上火时、嗓子干痛，取汁加白糖频饮，火气会顿消。与海蜇皮制成雪羹汤消热去痰、降压效佳。荸荠与鲜藕汁、梨汁、鲜芦根汁、麦冬汁制成"五汁饮"对发烧烦渴、痰热咳嗽效果良好。

63. 菱角 主要成分是淀粉、葡萄糖及多种矿物质和维生素。菱角含抗腹水肝癌 AH-13 的作用，还分离出麦角甾四烯-4，6，8，22-酮-3 和 β-各甾醇等抗癌物质，可作癌症的辅助食品。菱角内中的 AH-13 对食道癌、肝癌、子宫癌患者有益。日本、欧美已制成治癌食品。

菱角味甘、涩、性平、无毒。生食能清暑解热、止咳、利尿、通乳。熟食能益气补脾、养神强志，可用于暑热伤津、身热出汗、口渴心烦、醉酒口喝、脾气虚弱、神疲乏力、四肢不仁、血热所致的月经过多、冻疮出血等症。

64. 茭白 以肉质变态茎供食，味鲜美。干物质中粗蛋白含量为 21.5%～23.3%，脂肪 0.63%～0.96%，还原糖含量 9.16%～9.44%，氨基酸含量为 11.26%～12.69%，其中天门冬氨酸1.74%～2.8%，谷氨酸含量为1.54%～1.79%，赖氨酸0.07%～1.3%。矿物质以磷较多，也有少量钙和铁。

茭白性甘寒滑，具有利尿、除烦渴、止痢、除目黄、解热毒之功，有催乳作用，可与泥鳅、豆腐或猪蹄同烧。

患泌尿结石、脾胃虚寒、滑精腹泻人忌食。茭白忌同蜂蜜一起食用。

65. 枸杞　每100克嫩叶含水分87.8克，蛋白质5.6克，脂肪1.1克，膳食纤维1.6克，糖类2.9克，钙36毫克，磷32毫克，铁2.4毫克，维生素B_1 0.08毫克，维生素B_2 0.32毫克，尼克酸1.3毫克，维生素C 58毫克，以及芸香苷、肌苷及多种氨基酸。果实含甜菜碱，是一种强壮剂，有补肾益精、养肝明目之功。可提高肝脑器官中超氧化物岐化酶的活性（SOD），有抗氧化能力，可延年益寿。枸杞子含锌量很高，有补精作用。还含有生物碱、甙类及胺类化合物。枸杞子性味平甘，有坚筋、耐老、除风、补益筋骨、能益智、健脑、去虚劳作用，其含亚油酸，对高血压、冠心病有疗效。它有刺激性腺及内分泌腺增加性激素的制造，强化脑细胞及神经系统功能，避免血中毒素积存，维持体内各种功能运行正常，有抗脂肪肝作用，治疗肝炎突变，预防肝癌发生。

枸杞头性凉、味苦、甘，具有解毒、保肝、减肥降压、补虚益精、祛风明目、生津止渴等功效。有良好的清热调经作用。适用于痔疮肿痛、妇人白带、肾亏腰脚痛、急性结膜炎等症。脾胃虚寒者少食。以夏天采嫩叶、炒、凉拌或入汤。

66. 黄秋葵　以嫩果供食，果柄易折断，种子白色如珍珠，叶、芽、花亦可食。最近推出新型男性保健品植物伟哥葵力健的原料就是黄秋葵。幼果中黏滑汁液含果胶及阿拉伯聚糖，果胶为可溶性纤维，有保护皮肤、肝肺、健胃润肠之功。种子中还含有较多的钾、钙、铁等矿物质，根对恶疮痈瘤有疗效。可用于胃炎、胃溃疡、消化不良等症的辅助食品。

黄秋葵嫩荚肉质柔软，润滑，用于炒食、煮食、凉拌、制罐及速冻等。

67. 鱼腥草 每 100 克食用部分含蛋白质 2.2 克，粗纤维 18.4 克，钙 74 毫克，磷 53 毫克，铁 40 毫克。含有鱼腥草素、蕺草碱、甲基正壬烯、月桂油烯、羊脂酸及月桂酸，对金黄色葡萄球菌、链球菌、变形杆菌、流感病毒、白喉杆菌有良好的抑制作用。味辛性微寒，清热解毒、利尿消肿、活血顺气、止咳健胃之功。可治肺炎、肺脓疡、热痢、疟疾、淋病、痈肿、湿疹等症。对尿道疾病、胃痛、子宫肌瘤、化脓性疾病有疗效。

现代药理研究表明，鱼腥草中的癸酰乙醛，可人工合成鱼腥草素，对球菌与杆菌有抑制作用。增强人体免疫力，提高病人白细胞的吞噬能力。其所含槲皮苷，能使血管扩张，有消炎消肿作用。

鱼腥草具有抗噬菌体作用，显示有抑癌活性。国外用本品全草制成溶点 140℃ 针状结晶，对胃癌有奇效，对肺癌、大肠癌、绒毛膜上皮癌、外治体表恶性肿瘤及晚期癌症并发感染疗效显著。

夏秋季采嫩叶凉拌、炒、汤食，亦可盐渍 30 分钟挤干水分后拌食。

寒性病症不宜食用。

68. 竹笋 竹笋含丰富植物蛋白，大量的胡萝卜素，维生素 B_1、B_2、C，16 种氨基酸及钙、磷、铁。是低糖、低脂肪高纤维素的食物，由于粗纤维多，不易消化吸收，其吸水性高可增加粪便体积，促进肠道蠕动，利消化，除积滞，可防止便秘，故称"清肠菜"。竹笋纤维吸附脂肪能力特强，可降低胃肠黏膜对脂肪的吸收，减少脂肪的积蓄，可有自然减肥的效果，肺热咳嗽、浮肿、肾炎、动脉硬化、冠心病食用竹笋大有益处。竹笋含有稀有元素镁，具有一定的防癌功能，对防治大肠癌、乳房癌亦有作用。

竹笋脆嫩鲜美，风味特异，含有多种营养素及各种维生素。

生长于南方的箬竹叶，可提取多糖体，对肝腹水癌 AH36 有 100% 抑制作用，它的机理是对癌细胞分泌的毒素起解毒作用。防止肝过氧化氢酶活性下降，促进肝脏酶的活性化。

竹笋性味甘寒。有消渴、利水、清肠、化痰的作用，具利九窍、通血脉、化痰涎、消食胀之功。

上消化道出血、消化道溃疡、食道静脉曲张、尿路结石者忌食。由于竹笋含草酸钙较多，食用时宜切片在沸水中烫过再食用。

69. 金针菜 金针与冬笋、香菇、木耳被誉为山珍，每 500 克干制品中含蛋白质 70.5 克，糖分 300 克，并含有脂肪、胡萝卜素和维生素 B_1、B_2、C 及钙、磷、铁等矿物质。可作孕妇、产妇食品，因为对胎儿发育有好处，与母鸡炖汤，既可滋补身体，又能镇静解忧和增发乳汁作用。

金针菜性味甘、凉，有利湿热、补气通络、宽胸膈之功，被日本列为保健妙品，主治乳汁不通、乳腺炎初起，产后气血虚亏等症。

鲜金针菜含秋水仙碱，必须经过沸水烫过才能食用，否则会中毒。

五、无公害农产品与绿色食品

（一）无公害农产品

1. 概念及标志 根据《无公害农产品管理办法》第一章第二条的规定，"无公害农产品"是指产地环境、生产过程和产品质量符合国家有关标准和规范的要求，经认证合格获得认证证书并允许使用无公害农产品标志的未经加工或初加工的食用农产品。

无公害农产品有专门的标志，其图案如图 1-1 所示。标志图案主要由麦穗、对勾和无公害农产品字样组成,麦穗代表农产品,对勾表示合格,金色寓意成熟和丰收,绿色象征环保和安全。标志图案直观、简洁,易于识别,含义通俗易懂。

2. 绿叶蔬菜无公害质量标准

绿叶蔬菜无公害质量标准不是单一的产品标准,是由一系列标准构成的完善的标准体系。

图1-1 无公害农产品标志

①**产地环境标准** 无公害绿叶蔬菜产地环境应符合相应行业标准 NY 5089—2005《无公害食品 绿叶类蔬菜》中相应的要求。

②**生产技术标准** 无公害绿叶蔬菜生产技术标准,一部分是针对生产过程中的投入品如农药、肥料、生长调节剂等生产资料使用方面的规定,另一部分是针对具体生产技术规程的规定。农业投入品应符合《无公害食品 肥料使用准则》和《无公害食品 农药使用准则》等普适性标准。具体生产技术标准(规程)应按照当地无公害蔬菜地方标准操作。

③**产品标准** 无公害绿叶蔬菜产品应符合 NY 5098—2005《无公害食品 绿叶类蔬菜》行业标准。

④**标志使用、包装及贮运标准** 绿叶蔬菜无公害标志必须经有关部门进行无公害农产品认证后方可使用;产品的包装、贮运必须符合无公害产品包装、贮运标准;产品的外包装除必须符合国家食品标签通用标准外,还必须符合无公害包装和标签标准。

3. 茄果类蔬菜无公害质量标准 根据 NY 5005—2001 标准规定,无公害茄果类蔬菜的感官应符合表1-3 的规定、卫生要求应符合表1-4 的规定。根据国家行业标准 GB 4285—89 规定,农药使用标准见表1-11。

表1-3 无公害食品茄果类蔬菜感官要求

项目	品质	规格	限度
品种	同一品种	规格用整齐度表示。同规格的样品其整齐度应>90	每批样品中不符合感官要求的，按质量计总不合格率不超过5%
成熟度	果实已充分发育，种子已形成（番茄、辣椒）；果实已充分发育，种子未完全形成（茄子）		
果形	只允许有轻微的不规则，并不影响果实的外观		
新鲜	果实有光泽、硬实、不萎蔫		
果面清洁	果实表面不附有污物或其他外来物		
腐烂	无		
异味	无		
灼伤	无		
裂果	无（指番茄）		
冻害	无		
病虫害	无		
机械伤	无		

注：1. 成熟度的要求不适用于2,4-D和番茄灵等化学处理坐果番茄果实。
  2. 腐烂、裂果、病虫害为主要缺陷。

表1-4 无公害食品茄果类蔬菜卫生指标

序号	项目	指标/（毫克/千克）
1	六六六	≤0.2
2	乐果	≤1
3	滴滴涕	≤0.1
4	乙酰甲胺磷	≤0.2
5	杀螟硫磷	≤0.5
6	马拉硫磷	不得检出

第一章 蔬菜与健康

(续)

序号	项目	指标/(毫克/千克)
7	敌敌畏	≤0.2
8	敌百虫	≤0.1
9	辛硫磷	≤0.05
10	喹硫磷	≤0.2
11	溴氰菊酯	≤0.2
12	氰戊菊脂	≤0.2
13	氯氟氰菊酯	≤0.5
14	氯菊酯	≤1
15	抗蚜威	≤1
16	多菌灵	≤0.5
17	百菌清	≤1
18	三唑酮	≤0.2
19	砷（以As计）	≤0.5
20	铅（以Pb计）	≤0.2
21	汞（以Hg计）	≤0.01
22	镉（以Cd计）	≤0.05
23	氟（以F计）	≤0.5
24	亚硝酸盐	≤4

注：(1) 粉锈宁通用名为三唑酮。
(2) 出口产品按进口国的要求检测。
(3) 根据《中华人民共和国农药管理条例》剧毒和高毒农药不得在蔬菜生产中使用，不得检出。

4. 无公害瓜类蔬菜质量标准 瓜类无公害安全生产标准有农药安全使用标准 NY 5074—2005（见表1-5），产地环境标准（见表1-7），灌溉水质量标准（见表1-8），土壤环境质量标准（见表1-9）。

表1-5　无公害瓜类生产的农药安全使用标准

蔬菜	农药	剂型	常用药量或稀释倍数	最高用药量或稀释倍数	施药方法	最多使用次数	最后一次施药离收获的天数（安全间隔期）天	实施说明
黄瓜	乐果	40%乳油	50毫升/亩，2 000倍	100毫升/亩，800倍	喷雾		不少于2	施药次数按防治要求而定
	百菌清	75%可湿性粉剂	100克/亩，600倍液	40克/亩，2 000倍液	喷雾	3	不少于10	结瓜前使用
	粉锈宁	15%可湿性粉剂	50克/亩，1 500倍液	100克/亩，750倍液	喷雾	2	不少于3	
	粉锈宁	20%可湿性粉剂	30克/亩，3 300倍液	60克/亩，1 700倍液	喷雾	2	不少于3	
	多菌灵	25%可湿性粉剂	50克/亩，1 000倍液	100克/亩，500倍液	喷雾		不少于5	
	溴氰	2.5%乳油	30毫升/亩，3 300倍液	60毫升/亩，1 600倍液	喷雾	2	不少于3	
	菊酯辛硫磷	50%乳油	50毫升/亩，2 000倍液	50毫升/亩，2 000倍液	喷雾	3	不少于3	
甜瓜	粉锈宁	20%乳油	25毫升/亩，2 000倍液	50毫升/亩，1 000倍液	喷雾	2	不少于5	
西瓜	百菌清	70%可湿性粉剂	100~120克/亩，600倍液	120克/亩，500倍液	喷雾	6	不少于21	隔7~15天喷1次药

注：1亩=667米²，亩为非法定计量单位。

表1-6　无公害蔬菜生产上严禁使用的农药

农药种类	农药名称
无机砷杀虫剂	砷酸钙、砷酸铅
有机砷杀菌剂	甲基胂酸锌（稻脚青）、甲基胂酸铵（田安）、福美甲胂、福美胂
有机锡杀菌剂	薯瘟锡（毒菌锡）、三苯基醋酸锡、三苯基氯化锡、氯化锡
有机汞杀菌剂	氯化乙基汞（西力生）、醋酸苯汞（赛力散）

第一章 蔬菜与健康

(续)

农药种类	农药名称
有机杂环类	敌枯双
氟制剂	氟化钙、氟化钠、氟化酸钠、氟乙酰胺、氟铝酸钠
有机氯杀虫剂	DDT、六六六、林丹、艾氏剂、狄氏剂、五氯酚钠、硫丹
有机氯杀螨剂	三氯杀螨醇
熏蒸杀虫剂	二溴乙烷、二溴氯丙烷、溴甲烷
有机磷杀虫剂	甲拌磷、乙拌磷、久效磷、对硫磷、甲基对硫磷、甲胺磷、氧化乐果、治螟磷、杀扑磷、水胺硫磷、磷胺、内吸磷、甲基异硫磷
氨基甲酸酯杀虫剂	克百菌(呋喃丹)、丁硫克百威、丙硫克百威、涕灭威
二甲基甲脒	类杀虫杀螨剂杀虫脒
取代苯杀虫杀菌剂	五氯硝基苯、五氯苯甲醇(稻瘟醇)、苯菌灵(苯莱特)
二苯醚类	除草剂除草醚、草枯醚

5. 生产无公害蔬菜的产地环境条件

(1) 无公害蔬菜产地环境应符合农业行业标准 NY 5010—2002 标准规定,分别见表 1-7、表 1-8 和表 1-9。

表 1-7 环境空气质量要求

项 目	浓度限值			
	日平均		1小时平均	
总悬浮颗粒物(标准状态)/(毫克/米^3)	≤0.30		—	
二氧化硫(标准状态)/(毫克/米^3)	≤0.15a	≤0.25	0.50a	≤0.70
氟化物(标准状态)/(微克/米^3)	≤1.5b	≤7		

注:日平均指任何1日的平均浓度;1小时平均指任何1小时的平均浓度。
a. 菠菜、青菜、白菜、黄瓜、莴苣、南瓜、西葫芦的产地应满足此要求。
b. 甘蓝、菜豆的产地应满足此要求。

表 1-8 灌溉水质量要求

项　目	浓度限值	
pH	5.5～8.5	
化学需氧量/（毫克/升）	≤40a	≤150
总汞/（毫克/升）	≤0.001	
总镉/（毫克/升）	≤0.005b	≤0.01
总砷/（毫克/升）	≤0.05	
总铅/（毫克/升）	≤0.05c	≤0.10
铬（六价）/（毫克/升）	≤0.10	
氰化物/（毫克/升）	≤0.50	
石油类/（毫克/升）	≤1.0	
粪大肠菌群/（个/升）	≤40 000d	

a. 采用喷灌方式灌溉的菜地应满足此要求。
b. 与表 1-8a 项同。
c. 萝卜、水芹的产地应满足此要求。
d. 采用喷灌的菜地及采用浇灌、沟灌的叶菜类菜地应满足此要求。

表 1-9 土壤环境质量要求

项目	含量限值/（毫克/千克）					
	pH<6.5		pH6.5～7.5		pH>7.5	
镉	≤0.30		≤0.30		≤0.40a	≤0.60
汞	≤0.25b	≤0.30	≤0.30b	≤0.50	≤0.35b	≤1.0
砷	≤30c	≤40	≤25c	≤30	≤20c	≤25
铅	≤50d	≤250	≤50d	≤300	≤50d	≤350
铬	≤150		≤200		≤250	

注：本表所列含量限值适用于阳离子交换量＞0.05 摩尔/千克的土壤，若≤0.05 摩尔/千克，其标准值为表内数值的半数。

a. 白菜、莴苣、茄子、萝卜、芥菜、苋菜、芜菁、菠菜的产地应满足此要求。
b. 菠菜、韭菜、胡萝卜、白菜、菜豆、青椒的产地应满足此要求。
c. 菠菜、胡萝卜的产地应满足此要求。
d. 萝卜、水芹的产地应满足此要求。

(2) 生产技术应符合无公害蔬菜生产技术规范要求。主要包括：选育良种，培育壮苗；加强肥水管理，增强植株的生长势，增强抗性；采用嫁接栽培技术或进行轮作，防治蔬菜的土壤传播病害危害；创造有利于蔬菜生长发育的环境，保持蔬菜较强的生长势，增强抗性；控制环境中的温度、水分、光照等因素，创造不利于病虫害发生和蔓延的条件；利用有益生物（包括生物制剂）防治病虫害；合理施肥，重视有机肥，化肥用量要适宜；用洁净的水灌溉；合理使用农药、激素等，不使用禁止使用的农药（见表1-6）。

茄果类蔬菜无公害食品生产上使用的农药见表1-10。

表1-10 茄果类蔬菜无公害食品生产的农药使用标准项目及标准值

蔬菜	农药	剂型	常用药量或稀释倍数	最高用药量或稀释倍数	施药方法	最多使用次数	最后一次施药离收获的天数（安全间隔期）天	实施说明
番茄	氰戊菊酯	20%乳油	30毫升/亩 3 300倍液	40毫升/亩 2 500倍液	喷雾	3	不少于3	
	百菌清	75%可湿性粉剂	100克/亩 600倍液	120克/亩 500倍液	喷雾	6	不少于23	每隔7~10天喷1次
茄子	三氯杀螨醇	20%乳油	30毫升/亩 1 600倍液	60毫升/亩 800倍液	喷雾	2	不少于5	
辣椒	喹硫磷	25%乳油	40毫升/亩 1 500倍液	60毫升/亩 1 000倍液	喷雾	2	不少于5（青椒）	红辣椒安全间隔期不少于10天

(二) 绿色食品

1. 概念、类型及标志 绿色食品是指遵循可持续发展原则，按照特定生产方式生产，经专门机构认定，许可使用绿色食品标志的无污染的安全、优质、营养类食品。自然资源和环境条件是食品生产的基本条件，国际上通常将与生命、资源、环境保护相关的事物冠之以"绿色"。为了突出这类食品出自良好的生态环境，并能给人们带来旺盛的生命力，因此将其定名为"绿色食品"。绿色食品分为 AA 级和 A 级 2 个等级。

（1）AA 级绿色食品　指生产地的环境质量符合《绿色食品产地环境质量标准》，生产过程中不使用化学合成的农药、肥料、食品添加剂、饲料添加剂、兽药及有害于环境和人体健康的生产资料，而是通过使用有机肥、种植绿肥、作物轮作、生物或物理方法等技术，培肥土壤、控制病虫草害、保护或提高产品品质，从而保证产品质量符合绿色食品标准，并经专门机构认定，许可使用 AA 级绿色食品标志的产品。AA 级绿色食品相当于国际上的有机食品，并可与之进行论证转换。

（2）A 级绿色食品　指产地的环境质量符合《绿色食品产地环境质量标准》，生产过程中严格按绿色食品生产资料使用准则和生产操作规程要求，限量使用限定的化学合成生产资料，并积极采用生物技术和物理方法，保证产品质量符合绿色食品产品标准，并经专门机构认定，许可使用 A 级绿色食品标志的产品。

绿色食品标志（图 1-2）由 3 部分构成，即上方的太阳、下方的叶片和中心的蓓蕾，象征自然生态；颜色为绿色，象征着生命、农业、环保；图形为正圆形，意为保护。AA 级绿色食品标志与字体为绿色，底色为白色；A 级绿色食品标志与字体为白色，底色为绿色。

图 1-2　AA 级绿色食品标志（左）和 A 级绿色食品标志（右）

2. 绿叶蔬菜绿色食品质量标准

（1）产地环境标准　产地大气环境质量符合 GB 3095—82

《大气环境质量标准》及 GB 9137—88《保护农作物的大气污染物最高允许浓度》。农田灌溉水质标准在参照 GB 5084—2005《农田灌溉水质标准》与地面水质标准基础上进行了修订，其限值在地表水标准Ⅲ类与Ⅳ类之间。

1995 年 7 月，国家环保局和国家技术监督局发布了 GB 15618—1995《土壤环境质量标准》。该标准分为三级：一级为保护区域自然生态，维持自然背景的土壤质量限制值；二级为保障农业生产，维护人类健康的土壤质量限制值；三级为保障农林生产和植物生长的土壤临界值。绿色食品土壤环境质量标准在国家的一级与二级之间，并依据《中国土壤普查技术》增加了土壤肥力作为参考标准。

（2）生产技术标准　一部分是针对生产过程中的投入品如农药、肥料、生长调节剂等生产资料使用方面的规定，另一部分是针对具体生产技术规程的规定。农药、肥料等生产投入品的使用必须符合《绿色食品农药使用准则》和《绿色食品肥料使用准则》。具体生产技术规程应按照国家及地方标准操作。

（3）产品标准　产品必须符合绿色食品产品标准。

（4）标志使用、包装及贮运标准　绿色食品标志必须经绿色食品产品认证后方可使用。产品的包装、贮运必须符合绿色食品包装、贮运标准。产品的外包装除必须符合国家食品标签通用标准外，还必须符合绿色食品包装和标签标准。

3. 茄果类蔬菜绿色食品质量标准　根据农业部标准 NY/T 655—2002 要求，绿色食品茄果类蔬菜感官指标应符合表 1-13 的规定、营养指标应符合表 1-11 的规定、卫生指标应符合表1-12 的要求。

4. 瓜类蔬菜绿色食品标准　根据农业部标准 NY/ 747—2003 要求，绿色瓜菜感官指标应符合 1-13 的规定，营养指标应符合表 1-14 的规定，卫生指标应符合表 1-12 的规定。

表 1-11 绿色食品茄果类蔬菜营养指标

项 目	番茄	辣椒	茄子
每百克含维生素 C/毫克	≥12	≥60	≥5
可溶性固形物/%	≥4	—	—
总酸/%	≥5	—	—
番茄红素/（毫克/千克）	≥4，≥8（加工用）	—	—

表 1-12 绿色食品蔬菜卫生指标　　（毫克/千克）

序 号	项 目	指 标
1	砷（以 As 计）	≤0.2
2	汞（以 Hg 计）	≤0.01
3	铅（以 Pb 计）	≤0.1
4	镉（以 Cd 计）	≤0.05
5	氟（以 F 计）	≤0.5
6	乙酰甲胺磷	≤0.02
7	乐果	≤0.5
8	敌敌畏	≤0.1
9	辛硫磷	≤0.05
10	毒死蜱	≤0.2
11	敌百虫	≤0.1
12	氯氰菊酯	≤0.5
13	溴氰菊酯	≤0.2
14	氰戊菊酯	≤0.2
15	抗蚜威	≤0.5
16	百菌清	≤1
17	多菌灵	≤0.1
18	亚硝酸盐（以 NO^{2-} 计）	≤2

注：按照 NY/T 393—2000 规定的禁用农药不得检出，其他农药参加国家有关农药残留限量标准。

第一章 蔬菜与健康

表1-13 绿色蔬菜感官要求

品　质	规　格	限　度
1. 同一品种或相似品种，成熟适度，色泽正，果形正常，新鲜、果面清洁	同规格的样品其整齐度应≥90%	每批样品中不符合品质要求的样品按质量计总不合格率不应超过5%
2. 无腐烂、畸形、异味、冷害、冻害、病虫害及机械伤		

注：腐烂、异味和病虫害为主要缺陷。

表1-14 绿色瓜菜营养指标（毫克/100克）

项目	黄瓜	冬瓜	南瓜	丝瓜	苦瓜	西葫芦
维生素C	≥9	≥18	≥8	≥4	≥55	≥5

注：本标准中的指标仅作为参考，不作为判定依据。

5. 生产绿色蔬菜的条件

（1）绿色蔬菜生产基地应选择在无污染和生态条件良好的地区。基地选点应远离工矿区和公路铁路干线，避开工业和城市污染的影响，同时绿色蔬菜生产基地应具有可持续的生产能力。环境质量应符合农业部绿色食品产地环境技术条件（NY/T 391—2000，适用于绿色食品AA级和A级）规定，空气、农田灌溉水和土壤中各项污染物的指标要求分别见表1-15、表1-16和表1-17。

表1-15 空气中各项污染物的指标要求（标准状态）

项　目	指标	
	日平均	1小时平均
总悬浮颗粒物（TSP）/（毫克/米^3）	≤0.30	—
二氧化硫（SO_2）/（毫克/米^3）	≤0.15	≤0.50
氮氧化物（NO_2）/（毫克/米^3）	≤0.10	≤0.15
氟化物（F）/（微克/米^3）	≤7	≤20
氟化物（F）（挂片法）/[微克/（分米^2·天）]	≤1.8	—

表 1-16 农田灌溉水中各项污染物的指标要求

项 目	浓度限值	项 目	浓度限值
pH	5.5～8.5	总铅/(毫克/升)	≤0.1
总汞/(毫克/升)	≤0.001	铬(六价)/(毫克/升)	≤0.1
总镉/(毫克/升)	≤0.005	氟化物/(毫克/升)	≤2.0
总砷/(毫克/升)	≤0.05	粪大肠杆菌群/(个/升)	≤10 000

表 1-17 土壤中各项污染物的指标要求(毫克/千克)

耕作条件	旱田			水田		
pH	<6.5	6.5～7.5	>7.5	<6.5	6.5～7.5	>7.5
镉	≤0.30	≤0.30	≤0.40	≤0.30	≤0.30	≤0.40
汞	≤0.25	≤0.30	≤0.35	≤0.30	≤0.40	≤0.40
砷	≤25	≤20	≤20	≤20	≤20	≤15
铅	≤50	≤50	≤50	≤50	≤50	≤50
铬	≤120	≤120	≤120	≤120	≤120	≤120
铜	≤50	≤60	≤60	≤50	≤60	≤60

生产 AA 级绿色食品时,转化后的耕地土壤肥力要达到土壤肥力 1～2 级标准。

(2) 生产技术应符合绿色蔬菜生产的技术规范。

①绿色蔬菜病虫害防治技术规范 主要包括:采用抗病抗虫品种、非化学药剂种子处理、培育壮苗、加强栽培管理、中耕除草、秋季深翻晒土、清洁田园、轮作倒茬、间作套种等一系列农业措施,以起到防治病虫草害的作用;利用灯光、色彩诱杀害虫,机械捕捉害虫,机械和人工除草等机械物理措施防治病虫草害;特殊情况下,必须使用农药时,应按照绿色蔬菜农药使用要求严格控制施药量和安全间隔期,不得使用蔬菜上严禁使用的药剂见表 1-19。

第一章 蔬菜与健康

表 1-18 A级茄果蔬菜绿色食品生产禁止使用的农药

种 类	农药名称
有机氯杀虫剂	滴滴滴、六六六、林丹、甲氧滴滴涕、硫丹
有机氯杀螨剂	三氯杀螨醇
有机磷杀虫剂	甲拌磷、乙拌磷、久效磷、对硫磷、甲基对硫磷、甲胺磷、甲基异柳磷、治螟磷、氧化乐果、磷胺、地虫硫磷、灭克磷(益收宝)、水胺硫磷、氯唑磷、硫线磷、杀扑磷、特丁硫磷、克线丹、苯线磷、甲基硫环磷
氨基甲酸酯杀虫剂	涕灭威、克百威、灭多威、丁硫克百威、丙硫克百威
二甲基甲脒类杀虫杀螨剂	杀虫脒
卤代烷类熏蒸杀虫剂	二溴乙烷、环氧乙烷、二溴氯丙烷、溴甲烷
有机砷杀菌剂	甲基胂酸锌(稻脚青)、甲基胂酸钙胂(稻宁)、甲基胂酸铁铵(田安)、福美甲胂、福美胂
有机汞杀菌剂	三苯基醋酸锡(薯锡)、三苯基氯化锡、三苯基羟(毒菌锡)
取代苯类杀菌剂	五氯硝基苯、稻瘟醇(五氯苯甲醇)
2,4-D类化合物	除草剂或植物生长调节剂
二苯醚类除草剂	除草醚、草枯醚
植物生长调节剂	有机合成的植物生长调节剂
除草剂	各类除草剂

②绿色蔬菜生产的施肥技术规范 主要包括：应使用符合要求的农家肥料、商品有机肥、腐殖酸类肥、微生物肥、有机复合肥、无机(矿质)肥、叶面肥、有机无机肥(半有机肥)等；禁止使用任何化学合成肥料；禁止使用城市垃圾和污泥，医院的粪便、垃圾和含有害物质(如毒气、病原微生物、重金属等)的工业垃圾。

生产A级绿色食品在有机肥、微生物肥、无机(矿质)肥、腐殖酸肥中按一定比例掺入化肥(硝态氮肥除外)，并通过机械混合成掺合肥料。

③品种选用上尽可能适应当地土壤和气候条件，并对病虫草

害有较强的抵抗力的高品质优良品种。

④耕作制度上尽可能采用生态学原理,保持物种的多样性,减少化学物质的投入。

六、有机食品

(一) 有机食品的概念及标志

有机食品指来自有机农业生产体系,根据有机农业生产要求和相应标准生产加工,并且通过合法的、独立的有机食品认证机构认证的农副产品及其加工品。而所谓有机农业是指一种完全不使用或基本不使用人工合成的化学肥料、农药、生长调节剂、家畜禽饲料添加剂等人工合成物质,也不使用基因工程生物及其产物的生产体系。

根据有机食品的定义,一种食品要成为有机食品,必须满足以下条件:①食品原料必须是来自于已经建立或正在建立的有机农业生产体系,或者是采用有机方式采集的野生天然产品;②在整个生产过程中必须严格遵循有机食品的加工、包装、贮藏、运输的标准和要求;③在生产和流通过程中必须有完整的质量控制体系和跟踪审查体系,并有完整的生产和销售记录及档案;④在整个生产过程中尽最大可能减小对环境的污染和生态破坏的影响;⑤必须通过独立的经认可的有机食品认证机构的认证。

有机食品有相应的标志,中国有机产品标志的主要图案由3部分组成(图1-3),即外围的圆形、中间的种子图形及

图1-3 中国有机产品标志

其周围的环形线条。

（二）生产有机食品的条件

根据 2011 年 12 月 1 日发布，2012 年 3 月 1 日实施的《有机产品认证实施规则》CNCA-N-009—2011、有机产品标准 GB/T 19630—2011 的规定，生产有机食品需要以下条件：

(1) 优良的生产场地　有机食品生产基地应远离城区、工矿区、交通主干线、工业污染源、生活垃圾场等。此外，产地土壤环境质量应符合 GB 15618—1995 中的二级标准，农田灌溉用水水质应符合 GB 5084 的规定，环境空气应符合 GB 3095—1996 中二级标准和 GB 9137 的规定。

(2) 种子和种苗要求　应选择有机种子或种苗。当从市场上无法获得有机种子或种苗时，可以选用未经禁用物质处理过的常规种子或种苗，但应制订获得有机种子和种苗的计划；应选择适应当地的土壤和气候特点、对病虫害具有抗性的作物种类及品种；选择品种时应注意保持品种遗传基质的多样性，不使用由基因工程获得的品种；禁止使用经禁用物质和方法处理的种子和种苗。

(3) 合理的耕作制度　应采用作物轮作和间套作等形式以保持区域内的生物多样性，保持土壤肥力；禁止连续多年在同一地块种植蔬菜；应根据当地情况制定合理的灌溉方式（如滴灌、喷灌、渗灌等）控制土壤水分。

(4) 肥料使用技术　提倡运用秸秆覆盖或间作的方法避免土壤裸露；通过回收、再生和补充土壤有机质和养分来补充因作物收获而从土壤带走的有机质和土壤养分；保证施用足够数量的有机肥以维持和提高土壤的肥力、营养平衡和土壤生物活性；有机肥应主要源于本农场或有机农场（或畜场），外购的商品有机肥，应通过有机认证或经认证机构许可；限制使用人粪尿，必须使用时，应当按照相关要求进行充分腐熟和无害化处理，并不得与作物食用部分接触，禁止在叶菜类、块茎类和块根类作物上施用；禁止使用化学合成肥料和城市污水、污泥和未经堆制的腐败性废弃物。

（5）污染控制措施　有机地块与常规地块的排灌系统应有有效的隔离措施，以保证常规农田的水不会渗透或漫入有机地块。常规农业系统中的设备在用于有机生产前，应得到充分清洗，去除污染物残留。在使用保护性的建筑覆盖物、塑料薄膜、防虫网时，只允许选择聚乙烯、聚丙烯或聚碳酸酯类产品，并且使用后应从土壤中清除。

（三）有机蔬菜的病虫草害防治技术

有机蔬菜必须严格按照有机生产规程和有机产品标准进行生产，病虫草害防治时不应使用农药、化肥、植物生长调节剂、除草剂等人工合成的化学物质，也不能使用基因工程技术获得的生物及其产物。要遵循生态平衡原则、综合防治原则、科学管控原则及制度保证原则。

1. 有机蔬菜病虫草害的农业防治

（1）有机蔬菜生产基地应封闭管理　有机蔬菜生产基地和常规蔬菜生产基地之间应设置有效的缓冲带或物理障碍物，在同一有机蔬菜生产基地单元内不应有平行生产。为防止外部病菌虫卵等的传入，对有机蔬菜生产基地应利用缓冲带或物理障碍物实行相对封闭管理，非生产人员、车辆等不得随意进入有机蔬菜基地单元中。用于有机蔬菜生产的农机具、架材、生产设施等也应专管专用，避免被非有机生产部分的禁用物质污染。对因需要而必须进入生产区域的人员、车辆等应进行严格消毒处理。

（2）严格蔬菜植物病虫草害检疫制度　植物病虫草害检疫是为了防止农作物病虫草害随同农作物的产品、种子、种苗扩散而传播的一整套措施，它是限制人为传播病虫草害的根本途径。很多蔬菜作物的病虫害会随着种子、种苗、产品和包装物及有机肥料、架材等而传播。如美洲斑潜蝇、西甜瓜细菌性果腐病、番茄溃疡病、黄瓜黑星病等，都属于检疫对象。因此在从外部引进蔬菜种苗和其他投入品时应进行严格检疫，防止检疫性的病原菌和虫卵随着蔬菜的种苗和其他投入品在有机蔬菜基地传播和蔓延。

（3）加强蔬菜病虫害的预测预报工作　蔬菜病虫草害的发生，都有其可循的自然规律和相应的环境条件。如：气温过高或过低，昼夜温差较大，棚室内空气相对湿度达饱和，植株叶片上有水滴，则易患灰霉病、疫病、霜霉病、白粉病、菌核病等；气温较高，天气干燥，则多发蚜虫和白粉虱；苗床温度过低、湿度过大、肥料未腐熟等会引起蔬菜苗期的生理病害（如沤根）。因此可根据蔬菜病虫害发生的规律和相应的环境，结合田间定点观测与环境条件监测情况，及时预测蔬菜病虫草害发生的趋势，采取应对措施。

（4）制定三年以上的轮作倒茬计划　有机蔬菜基地应设计包括豆科作物或绿肥在内的至少3种或3种以上作物轮作计划。设计原则：一是实行蔬菜作物不同科间相互轮作，白菜、甘蓝、芥菜等（十字花科蔬菜）与番茄、茄子、辣椒等（茄科蔬菜）或黄瓜、南瓜、冬瓜等（葫芦科蔬菜）三类蔬菜间可相互轮作，如"越冬甘蓝→早春番茄→夏秋黄瓜"就是有机蔬菜基地常用的轮作模式。二是根据病菌虫卵在土壤中的存活年限设计轮作方案，如黄瓜细菌性角斑病、茄子褐纹病、番茄青枯病、葱紫斑病等土传病害的预防必须设计2～3年轮作方案，而萝卜、大白菜、甘蓝等十字花科蔬菜的根肿病的预防则应设计4～5年的轮作方案，西瓜为防止枯萎病为害需设计6～7年的轮作方案。有机蔬菜生产中可推行水旱轮作，这样会改变和打乱病虫草害发生的生态环境，从而减少病虫害的发生和为害。各种蔬菜对轮作年限的要求也不尽相同，一般禾本科常连作；小白菜、芹菜、甘蓝、葱蒜类、慈姑等在没有严重发病地块上可连作；十字花科、百合科、伞形花科也较耐连作，但以轮作为佳；茄科、葫芦科、豆科、菊科不耐连作；马铃薯、山药、生姜、黄瓜、辣椒等需 2~3 年轮作；番茄、大白菜、茄子、甜瓜、豌豆、茭白、芋等需 3~4 年轮作。

（5）应经常保持有机菜田的田园清洁　有机蔬菜基地应经常保持清洁的田园环境，确保健康的土壤、健壮的植物。一是在蔬菜发病初期将病叶、病果甚至病株及时摘除和清理，防止病原物在田间扩展蔓延；二是在蔬菜特别是果菜生长的中后期及时进行植株调整如支架、绑蔓、摘心、打老叶等，以改善植株间的通风透光条件，预防病菌虫卵孳生和蔓延；三是在蔬菜收获后，及时清理病株残茬并全部运出基地外集中烧毁或深埋，以减少病虫害基数。

（6）及时清除田间及菜田周边的杂草　田间及菜田周边的杂草，特别是多年生杂草往往是病菌虫卵越冬越夏的寄主或中间寄主，如十字花科杂草是菜粉蝶、小菜蛾等的寄主，蜜源植物是害虫在蔬菜幼苗出土前和收获后的重要食物来源，反枝苋、苦苣菜等越冬杂草是黄瓜花叶病毒的寄主，应及时加以清除。一般采用人工除草技术及时清除菜地周边及田间的杂草，有机蔬菜生产中可采用不利于杂草植株生长发育的措施如水旱轮作、种植绿肥、休耕撂荒等来控制杂草生长，还可地面覆盖黑色地膜抑制杂草生长。有机蔬菜生产中还有使用稻草、树叶、水浮莲、砻糠等地表覆盖来控制杂草。国外采用农业机械除草和电热除草也有较好的效果。在有机蔬菜生产中也有报道喷施酸度 4%~10% 的食用酿造醋不但可以消除杂草，更有土壤消毒的效果，尤其是在杂草苗期喷施效果更佳。但禁止使用基因工程产品和化学除草剂除草。

（7）应在夏（冬）季及时耕翻晒（冻）垡　菜地深翻可把菜田表面的病残体、病原物、菌核、虫卵等翻入土中，加速病残体的分解和腐烂，促使潜伏在病残体内的病原物死亡，尤其对土传病害病原物杀灭效果更好，如十字花科菌核病的菌核翻入土中 10 厘米以下 2 个月即死亡，翌年发病率会大大降低。菜地翻耕也能使一部分病菌虫卵暴露在地表，在干燥的条件下被晒（冻）死，如十字花科蔬菜软腐病菌于干燥地表在常温下 2 分即死亡。此外将表土翻至 25 厘米以下，还可减轻根结线虫的为害，利用夏季高温休闲季节，起垄灌水覆地膜，密闭棚室两周或利用冬季低温冻垡等也可抑制线虫发生。

（8）根据栽培蔬菜的需水特性科学灌溉排水 根据所栽种蔬菜作物的需水特点和规律进行科学合理地灌排也会影响土壤中病原物的活动、传播以及蔬菜病虫害的发生。有机蔬菜基地建设时应做到路相通、渠相连，确保涝能排、旱能灌。如：大白菜、红菜薹等软腐病，茄子绵疫病多发生在排水不畅，地面潮湿的情况下；番茄、辣椒青枯病主要发生于久旱骤雨、久雨骤晴、局部积水不退、气温升高时。蔬菜细菌性病害会因为大水漫灌而蔓延，种植有机蔬菜应根据当地情况制定合理的灌溉方式（如滴灌、喷灌、渗灌等），尽量减少大水漫灌。

（9）根据有机蔬菜的需肥特性合理施肥 有机蔬菜生产应通过适当的耕作和栽培措施维持和提高土壤肥力，强调使用有机肥，使足够的有机物质返回土壤，以保持或增加有机生态系统内的土壤肥力以及土壤生物活性。可使用本系统生产的经过 30～180 天堆制腐熟的有机肥料（植物秸秆、绿肥、畜禽粪便及其堆肥、沼肥等），如外购商品有机肥，应经认证机构按照 GB/T 19630.1—2011 附录 C 评估后许可使用，确保有机肥料使用后没有病菌虫卵为害，同时还应避免过度施用有机肥，造成环境污染；可使用溶解性小的天然来源的矿物肥料：如磷矿石、钾矿石、硼砂、微量元素、镁矿粉、硫磺、石灰石、石膏、黏土（如珍珠岩、蛭石等）、氯化钠、窑灰、碳酸钙镁、泻盐类等，但不得将此类肥料作为有机生态系统中营养循环的替代物，且不应采用化学处理提高其溶解性；允许使用木料、树皮、锯木屑、刨花、木灰、木炭及腐殖酸类物质（来自采伐后未经化学处理的木材，地面覆盖或经过堆制）；允许使用草木灰、泥炭、饼粕、蘑菇培养废料和蚯蚓培养基质(配制培养基的初始原料限于 GB/T 19630.1—2011 附录 A 表 A.1 的产品,经过堆制)、食品工业副产品(经过堆制或发酵处理)、海洋副产品(海草或海草产品)、动物来源的副产品(未添加禁用物质,经过堆制或发酵处理);允许使用可生物降解的微生物加工副产品,如酿酒和蒸馏酒行业的加工副产品(未添加化学合成物质);允许使用天然存在的微生物提取物(未添加化学合成物质)。严禁使用人工合成的化学肥料、污水、污泥和未经堆制的腐败性废弃物;不应在叶菜类、块茎类和块根类蔬菜植物上施用人粪尿,在其他蔬菜植物上需要使用时,应当进行充分腐熟和无害化处理。

(10) 选用抗病抗虫抗逆的种类和品种　应选择有机蔬菜种子或种苗,当从市场上无法获得有机蔬菜种子或种苗时,也可以选用未经禁用物质处理过的常规蔬菜种子或种苗,禁用转基因的蔬菜品种或材料。选用抗病抗虫抗逆且适宜有机蔬菜基地土壤和环境(露地、设施等)种植的蔬菜种类和优良品种是有机蔬菜病虫害防治的关键。目前国内在蔬菜上培育出的抗病品种已有不少在生产上推广应用。例如番茄双抗 2 号品种可抗叶霉病,毛粉 802、佳粉 17 等品种可抗蚜虫、斑潜蝇,黄瓜中较抗白粉病的品种有津研 2 号、4 号和 6 号,津春 4 号可兼抗枯萎病、霜霉病和白粉病,中农 11、津春 1 号可抗黑星病、霜霉病、白粉病、枯萎病、疫病等 5 种病害,茄子中北京线茄、牛心茄等品种较抗褐纹病,而紫圆茄、北京九茄等品种较抗绵疫病。另外胡萝卜、牛蒡、芋、山药、莴苣、韭菜、大蒜、大葱、洋葱、毛豆、甜菜、筒蒿、菠菜、芹菜、芫荽、水芹、芦笋、茴香、薄荷、紫苏、姜等具有特殊气味和风味的蔬菜,抗病虫性和抗逆性均较强;线虫发生多的田块,改种抗(耐)虫作物如禾本科植物、葱、蒜、韭菜、辣椒、甘蓝、菜花等或种植水生蔬菜,可减轻线虫的发生。

(11) 推广应用蔬菜嫁接换根技术　嫁接是防止土传病害最为经济高效的途径,有机蔬菜生产中利用抗病砧木采取嫁接栽培可有效防止或减轻病虫为害，并能实现在同一地块连续种植。如黄瓜与黑籽南瓜、土佐系南瓜嫁接高抗枯萎病、疫病，西瓜与南瓜和葫芦嫁接高抗枯萎病，栽培茄子与野生茄子或托鲁巴姆、赤茄等嫁接能高抗黄萎病。目前嫁接技术已推广应用于茄果类蔬菜（番茄、茄子、辣椒）、瓜类蔬菜（西瓜、甜瓜、黄瓜、冬瓜、丝瓜）上。据报道通过嫁接抗病砧木，可使黄瓜枯萎病、黄瓜疫病、茄子黄萎病、青椒疫病等防病效果达90%以上，而且产量明显增加（达20%以上）。

(12) **根据蔬菜植物间的相互作用合理布局** 蔬菜植物间有相生相克的作用，也称化感作用，因此相邻蔬菜种植安排要合理。如有些植物之间，由于种类不同，习性各异，在其生长过程中，为了争夺营养空间，从叶面或根系分泌出对其他植物有杀伤作用的有毒物质，致使其对邻近的他种植物产生不利影响，如番茄与黄瓜、甘蓝与芹菜、洋葱与豆类等不宜安排相邻种植。也有些植物之间，由于种类不同、习性互补，叶片或根系的分泌物可互为利用，从而使它们能"互惠互利、和谐相处"，如万寿菊能散发一种杀除线虫的物质，因此可使西红柿、辣椒等免遭线虫为害；洋葱和胡萝卜发出的气味可相互驱逐害虫；大豆与蓖麻种在一起，蓖麻发出的气味使为害大豆的金龟子望而生畏；玉米和豌豆间种，二者生长健壮，互相得益。此外还有些植物长期连作会导致作物产生自毒作用，如黄瓜、豌豆、大豆、番茄、洋葱自毒作用较强，一般近作易引起土传病害加重，制定轮作计划时应禁止相同科、属的作物连作，协调用地与养地的关系。此外由于病原物都有一定的寄主范围，如大白菜与甘蓝或早萝卜相邻，则会通过蚜虫把甘蓝、早萝卜的病毒病传到大白菜上；番茄和马铃薯相邻会相互传染疫病；如果番茄地套种菠菜，番茄病毒病就会更为严重，因为番茄病毒病和菠菜花叶病毒病毒源相同。因此有机蔬菜如果种植布局安排不当，就会引发病害大发生。

(13) **根据蔬菜病虫害发生规律调整播期** 蔬菜作物的感病

敏感期与病原物的致病期可通过调整有机蔬菜的茬口和播期而相互错开，从而达到防病避病的效果，如大白菜的三大病害（霜霉病、病毒病、软腐病）的发病率可通过将秋大白菜适时晚播明显减轻。有机蔬菜生产的播期安排应尽量将产品器官的形成安排在最适宜的季节和时期。如红菜薹、萝卜适当晚播可减轻苦味，秋延后番茄、辣椒适当晚播可显著减轻病毒病。

（14）断代栽培防治为害专一的害虫　对专一为害的害虫，可通过切断其寄主链，使其没有食物来源无法生存和繁育后代而得到有效控制。如专一为害十字花科蔬菜的小菜蛾，可通过在一定的时间内在有机蔬菜基地单元内不种植任何种类的十字花科蔬菜（包括清除周边的十字花科杂草）得以有效控制。

（15）利用地表覆盖技术防治病虫害　主要指利用农作物秸秆、碎草、树叶、水浮莲、稻壳、砻糠等，于定植和搭架后覆盖于行株间地表或利用地膜进行地面覆盖栽培。一是可防止水滴溅起泥土将土壤中的病原物带到蔬菜植株和叶片上，减少病害侵染机会；二是可减少土壤水分蒸发，降低菜田小环境的空气相对湿度，创造不利于病虫孳生蔓延的环境；三是可减少浇灌次数，减少病虫害通过灌溉水的传播；四是可有效控制杂草繁衍，也能减轻蔬菜病虫害的发生和蔓延。

（16）施用腐熟的有机肥料　葱蝇和金龟子幼虫均是腐食性昆虫，未充分腐熟的粪肥常常招引葱蝇、金龟子成虫产卵，因此在种植大葱、大蒜等作物时，使用粪肥必须腐熟，并避免撒在地表上。因此，有机肥的无害化处理，也是有机蔬菜生产中不可忽视的工作。在有机肥比较充足田块，若缺少水分，则易遭受种蝇、葱蝇为害，因此根据不同蔬菜对肥料的需求，合理施肥浇水是防治病虫害的有效措施。

（17）农业设施的环境调控技术　在地下水位高，降水量较大的地区有机蔬菜基地应采取深沟高畦栽培以利于灌溉和排水。一般病菌孢子萌发和传播蔓延首先取决于其所处环境中的水分条件，在设施有机蔬菜栽培时结合适时的通风换气，控制棚室内的温湿度，营造不利于病虫害孳生和蔓延的温湿度环境，对防止和减轻病虫害的发生具有较好的效果。此外，及时处理田间地表的落蕾、落花、落果，摘除老叶、病叶，清除残茬株及杂草，保持田园清洁，可有效消除病虫害的中间寄主和侵染源等。有机产品新标准 GB/T 19630.1—2011 提出在设施有机蔬菜栽培中，可通过控制温度和光照或使用天然植物生长调节剂调节蔬菜植物的生长和发育，让其健壮生长，提高植株的抗性。

2. 有机蔬菜病虫草害的物理防治

(1) 种子消毒处理　蔬菜种子可携带某些病原物，用温水浸种或热水烫种具有明显的消毒效果。一是温汤浸种法：水温保持在 55～56℃，浸种约 10 分钟，并不断搅拌种子，水量为种子量的 5～6 倍，然后用温水冲洗，此法可使多数病菌死亡；二是热水烫种法：用于难吸水的种子，水温 70～75℃，种子要充分干燥，水量为种子量的 4～5 倍。烫种时要用两容器，使热水来回倾倒，直到水温降到 55℃ 时改为不断搅动，后面方法同温汤浸种，此法可使病毒钝化，多种病菌死亡。烫种水温高低和时间长短要根据蔬菜和病害种类来决定，水温高烫种时间可短些，水温低则时间宜长些。

(2) 防虫网纱隔离　利用温室、塑料拱棚现有的骨架或另架设支架，其上覆盖防虫网（18～22 目）可有效防止多种蔬菜害虫的为害。一是在覆盖前要彻底进行田园清洁和土壤热力消毒，消灭网内土壤中遗留的病菌虫卵；二是网要覆盖紧密，四周密封，不能留有缝隙，防止害虫进入；三是网内菜叶不能触网，防止害虫在网外向菜叶产卵。在夏秋多种蔬菜害虫旺发阶段要全程覆盖，才能有效隔离如小菜蛾、斜纹夜蛾、甜菜夜蛾、菜青虫、蚜虫等多种害虫。

(3) 人工捕杀防治　当害虫发生量较小且虫口相对集中时可进行人工捕杀，如地老虎、蛴螬等可在清晨田间捕捉；菜粉蝶可用捕虫网进行捕杀;斜纹夜蛾产卵集中,幼虫 3 龄后才分散取食,则可人工摘除卵块或在 3 龄幼虫前人工捕杀,即可达到灭虫目的。

(4) 驱避诱杀防治

①驱避蚜虫 地面覆盖银灰色地膜或在温室内张挂银灰色膜条可有效驱避蚜虫。在夏秋茄果类蔬菜育苗时用银灰色遮阳网覆盖苗床,既可防雨降温,还可有效驱避蚜虫减少病毒病发生。

②黄板、蓝板诱杀 蚜虫、白粉虱、美洲斑潜蝇等具有很强的趋黄性,蓟马具有趋蓝特性。因此可利用黄板、蓝板进行诱杀。黄板、蓝板大小以 20 厘米×20 厘米为宜,外面可包一层无色农膜,膜外两面涂机油,设置于露地田间或温室、大棚内,悬挂高度以不超过 1 米为宜,略高于蔬菜植株即可,约 50 平方米设 1 块,农膜可经常更换。不但能有效防治蚜虫、白粉虱、美洲斑潜蝇、蓟马等害虫,还能减轻病毒病。

③灯光诱杀 可利用昆虫成虫夜间的趋光性来进行灯光诱杀,如利用频振式杀虫灯、黑光灯等可有效诱杀小菜蛾、菜螟、甜菜夜蛾、白粉虱、斜纹夜蛾等及金龟子、蝼蛄、地老虎等地下害虫。有机菜田可按 2~3 公顷设置一盏杀虫灯,在基地呈棋盘状布局,杀虫灯安装高度 1.3~1.5 米。杀虫灯有效辐射半径约 120 米,使用时要注意按时清理虫袋,处理的虫体是养鸡、养鱼的较好饲料。

④臭氧杀菌设施。

3. 有机蔬菜病虫草害的生物防治

(1) 利用害虫天敌防治 蔬菜害虫可利用的天敌主要有赤眼蜂、丽蚜小蜂、食蚜瘿蚊、草蛉、瓢虫等。据报道赤眼蜂在蔬菜田防治菜青虫等鳞翅目害虫,害虫卵初孵期开始,每亩放 10 个点,每次 1 万~3 万头,每 3 天放蜂一次,各代连续释放 3~6 次,寄生率 75%以上,基本可控制为害;在温室中释放丽蚜小蜂可有效防治白粉虱,按照白粉虱成虫与寄生蜂 1:20 比例放蜂,释放3～4次,寄生率可达90%以上,将粉虱压低在防治标准之下;以1:20的益害比在蚜虫发生初期(单株蚜量200头左右)开始释放食蚜瘿蚊,隔7天释放一次,共释放2～3次,6天后蚜量显著下降,12～18天蚜量减退89%～94%,蔬菜生产期间蚜量始终低于防治指标。以上天敌昆虫用于防治保护地蔬菜害虫,基本不使用化学杀虫剂可将目标害虫控制在允许范围内。此外在菜田中投放草蛉(蚜狮)可防治蚜虫、粉虱、叶螨等害虫;利用赤眼蜂可大面积防治甘蓝夜蛾和小地老虎;另外,小花椿、食蚜瘿蚊等也是蚜虫、粉虱、叶螨等害虫的天敌。

(2)利用微生物防治 苏云金杆菌是一种细菌杀虫剂,它是目前世界上用途最广、产量最大、应用最成功的生物农药,具有使用安全、不伤害天敌、不易产生抗药性、防效高、不污染环境、无残毒的特点,是有机蔬菜基地防治菜青虫、小菜蛾、菜螟、甘蓝夜蛾等的理想药剂;白僵菌是一种真菌性微生物杀虫剂,其孢子接触害虫后产生芽管,通过皮肤侵入其体内长成菌丝,并不断繁殖,使害虫新陈代谢紊乱而死亡,死虫体表布满白色菌丝,通常称为白僵虫,目前也大面积用于蔬菜鳞翅目害虫的防治;浏阳霉素是灰色链霉菌浏阳变种提炼成的一种抗生素杀螨剂,是一种高效、低毒杀虫、杀螨剂,对蔬菜作物的叶螨有良好的触杀作用,对螨卵有一定的抑制作用;阿维菌素是一种全新的抗生素类生物杀虫杀螨剂,该药对害虫、害螨的致死速度较慢,但杀虫谱广,持效期长,杀虫效果极好,对抗性害虫有特效,并对作物、人畜安全,可防治菜青虫、小菜蛾、螨类等;棉铃虫核型多角体病毒(简称NPV)是一种病毒杀虫剂,昆虫取食带毒的物质后,病毒在虫体内大量繁殖,使组织和细胞被破坏,虫体萎缩而柔软死亡,病死的害虫体壁易破,触之即可流出白色或褐色脓液,无臭味,和感染了细菌而死亡的害虫有恶臭气味相区别,这种杀虫剂对人、畜无毒,不伤害天敌,不污染环境,长期使用,棉铃虫、烟青虫不会产生抗性。

(3) 利用虫体防治 可以从蔬菜田间捕捉菜青虫 100 克捣碎后让其腐烂，加水 200 毫升，浸泡 24 小时后，滤出虫液，再对水 50 千克并加洗衣粉 50 克，将这种稀释液（亩用量）喷洒在发生菜青虫为害的蔬菜上，蔬菜上的菜青虫便会纷纷死去。因为菜青虫身上带有病毒等病原体，将死虫体液喷到活虫身上时，病原体就会随之传播，使活虫染病致死。

(4) 利用植物源农药防治 大多数植物源农药为中等毒性以下，无污染残留，有机蔬菜生产中可安全使用。如苦参碱为天然植物源农药，害虫一旦接触本药，即麻痹神经中枢，继而使虫体蛋白质凝固，堵死虫体气孔，使害虫窒息而死，其对人、畜低毒，具有触杀和胃毒作用，可防治菜青虫、菜蚜、韭菜蛆等；蛔蒿素是植物毒素类杀虫剂，对害虫具有胃毒和触杀作用，并可杀卵，持效期 1～5 天，对害虫的击倒速率较慢，可防治菜蚜、菜青虫、棉铃虫等；印楝素是从印楝果实中提取的植物性杀虫剂，防治害虫范围广，对鳞翅目、同翅目、双翅目、鞘翅目、缨翅目、膜翅目、直翅目、蜱螨目等 8 个目的 40 余种重要蔬菜害虫均有显著活性，既能防治菜粉蝶、甘蓝夜蛾、粘虫等，又能防治真菌、细菌、线虫、病毒等多种病害。

还可用蔬菜等植物植株体防治害虫：有些蔬菜的茎叶及果实可以配制成杀虫剂，有很好的防治效果。如：①黄瓜蔓。将新鲜的黄瓜蔓 1 千克加少许水捣烂，滤去残渣，用滤出的汁液加 3.5 倍的水喷洒，防治菜青虫和菜螟有较好效果。②苦瓜叶。摘取新鲜的苦瓜叶片，加入少许清水捣烂榨取原液，然后每 1 千克原液加入石灰水 1 千克，调合均匀后浇灌蔬菜植株幼苗根部，防治地老虎有特效。③丝瓜果实。将新鲜丝瓜捣烂，加 20 倍水，搅拌均匀，取其滤液进行喷雾，可以用来有效防治菜青虫、红蜘蛛、蚜虫及菜螟等害虫。④辣椒。取辣味重的辣椒（如干辣椒、朝天椒）切成细丝或磨成面，按辣椒与水按 1∶20 的比例在锅内煮沸 15 分钟，冷却后用滤液喷施，高温时喷施效果更佳。⑤番茄

第一章 蔬菜与健康

将番茄的茎、叶及未成熟的青果切碎,加1倍清水浸泡4小时,浸出液用温火煮3小时过滤,使用时滤液对水稀释1倍喷施,对蚜虫有抑制作用。⑥柑橘皮。取柑橘皮(20~30个橘子)研碎,放在密闭的容器中,加5倍清水浸泡一昼夜,过滤后的浸出液可有效杀死蚜虫,浸出液的浓度越大,杀虫效果越好,一般应连喷2次以上。⑦曼陀罗。将曼陀罗植株的地上部晒干后磨细,每500克细粉与5~10倍的草木灰或石灰混匀,可有效防治蚜虫、菜青虫、食心虫等多种害虫。⑧夹竹桃。夹竹桃枝叶1份加水20倍,煮20分钟后过滤,用滤液喷洒植株可有效防治蚜虫和粉虱。

用木本植株体防治虫害。苦楝树防治害虫:将500克苦楝树根的皮或苦楝树的叶、果捣烂成泥,对10倍水煮2小时后过滤,滤液加5倍水搅匀后喷施,可有效防治蚜虫、烟粉虱、小菜蛾、夜蛾等害虫;泡桐叶诱杀地老虎:地老虎是蔬菜秧苗的大敌,它对泡桐叶有一定趋性,可于傍晚在棉田或瓜、菜地每亩放置70~100张泡桐叶片,次日清晨,泡桐叶下就会聚集大量地老虎幼虫,此时可进行人工捕杀。

"四合一"剂防治蚜虫。烟梗1千克,枯茶0.5千克,石灰0.5千克,将其混合粉碎浸泡在5千克水中,30分钟后成原液。每0.5千克原液加水50~75千克喷雾。

绿叶诱集蜗牛。瓜菜生长期间遇阴雨天气,常遭蜗牛为害,5~6月为害最大。如在瓜菜出苗前,将割来的鲜草、树叶置于蔬菜植物行株间,蜗牛便会聚集于鲜草、绿叶上,次日清晨人工收集压碎即可。

用茶枯饼防治地老虎。茶枯饼粉碎后用温水浸泡数小时后,用浸泡液(可不用过滤)浇灌蔬菜根部,可以有效防治地老虎、线虫等。

(5)利用矿物源农药防治 主要指硫制剂和铜制剂,如石硫合剂、波尔多液、铜皂液、铜铵合剂等。其中波尔多液是一种很好的保护性杀菌剂,对真菌所致病害如霜霉病、疫病、炭疽病、猝倒病等均有良好防效,但个别蔬菜对石灰(如瓜类)和硫酸铜(如白菜)敏感,配制时应适当减少用量。

食盐和石灰合剂防治蚜虫。1千克食盐用1千克温水溶解,再用4千克水溶解1千克石灰后过滤,把盐水和石灰溶液混合后充分搅拌,使用时千克混合液加清水4千克喷雾,可有效防治蚜虫。

高锰酸钾预防病害。用1‰高锰酸钾溶液浸种30分钟,苗期用800～1 000倍液喷雾2～3次,能有效防治茄果类蔬菜幼苗的猝倒病。用1‰高锰酸钾600～800倍液对瓜菜类进行喷雾,连续3次,能有效防治瓜类的霜霉病、枯萎病、病毒病等多种病害。

七、蔬菜的选购

每一个消费者想买到品种优良、味道鲜美、卫生、新鲜的优质蔬菜,并随人民生活水平的提高,要求蔬菜从数量、花色种类、品质、营养及花样变化上有更高的要求,因此,要求在市场上对蔬菜品种名称、产地、采收时间、等级规格及价格有一个全面的标准。

目前蔬菜采购有超市与菜市场二种形式,超市质量较高,规格一致,价格稍高。菜市场最好买菜农自产自销的蔬菜,商贩可到大的批发商处购买,不要买水浸泡过的菜,有农药味的菜,有病虫害的菜,霉烂变质的菜。注意蔬菜的感观标准。

1. 大白菜 外叶绿、淡黄、淡绿或白色,从顶部手压,感到结球紧实,外叶水分足,易折断,有白菜香气。无腐烂异味,无水烫样、焦边状叶,无虫粪。

2. 甘蓝 外叶绿色或紫色,但若过黄或白色,表示不新鲜或病虫污染,手压顶部紧实感,叶鲜而脆多蜡粉。

3. 芹菜 叶片脆嫩，叶柄绿或淡黄色，叶柄排列紧密、直立、未抽苔。叶柄部紧实，叶柄粗糙、深绿、有裂纹表示过老。

4. 菠菜 叶绿色一致，完全挺拔，清洁，无机械伤害，江浙沪喜根粗、棵大，北方喜棵中、叶多。

5. 胡萝卜 上下均匀，大小一致，色红或橙红，表面光滑无根毛，无歧根，不开裂，髓部小，顶部不带绿色或紫红色，新鲜脆嫩，无异味，无污点。

6. 萝卜 形状正，坚挺，表面光滑，无根毛，色光亮、无黑斑、无裂口、无歧根，手握较重，不要糠心。

7. 芜菁 呈白色，部分紫色。圆形，坚挺而重，表面光滑，无根毛，无凹陷和裂痕。

8. 甘薯 坚挺，表皮光滑，小凹凸状，无裂缝，无虫口，无病斑，无伤口，无黑斑。无冻伤、无须根、水分含量低于70%。

9. 马铃薯 个头大而圆整、规则，芽眼小而浅，无绿化，无裂缝，无疮痂，无病虫斑，无空心，无乌心，粉质或脆质，黄心或黄白心。

10. 山药 薯块表面平整、圆柱形要粗而长，粗细匀称、坚挺、新鲜，无病虫斑，无伤口，无变色，无冻伤。

11. 姜 鲜姜坚挺，丰满，表面光滑，淡黄色至黄褐色，老姜表面光洁有完整木栓层，姜皮剥落，发芽，皱缩，变紫色，有水浸斑不要买。

12. 荸荠 球茎圆整，个头大，色红亮，坚挺，脐小而凹陷浅，新鲜，无腐烂、变色，未抽芽。

13. 藕 藕段短而粗，光滑平坦，新鲜，表面呈白色或浅褐色，七孔或九孔，前段较嫩，适于生食或炒食，后段较老，适于熟食。无褐斑，孔内无污泥。

14. 大蒜 个头大、蒜头坚实、蒜瓣大、新鲜，手掂分量重，不发芽，无臭味，无糖蒜。

15. 洋葱 鲜茎被干的鳞片覆盖，坚挺，颈部细而干燥，不留根盘，未发芽，无花茎，无嗅味，无烂斑。

16. 芦笋 有绿芦笋和白芦笋两种，笋体笔直，邻近苞叶和顶端处呈紫色，笋条横截面呈圆形，扁圆形表示老化，笋质脆嫩、挺阔，易折断，水分足，以长度15厘米直径1.3厘米以上为宜。

17. 冬笋 笋体选根小、腰圆、短而粗，壳包得紧，无虫斑、烂斑、创伤、未浸泡过水，有的小贩，将笋根浸入水中，一夜可浸水1~2千克，浸过水的笋，放不住，味道差。

18. 青花菜 花球完全绿色，花蕾紧密，花球表面带紫色。花球松散黄化、萎凋不要买，以主茎花球为好。

19. 花椰菜 球呈雪白色，紧如凝乳，且周围有挺拔的绿叶。花球黄色，奶酪色品质不好，无黑斑，无变色。

20. 菜豆 黄白色或绿色，不变褐，种子不凸出，荚条直而平，无粗筋，无虫斑，无水浸斑。

21. 豇豆 荚脆嫩，挺拔，荚直而无灰暗色，无虫斑，无病斑，无伤害，荚上下粗细一致，无老鼠尾巴状。

22. 豌豆 食荚豌豆荚应绿色，大而厚，脆嫩，俗称大刀片。食成熟未完全淀粉化的种子，应要求荚青绿色，种仁饱满。

23. 番茄 色红或粉红，果面色泽均称，一致，果实圆整，无棱角、无污斑、疤痕、裂缝、无畸形果（桃形、方形），果实挺拔新鲜。

24. 辣椒 果实红色或绿色，足够大小，光泽鲜明，挺阔坚实，有弹性，无虫斑，无褐斑，无破损。

25. 茄子 接近萼片仍有明显的白带，表示幼嫩。果实形状正、直，无畸形，无暗斑、无凹陷，无虫伤。

26. 黄瓜 瓜条直、形正、瓜绿色，有光泽，果肉绿色，果肉发白表示贮藏太久，瓜表面不凹陷，两头不皱缩，不失水。

27. 西葫芦 瓜面光亮挺阔、坚实,无伤害,瓜较小而嫩。瓜面黄色,无光泽表示老化,瓜肉薄而松,风味差,瓜色晦暗表示已老,有凹陷是寒害或失水。

28. 南瓜 南瓜老嫩用手指刺破来划分,老南瓜为粉质,切时有夹刀现象,坚硬,籽小,一般较甜、粉。

29. 球茎甘蓝 以木质纤维未发育时为好。要求球形或扁圆形,鲜绿色或淡紫色。球茎以平不凹陷为好,球底部未见木质纤维化。

30. 蘑菇 菇白色或淡黄色,菌盖及菌柄无污染,盖膜未裂开看不到菌褶、菌盖上表面呈突出状,菌柄粗短、丰满。无虫害、无污斑、无黄斑。

31. 瓠瓜 鲜嫩,色略青,无斑、条,身条匀称,直径不超过6厘米,不发花,无苦味,不断裂。

32. 丝瓜 鲜嫩,上有绒毛,身条细直,直径不超过3.5厘米,无疤痕、缢痕、不弯曲、断裂。

33. 毛豆 新鲜,不干瘪,豆荚饱满、无黄荚、无虫蛀、无杂物、不浸水。

34. 蚕豆 新鲜,豆荚干,豆粒饱满,无空粒,无梗、叶杂质。

35. 扁豆 鲜嫩,绿色或紫色,食荚用未见种粒,无花斑,无虫蛀,无小荚、无杂质、无浸水。

36. 抱子甘蓝 球径2.5厘米左右,外叶绿色,组织紧密,内叶排列紧密,呈淡黄色。如叶变黄,表示已老。

37. 芜菁甘蓝 应选坚挺,表面光滑,柔软及皱缩表示过量失水,个体大小不是良好品质的标志,但小的失水皱缩快。

38. 甜玉米 种子淡奶黄色,丰满,穗尖端能见到未熟的种子,表示鲜嫩,较甜,种子表面出现凹凸不平表示已老了或贮存不当。

39. 莴笋 鲜嫩粗壮,直径3厘米以上,嫩梢紫色,肉碧绿，有香味的较好，不空心，不结籽、皮不裂、叶长不超过总长的 1/2，茎基部不老，削后不发白。

40. 根恭菜 红菜头根质根色艳丽，质地柔嫩，以扁圆形的品质好，横断面有紫红色圈纹，肉质致密、充实，根尾岐根少。

41. 美国防风 肉质根长圆锥形，皮淡黄色，肉白色，须根少、畸形根少、皮不粗糙，根部顶端直径 3.8 厘米以上，细的根易变韧纤维化，粗根易木质化，有不能食的心部。

42. 山葡菜 根茎作生鱼片、寿司的佐料。有强的杀菌、杀虫作用，选根茎粗大，无畸形，一般叶柄截取成根茎的 1/2 长度出售。根茎绿或紫红色，肉质淡黄绿色。

43. 榨菜 瘤状茎大小整齐一致，表面光滑，色泽淡绿，无黑斑，无泥沙，无病虫斑，不空心，不干瘪，不腐烂，单重 200 克以上。

44. 牛蒡 肉质根直，长、光整、无病虫斑、无机械伤、无霉变、不空心，长以 50～70 厘米，粗 2～4 厘米为好。肉质根分权、畸形，长度在 30 厘米以下的不要买。

45. 辣根 根紧挺而脆，根表面光滑，无细根，长 15 厘米以上，粗 3.2 厘米以上。

46. 芋头 白梗或红梗、芋身干燥，子芋以圆形为好，个头均匀，无烂斑，无病虫、机械伤。

47. 结球莴苣 外叶绿色，无污点，叶脆嫩易折断，自球顶轻压叶球可承受，叶球紧硬，可能有花茎。叶不过松软，外叶黄色表示已衰老或修整过。

48. 苦苣 经软化处理叶呈白色，奶油色或黄色，其子弹形状的叶球应紧密抱合，不能变褐色。叶缘变褐色表示已老化，易腐败。

49. 香芹菜 绿色、挺拔、清洁，在皱缩卷曲的叶中不挟有泥土或杂物，可有柔嫩的小枝，但无斑污点。

50. 叶恭菜（牛皮菜） 鲜嫩、叶柄不柔软，叶片不萎凋，

第一章 蔬菜与健康

叶片深绿色，叶柄白或红色，无碎叶、破叶、老叶。

51. 青菜 鲜嫩，菜身干，中矮梗，外叶梗长不超过 10～12 厘米，无病虫斑，无黄叶、老叶、无烂斑，不起薹、根部无空心、无碎根，根削平，棵头均匀。

52. 塌菜 新鲜、菜心干、无泥、无黄叶、无病虫斑，直径不超过 25 厘米，根削平塌棵，棵头均匀。

53. 荠菜 新鲜，无泥，无黄叶，杂草，无病虫斑，不起薹，根不带须。

54. 茼蒿 鲜嫩，无泥、无根，无奶叶、黄叶，无病虫斑，不起薹。

55. 苋菜 鲜嫩，叶绿色或彩红色，无黄叶，青草，无白点，无病虫斑，不结籽，不带根须，长不超过 12 厘米。

56. 朝鲜蓟 花蕾外包叶无污斑，紧密抱合，挺拔，花蕾轻压或摩擦有吱吱作响，苞片部分张开表示已老化，花蕾大小与品质无关。

57. 黄秋葵 幼果浅绿色有光，坚韧无污斑，老嫩适度，果色晦暗，柔软变黄表示品质差。

58. 金针菜 色浅黄或金黄、新鲜无杂质，菜条均匀而粗壮，手感柔软有弹性，无花梗，无已开花的菜，有清香味。

59. 薤头 鳞茎明显膨大，如指头状，单重 5 克以上，大小均匀，色泽洁白，无青皮，无病虫害，无干瘪，无霉烂变质。

60. 百合 鳞片完整、扁平、肥大、无霉变、无虫斑、无泥土，鳞茎大，色泽白净或微黄。

61. 莼菜 卷叶与嫩梢鲜嫩，卷叶长 2～3.5 厘米，色泽绿，有许多透明胶质，不沾泥沙，无病虫斑。

62. 韭葱 茎的基部为白色，长约 2.5 厘米，上部叶应大而绿色并具有白粉，生长叶的茎盘必须显露，如把茎盘切掉会变色，亦失去最好的部分。不应有花梗，否则表示老化，其香辛辣味太强。

63. 菱角 形状四角菱（如苏州水红菱），两角菱（扁担菱）和无角菱（嘉兴南湖菱）等。生吃宜嫩，熟食宜老。生食皮薄、肉白，鲜甜多汁。熟食要粉。未水沤、无烂斑、无异味，个头大。

64. 波罗门参 选表面光滑、细长而脆是主要的品质指标，且无坚韧的心部，如捆成束，其叶必须新鲜，呈绿色并挺拔。

65. 菊芋 块茎大而整齐，呈淡黄色，丰满而坚挺，无病虫、伤、烂斑。

66. 草石蚕 块茎呈蚕蛹状，嫩脆多汁，质地细密、玉白色、半透明为上，无伤口，无烂斑，带泥土少，不空心。

67. 芡实 果实南芡无刺，密生茸毛，果皮薄、籽粒大，嫩果果柄硬，每果重 0.5～1 千克，内有种子 166～200 粒。种子直径 1～1.5 厘米，圆形，外有薄膜状假种皮，有红色斑纹，种壳厚而硬，嫩时橘红色，熟时棕褐色至黑褐色，种仁白色。

68. 蒲菜 以 5～7 月品质好，假茎粗而扁，白嫩，纤维少，嫩叶宽而嫩绿，柔软，有香气。

69. 蒌蒿 食用地上部嫩茎，宜在春节前后上市为好，长 15～20 厘米，幼茎清绿色，要嫩，纤维少，无水浸斑，无病虫斑，有清香味，不发热，不失水。

70. 发菜 食用部分是多细胞藻丝个体组成的胶质群体。食用前用温水浸泡呈黑色细粉丝状。根据色泽、洁净、干湿、长度、韧性等指标，分成 1～4 级，要求杂质少、干燥。

八、病虫害防治的大改革

为了生产无公害或绿色蔬菜，关心人民自己与生存环境的健康，传统的化学药剂将逐步被物理、生物防治和低毒、低残留农药所取代。

（一）生物农药

生物农药一般是指用生物活体（菌丝体、半孢晶体、昆虫病毒等）防治病虫害的药剂。它具有无残留、无公害、不污染环境、专一性强的优点，目前国内外应用最多的有细菌类、抗生素类、昆虫激素类、昆虫病原线虫类及昆虫病毒类。

1. 昆虫生长调节剂（仿生农药） 灭幼脲系列杀虫剂是新的昆虫生长调节剂，它的杀虫作用机理是抑制昆虫表皮的几丁质合成。灭幼脲类主要是胃毒剂，也能侵入昆虫表皮发生作用。防治食叶害虫具有作用机制特殊、防治效果好、残效期长、防治成本低、耐雨水冲淋、害虫不易产生抗药性、对蔬菜、人畜、天敌及环境安全等优点。

（1）灭幼脲 1 号 灭幼脲 1 号又称除虫脲，敌灭灵，它在酸性和中性介质中稳定，在碱性介质中会分解，对人、畜、鸟和鱼等均低毒。制剂有 20％除虫脲悬浮剂，25％敌灭灵可湿性粉剂。灭幼脲号的主要作用是胃毒及触杀作用，使幼虫蜕皮时不能形成新表皮，虫体畸形而死亡。对鳞翅目害虫有特效，对鞘翅目和双翅目等多种害虫也有效。防治时对水稀释 2 000 倍左右喷雾。

灭幼脲号有明显的沉淀现象，使用时要先摇匀再加水稀释，不能与碱性农药混用，附近有桑园时也不能使用。

（2）灭幼脲 3 号 又名苏脲 1 号或灭幼脲，纯品为白色结晶，对光和热表现较稳定，遇碱和较强的酸易分解，在常温下贮存较稳定，属无毒农药，对天敌安全，制剂为 25％灭幼脲悬浮剂。

灭幼脲 3 号属于昆虫生长调节剂，主要是胃毒作用，还会使有的昆虫幼虫不能蜕皮，立即死亡，幼虫吃药后即不再取食，一般喷药后 3 天开始残废，5 天左右达残废高峰。因成虫不蜕皮，故该剂对成虫无效。灭幼脲 3 号对鳞翅目害虫有特效。可用 25％灭幼脲 2 000～2 500 倍液喷雾。

使用灭幼脲 3 号时对水稀释 800～1 000 倍喷雾防治潜叶蛾等效果很好。灭幼脲 3 号悬浮剂有沉淀现象，使用时要摇匀后加水稀释，在幼虫三龄前施药防效高，在幼虫高龄期施药防效低，故应适当增加用药量。另外，应放在阴凉处贮存。

要想充分发挥灭幼脲类药剂的杀虫作用，达到预期的防治效果，就必须抓住3个环节：

（1）准确抓住喷药时机　最好在幼虫孵化初期至幼虫三龄之前用药，力争在一周内喷完。

（2）准确配药　保证稀释后的有效成分不降低，将药瓶底部的沉淀彻底清理出来充分稀释。

（3）喷药均匀周到　由于此类药剂无内吸性，故在喷雾时一定要做到上下内外均匀着药。

2. Bt乳剂　Bt乳剂是苏云金杆菌微生物农药，是一种芽孢杆菌细菌性杀虫剂，其主要杀虫成分是半孢晶体，其制剂有苏云金杆菌可湿性粉剂和Bt乳剂（内含0.2%除虫菊酯类杀虫剂）。该药现已成为世界各国广为应用的主要生物杀虫剂，目前Bt乳剂已成为我国生物防治工作中的重要药剂。

由于该药是可湿性粉状生物制剂，除应保存在25℃以下的干燥阴凉处外，还要防止暴晒和潮湿。对人、畜、天敌、植物、环境安全，是保护环境生态的理想药剂。但是，使用时要注意环境温度应保持在20℃以上，以27~32℃为最适温度，不能与碱性农药、内吸性有机磷杀虫剂或杀菌剂混合使用。在低龄幼虫期使用，喷药均匀周到，遇雨后要重喷，使用浓度为500~800倍。

（二）植物性农药

1. 1%烟·百·素油　为多元中草药植物乳油杀虫剂，杀虫广谱，对易产生抗性的昆虫也可迅速杀死，具有降解好、无残毒、使用安全、无公害、无污染，对蔬菜有刺激生长的作用等特性。兑水稀释1 500~3 000倍喷雾。

2. 百草1号（0.6%苦参碱·内酯水剂）　是以牛心朴子、苦豆草等多种植物及中草药粉碎、溶解、添加助剂和渗透剂配置加工而成的植物源农药，作用机理是以触杀作用为主，胃毒作用为辅,对蔬菜生长有促进作用。可用于防治各类蚜虫及食叶害虫,对水稀释1 000～2 000倍喷雾,防治效果在98%以上。该药属于低毒、低残留,对人畜和环境不构成危害的新一代杀虫剂。

3. 百虫杀(1.2%烟·参碱乳油) 百虫杀属于植物性农药,有效成分是烟碱和苦参碱,对昆虫有胃毒、触杀和熏蒸作用。对人畜低毒,对环境无污染,对植物无药害。可兑水稀释800～1 000倍,防治蚜虫等刺吸式口器害虫和食叶害虫,防治鳞翅目低龄幼虫(三龄之前)可使用2 000倍液。

4. 蔬果净(0.5%楝素乳油) 属于植物性农药,该药高效、安全、低毒、低残留,植物不会发生药害,同时具有胃毒、触杀和一定的拒食作用,但以拒食、胃毒为主。对水稀释800～1 200倍喷雾可防治食叶虫,防效可达98%,仅次于菊酯类杀虫剂。

(三) 真菌性农药

真菌性生物农药主要有灭蚜菌,灭蚜菌是一种新型真菌性生物农药。灭蚜菌的主要杀虫成分是一种酯溶性甾醇类化合物,毒性低,对蚜虫的击倒快,且兼杀叶螨,不伤害草岭、瓢虫等益虫,对蔬菜有促进生长、叶色变绿等效果。使用浓度为200～300倍。

(四) 抗生素类系列农药

(1) **齐螨素**(1.8%、0.9%) 齐螨素又称爱福丁,该药的有效成分为阿维菌素,目前国内外广为应用,它能有效地防治众多对常用农药不敏感或具有抗性的植食蛾类和其他害虫,如红蜘蛛、潜叶蛾、刺蛾类、尺蠖类、毒蛾类、木虱等食叶、刺吸类害虫,对螨类和其他害虫有胃毒和触杀作用。该药与化学农药相比,药后捕食性和寄生性益虫回升速度快,有利于生态平衡。对水稀释15 000～20 000倍可防治红蜘蛛,是一种高效杀螨剂,每亩用1.8%原液20毫升左右。对水稀释3 000～5 000倍药液喷雾也可以杀死食叶害虫，还可杀死线虫，是一种广谱高效杀虫剂。该药遇氧、光等易分解，无残留，对人畜、植物、天敌、环境等均有利。

(2) 浏阳霉素（10%水制剂） 浏阳霉素是一种杀螨剂，为抗生素类新型药剂，使用800～1 000倍液效果可与化学农药三氯杀螨醇、克螨特、螨克等相比，药效期可长达15～30天。

(3) 华光霉素（2.5%粉制剂） 华光霉素是一种新型抗生素类杀螨剂，该药对环境不构成污染，在空气、土壤中无残留，并对有益昆虫有保护作用，是保护天敌较好的药剂之一，对蔬菜有刺激生长的作用。使用浓度为对水稀释600～800倍喷雾，7～10天内连用两次效果最佳。

（五）绿色防控

绿色防控系指保护蔬菜、减少化学农药使用为目标，协调采取生物防治，物理防治，生态控制等环境友好型防控技术，来控制有害生物的行为，具有绿色环保、无污染、无公害、无农药残留等优点，是防治蔬菜病虫害，生产绿色蔬菜的重要措施。

1. 新型杀虫灯 有电击式、频振式及太阳能3种。

2. 性诱剂 用人工合成的昆虫雌性外激素具有强大的引诱力，引诱异性同种昆虫，具有种的特异性。在斜纹夜蛾、甜菜夜蛾、豆野螟等鳞翅目害虫的雄虫盛发期，在田间放置诱捕器，在诱捕器中放置人工合成的害虫雌性性诱剂的诱芯，吸引雄性成虫前来交配，结合诱捕器予以捕杀，达到减低田间虫口密度。每亩安装4个诱捕器，每个诱捕器放1粒诱芯，注意诱芯每隔7～10天换1次。

3. 生物防治 利用生物之间的拮抗作用和双重寄生习性，防治病害。例如哈茨木属防治白绢病，用反拟青霉菌防治白粉病。以虫治虫，以菌治虫，用智利植绥螨防治二斑叶螨，核型多角体病毒防治叶蜂、斜纹夜蛾。利用鸟类以昆虫为食，如杜鹃食毒蛾，灰喜鹊食毛虫，啄木鸟食天牛等。

4. 生物导弹 即以虫治虫，其原理是通过卵寄生蜂，将病毒带入害虫卵中，使害虫幼虫在孵化时即感染病毒而死，从而达到可持续控制和减少害虫种群数量的目的。其特点是生物导弹防治集中了所有生物农药的优点，发挥了卵寄生蜂既是灭虫先锋，又是传播病害媒介的特点，具有双重杀虫效果，同时对人畜、农产品安全、有利于保护农田生态环境，减少环境污染，三是杀虫目标明确（寄生蜂多为专性寄生），使初孵幼虫罹病，在蔬菜受害之前控制害虫；四是使用简便，每亩只需将4～6枚导弹（寄生蜂卵卡）挂在田间植株，而不需药械或水，且持效期长，还可保护自然天敌不受伤害；五是防治费用略低于化学防治，且劳动强度低，适于大面积推广应用。

5. 光打药技术 利用紫外线杀菌原理，每天剂量在2～14毫焦/厘米^2，可杀死大多数真菌菌丝，阻止新孢子形成。现已生产专用温室的紫外线组体，可防治白粉病、霜霉病和灰霉病。

九、城乡居民自制肥料技术

1. 家庭肥料的来源 利用一些食物的废弃物如鱼肉骨刺、动物内脏、鱼鳞、鱼肠、淘米水、中药渣、菜皮菜边及鸡蛋壳等，放入一个坛、罐子中，加上1～2倍水，盖上盖子，用塑料纸密封，经过3～6个月的发酵腐熟后对水使用。但要注意坛、罐最好放在室外，要封严不透气，否则会发臭影响卫生，使邻里间有意见。亦可以将鱼肉骨刺洗去盐分晒干砸碎，是很好的磷肥。鸡鸭鱼的内脏经腐熟后，富含氮、磷、钾等元素，是良好的有机肥。中药渣、菜边菜皮腐熟后可施肥，又可制作培养土，中药渣作果菜类基肥，花多果大，品质好。

2. 矾肥水 取饼肥10千克，硫酸亚铁1 000克、硫黄1 000克，加水50千克放入塑料桶内，密封腐熟3～6个月，使用时1

份对水10份，对改善蔬菜基质的酸碱度，效果良好。

3. 饼肥水 取饼肥1千克或豆腐渣2千克，加水10千克，放入塑料桶（瓶）中，密封腐熟6~10个月，经充分腐熟后1份饼肥水加水5~7份，作蔬菜的追肥用。

4. 高温堆肥 取青杂草40%~50%，厩肥、鸡粪肥30%，肥土20%，再加上2%~3%石灰和少量的磷肥。堆底挖十字通气沟，中间放草把作通气孔，四周开排水沟，通气沟，用秸秆铺好，然后青草树叶铺18~20厘米厚，放一层肥料加适量石灰水，逐层堆积，堆顶呈马槽形浇上肥水，暴露1~2天，再用草覆盖，浇水压紧，然后用粘土封10厘米厚，堆肥在分解腐熟过程中，应及时补水，以防干燥，20天后翻堆一次，将外部尚未腐烂的草翻到中间，保证腐熟均匀。为了防止雨淋及发酵时有臭味，可用塑料薄膜覆盖，约经2~3个月后即已充分腐熟即可使用。

5. 松针土 到雪松、黑松的树下，将落下的针叶，最好是已开始腐烂的针叶，集中起来，加园土堆积，腐熟后作盆栽的基质用。

6. 锯屑发酵土 到带锯房购买锯屑，加上鱼粉、骨粉、豆饼、磷肥、木炭堆积，每100千克的锯屑加各种配料5千克，加酵素菌1千克，加水200千克，混匀加塑料薄膜覆盖，堆积2~3个月，翻堆2~3次，使成暗褐色，即可使用，既可作基肥，又可作盆栽的培养土。

7. 粒状复合肥 应用人畜粪便和糠醛渣加上有益微生物、微量元素，经过三级处理，加工成无致病菌、无毒、无臭、便于运输保管的有机颗粒复合肥，已向工厂化和商品化迈进。实现氮、磷、钾平衡、大量元素与微量元素平衡、实现土壤生态平衡、集肥地养地于一身，受到蔬菜种植者的青睐。

8. 有机肥料加工间 选有阳光的房间，将天然的木屑粉碎，作物秸秆加入一定比例的沼液，拌匀并盖膜堆积，发酵充分，腐熟而成，为有机蔬菜栽培提供优质营养。

第二章

盆栽蔬菜的基础知识

一、基质

基质是盆栽蔬菜栽培的基本设施之一,它不但决定盆栽蔬菜的死活,还影响蔬菜生长、开花和结果的好坏。

优良的基质应该是质地疏松,具有较好的保水性能和通气透水性,养分含量适中而全面,酸碱度适中,一般 pH 以 5.5～7.0 为宜,腐殖质含量高,团粒结构好,没有严重的病虫草害。传统的基质有园田土、河沙、腐叶土、塘泥、松针土、棕皮及水苔等。

(一) 基质的种类

1. 泥炭 北欧、北美常用的基质,泥炭是古代低湿湖沼地带的植物被埋藏在地下,在淹水或缺少空气的条件下,分解不完全而形成的特殊有机物,多呈棕黄色或浅褐色,分解好的泥炭呈黑色或深褐色,风干后易粉碎,泥炭质地松软,透水透气及保水性好,含有腐殖酸,pH 一般为 4.5～6.5。

原生的泥炭成分差异很大,不能直接使用,一些泥炭中含有过高的钙、镁、铝离子和过低的 pH 会给蔬菜带来伤害,经过加工后其物理结构与化学成分都进行了调整。

过去生产上用的泥炭大部分依赖进口。实际上我国泥炭资源十分丰富。东北的泥炭属高位泥炭,它分布在高寒地区,那里原来生长着对养分要求较低的植物,如羊胡子草属以及水藓属植物,这些植物被掩埋后分解不完全,氮的元素较低,显酸性或强酸性,pH 为 5~5.9,导电率值小于 1,持水量很高,一般为 52%,通气性好,通气孔隙在 27%~29%之间。哈尔滨依兰港育土发展有限公司生产的泥炭,全氮含量为 1%~2.5%,全磷含量为 0.1%~0.9%,全钾含量为 0.2%~0.6%,全钙含量为 0.5%~1%,还含有锰、锌、铜、硼等微量元素,腐植酸含量高。广州大汉园景发展公司引进的泥炭土,是温带高纬度植物埋在地层经长年堆积炭化而成,经发酵分解成腐植质,经消毒、杀菌、无细菌、病虫害及草籽,并经肥效性处理,含有氮、磷、钾及微量元素,pH 调整为 5.5~6.0。

低位泥炭是由低洼处季节性积水或长年积水的地方生长的需要无机盐养分较多的植物如苔草属、芦苇属和冲积下来的各种植物残枝落叶多年积累形成的。我国西南、华中、华北及东北等地有大量分布。一般分解程度较高,酸度较低,灰分含量较高。低位泥炭常因产地不同而品质有较大差异。北京郊区产的草炭土呈中性反应。进口泥炭有芬兰诺万播(Novarbo)泥炭、丹麦品氏(Pindstrup)泥炭及克来氏(Klasmann Deilmann)泥炭、德国泰林康泥炭及丹麦品氏托普泥炭等。

2. 岩棉 岩(矿)棉是一种天然矿石、矿渣等制成的无机纤维类材料,具有优良的保温防火和吸音性能,有工业保温、建筑、防火和吸音及造船等行业得到大量应用。但是工业用岩棉不经处理是不能用在农业上的。

国外 20 世纪 50 年代就开始研究,经过三四十年的开发,农用岩棉已广泛应用于农业上,特别在欧洲、北美、大洋洲及日本用量最多,它具有许多良好性能:①可大幅度提高蔬菜的产量和质量,减少污染,提高经济效益;②无毒,无放射性;③化学性稳定;④空隙较多,有良好的保水性;⑤可有效解决土壤盐碱化的不利种植的难题;⑥杜绝土传病虫害的发生,可不用农药,符合绿色农业的要求。

国内农用岩棉过去全靠进口，上海新型建筑材料公司在上海孙桥现代农业联合发展有限公司和浙江农科院的支持下，在1999年6月通过鉴定，填补了我国农用岩棉生产的空白。

农用岩棉每立方米75～80千克，不但孔隙度大，透气性好，吸水力强，饱和状态岩棉水分和空气比65∶30（工业岩棉不吸水），化学性能稳定（工业岩棉含不稳定有机物），酸碱度中性（工业岩棉强碱性pH 9～9.5），导电率1.5～2.9毫西门子/厘米（工业岩棉3～3.5毫西门子/厘米）而且要稳定，不会折出有害元素，岩棉应不带菌、病毒、洁净无毒。目前南京、铜陵、上海的新型建材厂已投入生产。

3. 珍珠岩、蛭石和煤渣 珍珠岩、蛭石和煤渣均可作培养土添加物，可改善盆土的物理性能，使土壤更加疏松、透气、保水。

珍珠岩是粉碎的岩浆岩加热至1 000℃以上膨胀形成的；具封闭的多孔性结构。质轻、通气好、无营养成分。在使用中容易浮在培养土的表面。

蛭石是硅酸盐材料，在800～1 100℃高温下膨胀而成。分不同型号，建材商店有售。配在培养土中使用容易破碎变致密，使通气和排水性能变差，最好不用作长期盆栽植物的材料。用作扦插床基质，应选颗粒较大的，使用不能超过1年。

煤渣作盆栽基质最好粉碎过筛，去掉1毫米以下的粉末和较大的渣块。最好是2～5毫米的粒状物，和其他盆栽用土配合使用或单独使用。还要经清水淘洗干净才能使用。

4. 锯屑酵素菌发酵土 锯末来源广泛，其表面粗糙，孔隙度大，重量轻，如雪松的锯屑，干湿时容重分别为0.21克/厘米^{3}和0.60克/厘米^3，持水量为32.2%，总孔隙度80.8%，通气空隙达42.6%，具有疏松、透气、排水和保水保肥力强、重量轻等优点，还可分解有机酸，改良碱性土壤。但锯屑碳氮比高，一般在 250～1 000：1，因此配制一定要加入含氮的肥料。

近期引进日本与中国台湾的酵素菌，加上鱼粉、骨粉、豆饼或稀粪、过磷酸钙及木炭，经发酵而成褐色，适于作蔬菜栽培的基质。亦可以锯屑 1 000 千克，尿素 10 千克，过磷酸钙 0.4 千克，加酵素菌 1 千克，水 200 千克混合均匀，加塑料薄膜堆积腐熟，温度控制在 55℃以下，适当翻堆成暗褐色表示已腐熟。

5. 离子培养土 离子培养土是胶状、纤维状、编织状、绒毡状的合成离子高换材料。它是与细粒多孔的烧结黏土或大粒石英砂按 40：40、40：60、50：50 体积比混合配制，内含各种大量元素及微量元素营养成分，这种合成材料透气，保水保肥力强，无菌。植物所需养分的摄取量通过一定方式自动调节，基质中养分消耗完毕时，养分吸收中断，可追加硝酸铵、过磷酸钙和微量元素，可延长基质使用时间，有效期 2～3 年。浇水一定要适度，一般采用下位浸水法，每周供水 2～3 次，供水量以吸足水为宜。

6. 蚯蚓粪 黑色细小颗粒状，含氮 2.6%，含磷 2.8%，钾 2.1%，有机质 25%～35%，腐殖酸 15%～20%，干净、卫生、无异味，pH 7 左右，透气、保水保肥性好，肥力持续时间长。

7. 椰糠 是椰子果实加工后的废料。椰子果实外面包有一层很厚的纤维物质，将其加工成椰棕，可做成绳索等物。在加工椰棕的过程中，可产生大量粉状物，称为椰糠。常常在加工厂周围堆积如山，难于处理，现在将椰糠配一定比例的河沙，作为栽培蔬菜植物的基质十分理想。因为它颗粒较粗，又有较强的吸水能力，透气和排水比较好，保水和持肥能力也比较强。在热带和亚热带地区，腐殖土甚少，解决盆栽基质比较困难，若能以椰糠、珍珠岩、砂、煤灰渣等配成盆栽用土则比较理想。有斯里兰卡上海青都椰糠系列（种植袋、大方砖、小方砖、迷你袋）及澳大利亚格陆谷椰糠。

8. 炭化稻壳 制备炭化稻壳先用少许柴草点燃，然后盖上一层稻壳，令其不见明火，待稻壳点片出现褐色或黑色时，在已烧黑的地方再撒施一层薄层稻壳，如此随烧随盖，直至全部烧成黑色，立即扒开稻壳堆，用冷水泼浇，使炭火完全熄灭，防止燃烧成灰，使用时要加以冲洗，并调节酸碱度。

9. 火山灰 火山灰是火山喷发形成的质地比较疏松和多孔的岩石。在多火山地区资源甚为丰富。将火山灰破碎成直径2~10毫米的颗粒，分级存放。单独或与椰糠、苔藓、树皮块等配合使用，作为盆栽基质较好。颗粒状多孔的火山灰作盆栽用土，排水和透气良好，保水也较好。不同地区的火山灰，其质量也有较大的差异。红色的火山灰含硫量高，如单独使用，对植物根系的生长发育有一定的影响；但它含铁量较高，若能与泥炭土配合使用，可得到较好效果。黑色火山灰，含硫量较低，用作盆栽对根系生长影响较小。

10. 塘泥块和峨眉仙土 塘泥块是指鱼塘、水塘每年沉积在塘底的一层泥土，待塘干涸后将其成块的挖出晒干，使用时将其破碎成直径0.3~1.5厘米的颗粒。盆栽时较大颗粒的放在盆底部，最小的放在盆面。这种材料遇水不易破碎，排水和透气性比较好，也比较肥沃。适合华南多雨地区作盆栽用土。其缺点是比较重。一般使用2~3年后颗粒粉碎，土质变粘，变得不能透水，需要换新土。

峨眉仙土是近些年开发的一种盆栽用土。较适合于栽种根部要求透气性好的植物。是四川峨眉山地区地层中发现的一种类似泥炭土的土。这是千万年来植物的枯枝落叶堆积、分解和雨水淋溶而形成的。不像普通泥炭土那样疏松。它分解程度比较高，采挖出来呈块状。加工成颗粒状。颗粒遇水不变散，腐植质含量较高，呈微酸性，使用时破碎成0.3~1.5厘米的颗粒，粗粒放在盆下部，细粒放在盆上部。

11. 砂和细沙土 砂通常是指建筑用的河沙。砂粒不应小于0.1毫米或大于1毫米，平均0.2~0.5毫米，用做盆栽培养土的配制材料比较合适，但作为扦插床的扦插基质，颗粒1～2毫米才比较好用。素沙是指淘洗干净的粗沙。

细沙土又称沙土、黄沙土、面沙等，是北方传统的盆栽用土。北京近郊常以黄土岗产的最好。沙土排水较好，资源丰富，各地均可找到。在没有腐叶土、泥炭土时可以作为盆栽用土。但由于颗粒比较细，和腐殖土、泥炭土比较，透气、透水性能差，保水持肥能力甚微，质量又重，不是好的盆栽用土，不宜单独作为盆栽用土，在有条件的地区应逐步地改用更好的培养土。

12. 堆肥土 又称腐殖土，农林园艺上的各种植物的残枝落叶，各种农作物秸杆，温室、苗圃和城乡各种容易腐烂的垃圾废物等都可作为原料。注意随时搜集，资源极为丰富。选避风及稍荫蔽、地势不太低，不被雨水冲刷的地方作堆积地。随时收集随时堆积，长年不断。堆积成长条形的堆，高1.5米，宽2.5米，长度则看原料的多少而定。堆完一条再堆一条，便于腐熟和管理。堆积时要一层层地堆，不要压紧，可加少量废旧的培养土或砂质园土，如能添加部分牛、马粪和少量粪稀更好。通常每年堆一条，翌年再从头开始。堆积三年，每年翻动2～3次。翻动时将土移至堆后1～2米，重新堆起，把上面和两侧露在外面未腐烂的材料翻到中央。经过三年堆积，即可作为盆栽用土。使用前过筛，将未腐烂的重新放到堆内去腐烂，过筛后的堆肥土需经蒸气消毒，杀灭害虫、虫卵、有害菌类及杂草种子，即可应用。

13. 泥炭藓和蕨根 泥炭藓是苔藓类植物，生长在高寒地区潮湿地上。我国东北及西南高原林区有分布。泥炭藓质地十分疏松，有极强的吸水能力，是园艺上常用的栽培材料和包装材料，常与蕨根、蛇木屑、树皮屑、火山灰等配合使用。

蕨根指的是紫萁的根，呈黑褐色，直径1毫米左右。十分耐腐朽，是栽培蔬菜的盆栽基质。常与苔藓配合使用，效果甚好。我国东北及西南地区资源十分丰富。另外，热带林区中的莎椤茎干和根也属这类材料，常称为蛇木。将其破碎成块或木屑状用来栽植蔬菜，也是极理想的材料，常常与苔藓类配合使用。既透气、排水良好，又有较强的保湿能力。由于我国热带雨林面积小，国家已把栖莎椤为国家级保护植物种类，不可轻易采伐。

14. 树皮 主要是栎树皮、松树皮、龙眼树皮和其他较厚而硬的树皮，具有良好的物理性能，能够代替蕨根、苔藓和泥炭，现在已被作为优良的盆栽基质，在世界各地广泛应用，作为森林开发的副产品加工成商品销售。破碎成 0.2~2.0 厘米的块，按不同直径分筛成数种规格。小颗粒的可以与泥炭等混合，用来栽种一般盆栽蔬菜。

15. 腐叶土 由阔叶的落叶堆积腐熟而成。在阔叶林下自然堆积的腐叶土也属这一类土壤。其中以山毛榉和各种栎树的落叶形成的腐叶土比较好。秋季将森林、行道树和园林中的各种落叶收集起来，拌以少量的粪肥和水，堆积成高 1 米，宽 2.0~2.5 米，长数米的长方形堆。为防止风吹，可在表面盖一层园土，每年翻动 3 次，使堆内比较疏松透气，有利于好气性菌类活动。不可过于潮湿，否则透气不好，造成嫌气菌类发酵，养分散失严重，影响腐叶土质量。大约经 2~3 年的堆积，春季用粗筛筛去粗大未腐烂的枝叶，经蒸气消毒后便可使用。筛出的粗大枝叶仍可继续堆积发酵，以后再用。

若离林区比较近，可以到阔叶树山林中靠近沟谷底部收集腐叶土。去掉表层尚未腐烂的落叶，挖取已经变成褐色、手抓成粉末又比较松的一层。通常只有 10~20 厘米厚。再向下面含砂石和土壤母质比较多，质量则不太好。

腐叶土含有大量的有机质，疏松、透气和透水性能好，保水持肥能力强，质轻，是优良的传统盆栽用土。适合于栽种多数常见的盆栽蔬菜，此外还有松针土，常作喜酸性蔬菜的栽培用土。

（二）培养土的配制

培养土要具有优良物理、化学性状，有一定的透气性，土质疏松，有较强的保水与排水能力，土壤有机质含量为 2%～3%，pH6～7，不含有害物质和盐类，不含病虫草籽，全氮含量 0.8%～1.2%，速效氮 100～150 毫克/千克，速效磷含量高于 200 毫克/千克，速效钾含量高于 100 毫克产/千克，床土总孔隙度 60% 左右，其中大孔隙度在 15%～20%，小孔隙度在 35%～40%，容重在 0.6～1.0。

培养土的配制 培养土的原料为园土（耕种多年的熟土，加粪水堆积 2 个月）、塘泥、河沙、腐叶土、山泥（山区林下树木的落叶堆积发解而成）、砻糠灰、煤渣等配制而成。不同蔬菜，不同生长发育阶段，不同年龄对培养土的要求不同。播种蔬菜用腐殖土、园土、河沙为 5∶3∶2；定植用土比例为腐叶土 4、园土 4.5、河沙 1、骨粉 0.5。喜酸性蔬菜为泥炭土 6，粗沙 4，骨粉 0.5。食果类蔬菜要补充磷钾肥。

国外最常用的是 U，C 标准盆栽土，主要成分是细沙和泥炭藓，沙粒大小为 0.5 毫米，泥炭藓必须粉碎。根据需要采用不同比例，细沙 75、泥炭藓 25 用于扦插；细沙 50、泥炭藓 50 用于盆栽；泥炭 75、细沙 25 用于苗床。

（三）基质的消毒

基质是传播病虫草害的场所，在使用前必须彻底消毒，但这一措施往往被忽视，造成杂草蔓延、苗木致病、插穗、种子或幼苗霉烂或软腐，所以，它是盆栽成败的关键措施之一。消毒方法有：

（1）日光消毒 将配好的基质放在混凝土、铁板上，薄薄平摊，曝晒 3～15 天，可杀死病菌孢子、菌丝、虫卵、成虫和线虫。

（2）蒸气消毒 将基质放入蒸笼上锅，加热至 60～100℃，持续 30～60 分钟。消毒时间不宜太长，以免杀灭有益微生物。

（3）火烧 对于保护地苗床或盆插、盆栽的少量土壤，放入铁锅或铁板上加火烧 0.5～2 小时。

(4) 甲醛 每平方米用 50 毫升甲醛加水 6～12 升，播前 10～12 天喷洒在基质上，用塑料薄膜覆盖密闭，播前一周揭膜通气。或每立方米培养土中均匀撒上 40% 福尔马林 400～500 毫升，稀释 50 倍，堆积覆膜，密闭 24～28 小时，也可用 0.5% 甲醛喷洒覆膜 5～7 天，沙石类消毒可用 50～100 倍甲醛浸泡 5～7 天。用清水冲洗 2～3 遍。

(5) 硫黄粉 耕翻的土壤，每平方米加入 25～300 克硫黄，或每立方米基质加硫黄粉 80～90 克，可消毒土壤，中和碱性。

(6) 石灰粉 对酸性土壤，每平方米撒入 30～40 克石灰，或每立方米基质加入石灰粉 90～120 克，在南方针叶腐殖土中使用。

(7) 多菌灵 每立方米基质加 50% 多菌灵 40 克，覆膜 2～3 天。

(8) 代森锌 每立方米基质加 65% 代森锌 60 克，覆膜 2～3 天。

(9) 百菌清 每立方米基质用 45% 百菌清烟剂 1 克，熏棚 5 小时。

(10) 甲霜灵、代森锰锌 每平方米苗床用 25% 甲霜灵可湿性粉剂 9 克加 70% 代森锰锌 10 克对细土 4～5 千克，2/3 盖在种子上，1/3 撒在种子下。

(11) 五氯硝基苯混合剂 五氯硝基苯 3 份，代森锌或敌克松 1 份，每平方米 4～6 克，与细砂混匀施入播种沟，播后用药土覆盖种子。

(12) 硫酸亚铁 雨天用细土加 2%～3% 硫酸亚铁，每平方米 100～220 克，撒入土中或用 2%～3% 硫酸亚铁水，每平方米 9 升进行基质消毒。

二、容器

盆栽蔬菜的容器种类很多，质地不一，形状各异，体积大小,色泽深浅,形形色色。常见的除花盆外,还有桶、箱、篓、缸、槽等。见图2-1。还有组合盆栽器有栽培盆、装饰盆(断根盆、储水盆、勇气盆)、标准盆、高盆、长槽、浅盘、壁挂盆、悬吊盆、罗马盆、提篮、造型盆及特殊盆。材质有塑胶、陶瓷、木竹藤、椰菜纤维、水泥、石材、金属、泥料及废弃物自制盆等。

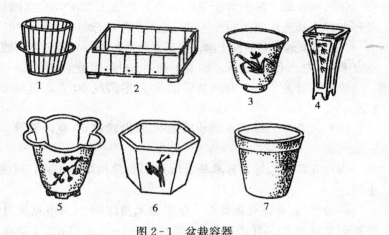

图2-1 盆栽容器
1.木桶 2.木箱 3、4.瓦盆 5、6.陶盆 7.釉盆

盆栽蔬菜是将栽培技术与观赏艺术二者有机结合的园艺产品。按栽培要求,盆的质地坚固,透气性好,容纳营养土多,有利于蔬菜的生长与发育。从观赏出发,要求盆式美观,制作精细,小巧玲珑,挪动和摆设方便,艺术效果较好。常见的容器有:

1. 素烧盆(瓦盆) 用黏土做成盆坯经烧制而成。一般多为圆柱体,上大下小。因黏土类型和烧制方法的不同,有黄色、红色、青灰色和灰白色数种。质地疏松,表面粗糙,透气透水性良好。但碰打易碎,坚固性差,使用时间较长易分化剥离,且盆内土壤温度受外界气温影响变化较大,土壤水分散失较快。

2. 陶瓷盆 用陶土或瓷土烧制而成，表面上还有一层釉，最近深圳还生产仿古陶钵，有仿古青铜和古彩陶花钵，古色古香中透出凝重。广东石湾生产的釉盆，绘制各种花纹、图案、书法和各种颜色涂料，十分美观。陶盆盆径大小不一，深浅各异，比较厚重，透气性差。瓷盆做工更精细，价格更高，排水、透气性更差，但十分美观，适于作套盆，放在高级宾馆、展览馆、办公楼内摆设。

3. 紫砂盆 材质有紫砂、白砂、红砂、陶泥、均陶，造型多姿多彩，新型别致，圆形，梅花型，方型，长方型，六角形，八角形，椭圆形，签筒异形，大者1米以上，小则方寸，可托于掌心。造型美观，透气性较好。

签筒型适于栽植悬垂性蔬菜、根茎类蔬菜，颇富诗情画意。盆口大且高度适中的紫砂盆，适于种植茄果类、野菜、特菜。特大型花盆则适于瓜类、植株较高的蔬菜；浅盆适于绿叶菜类。微型掌盆小巧精美，适于栽植迷你型蔬菜，更由于能工巧匠精心制作，以刀代笔，盆外壁面刻以山水花鸟图案或铭上词诗书法，令人生发古朴幽情，其精巧细腻之工，具有颇高的工艺水平，博得海内外蔬菜爱好者的青睐。

4. 玻璃钢花钵 玻璃钢以合成树脂为粘结剂，以玻璃纤维为增强材料的高分子复合材料。它具有质轻高强，耐腐蚀，可做成仿大理石，仿玛瑙，仿汉白玉，仿铜，仿红木等多种色彩，玻璃钢花钵成为都市街头一道亮丽的风景线，在上可运用浮雕、阴雕等多种技法，使产品具有立体空间感，造型精美，栩栩如生，并以龙为主题；作成雕龙花缸，穿云入雾，翻江倒海；做成各种山水鸟兽、传统故事，具有广阔的发展前景。

5. 水盆和盆景盆 水盆盆底无孔可盛水，可供养水生蔬菜；盆景盆质地、款式较多，有紫砂陶盆、白砂釉盆、水磨石盆、大理石盆等。在外形上，近圆形的六角形盆、八角盆、海棠盆、方盆、圆盆等，长宽尺寸相近，适于栽植盆景蔬菜。

配盆的色彩不容忽视，一般盆的色彩以朴素无华、淡雅古朴为宜。用来栽培观果蔬菜的盆，要与花果色彩协调，忌盆色与花果颜色相似或反差过大，如红果配白、乳黄色、浅蓝色盆比紫砂盆更能映衬出红果的色彩。

6. 塑料盆 有紫红、乳白、淡黄、绿蓝等色，亦有在上绘制山水鸟兽，诗词书画。它轻便耐用，透气性差。塑料盆有明快的色彩、工艺、造型和软硬质地，从育苗盆到大型造型盆，一应俱全，保水性好，节水、美观，便于运输，特别适合阳台种菜。

7. 石盆 常见的有大理石盆，也有采自山野的钟乳石制成。

8. 木桶 它的规格比较大，供栽植大型植物用，口径为60～80厘米，多选用耐腐蚀的柏、松、柞、杉、柳制成。一般做成上口大下口小的四方形、六角形、圆柱形等，直径0.5～0.8米，高0.6～1米。外壁涂油漆防腐，上中下用金属环箍紧，并侧面装有把手，或底部安装4个滑轮，便于搬运。在东南亚各国山庄花菜园用得较多，更趋于回归自然的风格。

9. 瓶箱 瓶箱大多为玻璃制品，透明度高，容器封闭，有助于保持容器内空气湿度和培养土的水分，利于蔬菜的生长。还可防止风吹和空气污染，为蔬菜创造适宜的小气候，使其鲜艳美丽，大的可集蔬菜于一瓶箱，小的可作小品。常用的有造型优美的玻璃瓶箱，亦可用咖啡瓶、酒瓶、广口瓶、鱼缸、蒸发皿，这些瓶箱应封闭加盖加塞，根据湿度决定揭盖。

10. 套盆 套盆不是直接栽种植物，而是将盆栽蔬菜套装在里面。防止浇水时多余的水弄湿地面或家具，也可把普通陶盆遮挡起来，使盆栽蔬菜更美观。由于上述功能决定套盆必须是盆底无孔洞，不漏水，美观大方。

目前国内大量使用的套盆是由玻璃钢制成。重量较轻，表面光洁，外面多为洁白色，里面黑色。上口向内反卷，呈圆形。造型美观、庄重、大方。常见的规格为：

第二章 盆栽蔬菜的基础知识

型号	上口内径（毫米）	桶高（毫米）	型号	上口内径（毫米）	桶高（毫米）
0	240	180	5	520	370
1	280	240	6	520	500
2	340	270	7（小）	635	540
3	360	290	7	640	560
4	420	310	10	830	66

另外，还有用紫砂盆、瓷盆或不锈钢桶等作套盆的，这需根据使用的环境和造价决定。

盆托（或盆垫）是常用来代替套盆的用具。形状像盘子，多用塑料做成。直径从 10 余厘米至 50 多厘米。多数是与塑料盆配套应用，也可作为垫陶盆使用。各种套盆见下表。

名称	内径（毫米）	桶高（毫米）	名称	内径（毫米）	桶高（毫米）
八套鱼缸	70	38	播种浅（浅盆）	30	6
四套鱼缸	60	30	二缸子	22	12
八套接口	70	38	菊花缸	18	10
四套接口	60	32	头号桶子	15	10
水桶	48	28	二号桶子	12	9
水桶浅	48	20	三号桶子	9	7
三道箍	40	25	牛眼	6	5
坯子盆	30	15			

11. 篮篓 用竹条、柳条、塑料条编织成篮、篓或塑料成形灌注而成篮篓，采用苔藓垫底、迷缝，装入营养土栽种蔬菜，可吊挂、平摆，透气排水性好，质轻、造形多样化，但水分散发快，温度变化大，不利于蔬菜生长。

12. 种植槽 一般在阳台、平台、屋顶、天井、房间走廊等处，可用砖块、钢筋水泥、石料砌成高度为 40～80 厘米，长宽视需要而定的种植槽，槽底或底旁留出几个排水孔，这种种植为固定式，不可搬动。如用木条、竹片、铁片等轻质材料编织，底部用轻质建材制作，并装滚轮，则可移动。种植槽内放上固体基质，还可作无土栽培用。

三、蔬菜对环境条件的要求

(一) 温度

各种蔬菜由于起源不同及长期栽培的原因，对温度有不同的反应与要求，根据蔬菜对温度的要求可分为五类：

1. 耐寒性蔬菜 生长发育临界温度一般为5～25℃，最适温度为15～20℃，对低温抵抗力强，可较长时间忍耐－1～－2℃低温，可短时间忍耐－3～－5℃低温，例如菠菜、大蒜。

2. 半耐寒性蔬菜 临界温度为5～25℃，最适温度为17～20℃，能短期忍耐－1～－2℃低温，适宜与适应温度范围小，例如结球白菜、根菜类。

3. 耐寒而适应广的蔬菜 临界温度5～30℃，最适温度15～25℃，冬天地上部枯死，宿根越冬，耐热性较强，如茭白、金针菜及葱蒜类等。

4. 喜温蔬菜 临界温度10～35℃，适温20～30℃，例如茄果类、黄瓜、西瓜等。

5. 耐热蔬菜 临界温度10～40℃，适温为25～30℃，例如丝瓜、豇豆、芋及苋菜等。

蔬菜生长发育期有一个三基点温度（下限、上限、最适温度），光合作用的上限为40～50℃，下限为0.5℃，最适为20～25℃；呼吸作用上限为50℃，最适为36～40℃，下限为－10℃。经济栽培的临界温度是指蔬菜能维持生命进行微弱的生长，但失去经济栽培价值的温度。各种蔬菜三基点温度见表2-1。

有效积温是指某一时段内有效温度的总和，它表示蔬菜对热量的总需求，有效温度是指活动温度与生物学下限温度之差。不同蔬菜及不同生育阶段对积温要求是不同的，生育速度取决于达到积温要求的早晚。

表2-1 蔬菜不同生育期的三基点温度（℃）

蔬菜名称	苗期			苗期~结果			结果		
	最高	适宜	最低	最高	适宜	最低	最高	适宜	最低
黄瓜	28	22±3	15~12	33	24±4	15~12	38	26±4	15~12
西瓜、甜瓜、冬瓜	28	22±4	18	33	25±4	18	38	26±4	18
南瓜	26	20±3	12	30	20±4	12	34	24±4	10
番茄、辣椒	26	18±3	10	28	22±3	10	30	22±4	6
茄子	28	20±4	15				34	26±4	12
菜豆				25	20±3	15	30	22±4	12
花椰菜				18	14±4	8	22	15±5	2
甘蓝							20	12±5	2
小萝卜				18	12±4	5	20	14±4	2
白菜、芹菜、莴苣、韭菜							30	18±6	2
菠菜							25	16±4	2

（二）光照

光照对蔬菜的影响有三个方面，即光照强度，光照的时数和光的质量。

蔬菜的光合作用与光照强弱有关。不同的蔬菜对光照强度有不同的要求（表2-2）。光补偿点是蔬菜在一定的光照强度条件下，其光合作用制造的养分与呼吸作用所消耗的养分相等。光饱和点是蔬菜在一定光照强度条件下，其光合作用达到最高点。光合强度指单位叶面积在每1小时内同化CO_2的重量。

表 2-2　蔬菜作物对光照强度的要求

蔬菜种类	光补偿点 （千勒克斯）	光饱和点 （千勒克斯）	CO_2 同化率 （毫克/分米^2/小时）
黄瓜		55	24.0
番茄		70	31.7
辣椒	1.5	30	15.8
茄子	2.0	40	17.0
芹菜	2.0	45	13.0
菜豆	1.5	25	12.0
甘蓝	2.0	40	11.0
西瓜	4.0	80	21.0

（三）水分

不同种类的蔬菜对水分要求不同，蔬菜的需水特性与根吸收能力与地上部蒸腾消耗多少有关。根据蔬菜的需水规律可分五类：

1. 水生蔬菜　例如芋头、莲藕、茭白、荸荠、蕹菜等。在水中生长、叶大而嫩、耗水多、吸水力弱，根系不发达。

2. 湿润性蔬菜　例如大白菜、甘蓝、黄瓜、绿叶菜类。要求土壤湿度高，叶较大而嫩，耗水多，根系浅，要求空气湿度高。

3. 半湿润型蔬菜　例如茄果类、豆类、根菜类等，叶较小多毛，耗水较少，根系发达。

4. 半耐旱型蔬菜　例如大蒜、洋葱等，要求土壤湿度较低，叶多管状或带状，耗水少，吸水力弱，根浅，要保持土壤湿润。

5. 耐旱型蔬菜　例如南瓜、西瓜、甜瓜等，叶面有裂刻，耗水少，根系强大，抗旱力强，忍受低的空气湿度。

蔬菜对空气湿度的要求看，相对湿度85%～95%有黄瓜、绿叶菜、水生蔬菜等；75%～80%有白菜、甘蓝、豌豆、蚕豆及马铃薯等；60%～70%有茄果类、豇豆、菜豆等；45%～55%有西瓜、甜瓜、胡萝卜、葱蒜类等。

土壤含水量是以土壤中水分对干土的百分比来表示。但此法只能同一种土壤进行比较，不同的土壤和土质，难以了解土壤中含水量对作物的效能，近年来以土壤持水力表示，用土壤水分张力计来测定，以 PF 值代表土壤水分张力。

土壤水分包括重力水、毛管水及吸湿水，只有毛管水的大部分能被植物吸收利用。呈饱和状态的土壤含水量减去其中的重力水的水量称"田间持水量"。蔬菜不能吸收利用时的土壤含水量，即植物呈现永久凋萎时的土壤含水量称为"凋萎系数"（PF 为 4.2），从田间持水量到凋萎系数之间的含水量称土壤有效水。在遮阳网蔬菜栽培时，要保持一定的土壤含水量或田间持水量。一般田间持水量 70%～80%，土壤含水量 18%～20%左右。

（四）蔬菜的土壤营养特点

1. 对土壤的要求 蔬菜对土壤要求较高，要高度熟化，熟土层厚在 30 厘米以上，土壤有机质的含量不低于 2%～3%，土壤结构良好，有好的保水、供水、供氧能力，稳温性好，有较大的热容量与导热率，营养含量高而全面，酸碱适中，pH 6～6.8 为宜（表 2-3），无污染，无病虫寄生与传染病。所以，不是所有土壤均能长好蔬菜的。

表 2-3 蔬菜适宜的土壤 pH 值

蔬菜种类	pH	蔬菜种类	pH
甘蓝、黄瓜、莴苣、芹菜	5.5～6.7	荠菜、胡萝卜	5.5～6.8
南瓜、西瓜、苤蓝	5.0～6.8	菠菜	6～7.3
萝卜、番茄、芜菁	5.2～6.7	茄子、大葱	6.8～7.3
洋葱、花椰菜、辣椒	6.0～6.6	牛蒡	6.5～7.5
马铃薯	4.6～6.0	芋头	4.1～8.1
石刁柏、韭菜	6.0～6.8	大蒜、菜豆、防风	6.0～7.0
豌豆、豇豆	6.2～7.2	大白菜	6.5～7.0

2. 矿质营养 蔬菜通过根或叶、茎，从外界环境中吸收的各种无机营养元素，统称矿质营养。蔬菜吸收矿质营养与蔬菜种类及发育状况有关外，还受温度、光照、土壤pH，盐类浓度，根际氧气含量的影响。单位面积的总吸收量比大田作物要高得多，特别是钙、钾、镁等阳离子吸收量很大，蔬菜对养分的吸收量以果菜类、结球叶菜等最大，根菜类、叶菜次之，不同蔬菜的吸收量还与品种、栽培时期、生长期及产量有关，一般每生产100千克产品约需吸收氮 $0.2\sim0.4$ 千克，磷（P_2O_5）$0.08\sim0.12$ 千克，钾（K_2O）$0.3\sim0.5$ 千克，钙（CaO）$0.15\sim0.25$ 千克，镁（MgO）$0.03\sim0.07$ 千克。其吸收比例大体上是 $6:2:8:4:1$。

科学施肥先要了解各种蔬菜的元素吸收量（详见表2-4），减去土壤中各种营养元素的含量，然后考虑肥料的利用系数，施肥量比蔬菜对养分吸收量要大，氮为 $1\sim2$ 倍，磷为 $2\sim6$ 倍，钾为1.5倍。要重视有机肥料的施用，一般要求每亩5吨以上，注意微量元素，稀土肥及菌肥的施用，少施挥发性化肥、未腐熟的有机肥、有副作用的氯离子化肥。

表2-4 蔬菜吸收N、P、K元素的数量

蔬菜名称	产量（千克）	吸收量（千克，667米^2）			NPK吸收量（千克，667米^2）
		N	P	K	
黄瓜	6 250	10.45	6.0	21.2	37.7
番茄	6 250	18.75	2.45	32.0	53.2
茄子	4 750	14.0	3.0	22.75	39.8
架云豆	850	8.75	3.75	8.2	20.7
春甘蓝	2 800	12.65	3.05	10.15	25.85
白菜	7 500	16.4	7.5	21.5	45.4
芹菜	2 250	8.0	3.2	13.2	24.4
菠菜	1 200	6.75	2.2	5.45	14.4

(续)

蔬菜名称	产量（千克）	吸收量（千克，667 米²）			NPK 吸收量（千克，667 米²）
		N	P	K	
莴苣	1 500	3.75	1.75	6.75	12.3
洋葱	3 600	4.8	2.25	8.15	15.2
花椰菜	3 000	14.2	8.0	16.75	39.0
石刁柏	360	8.2	2.0	9.45	19.7

四、育苗新技术

（一）穴盘育苗技术

1. 穴盘育苗的发展历史及其优点 穴盘育苗在 20 世纪 60 年代由美国最早开发，于 80 年代初在欧美、日本等国家推广应用，至今已成为一项成熟的农业技术。

穴盘育苗是以不同规格的专用穴盘作容器，用草炭、蛭石等轻质无土材料作基质，通过精量播种（一穴一粒）、覆土、浇水，一次成苗的现代化育苗技术。具有以下优点。

①节约种子，生产成本低。

②机械化程度高，大大提高了工作效率。

③种苗质量好，成苗率高。

④穴盘苗的移植过程不伤根系，定植后缓苗快。

⑤种苗适于长途运输，便于商品化供应。

2. 我国穴盘育苗的发展现状 我国于 20 世纪 80 年代中期从美国、欧共体引进穴盘育苗精量播种生产线，于 1987 年和 1989 年在北京郊区建立穴盘育苗场。中国台湾自 1982 年起，建立 15 个育苗中心，发展至今，全省已有 30 个专为农民供应种苗的育苗场。"八五"期间，农业部已将穴盘育苗列为重点科研项目，主攻精量播种机和幼苗质量等软、硬件技术，现已研制成功国产化的 ZXB—360 型、ZXB—400 型精量播种机,并自行研制成穴盘育苗工艺流程,在全国设立推广基地十多个。这必将促进我国蔬菜、花卉育苗的高技术化。尽管我国绝大多数菜农、花农仍沿用传统的育苗方法,但必将被穴盘育苗所取代。

3. 穴盘育苗的过程与技术

(1) 穴盘的选择　目前,穴盘育苗使用的穴盘有多种规格。穴格有不同形状,穴格数目从 18～800 不等,穴格容积 7～70 毫升不等,共 50 多种不同规格的穴盘。

不同规格的穴盘对种苗生长影响差异很大。Latimer J G(美,1991)的实验证明:种苗的生长主要受穴格容积的影响,但与穴格形状的关系不密切。穴格大,有利种苗生长,但生产成本高;穴格小则不利种苗生长,但生产成本低。因此,在生产中,有根的通气性好,不易分解,能支撑种苗等特点。

培育优质穴盘苗,首先应选择质优、抗病、丰产的品种,并且要纯度高、洁净无杂质、子粒饱满、高活力、高发芽率的种子。为了促使种子萌发整齐一致,播种之前应进行种子处理。可选用常规育苗中温汤浸种的方法处理种子,也可用磷酸三钠、福尔马林等药剂处理种子,目的是杀灭附着在种子表面的病菌。对于发芽迟缓,活力较低的种子,还可用赤霉素、硝酸钾、聚乙二醇等药剂进行种子活化处理。由于穴盘育苗大部分为干籽直播,所以无论用何种方法处理的种子,都要进行风干,然后再播种。

(2) 装盘与播种　穴盘育苗分为机械播种和手工播种两种方式。机械播种又分为全自动机械播种和半自动机械播种。全自动机械播种的作业程序包括装盘、压穴、播种、覆盖和喷水,在播种之前先调试好机器,并且进行保养,使各个工序运转正常,1穴 1 粒的准确率达到 95% 以上就可以收到较好的播种质量。手工播种和半自动机械播种的区别在于播种时一种是手工点籽,另一种是机械播种,其他工作都是手工作业完成。

①装盘　首先应该准备好基质,将配好的基质装在穴盘中,

基质不能装得过满,装盘后各个格室应能清晰可见。

②压穴 将装好基质的穴盘垂直码放在一起,4~5盘一摞,上面放一只空盘,两手平放在盘上均匀下压至要求深度。

③播种与覆盖 将种子点在压好穴的盘中,或用半自动播种机播种(如果种子已经催出芽只能用手工播种),每穴1粒。播种后覆盖蛭石,浇一次透水。

(3) 催芽 由于穴盘育苗大部分为干籽直播,因此,在冬春季播种后为了促进种子尽快萌发出苗,应在催芽室中进行催芽处理。见表2-5。

表2-5 催芽室温度控制及苗盘在催芽室滞留时间

种类	室温/℃	时间/天
茄子	28~30	5
甜(辣)椒	28~30	5
番茄	25~28	4
黄瓜	28~30	2
甜瓜	28~30	2
西瓜	28~30	2
生菜	23~25	2~3
甘蓝	23~25	2
芹菜	15~20	7~10
芦笋	28~30	7~10

4. 栽培管理要点 蔬菜育苗需要水分、养分、温度、光照共同作用,才能使秧苗苗壮成长。

水分是蔬菜幼苗生长发育的重要条件。播种后,浇一次透水。幼苗出苗后到第一片真叶长出,要降低基质水分含量,水分过多易徒长。其后随着幼苗不断长大,叶面积增大的同时蒸腾量也加大,这时缺水幼苗生长就会受到明显抑制,易老化;反之如果水分过多,在温度高、光照弱的条件下易徒长;夏天多选择小孔盘，由于温度高，幼苗蒸发量大，基质较易干，在勤浇水的同时，要防止水分过大。见表2-6。

表2-6 不同生育阶段基质水分含量（相当最大持水量的%）

蔬菜种类	播种至出苗	子叶展开至2叶1心	3叶1心至成苗
茄 子	85~90	70~75	65~70
甜（辣）椒	85~90	70~75	65~70
番 茄	75~85	65~70	60~65
黄 瓜	85~90	75~80	70~75
芹 菜	85~90	75~80	70~75
生 菜	85~90	75~80	70~75
甘 蓝	75~85	70~75	55~60

浇水最好选在晴天上午，要浇透，否则根不向下扎，根坨不易形成，起苗时易断根。成苗后起苗的前一天或起苗的当天浇一次透水，使幼苗容易被拔出，还可使幼苗在长距离运输时不会因缺水而死苗。

幼苗生长阶段中应注意适时补充养分，根据秧苗生长发育状况喷施不同的营养液，浓度为0.2%~0.3%。

温度是培育壮苗的基础条件，不同的蔬菜种类在不同的生长发育阶段，要求不同的气温条件。播后的催芽阶段是育苗期间温度最高的时期，待60%以上种子拱土后，温度要适当降低，但仍要维持较高水平，以保证出苗整齐；当幼苗2叶1心后应适当降温，保持幼苗生长适温；成苗后定植前1周要再次降温炼苗。见表2-7。

表2-7 苗期温度管理标准（℃）

作 物	白 天	夜 晚
茄 子	25~28	18~21
甜（辣）椒	25~28	18~21

第二章　盆栽蔬菜的基础知识

（续）

作　物	白　天	夜　晚
番　茄	20～23	15～18
黄　瓜	25～28	15～16
甘　蓝	18～22	12～16
青花菜	18～22	12～16
抱子甘蓝	18～22	12～16
芦　笋	25～30	18～21
花椰菜	18～22	12～16
甜玉米	25～28	18～20
甜　瓜	25～28	17～20
西葫芦	20～23	15～18
西　瓜	25～30	18～21
芹　菜	18～24	15～18
生　菜	15～22	12～16

　　秧苗的生长需要一定的温差，白天和夜间应保持 8～10℃ 的温差。白天温度高，夜间可稍高些，阴雨天白天气温低，夜间也应低些，保持 2～3℃ 的温差。阴天白天苗床温度应比晴天低 5～7℃，阴天光照弱，光合效率低，夜间气温相应的也要降低，使呼吸作用减弱，以防幼苗徒长。

　　光照条件直接影响秧苗的素质，秧苗干物质的 90%～95% 来自光合作用，而光合作用的强弱主要受光照条件的影响。冬春季日照时间短，自然光照弱，阴天时温室内光照强度就更弱了。在目前温室内尚无能力进行人工补光的情况下，如果温度条件许可，可争取早揭苫晚盖苫，延长光照时间。既使在阴雨天气，也应揭开覆盖物。选用防尘无滴膜作覆盖材料，定期冲刷膜上灰尘，以保证秧苗对光照的需要。夏季育苗自然光照强度超过了蔬菜光饱和点以上，要用遮阳网遮荫，达到降温防病的效果。

幼苗生长的好坏是受综合因素影响的。温度、光照、营养、水分等同时制约着幼苗生长，而且这些环境条件本身又是相互影响，相互制约的。所以要给幼苗生长创造一个良好的环境。

5. 育苗期及成苗标准 在不同季节，采用不同的穴盘，其苗龄及成苗标准不同，见表2-8。

6. 商品苗的出售及运输 商品苗达标时，根系将基质紧紧缠绕，当幼苗从穴盘拔起时也不会出现散坨现象。用户取苗时，可将苗一排排、一层层倒放在纸箱或筐里，如果取苗前浇一次透水，则穴盘苗可远距离运输。在早春季节，穴盘苗的远距离运输要防止幼苗受寒，要有保温措施。近距离定植的可直接将苗盘带苗一起运到地里，但要注意防止苗盘的损伤，可把苗盘竖起，一手提一盘（幼苗不会掉出来），也可双手托住苗盘，避免苗盘打折断裂。穴盘苗定植成活率达100%。

表2-8 不同蔬菜育苗期及成苗标准

种 类	穴盘选择（孔）	育苗期/天	成苗标准（叶片数）
冬春季茄子	288	30～35	2叶1心
冬春季茄子	128	70～75	4～5
冬春季茄子	72	80～85	6～7
冬春季甜椒	288	28～30	2叶1心
冬春季甜椒	128	75～80	8～10
冬春季番茄	288	22～25	2叶1心
冬春季番茄	128	45～50	4～5
冬春季番茄	72	60～65	6～7
夏秋季番茄	200或288	18～12	3叶1心
夏播芹菜	288	50左右	4～5
夏播芹菜	128	60左右	5～6
生菜	288	25～30	3～4
生菜	128	35～40	4～5

(续)

种　类	穴盘选择（孔）	育苗期/天	成苗标准（叶片数）
黄瓜	72	25～35	3～4
大白菜	288	15～18	3～4
大白菜	128	18～20	4～5
结球甘蓝	288	20 左右	2 叶 1 心
结球甘蓝	128	75～80	5～6
花椰菜	288	20 左右	2 叶 1 心
花椰菜	128	75～80	5～6
抱子甘蓝	288	20～25	2 叶 1 心
抱子甘蓝	72	65～70	5～6
羽衣甘蓝	288	30～35	3 叶 1 心
羽衣甘蓝	128	60～65	5～6
木耳菜	288	30～35	2～3
蕹菜	288	25～30	5～6
菜豆	128	15～18	2 叶 1 心

（二）嫁接育苗

1. 嫁接育苗的定义和原理　将植物体的芽或枝接到另一植物体（砧木）的适当部位，使两者接合成一个新的植物体的技术，称为嫁接。

嫁接主要应用于瓜类、茄果类，以提高抗性，提高产量，改善品质或提早成熟等。

嫁接时砧木和接穗切口细胞受伤，其相应部位的形成层加速分裂，在接合处形成愈伤组织，使砧穗结合生长，两者切口处的输导组织相邻的细胞也分化形成同形组织，使输导组织相连而形成一个新个体。嫁接的成活力决定砧穗的亲和力和生活力，亲缘相近亲和力强，砧穗贮藏营养多，生长健壮，成活力高。成活力还与温度、湿度、光照及嫁接技术和接后管理有关。

2. 嫁接的设备和材料

（1）以黑籽南瓜或葫芦作砧木，可从云南或江浙购买。

（2）黄瓜、西瓜的优良品种种籽作接穗用。

（3）塑料苗钵、塑料苗盘或塑料育苗盒，作培育砧木或接穗的容器。

（4）育苗夹或专用育苗胶带，胶片等。

（5）刀片，即一般刮胡子刀片，切砧穗用。

（6）喷雾器，接后喷水用。

（7）农用塑料薄膜，作塑料拱棚覆盖用。

（8）细竹杆或8号铅丝。

3. 嫁接育苗技术要点 砧木与接穗的幼苗要求健壮，苗龄适宜，如瓜类以子叶展平，心叶初露为宜。用得较多的有黄瓜、西瓜、甜瓜，以黑籽南瓜、葫芦、印度南瓜作砧木。

（1）由于黑籽南瓜种子休眠性很强，发芽困难，出苗不整齐，一般采用细砂层积处理来提高出苗率，即在播前15～20天，将种籽放在湿沙中，一层沙（厚3～5厘米）一层种子（厚2～3厘米），沙的含水量以手握成团，手指缝中不滴水为原则。亦有用高温处理，即先将种子放在30℃ 4小时，再放在50℃10分钟，然后调至70℃放72秒钟，再浸种子24小时。还有用药剂浸种，将种子先用温水浸泡1～2小时，取出用水搓洗除去杂物，用150～200毫克/千克赤霉素浸种24小时，然后将种子放在湿沙布中催芽。

（2）把处理过的种子，洗去表面的沙和黏液，用湿沙布包好，放在30～32℃恒温箱中催芽，每天检查1～2次，挑出萌芽的先播，芽长0.3～0.5厘米为宜。为操作方便，宜播在塑料苗钵内。

（3）在黑籽南瓜生命力最强（子叶展叶未见真叶）时嫁接，黄瓜在子叶发足，真叶很小为宜，黄瓜比黑籽南瓜早播3～5天。

(4) 嫁接技术　嫁接的成活率的关键是要认真、心细、手轻、切口整齐，砧穗形成层密切结合。一个熟练工人每天可接 500 株左右。

4. 嫁接的常用方法

(1) 切接法　用刀片削去黑籽南瓜的真叶和生长点，并在子叶下方（窄面）0.5 厘米处往下斜切一刀，切口长 0.5～1 厘米，深至胚轴 1/3～1/2 处。然后在黄瓜苗的子叶下方（顺子叶开展方向）1.5 厘米处削成楔形，插入砧木切口，使形成层对齐密接，用塑料夹夹紧，摆到培育苗场所。

(2) 靠接法　用刀片削去黑籽南瓜苗的生长点，并在子叶下方 0.5～1 厘米处往下斜切一刀，切口长 0.5～0.6 厘米，深至胚轴 1/3～1/2 处。将黄瓜带根起苗使根向子叶方向，在子叶下方 1～2 厘米处往上斜切一刀，长 0.5～0.6 厘米，深达胚轴 1/3～2/3 处，切完即将黄瓜苗切口与砧木切口相吻合，接口用塑料夹子固定，并用湿土将黄瓜根部埋好，待接活后将黄瓜根茎切断，接好后入培苗场。

(3) 插接　有斜插接法与水平插接 2 种方法。斜插接是先削去黑籽南瓜的生长点，用一根与接穗下胚轴相似的竹签，从子叶基部斜插到另一子叶下的皮层处，孔长 0.5～1 厘米，深度不穿破下胚轴表皮。接穗削成楔形，然后将削好的黄瓜接穗顺竹签插入，使砧穗呈十字形，用嫁接夹固定。

水平插接法是去掉砧木真叶和生长点后，在砧木切口下约 0.5 厘米处用竹签向水平插一小孔，稍露出竹签，然后将接穗削好插入孔内，呈螺旋桨状，接穗插入后不用固定。

嫁接后，放入育苗棚内，用塑料薄膜严密覆盖 3～4 天，保温保湿，用小喷雾器喷水，每天数次，保持 80%～90% 湿度，棚内温度白天 25℃，夜晚 18℃ 左右。全面遮光。3～4 天后每天早晚通风 1～2 次，并逐渐增加光照时间，一周后不需遮光。经 10 天左右精心护理，即可成活。接穗发出新叶后要降温降湿，接口塑料夹在定植时拿掉。要及时除去砧木上新芽,靠接苗切断接穗黄瓜的根部,注意淘汰假活苗(接穗扎根入土)。成活后新苗生长快,茎粗,叶大,要拉开苗钵间距离,注意看苗、看土浇水。成活秧苗要少浇水,一般不干不浇水,浇水应在中午进行,浇后及时通风排湿。定植前7天对秧苗进行低温炼苗,白天控制在20~23℃,夜间10~12℃。

五、无土栽培

栽培应具备的条件:

(一)营养盐

1. 希勒尔(Hiller)营养盐配方

800份 $(NH_4)_2HPO_4$ 15份 $FeSO_4$
1 800份 KNO_3 2份 $Na_2B_4O_7 \cdot 10H_2O$
150份 NH_4NO_3 2份 $MnSO_7 \cdot H_2O$
200份 $Ca(H_2PO_4)_2$ 1份 $CuSO_4$
2份 $CaSO_4$ 1份 $ZnSO_4$
120份 $MgSO_4 \cdot 7H_2O$

营养液核心成分的比例为 $N:P_2O_5:K_2O=1:1:1.75$。这种营养液的pH在6以下,植物最适为5~5.5。

2. 特鲁法特与汉普营养盐配方(克/10升)

5.68克 KNO_3 0.0284克 K_2SO_4
7.10克 $Ca(NO_3)_2$ 0.056克 H_3PO_3
1.42克 $NH_4H_2PO_4$ 0.0056克 $ZnSO_4$
2.84克 $MgSO_4$ 0.0056克 $MnSO_4$
1.12克 $FeCl$

3. 禾皮尔(Wopil)营养盐

15%氮 $(1/2\ NO_3^- - N,\ 1/2\ NH_4^+ - N)$

15％磷酸（100％可水溶的）

24％K_2O

0.4％CaO

2.4％MgO

还有微量的铁、锰、硼、铜、锌、钼及钴。禾皮尔营养盐中的营养是百分之百溶于水，在含钙高的水中会引起沉淀。纯营养物质的比例是 N：P_2O_5：K_2O＝1：1：1.6 为最适宜。并可保证有较大辐度的应用范围。

4. 营养盐的浓度和 pH 营养盐（即上述配方成分）溶于水即成为营养液。营养液的浓度对植物生长来说是非常重要的，一般营养液的浓度在 0.5/1 000～5/1 000 的范围内，但个别植物能忍受较高的浓度。营养盐浓度上限为 7/1 000，高的盐浓度会对植物产生毒害作用。因为植物体内的盐浓度是有极限的，当外界营养液营养盐浓度超过植物体内盐浓度时，植物吸收水分的同时也吸收盐分的，营养液盐浓度高，渗透势就高，水分就会由低渗透势向高渗透势移动，即植物体内的水分向营养液中流动，造成植物停止吸水或倒吸水，植物还要继续蒸腾作用，很快就会凋萎。一般低盐浓度比高盐浓度对植物生长更适宜。低浓度的缺点只是营养盐会很快消耗完，容易引起营养物质缺乏的症状。因此在较大的种植容器中，一般都使用较高浓度，即平均为 1/1 000～3/1 000 之间。在例外情况下也可使用5/1 000的浓度。对播种、扦插等幼苗的浓度不能超过 1/1 000，最好为 0.5/1 000。室内无土种植植物，通常用 1/1 000 的营养液，即每升水中含 1 克营养盐最为合适。

营养液的 pH 是指水溶液中游离氢离子的浓度。pH 低于 7 为酸性，高于 7 为碱性。营养液的 pH 以在 5～6 之间为最好。调控 pH 的方法是用 H_2SO_4 或 NaOH 来滴定，过酸可用碱来滴定，过碱可用酸来滴定。

测定 pH，在实践中，已广泛使用 pH 测定仪，这种仪器是很容易使用的。它有一试验管,管上刻有校准线,盛入营养液,然后加入 4 滴指示溶液。再用比色板来对照营养液色调,可以直接读出营养液的 pH。最简单的方法就是用 pH 试纸,在使用时将试纸浸到营养液中,或将营养液滴到试纸上,将试纸的色调与比色板进行比较,便可得知营养液的 pH。

为了得知给营养液中加入多少酸或碱,可抽出 100 毫升营养液,用极度稀释的酸或碱来滴定,直至达到所要求的 pH,根据所用酸或碱量,计算出整个栽培容器所需要的酸或碱量。

(二) 水

水是营养盐的溶剂,水的性质与无土栽培有紧密的关系。水源有很多,有雨水、井水、泉水、自来水、河水、海水等。它们的性质有很大差异,其中主要是含盐量的不同。有"硬水"及"软水"之说。"硬水"的硬度较大,即含盐量较大,不可作为无土栽培用水,要进行软化处理后方可使用。水的硬度(营养盐)超过每升 100 毫克就必须进行软化处理。

用硫酸处理,是最简单又最便宜的方法,就是在硬水中加入浓硫酸,硫酸可使碳酸盐硬水转变为非碳酸盐硬水,可使碳酸钙转变为硫酸钙,硫酸钙作为沉淀物下沉。10 毫升浓硫酸可使 1 米^3 的水硬度降低 1 度。

排除水的硬度,也可使用草酸。与用硫酸处理来比较,用草酸有几种优点,特别是硬度很高或含盐成分很多的水,用草酸处理有更多好处。与硫酸不同,草酸只能用于暂时硬水,即是草酸能把全部钙盐转变为不溶解的草酸钙。经过一定的悬浮阶段后,草酸钙就沉淀到盆底。要使水的硬度降低 1 度,每立方米水要用 22.5 克工业草酸。

(三) 营养液的控制与补充

由于植物不断吸收营养液中的水分及营养物质,必须对消耗的水分及营养物质进行补充。营养液本身又会不断蒸发，营养液的体积就会减小，浓度也会相应增加，消耗的水必须在短时间内补充。在营养液盆或容器做一个标记或使用水指示器，可以把营养液的最高水位及最低水位表示出来。补充水时不能超过最高水位太多。对营养液的补充，若营养液使用较短，可完全更新该营养液；营养液使用较长，水和营养液可交替补充。在夏季每周补充一次营养液，冬季每两周补充一次。4周完全更新一次。水的消耗是经常的，而营养盐相对消耗时间较长。当测出营养物质含量不缺少时，只需补充水。如果营养物质含量很低，则需对营养液进行完全更新。夏天最多8个星期，冬天12个星期应全部更换营养液。

（四）无土栽培用的基质

基质的作用是固定植物，其次是最大限度得到通气。基质与营养液是相接触的，因此不管哪一类基质，都要求其结构不能改变，对营养液不会发生不适的化学作用及影响。基质中不含腐殖质，具有多孔结构，能透水，不含有营养液中的其他营养物质及微量元素。在使用时，基质必须具有一定的重量，以保证种植盆能稳定，不会因植物本身的重量而翻倒。要根据植物的大小、花盆的大小来选择基质种类。基质必须是可以多次利用的。基质主要有下列种类：

1. 鹅卵石 直径4～12毫米可以固定植物，只能用在花盆的最上层，作为装饰用，即美观又漂亮，下层可选用较轻的其它基质。

2. 石砾 直径约3～10毫米花岗岩、石英岩和玄武岩等，不像石灰石那样有石灰化学反应的影响，都可用作基质。石灰石不能用作基质。石砾吸水性差，只能用在花盆的最上层，起装饰作用。

3. 蛭石 在建筑上是很好的隔热隔音材料，它是由无石灰的粘土在转炉经1200℃高温燃烧而成的。比重很小，通气好，吸水性强，结构疏松多孔，化学性质也比较稳定。特别适宜栽种植物。是无土培最具前途的基质材料。

4. 泥炭 泥炭主要是植物经过泥炭形成作用及炭化过程而产生的，泥炭是在沼泽地产生的，含有丰富的营养物质，大多数能强烈分解，要注意它的营养成分，可和其它基质混用。

5. 细炉渣 供暖锅炉的炉渣过筛分级水洗后可作为无土栽培的基质。炉渣吸水性强，通气性好，由于已经锻烧无化学反应，性质稳定。特别细的炉渣性质已变，不可做基质用。炉渣直径一般应在2～5毫米之间。

（五）无土栽培所用容器

无土栽培所用花盆及各种形状的容器，一般分为两层，外层和内层，即外盆和内盆。外盆都是紧密不透水的，底部没有孔，不漏水。主要盛营养液。内盆比外盆小，套在外盆里面，其形状不一定与外盆相同，只是要求盆口能紧套在外盆口就可以，内盆是可透水的，底部有许多孔，周边也有些小孔。内盆主要盛固体基质，供固定植物之用。营养液和水都可通过内盆的孔与外盆相通，植物的根也可伸到外盆里。内盆的高度一般为外盆的2/3～1/2为宜，见图2-2。

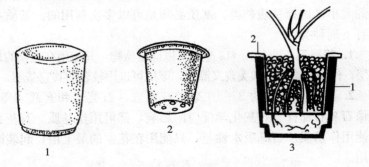

图2-2 花盆的内盆、外盆及套合情况
1. 外盆 2. 内盆 3. 套合情况

第二章 盆栽蔬菜的基础知识

另外也可只有外盆一层，作为无土栽培的容器，可做成水培箱或水培槽。把基质装入水培槽中，一般厚度为20~30厘米营养液从一端灌入，稍微有一点坡度，营养液可流向另一端。这一端可设一个或多个出口。种子或植物即可栽种到基质中。水培槽或水培箱适用于规模较大的无土栽培（图2-3）。

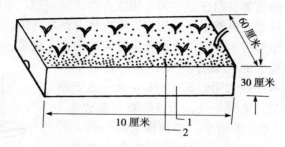

图2-3 流动式水培槽
1. 水培槽　2. 基质

目前无土栽培所用的花盆主要有陶器花盆、玻璃花盆、塑料花盆等。其中塑料花盆最多，原因是工业制造上能大批量生产，适应市场的需求。塑料花盆在形状方面可以有很多式样，而且能很快适应工艺上的更新，又可以任意使用各种颜色，塑料花盆绝对不透水，化学上是无活性的，又比较轻，不易被打碎，它的使用将大大推动无土栽培的发展。

无土种植的浸液方法：

一是间断浸液法，就是把内盆放到营养液中浸一下，注意营养液不要浸过全部基质，留上部2~3厘米不浸。浸液时间5~10分钟然后将内盆取出放回原外盆内。再浸下一盆。营养液可连续使用。这种方法可使植物根系得到充足的氧气供给。缺点是每天要浸一次或两次。二是长期浸液法，就是经常保持一定营养液深度，营养液消耗进行补充。这种方法比较简单省事，适合大规模无土栽培。

六、盆栽蔬菜的放置形式

盆栽蔬菜一般放在阳台、平台、房顶、庭院及房外门边、窗台角等可以利用的地方。

阳台的几架有铝合金结构、仿欧古典式钢制架,中国式古典仿红木、根雕或自然根制几架层,有古色古香之韵味,水泥钢筋层架外修饰为树木纹理,可放置保健蔬菜与食花蔬菜。

瓜果蔬菜的几架有:①立杆架 在盆中央直立一根木杆或竹竿,高1~1.5米,适于栽植短蔓蔬菜,见图2-4。②三角架子 盆边立3根1.2~1.5米的竹竿,把顶部束绑一起,形成三角架式见图2-5。③漏斗架子 在盆边立4~6根1.2~1.5米的长竹竿,全部向外倾斜,再用8号铅丝制成直径0.4~0.6米和0.6~0.8米的两个圆圈,分别固定在竹竿中部和顶端,见图2-6。④屏式在方盆上立5根1.5米的竹竿,在中部与顶端固定两道竹竿,见图2-7。

图2-4 立杆架

  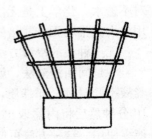

图2-5 三角架　　图2-6 漏斗架　　图2-7 屏　式

盆外架一般适用大盆与种植槽,如阳台的水平架(图2-8),平台水平架(图2-9),平台栏杆篱架,窗台外独龙架,房门双龙吐须架,房檐走廊单柱架等。

图 2-8 阳台上的水平棚架

图 2-9 平台水平棚架

七、屋顶蔬菜

屋顶蔬菜是一种把生产、生活、美化、食物、环保、生态、科普等有机融合的一种新技术，即利用屋顶空间种植花卉、瓜果、蔬菜等，既增加了城市绿化面积，又达到美化和净化的作用，还可带来一定的经济效益，提高了居民的生活质量。据研究屋顶种菜可大大减少太阳辐射，调节气温，夏季高温时室内气温可以降低 5~6℃，冬季低温时可提高室内温度 2~3℃，每亩绿色植物一年能产生氧气 14.4 吨，吸收二氧化碳 21.6 吨。栽培基质以腐熟垃圾、锯屑、秸秆、沼气池渣、菜籽饼为主要原料，使生活垃圾变废为宝，减少环境污染，是一种多功能、多角度、多概念的新型农业模式。

屋顶种菜是将特色农业引入城市空间，造就专门从事城市屋顶农业的新型产业工人，为城市居民创业开辟新途径。屋顶种菜从土培发展到新型无土栽培、漂浮栽培、管道栽培、水培等，集合了精准农业、免耕农业、物理农业等方法，是一个高科技农业的模式集成，也是未来实现可持续经济循环发展的一项都市农业的重要工程。

（一）屋顶种菜的品种除普通蔬菜外，还可选用以下蔬菜

1. 特菜类 金丝瓜、黄秋葵、紫背天葵、紫甘蓝、紫花菜、宝塔花菜、羽衣甘蓝、芦笋、香瓜、西葫芦、蛇瓜、四棱豆、红甜菜、菊苣、冬寒菜及荆芥等。

2. 香料菜 薄荷、紫苏、茴香。

3. 野菜 荠菜、蒲公英、马齿苋、扫帚草及枸杞等。

4. 花卉蔬菜 菊花、玫瑰花、荷花、南瓜花及黄花菜等。

5. 袖珍菜 抱子甘蓝、袖珍萝卜和胡萝卜、樱桃番茄、迷你小黄瓜、观赏椒、袖珍茄子及南瓜等。

6. 芽菜 黄豆芽、绿豆芽、豌豆芽、花生芽、萝卜芽、香椿芽、小白菜芽、生菜芽及荞麦芽。

（二）播种期

屋顶蔬菜按照对温度的要求可分 3 类：

1. 耐寒菜 生长适温为 17~20℃，在长江流域一般秋播，

如白菜类、甘蓝类、葱蒜类、根菜类、蚕豆、豌豆及绿叶菜类的菠菜、芥菜、莴苣、油麦菜等。供应期为9月至4月上旬。有些品种如春大白菜、春菠菜、春芹菜、在春季播种，小白菜、萝卜可四季播种，全年供应。

2. 喜温蔬菜 生长适温为20～30℃，长江流域在3月中旬至4月中旬播种育苗，夏季或早秋收获，如茄果类、瓜类、豆类及苋菜等。喜温耐热的豇豆、丝瓜特别适合屋顶阳台种植。

3. 半耐寒蔬菜 生长适温20～25℃，播种期要避开前期的高温与后期的低温。为了使居民能获得又多又好的新鲜蔬菜，可以设计不同的栽培模式，如苦瓜→紫背天葵→春包菜；丝瓜→荷兰豆→大蒜；番茄→小白菜→香菜→春莴苣；辣椒→苋菜→茼蒿→大白菜；豇豆→油麦菜→小白菜。

（三）屋顶种菜器皿的选择

根据种菜的特点，器皿要求质地坚固，透气性好，容纳营养土多，有利于蔬菜的生长发育。从观赏出发，要求器皿美观，色泽多样，制作精细，移动和摆设方便，艺术效果好。除常见的素烧盆，陶瓷盆、紫砂盆、箱、桶、篓缸、槽外还有：

1. 塑料盆 色彩多样，大小不一，轻便耐用，保水性好、节水、美观、便于运输但透气性差。

2. 木盆 供种植根系较大的蔬菜用，一般由柏、松、杉、柳树制成，防腐性好，安装滑轮便于移动。还可根据屋顶、阳台大小，蔬菜根系的深浅组合多种大小不一的木桶。

3. 玻璃缸盆 以合成树脂为黏结剂，以玻璃纤维为增强材料的高分子复合材料，质轻高强、耐腐蚀，可做成各式各样，各种色彩，是屋顶阳台种菜的好器皿，发展前景广阔。

4. 种菜池 用砖头砌成，大小、形状、深浅随屋顶空间、蔬菜种类而定。

(四) 基质的选择

屋顶种菜的基质要求轻便、干净、保水、保肥、价廉，无病虫草害，除常用的园土、培养土外还有：

1. 50%园土＋30%棉籽壳＋20%商品鸡粪。

2. 60%椰糠＋10%草炭＋8%蛭石＋20%商品鸡粪＋2%珍珠岩。

3. 陶粒　用泥土滚球进土窑烧制而成，高渗水、渗肥、透气，特适合在水培水槽中应用，可减少换水次数。

4. 亲水泡沫　一种吸水性很强的软质聚氨酯泡沫，无毒、无味、多孔、松软有弹性，适于无土水培蔬菜。

5. 压缩营养钵　由东北草炭，商品有机肥，植物生长调节剂、杀菌剂等，采用先进工艺制成，适合不会进行蔬菜育苗的市民使用，简单、方便、成活率高。

(五) 肥料的选择

为了降低硝酸盐的残留量，屋顶阳台种菜必须控制化肥的施用，多用生物肥，商品有机肥，矿物肥，科学合理搭配大量元素，中量元素和微量元素，严格执行采前20天不使用氮肥。

各地的大量试验表明，适合屋顶阳台种菜的肥料有武汉合缘生产的有机无机复合肥，中国台湾宝地生生物肥，中国台湾植保露氨基酸肥，北京硅钙钾镁矿物肥，美国智利等进口系列高含量多元素无机肥等。

(六) 灌水设施的选择

屋顶种菜面积小，器皿小，楼层高，温度比地面高、风力大，水分蒸发量大，灌水尤为重要。屋顶种菜面积较大时用以砖混结构为主的种菜地，一般以喷灌为主，缸、盘、钵、盒等器皿以滴灌为主，槽式栽培以渗灌为主。如能自动渗灌装置，可省力、省水、省电。

有条件的地方，应在屋顶设置玻璃温室，大小棚，供育苗及早熟延后栽培之用。

（七）阳台种菜

城乡居民每户都有阳台，窗户就象玻璃温室，纱窗就如防虫网、窗帘好象遮阳网，造成的环境，非常适合各种蔬菜的生长，如在温、光、水、气加以调节，又可进行设施栽培，栽培蔬菜、无污染、病虫害少，基本上不用化学农药，如要打药，将盆搬到室外，喷过后再放回室内。为防止浇水影响环境与卫生，盆底要有托盘，或盆外套上塑料袋，地面铺上塑料纸，既干净又卫生。并随季节的变化，利用不同方位的阳台，选择合适的蔬菜品种。还可用窗户的开、关、窗帘的颜色，开放的大小，有供热的地方可通暖气调节室内的温度和光照，为蔬菜生长发育与开花结果，创造优良的环境条件，产出优质高效的蔬菜产品。

第三章

食叶蔬菜

一、白菜

白菜原产我国,古称"菘",栽培历史悠久。叶柄有青梗、白梗,环境适应上有冬性和春性两个类型。从幼苗到开花抽薹前,均可随时采收,栽培时间可长可短,最短的鸡毛菜,播后20天左右便可采收。

白菜根系浅,再生力强。性喜冷凉,种子在 15~30℃时 1~3 天发芽,根系生长适温较宽,最高 36℃,最低 4℃,叶片分化生长以 15~20℃为适宜。要求冷凉的白菜类,大多属长日照类型;要求温暖及耐热的白菜类,大多属于短日照类型。白菜要求强光,在红光条件下可促进发育,干物重增加,在绿光下生育受抑。白菜对肥水要求较高,在适当的温度下,生长与肥水成正相关,所以,在保水保肥性好,有机质含量高的肥沃土壤上栽培易高产。

盆栽白菜,可用塑料盒、山东黄泥盆、龙缸、淘汰的水池为对象,基质为园土加腐熟的商品有机肥。

(一) 品种

白菜的品种有 600 个,1989 年南京农业大学曹寿椿提出,将白菜分成:

1. 秋冬白菜 早熟,冬性弱,0~12℃经 10~20 天通过春化阶段，按梗色分白梗与青梗两类。

2. 春白菜 耐寒性强，冬性，抽薹晚。

3. 夏白菜 夏秋高温季节栽培，抗高温，如杭州火白菜，上海火白菜，广州马耳白，热抗白等，最近选的新品种有：

（1）新选1号 上海马桥区新泾科技站提纯复壮，株高24～26厘米，叶绿色，矮梗，束腰，耐热性极强，单株重450克，细软，风味好。

（2）夏冬青 上海市农业科学院育成。株高26～28厘米，直立束腰，叶浅绿色，较耐热，耐湿，耐病毒，单株重400克，生长快，细糯甜，风味好。

（3）南农矮脚黄 同源4倍体白菜，抽薹比2倍体迟7天，抗霜霉病。其中的矮杂1号是矮脚黄雄性不育两用系和短白梗配制而成的一代杂种，热伏2号是小白菜四倍体新组合，可作夏白菜栽培。

（4）黑高（F_1） 系广东省农业科学院用黑叶披头雄性不育两用系与高脚黑叶配制的一代杂种。生长期短，可作夏淡栽培。

（5）绿星 系南京市蔬菜种子站育成的上海青型杂交一代青梗小白菜品种。株型直立，头大束腰，高30厘米，开展度28厘米×32厘米，叶面光滑，绿色，广卵圆形。叶柄绿白色，宽厚略凹。成株采收叶片22～25片，外形美，单株重600～700克，耐热、耐寒，抗病、耐虫，丰产优质，可周年栽培。

（6）热抗青 江苏省农业科学院蔬菜研究所选育的一代杂种。株高37厘米，开展度46厘米，株型直立。叶片较大、厚、深绿、全缘，叶柄短、扁、绿色。耐热性强，从播种到采收35～40天，单株重200～300克，移栽成活率高。抗病毒病，霜霉病，较抗软腐病，品质佳，口感略甜，纤维含量低。

（7）华王青梗白 温州市蔬菜所从日本引进的杂种一代。株高14～19.1厘米，开展度26.1厘米×23.7厘米，叶片鸭舌形，叶柄青绿色，下垂。单株重 38~82 克，从种至收夏播 30~40 天，耐热，品质佳。据温州市蔬菜研究所试验，华王青梗在产量，株重，软腐病及商品性均优于上海矮抗青与杭州矮抗青（黄承贤等，1997）。

（8）红明青　上海市闵行区七宝镇红明村地方品种选出。株高 24~25 厘米，开展度 30~35 厘米，株矮，基部肥大，束腰紧，叶柄长×宽为 24 厘米×15 厘米，浅绿色，耐热，耐寒，耐病毒，品质佳。

（9）冬常青　上海市农业科学院园艺所育成。矮箕束腰，株高 24~26 厘米，叶绿色，叶柄扁平，浅绿色，单株重 400~500 克。高抗芜菁花叶病毒、耐霜霉病，抗寒性优于二月慢和三月慢，适于冬季栽培。

（10）早熟 8 号　浙江农科院选育，既可作小白菜栽培，又可作大白菜栽培，作小白菜栽培叶片无毛、圆、绿亮、叶柄宽、扁白、耐热、耐湿，品质比早熟 5 号好，纤维小，含糖高，作结球白菜，8~9 月播种，12 月至翌年 2 月收获，球形美观，外叶少，叶柄香嫩。

（11）绿奥　上海种都种业公司育成，2011 年审定。叶绿、叶面平滑、叶柄肥厚宽大、叶柄色绿、株型紧凑、束腰性好、外形美观，综合性状极佳，抗病、较耐热、耐寒、纤维少，品质好，生育期 25~30 天。

棵菜品种有攒美（青梗）、绿盈、神华、汉冠、汉冠 1 号、汉优、皇冠 F_1。

（二）鸡毛菜栽培

鸡毛菜家家户户都可种，可地栽或盆栽，播种期要根据需要精心安排，排开播种，6~9 月份可选耐热品种，窗户、纱窗及窗帘要掌握好开关。撒播，生长期保持土壤湿润，注意保水保肥，控制虫害，在生长期中可追 2% 尿素液 1~2 次，每天都能吃到新鲜、无污染的小青菜。

夏季不同气候型，可用遮阳网代替窗帘，覆盖遮阳网对小白菜的增产效果是不同的，晴热型夏季各种覆盖方式均有明显的增产效果；多阴雨的冷夏型夏季以遮光率为45%以下的灰网覆盖才有增产效果。当气温在35℃以上的晴天，宜用遮阳率65%~70%遮阳网，气温30~35℃，宜选遮阳率为45%~57%的黑8和银灰SZW10，30℃以下不宜用遮阳网。

覆盖遮阳网可提高小白菜外观品质，但内在品质如维生素C、蛋白质下降，硝酸盐积累增多，为了提高品质，必须在采前5天揭网处理（表3-1）。

表3-1 白菜栽培简表

菜名	品种	栽培方式	播种期（月/旬）	播种量（千克，667米²）	采收期（月/旬）	产量（千克，667米²）
春汤菜	四月白	露地	3/上	2	5/上	1 000
麦黄汤菜	宁矮11	露地	3/下至4/中	1	5/下至6/中	1 000~2 000
梅汤菜	宁矮11	遮阳网	5/下至6/下	1	6/下至7/下	1 000
汤菜	热抗青,热抗白	遮阳网	6/下	1	8/中下	1 600
春夏青菜	四月慢	小棚	12/上至1/上	0.1	4/上至5/上	3 000
杨花菜秧	四月白	小棚	2/上至下	2	4/上至5/上	3 000
伏菜秧	热抗白,热抗青,矮抗6号,绿星	防虫网	7~8月	1	8~9月	1 000
汤菜	热抗青,热抗白	遮阳网	6~8月	1.25	7~9月	2 000

（三）棵菜的栽培

早秋白菜欲在9月上市，宜在6月下旬至7月抗高温育苗，一般用遮阳网覆盖育苗。春白菜、冬白菜为防止低温分化花芽，缩短苗期，提高秧苗素质，在阳台育苗。育苗选土质肥沃松软，排水畅通的园土,在上盆前要施足基肥,播后适当遮阴,出苗后肥水结合,2~3天1次,苗龄15~25天,起苗前浇水,用间拔方式,分批出苗,尽可能多带宿土,少伤根。

定植前施足基肥,每盆施腐熟堆厩肥或商品鸡粪0.5千克,株行距可适当密些,一般为16厘米×18~20厘米,定植后浇15%~20%豆饼水定根,栽后挂上黑色遮阳网,成活后去网,生长期间追速效的0.2%~0.6%尿素2~4次,施肥或叶面喷施氮肥,注意虫害控制,定植后20~35天可上市。

采收宜在午后进行,用刀割,在老叶上切断,边收,边上市。

棵菜的栽培品种以白梗型的热抗白,9602为好,青梗型以热抗青,9604,9502为好,适于夏季或早秋高温季节。

二、大白菜

大白菜是中国特种蔬菜,其发展趋向是新品种特别是杂种代替老品种,叶球趋向小型化,生育期缩短。耐热、耐低温,抽薹晚的品种适合市场需要。

大白菜根系发达、吸收力、再生力强。生育适温为18~21℃,25℃是上限,8℃是下限。结球适温15~16℃。幼苗期到莲座期能适应较高的温度,结球期要求温和的环境。

大白菜对光照不敏感,但喜光,光的饱和点为40千勒克斯,光补偿点为1.5~2千勒克斯。大白菜对土壤适应性较广,但以肥沃,有机质含量高的土壤为好。在微碱性土壤上生长正常,土壤含盐量超过0.2%时易缺苗,酸性土壤根系发育不良,叶片能正常发育。

大白菜好肥水,生产5 000千克毛菜,需吸收氮11千克,磷4.7千克,钾12.5千克。莲座期叶片生长最快,但土壤含水量不宜过大,即15%~18%为适;结球期需水较多,要保持含水量19%~21%。

（一）品种

大白菜的品种有夏丰、夏阳、青夏1号、蓝夏、青杂5号、连早、黄芽14-1、亚蔬85-202、夏翠、夏白59、潍白1号、星白1号、春冠、北京小杂60、高抗1号、蓉白1号、蓉白4号、热抗、明月、荣安、改良城杂5号、秦白6号、青研1号、早熟6号及淮安小狮子头等。此外，还有个体娇小，质地脆嫩的高山娃娃菜，其品种有金铃、星光、亚春、小巧、芭芘娃、新组合19、云鸿中将、云鸿6号、小铁头及春玉皇等。

最近选育的品种有：

1. 秀翠 由上海种都种业科技有限公司用ZCO3为母本，SCO8为父本杂交选育的品种。中熟种，植株直立，株高48厘米，开展度55厘米×55厘米，外叶绿色，内叶略黄、叶柄青白色，叶球炮弹形，球叶合抱，球顶舒心，单球质量4.5千克，叶球紧实度0.83。高抗病毒病、霜霉病、软腐病，品质较好。平均生育期82.9天。

2. 丰山7号 中国台湾引进，株幅较大，叶片较厚，微皱，叶球圆球形，外叶青翠，叶质脆嫩，整株可食，包心时，结球快而实，单球质量0.6~1千克，全生育期60天左右，耐热性好，抗病性强，品质优，口感好，生长势强，整齐度中上，亩产2 000千克。

3. 津秀2号 天津科润农业科技有限公司蔬菜所选育的春季保护地小型专用一代杂交品种。球高20厘米，单株质量0.8~1千克，外叶深绿色，中肋白色，心叶黄色，品质极佳，叶球柱形抱合，外形美观，商品性好，抗病性强。定植后45~60天收获。早熟、耐抽薹。

4. 夏福2号 福州市蔬菜科学研究所选育。早熟、耐热、叠抱、圆头、株高 25 厘米，开展度 40 厘米×42 厘米，球高 19～21 厘米，球叶黄白色，留青三叶单球质量 0.6～1 千克，净菜率 80%，丰产、抗病，可代替永荣热宝品种。

5. 春之帝　郑州蔬菜研究所选育，多倍体，春播，早熟品种，生长快，抗病性强，品质好，球直筒形，抱合，单球质量 2 千克，叶黄白色，叶柄白色。

6. 黄中皇　生长健壮，抗病毒、软腐病、霜霉病，结球较紧实，单球质量 3 千克，外层 2～3 片为绿色，内层叶色橙黄，整齐漂亮，质地脆嫩。

7. 春皇白　日本品种，种子昆明喜得公司生产。抗性较强，较丰产，心叶嫩黄，外叶浅绿，帮较厚，植株开展度 40 厘米×40 厘米，株高 38 厘米，单株质量 3.5 千克，生育期 65 天。

8. 福禧春皇　抗病性强，丰产，心叶嫩黄，外叶浅绿色至绿色，帮厚，植株开展度 42 厘米×42 厘米，株高 40 厘米，单株质量 3.5 千克，生育期 65 天，春大白菜品种。

9. 帝王 999　青岛北方种业生产，植株稍披张，开展度 50 厘米×50 厘米，株高 40 厘米，外叶绿色，炮弹形，顶部稍舒心。抗病性强，耐湿，耐重茬，耐低温，结球整齐，丰产性好，净菜率高，单球质量 4 千克。

10. 极品春秋王　青岛北方种业生产，中早熟种，生育期 65 天，开展度 60 厘米×60 厘米，株高 42 厘米，外叶绿色，炮弹形，球顶舒心，抗病，单球质量 5 千克。

11. 新秀　韩国品种，抗病，丰产，叶球抱合，炮弹形，球顶稍舒心，生育期约 70 天，单球质量 4～5 千克。

12. 贵农 8 号　贵州力合农科公司选育，叶球合抱，炮弹形，生育期 65 天，生长势强，适应性强，抗逆性强，耐抽薹，净菜率高，抗病毒病、软腐病，丰产，单球质量 5 千克。

13. 福禧 2 号　日本品种，抗病力强，植株开展度 50 厘米×50 厘米，株高 38 厘米，叶色深绿，白帮，炮弹形，球顶舒心，单球质量 4~5 千克，生育期 75~80 天。

14. 新傲尔良 外叶深绿，叶球炮弹形，抱合，内叶黄色，品质佳，耐寒性强，根系发达，长势旺，抗病力强，单球质量 4 千克。

15. 秋早 55 西北农林科技大学选育，株高 30.4 厘米，开展度 65 厘米，生长势强，叶色翠绿，叶柄白色，叶球叠抱，倒卵圆形，球紧，球叶乳白色，单球质量 2.1 千克。净菜率 76% 以上，抗病性强。

16. 金早 58 西北农林科技大学选育，株形半直立，叶球叠抱，外叶绿色，叶球倒圆锥形，球高 41.5 厘米，单球质量 3.2 千克，净菜率 71.9%，抗病，生育期 60 天。

17. 中白 65 中农科院蔬菜所选育，株形披张，叶球叠抱，外叶深绿，叶球倒圆锥形，株高 34.8 厘米，株幅 58.6 厘米，叶球高 24.6，单球质量 3.1 千克，净菜率 70.8%，抗病，生育期 65 天。

18. 小狮子头 江苏淮安地方品种，株形披张，叶球微抱合，圆锥形，黄心，单球质量 1~2 千克，净菜率高，适口性好，抗病。

（二）栽培技术

大白菜大部分采用直播，秋冬大白菜一般 8 月上旬播种，夏大白菜在 6 月中旬至 7 月中下旬播种，春大白菜在 3 月底至 4 月初播种为好。

1. 播种 选直径 30~50 厘米的塑料盆或水槽，基质用未种过十字花科蔬菜的园土，每盆施复合肥 10~20 克，按 30 厘米距离打穴，每穴播种子 3~5 粒。

育苗的关键措施选用抗病品种，用生物农药拌种，防止软腐病，即将 150 克种子浸湿，拌丰宁 B_1 100 克，充分拌匀，放阴凉处晾干后播种。覆地膜，早间苗，晚定苗，严控虫害发生。

育苗移栽适于地栽，苗床要选当年未种过十字花科作物的田块，以防病虫传播。整地前每亩喷 2.5％敌百虫粉 2.5 千克，消灭地下害虫。选土壤肥沃，排灌方便的园土，深耕晒垡，每平方米苗床施入腐熟厩肥 5 千克，并结合施过磷酸钙 1 千克，氯化钾 0.5 千克，充分混合，整平床面，浇水后耙平。由于移栽有 3～4 天缓苗期，在当地播种适期可提早 3～4 天，每亩栽培地需种子 100～150 克。播前先将苗床轻轻镇压整平，待浇水渗完后将种子均匀撒入床内，覆盖细土 0.5 厘米厚，在第一真叶展开和第二、三真叶期分别间苗两次，淘汰病苗、弱苗，最后保持苗距 10 厘米。

2. 定植 定植苗龄以 18～20 天为宜，不超过 3 周，叶片 4～5 张。盆栽每盆栽 4～5 张叶片的壮苗 1 株，如直播经间苗后每盆留 1 株。地栽移栽时，在移栽前 5～6 小时浇水，一般上午浇水，下午 4 时以后起苗，起苗时要轻铲轻放，运苗时要平稳，保持土坨完整，根系少受损伤，缩短缓苗期。栽苗前按株行距 0.3 米×0.4 米作穴，栽植深度高畦以根部土坨表面与畦面相平为度，平畦要略高于畦面，以免浇水后土坨下沉，淹没菜心，栽后连浇两次水，并及时检查成活，及时补苗，成活后 5～6 天浅锄一次。

3. 肥水管理 追肥宜少量多次，定植后追缓苗肥，每盆浇硫酸铵 10～20 克，随水浇施；第二次在莲座期，每盆追尿素 10～15 克；第三次在结球前，每盆追施硫酸铵或尿素 20～25 克，并随肥浇水，使畦面见湿不干。

三、甘蓝

甘蓝营养价值高，富含 17 种氨基酸，是近来发展很快的大众化蔬菜。

甘蓝根系发达，为须根系，栽培上常用育苗移栽。莲座叶

(外叶)数早熟种8～15片,中晚熟20～30片,莲座前期主要是叶数的增加,后期进入结球期,外叶形成快而早,叶球形成亦相应提早。结球期后分化的叶片都是无柄叶,向内包被顶芽,顶芽继续分生新叶,包被顶芽的叶片也随着继续生长,随着叶球叶片数的增加,叶球变得越来越紧。叶球的形状品种间差异较大,有尖头、圆头及平头三种类型。

甘蓝为绿体春化型蔬菜,据浙江大学李曙轩研究一般在幼苗茎直径达6毫米以上通过春化,在长日照下才会抽薹,结球前抽薹是春甘蓝生产上的大问题,至今尚未彻底解决。

甘蓝生育的适温范围为5～25℃,以15～20℃最适,属于好冷凉气候,大多数品种不耐高温,夏季栽培必须覆盖遮阳网。甘蓝耐寒力较强,在结球前能耐－4～－8℃低温。甘蓝要求充足的阳光及昼夜较大的温差,短日照利于生育,故秋甘蓝比春甘蓝易于结球。

甘蓝对土壤适应性强,有较强耐盐力。对养分的要求,以氮需要量最大,但亦要适量的磷和钾,每生产1 000千克产品,需吸收氮4.1～4.8千克,磷0.12～0.13千克,钾4.9～5.4千克。

(一) 品种

生产上常见品种有夏光、夏王、K-K(日本品种)、中甘9号、伏秋-56、台湾夏甘蓝、苏晨1号、早夏-16、春丰、报春、西园4号、春宝、江配1号、京丰1号、争春、延春、西园2号、春雪、黑丰、早春、雅致、珍绿、冬久2039、及郑研新丰等。

最新推广的新品种:

1. 珍月 日本品种,叶球圆球形,叶色鲜绿,叶球整齐一致,叶球特别紧,极耐裂,耐贮运,球重1.5千克,定植后50天收获,品质好,高抗病。

2. 冬之雅 日本品种,叶球高圆形稍扁,整齐度高,单球重2.5千克，结球紧实，抽苔晚、采收期长，不裂球，叶色深绿，冬季低温时仍保持翠绿美观。秋冬品种。

3. 久升 极晚熟品种，耐寒性强，外叶直立，蜡粉重，开展度中等，净菜率高，结球紧实，整齐度高，耐裂球性强，叶球高扁圆形，鲜绿色，单球重2.5千克，露地冬春上市，生育期85天。

4. 郑研圆春 郑州蔬菜所育成。冬春兼用种。是新丰的换代品种。耐寒性强，露地越冬可耐−13℃低温，耐抽薹，叶球圆球形，绿色，单球重1.5千克，耐运输。亩产5 000千克左右。

5. 全绿 荷兰进口，叶色深绿，覆蜡粉，叶球近圆形，单球重2~3千克，结球紧实，耐寒性佳，不易裂球，越冬栽培。

（二）栽培技术

甘蓝有夏秋栽培、春夏栽培，冬春栽培，夏季栽培及秋冬栽培等。近年来，长江流域春甘蓝（5~6月上市）与夏甘蓝（6~9月上市）面积有所扩大，秋甘蓝面积缩小；华北地区秋甘蓝面积减少，增加春夏甘蓝；南方各省以往以秋冬甘蓝为多，现在向两头分散，即一部分提前到国庆节上市，一部分拉后到1~2月上市。

居民栽培甘蓝，一种是在房前或庭院内，按需种植合适品种，另一种在屋顶、阳台盆栽。盆栽可选直径20~30厘米泥瓦盆或塑盆，每盆种一株，既可欣赏，又可食用。

1. 播种、育苗 育苗应选土壤肥沃，疏松，前作物不是十字花科蔬菜的地块的园土，每盆施入腐熟的厩肥1~2千克，复合肥15~30克，将肥与土拌匀，喷洒铜铵剂（硫酸铜100克加碳酸氢铵550克拌和，加水200克）密闭24小时进行消毒。将土块耙细成豌豆大小以下的土粒，整细整平。

播种前，浇足底水，待水下渗后，在盆面上撒一层过筛细土，种子要撒匀，播后再撒一层过筛细土厚约0.5厘米，以盖住种子为度。

夏季将盆放在阳台上,开窗、挂遮阳网防雨棚,5~6天出苗后,再在盆上撒盖一层过筛细土,苗出齐后及时间苗,播后15~20天,当幼苗长到2~3片真叶时进行移栽。由于甘蓝根系再生力强,移栽易成活,还苗快,幼苗不必带土块,起苗后扎成小把,给予根部蘸上泥浆(泥浆用园土和粪水拌合),再在外面洒一些草木灰,8厘米见方栽苗1株,边移边浇水,栽完后,再浇1次透水。

壮苗标准:健壮、整齐、节间短、叶片厚实、叶色浓绿、叶柄短、叶片舒展、根系发达、无病虫害、株高9厘米,真叶6~7片,开展度9厘米。

2. 适时定植 要轮作,地栽选肥沃的砂壤土,pH5.5~6.8的田块。盆栽用园土,每盆施腐熟厩肥1~2千克,饼肥100克,尿素25克,拌匀,每盆栽1株,如地栽,要将大小苗分开栽植,早熟种按30厘米株距、中熟种按40厘米、晚熟种按60厘米株距挖穴栽苗,浇足定根水。

3. 管理

定植后及时浇缓苗水,一般不多浇,可结合松土除草一次,每隔2~3天浇水一次,保持地面湿润。

莲座叶期要通过控水,控制茎叶徒长,促进球叶分化,蹲苗期早熟品种8~10天,晚熟品种蹲苗10~15天,以后结合浇水,每盆追施尿素10~15克,并用0.2%硼砂喷施叶片1~2次。

结球期为使叶球迅速增大,浇水次数增加,浇水量亦要加大,但切忌浇水太多。结合浇水,追施尿素10~15克,硫酸钾10克,结球坚实后控制浇水量与次数。收获前20天不得追无机氮肥,1周左右停止浇水,以免叶球开裂,降低品质。

四、红球甘蓝

红球甘蓝,原产地中海沿岸。营养丰富,尤其含有丰富的维生素 C、U、E 和 B 族。结球坚实、色泽艳丽，抗寒耐热，病虫害少，产量高而耐贮运，是一种很有开发前景的新型蔬菜。

红球甘蓝根系再生力强，肥水吸收力强，适于育苗移栽。性喜清凉温和的气候，但耐低温、高温性能强。莲座叶的生长和抽薹要求温度较高，为 20～25℃，叶球生长适温为 15～20℃，是长日照绿体春化型作物，幼苗 5～7 片真叶以上，在 4～5℃条件下才能感应春化。较耐旱，喜肥耐肥，以中性与微酸性土壤为宜。

（一）优良品种

1. 紫阳　从日本引入。株高 45.3 厘米，球径 13.8 厘米，球淡紫红色，圆球形，单球重 0.86 千克，亩产 1 900 千克，定植到采收 70～76 天。

2. 早红　北京市特种蔬菜种苗公司引入。株高 25.3 厘米，开展度 50.7 厘米，球高 13.3 厘米，球径 11.5 厘米，球紫红色，牛心形，单球重 0.63 千克，亩产 1 700 千克，定植到采收 65～70 天。

优良品种还有巨石红、鲁比紫球、红冠、93-112 等。

（二）红甘蓝的盆栽技术

1. 育苗　红甘蓝一般 6～8 月育苗，10～12 月上市，春播 3 月播种，6～8 月采收。播种可用苗床或盆钵。育苗基质用园土和有机肥 8∶2 混合而成，床播按株距 30～40 厘米点播，每穴播种种子 5～6 粒，如条播，每亩大田要种子 40～50 克。出苗后间苗 2～3 次，每穴留一株。盆播可条播或点播，出苗后子叶展开后间苗，苗距保持 1 厘米，播后 15 天即苗长到 2 片真叶时移栽一次，株行距 12 厘米，5～6 片真叶时可定植。

2. 上盆　选直径 30～40 厘米的塑料盆，盆土用园土加商品鸡粪以 9∶1 比例混合，每盆栽 1 株，栽后浇足定根水，以保证成活。

3. 肥水管理 在缓苗期不多浇水,在莲座叶期进行蹲苗,蹲苗期 8~15 天,此后结合浇水追施 10 倍饼肥水或 1% 尿素液,并用 0.2% 硼砂水喷叶面 1~2 次。在结球期,浇水次数增加,量要加大,结合浇水追施 10 克尿素和 10 克硫酸钾 2~3 次,结球结实后,控制浇水次数,采前 20 天不得追施无机氮肥,采前 1 周停止浇水,防止叶球开裂。

4. 病虫害防治 盆栽红球甘蓝抗病性强,如放在室外主要害虫有蚜虫、菜青虫、甘蓝夜蛾及小菜蛾等,按照无公害栽培的要求,菜蚜可用银灰膜或黄板驱虫,菜青虫可用 20% 灭幼脲 1 号或 25% 灭幼脲 3 号悬浮剂 600~1 000 倍防治。甘蓝夜蛾在 3 龄前群集期用 5% 定虫隆乳油 1 500~2 000 倍防治,小菜蛾用 1.8% 阿维菌素乳油 4 000 倍防治。

5. 采收 播种到采收约 3~4 个月,当叶球已包实时即可采收,亦可由下而上分次采收,充分伸展仍较鲜嫩的叶片食用。

五、花椰菜

花椰菜由甘蓝演化而来,我国广东、福建及台湾栽培较早,上海、温州是继福建之后成为花椰菜的传播中心。

花椰菜营养丰富,食用品质高,每百克鲜球含蛋白质 2.4%,总糖 3.0%,维生素 C 88 毫克/千克。花椰菜根系分布浅,对肥水要求高,既不耐渍,又不抗旱,故夏花椰菜育苗要有遮阳网防雨棚,防止高温阵雨对根系的影响,它与甘蓝一样,根系再生能力强,要假植养苗再定植,促使根系发达,吸肥吸水能力增强。

花椰菜茎轴大多直立。叶分外叶与内叶,外叶由外向内逐渐增大,内叶无柄,由外向内渐小。为了保证花球的大小,每株至少保持外叶 12~13 片。

不同品种开始形成花球的时间不同,定植到采收早熟种 40~

60天，中熟种80～90天，晚熟种100～120天。不同品种感温范围不同，极早熟种22～23℃；早熟种17～18℃，春化时间15～20天；中熟种12℃15～20天；晚熟种5℃以上，30天。

花椰菜种子发芽适温为25℃，幼苗期生长适温为20～25℃，花球形成适温为10～20℃。花椰菜喜光，通过春化的植株，不论日照长短，均可形成花球。花椰菜喜肥沃疏松，富含有机质，保肥保水性好的土壤。每生产100千克花球，要吸收氮11.01千克，磷3.1千克，钾9.24千克。花椰菜的栽培要选择适宜的品种，在适当时间播种，培育健壮的幼苗，定植于肥沃，水分适宜，氮、磷、钾配置合理的土壤上，才能获得较大的花球。

（一）品种

花椰菜按分布分有福建、浙江温州、上海、广东、港台及国外引进几个类型；按熟性分早、中、晚三类；按花球的类型分扁圆形，半圆形及近球形三类；花球色泽分洁白、乳白、黄白及紫色四类；按栽培和季节可分为：

1. 夏栽品种 大多是耐热性、适应性强的极早熟、早熟类型。例如福州40天、50天，厦花40天，温州55天，中国台湾庆农40天、50天，中国台湾希奇公司的春雷40天，同安矮脚50天、泉州粉叶60天、白峰、夏雪、香港雪美45天、喜美60天。长江流域6月下旬至7月上旬播种，两广7月中下旬播种。

2. 秋栽品种 有福建80天、福农10号、泉州粉叶80天、荷兰雪球、厦花80天，温州80天，庆农80天、90天，日本雪山、日本雪山2号等中熟品种，长江流域7月中下旬播种，华南地区7月上旬播种。

3. 冬栽品种 例如福州100天、120天，同安城场100天，同安鸟叶100天、同安120天，上海杂交100天，石狮140天，龙牌110天。属冬春生态型，耐寒性强，长江流域7月中下旬播种，华南地区8月中下旬播种，1～4月上市，是解决南方各省春节前后的花菜供应的好品种。

4. 春栽品种 大多从荷兰、日本引进,属中欧一年生早熟春花菜类型,例如日本雪山 2 号,荷兰春早、耶尔福。长江以南地区 10 月下旬至 11 月上旬播种。4～5 月上市。

最近推广的花椰菜品种有:

1. 祥云 75 外叶直立,花球重叠,层次分明,不散花。花球半高圆球形,洁白紧实,商品性好,内叶完全自覆,利于挡光,耐热性好,抗病性强,花球长到 1 千克时采收,早中熟种,移栽后 75 天采收。

2. 多福 植株直立,生长势强,花球洁白紧实,整齐美观,抗热耐湿,抗病性强,单球质量 1.2～1.5 千克。内叶拧抱,自覆性好,品质好,易熟糯性,口感好,口味鲜美,定植后 70～80 天采收。早中熟高产品种。

3. 雪里雅 郑州蔬菜所选育,春花菜品种,心叶合抱,花球洁白,紧密,商品性极好,花球高球形,单球质量 1～1.5 千克,生长旺盛,叶色深绿,定植至采收 70 天。亩产 3 500 千克。

4. 浦雪 上海种都种业科技有限公司选育。亲本为自交系 H405-4-1-3-4×H301-1-5-204 杂交而成。2011 年审定。生长势旺盛,直立性好,株高 50 厘米,开展度 60 厘米×60 厘米,叶色淡绿,花球半圆形,球直径 20 厘米,洁白紧实,无茸毛,自覆性好。单球质量 1.5 千克。定植至采收春作 45～50 天,夏秋作 60～65 天,亩产 3 000 千克。

(二) 花椰菜盆钵栽培

1. 育苗 将无菌园土与腐熟有机肥按 6∶4 配比制成营养土,每一立方米营养土加复合肥 500 克,多菌灵 100 克,敌百虫 100 克,掺匀后制钵。播前将营养钵浇透,每钵播种子 1～2 粒,播后覆盖 0.5～1 厘米厚的细干土,排好放在苗床上。出苗前保持土壤湿润，出苗后见干见湿。齐苗后及时间苗，去病去弱。小苗 2～3 叶时施一次 10 倍饼肥水。

2. 上盆 选直径 20～30 厘米的花盆，内装以园土：有机肥 8：2 组成的培养土，每盆加施 10 克复合肥。苗龄 25 天，4 片真叶时栽植上盆。

3. 管理 夏天每天浇水一次，春秋天每 2～3 天浇水一次，浇则浇透，见干见湿，特别是莲座期及花球形成期，需水量大，要保持水分的供应。追肥 2～3 次，第一次在活棵后进行，每次施 1% 尿素液 1 千克；每二次在现蕾前施 10 倍饼肥水；现蕾后再施一次 1% 尿素液。

4. 病虫害防治 常的病害有黑腐病、软腐病、霜霉病、虫害有菜青虫、菜螟、小菜蛾、蚜虫等。尽量少用农药，可用生物农药，植物农药防治。

5. 采收 当花球充分长大，质地洁白，表面光滑周正，致密紧实，花球未散开前采收。

（三）庭院栽培技术

花椰菜有春播、秋播及夏播 3 种。春播 1～2 月保护地育苗，3 月中下旬覆地膜定植，4～5 月温度 15～20℃，适于花球形成。夏播在 6～7 月播种，8 月定植，9～10 月上市，要严格控制苗龄在 20 天左右。秋播 8 月播种，2～4 月上市。

1. 育苗 育苗是花椰菜栽培的关键措施。春播 1 月中旬至 2 月保护地育苗，在 25℃ 温度下 2～3 天发芽。播后 20 天，真叶 2～3 片时移植，6～8 片时定植。夏播在遮阴棚下稀播，出苗后一周根际覆细土，假植 1～2 次，苗龄 25～30 天。

种子放入 50℃ 温水中，浸种 20 分钟，不断搅拌，冷却至常温下浸种 3～4 小时，捞出种子，风干，用湿布包好，放在 20～25℃ 温度下催芽，每天用清水冲洗 1 次，当 60% 种子露白即可播种。

选肥沃、高燥、排灌两便的地块作苗床,每亩施腐熟有机肥1 000~1 500千克,复合肥50~80千克,用72.2%霜霉威500倍消毒后,使土肥混匀,在苗床底部铺上2/3药土后,浇透水,抹平整,在苗床上划深约5厘米的6厘米×6厘米方格,用小竹竿扎深0.5厘米的孔,每穴播种子1粒,播后覆1/3药土,播后5~7天出苗,1片真叶时可浇水1次,2片真叶时可结合浇水追1%尿素液,当苗高12厘米,有6~7片真叶,苗龄45~55天即可定植。

2. 定植 选择前茬未种过十字花科蔬菜的肥沃地,每亩施腐熟厩肥2 000千克,三元素复合肥50千克,耕翻20厘米,作小高畦,畦宽80厘米,沟宽30厘米,畦高15~20厘米。壮苗标准是株高10~12厘米,5~6片真叶,茎粗壮,叶深绿,根系发达。早熟种行距40厘米,株距30~40厘米,中晚熟种行株距50厘米×40厘米,要晴天定植,栽时要求根直,浅栽,压紧根部,并立即浇定根水,以保证成活。

3. 精细管理 有条件的地方栽后可盖地膜,上加防虫网。未盖地膜的要中耕2~3次,中耕要浅,先远后近,根部杂草用手拔除,不伤根、叶,封垄时停止中耕除草。

为了保证花芽分化前有一定的外叶,定植后的肥水管理很重要。定植成活后进行第一次追肥,每亩浇人畜粪1 500~2 500千克加10千克过磷酸钙、10千克碳铵;在莲座叶初期每亩浇人畜粪水4 000千克,加尿素20千克,在莲座后期及开花初期,每亩追人畜粪水2 500千克,尿素15千克,氮、磷、钾复合肥20千克,天旱时要浇水2~4次,保证花球所需要的水分。在开花初期,花球直径8~10厘米时,应折叶盖花,但叶不要折断,以保证盖花期叶片不萎蔫,花球不变色。

4. 采收 当花球充分长大,表面平滑,边缘尚未散开,花球洁白而紧密时应及时采收。采收时,每个花球应留几片叶子,以保护花球在运输途中不受损伤。

六、青花菜

青花菜又名绿花菜、茎椰菜、木立花椰菜、西兰花。由甘蓝演化而来,是花椰菜的原型植物。原产意大利,现世界各地都有。

青花菜主茎粗长,叶片窄小,顶端群生绿色花蕾,青绿色,主茎所生花球最大,还可侧生小花球。

性喜冷凉湿润的气候,发芽适温为25℃左右,叶片生长适温20~25℃,花蕾生育适温为12~24℃,能耐-5℃或短期-8℃的低温。

青花菜不耐旱,要求空气相对湿度80%~90%和土壤较高的含水量,才能长得好。

青花菜属绿体春化型植物,花芽分化对低温要求不严,早熟品种只要在平均温度20℃以下,就能进行花芽分化。早熟种苗期如遇低温就会提前分化,形成小花球,所以早熟品种不能在低温季节栽培。而中晚熟品种的花芽分化对低温要求严格,故要遮阳网覆盖栽培。

青花菜对光周期反应不敏感,但属喜光植物,苗期光照差,易徒长,定植时光照少,影响成活率,田间种植密度大,光照不足,外叶发黄,花变小。对土壤适应性广,以砂质壤土和黏质壤土为好,适宜的土壤pH6~6.5,整个生长期间吸收营养较多氮、磷、钾比例为14:5:8,对于中晚熟品种栽培,应多施腐熟的有机肥料。

(一) 类型与品种

青花菜类型品种比较多。按成熟期可分极早熟种(生长期90天以内)、早熟种(90~110天)、中熟种(110~140天)和晚熟种(140天以上);依叶形可分为阔叶种和长叶种;依花蕾构成状况分为紧球、疏球、散球等；依花蕾群色泽分为绿色和微带紫色两种，以绿色种为佳。根据花芽分化对温度的要求，可分为高温型（极早熟和早熟种）、中温型（中熟种）、低温型（晚熟种）；根据植株分枝能力，可分为顶花球专用种和顶侧花球兼用种。

目前优良品种有里绿、东京绿、绿岭、绿芳、绿玉、上海1号、中青1号、中青2号、翠光、翠英、绿冠、斯力梅因、碧松、绿公爵、绿宝石城、绿宝青、上海2号及绿洋等。

2010年广东东莞市农科中心从欧洲引入宝塔花菜，品种为维罗尼卡（Veranica），它是甘蓝的变种。又名罗马花椰菜（*Romanesco broccoli*），由花粒组成多个圆锥形小尖塔构成单株塔花，单塔质量1千克，营养丰富，欧洲称它"新生命食品"。是当前欧洲最流行的青花菜新品种。营养生长适温20～28℃，生殖生长适温18～22℃，株型开展，叶片宽大，肥厚有蜡粉，耐寒性好，在广东一般8月下旬播种，1～2月上市。成熟的花球呈绿黄色，颗粒状花为宝塔形，上市时花球连4片托叶，边缘未散开。

最近推广的西兰花品种有：

1. 绿翡翠 武汉亚非种业推出，花球半高圆形，粒细，鲜绿色，直立型，无侧枝，开展度不一，结球坚实，不散花，不空心，耐寒性特强，商品性好，长江流域8月中旬育苗，1月前后采收。

2. 绿美人 日本品种，早熟种，单球半高圆形，粒细，深绿色，单球质量500克，商品性好，定植至采收65～70天，产量高，重量感强。

3. 科罗伊 武汉市农业推广站从欧洲引进的一代杂种，早熟、生长健壮、植株直立，花球高圆形，紧实、花蕾小，均匀，深绿色，花茎味甜，不空心，商品性好，定植至收获65天。长江流域7月上旬播种，苗龄25天。

4. 狼眼 从美国引进,中熟种。花球半圆形,整齐,花蕾细腻,深绿色,单球质量700克,抗病性强,中抗霜霉病,商品性好,定植后90天采收。作春花栽培11月上旬播种,4月上市。

5. 金盾120 日本品种,中晚熟种。株形紧凑,直立,花球高圆球形,圆整坚实,花蕾细腻,青绿色,低温不发紫,耐寒性强,抗寒性好,定植后120~140天采收,长江流域8月下旬播种,元旦上市。

6. 绿江南 香港品种,中晚熟种。花球高圆形,圆整紧实,花蕾细腻均匀,青绿色,球形美观,耐寒性强,抗病性好,定植后120天采收。长江以南地区8月下旬播种,元旦上市。

7. 绿蒂 欧洲品种,中熟种。生长旺盛,花球半圆球形,花蕾细腻紧实,均匀,深绿色,商品性好,较抗霜霉病,定植后85天收获,适合春秋栽培。

8. 耐寒优秀 日本品种,生长势强,叶卵形,蜡质厚,花蕾粒小,紧密,深绿色,色鲜不易变色,单球质量700克,抗黑腐病,定植后90天采收。

(二)青花菜的花盆栽培

1. 育苗 一般秋播于6月下旬至8月下旬进行,苗龄25天,10月上旬至12月采收,冬春播11月上旬至3月中旬进行,苗龄35天,2月中下旬至6月中旬采收。

盆栽用营养钵或营养块育苗,育苗土用园土加堆厩肥7:3组成,每营养钵播种1~2粒种子,然后盖细土0.5厘米厚。发芽期间浅水勤浇,保持土壤湿润,以利出苗,保温保湿。苗期用0.1%~0.2%尿素液加0.1%磷酸二氢钾浇施1~2次,6~8片真叶时定植。

2. 上盆 盆土由园土、生物有机肥10%、尿素10克、过磷酸钙20克、硼砂10克配制而成。每盆种1株,栽后浇足定根水。

第三章 食叶蔬菜

3. 肥水管理 根据青花菜的促前，控中，重球的原则，在足够氮、磷、钾、硼作基肥的基础上，在幼苗期，以施氮肥为主，兼施钾肥，在花球形成期重施氮钾肥。定植后7～10天，浇一次10倍饼肥水加1%尿素液，第一次施肥后10～15天，施一次复合肥，每盆10～20克。重施结球肥，现蕾初期施复合肥20～30克+尿素10克，主蕾采收后每盆施尿素10克+1%磷酸二氢钾水溶液。在花球发育期，要保证水分的供应，保持土壤湿润，高温干旱时更要及时浇水。

4. 采收 当花球充分长大、色泽深绿，球面稍凸，各小花蕾充分长大，紧密尚未松开前采收。主花球在花球基部带花茎5～7厘米，侧花球采收带花茎7～10厘米采下。

（三）秋青花菜的庭院栽培

秋季温度适合青花菜的生长及花球的发育，特别是南方冬季温和，可以延长采收期，增加侧花球的产量。

1. 播种育苗 夏秋季栽培，育苗期间正值高温多雨之际，可采用穴盘育苗最为可靠。如露地育苗，苗床应选通风凉爽、排水良好、土壤疏松、肥沃的田块。苗床最好配营养土，可用40%腐熟猪牛粪、60%园土，加复合肥每立方米3千克，厚2～3厘米。苗床要搭遮阳网或利用一网一膜防雨棚来育苗。搭遮阳棚育苗，苗床宽1～1.3米，四周打木桩，架高1米，上盖遮阳网。播种用条播或撒播，覆细土，盖没种子，土面稍镇压，喷浇透水，2～3天即可出苗。每亩大田需种量20～25克，约需5～6平方米的苗床面积。当苗有1～2片真叶时假植1次，苗距10～12厘米。遮阳网要日盖夜揭。在5～6片真叶时进行定植。

2. 整地和定植 每亩大田施腐熟厩肥1 500～2 000千克、硫酸铵25千克、过磷酸钙25千克、氯化钾20千克、硼砂0.7千克。耕翻入土，耙平地面，做成1.2～1.3米宽的高畦。露地苗床育苗者宜选阴天或傍晚时进行定植，起苗时尽可能多带土护根。幼苗 5~7 片叶，苗龄 35 天左右。栽植距离，早熟品种 40 厘米见方，亩栽 3 000 株左右，中晚熟品种 55~60 厘米见方。亩栽 2 000~2 200 株左右。

3. 田间管理 要及时中耕除草，经常浇水保持湿润，水肥结合，早熟顶花球专用种，由于生育期短，宜以基肥为主，中晚熟种，除施足基肥外，还要分次追肥。定植后 6~7 叶追第一次肥，12~15 叶施花芽分化肥，每亩施尿素 10 千克、过磷酸钙 12.5 千克肥，氯化钾 5 千克；当有 15~17 片叶时，追施花蕾肥，每亩施复合肥 15 千克，尿素 10 千克对成液肥施下，主茎花球采收后，再施一次追肥，促进侧枝小花球发育。一般侧枝花球产量占总产 20%~50%。缺硼时易产生嫩茎中空，过多时又引起嫩茎变褐色。缺锰和镁时，叶脉透明，外叶变黄色。所以要注意供给微量元素。

顶花球专用种在顶花球采收前应抹去侧芽，顶侧花球兼用种，一般仅留健壮侧枝 4~5 个即可，其余弱枝尽早抹去，以节省养分。

4. 采收与利用 成熟花球，手感花蕾粒子开始有些松动或花球边缘的花蕾粒子略有松散时为采收适期。过早过迟采收均影响产量和品质。尤其高温期如不及时采收，花蕾黄化，失去商品价值，应适当提前 1~2 天采收，宜于清晨或傍晚进行采收，除顶花球专用种外，在顶花球采收后会继续抽生侧枝，可多次采收，一般亩产 500~700 千克。采收方法，用利刀连同 10~15 厘米的肉质花茎割下。单球重有 400~600 克。采收后如不能及时上市时，可用保鲜薄膜包装，放在 0~5℃低温条件下可保存 7 天左右，否则，2~3 天就丧失商品品质。

七、菜心

菜心有广东菜心、紫菜薹。

广菜心是广东、广西、台湾、香港、澳门的特种蔬菜，近来江、浙、沪和北京各大城市正在开发。以菜薹供食，品质脆嫩，风味独特，营养丰富，每百克食用部分含维生素 C79 克。菜心味甘温，有清热解毒、散血消肿、杀菌、降压、降血脂的作用。

菜心的生长可分发芽期（5～7 天）、幼苗期（20～30 天）、叶片生长与菜薹形成期和开花结实期。萌芽和苗期生长适温为 25～30℃，菜薹形成期适温为 15～20℃，开花最适温度为 15～24℃。以日温 20℃、夜温 15℃时菜薹产量高、品质最好。菜心对光照长短与现蕾无明显影响，主要是温度与肥水条件。前期要促进叶片生长，后期促进菜薹生长与肥大，即叶片生长与菜薹生长是相连的。

（一）品种

菜心按熟期及栽培期可分早熟、中熟与晚熟三类。早熟耐热性强、发育快，30～40 天便可采收，例如四九菜心、肖岗菜心、黄叶早心、细叶菜心、吉隆坡菜心、桂林柳叶早菜心、夏广菜心、澳洲超级 608（翠绿甜菜心）、香港的 50 天特青菜心及广州的四九－19 号菜心等。中熟种 50～60 天可收，例如黄叶中心、大花球中心、青柳叶中心、桂林柳叶、绿室 60 天菜心、油绿 701 菜心、绿室 70 天菜心等。晚熟种不耐热，55～70 天可收，主要有青圆叶迟心，青梗、黄梗大花球，青柳叶迟心、三月青菜心、香港的 60 天特青菜心、矮抗青、上海青、迟心 2 号（广州）及香港 80 天菜心等。优良的品种有：

1. 002－8A 广州蔬菜所选育。基生叶 3～4 片，卵圆形，叶长卵形，浓绿色，38～40 天上市，抗热，优质，抽薹性强，抗性强。

2. 四九菜心 株型直立，叶长椭圆形，叶色黄绿，菜薹长 22 厘米，粗 1.5～2 厘米，28～30 天上市，延续采收 10 天，亩产 600 千克，例如四九－19 和四九－700。

3. 黄板中叶早心 株型直立，叶长卵形，黄绿色，菜薹长

2.5厘米，粗1.3~2厘米，易抽侧薹，35~40天上市，延续天数10~15天，亩产500千克。

4. 黄叶中心 株型直立，叶长卵形，黄绿色，菜薹长32厘米，粗2厘米，侧薹2~3个，50~55天上市，亩产1 250千克。

5. 大花球 株型较大，叶长卵形，黄绿色，菜薹长36~40厘米，粗2~2.4厘米，50天上市，延续天数30~35天，亩产1 500千克。

6. 秦薹1号 陕西省蔬菜花卉所选育。生长势强，3片叶开始抽薹，薹鲜绿色，圆形，薹粗0.8~1.5厘米，薹高20~30厘米，夏秋播种至采收约20天左右，高抗病毒，夏栽不空心。

7. 绿宝70天 广州蔬菜所新育成的。株型紧凑，叶、薹青绿色有光，单薹重45克，叶柄短，净菜率高，品质优，耐病毒病，播种至采收39~45天。

紫菜心品种有：

1. 鼎秀红婷 早熟、莲座叶少，侧孙薹多，薹粗壮均匀，薹长38厘米，粗1.8厘米，薹叶细长、鲜亮、微量蜡粉，抗病性强，产量高，品质好。

2. 紫婷3号 早熟，丰产，从播种至采收60~65天，生长势较强，菜薹粗壮紫红色，鲜亮无蜡粉，长35厘米，粗1.5厘米，薹叶小，商品性好，产量高，较抗病，适应性广。

3. 雪婷80 早熟，薹粗壮，长30厘米，不易糠心，薹叶细长，叶片厚，嫩绿色，侧薹发薹快，每株采20根，定植采收45~50天，既耐热又耐寒，亩产2 000千克。

此外还有十月红、千禧红、胭脂红、大股子、09208（自交系）及WK（自交系）等品种。

（二）广菜心的盆栽技术

广菜心早熟种5~9月播种，生长旺盛，4~5片叶开始抽薹，薹骨粗壮，质嫩，叶清甜。中熟种在3月下旬~4月和9~

10月播种，5～7片叶抽薹，生长较快。晚熟种在11月至翌年3月播种，8～10月抽薹，生长期长。

1. 播种 选有机质含量高，疏松肥沃的砂壤土加10％的商品鸡粪拌匀，播种用盆为30～40厘米的塑料盆，早、中熟种以直播为主，晚熟种亦有移栽。播种用撒播或条穴播，每亩用种量0.25～0.5千克。播后上覆细土，5～7天出苗，出苗后保持白天25～28℃，4叶期降至20～22℃。第一真叶展开时间苗，3～4片真叶定苗，苗距早熟种10～13厘米，中熟品种13～16厘米，晚熟品种16～17厘米。如育苗移栽的当幼苗4片真叶时移，苗距20厘米。

2. 肥水管理 整个生育期追肥2～3次，以速效氮肥为主，适加复合肥，结合浇水时进行，一般追1％尿素液+1％磷酸二氢钾，浇到盆底出水为止。浇水夏天每天一次，在早晚进行，春秋天2天一次，浇则浇透，见干见湿。

3. 温度控制 幼苗期14～18天，适温为25～30℃；从第6片真叶到现蕾为叶片生长期需7～21天；现蕾到菜薹采收为菜薹形成期，适温为15～20℃，如能昼温20℃，夜温15℃，菜薹发育良好，产量品质均佳。

4. 病虫害防治 广东菜心的虫害有菜青虫、小菜蛾、蚜虫及斜纹夜蛾，可用Bt粉1 000倍防治。病害有软腐病、霜霉病、黑斑病，可用70％敌克松1 000倍液防治。

5. 采收 广东菜心在现蕾后至刚开花时采收最好，菜薹高度与叶片齐平，在主茎基部1～2叶处用刀割断。晚熟品种除主薹外，还可采侧薹，一般可采4～5次。

（三）菜心的春季栽培

在南方，菜心春季栽培，一般11月至翌年1月在棚室播种，1～3月上市供应，一般选用晚熟的品种如三月青，迟菜心2号、迟菜心29号，中熟品种如青硬柳叶中心，60天青梗菜心，特青等。

1. 播种育苗 选未种过十字花科蔬菜的菜地每亩施腐熟畜粪肥 1 000~1 500 千克或复合肥 30~40 千克，整成 1~1.5 米宽、高 20 厘米的畦，每亩用种子 0.4~0.5 千克，播后浇透水、覆细土一薄层，浮面盖网，当 50% 种子出苗后，傍晚揭网，并根据外界温度变化情况，加小棚、草帘等多层覆盖。出苗前白天气温应掌握在 28~30℃，出苗后气温控制在 24~28℃，以后温度渐降，四叶期降至 20~22℃。第一真叶展开时间苗，3 张真叶时按 10~12 厘米间距定苗。苗龄 20~25 天。幼苗具 3~5 片真叶即可定植。

2. 管理 栽植菜心应选土壤肥沃，富含有机质，排灌方便的壤土，每亩施腐熟畜粪肥 1 000 千克，磷肥 5 千克，钾肥 10 千克。定植行株距早中熟种 14 厘米×10 厘米，晚熟种 20 厘米×16 厘米。在定植后 5~7 天新根发生时及现蕾期，每亩施尿素 10 千克，复合肥 2 千克，以后每隔 5~7 天，亩施 0.2% 尿素 1 000~1 500 千克，共施 3~4 次，菜心需水量大，在生长期要保持土壤湿润，现蕾后如不及时抽薹，应控制肥水。

3. 采收 当菜薹初花高度与叶尖相齐时，即长 15~25 厘米，粗 1.5 厘米左右，单薹重 35~50 克，在基部留 2~3 叶割取主薹，可留 1~2 叶采收。

（四）紫菜薹的栽培技术

紫菜薹以柔软的花薹供食，品质脆嫩，营养丰富。我国主要分布长江流域的湖北武昌、四川成都最著名。北京与中国台湾也有栽培。

紫菜薹适于冷凉气候，种子发芽温度 25~30℃，幼苗生长适温 20~25℃，叶片生长适温 25~30℃，花芽分化对温度要求不严格，紫菜薹现蕾对温度要求严格，一般 15℃ 左右，播后 50 天现蕾，这时有真叶 6~8 片。因此，紫菜薹一般春秋两季。长江流域都在 8~10 月播种，早熟种 8~9 月播种，10 月中下旬开始上市；晚熟种12月至翌年4月上市。春播在2月上中旬播种，4月上市。

1. 类型与品种　紫菜薹可分早、中、晚熟3个类型。

早熟种较耐热，不耐寒，适于温度较高季节栽培，一般8月播种，有尖叶与圆叶两个品种群，圆叶如武汉红叶大股子和绿叶大股子、仪征紫菜薹；尖叶如成都尖叶子、红油菜薹等。中熟种耐寒性与耐热性中等，8月下旬至9月上旬播种，主要品种如二早子红油菜薹。晚熟种耐热性差，耐寒性较强，腋芽发力较弱，侧薹少，9~10月播种。主要品种有圆叶和尖叶两种，如胭脂红、阳花油菜薹等。

2. 栽培技术

①育苗　播种采用育苗块或营养钵，基质用泥炭＋蛭石各1份，每1立方米基质加入1.2千克尿素和1.2千克磷酸二氢钾，肥料与基质拌匀，播前进行温汤浸种后，每块播种2~3粒种子，覆蛭石1厘米厚，喷透水，保持温度15~25℃。幼苗期30天，有5~6片真叶定植。

②定植　露地栽培选疏松、肥沃的沙壤土，每亩施腐熟有机肥1 500~2 000千克，过磷酸钙30千克，耕翻深20厘米，作宽1.2米的畦。盆栽选直径30~40厘米的塑料盆，基质用园土＋有机肥8∶2配制成，栽植密度依早、中、晚品种不同，行株距30~60厘米×20~23厘米。早熟种密度大，晚熟种密度小。盆栽每盆栽2~3株。定植前浇透水，种植深度以苗土坨面与盆土面平，栽后浇定根水。

3. 肥水管理　缓苗后浇1次水，同时每亩追尿素5千克，以促进幼苗生长，盆栽的施10%饼肥水。要做到小水勤浇，薄肥勤施，一般3~4天浇一次肥水，从定植到进入叶片旺盛生长期，供应充足的氮肥，现蕾前每亩施尿素10千克＋10千克硫酸钾，并保证施后浇透水。

进入菜薹形成期，可喷施1%磷酸二氢钾1~2次，如抽薹缓慢,菜薹细弱,应追肥1次,以加速菜薹生长,如现蕾后不抽薹,应控制肥水,待抽出后再追肥水。在主薹采收后,可追2～3次重肥,每亩每次追尿素10千克,促进侧薹生长发育。

紫菜薹怕旱又怕涝,要保持水分供应均衡,盆栽春秋天1～2天一次水,夏天早晚浇水一次,要防止过旱而生长不良,过涝易发软腐病。

4. 采收 当主薹长到30～40厘米,开始1～2个花蕾初开时为采收适期,收割时切口要倾斜,表面光滑,以免积水,有利伤口愈合,减少病害发生,采收期从10月中下旬开始,每5～7天一次。在主蔓基部割薹,只保留少数腋芽,使抽生侧薹粗壮。侧薹采收时,每个薹基部留1～2片叶片,使萌发下一级菜薹。

八、芥蓝

芥蓝为我国特产蔬菜,分布在广东、广西为白花芥蓝,主食嫩薹;福建为黄花芥蓝,叶薹兼用,叶质柔嫩,由于白花芥蓝花薹粗壮,品质好,目前生产上偏向发展白花芥蓝。菜薹营养丰富,其中维生素和矿物盐类含量特别高。每百克食用部分含维生素C50～70毫克,钙176毫克,镁52毫克,磷56毫克,钾353毫克。由于芥蓝具有特殊的芳香物质,很受西方人的欢迎,已成为华南地区出口欧美的"营养蔬菜"。

芥蓝根系浅,再生力强,育苗移栽的根系主要分布在15～20厘米土层内。茎直立、绿色,有白粉,皮薄肉嫩,绿白色,基部粗1.5～2厘米,中部粗3～4厘米。

芥蓝基生叶似甘蓝,叶面有平滑或皱缩两种,基生叶5片,从第五真叶开始变大,进入叶簇生长期,叶簇生长至一定叶数就完成花芽分化,现蕾后进入菜薹形成期,此期生长量占植株总生长量的80%以上,包括薹茎和薹叶。初期薹叶生长较快,卵形至长卵形,无柄或极短柄,柔嫩,为菜薹产品的组成部分。花薹肉质化，圆柱形。主薹采收后，茎基部各节形成侧薹，全期可切薹采收3～4次，切薹时须留基部2叶。

芥蓝对低温感应从种子萌动后便可进行，早熟种子在较高温度下花芽分化，可行夏秋栽培，晚熟种在较低温度下花芽分化，可作冬春栽培。

性喜冷凉，生长适温为15～20℃，种子发芽温度为25～30℃。苗期以20℃为宜，花芽分化温度为15～20℃，花薹形成以15℃为宜，但像泰国的耐热品种白花尖叶种，在30℃高温下生长正常。生长期间要有充足的光照，菜薹形成期切忌高温干燥。

芥蓝要求湿润肥沃的土壤，生长期要保持土壤最大持水量80%～90%，由于前期生长量小，菜薹形成期的吸收量要占总量87%，所以，土壤要肥沃，基肥要足，还要分期追肥。对磷、钾吸收量，以钾最多，氮次之，磷最少，每亩吸收纯氮5千克，磷1千克，钾5.6千克。

（一）品种

1. 黄花芥蓝 绿叶与花薹供食，分枝性强，叶数较少，裂刻较深，叶面皱，花黄色。

①广州黄花鸡冠 花薹较细，侧薹较多，每株可收花薹10～12根，采收期长。

②台湾黄金嫩叶 叶黄绿色，有光，株矮，叶全缘，节间密，耐30℃高温。

2. 白花芥蓝 以采菜薹为主，品质优良，可分早、中、晚熟种。

①滑叶早芥蓝类 叶较小，卵形，浓绿色，叶面光滑，蜡粉多，基部深裂成耳状，主茎高25～30厘米，横径2～3厘米，初花时花蕾紧密，薹叶卵形或狭长形，薹较细，主薹重100～150克，侧薹萌发力强，品质优良。如广州柳叶早芥蓝、台湾滑叶白

花芥蓝等。

②皱叶早芥蓝类 叶大而厚，椭圆形，浓绿色，叶面皱缩，蜡粉多，主薹高30～40厘米，粗3～3.5厘米，主薹重150～200克，侧枝萌发力强，如广东早鸡冠，九花球鸡冠，白花鸡冠等。

③新会荷塘 分布在两广各地。叶卵圆形，绿色，蜡粉少，基部有裂叶，主薹高30～35厘米，粗2～3厘米，节间短，薹叶狭长卵形，皮薄，纤维少，味甜，质脆，品质好，主薹重100～150克，侧薹萌发力中等。

④大叶芥蓝类 例如广西宜山白花滑叶、昆明大叶、成都平叶芥蓝等。植株高30～35厘米，叶宽大而平滑，近圆形，叶柄肥大，白粉较少。花薹粗壮，主薹高33厘米，浅绿色，花枝密，节间短，基部粗，皮稍厚，品质上等。

⑤福建芥蓝 株高30～37厘米，叶开展，暗绿色，表面有白粉，叶长椭圆形，叶翼延长至基部成耳状，叶柄绿白色，具浅沟，叶缘锯齿状，花薹较细，高25～30厘米，粗1.2～1.5厘米，主薹重50～80克，为叶薹兼用种。

⑥迟花滑叶 叶近圆形，浓绿色，粉少，基部有裂片。主薹长30～35厘米，粗3～4.5厘米，主薹重150～200克，品质好，侧薹萌发力弱，例如三元里芥蓝。

⑦迟花皱叶 植株高大，叶大而厚，圆形，浓绿色，花薹高30～35厘米，粗3～4厘米，节间密，薹叶卵形，初花时花株紧密成球状，品质好，主薹重200～300克，侧薹萌发力中等。

⑧铜壳叶芥蓝 植株较高大粗壮，生长旺盛，叶片近圆形，叶面稍皱，叶缘略向内弯，叶基部深裂成耳状裂片，主花薹重约100克，质脆嫩，纤维少，侧枝萌发力强，可采收40～50天。

⑨泉塘芥蓝 植株较矮，株高与开展度十分相近。叶片圆形略厚，叶面微皱，少蜡粉，主薹重150克。适应性强，耐旱耐湿。

3. 西洋芥蓝 又名惠津芥蓝，是日本最近育成的融西兰花和芥蓝为一体的新型蔬菜，以花蕾结球还未开花时为采摘适期。生长适温为20～30℃，花球形成适温为15～18℃，保护地栽培除6～8月外，可全年播种，冬季早春要搭棚保温，夏秋要荫棚降温，每亩用种20～25克，定植行距60厘米，株距50厘米。播后30天，5～6片真叶时定植，主花蕾长至硬币大小时应及时摘除，并进行重追肥，每亩追尿素10千克，采后每亩追尿素5千克，并配合磷、钾、硼、铜肥。

(二) 盆栽技术

1. 播种育苗 华南地区冬季温暖，宜在1～4月淡季上市，长江流域保护地栽培在8～10月播种，12月至翌年3月上市，伏秋芥蓝南京都在6～8月用遮阳网防雨棚育苗。四川在6～7月播种，9～10月上市。

芥蓝可直播或育苗，但以育壮苗移栽为好，9月中旬前育苗可选20～30厘米的花盆，盆土要选未种过十字花科蔬菜的园土，每盆施商品鸡粪50～100克，混匀，摊平，撒播种子，盖细土1厘米厚，浇水，将花盆放在阳台上，开窗、关纱窗、挂遮阳网。出苗后追施1～2次10倍饼肥水，苗龄（出苗到第五真叶展开）约20天左右，要防止幼苗期进入花芽分化，所以苗龄要短、苗要壮。出苗后及时间苗，播后15天1～2片真叶时要移苗一次，株行距8～10厘米，苗期室内温度白天保持25～30℃，夜间保持15～20℃，避免30℃以上高温和15℃以下低温。

2. 上盆 选直径50～60厘米的泥瓦盆或龙缸，基质用富含有机质、肥沃的菜园土，每盆加入腐熟堆厩肥或商品鸡粪1～2千克，混均匀，耙平，每盆栽1～2株，选胚轴短具有5～6片真叶的壮苗，在晴天傍晚进行，栽后浇足缓苗水。

3. 管理 要根据芥蓝各个生育阶段要求进行。幼苗定植至缓苗，白天温度控制在24～25℃，叶丛生长期20～22℃，不低于15℃，现蕾后加大温差，保持15～25℃。定植后至缓苗前要经常浇水，以保证成活。由于芥蓝栽植密度大，叶片多，需肥量大，而吸肥力又弱，花薹形成吸收磷钾较多，特别钾大于氮，要注意三要素平衡，故对肥水要求十分严格。要早追、勤追、少吃多餐，一般定植活棵后3～5天，每隔1周追肥1次，每次每盆浇施尿素30～40克，对水200倍；植株现蕾时增加追肥量，每盆尿素7～10克，复合肥5～10克；主薹采收后，要收侧薹的重施追肥1次，每次每盆施尿素7～10克，复合肥15～20克。早中熟品种生长期短、要早施勤施肥水，晚熟种冬季控制肥水，现蕾时勤施重施。还要用0.3%～0.4%磷酸二氢钾进行根外追肥。在芥蓝封行前、结合中耕除草进行培土，以防止倒伏。

4. 采收 芥蓝的采收标准是花薹伸高达叶之先端，称为"齐口花"为宜。主薹采收时用小刀在基部5～7节处斜向下割取，主薹采后20天，侧薹长到17～20厘米时可开采，侧薹采时保留基叶2～3片，以利于形成第二次侧薹，对于植株矮小，密度大，主薹可晚采，芥蓝花薹鲜嫩，宜扎把净菜上市，每把长20～25厘米，重500克。

九、叶芥菜

叶芥菜是芥菜类中类型最丰富多样的一个变种，分类学者因其形态各异，曾将其分立为众多变种；但尽管形态各异，按其用途，除少数可供鲜食外，大多均为渍物蔬菜。如包心芥虽然是芥菜中比较特异的变型，能像大白菜、结球甘蓝那样可以形成松散的叶球，但因其外叶不能鲜食，在渍物加工中也无多大作用。所谓薹用芥，花薹发育慢，比一般芥菜粗壮，但其花薹也不像白菜中的菜薹类可采薹供食，而只可作腌制材料，如浙江宁波的天菜，广东梅县的梅菜。叶芥中除了包心芥、薹芥外，还有疙芥和宽柄芥，可供加工，部分可鲜食。不过，作为鲜食，并不能显示其特异的食用价值，加工后，则别具风味，肉质鲜美。

叶芥中除上述几种特异类型外，尚有大叶芥、小叶芥与分蘖芥三种。分蘖芥一般称为雪里蕻，其加工品称雪菜。雪菜分布南方各省，栽培面积极大。小叶芥中的花叶种（金丝芥、银丝芥）在中国不甚发达，而在日本加工咸菜，成为珍品。至于板叶种，在华南，以及港、澳地区，又是常菜，以小苗作鲜食，风味特异，与菜心齐名。大叶芥又称为青菜、春菜，主要上市期在3～4月，品质、产量均极高，凡是盛产芥菜之地，3～4月便无白菜。大叶芥的重要特点：一是大，二是芥子油含量少，无苦味而具异香，所谓"毛笋芥菜"（指毛笋上市期的大叶芥），是浙江、福建山区的佳肴。

（一）类型

1. 大叶芥 植株直立高大，叶片大，叶柄厚，中脉粗硬，与叶柄相接，难以区分，叶片数目较少，叶片直立，先端开展，叶面微皱，边缘波折或有钝齿状缺刻，全叶呈长披针形。茎粗壮，叶互生，多数品种剥叶采收，每次剥取1～2片，在浙南称"剥芥菜"。植株逐渐增高，在整个生长期只保持5～6片开展的大叶。成长叶片长60厘米，宽15～20厘米，每5～6片叶可达500克，每株可剥叶7～8片。

2. 花叶芥 均为加工用芥菜，有小花叶、大花叶、粗花叶、细花叶、鸡啄叶（不规则裂片）。植株直立，叶柄浑圆，叶片裂刻变异多样。小花叶株型较小，叶数少，叶片小，裂刻深，产量较低，早熟。大花叶株型较大，叶数较多。裂刻浅，产量较高，晚熟种。

3. 小叶芥 主要指板叶种，分布华南地区，作夏秋叶菜栽培，耐热性强，冬性弱，秋冬栽培，可在年内抽薹开花，分期分批播种，有5～6片即可采收。主食嫩苗，叶青绿色，虽有苦味，但具异香，为其特色。

4. 瘤芥和宽柄芥 瘤芥株型开展，成长后植株塌地生长，叶柄部分逐渐肥大，形成瘤状突起，上海称为弥陀芥，湖北称耳朵芥。宽柄芥叶柄长而宽，扁而厚，柄长为叶长的 3/5，又称长柄芥。叶片扁形，以叶柄部供食用，可鲜食作泡菜，但以加工为主。

5. 包心芥 叶片密生，阔而扁平，叶面平滑，叶柄短和宽，6～7 片叶开始包心，形成叶球。株高 35～40 厘米，叶片宽大，葵扇形，中心叶不开展，内曲抱合成球，故名。球横径仅 10 厘米，有些品种则成卷心状，心叶外露。包心芥以加工为主。

6. 分蘖芥 又称雪里蕻。有黄叶、黑叶、板叶、裂叶、早种、晚种之分，品系较多。其特点是植株具有极强的分蘖力，因此，株型较大，叶数多，产量高。

（二）栽培技术

芥菜要求冷凉湿润的气候，生长适温 15～20℃，但不同类型及品种间不一。如雪里蕻中的早熟种，较耐热不耐寒，所以可在年前收刈，赶在春节上市。晚熟种耐寒，抽薹晚，以小苗越冬，春发后于 4～5 月在抽薹时带薹收刈。广东、福建 3～9 月均有芥菜上市，为华南地区所特有。

芥菜可以直播，亦可育苗移栽。发芽期适温 25℃，幼苗期适温 22℃，莲座期适温 13℃。一般散叶品种，可以随时采收，以叶片为产品。包心芥、瘤芥、雪里蕻等产品器官的形成，需在莲座叶不再分化之后，即植株由营养生长阶段转入生殖生长，但植株并不立即薹抽开花，这是因为冬季低温和短日照的环境不适花芽的发育。

1. 播种

（1）小叶芥 广东、福建 3～9 月播种的小叶芥，因在植株幼小时采收小株，均用直播、撒播，出苗后间苗几次。

（2）雪里蕻 华中地区的早雪里蕻也行直播，一般 8～9 月播种，50~60天采收上市。而上海地区的雪里蕻都行育苗移栽。

（3）大叶芥　大多以中小苗越冬，立春温度回升后发棵，再行培肥采收大菜，所以均用育苗移栽。

2. 管理　大叶芥采收期在3~4月，又称春菜，越冬以后，大多已经分化花芽，所以生长特别快，这就要多施氮肥，促使叶片生长，提高品质。瘤芥菜、包心芥、宽柄芥等开始积蓄养分，叶柄形成突起物或加厚；包心芥形成叶球；分蘖芥开始大量形成分蘖，如果肥力不足，便提早抽薹，所以越冬后管理要从早分次追肥，在莲座叶形成后施一次重肥。

（三）加工

腌菜在采收后一般先要将菜晒成半干状态，使叶片柔软，以减少水分。然后加盐腌制，其目的也是使蔬菜组织脱水，细胞失水后，在食盐溶液的高渗透压下会逐渐死亡，从而加快细胞膜的渗透性。腌制过程中，食盐的浓度一般在12%以下。食盐对微生物有极强的抑制作用，但有些有益微生物抗盐性较强，如乳酸菌、酵母菌等，在腌菜过程中，主要是乳酸菌的乳酸发酵作用，其次是酵母菌的酒精发酵作用，还有少量的醋酸菌的醋酸发酵作用。乳酸发酵作用能使蔬菜的单糖和双糖发酵生成乳酸，这是酸菜中鲜味的重要来源。酒精发酵能使制品发生酯化反应，使制品具有特殊的芳香味。醋酸发酵因氧化乙醇而生成醋酸，可以改善腌菜的风味，带有一定的酸度。但过酸会影响品质，所以腌菜缸必须密封不通气，防止醋酸菌氧化。

在加工过程中，蔬菜原料本身的作用很大，如原料中的蛋白质水解成氨基酸，腌制品的鲜味主要来自多种氨基酸。芥菜原料中含有的芥子油，能增加制品的香气。

1. 修整　将采收来的原料抖去泥土，剔除枯黄老叶，将根部削平，长短分档，在日光下晾晒2~4小时。最好当日入缸腌制。

2. 装缸　将菜缸洗净，擦干，先在缸底撒一层盐，然后将原料装缸（根部朝里），每装一层菜，撒一层盐，盐的用量为原料的 6%～14%，一般存放 30～60 天的，春季为 8%～10%，冬季为 6%～6.5%。存放 90～180 天的用盐量春季为 13%～14%，冬季为 8%～10%。每层菜都要排紧压实，直到装满为止，压菜不要损伤原料，踏菜时先踏缸边，再慢慢转入中心，要求每层都踏到软熟出卤。

3. 腌制 装好缸后，上面再撒一层盐，用洁净的蒲包盖好，用竹片插紧固定，上面再排"井"字形竹片，竹片上再压大石块，然后将缸口密封。

（四）包心芥的盆栽技术

包心芥营养丰富，味道鲜美，可鲜炒，做汤，盐渍及脱水，深受人们的喜爱。在广西、浙江、福建、广东栽培较多。

1. 育苗 一般 7～8 月播种，8～9 月定植，9 月中旬～11 月采收。早播常用的品种有广东的升合、中国台湾的益农，8 月下旬播种的广东大坪埔和严选 11 号。浙江栽培品种有葵兴利、大坪埔、大肉包心芥、正大 1 号、正大 2 号、农友包心芥、北京盖菜、厦门包心芥及金沙系列包心芥等。选直径 20～30 厘米的花盆，基质用园土，每盆加腐熟商品鸡粪 1～2 千克加过磷酸钙 20 克，盆土混匀整平，撒播，浇湿盆土后播种，播后盖薄土，覆膜，出苗前浇水保湿。秧苗 80% 出土后去膜，盖遮阳网。出苗后 3 天和真叶出现时，各浇一次复合肥水，先少后多，每盆浇 20～50 克。

当秋苗长到 2 叶 1 心时，进行移栽，基质用园土加商品有机肥，8∶2 比例混合，可以做成营养土块或放入秧盘中，分大小苗栽植，浇定根水。假植后 3 天浇 1% 复合肥水，3～4 天后再浇一次，浇肥水后用清水洗净秧苗。

2. 上盆 选疏松肥沃的砂壤土，每盆加商品有机肥 2～3 千克，三元复合肥 20 克，硼肥 10 克作基肥，拌匀整正，放在阳台里，开窗、关纱窗、挂遮阳网，盆栽每盆 1 株。定植深度以覆盖营养土块，埋过根茎为宜，浇透定根水。

3. 管理　包心芥根系浅，要保持土壤湿润，要干后浇透，盆土干透浇透。定植后4~6天开始追肥，共追3~4次，施肥量由少到多，一般用1%三元复合肥水，盆栽用饼肥水+0.1%磷酸二氢钾水，前三次追肥加1%硼肥和1%硫酸锌，防止干燥心。

4. 采收　一般以鲜菜球销售。当七成熟未烧心前，削断外叶，只留菜茎，削成菜球，上市销售。

十、抱子甘蓝

又名芽甘蓝，子持甘蓝。原产比利时。茎直立，伸长后着生许多长柄倒卵圆形叶片，各个叶片腋芽形成小叶球，一般40个左右，叶球形状珍奇，质地脆嫩，单球重1千克左右。抱子甘蓝营养丰富，蛋白质含量是结球甘蓝的4倍多（4.7%），维生素C的含量是甘蓝2.6~4.5倍（98~17毫克/100克）。

（一）类型与品种

抱子甘蓝有高生种与矮生种。高生种茎高100厘米以上，叶球大，多晚熟；矮生种茎高50厘米，节间短，多早熟。盆栽抱子甘蓝一般选用小抱子甘蓝的矮生种，常用的品种有：

1. 早生子持　日本品种，从定植到采收约90天，株高50~60厘米，节间短、叶片绿色，少腊粉，小叶球圆柱形，横径2~2.5厘米，绿色、整齐而坚实，单球结球较多，品质优良。

2. 卡普斯他　丹麦品种，矮生型，株高40厘米，从定植至收获90天，叶片绿色，不向上卷，腋芽密，叶球圆形，质细嫩品质好。小叶球可分2~3次采收。

3. 王子　美国品种，高生型，株型紧凑，小叶球多而整齐，不耐高温，品质好。

4. 长冈交配早生子持　日本品种。从定植至采收约110天，矮生型，株高 42 厘米，株型开展，叶浅绿色，叶球圆球形，较小，品质优良。

5. 佐伊思 法国品种，定植至初收 110 天，株高 46 厘米，叶扁圆形，绿色，平展，叶球圆形，紧实，绿色，品质好。

6. 京引 1 号 北京市农林科学院引进。中熟，矮生，株高 38 厘米，叶片椭圆形，绿色，叶缘上抱，叶球圆球形，较小，紧实，品质好。

7. 摇蓝者 荷兰品种，中熟种，茎叶灰绿色，小叶球圆球形，结球多，紧实，绿色，品质优良。

8. 增日子持 日本品种，中熟种，定植后 120 天开始采收，生长旺盛，节间稍长，株高 100 厘米，叶球直径 3 厘米，不耐高温。

9. 科伦内 荷兰品种。植株中高，从播种至采收 120 天，叶片灰绿色，小叶球光滑、整齐。

10. 温安迪巴 英国品种。从定植至采收 130 天，矮生型，株高 40 厘米，叶灰绿色，叶球圆球形，绿色，品质好。

11. 探险者 荷兰引进，中高型，定植至采收 150 天。叶绿色有腊粉，结球多，叶球圆形，光滑紧实，绿色，品质极佳，耐寒性极强。

12. 斯马谢 荷兰品种。从定植至采收需 130 天，中高型，叶球中大，深绿色，紧实整齐，品质好，耐贮藏，耐寒力极强。

（二）习性

性喜冷凉湿润的气候条件，耐寒性强，耐热性比甘蓝弱。生育适温为 12～20℃，生长初期要求温度较高，一般为 20～25℃，小叶球开始发育时需温度较低，以白天 15～20℃，夜间 9～10℃为宜，如温度超过 23～25℃，叶球不能形成。

抱子甘蓝是长日照植物，在营养生长初期需充足的光照，在小叶球形成时，日照要短，充足的光照和较低的温度，叶球紧密，品质好。

抱子甘蓝喜湿润，除苗期及莲座叶期需适度干旱外，生长期要求充足的土壤水分和空气湿度，土壤最大持水量以70%～80%为宜，空气湿度以80%～90%为宜。不耐涝，忌积水。

抱子甘蓝对土壤适应性广，以土层深厚，有机质含量高、肥沃，排水水良好的沙壤土，pH值以6～7为宜。

抱子甘蓝生育期长，需养分量较多，一般在幼苗期及莲座叶期需氮素较多，结球期需磷钾较多。

（三）盆栽技术

1. 育苗 盆栽抱子甘蓝应选适应性强，抗寒的矮性品种。育苗时间应根据各地的气候与品种，从7月下旬至10月中旬排开播种，苗龄40～60天，生理苗龄6～8片真叶。

育苗选用肥沃、疏松、排水良好的，未种过十字花科蔬菜的菜园土加腐熟的厩肥配制而成，喷洒铜铵剂（硫酸铜100克，碳酸氢铵55克，加水2 000千克），密闭24小时，进行土壤消毒，将土块耙细成碗豆以下的土粒。种子用0.3%加瑞农可湿性粉剂拌种，播种前浇足底水，待水下渗后，在盆面上撒一层过筛的细土，将种子均匀撒上，覆细土以盖住种子为度，早播温度高要盖遮阳网，晚播在室内育苗，3～5天后出苗，在盆面上撒盖一层过筛细土，当幼苗长到2～3片真叶时进行移栽。由于抱子甘蓝根系再生力强，主根切断后须根发达，有利于叶球的形成，移栽成活率高，还苗快，幼苗不必带土块，给根部蘸上泥浆（用园土与粪水拌合），再在外面洒些草木灰，移栽到营养钵中，边移边浇透水。6～8片叶时定植。

播种后加强管理，白天温度保持20～25℃，夜间不低于10℃。齐苗后白天保持15℃左右不超过25℃，心叶出现时，白天温度15～18℃，夜间不低于10℃，土壤最大持水量保持70%～80%。分苗后白天温度保持16～20℃，夜温不低于10%。

2. 上盆 抱子甘蓝小球多，采收期长，盆栽可用 30～40 厘米的塑料盆种植，盆土用园土 6 份，腐熟堆厩肥 3 份，过筛炉渣 1 份，加磷酸二铵 50～60 克，栽植时选生长健壮，大小一致，无病虫害的壮苗，栽植宜浅，秧苗带土栽植，浇足定植水，栽后每 2 行花盆为 1 畦，畦间留 25～30 厘米的走道，走道上铺上旧农膜，上盖遮阳网或塑料棚。

3. 管理 定植缓苗后及时灌水，土壤含水量经常保持 70%～80%，小叶球形成期及每次叶球采收后，追施 10% 复合肥或 20% 饼肥水，还可喷施 1% 尿素加 0.1% 磷酸二氢钾。定植缓苗后，及时疏松盆土，提高地温，促进根系发育。定植后温度高，1～2 天浇水一次，随着温度的下降，2～4 天浇水一次，做到见干见湿，浇水要浇透。定植缓苗期，白天保持 20～25℃，夜温 13～15℃，促进缓苗，缓苗后适当降温，白天 16～20℃，不超过 25℃，夜温保持 10℃ 左右，不低于 5℃。叶球形成及发育期，需要较低的温度，白天保持 13℃ 左右，不宜超过 20℃，夜间 7～8℃，不高于 10℃，不低于 5℃。

当抱子甘蓝植株茎杆形成小叶球时，要将下部的老叶、黄叶摘去，已利促进小球发育。随着下部芽球的膨大，还需将芽球旁边的叶片从叶柄基部摘掉，防止挤压小球。气温较高时，下部腋芽不能形成小球，要及早摘除，还要根据情况一定时候摘去顶芽，以使下部叶球生长充实。一般矮生品种不要摘顶芽。

4. 采收 当叶球充分发育膨大，结球紧实，达到该品种标准时即可及时采收，一般早熟品种由下而上进行，晚熟品种可上下同时采收，采时用小刀从球基部切下，千万不要采得太晚，特别在高温季节，有些叶球抱得不紧，应适当提前采收。

十一、芹菜

中国芹菜又名药芹，有 3 000 年的栽培历史，是保健蔬菜。

它有促进食欲、调和肠胃、兴奋神经、健脑镇病、除痰补肾、降血压之功效。据营养分析，芹菜的香精油含有大量的二十碳烯酸，还含有较多磷、钙及维生素，为世界各国所重视。

芹菜是以营养器官为食用部分，栽培者的目的就是生产较多肥大柔嫩的叶柄，促进营养器官的旺盛生长。

（一）优良品种

1. 本芹 本芹根大，分蘖多、叶柄细长、纤维多、不易软化，香味较浓，品质较粗但生长较快，按叶柄色分绿色、黄白色、纯白色。又依叶柄分空心与实心两种。

（1）白庙芹菜 天津地方品种，株高75～80厘米，叶色绿，最大叶柄长70厘米左右，叶柄白绿色，实心，单株重0.15～0.2千克；适应性强、耐热、耐寒、抗病、纤维少、品质好，亩产5 000～6 000千克。

（2）实秆芹菜 株高80～105厘米，叶片深绿色，叶柄实心，内部充实，纤维少，品质脆嫩，耐寒性强；最大单株重1.4千克，一般亩产5 000～7 500千克。

（3）白梗芹菜 又名白壳芹菜，广州农家品种，株高70厘米，开展度20～30厘米，叶绿色，叶柄绿白色，叶柄长45厘米，宽1厘米，单株重0.19千克。中熟，播种期8～10月份，播种至收获120～140天，生长势强，较耐寒、质脆、味香浓、品质优。每亩产量3 000～3 700千克。

（4）晚青芹菜 又名黄慢心，上海、杭州、南京等地均有栽培。株高66厘米，叶柄浅绿色，长而粗，宽1.8厘米，厚0.6厘米，纤维少，风味浓，品质好；单株重约500克，晚熟，较耐寒、晚抽薹，适合秋季栽培或越冬栽培。

（5）黄心芹菜 浙江省仙居县地方品种，该品种植株高大，生长势强，株高120厘米，最大叶柄长105厘米，宽0.8厘米，厚0.5厘米。叶柄和叶片均为浅绿色，空心，纤维少，风味浓厚。单株重约 375 克。适合秋季栽培。

（6）蒲芹　南京地方品种，该品种株高 62 厘米，最大叶柄长 35 厘米，宽 0.8 厘米，厚 0.6 厘米。叶柄绿色、空心，叶片绿色，风味浓厚，品质优良。单株重 165 克，生育期 110 天，越冬栽培，11 月中旬播种，次年 2 月中旬收获。也可秋季栽培。

（7）上农玉芹　上海农学院以上海黄心芹×美国实心芹杂交选育而成。产量比亲本高 30%，抗虫、抗热、耐冻、优质、易栽，占上海芹菜面积的 70%。

（8）春丰　从北京细皮白品种中选育而成，长势强，开展度小，株高 70~80 厘米，叶柄较长，为叶片的两倍，色淡绿，棱线不明显，实心、纤维少，品质好，较耐寒。

（8）玻璃脆　河南开封市从广州佛山引进的西芹与当地实杆青芹自然杂交后代中选育出来。株高 70 厘米，单株重 0.5 千克，叶绿色，叶柄黄绿色。最大叶柄长 60 厘米，宽 2.4 厘米，厚 1 厘米，实心，纤维少，肉质嫩脆，品质佳，耐贮运，定植至采收 100 天左右。

（9）胡芹　产河南商丘市柘城县胡庄而得名。根小、棵大、秆粗、叶柄叶空，茎部光滑，生长快，纤维少，清脆爽口、无丝无渣。

2. 西芹

（1）荷兰西芹　由荷兰引入，植株壮，株高 60 厘米，叶柄宽厚，叶片及叶柄均绿色，有光泽；叶柄实心，质脆，味甜；单株重达 1 千克以上；较耐寒、不耐热、抽薹迟，适于秋季和冬季保护地栽培。

（2）意大利冬芹　晚熟、抗病、抗寒、耐热、适应性强，适合南北地区栽培；叶柄宽圆，实心，纤维少，易软化，尤其适宜春、秋露地栽培。

（3）佛罗里达 683　引自美国，株高 60~70 厘米，叶柄绿色、宽厚、实心、脆嫩、纤维少，适于春秋露地及冬季保护地栽培。

（二）春芹菜的盆栽技术

阳台栽培于1月上旬至2月中旬采用保护地育苗，露地栽培2月底到4月份直播。

1. 催芽播种 温汤浸种后，于15～20℃催芽播种；选肥沃细碎园土6份，配入腐熟猪粪渣4份，过筛；每平方米盆土中施过磷酸钙0.5千克、草木灰1.5～2.5千克、硫酸铵0.1千克，拌匀装盆到8成满；播时浇足底水，然后将种子均匀撒播在盆面上，覆土厚0.5厘米左右；为防治苗期猝倒病，每平方米苗床可撒五氯硝基苯、代森锌10克，掺12.5千克苗床土，2/3垫籽，1/3盖籽，播后覆膜。苗齐后，白天开窗，晚上关窗，保持温度20～25℃。苗期保持湿润，见干即浇水；及时间苗、除草，最好移苗1～2次；白天超过20℃时及时放风，夜间保持5～10℃；定植前炼苗，幼苗60天左右定植。

2. 上盆 选直径30～50厘米的泥瓦盆，每盆装园土＋腐熟有机肥＋复合肥，每盆栽1～2行，西芹穴距30厘米，本芹穴距10～12厘米，每穴4～5株，边栽边浇，栽不宜太深，以土不埋心为宜。

3. 管理 露地栽培定植初期适当浇水，中耕保墒，提高地温；缓苗后浇缓苗水，不要蹲苗；浇水后适时松土；株高30厘米时，肥水齐功，每盆施硫酸铵25克或尿素15克左右；追肥后立即浇水，以后不能干旱，隔3～5天浇1次水，2次后改为2天浇1次水，保持盆面湿润；也可适当再追1～2次肥。

4. 适时采收 一般芹菜植株高60～80厘米，具有6～8片真叶时，可根据需求陆续采收，但收获不可晚，否则容易抽薹造成损失。

（三）盆栽芹菜的早熟越夏栽培

选择抗热性强、丰产、品质好的品种。

1. 适时播种 早熟越夏芹菜播种，可从 3 月中旬至 7 月下旬。据试验，在 3 月中旬播种的产量最高，生育期长，120 天左右；6～7 月份播种的产量较低，但生育期较短，70 天左右，此时商品菜价格较高。因此，早熟越夏芹菜一般都选 6～7 月份播种。

2. 培育壮苗 芹菜种子皮厚，在高温干旱条件下出芽很慢，播前需先浸种催芽。将种子用清水浸种 24 小时，用纱布捞起冲洗干净，置于阴凉处催芽 4～5 天，有 80% 种子出芽后进行播种。由于芹菜种子细小，将催好芽种子掺入适量干细土或煤灰混合种子进行稀播种。

选直径 20～30 厘米泥瓦盆，装上由园土与堆厩肥配制的育苗土，推平浇透盆土，均匀的将种子与细土混合稀播种。放入阳台，盖遮阳网覆盖，保持苗土湿润，注意白天盖网，傍晚掀网，1～2 片真叶时开始间苗，苗期共间苗 1～2 次，并结合壅土培肥壮根，促生长，苗龄掌握在 45～50 天。

3. 上盆 选 40～50 厘米的塑料盆或水池，根据芹菜对氮、磷、钾营养元素的需求量比例约为 3∶1∶4，每盆施干鸡粪 1～2 千克、进口复合肥 30 克、尿素 15 克，连续拌匀 3～4 遍，让肥料与园土充分混合均匀，以免伤根，造成蹲苗或死苗。当幼苗长到 4～5 片真叶时定植，以阴天或傍晚定植为好，选择壮苗，去除劣苗，大小苗分级定植，每盆 3～5 穴，株行距为 10 厘米×10 厘米，每穴 3 株。定植时应注意浅栽、压实、不埋心叶，以埋住根茎为度，切勿深栽埋心，栽后及时浇足定根水。夏、秋高温多暴雨季节及时开关窗户、纱窗，外挂遮阳网，起防暴雨、遮强光、降温的作用。覆盖管理中，应结合天气变化来进行。阴天不挂遮阳网，有助弱光透射，促使植株直立生长；晴天、高温天气，上午 11 点至下午 4 点左右须盖遮阳网，前后门窗要经常打开，以利通风、换气、降温。

4. 管理 芹菜为浅根系，加以栽培密度很大，除基肥外，在追肥上应勤施薄施，不断供给速效性氮肥和配合磷、钾肥，在整个生长过程中以氮肥为主。返苗后追施 1 次提苗肥，在营养生长期内，要肥水并重，促旺盛生长。一般 1 个月追肥 2~3 次，每盆施复合肥 10~15 克，生长中期结合喷施 0.2% 浓度的磷酸二氢钾、硼砂水溶液 2~3 次。水分管理方面，应勤浇水、轻浇水，以经常保持土壤湿润为原则，晴天一般每天浇水 2~3 次。

培土也是芹菜高产优质的关键措施之一，一般定植后 10 天左右进行第一次培土，培土材料选用火烧土或经过筛细的垃圾土，并注意不使植株受伤。一般培土 2~3 次。

5. 适时采收 一般芹菜株高 60~80 厘米、具有 6~8 片真叶时，可根据需求陆续采收，但收获不可晚，否则养分易向根部输送，造成产量和品质下降。

（四）早秋芹露地栽培

1. 品种选择 宜选耐热、生长快的早熟或早中熟品种，如绿梗芹菜、津南实芹、玻璃脆芹菜、意大利西芹等。

2. 育苗 宜选凉爽、避西晒和前作为春黄瓜或速生叶菜的"熟土"。每亩栽培田需准备 0.1 亩苗床地。于播前 15 天深耕 33 厘米，烤晒过白，然后平整细碎。每亩苗床地施入优质土杂肥或腐熟人畜粪 5 000 千克，在翻地时施入。整地时每亩苗床撒施石灰 200~250 千克。整地后，将准备好的药土（每平方米用 10 克 70% 五氯硝基苯与 20 千克细干土混合）的 1/3 均匀撒于苗床表面做垫土，剩余的 2/3 在播种后覆盖种子。

播种时间为 6 月上旬。播种时如天气凉爽可直播，如气温较高则需低温浸种催芽，即用凉水（井水最好）浸泡种子 6 小时，去掉"浮籽"，用纱布袋装好，吊入井中或在防空洞里催芽或放入冰箱（5℃左右）24 小时，然后催芽 3~5 天，当 80% 的种子发芽后即可播种。

播种前，将床土浇水湿透，缩水后，浅锄表土，于傍晚播种。或先播种，后用喷壶小心浇透。播种时应将发芽种子掺入等体积的细沙或细煤灰或细园土，均匀撒施在畦面上，然后上盖一层薄薄的拌有五氯硝基苯的药土。

播种后盖遮阳网，做到白天盖，晚上掀。播发芽籽者先盖黑色遮阳网至出苗破心，破心后改银灰网。播种后，保持土壤湿润，每次用喷壶浇水一次，如苗瘦弱，可追1％尿素液。

壮苗标准：株高10～15厘米，真叶4～5片，叶片肥厚，叶色深绿，根系发达。

3. 定植 定植前深耕挖大坨，晒烤过白后结合施肥和施石灰整细整平。每亩施腐熟人畜粪3 000千克、饼肥75千克、复合肥250千克。以1.1米宽做畦。

定植苗龄以40～50天为宜，即7月中、下旬开始定植。在阴天及晴天傍晚选壮苗定植，宜浅栽。定植深度为1～1.5厘米，以不埋去新叶为宜。按行距16厘米开沟，丛距10厘米，梅花式定植，每丛2～4株。

4. 定植后的管理 定植前在大棚上覆盖黑色或银灰色遮阳网，并且在大棚的西晒面全覆盖，而东晒面只盖顶部，一直盖至采收上市。

定植后要及时浇透压蔸水，次日"复水"。由于盖有遮阳网降温保湿，缓苗快，第三天"歇水"。至苗高10～13厘米前，每隔2～3天追施1次稀薄粪水，为防止土壤板结，应浅中耕2次。苗高15～18厘米时每隔3～5天追施1次1％的尿素液，并浅中耕2次，经常保持土壤湿润，并要掌握土干淡浇，土湿浓浇。结合施肥，及时中耕除草。

5. 采收 早秋芹菜于9月中、下旬即可采收，最早定植后40天即可采收。一般株高45厘米，重150克左右。

（五）防止春季芹菜先期抽薹

1. 品种选择 抗寒性强的品种一般抽薹较轻，如津南实芹1

号、意大利冬芹、玻璃脆芹菜等。另外，在种子选用上应尽量选择储藏期未超过3年的种子，因为发芽率和发芽势越弱，越易抽薹。

2. 科学的栽培管理 冬季生产中应尽量提高芹菜育苗畦的温度，这是减少芹菜先期抽薹的有效措施之一。寒冬季若白天温度保持在15~20℃，夜间温度保持在8~10℃，就可避免其通过春化阶段。为达到这一目的，通常需采取如下措施：适当晚播种、晚育苗，以避开高寒季节；在气温回暖时育苗，可保证育苗畦内有较高的温度，也可于播种前充分"烤畦"，提高播种畦内温度；设置防风障、加盖保温覆盖物等，提高防风保温性能；经常打扫、擦拭塑料薄膜，使之有较高的透光度；苗期要少浇水、浇小水，以免降低地温。春芹菜植株长成后，多数植株已有花薹，收获越晚，花薹越长，因此，要适时收获，以免花薹过长而降低芹菜品质，采收时可采用劈叶收获的方式，也可防止前期抽薹。

3. 巧用赤霉素 赤霉素对芹菜有促进营养生长、提高产量、改善品质、减缓前期抽薹的作用。施用时间应在芹菜生长盛期，每7~10天喷1次，连喷2~3次，收获前15天停止喷施。喷施得当可使芹菜增产20%以上，而且其叶柄增长，质地脆嫩。

（六）芹菜空心原因及其防止

1. 造成空心的原因

（1）冬季保护地栽培，如果外界温度过低，光照不足或受冻害，致使叶片光合作用减弱，从而使根系对养分、水分的吸收运转受阻而产生空心。

（2）高温干旱是造成芹菜夏季露地栽培空心的主要原因。夏季昼夜温差过小，芹菜呼吸消耗较多，如果土壤水分供应不均匀，芹菜生长过程中生理缺水、会抑制根部对各种元素的吸收输送，不仅影响顶芽生长，还使叶柄中厚壁组织加厚，输导组织细胞老化,薄壁细胞组织破裂而空心。如果收获过迟,根系吸收能力降低,营养不良,细胞破裂,组织疏松,叶柄老化而中空。

(3) 芹菜生长期间水肥管理不当会造成空心。芹菜喷赤霉素能增产,赤霉素的浓度一定要控制好,不可过量喷施,否则也会出现空心现象。

(4) 在肥水相同情况下,土壤盐碱性强,较黏重或沙性大以及病虫害严重地块易发生空心。

2. 芹菜空心的防治措施

(1) 种子选择 在种植时,要选用种性纯、质量好的实秆品种。

(2) 地块选择 以富含有机质、保水、保肥力强,并且排灌条件好的壤土为宜,土壤酸碱度以中性或微酸性为好,忌黏土或沙性土壤种植。

(3) 温度调节 芹菜属耐寒性蔬菜,要求冷凉、湿润的环境条件,棚室内栽培芹菜,白天气温以 15~23℃ 为宜,最高不超过 25℃;夜间保持 10℃ 左右,但不要低于 5℃,否则易发生冻害和早期抽薹。平时适当通风以降低空气湿度,减少病害,使叶柄充实肥大。

(4) 水肥管理 底肥施足,撒施均匀,每亩施优质腐熟有机肥 5 000 千克,最好施发酵好的鸡粪 100~200 千克。定植缓苗后施提苗肥,每亩随水施硫酸氢铵 10 千克。生长期追肥以速效氮肥为主,配合钾肥,每次每亩施 220 千克尿素,每隔 15 天追 1 次。喷赤霉素以后要及时追肥浇水,不要脱肥,采取小水勤浇的措施,为防缺硼空心,可用 0.3%~0.5% 的硼砂溶液进行叶面喷施。在旺盛生长前后一定要水肥猛攻,特别要经常浇水,保持土壤湿润。

(5) 适时收获 芹菜收获不能太晚,如果收获期偏晚,叶柄老化,叶片光合作用的能力下降,根系吸收营养能力减弱,营养不足，而使叶柄中的薄壁细胞破裂，而形成空心现象。

（七）病虫害防治

1. 斑枯病

（1）症状　芹菜叶、叶柄及茎均可染病。一种老叶先发病，叶上病斑多散生，大小不等，直径3~10毫米，初为淡褐色油渍状小斑点，后逐渐扩展，中部呈褐色坏死，外缘多为深红褐色且比较明显，中间散生少量小黑点。另一种发病初期不易与前者区别，后病斑中央呈黄白或灰白色，边缘聚生许多黑色小粒点，病斑外常具一圈黄色晕环，病斑直径不等，大小不一。

（2）防治　选用抗病品种，如法国皇后、冬芹、西芹等。发病初期可用70%百菌清烟可湿性粉剂600倍液，或64%毒杀矾可湿性粉剂500倍液，或40%多硫悬浮剂500倍液与大民先锋叶面肥混合喷雾防治，7~10天1次，可交替使用，连喷2~3次疗效极佳。

2. 叶斑病

（1）症状　该病主要为害叶片，老叶比新叶易染病。叶片初染病时，叶尖和叶缘上呈黄绿色水渍状斑，后发展为圆形或不规则形，直径4~10毫米，最后病斑扩大汇合成斑块并蔓延整叶，致使叶片变褐色且稍凹陷，发病严重时全株倒状。高温时，叶片上正、背两面均会长出灰白色霉层。

（2）防治　芹菜叶斑病的防治应从苗期抓起。移栽苗宜选用无病壮苗，定植期如遇30℃以上的高温干旱天气，可用3%恶霉甲霜AS（广枯灵）1 000倍液做定植水。芹菜定植20天左右，是田间发病的第一个高峰期，也是重点预防保护期。未发病田可喷80%代森锰锌WP或70%丙森锌（安泰生）800倍液，对已发病的田块，宜选用10%苯醚甲环唑（世高）1 500倍液加50%醚菌酯DF（翠贝）1 500倍液，在暴发流行期每隔5~7天防治一次，连续2~3次。

3. 烧心病

（1）由芹菜软腐病引起的　芹菜软腐病又叫腐烂病，为细菌性病害，主要发生在叶柄基部或茎上，一般先从柔嫩多汁的叶柄组织开始发病，发病初期叶柄基部出现水渍状纺锤形或不规则形凹陷病斑，以后病斑呈黄褐色或黑褐色腐烂并发臭，干燥后呈黑褐色，最后只剩维管束，严重时生长点烂掉，甚至全株枯死。苗期主要表现是心叶腐烂坏死，呈"烧心"状。

发病初期喷洒72％农用链霉素可溶性粉剂或新植霉素3 000～4 000倍稀释液。重点喷在叶柄基部，7～10天喷1次，连续喷2～3次。

（2）由芹菜心腐病引起的　芹菜心腐病是一种生理性病害，发病初期心叶生长点的柔嫩组织由绿色变成褐色，然后扩展到心叶枯焦，最后心叶全部枯死。遇到潮湿的环境，心叶部受杂菌感染会腐烂。

①因缺钙而导致的生理性病害　如果出现烧心症状，通常于叶面喷施0.30％～0.50％的氯化钙或硝酸钙水溶液，每7天喷1次，连续喷2～3次，喷洒时一定要喷在心叶上。

②因缺硼而导致的生理性病害　缺硼时芹菜叶柄异常肥大、短缩，并向内侧弯曲。弯曲部分的内侧组织变褐色，逐渐龟裂，叶柄扭曲以致劈裂。先由幼叶边缘向内逐渐褐变，最后心叶坏死。

防治措施：土壤有效硼的主要来源是土壤有机质，因此，缺硼土壤可以多施有机肥，能提高土壤供硼能力；每亩可施硼砂1千克左右，以补充硼的不足；当出现缺硼症状时，也可用0.10％～0.30％的硼砂水溶液喷施植株。

十二、叶用莴苣

叶用莴苣，俗称生菜，菊科莴苣属一、二年生草木。原产地中海沿岸，在中国虽栽培历史悠久，但主要分布在华南地区。近年来，由于旅游业不断发展，市场需求与日俱增，在北京、上海、南京、杭州等华东和华北地区大中城市郊区，发展相当迅速，除夏淡季和冬春淡季供应较少外，已基本实现了周年供应。我国华南地区广为栽培的多为不结球的散叶生菜，俗称"玻璃生菜"。现在从欧美引进结球品种居多，以脆嫩的叶球供食，通称"西生菜"、"美国生菜"。

莴苣性喜冷凉气候条件，忌高温，稍耐霜冻。种子发芽始温为4℃，适温为15～20℃，在30℃以上高温发芽受抑。夏季播种宜行低温催芽。有些品种种子需在有光条件下发芽较快，且不同光质的作用不同，红光促进发芽，近红外光和蓝光抑制发芽。幼苗期生长适温为16～20℃，在22～24℃以上易导致早期抽薹。结球生菜的生长适温范围较小，其外叶生长适温为18～23℃，结球期的适温白天为20～22℃，夜间12～15℃，在25℃以上生长不良，易引起腐烂。促进先期抽薹的发生。抽薹开花结实的适温是22～29℃，开花后15天左右瘦果成熟。10～15℃下能开花，但不能结实。生菜属长日照作物，充足阳光有利于叶球的形成，但与其它蔬菜相比，光饱和点较低，较耐弱光。生菜根系分布浅，叶面积大，含水量高，生长期短，对肥水要求比较高，整个生长期要求有均匀、充足的水分供应，但中后期如过湿或干后灌大水易起叶球开裂和腐烂。对土层适应性广，但以肥沃、排水良好，富含有机质的壤土较为理想，土壤pH在6.5～7的微酸性范围内最适于生长。对营养的要求以氮肥为主，适当配合磷钾肥。

（一）类型与品种

叶用莴苣依结球与否分为结球和不结球两种。结球莴苣又分为脆叶结球类和绵叶结球类；不结球莴苣又分为直立莴苣和皱叶莴苣。它们分别属于3个变种。

1. 直立莴苣 又称立生莴苣、直筒莴苣、长叶莴苣或散叶莴苣。北非和南欧普遍栽培，叶全缘或锯齿状，叶匙状直立，中肋大呈白色者居多，叶数多丛生，一般不结球，或有形成松散的笋状圆筒的叶球，叶柔软，宜生食和夏季栽培。如广州的登峰生菜、牛利生菜等。

2. 皱叶莴苣 俗称玻璃生菜，按叶色可分为绿叶品种和紫叶品种。叶片深裂，疏松旋迭，叶色绿、黄绿或紫红，叶面皱缩，叶缘皱折，不结球，或有松散叶球。如广东的软尾生菜，是广州市郊的农家品种，也是华南和苏浙沪一带栽培的主要品种，株高25厘米，开展度27厘米，叶丛生，绿色、近圆形、较薄、长18厘米，宽17厘米，黄绿色有光泽，叶缘波状，叶面皱缩，心叶抱合，叶柄扁宽，单株重 0.2~0.3 千克，耐寒，较耐热，但易发生高温抽薹。还有鸡冠生菜。

3. 结球莴苣 俗称"西生菜"，叶全缘，有锯齿或深裂，叶面平滑或皱缩，外叶开展，心叶形成叶球，叶球圆、扁圆或圆锥形，主要分为两类型：

(1) **绵叶结球型** 即欧洲型品种，俗称奶油生菜。叶球小而松散，叶片宽阔而薄，微皱缩，质地绵软，生长期短，适于保护地周年生产与供应，如白波士顿、夏绿、青口白、广州结球生菜、皇帝等品种。

(2) **脆叶结球型** 即美国型品种，叶球大，叶片质地脆嫩，结球坚实，外叶绿色，球叶白或淡黄色，生长期长，适于露地栽培，我国近年引进的品种较多，主要有大湖188，绿湖，上海农科院黑核结球生菜等。

中国蔬菜研究所1990年从荷兰等国引入208份品种中，经10年试种、考评选出6个推广品种：即柯宾、卡罗娜、阿斯特尔、玛来克、萨利纳斯及太湖366等。

（二）盆栽技术

生菜最适合家庭种植，在长江流域，一年四季均可栽培，在北方有暖气的地方,在冬季亦能生产出新鲜的无公害的生菜。

1. 育苗 生菜大面积生产均用穴盘育苗,家庭大部分用花盆育苗。育苗时选直径30~50厘米的花盆,基质用园土5份,腐殖质土3份,商品厩肥2份配制而成。采用穴点播,每穴播种子1~2粒,播后盖0.3~0.5厘米的培养土,用喷壶缓慢浇淋,再撒上一层薄的营养土,盖上被水浇淋后露出的种子,覆膜放在阳台上,控制温度20~25℃,保持盆土湿润,5~7天后可齐苗。幼苗出土后早晚要通风炼苗。至幼苗95%出土时撤掉覆盖物,出苗后白天温度保持在18~20℃,夜间在8~10℃,当幼苗2叶1心时需及时间苗。苗期一般追肥2次,第1次可以在间苗期后用磷酸二氢钾500倍液喷雾1次,并注意防治苗期病虫害,可喷1~2次75%百菌清。移栽前10天左右再喷1次复合叶面肥,应注意加强潜叶蝇的防治,4~10月份苗期控制在25~30天,11月份至翌年3月份苗期控制在35~40天,当幼苗长至5~6片真叶时应及时定植。

2. 上盆 用30~50厘米的泥瓦盆,基质用园土加堆厩肥加复合肥,早熟品种每盆栽2株,中晚熟品种栽1株。根据苗情,选择午后或阴天定植以利缩短缓苗期。起苗前1天灌透水,湿润苗土,起苗时尽可能多保留土团,避免损伤根系和叶片。尽量选择大小相近的幼苗种在同一盆内。按株行距打定植穴,定植苗深度土团表面与盆土平齐为宜,不宜过深,栽后及时浇水,水下渗后封土,封土时要压严定植穴周围的土壤。

3. 管理 生菜浇水的原则是土壤见干见湿,不能使植株受旱,否则生长瘦弱。在结球期,浇水要均匀,保持莲座叶青绿色,结球后期停止浇水,防止裂球,影响品质。夏季栽培时正值雨季,一般封土后就不宜再施肥浇水,保持盆面适度干燥,防止盆土湿度过高。

生菜生长迅速,需肥量大,在施足底肥的基础上还需追2~3次肥,第一次追肥在定植缓苗后3~5天,每盆用复合肥15

克,尿素3克,硫酸钾5克对水浇施,以后每隔7～10天追施1次,在结球期增施钙肥,少施氮肥,可减少生菜烧心的发生。如遇干旱时,应多浇水,降低肥料浓度,越冬生菜除定植后施1次肥外,冬季一般不施肥,开春后则需连续追肥2～3次。

4. 采收 长叶生菜和皱叶生菜的采收期比较灵活,可根据需要采收。结球生菜采收应在花芽分化时进行,由于成熟期不一致,应分期采收。收获时用手按叶球,叶球松紧适中即可采收。采收过早,叶球松、产量低,过晚则叶球易爆裂和腐烂。

(三) 生菜的基质栽培

1. 栽培槽的构建 栽培槽大多数采用砖建成,高15～20厘米,不必砌。为了充分利用土地面积,栽培槽的宽度为96厘米左右,栽培槽之间的距离为0.3～0.4米,填上基质,施入基肥,每个栽培槽内可铺设4～6根塑料滴灌带。

2. 基质配比 第一种,草炭:炉渣:砂为4:6:5;第二种,椰子壳:葵花秆:炉渣:锯末为5:5:2:3;第三种,草炭,珍珠岩为7:3,先腐熟,碳氮比降到30:1。

3. 播种育苗 生菜的种子很小.先把种子裹上一层硅藻土等含钙物质的种衣,播种比较方便。采用120孔穴盘育苗,将草炭和蛭石按2:1比例混合,作为育苗基质,然后浇透水,再将经浸种、催芽的种子播入穴盘内。将温度调至15～20℃,以利种子发芽。以后灌溉清水以补充水分。秋、冬季为使生菜能够供应市场,可以每隔1周播种1次。出苗后到2～3片真叶即可定植。

4. 定植 每个栽培槽可栽植4～5行生菜,株行距以25厘米为宜。

5. 施肥、浇水 在定植之前,先将基质填入栽培槽内,定植后20天左右追肥1次,每立方米追1.5千克三元复合肥(氮、磷、钾含量分别为15%)。以后只需灌溉清水,直至收获。

6. 采收 不结球生菜长到一定大小即可采收，结球生菜则需要在叶球形成后采收，采收时可连根拔出，带根出售，以表示为无土栽培产品，能够引起人们更大的兴趣，且有比较好的售价。采收后可采用保鲜膜包装上市，可取得较好的经济效益。

（四）周年栽培

叶用莴苣因耐寒、耐热能力不如莴笋，主要栽培季节为春、秋两季。华南地区从10月份至翌年2月份播种，9月至翌年4月份上市。华北地区春茬2~4月份播种育苗，5~6月份采收；秋茬7月下旬至8月下旬播种育苗，10~11月份收获，结合储藏可供应至翌年1~2月份。利用大棚、温室等保温设施，除高温炎热的7~9月份外，基本已做到周年供应。我国主要地区不同品种类型莴苣的播种期见表3-2。常用的品种春秋栽培用意大利玻璃生菜或结球生菜；夏季栽培用泰国结球、花叶生菜，冬季和早春宜选皱叶或凯散等品种。

1. 育苗 莴苣忌连作，须轮作1~2年。栽培地宜选用上年未种过莴苣的田块，以疏松、排灌良好、中等肥力的田块为佳。播种前20天耕翻晒土，做成平畦。畦宽1.2米，畦长10~12米，施入优质农家肥80千克，再耕翻一遍，整平弄碎。

床畦育苗，莴苣种子发芽困难。需用凉水浸泡5~6小时，然后在15~18℃的低温和有光线的条件下催芽，经过36~60小时，种子开始萌发。7~8月份高温期间，莴苣发芽困难，一般先将种子用清水浸种5~6小时，然后将种子水分滤干，用纱布等包裹后置于冰箱内，每天翻动种子1~2次，3~4天后种子露白后播种。

因莴苣的出苗率较低，秋播，播种量20~25克/亩，春播为16~20克/亩。莴苣播种宜稀，播种后要保持床土湿润，出苗后要注意删苗。莴苣育苗上一般不假植，当秧苗具6~7片真叶（秋季育苗）或4~5片真叶（春季育苗）、苗龄25~35天时定植。

表 3-2　不同地区及品种类型莴苣的播种期

栽培地区	品种类型	播种期
上海	春莴苣	9月下旬至10月上旬
	夏莴苣	1月下旬至2月上旬
	秋莴苣	8月上旬
	冬莴苣	8月下旬
南京	春、夏莴苣	10月上旬
	秋、冬莴苣	8月中旬
杭州	春莴苣	10月下旬至11月上旬
	夏莴苣	1月份
	秋莴苣	8月份
贵阳	春莴苣	9月下旬至10月上旬
	夏莴苣	3~5月份
	秋莴苣	7月中、下旬
	冬莴苣	8~9月份
武汉	春莴苣	9月下旬至10月上旬
	夏莴苣	11月份
	秋莴苣	8月份
成都	春莴苣	10月至翌年1月份
	夏莴苣	3月份至5月下旬
	秋莴苣	6月下旬至7月份
	冬莴苣	8~9月份
长沙	春莴苣	10月上旬至翌年1月份
	夏莴苣	2月份
	秋莴苣	8月下旬
广州	玻璃生菜	10~12月份
	结球生菜	10~12月份

　　播后前几天应保持温度 15~18℃，约 4 天可出齐苗，苗出齐后揭地膜、浇水。出苗 2~3 天之后温度，白天控制在 18~

第三章 食叶蔬菜

20℃，夜间10℃，分苗前2～3天白天温度降到15～18℃。夏秋季播种后，在苗床上搭荫棚，棚高80～90厘米用遮阳网覆盖。每天上午8～9点盖帘，下午5点揭开，阴天不盖，苗出齐后逐渐缩短庇荫时间。当幼苗长出3片真叶后，不再庇荫。

穴盘育苗，用腐熟晒干过筛的细家畜粪3份加上3份腐殖质土与4份过筛后疏松的大田细土拌匀配制成的营养土，有利于出苗整齐。装盘前用多菌灵可湿性粉剂600倍液喷雾灭菌。按摆盘顺序逐盘播种，每穴1～2粒。播种后覆盖0.3～0.5厘米厚的育苗营养土，然后浇透水，浇水要用喷壶缓慢浇淋，避免冲失种子，再撒上很薄一层营养土，盖上被水浇淋后露出的种子，覆盖一层薄膜。播种后床内的温度控制在20～25℃，保持畦面湿润。5～7天后可齐苗。出苗后白天温度保持18～20℃，夜间8～10℃，保证每穴一株苗。

2. 定植 选择疏松肥沃、有机质丰富、保水保肥力强、透气性好的微酸性土壤。每亩施优质腐熟有机肥2 500～3 000千克、45％三元复合肥30千克做基肥，深耕晒伐，熟化土壤，按宽2米筑畦，三沟配套。

当小苗有5～6片真叶时即可定植。定植时应多带土护根，以缩短缓苗期，提高成活率。按行距、株距各18～20厘米的规格定植，深度以不埋心叶为宜，并及时浇足活棵水。夏季高温季节定植，应在当天上午搭棚覆盖遮阳网，下午4点后移栽；冬春栽培，可采用地膜加小棚覆盖，棚内温度，一般掌握白天保持在15～20℃，超过24℃，则通过揭膜通风降温，夜间保持在10～12℃。

3. 田间管理 上海地区12月份、1月份是全年中最寒冷的月份，大棚内的结球生菜达到采收标准时或已结球的，应覆盖大棚贴膜保温。早晨应及时通风，防止出现雾气和回笼水。

一般追肥2～3次，第一次追肥在定植后2周，植株有5～6张叶片时，每亩施三元复合肥10千克；第2次追肥在结球始期，每亩追施三元复合肥 10 千克,两次施肥量分别占整个生育期总化肥量的 20% 和 25% 左右。追肥要穴施,施入土内,然后浇水溶化肥料,同时加强通风,防止肥料挥发造成气害。

定植前浇足底水,定植后立即浇定根水,活棵后到封行前,要经常保持土壤湿润。缓苗后 5～7 天浇 1 次水,春季气温较低时,水量宜小,浇水间隔的时间长;生长盛期需水量多,要保持土壤湿润;结球生菜叶球形成后,要控制浇水,防止水分不均造成裂球和烂心;保护地栽培开始结球时,浇水既要保证植株对水分的需要,又不能过量,田间湿度不宜过大,以防病害发生。

4. 采收 长叶生菜与皱叶生菜,根据需求,适时采收。结球生菜应在花芽分化前进行,当叶球紧实,单球重 50% 以上时,即可采收。

(五)病虫害防治

1. 甜菜夜蛾、斜纹夜蛾 一年发生 5～6 代,6 月中下旬至 11 月下旬进行为害。可用 24% 美满 2 500 倍液,或 1.5% 云除 2 500 倍液,或 0.5% 海正三令或绿卡 1 500 倍液,或奥绿 1 号 1 000 倍液等防治,每隔 7～10 天喷 1 次。应在傍晚喷药,且一定要用足水量,交替用药。

2. 棉铃虫、烟青虫 在上海一年发生 4～5 代,以老熟幼虫筑土室化蛹越冬。关键是掌握在卵孵化盛期至幼虫 2 龄盛期,即幼虫钻蛀前的适期施药防治,如幼虫进入球内,施药效果较差。可选用 15% 安打 3 500 倍液,或 5% 除尽 1 500 倍液。每隔 7～10 天喷 1 次。应在傍晚喷药,且一定要用足水量、交替用药。

3. 蚜虫 春秋两季为害严重。可用 10% 吡虫啉 2 000 倍液,或 0.36% 苦参碱 500 倍液等防治,每隔 10～15 天防治 1 次,连防 2～3 次。

4. 小地老虎 春茬以钻蛀为害为主,秋茬在苗期咬断根为主。可用 2.5% 溴氰菊酯乳油或 40% 氯氰菊酯乳油 20～30 毫升喷雾，喷药适期应在 3 龄幼虫盛发前。秋季生菜以定植前用以上药剂土壤处理为主。

5. 霜霉病 发病初期，叶片上产生褪绿色斑，受叶脉限制呈不规则形，田间湿度高时叶片背面产生白色霉层。发病盛期，病斑连成片，最终使叶片枯黄而死。可用 72% 克露 800~1 000 倍液，或 52.5% 抑快净 1 500~2 000 倍液、或 64% 杀毒矾 600~800 倍液等喷雾防治，每隔 7~10 天喷 1 次，连续喷 2~3 次。

6. 灰霉病 苗期染病，叶和幼茎呈水浸状腐烂，病部着生灰色霉层。叶片染病，从地面成熟叶片开始，发病初期产生水浸状小斑，扩大后呈灰褐色不规则斑，田间湿度大时，病斑迅速扩大并蔓延至内部叶片，产生 1 层厚密的灰色霉层。用 40% 施佳乐 800~1 000 倍液，或 50% 速克灵 1 000 倍液，或 50% 农利灵 1 000 倍液等喷雾防治，每隔 7~10 天喷 1 次，连续喷 2~3 次。

7. 菌核病 病斑初为褐色水浸状。发展后呈软腐状，并在被害部位密生棉絮状白色菌丝体，后期产生黑色菌核。可用 50% 速克灵 1 000 倍液，或 40% 菌核净 1 000 倍液，或 50% 扑海因 1 000 倍液，或 70% 甲基托布津 600 倍液等喷雾防治，每隔 7~10 天喷 1 次，连续喷 2~3 次。

8. 软腐病 肉质茎染病，发病初期产生水浸状斑，扩大后病斑不规则形、深绿色，逐渐发展成褐色，并快速软化腐烂。根茎部染病，发病初期根茎基部浅褐色，扩大后病部软化腐烂，最终全株腐烂发臭。

用 77% 可杀得 800 倍液，或 72% 农用链霉素 3 000 倍液，或 30% DT 600 倍液，或 4% 春雷霉素 400 倍液等防治，每隔 7~10 天喷 1 次，连续喷 2~3 次。

十三、菠菜

菠菜又称波斯草、赤根菜，以柔嫩的叶片及叶柄为产品器官。菠菜主要根群分布在 25～30 厘米耕作层内；直根发达，红色，味甜，可食；侧根不发达，因此生产上不适合进行育苗移植。菠菜为雌雄异株（少数为雌雄同株），花单性，少数花两性，果实为胞果，内有 1 粒种子，被坚硬的革质花被包裹。花被发育有 2～4 个刺，成为有刺种子；若刺不发达，即为无刺种子。菠菜播种用"种子"实为果实。

(一) 类型与品种

菠菜可分为有刺和无刺 2 个变种。

(1) 有刺变种（尖叶型） 又称为中国菠菜。果实菱形，一般 2～3 个棱刺，果皮较厚。叶片薄而狭小，先端锐尖或钝尖，故又名尖叶菠菜。但也有叶片先端较圆的有刺菠菜品种，如广州大乌叶菠菜、成都圆叶菠菜等品种。

(2) 无刺变种 果实近圆形，无棱刺。叶片肥大，多皱褶，椭圆或不规则形，先端钝圆或稍尖，叶柄短，又称圆叶菠菜。

尖叶型品种主要有：

(1) 双城尖叶 黑龙江双城县农家品种。生长初期叶片平铺地面，以后转为半直立，生长势强。叶片大，浓绿，基部有深裂缺刻，中脉和叶柄基部呈淡紫色，产量高，品质好。抗霜霉病、病毒病及潜叶蝇的能力较强。

(2) 大叶乌 广州市郊品种，株高 40 厘米，开展度 23 厘米，叶较厚，长戟形，浓绿色，先端渐尖，叶柄粗壮、耐热力较强，早熟，质优，但易感霜霉病。当地播种期在 9～12 月份，适播期为 10 月份。

(3) 铁线梗 广州市郊品种，栽培历史悠久。株高 44 厘米，开展度 20 厘米，叶片较薄，长戟形，叶柄细长，抗霜霉病力强，品质好。当地适播期为 10～11 月份，收获期为 11 月份到翌年 2 月份。

(4) 青岛菠菜 叶簇半直立，叶卵形，先端钝尖，基部戟形,叶柄细长,叶面较光滑。抗寒力强,生长迅速,产量较高。南京等地栽培较多,宜晚秋及越冬栽培。

(5) 华菠3号 菠菜一代杂种,具有出苗快、早熟、丰产、无涩味、品质好等优点;株高30～35.5厘米,平均单株质量22.3克,抗逆性强,对霜霉病、病毒病的田间抗性较强;适宜于长江中下游及其以南地区春、秋、冬季栽培。

圆叶型品种主要有:

(1) 大圆叶 从美国引进。叶片肥大,卵圆形至广三角形,叶面多皱褶,浓绿色,品质甜嫩。春季抽薹晚,产量高,但抗霜霉病及病毒病能力弱。东北、华北、西北一带均有栽培。

(2) 法国菠菜 叶片肥大近圆形,深绿色,叶面稍皱缩。长势强,抽薹较晚,产量高。东北、西北一带栽培多。

(3) 南京大叶菠菜 南京地方品种。半塌地,叶大,呈心脏形,叶面皱缩。品质好,产量较高,耐热,适早秋栽培。

(4) 春不老菠菜 陕西省栽培较多,为当地品种与法国菠菜杂交选育而成。叶深绿,长圆形,肥大宽厚,叶面皱缩多,植株长势旺。较耐寒、抗病,抽薹晚,产量高。适应性较强,在当地春播、秋播、越冬栽培均表现良好。

(5) 广东圆叶菠菜 广东地方品种。叶片椭圆至卵圆形,先端稍尖,基部有1对浅缺刻,叶片宽而肥厚,浓绿色。耐寒力较强,耐热力强,适于夏季栽培。

(6) 绿秋 由福州市蔬菜科学研究所选育,其生长整齐,叶片宽大,叶柄短,产量高,耐热性好。株高30～35厘米,平均单株质量28～35克。适合福建地区早秋栽培。

(7) 菠杂18号 该品种植株整齐,生长旺盛,叶片大、阔箭头形或近半椭圆形,叶尖钝圆,有1～2对浅缺裂;叶片平均长21.4厘米,平均宽17.5厘米;叶柄平均长25.4厘米,平均宽1.17厘米,叶面平展,叶色绿,背面灰绿色。叶厚、稚嫩、风味好,肉质根粉红色,种子圆形。

(8) 美好 F_1 荷兰品种，叶宽大肥厚，色深绿平滑有光，根赤红褐色，抗热性强，植株直立。

(9) 超越 F_1 丹麦品种，生长快，叶片直立宽大肥厚，叶深绿色有光，根赤红色，抗逆性强，耐抽薹，高产。

(10) 王子 F_1 荷兰引进，叶特直立宽大，耐捆扎，叶深绿色有光，根赤红色，生长快，耐寒，耐抽薹。

(二) 菠菜的栽培季节

(1) 春菠菜 早春播种，春末收获的菠菜。播种时以当地平均气温达 4~5℃为宜，北方地区当土壤表层 4~6 厘米解冻后便可开始播种。东北等高纬度地区 4~5 月份播种，5~6 月份收获；华北及华中地区 2~3 月份播种，4~5 月份收获。长江流域 2~4 月份播种，但以 3 月中旬为播种适期，播后 30~50 天即可采收。

(2) 夏菠菜 春末播种，夏季收获的菠菜，又称"伏菠菜"。一般 5~6 月份播种，7~8 月份收获。高温、强光照是该菠菜种子发芽、出苗和植株生长的限制因素，易造成产量低，品质差，但该茬菠菜是全年叶片生长期最短的一茬。

(3) 秋菠菜 夏季或早秋播种，秋季收获的菠菜。秋菠菜播种后温度正处于日平均气温 20℃左右的时期，因此秋菠菜为全年各茬次中产量最高、品质最好的一茬。东北、内蒙古、新疆等地 7 月下旬至 8 月上旬播种，9 月下旬至 10 月中旬收获；华北地区 8 月份播种，9 月中旬至 10 月下旬收获；长江流域在 8 月下旬至 9 月上旬播种，播种后 30~40 天分批采收。

(4) 越冬菠菜 秋季播种，以幼苗越冬，翌年春季收获的菠菜，又称根茬菠菜、冻菠菜、白露菠菜。一般当地日平均气温 17~19℃时为播种适期，长江流域选用晚熟和不易抽薹的品种 10 月下旬至 11 月上旬播种，翌年春天收获；华北地区 9 月中下旬播种，3 月下旬至 4 月下旬收获。

(5) 埋头菠菜　埋头菠菜一般在北方地区种植。以萌动种子在露地越冬、次春发芽生长的一茬菠菜，又称寄籽菠菜、土里捂菠菜、抱蛋菠菜。其主要上市期在越冬菠菜采收之后与春菠菜采收之前。播种期应选择播种后不久土壤即封冻，一般当日平均气温下降至3～4℃时播种较宜。北方11～12月份播种，4月下旬至5月底收获。

（三）秋菠菜的盆栽技术

1. 品种选择　秋菠菜播种后，前期气温高，后期气温逐渐降低，光照比较充足，适合菠菜生长，日照逐渐缩短，不易抽薹，在品种选择上不是很严格。但早秋菠菜宜选用较耐热抗病、不易抽薹、生长快的早熟品种，如华菠1号、联合1号、上海早叶、春秋大叶等。

2. 播种　盆栽时，选直径40～50厘米的塑料盆或水槽，基质用疏松、肥沃的园土，加腐熟的有机肥每盆2～3千克，过磷酸钙25～30克，充分拌匀。一般直条播，亦可以撒播。在9～10月干播，亦可催芽湿播，即将种子装入麻袋内，于傍晚浸入冷水中，次晨取出，摊开放于屋内或防空洞阴凉处，上盖湿麻袋，每天早晚浇清凉水1次，保持种子湿润，7～9天种子即可发芽，然后播种。也可采用放在4℃左右低温的冰箱处理24小时，然后在20～25℃的条件下催芽，经3～5天出芽后播种。

播前先浇底水，然后播种，播后轻梳耙表土，使种子落入土缝中，再浇泼一层腐熟饼肥水或覆盖2厘米厚细土，上盖遮阳网，苗出土时及时揭去遮阳网。幼苗1～2片叶时间拔过密小苗，结合间苗拔除杂草。

3. 管理技术　早秋正值高温强光，要适当遮阴，勤浇水、少浇水、浇清凉水，随着幼苗的长大，减少浇水次数，以保证土壤的湿润。到幼苗长有4～5片叶时，进入旺盛生长期，需水量大，据土壤墒情及时浇水，一般在收获前浇水3～4次。

追肥应早施、轻施、勤施、土面干燥时施,先淡施后浓施。阵雨、暴雨天,或高温高湿的南风天不宜施。前期高温干燥,长出真叶后宜浇泼 0.3% 的尿素水,天气较凉爽时,傍晚浇泼一次,以后随着植株生长与气温降低,逐步加大追肥浓度。但采收前 15 天应停肥,生长盛期应分期追施速效性化肥 3~4 次,每亩追尿素 10~15 千克。

4. 采收 一般播后 35~40 天,苗高 10 厘米,有 8~9 片叶时,开始分批间拔大苗,陆续上市,先将密的即将抽薹的菠菜采收上市。第 1 次采收后追肥 1 次,第 2 次净园,采收时应去枯黄叶,用清水洗净。

(四) 菠菜的越冬栽培

1. 品种选择 越冬菠菜栽培应选用冬性强、耐寒性强、品质好、生长快、增产潜力大的品种,如诸城刺籽菠菜、青岛菠菜、日本猪耳菠菜等。

2. 播种 菠菜越冬以 4~5 片真叶为宜。华北地区以 9 月下旬至 10 月上旬播种为宜,其他地区可根据纬度不同作适当调整。

菠菜种子发芽慢、为缩短出苗期。可在播种前 1 天用 20℃ 温水浸种 12 小时,然后将种子捞出稍晾后播种。若播种较晚,可在播前 4~5 天将种子放在冷水中浸泡 12~24 小时,取出堆入室内,厚约 15 厘米,上盖麻袋保温,每天翻动 1 次,使堆内温度、湿度均匀,温度保持在 20℃ 左右,经 3~4 天,待 60% 以上种子露出胚根时即可播种。包衣种子不需浸种催芽。

冬菠菜播种方式有撒播和条播两种。条播时,必须底墒足;撒播时,撒种要均匀,然后覆土 2 厘米左右。一般每亩用种量 4~5 千克。干播即先播种、镇压,然后浇水;湿播即播前浇水,水下渗后再播种,播后覆土,催芽的种子必须湿播。

播种后如土壤干燥,可浇 1 次小水.待墒情适宜时浅耕畦面,疏松表土,以利出苗。出苗后 1~2 片真时,保持土壤湿润;

3~4片真叶时，可适当控水，促根系发育，以利越冬。若幼苗偏密，2~3片真叶时可间苗1次，苗距3~5厘米。若有蚜虫为害，应喷药防治。

3. 田间管理 从菠菜停止生长到翌年春天返青前为越冬期。为预防冷、旱伤害，在封冻后，可覆盖马粪或圈肥，保护幼苗越冬。在返青前，选晴暖天气，待霜冻融化后泼施鲜尿，每亩施1 000~2 000千克，施肥在下午3点至4点进行。

翌年3月上旬，菠菜开始返青生长。因此时气温尚低，若墒情好，可暂不浇水，要浅锄保墒；若墒情不好，气温回升又快，可浇1次水，水量宜小不宜大。但盐碱地可适当浇水压盐。风障畦和沙壤土温度回升快，应适当早浇。

菠菜开始旺盛生长后，肥水需求量增加迅速。此时要保持土壤湿润，不可干旱，应抓紧追肥浇水，促营养生长，延迟抽薹期。一般每亩追尿素15~20千克。施肥后浇水，肥水充足，菠菜生长快，10~15天即可收获。

4. 收获 当菠菜长到30~40厘米高时（40天左右）要及时收获。

（五）菠菜种子发芽困难问题

1. 菠菜种子发芽困难的原因 菠菜种子是胞果，外面的果皮较硬较厚，果皮内层木栓化的厚壁细胞发达，水分、空气不易透入，而且种子内含有发芽抑制物质，并且菠菜种子具有明显的休眠特性，尤其是夏、秋季温度、水分等外界环境不适的情况下发芽更困难。因此，生产上需进行处理来提高菠菜种子的发芽率。

2. 菠菜促进种子发芽的技术 低温处理。菠菜是属于较耐寒性蔬菜，在夏、秋季栽培因正值高温天气其发芽缓慢。而且发芽率低，生长不良。因此，秋季栽培菠菜播种可进行低温处理，提高发芽率。具体方法：用冷水浸种12~24小时，待果皮发黑时捞出,滤去多余水分,放在地窖中催芽,也可将浸种后的种子吊在水井的水面上催芽,3~5 天出芽后播种。

过氧化氢溶液处理。过氧化氢浸种能有效去除菠菜种子表皮的胶质层,提高发芽率,使菠菜播种后出苗快且整齐。用过氧化氢溶液浸种处理前,选择晴天将菠菜种子在太阳下晒 4~6 小时,并剔除杂物和不饱满的种子;用百菌清水溶液对已经浸种催芽处理的种子进行灭菌处理;之后,将过氧化氢溶液配制成 20%~25%的水溶液。将配制好的过氧化氢水溶液盛于容器中,浸入种子时应边倒边用木棒搅拌,使种子都能均匀吸水。当气温低于 20℃时,浸种时间需 100~120 分钟;气温在 20~30℃时,浸种时间需 60~90 分钟;气温高于 30℃时,浸种时间 30~50 分钟即可。催芽浸种后将种子从过氧化氢水溶液中捞出,随即用清水冲洗 3~4 次(边冲边滤水),滤水后盛于容器中用湿毛巾覆盖催芽。若种子成熟适度且饱满,一般 5~6 天就有 85%以上的种子发芽,播种后 2~3 天即可齐苗,比常规播种提前 6~8 天出苗。

剥壳催芽技术。剥壳:采用镊子和刀片,垫块小木板,逐粒剥切种子果皮,要一边剥一边切,完好取出果皮内的种子。剥好种子可催芽或直接播种。

剥壳发芽太麻烦,浙江台州菜农用二个带齿的小木砻,将种子放在中央研磨,除去种壳再种,促进发芽效果很好。

(六)菠菜如何施肥

1. 菠菜需肥特性 菠菜为速生蔬菜,产品生长期短,生长速度快,产量高,需肥量大,要求有较多的氮肥促进叶丛生长。每 1 000 千克菠菜需要吸收氮(纯氮)2.48 千克、磷(五氧化二磷)0.86 千克、钾(氧化钾)5.29 千克。但由于菠菜根群小且分布于浅土层中,在施基肥的基础上,要追施充足的速效性肥料,一般以氮肥为主,兼施磷、钾肥。营养生长时期肥水不足时,菠菜植株营养器官不发达,易早抽薹,从而影响产量。菠菜生殖生长时期增施磷、钾肥有利于种子充实。

2. 菠菜施肥量　菠菜的施肥技术因栽培季节不同而略有不同，但都需要施足基肥，适时追肥（表3-3、表3-4）。

表3-3　菠菜推荐施肥量（千克/亩）

土壤肥力等级	目标产量	推荐施肥量		
		纯氮	五氧化二磷	氧化钾
低肥力	1 500～2 000	9～12	4～5	6～8
中肥力	2 000～2 500	8～11	3～4	5～7
高肥力	2 500～3 000	7～10	3～4	4～6

表3-4　菠菜基肥推荐量（千克/亩）

项目	肥料	土壤肥力等级/产量水平		
		低肥力/ 1 500～2 000	中肥力/ 2 000～2 500	高肥力/ 2 500～3 000
有机肥	农家肥	2 500～3 000	2 000～2 500	1 500～2 000
	商品有机肥	250～300	200～250	150～200
氮肥	尿素	3～4	3～4	2～3
	硫酸铵	7～9	7～9	5～7
	碳酸氢铵	8～11	8～11	5～8
磷肥	磷酸二铵	9～11	7～9	7～9
钾肥	硫酸钾（50%）	6～8	5～7	4～6
	氯化钾（60%）	5～7	4～6	3～5

菠菜生育期每亩施农家肥2 000～2 500千克（或商品有机肥200～250千克）、氮肥（纯氮）8～11千克、磷肥（五氧化二磷）3～4千克、钾肥（氧化钾）5～7千克。基肥每亩施农家肥2 000～2 500千克（或商品有机肥200～250千克）、尿素3～4千克、磷酸二铵7～9千克或过磷酸钙20千克、硫酸钾5～7千克。在生长旺盛期追肥，每亩施尿素13～16千克、硫酸钾6～8千克。

3. 菠菜周年施肥技术

（1）春菠菜　北方地区春菠菜整地施肥均在上年秋封冻前进

行,早春土壤化冻7~10厘米深即可进行播种,南方地区播种前7~15天进行整地施肥。每亩撒施有机肥4 000~5 000千克,深翻20~25厘米,耙平做畦。每亩随水追施硫酸铵15~20千克。

(2) 夏菠菜　菠菜不耐高温,夏季栽培难度较大、宜选择中性黏质土壤,有机肥和化肥混合撒施做基肥,每亩施有机肥3 000~4 000千克、硫酸铵20~25千克、过磷酸钙30~35千克、硫酸钾10~15千克,翻地20~25厘米深,耙平做畦。单株产量形成期,每亩随水施硫酸铵10~15千克,或叶面喷施0.3%尿素溶液。

(3) 秋菠菜　播种期处于高温多雨季节,整地宜做高畦。每亩施有机肥4 000~5 000千克、过磷酸钙25~30千克,翻地20~25厘米深。幼苗前期根外追肥1次,喷施0.3%尿素或液体肥料;幼苗长有4~5片叶时,每亩随水追施硫酸铵20~25千克或尿素10~12千克,共1~2次,以促进叶片迅速生长。

(4) 越冬菠菜　该茬菠菜从秋天播种到翌年春天收,生长期长达半年之久。除选择土层深厚、土质肥沃、腐殖质含量高、保肥保水性能好的土壤外,有机肥的施肥量要多于其他茬次,每亩撒施有机肥5 000千克和过磷酸钙25~30千克为宜,深翻20~25厘米,使土粪肥均匀混合,疏松土壤还可促进幼苗出土和根系发育。南方适宜高畦,北方适宜平畦。

越冬菠菜生长期长达150~210天,生长期有停止生长过程,追肥管理也分冬前、越冬和早春3个阶段。冬前若苗过密,到2~3片真叶时需疏苗,疏苗后结合浇水追1次肥,随水每亩施硫酸铵10~15千克;越冬前浇好"防冻水",每亩随水施腐熟粪尿1 000~1 500千克;早春当菠菜叶片发绿、心叶开始生长时浇返青水,一般在收获前浇水3~4次,追肥2次,每亩追施硫酸铵15~20千克。

(七) 菠菜的病虫害防治

1. 猝倒病　是菠菜苗期的主要病害,主要发生在子叶展开后,幼苗茎基部呈浅褐色水渍状,之后发生基腐,幼苗尚未凋萎已猝倒。湿度大时病部长出一层白色棉絮状菌丝,低温、湿度大时扩展迅速。

可用58%甲霜锰锌可湿性粉剂800倍液,或72.2%普力克水剂400倍液喷雾防治。

2. 心腐病 主要为害菠菜的茎基部,叶、茎、根均可受害,种子带菌的菠菜发芽后未出土就染病,出土幼苗有的心叶腐烂,有的茎基变褐、缢缩,引起猝倒,造成缺苗。发病初期用36%甲基硫菌灵悬浮剂500倍液,或72.2%普力克水剂400倍液喷雾防治。

3. 霜霉病 主要为害菠菜叶片,病斑开始呈淡黄色小点,边缘不明显,扩大后呈不规则形,大小不一,直径3~17毫米。叶背病斑上逐渐产生灰白色霉层,后期变灰紫色,叶片正面呈现黄斑。发病初期用50%甲霜锰锌可湿性粉剂500倍液,或75%杜邦克露可湿性粉剂800倍,隔7~10天1次,连续防治2~3次。

4. 炭疽病 主要为害叶片及茎部,叶片染病,初生淡黄色污点,后污点逐渐扩大成具轮纹的灰褐色、圆形或椭圆形病斑,中央有小黑点。发生于茎部,病斑棱形或纺锤形,其上密生黑色轮纹状排列的小霉点。开始发病时,可选用6.5%甲霜灵油粉尘剂100克/亩喷粉。露地于发病初期,喷50%多菌灵可湿性粉剂700倍液,或50%甲基托布津可湿性粉剂500倍液交替使用,隔7~10天1次,连续防治3~4次。

5. 病毒病 病毒病主要由蚜虫及汁液传播。发病后菠菜嫩叶呈现浓淡绿色相间的斑驳、花叶、叶片平展而不皱缩;有的病株整株叶片基部向外褪绿,但叶尖仍为正常绿色;有的表现为叶脉黄化,稍透明,脉间仍为正常绿色,叶片皱缩;有的病株叶片变窄、畸形、重者蕨叶状;还有的病株心叶皱缩成一团,植株矮化。发病初期喷洒1.5%植病灵乳剂1 000倍液,或20%病毒A可湿性粉剂500倍液进行防治,每10天左右喷1次,连喷2~3次。

6. 菠菜小菜蛾 初龄幼虫仅能取食叶肉，留下表皮在菜叶上形成一个透明的斑，3~4龄幼虫可将菜叶食成孔洞，严重时全叶被吃成网状。小菜蛾有趋光性，有成虫发生期，每公顷设置3盏黑光灯，可诱杀大量小菜蛾，减少虫源。亦可采用细菌杀虫剂，如Bt乳剂（1亿孢子）对水500~1 000倍喷施，可使小菜蛾大量感病死亡。小菜蛾2龄以前用2.5%溴氰菊酯乳油3 000倍液，或10%乐斯本乳油1 000倍液，或0.12%天力Ⅱ号（灭虫丁）可湿性粉剂1 000倍喷雾，以上药剂交替使用。

7. 蚜虫 菠菜上的蚜虫主要有桃蚜、萝卜蚜两种，可用50%抗蚜威可湿性粉剂或水分散粒剂2 000~3 000倍液喷雾防治，该药对菜蚜有特效，且不伤害天敌；也可用3%啶虫脒乳油3 000倍液喷雾防治。

8. 菠菜潜叶蝇 在幼虫孵化初期、未钻入叶片内的关键时期用药，否则效果较差，可用10%灭蝇胺水剂2 000倍液，或5%氟虫脲乳油1 000倍液喷施防治。

9. 甜菜夜蛾 多发生在秋茬菠菜上，以幼虫为害。初孵幼虫吐丝结网，群集于叶背面为害；梢大后逐渐分散，将叶片吃成小孔；4龄后食量剧增，可吃光叶片或仅留叶脉。由于甜菜夜蛾昼伏夜出，防治时间应选在上午9点前或下午5点后，同时要集中在3龄前进行杀灭。在幼虫3龄前可选用24%美满（甲氧虫酰肼）悬浮剂2 000倍液，或10%虫螨腈悬浮剂1 500倍，施药间隔期10天。

十四、芫荽

芫荽别名香菜、香荽、胡香。芫荽具有特殊的味道，是重要的香辛菜之一。芫荽的主根较粗大，根出叶丛生，1~3回羽状全裂单叶，叶柄绿色或淡紫色；复伞形花序，花白色，子房下位；双悬果，内有2粒种子，千粒重2~3克。芫荽不仅钙铁含量较高，而且胡萝卜素含量在蔬菜中居首位。

（一）品种

芫荽有大叶品种与小叶品种 2 种类型。

1. 山东大叶 山东地方品种，株高 45 厘米，叶大，色浓，叶柄紫，纤维少，香味浓，品质好，但耐热性较差。

2. 北京芫荽 北京市郊地方品种，栽培历史悠久，嫩株高 30 厘米左右，开展度 35 厘米，叶片绿色，遇低温绿色变深或有紫晕，叶柄细长，浅绿色，较耐寒，耐旱。产量高，全年均可栽培。

3. 原阳秋香菜 河北原阳县地方品种，植株高大，嫩株高 42 厘米，开展度 30 厘米以上，单株重 28 克，质地柔嫩，香味浓，品质好，抗病，抗热，抗旱，喜肥。产量较低。

4. 青梗香菜 长沙市郊地方品种，嫩株高 22.1 厘米左右，开展度 25.5 厘米，二回羽状全裂复叶，小叶绿色，叶缘齿状，叶柄细长，浅绿色，全株叶数 15～17 片，耐寒，不耐热，遇霜叶片绿色变深或有紫晕，叶柄转为淡紫色，香味浓郁，病虫害少，产量较高，春、秋均可栽培。

5. 紫梗香菜 又名紫花香菜，植株矮小，塌地生长，株高 7 厘米，开展度 14 厘米，早熟，播种后 30 天左右即可食用，耐寒，抗旱力强，病虫害少。产量低。

（二）阳台冬季栽培

芫荽喜冷凉，耐寒性较强，能耐 -1～-12℃ 的低温，生长适温为 15～18℃，超过 20℃ 生长缓慢，30℃ 以上停止生长。芫荽属长日照作物，光照 12 小时以上时能促进抽薹开花。生长时对土壤不甚严格，但以疏松通气、保水性强、有机质含量高的壤土为宜。

芫荽的适应性较强，营养生长期既可渡过酷暑，也能在简易覆盖条件下度过严寒,中国南方地区可成株露地越冬,北方可长时间储藏。芫荽设施保护地内可周年生产供应,但露地条件下要以春、秋两季为主要栽培季节。长江流域周年可陆续播种,陆续采收。华北地区春茬在3～4月份播种,5～6月份收获;秋茬栽培在9～10月份播种,翌年3月下旬至5月份分期收获,其他地区可参考以上播种季节,并做适当调整。

1. 播种季节 江浙地区11月下旬播种。翌年1月中旬至2月份采收。

2. 选择品种 冬季宜选耐寒、香味浓、纤维少、缺刻深的小叶品种,如金鱼香菜等,或大叶品种如北京芫荽、莱阳芫荽、山东大叶等。

3. 播种 选直径30～50厘米的塑料盆,基质用园土加堆厩肥,芫荽果实坚硬,发芽缓慢,播种前可浸种催芽,也可干籽播种。浸种催芽前,用手把种子搓开,用55℃温水浸种3～4小时,常温下再浸泡24小时后,放在20～25℃条件下催芽,8～10天可出芽。

播种可条播或撒播。条播时,可按20厘米左右划深3～4厘米的沟,然后播种,播后填平沟,压实,浇足水。撒播可先平床再浇水,覆土1厘米左右,耙平。播种后覆盖地膜,保温保湿。

4. 管理

(1) 温湿度管理 出苗后,及时揭去覆盖物。冬季由于气温低,可放在阳台保温促长,2叶1心时开始放风,1月份气温降低时要关严窗户保温,苗高3～4厘米时,室内湿度过大时,中午要开缝放风,降温排湿,防止黄叶、烂苗。收获前10天左右,昼夜大通风,以提高芫荽产量和品质。

(2) 水肥管理 12月底气温较低时为了促苗冬前健壮以增强抗寒能力,要及时浇封冻水,并结合苗期浇水每盆追施硫酸铵10克。苗高7～8厘米再追水肥1次,促发棵。

(3) 病虫害防治 苗期软腐病较易发生,发病初期用1 000

倍 25％绿乳铜或 500 倍 6％百菌清可湿性粉剂喷雾，每隔 7 天喷 1 次，连喷 3～4 次，同时应注意适时间苗。防治病毒病，可采用防虫网防止传毒的蚜虫飞入，蚜虫发生时用 20％吡虫啉可湿性粉剂 20 克加水 50 千克叶面喷施，以彻底防治蚜虫、预防病毒病的发生。

5. 采收 冬季栽培一般在春节前后采收，视家庭需要可采取一次性或分批采收。先采大的，留小苗继续生长，每次采收后追水肥 1 次。

（三）芫荽的无公害栽培

1. 品种选择 春秋栽培可选用大叶品种，植株高，叶片大，缺刻少而浅，产量较高，如北京香菜、山东大叶。冬季栽培可选用小叶品种，植株较矮，叶片小，缺刻深，香味浓，耐寒，适应性强，但产量稍低；夏季栽培选择宜耐热品质好的品种，如四季香芫荽。

2. 田块选择 要在 3 年内未种过芫荽、芹菜的田块上种植，以防发生株腐病（又称死苗或死秧）等土传病害，减少农药的使用。结合整地每亩施腐熟圈肥 1 500～2 000 千克、过磷酸钙25～30 千克。施肥后翻耙 2～3 遍，做成宽 1～1.5 米，长 8～10 米的畦，畦面整平踩实。

3. 种子处理 芫荽是用果实播种，因果皮中有油腺，种子吸水慢，透气性差，未经处理的芫荽种子在夏季生产中难以出苗，需浸种催芽。处理前先把果实搓开，浸种 20 小时，捞出晾干。将种子用湿纱布包好，放在塑料袋中，稍加封闭，然后放在 10℃环境中，处理 4 天后，再放在 20～25℃条件下催芽，在催芽过程中，每天将种子取出用 10～20℃温水淘洗 1 次。秋冬种子可直接用温水浸种 24 小时，置于在 20～25℃条件下催芽。

4. 播种 芫荽春、秋季均可播种，但以日照较短，气温较低的秋季栽培产量高，品质好，秋播一般在 8 月下旬至 11 月份播种，每亩用种量 1.5～2.0 千克。春播易抽薹，夏季栽培需具备遮阳设施。条播或撒播。播前畦内浇透水，水渗后撒 1 厘米厚过筛细土，将催芽种子混 2～3 倍沙子或过筛炉灰均匀撒在畦上，在播种后盖 5～8 毫米厚的细沙。播后出苗前可用 48% 氟乐灵（茄科宁）乳油 50 克/亩，对水 50 千克，均匀喷于畦面，并用 40%～45% 浓度的腐熟粪水浇盖，并保持畦面湿润。7～8 天后幼苗出土，幼苗初期生长缓慢，维持土壤湿润，防止土壤板结，以利发芽。

5. 田间管理

（1）肥水管理　播种后连浇 2～3 次小水，出苗后控制浇水蹲苗，结合除草进行间苗，苗距 2～3 厘米。当幼苗叶色变绿，结合浇水每亩追施尿素 15 千克或 1 份沼液对 20 倍水，隔 1 水追 1 次肥，连追肥 2～3 次，保持地表见干见湿。

（2）病虫害防治　无公害芫荽栽培主要体现在病虫害的防治措施上，以综合防治为原则。早疫、晚疫病用杀毒矾、绿乳铜、苯荫灵等防治；菌核病、灰霉病用农利灵、菌核净等防治。病毒病用菌毒清、植病灵等防治；根腐病用铜大师、菜菌克等防治。蚜虫、白粉虱、斑潜蝇用吡虫啉、阿维虫清等防治。

（3）采收　当苗高 30 厘米以上时可陆续收获上市，可采取一次性或分批采收。先采大的，留小苗继续生长，每次采收后追水、肥各 1 次。

十五、落葵

落葵别名木耳菜、软姜子、软浆叶、藤菜、胭脂菜、豆腐菜。落葵根系发达，具缠绕性的肉质茎，分枝性强，绿色或淡紫色。单叶互生，叶近圆形或卵圆形，老熟后紫红色，内含种子 1 粒，种皮紫黑色，千粒重 25 克左右。

（一）品种

落葵分为青梗落葵和红梗落葵 2 种。生产上常用品种有：

1. 重庆落葵 植株缠绕蔓生，蔓长 3～4 米；茎圆，肉质绿色；叶互生，阔卵圆形，先端稍尖，较小，长 16 厘米，宽 14 厘米，叶柄长 3 厘米，叶肉厚，绿色或深绿色，有光泽，全缘。茎叶柔嫩，品质好。耐热，耐湿，耐瘠薄。

2. 广叶落葵 为红花落葵的一种，也称大叶落葵，如广州藤菜、贵阳大叶落葵、江口大叶落葵及从中选出的江口大叶76～13 品系等，均属此类型。其茎叶绿色，叶形宽大，叶肉肥厚，产品质地柔滑，营养丰富，品质优良。耐高温多雨，病虫害少，采收期长，产量也高。

3. 日本落葵 也称日本紫梗落葵。茎粗，呈三棱形，紫色，无缠绕性，叶片绿色或紫色，卵圆形互生，花为白色或红紫色。

4. 大叶落葵 植株高大，茎蔓长 2 米以上，粗 3～5 厘米，横断面呈三角形或扁圆形，棱较明显，茎蔓绿色；叶片深绿色，全缘，心脏形，较阔大，叶长 19.5 厘米，宽 16.5 厘米，叶柄长约 3.5 厘米，叶厚，平均叶重 19.2 克。耐热性强、耐旱、耐瘠薄土壤，病虫害少，收获季节长。

（二）庭院露地栽培

落葵喜温暖，耐高温、高湿。种子在 15℃ 以上开始发芽，最适发芽温度为 28℃。生育适温 25～30℃，15℃ 以下生长不良，在夏季高温、多雨季节生长良好，不耐寒，遇霜枯死。属短日照作物，喜光又耐弱光。适于肥沃疏松 pH 为 4.7～7 的沙壤土。

南方地区落葵春、夏、秋 3 季均可露地栽培，北方地区露地一般以春播夏收为主，其他栽培季节需在设施内进行生产。

1. 整地施肥 选择排灌方便、土层深厚、疏松肥沃的沙壤土，播前每亩施入有机肥4 000～4 500千克、过磷酸钙17～20千克，耕翻入土，耙细整平，做畦，畦宽1～1.2米，行距为30～35厘米。在春季播种时，为了提高地温，还可在播前1周覆膜烤地。

2. 播种育苗 由于落葵的种壳厚而坚硬，播种前应先浸种催芽。可用50℃水搅拌浸种30分钟，然后在28～30℃的温水里浸泡4～6小时，搓洗干净后在30℃条件下保湿催芽，当种子露白时，即可播种，亩用种量5～6千克。

落葵一般在气温15℃以上时就可播种。可采用条播或撒播，如用条播，可先在畦内开沟，沟深2～3厘米，沟宽10～15厘米，沟距20厘米，按沟条播，播后，将畦搂平，稍作镇压后，按畦浇水，以水能洇湿畦面为度。如果撒播，可先按畦浇足底水，在水渗下后再撒0.5厘米厚的细土，随后播种，播种后再覆盖1.5～2厘米厚的细土，然后覆盖塑料膜保温保湿，一般经3～5天即可出苗。

出苗后，要及时松土和间苗（间下来的幼苗可以移栽，也可食用），干旱时适量浇水，至4叶期，即可定苗或定植，穴行距15～20厘米，每穴栽2～3株。落葵也可直接用种子条播，行距20厘米，在4叶期定苗。

3. 田间管理

（1）肥水管理 定植缓苗后，应追肥浇水，随水每亩施用尿素10千克、复合肥5千克。下雨后要及时排水，夏季热雨过后应及时浇灌井水，菜畦内要始终保持土壤湿润。落葵生长速度快，又是多次采收的蔬菜，一般每7天浇水1次；采收前2周追1次肥，以后则每采收1次追1次肥水，同时还要及时清除杂草。对于蔓生攀缘品种，在缓苗后即可浇水插架，引蔓上架，对于不留种的落葵植株，应及时摘掉花茎，以促进茎叶生长，提高产量。

（2）植株调整 落葵的植株调整与科学采收应根据种植方式

和目的不同而有所不同。

①**直播无架型** 无论撒播、点播或条播，当幼苗长到10～15厘米时即可间苗，既可供应市场，又可达到间苗、定苗的目的。以采收幼苗为目的的，应先拔大苗留小苗，并采后及时浇施速效肥，促其肥壮，分次采收直到收完。以采收嫩梢为主者，应间拔小苗与弱苗，留健壮苗。

间苗、定苗，一般可进行2～3次完成，即先进行2～3次幼苗采收。定苗后可继续进行无架栽培，采摘肥壮嫩梢供食。在苗高30厘米左右时，留基部3～4片叶，收割嫩头，留2个强壮侧芽成梢，之后每隔7～10天摘收1次；在生长旺盛期可选留5～8个强壮侧芽成梢；中后期时应尽早抹去花茎幼蕾；到了收割末期，植株生长势逐渐减弱，可进行整枝，留1～2个强壮侧芽成梢。采收时一般用刀割或用剪刀剪，以梢长10～15厘米为宜，不仅有利于梢肥茎壮，而且收获期间隔短，收获次数多，产量高，质量好，经济效益好。

②**移栽搭架型** 在苗高30厘米左右时，用小竹竿等搭直立棚栏架或网形架，架高1米左右，及时引蔓上架。要注意选留主干蔓。一般除主蔓外再于基部留2条健壮侧蔓，组成主干蔓，主干蔓上不再保留侧芽成蔓，当主干蔓长至架顶时摘心。

摘心后，再从主干蔓基部各选留一强壮侧芽成蔓，使之成为新的主干蔓，以代替原来的骨干蔓。原骨干蔓的叶片采收完毕后，从紧贴新骨干蔓处剪掉下架。在收获末期，可根据植株生长势状况，适当减少骨干蔓数，同时也要尽早抹去花茎幼蕾。采收间隔期，一般在生长前期每15～20天采收1次，中期10～15天采收1次，后期10～17天采收1次，这样植株单叶数虽较少，但叶片肥厚柔嫩，品质好重量大，总产量和总产值均较高。

（三）阳台保温栽培

1. 播种育苗 阳台播种期在9月上旬至10月中旬，用40～

50厘米的塑料盆，基质用园土加有机肥，每盆拌入10~20克复合肥。

落葵种皮坚硬，必须将种子放在35℃温水中浸24小时后放在30℃恒温箱内催芽，一般4天后部分种子露白即可播种。播种前浇足底水，播种后覆盖细土，早期或迟播的用地膜覆盖以利出苗，出苗后及时揭地膜，浇1次淡肥水。

2. 管理

肥水管理：落葵出苗后应及时浇水，保持土壤湿润。落葵生长期长，每次采收后要及时追肥，用0.3%的尿素溶液作追肥。掌握前轻、中多、后重的原则。

温度管理：落葵性喜温暖，湿润气候，在高温多雨季节生长旺盛。从10月中旬至翌年4月份，室内温度最好能保持在25~35℃，以利尽快出苗，幼苗出土以后，可适当降低室温。白天保持在20~30℃，超出35℃应及时通风透气。夜间宜在15~20℃，不能低于13℃。在冬末春初低温阶段，一定要关好门窗，注意保温增温，不使温度过低，以免生长缓慢，影响产量。

整枝：以采嫩叶为目的的，要支架栽培。当苗高30厘米时，即可搭架或吊蔓，及时引蔓上架。整枝方法是选留若干骨干蔓，一般除主蔓外，再在基部留两条健壮侧蔓，组成骨干蔓。骨干蔓上不再留侧蔓，骨干蔓长至架顶时要摘心。摘心后，再从各骨干蔓基部留一强壮侧芽，逐渐代替原来的骨干蔓，骨干蔓在叶片采完后应及时剪去。在采收期内依植株生长势强弱，应适当减少骨干蔓的数量和抹去花蕾。用这样的整枝方法所产的叶片肥厚柔嫩，品质较好，产量较高。但整枝及采收均较费工。以采肥厚嫩梢为目的的，在苗高30厘米时，留基部3~4片叶。收割嫩梢以后，选留两个强壮嫩芽，其余侧芽抹去。在生长旺盛时可选留3~5个强壮的侧芽或梢，到中后期要及时抹去花茎幼蕾。到后期生长渐渐衰弱，可重新整枝，再留1~2个强壮侧芽或梢。

3. 采收 采收幼苗，待苗长到5~6叶时间拔，分批采收。

采收嫩梢，在苗高 23~26 厘米时，摘取嫩梢，基部留 3~4 片叶，每次收获后再选留 2~4 个健壮侧芽成梢。

（四）落葵无公害栽培

1. 育苗　常用品种有大叶落葵、绿木耳菜及四川大叶等。露地栽培在 3 月下旬至 9 月份均可陆续播种，但以春播为主，4 月份和 8 月份播种的产量高、品质好。播后 40 天可间拔幼苗上市。采摘嫩叶者可陆续采收至深秋。采收幼苗为主的，多直播、撒播。采收嫩叶、嫩梢为主的，可穴播、条播，还可扦插繁殖。

育苗移栽多采用撒播，苗床宜选择排灌方便、高燥向阳、肥沃的沙壤土。每亩施圈肥 3 000 千克，加适量氮、磷、钾复合肥，翻耕耙细，浇水找平。催芽播种。春播宜浸种催芽后播种，种子先用 45℃ 热水搅拌浸泡 30 分钟，再在 25~30℃ 下浸种 5 小时，然后催芽播种。播后覆土 1.5~2 厘米厚，再盖塑料薄膜。出苗后及时松土，干旱时适量浇水，幼苗 2 片真叶时疏苗。早春、晚秋用中小棚覆盖栽培的，出苗前一般不通风。出苗后，保护床土湿润，白天保持 20℃ 以上，夜间不低于 15℃。幼苗长到 3 片真叶，高 8~10 厘米时即可定植。

2. 定植　春播定植期以 5 厘米地温稳定通过 15℃ 为宜。一般搭架栽培，行株距 50 厘米×30 厘米。不搭架栽培的，行株距 17~20 厘米。

3. 田间管理

（1）植株调整　采收叶片的，当蔓生长至 30~33 厘米时应及时搭篱壁架或人字架，引蔓上架。尽早抹去花枝。缓苗后及时中耕，上架前进行最后 1 次中耕，并适当培土。采收嫩叶，除主蔓外，在其基部选留 2 条健壮侧蔓，组成骨干蔓，骨干蔓上不留侧蔓。骨干蔓长至架顶时摘心，然后在各骨干蔓基部选留 1 条侧蔓逐步替代原来骨干蔓。原骨干蔓叶片采完后剪掉下架。前期 15~20 天、中期 10~15 天、后期 5~7 天采收 1 次。

(2) 肥水管理 生长期间勤浇水、肥。一般在缓苗后或定苗后，每亩追施硫酸铵 25 千克、复合肥 15 千克。以后每采摘 1 次追 1 次肥，每次追肥以腐熟人粪尿最好，也可追施尿素、复合肥，整个采收期不可缺肥。

4. 采收 采收幼苗，在播后 40 天，苗长到 5～6 叶时间拔，分批采收。采收嫩梢，在苗高 23～26 厘米时，摘取嫩梢，基部留 3～4 片叶，每次收获后再选留 2～4 个健壮侧芽或梢，7～10 天采收 1 次。

（五）病虫害防治

1. 落葵紫斑病 又称红眼病，主要危害叶片，病斑为近圆形紫斑，被害叶初有紫红色水渍状小圆点，凹陷，直径 0.5～1 毫米，后逐步扩大，中央褪为灰白色至褐色，边缘稍呈紫褐色，严重时互相汇合成大病斑，引起叶片早枯。病部产生的孢子借气流及雨水进行传播、再侵染，通常高温高湿较易发病。要消除种子带菌，可用 45％三唑酮，或福美双或 40％三唑酮，或多菌灵可湿性粉剂按种子重量的 0.3％拌种，密封 48 小时。发病初期，用万霜灵 2 号粉剂 600～1 000 倍液，或 50％速克灵可湿性粉剂 2 000 倍，每隔 7～10 天喷 1 次，连喷 2～3 次。

2. 落葵灰霉病 病菌主要侵染叶、叶柄、茎和花序，病斑初呈水渍状，后出现灰色霉层，直至叶、茎患部长满灰色霉状物。田间初见发病后，立即用药剂防治。可喷施 50％百菌清粉尘剂，或 50％速克灵可湿性粉剂 1 500～2 000 倍液，或 40％施佳乐悬浮液 800～1 000 倍液，或 65％硫菌霉威可湿性粉剂 1 000 倍液喷雾防治。多种药剂应轮换选用，每隔 7～10 天喷 1 次，连喷 2～3 次。

3. 霜霉病 一般以成株期发病为主，主要为害叶片，引起圆形或多角形黄褐色褪绿斑。要进行种子消毒，可用种子重量 0.3％的 35％瑞毒霉或种子重量 0.4％的 50％福美双拌种。在发病初期，可选用70%乙磷铝锰锌可湿性粉剂500倍液，或72%霜疫清可湿性粉剂800~1000倍液，或50%艾斯特可湿性粉剂600~800倍液喷雾防治，每隔10天左右喷1次，连续喷2~3次。

4. 病毒病 全株发病，病株叶片变小，皱缩，叶面呈泡状突起，叶背、叶脉也明显突起，叶色呈浓淡不均的花叶斑驳状。发病初期要及早用药剂防治，可选用1.5%植病灵乳油1000倍液，或抗毒剂1号300倍液或5%菌毒清水剂300~400倍液喷雾防治，7~10天喷1次，连喷2~3次。还可用20%病毒A可湿性粉剂500倍液，病轻时7~10天喷1次，病重时3天喷1次，连喷2~3次，有较为明显的防治效果。

5. 蚜虫 对落葵蚜虫点片发生阶段，即有翅蚜尚未迁飞扩散前及时施药。可选用50%抗蚜威2000~3000倍液或10%吡虫啉可湿性粉剂1000~2000倍液，最好能交替喷施2~3次，间隔7~10天，采收前7天停止用药。

6. 小地老虎 落葵幼苗受害最重。当发现落葵苗株有幼虫为害时，应抓紧在3龄以前喷药防治。可选用2.5%溴氰菊酯，或21%灭杀毙8000倍液喷杀。毒饵诱杀。可将小地老虎喜食的菜叶或杂草切碎，浸入90%晶体敌百虫400倍液10分钟，于傍晚撒在田间诱杀。药液灌根。当虫龄较大时，在虫害严重的地块，可用80%敌百虫可湿性粉剂800倍液灌根，可取得较好的防治效果。

7. 蛴螬 蛴螬是金龟子的幼虫，成虫白天躲藏在土里，傍晚取食叶子。幼虫咬食幼苗、幼茎和根部。施用毒土。每亩用90%晶体敌百虫100~150克，拌细土15~20千克制成毒土，在播种或定植时施于播种沟或栽植穴内，其上覆一层土，然后播种或定植。亦可用25%西维因可湿性粉剂300倍液进行灌根，每株灌药液150~200克，杀死根际附近的蛴螬。在成虫集中地，可喷施30%敌百虫乳油500倍液或80%敌百虫可湿性粉剂1000

倍液，也可喷撒 2.5％敌百虫粉剂，每亩喷撒药粉 1~2 千克。

十六、茼蒿

茼蒿又名蓬蒿、春菊、蒿子秆等。茼蒿浅根系，须根多；茎直立，营养生长期茎高 20~30 厘米，春季抽薹开花茎高 60~90 厘米；根出叶无叶柄。茼蒿可分为大叶茼蒿和小叶茼蒿 2 种类型。

大叶茼蒿叶片大而肥厚，缺刻少而浅，呈匙形，绿色，有蜡粉。茎短，节密而粗，淡绿色，质地柔嫩，纤维少，品质好。较耐热，但耐寒性稍差，生长慢，成熟略晚，如上海圆叶茼蒿、大圆叶等。

小叶茼蒿叶狭小，叶片长椭圆形，缺刻多而深、香味浓，嫩梢细，生长快，品质差。抗寒性强，但不太耐热，成熟稍早。主要品种有上海细叶茼蒿、北京蒿子秆等。

（一）庭院露地直播栽培

茼蒿喜冷凉，不耐高温。10~30℃的温度下均能生长，但以 17~20℃较适宜，12℃以下生长缓慢，29℃以上生长不良。种子 10℃时即能发芽，但以 15~20℃较适宜。对土壤要求不严格，但以湿润的沙壤土，pH5.5~6.8 较好。

茼蒿北京地区春、夏、秋均可栽培，但夏季栽培产量低，品质差。春播一般在 3~4 月份播种，秋季在 8~9 月份均可播种，冬季可进行设施栽培，南方除炎热的夏季外，春秋冬均可栽培，尤以秋播生长期长，产量高；长江流域春播从 2 月下旬至 4 月上旬，秋播从 8 月下旬到 10 月下旬，其中 9 月下旬栽培最适，10 月下旬播种的可在翌年早春收获。广州地区从当年 9 月份至翌年 1~2 月份可随时播种，一般由播种到采收需 30~70 天。

1. 播种 茼蒿栽培以 pH5.5~6.8 沙壤土为宜。选好地块后，精细整地，深耕细耙，同时以每亩施优质农家肥1 000千克以上，磷酸二铵25千克做基肥，做成宽1.2～1.4米、长10～20米的平畦准备播种。在5月上旬扣小拱棚或地膜播种。在播种前3～4天将种子用50～55℃热水浸种15分钟后，浸泡12～24小时，置于25℃左右温暖地方催芽。催芽期间每天用清水冲洗一次，如果是新种子，要提前置于0～5℃的低温下处理，7天后打破休眠。

一般采用条播，行距为10厘米，沟深1厘米，每亩用种量为2～2.5千克，播后用平耙搂平并踏实，然后浇水。

2. 田间管理 播种至出苗一般需5～7天，当苗高2～3厘米、1～2片真叶时进行间苗或田间拔草。使株距保持1～2厘米，并进行浅中耕。幼苗长到5～6片真叶时定苗。每一次间苗时要浇一次水，定苗后再浇水，且随水可追施速效氮肥。一般在苗高10～12厘米时开始追肥，每亩用尿素15～20千克，每采收一次，相应追肥浇水1次，应保持土壤湿润。

3. 病虫害防治

（1）猝倒病 在幼苗茎接地处，呈水渍状病斑，接着病部变黄褐色、变细，引起成片倒地。防治方法：苗期控制水分，发现病株及时拔除，可喷70％代森锰锌500倍或25％瑞毒霉800～1 000倍液，每隔5～7天喷1次，连喷3～4次，药剂要交替使用。

（2）霜霉病 发病初期呈浅黄色水渍状病斑，然后病斑相连，病斑呈黄褐色。防治方法：施足肥料，提高植株的抗病能力，适当浇水。发病初期可喷25％瑞毒霉可湿性粉剂或甲霜灵可湿性粉剂600倍液或75％百菌清可湿性粉剂500倍液，以上药剂可交替使用，每隔5～7天喷1次，连喷2～3次。

（3）蚜虫 发病初期用40％菊杀乳油1 500～2 000倍液或2.5％功夫乳油2 000倍液进行防治，以免蚜虫传毒使茼蒿感染病毒。

4. 采收 茼蒿一般生长期为 40～50 天，当株高达到 20 厘米左右时具有 12～13 片真叶即可采收。收获宜在早晨进行，以保持产品鲜嫩，如果想多次采收，可用刀在主茎基部留有 2～3 厘米进行收割。追肥浇水，1 个月后又可再次采收。

（二）阳台越冬栽培

1. 品种选择 根据消费习惯，选用当地特有品种。如江苏地区可选用当地特有的小叶类型茼蒿勺型茼蒿品种（因其叶形似小汤勺而得名）。

2. 播种 长江中下游地区常在 11 月中下旬播种，播种方式均采用撒播。选直径 30～50 厘米的塑料盆，盆土用培养土，每盆施入腐熟有机肥 1 千克加 10 克尿素。

播种时可干籽直播，也可催芽后播种。催芽播种有利于早出苗、出齐苗。先将种子用清水浸泡 20 小时后，冲洗干净再甩干水分，盖上湿布置于 18～20℃条件下催芽，每天需用清水淘洗 1 次，防止种子黏而发霉，影响出芽率。待大部分种子露白时播种，播种须用干细土拌和，使种子撒得开、播得匀。播后及时浅耙 1 遍，使种子覆土厚度不超过 1 厘米，压实。底水足的用水壶喷湿盆面即可，底水不足的可放水浇透，保温、保湿，促齐苗。

3. 田间管理

（1）**温度管理** 出苗前，以增温保湿为主，白天最高温度控制在 25～30℃，齐苗后白天将温度调控在 18～22℃。超过 25℃时就要通风降温，前期在夜间最低气温高于 5℃、没有严重霜冻的情况下，可炼苗，以增强植株抗逆性。苗高 10 厘米后，防茼蒿受冻害。遇强寒潮天气，以蓄热保温防冻，关好门窗，供暖地区可放气增温。寒潮过后，在中午要开窗通风 1～2 小时增强光照，促基叶浓绿，有利于提高商品性状。

（2）**肥水管理** 在施足基肥浇足底水的情况下，茼蒿生长期间仅需追施 2 次速效肥水,分别在苗高 3~4 厘米、9~10 厘米时进行。于晴暖天气中午时结合浇水追施速效氮肥,每次每盆施尿素 8 克。苗高 15 厘米之后就不宜再浇水施肥,否则易致植株倒伏,湿度过高还易导致茼蒿发病腐烂。

4. 采收 一般播后 50~60 天茼蒿苗高 20~25 厘米时采收为宜。采收过早,苗虽嫩,但生长量不足,产量偏低;采收过迟,苗高过 30 厘米后,下部茎易老化空心,底部叶黄化,品质降低,商品性状变差。采收时用刀近地面一次性收割,要求不带根、不粘泥、无黄叶、整齐放装。

(三) 茼蒿无公害生产

1. 播种 宜选择上年没有种植过茼蒿的地块,用有机肥与无机肥结合做底肥,每亩施优质腐熟厩肥 1 000~2 000 千克,并配合施用适量蔬菜专用复合肥。将地块整平后做成 1.0~1.5 米宽的畦,耙平畦面。选用抗病力强、抗逆性强、品质好、商品性好、适应栽培季节的品种。种子质量应符合以下标准:纯度≥95%、净度≥98%、发芽率≥98%,含水量≤8%。当地日均气温稳定在 15℃以上时,可采用露地栽培,每亩用种量 1.5~2.5 千克。

播种前 3~5 天,用 50%多菌灵可湿性粉剂 500 倍液浸种 0.5 小时,后捞出洗净,再用 30℃左右的温水浸泡 24 小时后,取出沥干用容器装好放在 15~20℃条件下保湿 3~5 天。每天用清水冲洗 1 次,当有 20%种子萌芽露白时即可播种。

播种有 2 种方法,撒播与条播。撒播前浇足底水,将种子均匀撒播于畦面,覆盖 1 厘米左右厚的细土。条播时将出芽的种子播在准备好的畦面浅沟(深沟 2~3 厘米)中,行距 10~15 厘米,播后覆盖 1 厘米左右厚的细土并浇足水。

2. 田间管理 苗高 3 厘米左右时开始浇水,只浇小水或喷水;苗高 10 厘米左右时开始追肥。当苗长出 1~2 片真叶时进行间苗,苗间距为3～5厘米。在间苗和采收时结合除草,除去病虫叶或有病植株,并进行无害化处理。

3. 病虫害防治 茼蒿主要病害是猝倒病、叶枯病、霜霉病、病毒病等,主要虫害是蚜虫、菜青虫、小菜蛾、潜叶蝇等,应进行综合防治。除农业防治物理防治外,还可用生物防治,如蛾类卵孵化盛期选用苏云金杆菌可湿性粉剂等进行防治,成虫期可施用性引诱防治害虫。药剂防治见表3-5。

表3-5 茼蒿病虫害防治常用化学药剂及使用方法

主要病虫害	药剂名称	剂型	使用方法	最多用药次数	安全间隔期/天
猝倒病	百菌清	75%可湿性粉剂	500倍液喷雾	3	7
叶枯病	甲霜灵	25%可湿性粉剂	500倍液喷雾		
霜霉病	速克灵	50%可湿性粉剂	2 000倍液喷雾	3	7
病毒病	吗啉胍·乙酮	20%可湿性粉剂			
	菌毒·吗啉胍	7.5%水剂	500～1 000倍液喷雾	3	7
蚜虫	抗蚜威	50%可湿性粉剂	2 000～3 000倍液喷雾	3	7
潜叶蝇	乐果	40%乳油	2 000倍液喷雾		
小菜蛾	溴氰菊酯	2.5%乳油	2 000倍液喷雾		
菜青虫	氟虫脲	5%可分散液剂	300倍液喷雾		

4. 采收 当植株长到15～20厘米,施用的农药达到安全间隔期时,应适时采收。

十七、蕹菜

蕹菜原产中国,印度,分布亚洲热带、亚热带地区。自古有南方奇蔬之称,有旱蕹,水蕹之分。

蕹菜为热带多雨潮湿地区湿生和水生植物,生长期间温度要求较高,生育适温15～35℃。子蕹品种较耐寒,都为早熟种,作春蕹菜栽培,种子发芽温度 11℃ 以上。藤蕹品种耐热不耐寒。蕹菜为短日照植物,它既可旱植也可水栽,旱植亦不能缺水。

(一) 优良品种

我国蕹菜可分子蕹与藤蕹两个类型。子蕹生长势旺,茎较粗,叶片大,叶色淡绿,夏秋开花结籽,用种子繁殖。主要品种有广东的大骨青、白壳,台湾省的青骨大叶,四川旱蕹,浙江的空心菜、吉安大叶蕹、鄂蕹 1 号、大圆叶;藤蕹不易结籽,如广州细通菜、丝蕹、湖南藤蕹、四川大蕹菜及广西小叶尖、博白水蕹、重庆藤蕹、抚州藤蕹等,依栽培环境分有旱蕹和水蕹;依花色有白花与红花;依种皮颜色有褐籽蕹和白籽蕹;叶片大小分大叶、中叶和小叶。

1. 赣蕹 1 号　从吉安空心菜中选出。早熟、抗病。耐高温、耐酸雨、茎粗、叶大、纤维少,质地脆嫩,味鲜美。茎中空近圆形,淡绿色,叶苗期披针形,采摘后心脏形,长 19.1 厘米,宽 19 厘米,微皱。花白色,种籽黑褐色、近圆形,30~40 天可采收。

2. 泰国空心菜　叶片狭长,短披针形,长 12 厘米,宽 4~5 厘米,淡绿色,茎叶质地柔软,产量高,品质好。抗高温雨涝,生长速度快,从播种到采收 25~30 天。

3. 大骨青　产广东、广西。茎稍细,青黄色、光滑、节疏,叶片长卵形,深绿色,叶脉明显,叶柄青黄色。抗逆性强,稍耐寒,耐风雨,质软,高产,适于水田早熟栽培。

4. 大鸡白　产广东、广西。茎粗大,青白色、节细而密,叶长卵形,上端尖长,叶基盾形,深绿色,叶脉明显,叶柄青白色。适应性强,高产,质好. 适于旱地或水塘栽培。

5. 细通菜　产广州。茎细小,厚而硬、浅绿色,节疏,叶片较细,短披针形,深绿色,叶柄浅绿色。耐寒、耐旱、耐风雨,不开花结籽,质爽脆,品质优良,产量低,以旱种为主。

6. 丝蕹 产广州。茎细小，厚而硬，紫红色，节密，叶较细，短披针形，深绿色，叶柄紫红色、耐寒、耐热、耐风雨，不开花结实，质脆、味浓、产量低，以旱种为主。

此外还有汕头尖叶、枣阳红梗、芜湖竹叶青、广西大叶和小叶尖、海南小叶、博白细叶及半青白等品种。

蕹菜喜高温高湿，露地栽培4月上旬至9月下旬均可露地栽培。种子繁殖在长江中下游在4~7月播种，华北4月下旬，东北5月中旬，四川3月下旬，广州1~2月播种。无性繁殖四川3月，湖南4月下旬，广西3月下旬扦插。

（二）无土栽培

蕹菜的简式水培技术如下。

1. 品种选择 蕹菜主要有子蕹和藤蕹2类。无土栽培蕹菜应选择适应性强、不易抽薹的品种，尤以选取泰国青梗种较好，其茎叶肥大，叶色青绿，质脆嫩，不易开花，产量高。

2. 栽培装置 用塑料箱（盆）作栽培箱（盆），也可用砖砌成栽培槽。要求长45厘米以上，宽30~40厘米，高15~17厘米或直径50~60厘米，深16厘米左右，能装营养液12升以上。用软塑料泡沫板做定植板。将泡沫板切成栽培箱（盆）口的形状，大小比栽培箱（盆）的长、宽（直径）略小0.5厘米左右，使定植板既遮住了营养液面，防藻类滋生，又可随营养液位的升降而升降。用直径与蕹菜插穗茎秆直径相近的小棍按9厘米左右的间距在定植板上扎孔，孔呈梅花样分布。

3. 育苗 用种子或用藤蔓育苗，用苗量不大的最好采用藤蔓水插繁殖。选新鲜蕹菜，以藤蔓茎粗壮、叶长心形的为好。将藤蔓剪成长15~18厘米，带有2~3个节的插穗，去掉插穗基部1~2个节的叶子，扦插于定植板上的孔洞中。如果茎细，定植孔直径大，就在插穗基部第1~2节的节间处裹上棉花，再插入孔中。在定植板下方，插穗基部要露出1~3厘米，并使基部最下端的节露出,以便节上长出的根能入水生长。整块定植板扦插好后,将定植板放在清水中,使插穗基部浸在水里。扦插生根以及配制营养液用的水,以存放 1~2 天的自来水为好,也可用 pH 5.6~7 的清洁雨水、河水、池塘水。中午阳光强时盖遮阳网,常加水,保持栽培箱(盆)中始终有水。2~5 天开始生根,5~9 天每插穗长有 1~2 条根,根长 2~4 厘米,将定植板带苗移入营养液中生长。

4. 营养液

(1) 蕹菜营养液配方　适于蕹菜水培的营养液配方见表3-6。

表3-6　蕹菜营养液配方(毫克/升)

项目	肥料名称	用量
大量元素	硝酸钙 [$Ca(NO_3) \cdot 4H_2O$]	1 122
	硝酸钾(KNO_3)	910
	磷酸二氢钾(KH_2PO_4)	272
	硝酸铵(NH_4NO_3)	40
	硫酸镁($MgSO_4$)	247
微量元素	硼酸(H_3BO_3)	1.2
	硫酸锌($ZnSO_4 \cdot 7H_2O$)	0.09
	硫酸铜($CuSO_4 \cdot 5H_2O$)	0.1
	螯合态铁	4.2
	硫酸亚铁($FeSO_4 \cdot 7H_2O$)	27.8
	乙二胺四乙酸二钠($EDTA-Na_2$)	37.3

(2) 养液母液的配制和保存　为了减少秤药品的次数和多次秤量所造成的误差,一般将营养液配成所需浓度的 100 倍母液。为防止在混合各种盐类时产生沉淀,大量元素中的钙盐要单独定容保存,其他大量元素充分溶解后混合定容为一瓶。扩大倍数为 100 倍。

(3) 营养液的制备　先按下面的公式计算出应取母液量。应取母液量（毫升）＝需要营养液量（毫升）/母液扩大倍数。然后用量筒或移液管量取母液倒入栽培箱（盆）中，加入清水定容，充分搅匀后，用 10% 氢氧化钠（NaOH）或 10% 氯化氢（HCl）调营养液的 pH 至 5.6～7，然后把长好根的苗连带定植板一同移放到栽培箱（盆）中。

(4) 营养液的管理　将加好营养液的苗及栽培箱（盆）放到阳光充足的地方。下雨时要盖塑料薄膜遮雨，防雨水进入栽培箱（盆）中稀释了营养液，影响蕹菜生长。1～5 天加 1 次清水至营养液原来的高度。每隔 7～15 天，在每次采完后换 1 次营养液，换液量为 50%。换时移出定植板，取出栽培箱（盆）中 50% 量的澄清了的营养液留用，其余的倒掉，用清水洗栽培箱（盆），将取出留用的营养液倒回栽培箱（盆）中，再添加 50% 量的新营养液搅匀，再把定植板移回栽培箱（盆）中。也可每隔 20～25 天彻底更换 1 次营养液。

(5) 采收　定植后 20～30 天，芽长 15～18 厘米时，在其基部留 1～2 个节摘取嫩梢食用。以后每隔 7～15 天采收 1 次，从 5 月中旬扦插到 9 月中旬，一般可采收 9～10 次。水培蕹菜采收 6～7 次后，长势减弱，产量降低。故最好是在采收 6～7 次后将其淘汰，再种下茬。

（三）蕹菜的盆栽技术

1. 播种　选直径 30～50 厘米的塑料盆、木桶、龙缸或竹篓，内装园土加腐熟堆厩肥，按 8∶2 比例配制，混匀后装入盆内，装八分满，以利浇水。在长江中下游地区，在 4 月上旬～9 月下旬均可播种。广东全年均可播种，华北在 4 月下旬，东北在 5 月中旬，开始播种。

播种前，按 100 千克种子用 300 克 35% 甲霜灵的比例进行拌种灭菌。蕹菜种子皮厚、坚硬、发芽慢，播种前种子放入

第三章 食叶蔬菜

50℃温水中浸30分钟，然后在清水中浸30小时，中间冲洗1~2次，捞出洗净，进行催芽。催芽温度为25℃。催芽过程中每天用温水淋洗，5~7天出芽。播前先将盆土浇透水，然后将发芽的种子均匀撒上，其上覆1厘米左右的土壤，再覆盖地膜保温保湿。在苗生长期间保持土壤湿润，在苗的高达到5厘米时，施0.1%速效性氮肥，在苗的高度达到15~20厘米时进行定植。

2. 上盆 用园土加厩肥20%，加磷肥50克，复合肥40克、石灰10克，拌匀装盆，每盆栽3~5株。栽时将苗斜插入土中2~3节，地面露1~2节，栽后浇透水，放入阳台里。

3. 管理 蕹菜喜充足光照，叶梢大量而迅速地生长，需肥量大，耐肥力强。定植后保持土壤湿润，白天30~35℃，夜间大于15℃，缓苗后松土保墒，促进根系发展。晴天时一般早、晚各浇1次水，隔7天左右追1次肥，每次施硝酸铵15~20克。生长期间要及时中耕除草。

4. 采收 要及时采收，采收过早，茎叶过嫩，产量低；过迟则茎叶老化，品质下降。当株高30~50厘米时采收。采收时基部留10厘米左右，剪下嫩梢。采收后，叶腋处很快萌发新枝，当新枝超过15厘米后，可进行第2次采收，采收2~3次后，基部只留1~2片叶，基部侧枝不能过多。

5. 病虫害防治 蕹菜的虫害主要有薯卷叶蛾、麦蛾、天蛾及斜纹夜蛾等，可用10%安绿宝2 000倍或爱比菌素1.8%乳油2 000倍液防治。病害有褐斑病、轮纹病及白锈病，除采用无病种苗外，在发病初期用70%代森锰锌500~800倍，喷2~3次，每10天喷一次或25%瑞毒霉可湿性粉剂2 000倍，2次，或50%多菌灵或50%甲基托布津800倍，7~10天1次，喷2次。蕹菜的猝倒病可用福尔马林40毫升/米^2，对水2~4千克，浇泼土壤后覆膜4~5天，揭膜后挥发14天后播种。

十八、苋菜

苋菜别名苋、米苋。苋菜可炒食或做汤，全株可入药，在蔬菜中含钙量居第 3 位，铁含量也较菠菜高 1 倍，是营养与保健俱佳的蔬菜。

苋菜根较发达，分布深广，因此，对土壤营养的吸收能力较好，生长对土壤的要求并不严格，但以偏碱性土壤最好，具有一定的抗旱能力，不耐涝，对空气湿度要求不严。茎肥大而质脆，分枝少；叶互生，全缘，先端尖或钝圆，有绿色、黄色、紫红或绿色与紫色镶嵌。

（一）品种

苋菜依叶片的颜色不同可分为 3 种类型。

（1）绿苋　叶绿或黄绿色，耐热性强，质地较硬。早熟品种有广州高脚类叶、柳叶、杭州类叶青、南京木耳苋菜等；中晚熟品种有广州矮脚圆叶、犁头叶、大芙蓉、杭州白米苋、南京秋不老等。

（2）红苋　叶片紫红色，耐热性中等，质地较软。主要品种有重庆的大红袍、广州的红苋及昆明的红苋菜、江西大叶红苋菜。

（3）彩色苋　叶缘绿色，叶的中心或叶部有红色、紫红色斑块，叶脉附近紫红色，耐热性较差，质地软。主要品种有上海尖叶红江苏淮安彩观音及广州尖叶红。

（二）夏季庭院露地栽培

苋菜喜温暖，较耐热，不耐寒，生长适宜温度为 23～27℃，20℃以下生长缓慢，10℃以下种子发芽困难。苋菜属短日照蔬菜，在高温短日照下易抽薹开花，因此，苋菜宜春、夏季栽培，春、夏季及早秋播种，抽薹开花较迟，品质柔嫩，晚秋播种栽培，较易抽薹开花，品质差。一般华北及西北地区4~9月份播种，5月下旬至10月上旬采收；长江中下游地区3月下旬到8月上旬均可播种，5月上旬至9月上旬收获；华南地区2~8月份播种，4~9月份收获。

夏季露地栽培选耐热力强、耐旱、抗病，高产优质的大叶红、圆叶苋及尖叶苋菜等。

1. 播种 选地势平坦、排灌两便、肥沃疏松、偏碱的沙壤土或粘壤土，每亩施堆厩肥2 000千克，磷酸二铵50千克，耕翻耙平后，作成宽1.5米的平畦。夏季苋菜一般采用直播，很少育苗移栽，以采收幼苗供食用，长江中下游地区于4~6月下旬分期播种，撒播，每亩用种1千克，播后覆土厚0.5厘米，压实后浇蒙头水。

2. 田间管理 夏播苋菜3~6天出苗，出苗后及时除草，并加强水肥管理，保持土壤湿润。在盛夏高温期，还需覆盖遮阳网降温保湿，做到昼盖夜掀，创造有利于苋菜生长的适温环境，这样有利于提高产量和改善品质。从播种到长有2片真叶时，选晴天进行第一次追肥；约过12天后进行第2次追肥，当第一次间拔采收后进行第三次追肥，追肥用1%尿素液，每次追肥后及时浇水，以后每间拔采收1次即追肥1次。如基肥充足的，生长期间可不追肥。

3. 适时采收 播后45~50天，苗高12~15厘米，有5~6片叶时进行第1次采收，即间拔一些过密植株。再过20天，株高20~25厘米时，在基部留5厘米进行第2次采收，之后侧枝萌发长至约15厘米时进行第3次采收。

（三）阳台盆栽

1. 播种 选产量高，抗逆性强，耐寒。适于阳台种植的品种如彩色苋中的红圆叶型的大红袍，全叶红、穿心红、红猪耳朵等。

用直径 30~50 厘米塑料盆，盆土用园土加 20% 腐熟商品厩肥加复合肥 1%，拌匀装入盆中。

在长江流域 12 月中下旬晴天播种，播前浇透水，耙松盆土，将种子与适量细土撒入盆中，稍加镇压，放入阳台中，保持室内白天 23℃ 以上，夜间 18~23℃，3~5 天后即可出苗。

2. 管理 当幼苗 2~3 片真叶时追一次速效氮肥，10~15 天后追第二次，以后每采收一次追肥一次，每次追肥 100 倍尿素液 2.5 千克。在 2 片叶时，喷植保素 8 000 倍液，绿芬威 2 号 100 倍液，促进苋菜生长，提高产量与质量。阳台种苋菜，要十分重视水分的供应，除结合追肥浇水外，2~3 天在中午浇一次水，浇要浇透，见干见湿。要通过窗户的关启，保持室内维持 20~25℃ 温度，在晴天中午，进行通风。有供暖地区，或供气调节温度。

3. 采收 当株高达 15 厘米左右，有 15 片叶时，间大苗食用，注意留苗均匀，以提高产量，每采收 1 次，追肥浇水 1 次，如大苗过多，可一次性采收。

（四）病虫防治

（1）苋菜白锈病　受害叶片正面初生淡黄绿色至黄色小斑点，扩大为凹陷且不规则黄色小斑。在叶背面生圆形至不正形白色疱状孢子堆，严重时疱斑密布叶片或连合，叶片凹凸不平，易引起叶片脱落。发病初期喷 58% 雷多米尔锰锌可湿性粉剂 500 倍液或 50% 甲霜铜可湿性粉剂 600~700 倍液。上述药剂如与增产菌 30~50 毫升/亩或植宝素 6 000~9 000 倍液混合喷施，并注意交替轮用，可起到促进生长及减轻病害双重作用。

（2）苋菜炭疽病　炭疽病主要侵染叶片和茎。叶片染病，初生暗绿色水浸状小斑点，后扩大为灰褐色，直径 2~4 毫米，病斑圆形，边缘褐色，略微隆起；严重时病斑融合，致使叶片早枯，病斑上生有黑色小点，湿度大时，病部溢出黏状物。结合喷施植宝素或喷施宝等叶面肥的使用,配合 70% 多菌灵可湿性粉剂 500 倍液,做到药肥兼施控制病害,一般隔 7~10 天喷 1 次,连续防治 2~3 次,采收前 7 天停止用药。

(3) **苋菜褐斑病** 主要侵染叶片。叶片病斑圆形至不正形,黄褐色。后期病斑中部褪为灰褐色至灰白色,病健部分界明晰,病斑两面均可见密生小黑点。可结合防治炭疽病进行兼治。

(4) **苋菜病毒病** 苋菜全株受害,发病时病株叶片卷曲或皱缩,有的出现轻花叶,有的出现坏死斑。注意防除传毒蚜虫。发病后酌情喷施高锰酸钾 600~1 000 倍液,或 5% 菌毒清水剂 200~300 倍液,连喷数次,隔 5~7 天喷 1 次,前密后疏。

(5) **苋菜幼苗猝倒病** 幼苗出土后不久染病,茎基部出现水渍状黄褐色病变,后缩成线状,有的表皮脱落,终致病苗尚青绿而倒地,故称猝倒病。播前土壤消毒,可用甲霜灵加代森锰锌(9:1)混剂采用药土护苗的办法进行。出苗后喷施 25% 甲霜灵可湿性粉剂 1 000 倍液或高锰酸钾 600~1 000 倍液,2~3 次(7~10 天喷 1 次),可预防发病。

(6) **苋菜根结线虫病** 严重的田块在播种或定植时,沟施或穴施 10% 力螨库颗粒剂,每亩用药 5 千克。

(7) **蚜虫** 可用 50% 抗蚜威可湿性粉剂 2 000~3 000 倍液,或 25% 功夫乳油 4 000 倍液,或灭杀毙 6 000 倍液。

(8) **斑潜蝇** 可在成虫高峰期或见产卵痕、取食孔时开始喷药,掌握在幼虫 2 龄前(虫道很小时),于上午 8 时至 11 时露水干后幼虫开始活动时或老熟幼虫多从虫道中钻出时开始喷洒 75% 潜克可湿性粉剂 5 000~7 000 倍液以及爱福丁、绿得福(1 500~2 000 倍液)等。

十九、紫苏

又名赤苏、桂荏。为唇形科紫苏属中嫩叶供食的红色品种。

一年生草本，原产中国与泰国，我国到处都有野生。日本栽培很普遍。嫩叶营养丰富，除含维生素和矿物盐类较高外，还含有紫苏醛、紫苏醇、薄荷酮、薄荷醇、丁香油酚、白苏烯酮等有机化学物质，具特异芳香，有杀菌防腐作用。

（一）品种

有皱叶紫苏与尖叶紫苏两个变种，尖叶为野生种，各地栽培的以皱叶紫苏为主，又称鸡冠紫苏，无锡从日本引进紫叶紫苏（赤苏）亦属此类，叶厚而脆，香味浓，但遇暴风雨，易穿孔破碎。还有一种绿叶白苏，叶片软而薄，不易破裂，产量较高，红紫苏具有较高的观赏价值。按利用方式可分芽紫苏、叶紫苏与穗紫苏。

红紫苏系须根系，株高80～100厘米，茎四方棱形，密生细长柔毛，叶交互对生，绿紫或紫色，圆卵形或阔卵圆形，长7～13厘米，顶端锐尖，基部广圆形或广楔形，叶缘粗锯齿状，密生细毛，叶柄长3～5厘米，顶生或腋生穗状花序，花紫色或淡红色，花与叶均具较高的观赏价值，瘦果，内有种子3～4粒，灰褐色，近球形或卵形，种子千粒重为0.89克。

性喜温暖湿润气候，8℃以上种子就可发芽，发芽适温18～23℃，开花适温26～28℃，秋季开花是典型的短日照蔬菜，肥料以氮肥为主，穗紫苏栽培时要增加磷钾肥料的供应。产品形成时要保持土壤见干见湿，不耐干旱，空气过分干燥，茎叶粗硬、纤维多、品质差。土壤适应性广，以pH6～6.5的壤土和沙壤土生长良好。

（二）栽培技术

红紫苏由野生种驯化而来，适应性强，栽培容易，提倡家庭盆栽，紫茎、紫叶、红花，很有观赏价值。可作烧鱼的调料，鱼鲜菜美，又可健胃、发汗、止咳。可周年播种采食，露地3～4

第三章 食叶蔬菜

月育苗，6~9月供应；秋延后8~9月播种，9~10月定植，11月至翌年1月供应；春提早1~2月播种，2~3月定植，3~6月供应。

1. 芽紫苏 种子休眠期长达120天，如刚采收的种子，要打破休眠，即将种子放在30℃的温度下5天，并用100毫克/升赤霉素处理，促进发芽。如春播，将采后的种子放在阴凉处风干2~3天，然后与河沙等量的层积，保持适宜的温度，然后将种子播于花盆或塑料棚内，当长至真叶3~4片时，用剪刀齐地面剪断。发芽时注意照光，并保持湿气，防止干燥，幼苗嫩而鲜艳。

2. 叶紫苏 紫苏种子小，苗床要精细整地，每亩施腐熟堆厩肥1 000千克，饼肥70~80千克，硫酸铵10千克，过磷酸钙20千克，氯化钾4千克，将肥料与土充分混合，作宽1.0~1.5米的畦，耙平耙细。撒播3月中下旬播种，用种500~700克，撒匀后覆细土以不见种子为度，上面均匀撒些稻草，然后喷水，上盖地膜或小拱棚，7~10天即可出苗，出苗后及时揭膜，2片子叶时开始间苗，苗距最后保持3~4厘米。

定植前10~15天，进行深翻晒垡，每亩施堆厩肥5 000千克，复合肥100千克，作宽0.9~1.2米的畦。4月中旬秧苗3~4对真叶时定植，株行距15厘米×20厘米。天干时需及时浇水，追尿素7~8千克，追1~2次，浓度为0.3%。幼苗供食，播后30~35天采收。如出口腌制叶片，在栽后20~25天摘除初茬叶，标准是4节以下未达到12厘米宽度的叶片全部摘除，达到12厘米的叶片可供腌制用，为了增加叶数与产量，应定植在中棚内，冬季低温短日照期间，在真叶3~4片时，夜间以电灯光延长至光照达14小时，可抑制花芽分化。

盆栽用20厘米以上的圆盆，盆土用园土5份，腐熟堆厩肥3份，腐叶土2份配制而成，每盆栽3~4株为一丛，苗龄为3~4片真叶，栽后浇足定根水，促使早日成活缓苗。如欲得到穗紫苏,在育苗期间用黑色薄膜早晚套起来,使日照缩短到每天6~7小时,以促进花芽分化。定植后温度保持20℃左右,6~7片叶时抽穗,穗长6~8厘米时采收,每10~15穗为一把,花色鲜明,花蕾密集者为上品。如欲得叶紫苏,在3~4片真叶时,夜间照光,使日照达14小时,可增加叶数与产量。

二十、马齿苋

(一) 品种

马齿苋一般为野生种,春季或初夏在田间、路旁、原野,菜园中散生,匍匐生长,叶片小,产量低,味偏酸,但抗病虫力强。还有一种是栽培种,如引自俄国的宽叶种及中国台湾的荷兰菜。茎直立生长,生长势强,须根发达,株高50~70厘米,茎粗1~1.5厘米,茎叶肉质,光滑有光,浅红色或绿红色,分枝性强。子叶绿色对生,真叶绿色肥厚,倒卵形,全缘,近对生,叶片长3.5~4.5厘米,宽1~2厘米,叶柄很短。花小,顶生1~2朵,黄色,蒴果,圆锥形,种子黑色,酸味极小。

性喜温暖湿润,耐旱耐涝,耐低温,但怕霜冻,种子发芽适温25~28℃,生长发育适温20~30℃,温度低于15℃,生长缓慢,高于30℃,不利于生长,所以夏播不如春播。

喜光也耐荫,属于C4型植物,适合露地栽培,又可在保护地栽培,在华南地区夏季高温强光,不利于营养生长。

马齿苋对土壤要求不严,为了生产品质幼嫩的茎叶,宜选富含有机质、保水力良好的砂壤土。在生长期要保持土壤湿润,虽然全株肉质化较耐旱,但长期干旱会影响产品的品质和产量,室内盆栽,可进行早熟栽培。

(二) 阳台盆栽

1. 播种 马齿苋过去都在春夏季节到田野采集,近来许多国家都在推广人工栽培。华南地区，在2月中下旬播种，江浙一带都在2月下旬至3月上旬播种，华北地区在3月下旬至4月上旬播种，东北地区在4月中旬播种。

马齿苋种子细小，播种时要拌些细土，一般用浅盆播种，基质用园土5份，堆厩肥3份，河沙2份混合而成，盆土要细匀，播后覆遮阳网保湿，播后5~7天可出苗，苗高15厘米时，可开始间拔幼苗供食。

2. 管理 盆栽马齿苋可以定植在圆盆中，盆的直径10~30厘米，每盆可栽2~10株，一般在苗高8~10厘米定植，成活后每隔10~15天，追施1%复合肥水或饼肥水，株高25厘米时，开始采收，采收时要在植株基部留2~3节，留下节位的腋芽可继续生长，以后可以陆续隔10~15天采收一次，每株产量可达50~200克。每次采收后应追施300倍的尿素液。马齿苋几乎没有病虫害，一般不要喷药防治，更无农药的残毒。

二十一、荠菜

荠菜性味甘平，有和脾、利水、止血，明目之功效。食用与赞美荠菜的谚语有"宁吃荠菜鲜，不吃白菜馅"、"到了三月三，荠菜当灵丹"。

（一）品种

1. 板叶荠菜（又称大叶荠菜） 又名粗叶头，叶浅绿色，叶片宽阔，羽状深裂，基部叶片全缘。耐热性强，生长快，产量高，商品性好，但抽薹开花较早，不宜春播。

2. 花叶荠菜（又称散叶荠菜） 又名碎叶头，叶绿色，叶片窄而厚，羽状全裂，生长较慢产量低，目前栽培少，抽薹开花迟。

荠菜喜冷凉湿润和晴朗的天气。生长适温12~20℃左右。

一般播后 30 天左右就开始采收,气温低于 10℃,生长缓慢,播后 45 天才能采收。气温 22℃ 以上,生长快品质差。耐寒性较强,在 -5℃ 以上低温下植株不受冻,可忍受 -7.5℃ 的短期低温。在 2~5℃ 温度下 10~20 天通过春化阶段而抽薹开花。如在 12 小时光照下,气温 12℃ 左右仍能开花,对土壤要求不严,但以肥沃湿润的壤土为好。

(二)阳台栽培

盆栽荠菜可以在 7 月下旬至 10 月陆续播种,9 月中旬至 3 月采收,亦可以 2 月下旬至 4 月下旬播种,4 月上旬至 6 月中旬采收。

盆栽荠菜可用浅盆播种,盆土用园土 6 份、堆厩肥 2 份、河沙 2 份配制而成,如在培养土中加些腐熟鸡粪,效果更好。播种时盆土要整细、平、软,用木板轻轻拍平。因为种子细小,可用 3~5 倍的细土拌匀撒播,种子放在 2~7℃ 低温催芽 7~9 天后在湿土播种,撒匀压实。

播种后要保湿,为防止板结可在土上盖遮阳网,轻浇勤浇,秋播后 3~4 天,春播后 6~10 天出苗。当苗有 2 片真叶时可浇施 0.3% 尿素液,在收获前 7~10 天可追第二次。采收要分次分期进行,每次采大留小,保留植株使密度均匀,一般在 10~13 片真叶时采收,生长期 30~35 天,分 4~5 次收完。

二十二、鱼腥草

又名蕺菜、赤耳根、折耳菜、搞儿草、猪鼻孔等。为白草科蕺草属的多年生草本。

株高 30~60 厘米,茎细长,匍匐地下,上部直立,紫色,地下茎白色,每节生根。叶心脏形或卵形,长 5~10 厘米,宽 4.8~5 厘米,先端渐尖,深绿色,叶背紫红色。5~6 月在茎的上端开淡紫色或白色小花，穗状或总状花序，蒴果。

按食用部分可分食用嫩茎叶和食浆果两种，在云贵地区、福建、湖北多栽培食嫩茎类型，尼泊尔等国栽培食用浆果类型。

（一）习性

性喜温暖潮湿的环境条件，12℃温度开始发芽，生长前期要求16~20℃，地下茎成熟期适温为20~25℃，在25℃以上生长不良，0℃能安全过冬。对光照要求不严，喜弱光照，比较耐荫。因根系分布浅，不发达，对土壤要求严格，必须保持田间最大持水量的80%左右，空气相对湿度50%~80%，土壤以沙土或沙壤土为好，pH值6.5~7。氮、磷、钾比例1：1：5。

（二）阳台盆栽

鱼腥草是用地下茎进行播种，种茎的质量直接影响产品的产量与质量。优良的种茎应粗壮肥大，节间长，根系损伤少，无病虫害。一般在冬季茎叶枯黄前进行挖取和选择，埋藏过冬，第2年春季发芽前将种茎从节间剪成4~6厘米长的一段，每段需要有2~3个芽，3个以上节，并保证中间的节位能发芽生根。盆栽时种茎长以15~20厘米最好。

盆栽鱼腥草要选用直径大一些的花盆，深度以20厘米以上为好，盆土要选有机质含量高、肥沃，保水透气的沙壤土，一般可用园土6份，腐熟堆厩肥2份，河沙1份，砻糠灰1份配制而成，另加少量的骨粉或过磷酸钙或复合肥，拌匀，过筛。播种期一般2月底至3月初，亦可提早到1月份，但必须放在向阳的阳台上保温。

播种时，隔7~10厘米摆放种茎一条，播后覆土浇水。鱼腥草喜欢湿润，一定要保持土壤水分，在播种后，如土面发白应补浇一次水，促进种茎发芽出苗，春秋天每2~3天浇水一次，夏天每天浇水一次,使整个生长期保持土壤湿润。苗出齐后开始追肥,可用10%的饼肥水,以后每隔10~15天追施1%尿素,使尽快生长,当盆已长满,每隔7天喷1次0.2%磷酸二氢钾,可连喷3~4次。对于地上部生长太旺的植株,要进行摘心,抑制长高,促进分枝,并及时摘除花蕾。

以食用地上茎嫩叶为主时,可在7~9月分期采摘,但初夏不能采摘嫩叶;以食用地下茎为主的可在当年9月至第2年3月挖掘,挖前先割去地上茎叶,将盆倒过来将嫩茎取出。

(三) 病虫害防治

鱼腥草的病虫害有白绢病,根腐病、紫斑病、叶斑病、蛴螬、黄蚂蚁等。

1. 白绢病 在贴近地面的根茎先发病,初现褐色斑块,表面遍生白色绢丝状菌丝,逐渐软腐,病种根,可向地下茎蔓延,后在病部表面及土壤中产生油菜籽状菌核,病株枯死。要选用无病种根,发病初期可喷25%粉锈宁1 000倍,10天喷1次,或50%退菌特200倍灌根。

2. 根腐病 根尖开始发病,初现褐色不规则小斑点,扩大变黑色,根系枯死,叶片卷缩。播种前,种茎用1%波尔多液浸泡10分钟或50%甲基托布津600倍或50%退菌特200倍灌根。

3. 紫斑病 初在叶上产生圆形淡紫色凹陷病斑,潮湿时在上面出现黑霉,带有同心轮纹,扩大成不规则大斑,叶片枯死。发病初期可用70%代森锰锌500倍液,连喷2~3次。

4. 叶斑病 在苗期及生长中后期发生,初现不规则形或圆形病斑,中间灰白色,边缘紫红色,上生浅灰色霉,扩大后病斑融合,中心有时穿孔,叶片枯死。在播种前,将种茎用50%甲基托布津800倍或70%代森锰锌600倍喷雾,连喷2~3次。

二十三、蒲公英

又名婆丁，黄花地丁，为全株含白色乳汁的菊科多年生草本。叶和根中含17种氨基酸，每百克嫩叶中含蛋白质4.8克，脂肪1克，胡萝卜素7毫克，钙216毫克，磷39毫克，维生素D 5～9毫克。蒲公英根中含有蒲公英固醇、豆类固醇、施复花酚胆碱，有活血消肿，清热解毒，消积化痰，延年益寿的作用。近代在临床上应用于治疗丹毒、疮疖、阑尾炎等外科感染及治疗上呼吸道感染、急慢性支气管炎、传染性肝炎、胆囊炎、泌尿系统感染等。

蒲公英适应性强，耐热、耐寒、抗旱、耐涝，可耐－30℃的严寒，在10℃以上就可正常生长，生长适温15～20℃，种子发芽适温15～25℃，叶片生长温度20～22℃。可在各类土壤中生长，我国长江以北的山野、田间、河岸林区、山沟路旁有野生。近年来，日本、美国和我国大中城市，已将蒲公英当作野生保健蔬菜搬上餐桌。

野生的蒲公英有两种，即大叶型，叶片肥大，叶质较厚，种子千粒重2克左右；小叶型，叶小而薄，种子千粒重0.8～1.2克。

盆栽蒲公英用浅盆栽植，盆的直径30～50厘米，盆土应选肥沃、疏松湿润、有机质含量高的园土，每盆加堆厩肥0.2～0.3千克，磷酸二铵4～5克。一般夏季播种，秋季定植，种后1～2个月左右可以开始采收。播前浇透水，整平，均匀地撒于盆土内，因种子有冠毛，播时应将种子与3～5倍泥土拌匀，每平方米需种子3～4克，播后覆土厚1厘米，并在上盖遮阳网，约经9～12天即可出苗，出苗前要保持盆土湿润，可以撒些水。幼苗出齐后，去除遮阳网，当真叶长到4～5片时，可间苗供食，使留下的苗保持5～6厘米的行株距。间苗后，每盆追1～5克尿素，0.5～1克磷酸二氢钾，追肥后浇水或化成液肥浇施。当叶片达到10～15厘米时，可沿地表下1～1.5厘米处平行下刀收割，保留地下根部，以利新芽正常生长。割后根部受损易流出白浆，这时3～4天内不能浇水，以防烂根。蒲公英一年种植，可采收二三年，一般第一年每株鲜重7克左右，第二年40克，第三年130克，3年以后可以挖根作种原。

蒲公英第二年开花结果，开花后13～15天果实成熟，5月下旬到6月下旬花托发黄时，在上午将花序剪下，后熟1天后待花序全部散开，再阴干1～2天，搓去冠毛，晒干作种用。

二十四、马兰

又名马兰头、鸡儿肠、紫菊。为菊科马兰属多年生草本。原产亚州南部及东部，长江流域广泛分布，安徽、江苏等省采集普遍，南京人较喜食。

马兰株高30～75厘米，茎直立，叶互生，质薄，倒披针形或卵状矩圆形，边缘疏锯齿或羽状浅裂，上部叶小，无柄、全缘。头状花序，舌状花1层，筒状花多层，瘦果倒卵状矩圆形，极扁，褐色。

马兰喜冷凉湿润的气候，生长缓慢，种子发芽适温为20～25℃，生长适温15～20℃，气温低于15℃生长缓慢，30℃以上生长不适，纤维多，品质差，耐寒性强，-5～-7℃不易受冻。

选直径40～50厘米的塑料盆，基质用园土加10%腐熟厩肥加20克复合肥，直播时，播前将种子与3～4倍细干土混匀，条播，行距20厘米、沟深3厘米，播后压实，浇足水。种子发芽后，保持盆土湿润。分株在4～5月上旬进行，侧芽剪下，每盆栽2～3丛，每丛3～4株。压实浇足水，5～7天即可成活。成活后每隔7～10天追1%尿素液，每采收一次，浇一次肥水，保持室内20～25℃室温。一般采嫩头供食。

二十五、阳台或房顶的芽菜栽培

(一) 芽菜的经济价值

1. 营养价值高、品质优良,是无公害的保健蔬菜 芽菜是将种子及贮藏器官中的营养物质通过发芽生长过程,将其分解、转化为人体易吸收的营养物质,例如将蛋白质分解成各种氨基酸,特别是天门冬氨酸、丙氨酸、亮氨酸、精氨酸含量比较高,维生素 C、维生素 A 及钙、镁、铁的含量都比种子高(详见表3-7)。

表 3-7 主要芽菜的营养成分(每百克食用部分的克、毫克数)

成分	黄豆芽	绿豆芽	萝卜芽	蚕豆芽	豌豆芽	荞麦芽	香椿芽	苜蓿芽
水分	77.0	91.9	94.8	63.8	90	95.6	90.5	81.8
蛋白质	11.5	3.2	1.4	12.0	4.9	0.7	1.7	3.9
脂肪	2.0	0.1	0.3	0.8	0.3	0.1	0.4	1.0
糖	7.1	3.7	1.3	19.6	2.6	1.5	3.8	8.8
粗纤维	1.0	0.7	1.4	0.6	1.3	1.2	2.3	2.1
灰分	1.4	0.4	/	2.2	0.9	/	/	/
钙	68	23	110	109	156	89	70	71
磷	102	51	27	382	82	26	37	78
铁	1.8	0.9	1.4	8.2	7.5	1.1	2.0	0.9
硫胺素	0.17	0.07	0.03	0.17	0.15	0.02	0.08	0.10
核黄素	0.11	0.06	0.08	0.14	0.19	0.02	0.13	0.73
尼克酸	0.8	0.7	1.4	2.0	0.6	0.6	2.2	2.2
抗坏血酸	4	6	47.6	7	53	5	12	118
胡萝卜素	0.03	0.04	0.87	0.03	159	0.29	0.78	2.64

芽菜生产、生长周期短(7~15 天),不要施肥,不使用农

药,容易达到绿色食品的标准。芽菜有神奇的保健作用,例如芦笋芽对癌症、心血管病、水肿、膀胱炎有特效,香椿芽含有维生素E和性激素,有壮阳、助孕的作用。各种豆芽富含维生素B_2,对舌炎、口角炎、唇炎、角膜炎有一定的疗效。

2. 栽培形式多种多样,工艺流程简便,可周年生产供应,芽菜有无土、有土栽培,有家庭手工生产、工厂集约化生产,可充分利用阳台、屋顶、贮藏室及其它设施,只要温度、湿度、水分、光照适宜,可周年生产上市,不受气候、季节、地点限制,是堵缺补淡的花色品种。芽菜价格低廉,适合于大众消费,对于普通市民既是消费者,又可做生产者,对油田、沙漠、海岛、边远林区、远洋船只及军营,可利用太阳能及余热,自己生产芽菜,解决新鲜蔬菜的供应问题。

3. 投资少,成本低,见效快,经济效益高的短平快项目。芽菜的投入产出比一般为1∶1.75～2,但亦有比较高的。种子量与芽菜的产品比,例如豌豆芽1∶4(8～10天)、萝卜芽1∶3.5(10～15天)、荞麦芽1∶6(8～10天)、蕹菜芽1∶9(7～9天)、木耳菜1∶10(10～14天)。

由于芽菜生长期7～15天,年复种指数可达30次以上,即使投资建工厂化生产,1.5～2年即可收回全部投资。

(二)黄姜芽

姜芽营养丰富,香甜脆嫩、耐贮、无污染,色泽鲜黄,是高级宴席上的精品,深受中外客商的青睐。其生产周期短、设备简单,投资少,四季均可栽培,生产前景广阔。

1. 选种 选择出芽率高的白肉姜种,要小姜,不要大姜,小姜出芽率比大姜每千克多出芽8个左右。要健壮姜种,色正、芽迹明显,奶头壮,梗实姜。为提高出苗率,可将奶头全部掰成一个姜奶头一块,比整块每千克多出10个左右。

2. 催芽 将种姜按一个奶头一块掰开,伤口沾上草木灰消毒，选晴天晾晒 1～2 天，晒时翻动 1～2 次，这样可促进种姜发芽，趁热将姜种叠排堆在室内背风处，堆高不超过 10 厘米，适量喷水，盖细砂，堆内保温保湿，保持温度 25℃ 左右，使姜芽萌动而不生根。

3. 排种 家庭栽培可用塑料盘，盘高 20～30 厘米，亦可在屋顶用水泥板，长 3～4 米，宽 0.5 米，四周用砖砌成围墙作培养床。用肥沃的细面沙作床土，床底铺面沙 4～5 厘米厚，铺平、排种、姜块奶头朝上，排紧不松歪，排成上平底不平，每平方米排姜种 20～25 千克，排好后上盖细沙 5 厘米。

4. 管理 姜种排好后，立即喷水，喷水量以湿透沙土为度。在多数姜芽出土时喷第二次水，水量以湿透沙土接触姜母为度，使床土既湿润又不积水，室内空气湿度保持 80%～90%。每次喷水后，将顶面露出沙土的姜块盖严，使姜种上面的细沙厚度不少于 5 厘米，防止长出幼芽下部根茎太短，影响产品质量。

姜芽出土前后，床温保持 25～28℃，以后保持 25℃ 左右，温度低时需加盖薄膜或保温，温度高时通风，地面、空间喷水降温。种姜上床后，室内封严保温，出苗后特别是采前几天，要根据芽苗长相适当通风换气。

5. 采收 自姜种上床后 40～45 天，芽苗高 30 厘米左右时是采收适期，采收时用短柄铁锹将姜块起出，将姜块的芽苗掰下，摘掉须根，再将姜芽苗 30 厘米以上的顶芽苗切掉。洗净泥土，用直径 1 厘米的筒形环刀套住姜芽苗向下转刀切下姜芽苗，制成直径 1 厘米，长 25～30 厘米的成形半成品，经醋酸盐水腌制后即为成品。

（三）绿色葵花芽

葵花芽选用小粒短颗粒型的夏播品种如美国油葵、汾阳 5 号等。

葵花芽生长适温为 25～30℃，地温 20～22℃，无需强光、大水、怕凉冷干风。

1. 播种 播前将种子放入清水中浸漂，将破、杂、病粒淘洗净，泡3～5分钟后倒掉污水，再用45℃温水浸种10～15分钟后，放在30℃水温下浸泡12～14小时，捞出放于24～25℃恒温催芽12～24小时，待种子萌动后及时播种。

基质用腐熟堆厩肥3～4份，沙壤土6～7份，pH值为6.5～7，土壤含水量为60%～70%。在栽培盘上铺撒2～3厘米厚的营养土，整平耙细，勿踏实，播时土壤湿度为50%左右，将种子均匀撒于盘面，盖2～3厘米湿细沙，每平方米用种2千克。

2. 管理 播后10～12小时，种壳开裂，胚种伸出，洒大水一次，水量是种子重的8～10倍，以后夏季每天洒水一次，春秋2～3天洒一次，冬季3～5天洒水一次，水量为种子重的6～10倍。上盖二层遮阳网与无纺布复合膜，冬春使室温维持15～20℃，夏秋季应盖网膜。通风时间冬季9：00～16：00，夏秋白天通风、夜间应视温度升降来揭盖网膜，室内光照不超过15千勒克司，如冬季温度太低，晚上可加温。

播后30～40小时，下胚轴长至1.8～2厘米时，用手抓沙，用洒水壶由上垂直向芽盘洒大水，水温10～20℃为宜，冲去余沙，使芽裸露。然后覆盖一层0.03毫米厚地膜保湿保温。当芽长至8厘米时去掉地膜，使子叶见光转绿，茎长10～12厘米即可采收。浇水拔苗，捆成0.5～1千克小捆上市。

葵花芽菜冬季17～20天，春秋7～9天可采收。

（四）甘蔗芽（笋）

近年中国台湾省南投县开发甘蔗笋种植，收到很好的经济效益。他们选用适宜的蔗种，专门生产，四季收获，周年供应。

栽培上采用1.3米×0.1米行株距，当嫩茎长出后，采摘出土甘蔗在离地3～5节茎节，用刀剥开蔗叶，取出白色嫩茎，摘后的嫩茎又可长出新头，嫩茎白色，茎粗1~1.5厘米，长7~10厘来，品质最佳，3~9月为生产旺季。还可在砍收甘蔗时从蔗尾剥取蔗芽。蔗笋可炒肉丝、红烧肉，清香爽口，倍受市民青睐，还可加工成罐头出口。

（五）萝卜芽生产

别名娃娃萝卜菜。萝卜种子萌发形成的肥嫩幼苗，中国南方及日本生产较多，品质鲜嫩，风味独特，富含维生素A，B_{12}，C和钙、镁、铁、磷、莱服甙、淀粉分解酶，可作汤料和沙拉。

国内常用品种有大红袍、大青萝卜、穿心红，满园花籽、绿肥萝卜等，日本有供高温期使用的福叶40日，供中、低、温使用的大阪4010、理想40日等品种。

经筛选的种子在室温浸种8~10小时，隔4~5小时用流水冲洗。浸种前用0.3％漂白粉溶液浸种1分钟。将种子装入布袋，每袋2.5~3千克，放入4~8℃冷柜中催芽。栽培盘放上基质，浇足水肥，每平方米用种120~200克，播种后盖细土，干时早晚均匀浇水，保温25℃以下，湿度75％~80％。气温上升时要注意通风，低温时要保温。播后8~10天，当子叶展开，真叶未出现前，用刀平土截断，不带根与泥土，捆成400~500克一小把。不断播种，不断采收。

（六）香椿芽的栽培

香椿有种芽及嫩茎芽两种栽培类型。香椿芽营养丰富，每100克嫩茎芽中含蛋白质9.8克，维生素Cl 15毫克，钙110毫克，磷120毫克，铁3.4毫克及维生素A，B_1，B_2等，有浓郁香味，香椿芽每100克中含维生素C 53毫克，低聚糖11.25毫克，亚油酸55.6克，有降低胆固醇、抗疲劳、抑癌症、防治感冒及肠炎的功能。

香椿在年均温8~12℃的地区都能生长，生长适温为15~

25℃，35℃生长停止，种芽的生长适温为 20℃左右。

1. 优良品种

（1）黑油椿 芽和嫩叶紫红色有光，8～10 天长成商品芽，复叶下部的小叶表面墨绿色，背面褐红色。嫩芽肥壮，香特浓、脆嫩、多汁、味甜、无渣、品质上。

（2）红油椿 芽和嫩叶鲜红色有光，8～12 天长成商品芽，小叶正面绿色，背面褐色。嫩芽粗壮、香浓、多汁、脆嫩、无渣、品质上。

（3）青油椿 芽和嫩叶紫红色，6～7 天变绿色，10～14 天长成商品芽，脆嫩、多汁、少渣、味甜、香淡、品质中上。

（4）红香椿 芽和嫩叶棕红色，鲜亮，6～10 天长成商品芽，小叶红色，嫩芽粗壮、脆嫩、多汁、渣少、香浓、味甜。

（5）红叶椿 芽和嫩叶棕褐色，鲜亮，小叶叶脉下陷，8～10 天长成商品芽。幼芽脆嫩、多汁、香气比红香椿淡、味甜。

（6）薹椿 芽和嫩叶淡绿褐色，有白色茸毛，小叶极细，芽和叶柄特别粗壮而长，形似菜薹，8～13 天长成商品芽，幼芽粗壮、脆嫩、渣少、味甜带苦涩味，香气淡，外形不好看，价低。

（7）黄罗伞 芽和嫩叶黄褐色，无毛，芽瘦有苦味，产量高，上市晚。

（8）西牟赤椿 芽和嫩叶红色有光、色艳，小叶背面紫褐色，幼芽脆嫩、渣少、味甜、香浓。

（9）西牟油椿 芽和嫩叶紫铜色有光，无茸毛，叶面水红色，背面灰绿色，质脆嫩，不易老化，小叶稀少而大，早熟，分枝多，不宜密植。香浓，椿芽肥嫩鲜美。

（10）西牟紫椿 叶背灰绿色，无茸毛，叶面淡水红色，脆嫩，不易老化，香味浓，商品性较差。

2. 种芽的栽培

（1）品种选择与种子处理 一般选用紫油香椿，这个品种粒大饱满，发芽率高，以 10～25 年生的树龄上的种子发芽率高。

种子要在 4~5℃ 冷库贮藏，因为在常温下一年就丧失生活力。播种前 10~15 天，用多菌灵消毒，每平方米 6~8 克。

热水烫种是将种子在冷水中浸 5~6 小时，再放入 45~48℃ 温度中浸 10 分钟，而后在 55℃ 热水中烫种 15 分钟，取出放在冷水中冷却。将种子放入容器用多层纱布覆盖，置于 25~30℃ 处催芽，每天用温水冲洗翻动 1~2 次，3~4 天后 30% 露白时即可播种。

(2) 播种　营养土基质为：①珍珠岩、蛭石；②细土或农家肥，土肥各 1/2；③锯木屑（或稻壳）和细土为 7:3。各种基质都要加入 0.5% 三元复合肥。

播种盘以带小孔的塑料盘为好，长 60 厘米，宽 45 厘米，高 5 厘米，底部铺纸，四壁要透气，纸上铺一层厚 2.5~3 厘米珍珠岩和蛭石的混合基质，浇透底水，将种子均匀撒在基质上。每平方米播种量干重 100 克（每盘 30 克），盖基质厚度 1.5 厘米，盖后喷湿基质。5~7 天出苗，18~20 天上市。

(3) 管理　种子与基质均要消毒，才能控制椿芽猝倒病。根据幼苗长势，采取喷水与根外追肥相结合，每 4~5 天浇一次水，尿素浓度为 0.2%。当幼苗长出 2~3 片真叶，高 7~10 厘米时，即可拔出洗净根部上市。一般香椿芽的产量与种子重量之比为 6~10:1。

(七) 芥菜芽

芥菜性喜冷凉湿润，发芽适温为 25~30℃，生长适温为 20~25℃。芥菜芽营养丰富，富含维生素 C，胡萝卜素、磷、钙等，还含有硫代葡萄糖甙，能除肾经邪气、利九窍、止咳利气、通肺豁痰、利隔开胃。

1. 浸种催芽　要选鲜食的叶芥如南风芥、三月芥等品种。将种子先用 60℃ 热水烫种，除去上浮的嫩种、瘪种及杂物，然后在 55℃ 温水浸种 10 分钟，加入清水量为种子量的 2 倍，浸种

8小时，淘洗种子2次，沥干水，用湿布包好放入塑料袋，在25℃恒温中催芽，1~2天后，有50%种子露白即可播种。

2. 培育 用长60厘米、宽22厘米、高5厘米的塑料育苗盘，盘经消毒后，铺上湿布、报纸，将催芽的种子均匀撒在上面，每盘约10~15克，以籽粒不堆叠为准，在种子上盖一层基质喷水。

荠菜芽要求阴暗环境，上要盖遮阳网，在夏秋季室内亦要盖遮阳网。前期需水量小，中后期大，要小水勤浇，每天喷淋3~4次，以基质湿润不积水为准，要保持室温20~25℃。

3. 采收 当芥菜生长5天左右，芽长2~3厘米，子叶展开真叶显露即可采收。采时手握住轻轻向上提，剪根装盒。

芥菜芽可凉拌豆腐、凉拌豆芽菜、炒冬笋及制泡菜用。

（八）芥蓝芽

芥蓝喜温和湿润，种子发芽适温为25~30℃，生长适温为15~25℃。芥蓝芽富含维生素C、蛋白质和矿物质，脆嫩清甜，风味独特，为高档芽菜。

1. 浸种、催芽 夏季栽培宜选较耐热的细叶早芥、皱叶早芥；秋冬栽培宜选中晚熟的荷塘芥蓝、登峰芥蓝及迟花芥等。种子经选种、去杂、沥干，再注入清水浸种6~12小时，洗净沥干。

在育苗盘上铺无纺布、棉布或泡沫塑料片，浸湿基质将种子均匀播在基质上，每盘（盘长宽高为60厘米×22厘米×5厘米）50克，种子上盖一层基质，淋透水。放在15~25℃温度下，每天浇水一次，用喷雾器均匀喷水，以不积水为度，芽苗1~2厘米时揭去覆盖物。

2. 培育 培育温度以15~25℃为宜，浇水每天用喷雾器喷淋，使苗盘基质湿润而不滴水为原则，经9~10天，芽长8~10厘米时即可采收。

3. 采收 当芥蓝子叶平展，真叶显露，芽长 8～10 厘米时，将苗提起剪根、漂洗、包装。

芥蓝芽可凉拌、素炒。

（九）蕹菜芽

蕹菜喜温暖湿润，芽生长适温为 25～35℃。蕹菜芽富含蛋白质、钙、铁、维生素 B_2 和 C，有清热解毒、凉血利尿之功，可治疗便秘、鼻衄、痔疮、便血、肿毒等症。

1. 消毒 场地、容器、基质都要消毒。场地可用福尔马林或硫磺熏蒸，容器用漂白粉或高锰酸钾消毒，基质用日晒或蒸煮。

2. 浸种催芽 浸种用 20～30℃温水浸 12 小时。基质用珍珠岩、蛭石 2∶1，放在育苗盘底部，浸湿，将浸种后的种子均匀撒在盘内，每盘用种 200 克左右，上覆湿基质，放在 20～25℃恒温中催芽，每天用温水淋洗种子 1 次，保持盘内湿润，待芽露白时揭去覆盖物，转入培育。

3. 培育 将催好芽的种子淘洗干净，分层放置于栽培架上，每 5～6 小时喷水一次，前期少喷水，后期喷水增加次数和数量，夏季架上要遮荫，并经常倒盘，每天通风 2 次以上。

4. 采收 当芽苗长 10～12 厘米，子叶展开，真叶未露，芽苗绿色，下胚轴白色，约 10 天左右可采收，采时轻轻拔起，洗净带根装盒。

蕹菜芽可凉拌、素炒，亦可与葱白一起煮汤，可治口角炎、舌炎、唇炎等维生素 B_2 缺乏症。

（十）菊花芽

菊花芽脆嫩清香，有清凉解暑、降低血压之功效。生长适温为 15～25℃，育苗盘生产，用珍珠岩∶蛭石 2∶1 混合作栽培基质。

1. 催芽 要选大叶菊花脑品种,种子要饱满,籽粒较大,无病虫害,发芽率高。

种子先放在冷水中浸泡 5~6 小时,再放入 55℃ 热水中烫种 15 分钟,用清水反复清洗 2~3 次,用纱布包好,放在 22~25℃ 左右的恒温中催芽,每天用温水淋洗一次,当 30% 种子露白时即可播种。

2. 播种 将育苗盘(60 厘米×25 厘米×5 厘米)清洗干净消毒,底部铺一层白纸或无纺布,再铺一层 2.5~3 厘米厚的珍珠岩和蛭石混合基质,浇透底水,将催芽后的种子均匀地撒于基质上,在种子上盖一层。0.5~1 厘米基质,喷湿基质,以表面湿润而不积水为度。

3. 管理 播后 5~7 天,种芽伸出基质层,要定期喷水,使相对湿度保持在 80%~85%,以促进种芽生长。

4. 采收 播种后 15~20 天,芽长 10~12 厘米时,将种芽连根拔起,抖去基质,剪去根部,洗净上盒,每 1 千克种子可生产 4 千克菊花芽。

菊花芽可炒食,亦可汤食。

(十一) 荞麦芽

荞麦每千克食用部分含粗蛋白 11.42 克,亮氨酸、缬氨酸含量高,它的嫩茎叶富含芦丁,有扩张和强化血管作用,还含有芸香甙、槲皮素等黄酮类物质,适于高血压、毛细血管脆弱性出血,防治中风、视网膜出血、肺出血。种子有健胃助消化止盗汗之功能。

1. 浸种 荞麦种子千粒重 18~34 克,以选中等大小,千粒重 26~28 克的品种为宜,一般用山西荞麦,芦丁荞麦,发芽率要在 95% 以上。

荞麦种子坚硬、不易发芽、要浸种。在 20~22℃ 清水淘洗,再用种子体积 2~3 倍 20~30℃ 温水浸泡 24~36 小时,4~6 小时搅拌一次,浸种后在 50~55℃ 热水中浸 10 分钟,用清水漂洗,冲去种皮上粘液,沥干。

2. 催芽 浸过的种子装入网纱袋,每袋 2~2.5 千克,上盖湿布,放在 23~26℃ 恒温处催芽,每天用 20~23℃ 温水淋 2 次,2 天后发芽。

3. 播种 将育苗盘洗净,底部铺一层无纺布,再铺一层 2.5~3 厘米厚的珍珠岩、蛭石基质,将发芽的种子抖散轻轻均匀地播入盘中,每平方米 700~800 克,以种子排列紧密但不重叠为度,播后盖基质 1 厘米,轻镇压,浇透水,上覆遮阳网。

4. 培育 播后保持床温 20~25℃,3~4 天可出苗,出芽后揭去遮阳网,使见光生长,去壳前少喷水,种壳脱落后保持湿度 85% 左右。

5. 采收 种壳脱落,子叶平展,苗高 13~16 厘米时即可采收,在早晚、连根拔起,扎成小把。荞麦芽可凉拌、炒肉丝和香菇做成"荷叶飘香"菜。

(十二) 花椒芽

在室内冬季囤栽或遮阳网夏季栽培,采集嫩芽、嫩叶供食。常用品种有大红袍、大花椒、小红椒及日本的无刺花椒。

1. 育苗 9 月下旬至 10 月上旬选紫红色的果实阴干,将种子与湿砂 5~6 倍层积处理,早春播种,8~10 天发芽,18~20 天出苗,出苗率达 65% 以上。

用营养钵或纸筒在 2 月上旬播种,基质为草炭或细炉渣 3∶1,加少量三元复合肥,10 厘米×10 厘米的营养钵装入 3/5 体积的基质,浇透水后放 3 粒种子,上覆 2 厘米厚基质,出苗后保持 15~27℃ 的温度,4 月底至 5 月初定植,定植前 1 星期进行炼苗。

2. 定植 选光线充足、土层肥厚的砂壤土,定植前 2~3 周,土地深翻至 25 厘米,每亩施堆肥 2 500 千克,腐熟鸡粪 240

千克，草木灰60千克，按60厘米行距沟栽，每沟栽2行，株距15厘米，浇透水。定植后2～3天浇1次缓苗水，6月份每亩施磷酸二铵15～25千克，7月上旬施硫铵20～25千克，施肥后及时浇水。注意叶锈病的防治，可用40％福星8 000倍或65％代森锌500倍，蚜虫可用吡虫啉1 000倍防治。

3. 花椒芽的栽培 4月下旬定植的花椒苗，到11月上旬可长到60～100厘米，主茎基部直径可达0.5厘米以上，栽时将苗在50～70厘米处剪断，栽在花盆中，盆土用园土6份，堆厩肥1份，草炭3份配制而成，栽植深度以根颈部原土痕处稍深为宜，每盆可栽60～100株，保持20～25℃温度，4月下旬可开始采芽，6月下旬后进行遮阴栽培，可进行滚动式采芽。

二十六、十字花科蔬菜病虫害的综合治理

（一）病害

十字花科蔬菜种类多，品种复杂，病害种类多，造成损失重。其病害发生的特点：一是流行性病害尚未得到根治，大白菜的霜霉病在生产中发生面积很大，大白菜的软腐病仍在发展，地区性、阶段性病害如炭疽病、黑腐病、黑斑病、角斑病、褐斑病等损失较大。二是土传病害逐年加重，根结线虫有发展的趋势，三是病毒病类型多，防治困难，四是生理病害普遍发生。

十字花科蔬菜的病害防治应采取以抗病品种、培育无病苗进行床土和种子消毒为基础，采取病害初期诊断，运用高效低毒低残留的化学农药及生物农药防治为主，结合进行栽培防治，生态防治及物理防治的综合治理技术，以达到经济、安全、有效，将病害造成的损失降到最低程度。主要病害及其防治是：

1. 病毒病 由毒原引起，主要有芜菁花叶病毒、黄瓜花叶病毒、花椰菜花叶病毒，还有萝卜花叶病毒，烟草花叶病毒。靠蚜虫传染。选用抗病品种如大白菜中的早熟1号、鲁白1、2、

3、4号、夏丰等，小白菜如矮抗青、三月慢、四月慢等。处理好病原及苗期蚜虫防治，发病时使用抗毒剂1号200～300倍液，或83增抗剂100倍液，或病毒A300倍液，或菌毒清500倍液，或1.5病毒灵乳油1 000倍，或1.5％植病灵Ⅱ号乳油1 000倍液，或40％病毒必克500倍液，或20％盐酸吗啉胍·铜可湿性粉剂500倍液，7～10天一次，连喷3～4次。

2. 霜霉病 采用抗病品种为主，化学防治为辅，用30％阿普隆拌种，为种子重量0.3％～0.4％，选用抗病品种如矮抗青、山东大白菜、青杂3、5号、夏阳、夏丰等。预防发病，在苗期、莲座初期及包心期可用80％大生可湿性粉剂500倍液，突发时可用58％甲霜灵锰锌500倍液，或40％乙磷铝可湿性粉剂200～400倍，或72.2％普力克水剂600倍液，或72％克露可湿性粉剂700倍液，或68％精甲霜·锰锌800倍。10天喷1次，共喷2～3次。

3. 软腐病 由欧氏杆菌引起，伤口侵入，要避免连作，选用抗病品种，可用菜丰宁B_1拌种（种子重量0.3％～0.4％）。发病初期可用链霉素或新植霉素200毫克/千克，或50％福美双可湿性粉剂700倍液，或20％噻菌铜（龙克菌）悬浮剂500倍液或47％加瑞农750倍。

4. 黑斑病 低温高湿易发生，在叶片下部病斑发生时用50％甲基硫菌灵500倍液，50％福美双500倍液，80％大生500倍液，或75％敌磺钠800倍液，5～7天一次，连喷3～4次。大白菜黑斑病都在封垄后发生，每6行留一行步道供打药用。

5. 炭疽病 轮作，选用抗病品种，用种子量0.3％～0.4％福美双、多菌灵拌种。发病初期可用50％多菌灵500倍液，或50％利得可湿性粉剂800倍液，或50％甲基硫菌灵500倍液，5～7天喷一次。连喷2～3次。

6. 白斑病 南方春季多发。发病初期可用50％多菌灵500倍液，或50％甲基硫菌灵500倍液，或40％多硫胶悬剂800倍液，每2周喷1次，连喷2~3次。

7. 根肿病 南方酸性土多发，pH5时每亩用石灰400千克，亦可用15%恶霉灵500倍或70%甲基硫菌灵600倍灌根，每株25毫升。7天一次，连灌3~4次。

8. 菌核病 初现水渍状，淡褐斑，扩大茎叶腐烂，上生白色棉絮状菌丝及黑色鼠粪状菌核，以菌核在病残株、种子中过冬，风雨传播。发病初期喷50%腐霉利可湿性粉剂2 000倍或40%菌核净1 000倍液，7~10天一次，共喷2~3次。

9. 黑腐病 细菌性维管束病害，初现V字形黄褐斑、叶脉坏死变黑，周围现黄色晕环。种子、病残体带病，雨水、昆虫传播。发病初期喷72%农用链霉素，新植霉素4 000倍液或50%琥胶肥酸铜1 000倍，7~10天一次，连喷2~3次。

10. 白锈病 初现淡绿色小斑点，叶背长出隆起白色小疱斑，呈椭圆或短条状，疱破散出白粉，使幼茎、花梗呈龙头状。以卵孢子病残体越冬越夏。发病初期喷64%恶霜·锰锌500倍或72%霜脲锰锌500倍液，7~10天一次，连喷2~3次。

（二）虫害

十字花科蔬菜常见的害虫有菜粉蝶、小菜蛾、菜螟、斜纹夜蛾、甘蓝夜蛾、蚜虫、叶蝉、粉虱、黄条跳蚤、潜叶蝇、叶螨及地下害虫。除农业防治外，还可用：

1. 物理防治 用黑光灯诱杀，高压汞灯诱杀、黄板、黄皿诱杀（蚜虫、粉虱）宝鸡广仁生物科技公司生产的特杀特、粘虫板，规格20厘米×30厘米，诱杀效果好。还有银灰膜驱蚜等。

2. 生物防治 用Bt乳液8万国际单位/毫克，可湿性粉剂6 000国际单位/毫克（湖北Bt研发中心生产）或美国雅培公司生产的先力生物杀虫剂，含量1.5万国际单位/毫克，对小菜蛾、菜粉蝶、斜纹夜蛾、甜菜夜蛾有效。

病毒剂有菜青虫颗粒体病毒制剂，小菜蛾、地老虎颗粒病毒制剂，中国台湾甜菜夜蛾核型多角体病毒，斜纹夜蛾、甘蓝夜蛾多角体病毒均已商品化。

菜田放赤眼蜂，引进弯尾姬蜂、螟黄赤眼蜂、凤蝶赤眼蜂、卷蛾分素赤眼蜂防治小菜蛾、菜粉蝶效果很好。日本产小菜蛾性诱剂、中国台湾产甜菜夜蛾性诱剂、俄国产甘蓝夜蛾引诱剂K-1、米B-2等，均能起控制作用。

3. 化学防治　抗生素如爱比菌素（阿维菌素、爱力螨克、爱福丁、齐螨素、7501杀虫剂）1.8%乳油2 000倍、浏阳霉素10%乳油1 500倍防治鳞翅目害虫及菜蚜、叶螨，效果很好。

植物源杀虫剂如2%印楝素乳油1 000倍、0.5%川楝素乳油1 000倍液，防治菜青虫有效。

昆虫生长调节剂：如除虫脲、灭幼脲、卡死克、抑太保、盖虫散等。

高选择性药剂如50%抗蚜威、50%辟蚜雾对菜蚜，5.7%百树得乳油或2.9%保得乳油对菜螟、菜青虫效果都很好。

第四章

食根、茎蔬菜

一、胡萝卜

(一) 品种

胡萝卜有欧亚两生态型,欧洲型为短根品种,抽薹晚,可在春夏播种,成熟早,根形小(50~80克)。亚洲型为长根型品种,以秋冬栽培为主,根形较大。

盆栽胡萝卜应选红皮、红肉,芯柱及顶盖极小,无青头,皮光滑,肉质细腻,口感脆甜,形状整齐的品种,目前主要的有:

1. 透心红 陕西地方品种。叶簇直立,株形紧凑,肉质根圆柱形,尾端稍膨大,纵长15.9厘米,横径2.4厘米,皮、肉鲜红色,木质部很细。肉质细嫩,脆甜,水分多,品质佳,单根重70克,生长期110天左右。

2. 红小(町)人参 日本品种。肉质根近球形,皮肉红色,品质好,宜生食,早熟,生长期50~70天。

3. 三寸胡萝卜 日本品种。肉质根短圆锥形,长10厘米,皮、肉红色,早熟。

4. 微型胡萝卜 日本品种。肉质根长10厘米,细长,皮、肉红色,品质好,宜生食,早熟。

5. 红芯1号 北京蔬菜研究中心用雄性不育系A96-1与新黑田五寸分离的自交系H119-5-4杂交而成,肉质根长圆柱形,长20~21厘米,肉质根、肉及心柱均为橙红色,心柱细。口感脆甜，胡萝卜素含量100～200毫克/千克。叶色浓绿，叶丛半直立，耐热性强，抗黑斑病及线虫。

6. 红誉五寸 日本品种。肉质根圆柱形，长20厘米，横径5厘米，平均单根重250克，皮肉、心鲜红色，芯柱和顶盖极小，皮光滑，无青头，肉质细腻，口感好。

7. 新黑田5寸 日本品种，根长圆锥形，皮肉橙红色，上下粗度一致，根长18～20厘米，横径3.2～3.5厘米，单根重98～120克，质嫩脆，味甜汁多，品质优良。

8. 扬州红1号 江苏扬大选出，中晚熟种，肉质根长圆柱形、根长14～16厘米，横径3.3厘米，单根重95～105克，皮、肉、心柱皆为橙红色，心柱细，味甜多汁，品质优良。

（二）盆栽技术

胡萝卜根系发达，是深根性蔬菜，根系由肥大的肉质根、侧根、根毛组成。根的韧皮部肥厚，心柱细小是优良品种的特征，肉质根上着生4列纤细侧根。茎为短缩茎，着生在肉质根的顶端，叶为三回羽状复叶，浓绿密生茸毛。复伞形花序，白色或淡黄色。双悬果。

种子发芽适温为20～25℃，叶生长适温白天为18～23℃，夜温为13～18℃，肉质根膨大期要求白天温度为13～23℃，夜温为13～18℃。因此叶丛生长期宜在温度较高时，肉质根形成期安排在冷凉的秋季或初夏。

胡萝卜为长日照蔬菜，营养生长适宜中等光强，长日照完成光照阶段，抽薹开花。

胡萝卜根系发达，叶片耐旱，生育期耐旱，以土壤最大持水量的60%～80%为宜，肉质根旺盛生长膨大时宜保持土壤湿润。

肉质根的生长以土层深厚、肥沃、排水良好的沙壤土为宜，适宜的土壤pH值为5～8。对氮、钾的吸收量大，磷肥次之，不能在粘土，积水及砖石杂物太多处生长，以免出现歧根，裂根和烂根。

1. 播种 胡萝卜有春、秋两季，以秋播为主，北方地区在7月上中旬播种，江淮地区在7月中旬～8月中旬播种，华南地区在7～9月播种，春播在2～3月进行，胡萝卜应选新鲜的种子，种子外有毛结成团，播前应搓去刺毛，使种子分开，便于吸收水分。

屋顶种植用条播或撒播。条播按18～20厘米开沟，沟深2厘米，将种子沿沟播下，覆土平沟。每亩播种量0.75千克。撒播可拌入2～3倍细土，均匀撒籽，每亩用种1～1.5千克。浅耙搂平，使种子入土。

盆栽胡萝卜应选高桩圆盆，深度要超过胡萝卜肉质根长度的5～10厘米，一般在20～30厘米。盆土用园土5份、泥炭土2份，河沙2份及堆厩肥1份配制而成，不能使用新鲜未腐熟的肥料，盆底加入饼肥0.3千克，过磷酸钙0.2千克，草木灰0.5千克。播种前应严格筛选、淘汰秕、小、劣种，人工搓去种子的刺毛，用40℃温水浸种2小时，而后用纱布包好保湿，置于20～25℃的温度条件下，2～3天种子露白后播种。

播种时先将基质调好水分，播种深度2～3厘米，覆土厚2厘米，压实，一般每盆播种种子5～20粒，覆草盖地膜。

2. 管理 幼苗出土后及时揭草，在幼苗2～3片真叶时进行间苗，使株距保持3厘米，4～5片真叶时定苗，10厘米盆留1株，20厘米盆留2～3株，30厘米盆留4～7株。胡萝卜出苗慢，幼苗期长，要及时松土除草。

播种至苗出齐保持盆土湿润，一般1～2天要浇一次水，出苗后保持盆土见干见湿，土壤最大持水量以65%～80%为宜，一般2～3天浇一次水。在7～8叶期应进行蹲苗，减少浇水，进行深中耕，抑制叶部徒长，促进主根下伸。从肉质根膨大到采收，要及时浇水，每2～4天浇水一次，保持土壤湿润，促进肉质根的生长，这时如供水不足不匀，会造成肉质根木栓化，侧根

第四章 食根、茎蔬菜

增多和裂口,降低品质,收获前 10～15 天可停止浇水,便于采收。

第一次间苗后,每盆施尿素 10～30 克,促进幼苗生长,肉质根膨大初期,每盆施复合肥 20～30 克,施后浇透水,后期应控制氮肥,喷施 0.2％的磷酸二氢钾,以提高品质。

3. 采收 盆栽胡萝卜自播种至采收早熟种 80～90 天,中熟种 90～110 天,晚熟种 120 天以上。盆栽胡萝卜根据主人的需要,只要肉质根充分长大,即可随时采收食用。

4. 病虫害防治

(1) 黑腐病 叶片受害初现无光泽的红褐色条斑,扩大后叶片枯黄,上生黑色绒毛状霉层。肉质根受害初现不规则或圆形稍凹陷的黑斑,上生黑色霉状物,扩大后病斑深入内部,使肉质根变黑腐烂。病菌在病残体或病根中越冬,伤口入侵,贮藏期亦能发病。发病初期可用 65％代森锌 600 倍或 58％甲霜灵锰锌 600 倍液喷布,7～10 天一次,连喷 2～3 次。

(2) 黑斑病 病斑先在叶尖与叶缘发生,初现不规则褐斑,扩大后周围褪色,上生微细黑色霉状物。病菌在病残体越冬,风雨传播。发病初期可喷 50％多菌灵 800 倍或甲基托布津 600 倍防治。

(3) 灰霉病 在贮藏期为害肉质根,使肉质根软腐,上生灰色霉状物。病菌随病残体在土壤中越冬,低温潮湿易发病。可在入窖前用硫磺熏蒸杀菌消毒。

(4) 细菌性软腐病 肉质根发病后,组织软化,出现水浸状褐色软腐,有臭味。病菌随病残体在土壤中越冬,昆虫、雨水传播,伤口入侵,发病适温 27～30℃。发病初期可在地表喷链霉素 200 毫克/升或敌克松原粉 500～1 000 倍或氯霉素 200 毫克/升,7～10 天一次,连喷 2～3 次。

(5) 菌核病 为害肉质根,使肉质根软化,外部现水浸状病斑后腐烂。表面出现白色绵状菌丝状和鼠粪状菌核。菌核初期白色后变黑色。以菌核在土壤中过冬,风、雨、接触传播。发病初期可用 50％甲基托布津 500 倍或退菌特 1 000 倍,7 天 1 次,连喷 2~3 次。

(三) 胡萝卜出苗慢,出苗不齐的原因,如何解决?

胡萝卜种皮厚实,外有细毛,相互扭结成团,吸水慢,种子寿命短,发芽率低(70％~80％),如遇雷雨,土壤极易板结,造成出苗少,甚至苗太少不够长的,是生产上经常会遇到的问题。

解决的办法:选用光籽品种,如毛籽品种,在播前将刺毛揉掉,或用手木耷将毛团去掉。可以温汤浸种催芽,播前浇足底水,播后耙匀盖种,盆面覆膜或盖草,保证土壤不过干过湿。有些菜农用少量青菜种子混播,利用青菜出土和出苗生长快,促进胡萝卜早出苗,出苗后及时拔掉青菜食用。

二、牛蒡

牛蒡,别名牛菜、牛翁菜、大力子、白肌人参等。原产亚洲和北美。

牛蒡原是野菜,现已成为出口创汇和营养保健蔬菜。食用部分为肉质根、有香气。

肉质根直径 3~4 厘米,长 50~100 厘米,外皮粗糙,暗褐色,肉质灰白色。茎高 1.5 米,根出叶丛生,茎出叶互生。叶大而厚,卵形或心脏形。7~8 月开花,淡紫色。果实灰褐色,长椭圆形,为瘦果,从开花到种子成熟 30~40 天,千粒重 12~14 克。

牛蒡性喜温暖湿润的气候,种子发芽适温为 18~22℃,植株生长适温 20~25℃。幼苗生长弱,不耐高温怕强光,地上部不耐寒,气温 5℃茎叶枯死,肉质根较耐寒,在 0℃以下仍能生长。

牛蒡在根粗 3～9 毫米以上,经过 1 400 小时以上-5℃低温和 12 小时以上长日照,通过春化阶段,抽薹开花。牛蒡种子或植株都喜光,光能促进种子发芽。植株在强光和长日照下发育良好。

牛蒡较耐瘠,对土壤要求不严,但以沙土生长的肉质根形大而美观但外皮粗糙、肉质不致密、易空心、少香气;在黏土中生长的肉质根致密、柔软、香浓、不空心但侧根多,外观不美、一级品率及商品价值低,收刨困难。土壤 pH 以 6.5～7.5 为宜。不耐涝,忌连作,一般轮作间隔 5～6 年。不宜以萝卜、甜菜、甘薯、花生、茄子、辣椒为前作,以谷类、叶菜类为好。牛蒡适宜种植在地势平坦、土层深厚、地下水位低、排灌两便、中性的砂壤土或腐殖质壤土。

(一) 品种

1. 柳川理想 原产日本。肉质根长 70～80 厘米,粗 3 厘米,根端丰富圆满,外皮光滑裂纹少,肉质细致柔嫩,香味较浓,品质好。

2. 扎幌 原产日本。肉质根较粗,品质中等,适应性广。

3. 白肤 肉质根长 100 厘米,粗 3 厘米,根皮淡褐色,肉质柔嫩,灰色,汁少、褐变轻。

4. 上海牛蒡 上海 1937 年从日本引进。肉质根长圆柱形,长 65 厘米,粗 3 厘米,皮黑色,肉白色,单根重 0.5 千克,根细嫩脆香,抗病虫能力强。

此外,还有度边早生牛蒡、野川牛蒡、大长根白内肌牛蒡、松中早生、旱田早生牛蒡。

(二) 庭院牛蒡栽培技术

1. 选好土壤,分层施足基肥 牛蒡适于活土层 20 厘米以上、地下水位1米以下、土质肥沃的河潮土或砂壤土栽培,以粗中砂占10%以下,细沙占70%,黏粒占20%左右为宜。为了多出一级品,宜在冬春按70厘米挖沟,沟宽40～50厘米,深80厘米左右,每亩施入土杂肥2 000～3 000千克,三元复合肥40千克或堆厩肥2 000千克、磷酸二铵50～75千克、硫酸钾30～50千克,一层肥一层土拌匀填平沟,顺沟放水使土壤沉实,每畦按1.5米宽起垄,垄顶宽60～70厘米,底基1.1米,高60～70厘米。

2. 适时播种,确保全苗 牛蒡分春、秋两季栽培,春植在3月下旬至4月中旬种植,盖地膜在3月上旬种植,秋播在9月上中旬至10月上旬种植。播前用50～55℃温水浸种10分钟,漂去秕子,然后用湿纱布包好,放在25℃左右催芽,4天后,当种子有85%发芽时,即可播种。

如用大小行起垄栽培,大行距70厘米,小行距40厘米,在垄上按10厘米穴距开穴,每穴点播种子2～3粒,覆土厚1.5～2厘米,每亩用种0.5～0.7千克,上覆地膜,在播前要浇透底水,保持水分,促进早出苗、出齐苗、出壮苗。条播先在垄面中间开浅沟、沟深2～3厘米,浇足底水,等水下渗后,将种子均匀播入沟内,然后覆土镇压,拍平垄面,上覆地膜。牛蒡不宜移植、补种,一定要一播确保全苗。

3. 精心管理 牛蒡播后7～10天可开始出苗,在傍晚或阴天及时破膜,用细土压膜口周围,条播田块及时进行间苗,15天左右定苗。点播的1～2片真叶开始间苗,每穴留2株,3～4片真叶行第二次间苗,每穴留1株。间苗时拔除生长弱或过旺、畸形、叶片多或圆形下垂、叶缘缺刻多、根系露出土面的劣苗,留下根系没有裸露,叶数少先端向上的良苗,使每亩保留1万株苗左右。

牛蒡生长期长,生长量大,需肥水较多,第一次间苗松土后,在晴天下午5～6时,用0.5%尿素加0.1%磷酸二氢钾混合液喷叶;第二次间苗后,离苗15厘米处在幼苗一侧加水施复合肥20~30千克;在肉质根膨大期,在植株两侧开沟,每亩施入腐熟饼肥25千克和掺水一半的人畜粪尿500千克,并用0.3%磷酸二氢钾隔7~10天喷2~3次。苗期一般不宜浇水,浇水过早,根层浅,歧根多,到中后期如天旱,15天左右浇水一次。夏季多雷暴雨,一定要及时排水,特别在中后期。牛蒡生长缓慢,苗期最怕"草吃苗",要及时中耕除草,在封行前中耕2~3次。

4. 及时防治病虫害 牛蒡常见病害有黑斑病、褐斑病、立枯病、白粉病、紫纹羽病等,虫害有蚜虫、金针虫、象甲、斜纹夜蛾、蛴螬等。牛蒡易感立枯病,一般在幼苗刚出土时用400倍液的2%抗枯宁润苗,2~3片叶时喷400倍液的20%抗枯宁或800倍液的40%多菌灵。

黑斑病在土壤表面与根颈相接处或下部叶片产生不规则形的褐色病斑,使幼苗枯死。发病初期可用400倍波尔多液或0.005%多抗霉素或50%福美双可湿性粉剂600倍液防治。白粉病可用15%粉锈灵1 500倍液,每隔15~20天喷1次,并可用75%百菌清可湿性粉剂800倍液,每隔7天喷1次。紫纹羽病在发病初期可用70%五氯硝基苯0.5千克拌细土15千克配成药土撒在根部,或用50%苯来特可湿性粉剂1 000~2 000倍液灌根。

蚜虫在初孵化期喷50%抗蚜威可湿性粉剂3 000~5 000倍液或10%灭虫精5 000倍液防治。用Bt乳油1 000倍液防治成虫。斜纹夜蛾用2.5%功夫乳油3 000倍液喷洒,地下害虫用毒土防治。

5. 适时采收 牛蒡在10月下旬到11月上旬收获,收时沿垄一侧挖沟,沟宽30~40厘米,深60~70厘米,小心慢拔,以免折断。

(三)牛蒡的盆栽技术

盆栽牛蒡秋栽在7月上旬至8月中旬播种,春播在3月播种。春播都用早中熟种,如度边早生、松中早生及旱田早生等。秋播用柳川理想、野川及大长根白内肌牛蒡等。

1. 播种 牛蒡根长50～80厘米,盆栽要用木桶、签筒、种植槽及龙缸等种植,盆土用园土：腐熟堆厩肥按8：2配制而成,每盆加复合肥50克、硫酸钾30克。混合拌匀。种子播前用55℃温水浸种10分钟,后用30℃浸4～6小时,沥去水分,即可播种,每盆播2～3穴,每穴播2～3粒种子,覆土厚1.5～2厘米。播后保持土壤湿润,10～15天即可出苗。齐苗后,间去生长过强和过弱的苗,保留正常苗,每穴留苗1株,苗距7～10厘米。

2. 管护 栽培牛蒡的容器放入阳台,通过窗户、纱窗的开关,使室内温度保持20～25℃。

整个生长期可进行2次追肥,在定苗后10～15天,追三元复合肥水20～40克,促苗早发棵,快长根;在肉质根膨大期进行第2次追肥,每次追三元复合肥40～50克加20克硫酸钾水溶液,每隔7～10天,可喷0.5%尿素加0.1%磷酸二氢钾溶液,共喷3～4次。浇水夏天早晚浇水一次,春秋天2～3天浇水一次,浇要浇透,见干见湿,切忌盆内有积水或盆底孔不通,浇水不能及时排出。

3. 采收 秋播牛蒡播种后240～260天,春播在播后170～190天为采收适期,采收时将地面上留15～20厘米长的叶柄,割去叶柄,用手拔出,防止根折断和损伤,除去须根与泥土。

三、芦笋

芦笋又称石刁柏、龙须菜等,属于百合科天门冬属。原产欧洲地中海沿岸和小亚细亚一带。

幼嫩的芦笋,低热量、风味鲜美、芳香、纤维柔软可口。各种氨基酸比番茄、大白菜高1～8倍,硒的含量较高。还有特殊保健效果的天门冬酰胺，多种甾体皂甙物质、芦丁、甘露聚糖、胆碱、叶酸等，对食欲不振、疲劳症、心脏病、高血压、心律过速、水肿、膀胱炎、肾炎、排尿困难和癌症都有一定的疗效。

芦笋原产亚热带北部和温带地区，冬季地上部枯死，但地下宿根，根状茎、根群极耐寒，能安全越冬。翌春抽出幼苗供食，经人工软化成肉色白芦笋，不培土任其阳光照射形成绿色嫩茎为绿芦笋，是我国的出口物资。

植株可分地上部茎叶、地下茎和贮藏根三部分。食用嫩茎系地下茎的鳞芽萌发伸长，长成地上茎，其上互生鳞片叶，是一种丧失光合机能的变态叶，代之进行光合作用是其分枝叶状茎，称为拟叶。地下茎短缩横生，交互并列、其先端形成鳞芽群，是萌发地上茎的器官，鳞芽群数目，鳞芽健壮与否与嫩茎产量有关。贮藏根从地下茎发生，长达2米，粗2～6毫米，从贮藏根上发生纤维细根，是吸收器官。

芦笋雌雄异株，雌株茎粗高大，茎数少，雄株茎细矮，寿命长，萌发早，年产量较雌株高20%～30%，果圆球形浆果，幼果青绿色，熟后红色。种子黑色，半球形，每克种子40～50粒，寿命3～7年。

芦笋栽培10～15年，5～6年产量最高，10年就更新。在亚热带南方气温高，生长快，5～6年就更新。

一年中气温5℃开始萌芽，10℃以上开始茎伸长，到秋季20℃以下萌芽减少，经霜冻2～3次枯黄。

芦笋既耐寒又耐热。种子发芽最低温为10℃，最适25℃，植株在20～30℃生长快，15～17℃嫩茎质量最好，25℃以上质量变劣。芦笋要求土层深厚，疏松，地下水位低，排水良好的砂壤土或壤土，pH6～6.7为好。耐旱不耐湿，土壤积水易发病，水分供应不足，嫩茎少而细。芦笋喜光，对光照强度要求不高，光饱和点为40千勒克斯。

（一）类型与品种

优良品种应高产优质，嫩茎抽生早、多、大、匀，先端圆钝而鳞片包紧，在高温下不松散。抗性强。见光后淡绿色或淡紫色。绿芦笋还要求植株高大，分枝发生部位高、笋尖鳞片不易散开、色深绿。

我国引进的白芦笋品种有美国西尼卡华盛顿、玛丽·华盛顿、加州 800、加州 72 等。绿芦笋品种有加州 813、加州 309、加州 711、加州大学 157、日本北海道瑞祥、我国台湾省的台南 1 号、2 号、3 号。白芦笋还有潍坊 88-30。现在推广的品种有：

1. 玛丽·华盛顿 早熟，生长较旺，幼茎较肥大整齐，高温条件下头部不易松散，抗锈病，但幼茎肉质较粗，不抗茎枯病。

2. 玛丽·华盛顿 500 号 早熟，幼茎发生较多，大小较整齐一致，头部芽鳞包被较紧，产量高。但幼茎较细，抗病力较弱。

3. 加州大学 800 号 中熟，幼茎发生较多，生长速度快，产量高，幼茎较肥大，但在高温条件下头部易松散。

4. 加州大学 157 植株较高大，生长势强，幼茎发生较多，中大，上下粗度较一致，产量高，品质好，较耐湿，较抗茎枯病。生长较整齐一致，为一代杂种。

5. UC309 植株高大，长势强，发茎数少，嫩茎肥大，大小整齐，茎顶鳞片包裹紧密，圆钝，不易散开，外观与品质俱佳，色绿，抗锈病，不抗茎枯病，不耐湿，作绿芦笋栽培。

6. UC72 萌芽性晚，植株高大，长势强健，嫩茎粗大，茎数多，头部紧密，色浓绿，大小整齐，空心笋少，丰产但不耐高温。

7. UC873 由玛丽·华盛顿 500 的高产雌株与优良雄株 D37

交配育成，具有高产、品质好的优点，但嫩茎大小不匀，细茎多。

8. 巨大新泽西 植株特高大，长势强健丰产，嫩茎较粗，头部紧密，但嫩茎见光后呈深紫色，种子价贵，适于露地栽培。

9. 阿波罗 嫩茎平均茎粗 1.59 厘米，质地细嫩，纤维少，色深绿，散头率较低，抗病性强，亩产可达 1 200～1 500 千克。

10. 紫色激情 多倍体，嫩茎紫罗兰色，散头率较低，多汁微甜，生食口感极佳，抗病，亩产 750～1 000 千克。

11. 阿特拉斯 F_1 杂交优势突出，产量高，单笋重 26 克以上，分枝点约 60 厘米，茎粗壮，笋尖包头紧实，色深绿，平均直径 1.8 厘米，为绿白兼用种。

此外，还有绿色奇卫、法国的利玻赖西沃、鲁梅衣罗等全雄一代杂种。

（二）芦笋的庭院栽培

1. 育苗 春播在 3 月中下旬至 4 月初进行。种子要新鲜，密封包装。芦笋种子皮厚坚硬，外被蜡质，不易吸水，播前要催芽，将种子先用清水漂洗，再用 50% 多菌灵 300 倍液浸泡 12 小时，再用 30～35℃ 温水浸泡 48 小时，浸泡期间每天换水 1～2 次，待种子充分吸胀后，将种子滤出，放在盆中，上盖湿布，在 25～28℃ 条件下催芽，每天用清水淘洗两次，当有 10% 左右胚根露白，即可播种。苗床选质地疏松、富含有机质、排水保水良好的沙壤土，以中性偏酸为宜。耕翻深 25 厘米，每亩施腐熟有机肥 3 000 千克，氮、磷、钾各为 15% 复合肥 50 千克，混匀作成 1.2 米的育苗畦，亦可做成营养土块。播前浇足底水，按株行距各 10 厘米划线，将种子点播在方格中，覆细土 2 厘米，覆膜。白芦笋每亩用种 60 克，育苗面积 20～30 米^2，绿芦笋每亩用种 75 克，育苗地 30～40 米^2。早春育苗可环棚盖膜，拱棚内温度为 25～28℃，夜温 15～18℃，苗出齐后如棚温超过 30℃，可通风炼苗。床土在出苗前保持湿润,出苗后见干见湿,每15天喷0.5%磷酸二氢钾和尿素液7克。当幼苗长出3个以上地上茎时定植。

秋播在9月上旬进行,与春播一样进行种子催芽,10%种子露白播种,与春播一样整地施基肥,按10厘米行距划线,单子点播,覆土2厘米,盖遮阳网,冬前小拱棚保温。出苗前及时浇水,保持床土湿润,齐苗后间苗保持苗距7~10厘米,苗呈绿色时,施1%尿素加氯化钾液,在霜降前2个月追肥1~2次,及时中耕除草,适当培土,使鳞芽发育粗壮。

2. 定植 定植前每亩施厩肥3 000千克加草木灰500千克翻入土中,按行距绿芦笋1~1.4米,白芦笋1.8~2米开沟,沟深30~40厘米,宽50~60厘米,在定植沟内施厩肥2 000千克铺于沟底,若用堆肥加过磷酸钙30千克,尿素7千克,氯化钾10千克,填土踏实使沟保持15厘米左右。

定植在4月上中旬进行,株距25~40厘米,覆土厚5~6厘米,踏实浇透水。苗龄60~80天,株高25厘米,茎数3个左右小苗就可定植,保护地营养钵育苗在4月下旬至5月上旬栽植,第二年春天开始采收嫩茎。

栽植前先起苗,先沿笋苗株行中间,用铁铲割成方块,然后带土将苗起出,按株距25厘米植于定植沟内,笋苗鳞茎盘低于定植沟表面10~12厘米,然后浇水自然踏实,等水渗下后,适时松土保墒。

3. 加强肥水管理 芦笋采收期长,次数多,养分消耗大,必须及时补充,特别是氮肥,亩产1 000千克的嫩笋,需纯氮15~22.5千克,磷4.5~8千克,钾15.5~20千克。

幼龄期施肥总量比成年少,但次数多,出苗后以氮肥为主,追肥从定植后1个月开始,每隔20~30天追1次,每亩施尿素20千克。第2次用氮、磷、钾复合肥30千克。到8月底,重施秋发肥,每亩施磷酸二铵30千克,硫酸钾20千克,增强抗性,积累养分。

定植当年的具体施肥方法是，定植后20天进入正常生长期，在3～4月发芽前每亩追尿素30千克或碳酸氢铵50千克，施时距芦笋20～25厘米顺垄开沟，沟深10厘米，将肥施入沟内覆土耙平。

定植后40～50天，应追第2次秋发肥，这时接近嫩茎抽发高峰，这次以复合肥为主，每亩追氮、磷、钾复合肥40千克，尿素10千克。

2年生以后早春适时浇水，中耕保墒，排涝防渍。施肥次数同第1年，但量可多一些。第3年开始进入采笋期，应推广留母茎采笋法，在嫩笋萌发初期，进行见笋采收，到5月上中旬每蔸留2～3条母茎，长到70～80厘米时摘心，使采笋期延长。成年期，在发芽前追催芽肥，每亩可施有机肥5 000千克，复合肥50千克，20千克阿波罗963固体冲施肥，施于培土垄两侧的取土沟内，撒土覆盖，随后浇透水，促进幼芽萌发出土。8月中旬，每亩施复合肥30千克，随水冲施阿波罗963固体冲施肥20千克，及水剂500毫升，7～9月喷施叶面肥。

4. 及时排灌和中耕除草　梅雨季节要清沟排渍，做到雨住田干防止烂根。夏季高温干旱，及时浇水，采收期每10天隔畦浇水一次，采后保持土壤湿润。绿芦笋比白芦笋耗水多，以见黑（潮）不见白（干）为管水原则，保持湿而不渍。

雨季多中耕、中耕要浅，除草要净。10月初后，每隔1月中耕一次。

白芦笋在采前10～15天，离地面10厘米处土温达10℃时，在晴天在离植株两侧25～30厘米处取土，培成高25～30厘米，上宽27厘米，下宽50厘米的土垄，垄形笔直，拍碎盖严，覆黑膜或小拱棚。

5. 整丛打顶，防止空心　9月上中旬每丛保持30株，多的要去掉，株高1～1.5米时，进行打顶。采收结束后，清除残桩枯叶，保留 5 厘米厚土盖根外，将培土全部扒掉，冻死害虫。

芦笋的空心与温度、氮肥过多有关，可选用不空心品种"西德全雄"，配合冬季培土，早春盖膜、采茎前期少浇水，不偏施氮肥等办法。高温、干旱、积水、氮肥太多、土壤黏重、偏酸、机械伤会加重苦味，选用苦味少的"玛丽·华盛顿 500 W"品种。

6. 病虫害防治 芦笋的虫害有沟金针虫、斜纹夜蛾、蓟马、蚜虫及地下害虫等。沟金针虫是新发现的害虫，在培土前，在地表一次性施入加保富毒土剂，培土 5~10 厘米，防效可达 90%以上。斜纹夜蛾用菜安保 500 倍液或 2.5%溴氰菊酯 3 000 倍液，在 1~2 龄幼虫期喷 1~2 次。地下害虫用毒土防治。蓟马用 70%艾美乐 0.5 千克对水 12.5 千克防治。

芦笋的病害有软腐病、茎枯病及褐斑病。褐斑病在 7~9 月用多菌灵 1 000 倍液、代森锰锌 500 倍液喷洒。软腐病可用 70%敌克松 800 倍液喷穴。芦笋病害以茎枯病最严重。在留养母茎前用 40%芦笋青 60 倍液或 1 000 倍液 70%甲基托布津液浇根基一次；在留母茎时，当嫩茎 5 厘米高时，开始用芦笋青 50 倍液用纱布涂在嫩茎上，隔天涂一次到分枝为止；母茎分枝后用芦笋青 200~500 倍液喷雾，前期浓度高，放叶后降低浓度，每 3~5 天喷一次，直至母茎成熟停喷，同时要加强田间管理，清除枯枝残叶，减少病源。亦有用 3%食盐水与 500 倍多菌灵混合液，涂或喷 2~3 次。

7. 采收 在田间发现土面有裂缝或湿润圈，有嫩茎上升的标志即扒开表土，按嫩茎的位置插入掘笋刀至笋头下 17~18 厘米处切断。不能损伤地下茎或鳞茎。出笋盛期早晚各采一次。采收时绿芦笋要求笋尖鳞片松散。每天早晨将长 21~24 厘米的嫩茎齐土面割下。

芦笋种后第 2 年开始采收，每年采 2 次，第 1 次在 4~6 月，第 2 次在 9~11 月。栽培白芦笋，采收在春季地温升高后幼苗未出土前进行。采收绿芦笋于嫩茎高 23～26 厘米时齐土面割下。

（三）芦笋的盆栽技术

芦笋嫩茎挺直、鳞片紧包、形如石刁，枝叶展开酷似松柏，雄花淡黄色，雌花绿白色，成熟果赤色，是一盆很有欣赏价值的花卉。

适于盆栽的品种应植株较矮，嫩茎发生多，大小整齐、抗病力强。如加州 157、阿波罗、紫色激情及绿色卫奇等。

1. 播种 芦笋种子皮厚坚硬，吸水发芽缓慢，播前用清水浸种 3～4 天，每天换水一次，并用毛巾或棉布反复搓擦，除去种皮腊质，冲洗干净，浸后取出放筛中摊晾到稍干可以散开时即播。

播种选直径 20～30 厘米的塑料盆，基质用疏松、肥沃的园土加 20％腐熟厩肥，拌匀摊平。一般当土温达 10℃以上时在 3 月中下旬～4 月初取新鲜的种子播种，春播当年幼苗生长较大。播前盆面浇足底水，按 10 厘米距离划开沟条点播，深 2～3 厘米，覆土，放进阳台中。白天温度为 25～28℃，夜间 15～18℃。待苗出齐后及时补苗。出苗后见干见湿，喷施 0.1％的磷酸二氢钾和 0.5％尿素液。当幼苗长出 3 个以上地上茎时，即可定植。

2. 定植 芦笋根量大，根群发达，生长期间耐旱不耐涝，不耐酸，较耐碱，盆土用肥沃的中性沙壤土，每盆施腐熟厩肥 3 千克，复合肥 50 克，如有草木灰可加 1 千克拌匀。每盆种一丛，使笋苗鳞茎盘低于定植穴表面 10～12 厘米，使肉质根向两旁舒展，覆土拍实浇水。

3. 幼年期的管理 定植 1～2 年，主要是促进茎数增多，茎秆增粗，绿枝期延长，为进入成年期优质高产打基础。幼株萌芽后，及时松土除草，苗高 10 厘米时施一次 10 倍饼肥水，定植后一个月开始，每隔 20～30 天追 1％尿素液，第二次用复合肥，每盆20～30克。到7～8月份重施氮钾肥，每盆施磷酸二铵30克、硫酸钾20克。浇水要做到小水勤浇，见干见湿，春秋2～3天一次，夏天每天早晚一次。

4. 二年生以后的管理 进入第三年开始采笋，每盆施50克复合肥，8月中旬后再施一次。白芦笋，当气温10℃以上时，长江流域在3月中下旬，华北地区在4月上中旬进行培土。培土后15～20天开始采笋。早春开始要清除枯枝、落叶，浅锄松土，并向根基浇70%甲基托布津600倍液。

5. 采收 芦笋种后，每年可采笋2次，一次在4～6月，第2次在9～11月，夏季不采收。白芦笋嫩笋出土前垄的顶部土壤表面有裂缝或顶瓦现象，用手轻扒垄土，露出5厘米嫩芽，手捏笋尖下3厘米处，将刀与地平面呈70～75度角，距嫩茎3厘米处插入土内，当土内发出响声，嫩茎已割断，即可取出。采笋时不可损伤地下茎和鳞芽。如采取绿笋，在嫩茎高23～26厘米时齐土面割下。

四、山药

山药属薯蓣科薯蓣属，原产我国，有家山药与田薯两个种。

山药以特异块茎供食，食用块茎（以干物质计）含粗蛋白14.88%，粗脂肪3.78%，淀粉43.79%，全糖1.44%，磷0.72%。块茎中的具粘胶物质，主要成分为乙氨基一[5]胍基戊酸，可提取代肾皮素，能治风湿症、哮喘、急性白血病、糖尿病、遗尿、遗精、盗汗、肠炎及虚弱等症。

山药块茎大多长形，最短30～50厘米，最长可达1米以上，断面扁圆柱形，粗3～5厘米，外皮淡褐至红褐色，有根毛多、外皮不光整的毛皮山药（药用品种）和根毛少的光皮山药。山药地上部有腋芽变态的气生块茎（零余子、山药豆）可供繁殖用。

种薯萌芽温度为 10℃ 以上，催芽温度为 20℃，茎叶生长适温为 25～28℃，块茎肥大适温为 20～25℃，10℃ 以下停止生长。5℃ 以上不会受冻。山药忌连作，较耐旱、怕渍、耐肥、好钾，适于生长在土层深厚、中性、疏松、肥沃的砂壤土。

（一）品种

药用山药块茎呈长柱形，主要分布在北方；菜用品种呈扁形或圆筒形，大多分布在南方。著名品种有四川、湖南的脚板薯、江西竹篙薯、怀山药、来山药、长山药、大红皮及小白皮等。

优良的品种有：

1. 花籽山药 产江苏沛县。块茎长圆柱形，长 150 厘米，粗 3～5 厘米，单块重 2～3.5 千克，外皮浅褐色。瘤稀、毛少而短、鲜嫩质脆、味甜不涩，质优，产量比怀山药高，优良株系亩产 4 000 千克。

2. 嘉祥细毛长山药 产山东济宁。块茎棍棒状，长 80～100 厘米，粗 3～5 厘米，重 0.4～0.6 千克，黄褐色，有时有褐斑，须根细。肉白色，细面甜，适口性好，亩产 2 000 千克左右。

3. 佛掌薯（薯） 产福建、湖北，俗称淮山药。块茎呈掌状，黑褐色，上小下大，自 1/3 处呈扁形分叉似倒挂姜块。肉乳白色，肉质松脆、黏质少、含水量低、味道鲜美、芳香。

4. 紫档薯 又名糯米薯，产福建。块茎圆筒形，长 35～40 厘米，粗 15～20 厘米，重 4 千克，皮褐色或土黄色，肉粉红色，少数紫红色，肉细密而硬。

5. 邳县线山药 根细长圆柱形，长 0.6～1 米，粗 2.5～3.5 厘米，肉质细致、品质好、亩产量低、抗旱、耐寒力强。

6. 怀山药 产河南旧怀庆府现在沁阳、博爱一带，又名铁棍山药。根长圆柱形，棍棒状，长 100～150 厘米，粗 2～3 厘米，皮黄白或深黄色，断面洁白，富含汁液，质脆易断，条直均匀，粉性足，适口性极好。

7. 紫山药 产湖南常德,块茎表皮与肉呈紫色。

8. 佛手山药 产湖北武穴市,外形扁平,形如掌状,单块质量 0.15～0.4 千克。

(二) 山药的庭院或屋顶栽培

1. 栽种 山药耐旱怕渍,入土深 20～30 厘米,块茎大多长形,最短亦有 30～50 厘米,因此屋顶栽培要用砖砌的栽培槽,茎质用园土加腐熟有机肥加复合肥。庭院栽培要选有机质含量在 2%以上的土壤,冬前挖深 1 米,宽 0.6 米,沟距 90 厘米的沟,1 米长的沟施入腐熟堆厩肥 50 千克,棉籽饼 2 千克、磷酸二铵 50 克,硫酸钾 50 克,与沟土拌匀填入沟内浇透水,作宽 50 厘米,高 25 厘米的栽培垄。

种薯要选新鲜、无病斑、生长健壮、须根多、色泽黄亮、茎端潜伏芽完好,直径 2.5 厘米以上、长 12～15 厘米的上端块茎作种株。如欲切块应纵切,切口处蘸草木灰,晒 3～4 天,种块 50～70 克为宜。

当气温到 12℃以上,地温稳定在 10℃以上的 3 月分可以种植,将山药栽在栽植垄上,一般行距 70～100 厘米,株距 25～30 厘米。

2. 搭架 当山药蔓长 30 厘米时,要及时搭架,一般用 1.5～1.7 米的坚实细竹竿,架成人字形,下端插入土中 15～20 厘米,顶部 30 厘米处交叉,使藤蔓及时上架。亦可以用塑料绳进行吊蔓。

3. 管理 生长前期要勤中耕除草,每隔半个月松土一次,直到茎蔓上半架为止,并将架外行间土壤挖起一部分,填到架内行间,使架内形成高畦,架外行间形成排水沟。

山药出苗后,每亩追尿素 6～8 千克,随浇水冲入沟中,块茎开始膨大时每亩追三元复合肥 40 千克,7 月中旬追三元复合肥 40～50 千克,8 月中旬追磷酸二铵 30～40 千克。同时从块茎膨大开始，每隔10~15天喷1%尿素和0.3磷酸二氢钾。山药耐旱怕渍、雨季一定要开沟排水。8月份天旱，适当浇"跑马水"保持土壤湿润。

当山药藤蔓爬满架后，每亩可用15%多效唑65克加水60千克，喷洒叶面。同时还应对茎蔓进行整枝。

4. 采收 收刨时先从畦的一端开始，用铁锨挖70厘米宽的40厘米深的沟，然后用铁铲铲山药嘴子两边的侧根，把主根两边的土挖出来，直到山药底端，用手抓住山药嘴子，轻轻上提，抖掉细土，得到一个完整的山药，挖时不要挖伤。

5. 病虫害防治 山芋的病害有枯萎病、茎腐病、炭疽病、黑斑病、叶斑病、根结线虫及病毒病等，虫害主要是地下害虫。要选用无病山药头作种，栽前用70%代森锰锌1 000倍液浸泡山药头10~20分钟，山药切口涂石灰浆。6月中旬开始，用50%苯菌灵1 500倍液喷淋茎基部，隔15天1次，共喷5~6次。6月下旬发病前喷50%代锌锰锌1 000倍液防治，发病初期选12.5%烯唑醇可湿性粉剂2 000倍液或70%甲基硫菌灵1 200倍液，交替用药，喷3~4次，重点是嫩叶叶背和嫩茎。对炭疽病可用500倍锰杀得预防。线虫引起黑斑病，要选用无病种薯，拔除病株，病穴用石灰或硫磺粉消毒。

五、百合

百合为百合科、百合属多年生宿根草本。是珍贵的稀有出口蔬菜，既可药用、食用，又是观赏花卉闻名于世。

百合在一年中有发根期、发芽出苗期、营养生长期及鳞茎膨大充实期四个时期，历时分别为140天、40天、60天、40天。百合以鳞茎繁殖，亦可利用珠芽、子百合先培育种球再繁殖，育苗期长达2~3年。百合根系有双层结构，在鳞茎盘及地下茎埋土部分均可发生不定根。

百合喜温暖干燥的气候，气温为16～20℃，土温14～16℃时，地上茎生长最好。5℃以上休眠芽萌动，10℃以上地上茎出土，鳞茎耐寒力强，鳞茎膨大适温为24～29℃，炎热多雨生长不好。兰州百合耐高温，宜兴百合不耐高温。百合不耐强光，喜长于山地阴坡。百合根无根毛，吸收力弱，要求较高的土壤湿度，以生长在土质疏松、土层深厚、排水良好、pH5.7～6.2的沙壤土为宜。百合怕涝怕旱、耐肥、好肥。百合忌连作，轮作要3～4年以上。前作以豆类为好，后作以大豆、赤小豆、荞麦、甘薯、萝卜为好。不能用谷子、高粱作前作。在取土时要注意前后作。

（一）品种

1. 卷丹百合 又称虎皮百合。花橙红色，地上茎高0.7～1.8米，紫褐色，叶腋生黑色珠芽，地下茎入土不生小百合，食用品种苦味少，鳞茎扁球形，横径6～9厘米，平均重100克，鳞片肥厚，排列紧密、色白微黄、质脆易折、淀粉含量高。如宜兴百合、湖州百合、江西万载百合。

2. 龙牙百合 产湖南邵阳市。花白、黄白色或稍带粉红色，花被外面淡红或淡绿色，有芳香，可观赏或食用，食用品种鳞茎由2～4个鳞瓣组成，扁圆或近球形，纵径4.8厘米，横径9厘米，重250～300克，不生珠芽、不生子百合。鳞茎抱合紧密，鳞片披针形，肥厚、色白、无苦味。地上茎高90厘米，绿色，叶大而稀。

3. 兰州百合 主产兰州。生育期长，低温使其休眠，鳞茎大，味好，甜味浓，平均重200克。花火红色。地上茎矮生，叶密生，入土部分可生小鳞茎。商品鳞茎白色，球形至扁圆形，鳞片扁平肥厚，横径8～10厘米。

4. 紫金山百合 鳞茎为独头，扁圆形，纵径4～5厘米，横径6～8厘米。鳞片色白微黄、糯性强、味微苦，呈螺旋状排列，鳞茎重 200～250 克。株高 80～100 厘米，茎紫褐色，叶腋生紫黑色珠芽。花红色。

（二）繁殖方法

栽培百合用种球生产百合鳞茎，种球可用珠芽、小鳞茎、鳞片和种子培育而成。珠芽出球要 3～4 年，小鳞茎育出种球要 1～2 年，但成本高易退化，鳞片育球要 3～4 年，种子要 5～6 年，为了又快又好地生产种球，常用的繁殖方法有三种。

1. 嫩枝扦插法 根据百合要脱离地下鳞茎后可再生鳞茎的特性，选取当年生长 10～14 厘米，健壮无病的嫩枝作插条，将插条基部浸入 1 000 毫克/千克吲哚丁酸溶液中 10 分钟，插入苗床的营养钵内，营养土由园土 4 份，腐熟堆肥 4 份，河沙 2 份混合而成，苗床上搭小拱棚，使棚温保持 20～30℃，土壤湿度保持较高，并注意浇水。保持较大的空气湿度，8 天可形成愈合组织，20 天可生根，生根率达 96% 以上，一月后移于大田，行距 20 厘米，株距 10～14 厘米，据江西省试验，一株扦插苗可产生直径 2～5 厘米鳞茎 3～7 个，亩可供 2 000～2 668 $米^2$ 大田栽植。

2. 小鳞茎作种球 在百合采收时，选直径 3.3 厘米、重 100～150 克的鳞茎作种球，用小竹刀将鳞瓣剥下，每瓣要带一部分茎盘。

3. 珠芽培育种球 将沙藏的珠芽在 20 毫克/千克赤霉素、20 毫克/千克萘乙酸溶液中浸泡 30 分钟，捞出风干，置于 0～5℃ 低温处理 20 天，2 个月即可出苗。

选高燥的沙壤土，施足底肥，深耕细耙，作宽 1.2 米的畦，在畦面上每隔 20 厘米开浅沟 6 条，按行距 20 厘米，株距 10 厘米播种珠芽，每亩需珠芽 7.5 千克。在畦面上搭温棚，使棚温达 10℃ 以上，当气温达 10℃ 以上撤棚，在 4 月用多效唑控制生长，并在棚上加盖遮阳网，使百合生长维持到 7 月底。

（三）百合的盆栽技术

1. 种植 百合在长江流域一般在 9 月下旬至 10 月下旬尽早播种，以便种用鳞茎在土中发根感受低温，次春早出苗且苗齐苗壮，北方寒地在早春解冻后栽种。

栽种用 20~30 厘米直径的泥瓦盆，基质用园土＋豆饼或桐籽饼，每盆 30~50 克，氯化钾 10 克，过磷酸钙 50 克，不能用猪牛粪（会引起虫害）及菜子饼（鳞茎会变黄，影响品质）碳酸氢铵和含酸多、挥发性强的磷肥不能用，会烧伤出土的幼苗。饼肥在栽前 1~2 周施下，不能接触种球。

每盆栽 1~2 株，深度为种球直径的 3 倍，鳞茎尖朝上，先在种球四周填土固定，再在 2 个种球间施入底肥，注意肥料不能接触种球，将土填满并微高出地面，边收边栽，栽后覆盖地膜，盖膜前，盆面土壤要平整，土壤保持湿度适中，盖膜紧贴盆面。出苗时及时破膜，使苗露出膜外，并在苗四周围用细土盖没破口，达到保水、保肥、保湿的效果。

2. 肥水管理 百合定植后年前松土 1~2 次，年后松土除草 3~4 次，中耕宜浅并与培土结合，培土不能太厚，以鳞茎着生在 15 厘米深的土层内为度。

出苗后一周，在根旁开浅沟，每盆施入腐熟堆厩肥 3 千克和饼肥 150 克；夏季旺长期在植株一侧开浅沟，每盆施腐熟厩肥 3 千克和饼肥 25~50 克；摘花蕾后在植株另一侧开浅沟每盆施入尿素 10~15 克，促使鳞茎肥大。在开花期，喷 0.2% 磷酸二氢钾液 2 次，每次每盆 2~2.5 克。追肥要在 8 月中旬前结束。最后一次追肥后，将稻草铺在土面，降温保湿。

百合怕涝又怕旱，少雨时，一定做好浇水工作。高温少雨时，要及时浇水。

出苗后保留一个健壮嫩茎，其余都除去，5 月下旬至 6 月初，摘除花蕾和珠芽、减少养分消耗。在发生花蕾时进行摘心，一般在5月上中旬进行。生长中期如生长过旺，可在1.3米以上剪去上部或喷矮壮素。

3. 病虫害防治 百合的病害有腐烂病、立枯病、枯萎病等土传病害。定植前用800倍的50%甲基托布津或1 000倍液的50%多菌灵浸泡种球15分钟。出苗时喷50%瑞毒霉粉剂500～800倍液或500～700倍液70%的代森锰锌，15天一次，连喷2～3次，株高30厘米时用500倍液的50%甲基托布津或800倍液多菌灵灌根。在定植前用沤烂的茶子饼20千克加草木灰50千克拌和，作底肥施入。还要注意拔除病株，不使鳞茎受伤。

虫害有百合管蓟马和蚜虫。可用烟草肥皂水喷杀。用250克烟草泡开水10千克，经12小时揉泡，取出浸泡液，将肥皂50克用热水化开，倒入烟草浸泡液中，再加水10～15千克，搅拌均匀待用。

六、马铃薯

马铃薯原产南美，性喜凉爽天气，生育适温15～24℃，发芽适温18℃，茎叶生长适温21℃，根茎形成适温15～18℃，夜温10～14℃，对块茎形成与肥大有利，不耐30℃高温与严寒，茎叶生长要求长日照，以前期高温长日照，根茎形成较短日照及较低温度为宜。

（一）品种

1. 克新1号 中熟，抗细菌病害，不感染皱叶花叶病毒、中抗晚疫病。皮、肉均白色，圆形，芽眼中深，休眠深，花淡紫色。

2. 克新4号 早熟，植株矮小，叶色淡绿，花白色，对病毒过敏，对晚疫病和细菌病抗性弱，根茎黄色，肉黄色，根茎圆形或长椭圆形，芽眼中深。生长期90～100天，不耐贮运。

3. 红纹白 早熟种,轻感病毒病,对晚疫病、细菌病抗性弱,根茎圆形,红皮白纹,肉白色,芽眼深,中休眠期,淀粉含量低,花淡紫色。

4. 陇薯1号 早熟种,抗病毒病,对晚疫病、细菌病抵抗性弱,根茎扁圆形,皮肉黄白色,芽眼小而浅。

5. 米粒 分布西南山区,中晚熟种,抗卷叶病毒,轻感皱叶病毒,对晚疫病抗性强,对细菌病抗性弱,根茎长圆形,皮肉黄色,芽眼深,中休眠。

6. 郑薯4号 早中熟种。生长势强,叶色深绿,单株结薯4~6个,集中,块大,薯块高圆形、黄皮黄肉,品质好,较抗病毒,中抗晚疫病,生育期105天,休眠期45天。

7. 东农303 极早熟。全生育期90~95天,根茎大,扁圆形,皮白色,肉淡黄色,淀粉含量高,耐贮性好,高抗花叶病毒和晚疫病,早期产量高,亩产1 500千克。

8. 丰收白 石家庄地方品种。植株较矮小,分枝较多,花白色。根茎梨形或长圆形,大而整齐,结薯较集中,品质中等。早熟,生长期90天。丰产,较抗皱叶花叶病毒和晚疫病,但易染卷叶病毒及纺锤体病毒,薯块休眠期短,适于两季或早熟栽培。

9. 费乌瑞它 荷兰引进。株高80厘米,分枝少,茎紫褐色,块茎长椭圆形,皮色淡黄,肉色深黄,表皮光滑,芽眼少而浅,块茎大而整齐,休眠期短,适于两季作地区栽培,亩产1 700千克,对病毒抗性较强,适于密植。

10. 川芋早 四川省农业科学院用7032-2×燕子杂交而成。块薯椭圆形,皮和肉浅黄色,光滑,芽眼浅,大中薯占85%以上,生育期68天,能抗2种病毒病,植株矮而紧凑。

11. 中薯1号 块茎扁圆形,黄皮、黄肉,表皮光滑,芽眼浅,早熟种,生育期65~70天。花冠白色,株高50厘米左右,生长势强,结薯集中,产量高。淀粉含量13%~14%。

12. 早大白 白皮白肉，表皮光滑。芽眼平浅，结薯集中，早熟，生育期60～65天，较抗晚疫病和病毒病，前期生长迅速，花期较短，后期长势平稳，丰产，对肥水要求不严。

13. 富金 薯块圆形，黄皮黄肉，芽眼少而浅，较抗晚疫病，薯块抗腐烂，结薯整齐，集中，大中薯占90%以上，生育期65～70天，产量高，淀粉含量12%～15%。

此外，还有荷兰薯卡丁那，郑薯6号、克新6号、布尔班克、龙金。

（二）盆栽技术

1. 选种催芽 马铃薯除病毒病外，疫病、腐烂病、疮痂病均寄存在土壤中，而且与茄果类互相感染。因此，适合与禾谷类、葱蒜类轮作，避免与茄果类，根菜类（线虫病）轮作。

各地应选择适合当地生产的丰产、抗退化、抗病的品种。一个地区只需2～3个主栽品种，建立无毒种薯原种场，定点繁育无毒种薯，供应生产用种。

选择无病虫、表皮光滑、芽眼明显、薯形正的、无冻害的种薯进行切块，切块刀与刀板在沸水中交替使用，块重50～100克，每块留1～2个休眠芽，待种块晾干后进行催芽。春薯用光处理春化法，具有早熟增产的作用。秋薯可用棚网覆盖保温保湿，防止烂种，常用的方法是先铺一层地膜，膜上放柴草，再盖5厘米厚的熟土，然后将种薯芽向上依次排列，排好后盖一层沙土，再盖薄膜四周密封，晚上在薄膜上覆草，使床温保持15～20℃，约20～30天待芽长出1厘米左右即可播种。

2. 上盆 选用直径20～30厘米的塑料盆，基质用未种过茄果类、根菜类的园土，每盆施腐熟堆厩肥3千克，三元复合肥25克，施于定植穴中，盖土，将催好芽的种薯每盆栽2～3块，深15～20厘米，覆土厚8～10厘米。栽种时间为10厘米土温为5～7℃，长江流域在2～3月或8～9月，北方为3月上中旬至4

月上旬。因为根茎形成与膨大最适温度为 16～18℃，即 5 月上中旬，可以提前到 6 月上中旬采收。

播后要及时用地膜覆盖，如用银色膜，除调节温度外，还有驱蚜作用，可减轻病毒病的为害。待叶子平展时，破地膜放苗，使苗钻出，并于切口处壅土盖严，以防地热烧苗。当气温稳定在 15℃ 以上时，对窗户采用日开夜关，不仅可充分增温，又可防止冻害，当气温达到 18～20℃ 时，可开窗通风。

3. 管理 当植株长到 4～5 片叶时，进行疏苗，去弱留强。花蕾形成时应及时摘除。为控制秧苗徒长，在花期喷 500 倍液的矮壮素或多效唑 50 克加水 30 千克。巧施催薯肥，一般在发棵期追入，每盆追尿素 15 克，硫酸钾 15 克，过磷酸钙 30 克，混合穴施，立即浇透水，以后每隔 7～10 天交替用 0.3%～0.5% 磷酸二氢钾和 0.1% 硫酸铜及硼酸混合液进行根外追肥 2～4 次。出苗后保持土壤湿润，空气相对湿度保持 50%～60%，发棵期相对湿度控制在 70%～80%，促控结合，见干见湿，结薯期需水量占总量的 2/3，后期要控水，收前 5～7 天停水。

4. 采收 盆栽在南方 12 月上中旬播种，4 月上中旬即可采收。盆栽加地膜在春节后播种，5 月上旬采收。北方 3～4 月种，6 月采收。采收的标准是茎叶变黄，薯块发硬，匍匐茎干枯。

5. 病虫害防治 晚疫病防治可在开花前后每 10～14 天喷 100 倍波尔多液、瑞代合剂 1 000 倍液，共 2～3 次，蚜虫用一遍净 1 000 倍液，二十八星瓢虫用敌百虫 800 倍液或叫停（氯氟吡虫啉）800 倍或毒死蜱 1 000 倍液喷洒。

七、葛根

葛根以根粉、嫩茎食用。每百克食用部分含胡萝卜素 7.26 毫克，维生素 B_2 0.14 毫克，维生素 C 62 毫克，嫩茎中含蛋白质、维生素、脂肪等，可作蔬菜用。葛粉富含钙、锌、铁、钼、磷、钾等10多种人体所必需的微量元素，以及多种氨基酸、维生素等营养成分，可加工制成各种营养保健品和食品。

葛根（*Pueraria lobata*），别名葛藤、粉葛、葛麻叶、甜葛藤、葛等，为豆科葛属多年生缠绕藤本植物。葛属植物全世界有20种，主要分布在温带和亚热带。我国大部分省及自治区均有野生，主要分布于云南、广东、广西、四川、福建及浙江天台、仙居县。我国该属植物有12种，以野葛和甘葛分布最广，还有食用葛、峨嵋葛、三裂叶葛、越南葛、云南葛等。大部分地区以葛根入药，山区农民常挖取其肥大的肉质根加工成粉作粮食。但云南葛有毒，其根只能用作农药、杀虫剂或洗衣，不宜食用。

目前，葛根在广东、广西两省栽培较多，且为广东省传统的出口创汇特种蔬菜之一，在东南亚市场颇为畅销。现在国内外研究不断发现葛根的各种价值，已引起医学家、生物学家、营养学家、农学家甚至企业家的浓厚兴趣。葛根已成为上乘的保健食品，世界各国兴起了葛粉美食热。在日本，它已成为皇室的特供品。

葛根藤长可达20多米，茎为蔓性，向右旋转缠绕生长，坚韧，富含纤维，有黄褐色长硬毛、腋芽萌发能力强，易发生侧蔓，老茎灰褐色，无毛，侧蔓复生侧蔓。叶为三出复叶，两小叶阔卵形，叶柄基部肿大，两边各着生一对小托叶。根有两种，一种是吸收根，为须根，呈水平生长；另一种是贮藏根，深扎土中，也称块根，肉质肥大，呈棒状或纺锤状，表面有较多皱褶，黄白色或肉白色。花和果实退化，用藤蔓繁殖。但据资料记载，葛根为总状花序，腋生，有节结，萼钟形。花突出，紫蓝色，子房无柄或近无柄。荚果线状，扁平，劲直，膜质，密被红褐色长粗毛，含种子8～12粒。

葛根抗性强，对土壤适应性较广，无论是沙土还是黏土都能生长，但在肥沃、疏松、排水良好的沙质壤土中生长最为良好。

葛根喜温耐热，温度在15℃以下生长严重受阻，茎叶生长适宜温度为20～30℃，块茎形成需要25～30℃高温，块根淀粉转化积累则以15～20℃最为适宜。葛为喜光植物，要求较好的光照条件，尤其在茎叶和块根同时生长时期，有较好的光照条件，有利于同化产物的积累。葛根较耐干旱，不耐水涝，尤其地下水位太高或受渍时，会造成块根皱褶增多，颜色变黑褐，甚至引起块根腐烂坏变，整株死亡。

（一）品种选择

1. 大叶粉葛 又称牛鼻葛、大藤葛。分枝力强，叶长13厘米，宽13厘米，绿色。叶柄长20厘米，浅绿色。块根长棒形，中部较大，表皮皱褶多，黄白色或肉白色。单株结1～2块根，重5～7.5千克。晚熟，生长期300天，耐热，耐旱，块根入土深，不耐涝，适于高地栽培。含淀粉多，纤维较多，适于加工制粉、糖渍等。分布地区为广东。

2. 细叶粉葛 又名细藤葛、鸡颈葛。块根近纺锤形，表皮皱褶少，黄白色或肉白色。单株块根2条至3条，重4～5千克，纤维少，味甜，品质优良。较早熟，生长期为270～300天，耐旱不耐涝。分布地区为广东。

3. 苍梧粉葛 块根纺锤形，单株产量3～4千克。淀粉含量高，纤维少，味甜。早熟，生长期为240～270天。分布地区为广西。

4. 柴葛 又称麻葛。块根长棒形，状如柴，单株产量3.5～4.0千克，纤维多，品质较差，多作药用。耐热，耐旱，晚熟，生长期在300天以上。

（二）庭院或屋顶栽培

葛根在热带、亚热带地区为多年生，在我国一般为一年生栽培。葛根多与姜、芋和瓜等间作套种。如畦宽为3米葛根与姜、

第四章 食根、茎蔬菜

芋间套种,葛在畦中央,株距66厘米,一边种姜,株距约33厘米,另一边种芋,株距66~100厘米,姜与芋的早熟种可在7~8月开始收获,收获后套种结球白菜、芥菜、甘蓝和花椰菜等。姜与芋的晚熟种可在10月以后开始收获。

1. 整地 屋顶栽培用砖砌栽培床,床土用园土加腐熟堆厩肥加珍珠岩蛭石。庭院栽培选择土层深厚、排水良好、地势稍高的土地,耕翻33厘米左右,破碎耙平土面,做畦沟25~30厘米,畦高25~30厘米。然后,在畦面按株距65厘米,开2行定植穴,两边种其他作物。

2. 播种育苗 12月至翌年1月葛根收获后,即选择无病虫伤害、较小的块茎催芽育苗,催芽可在阳台塑料箱或育苗盘中进行。待芽萌发长约80~100厘米,割取茎蔓,用剪刀剪取茎蔓基部和中下部作繁殖用。插条长17~20厘米,带有2~3个节,下端在节的下方紧靠节处切取,上端在离节较远处切取。将插条在水中浸泡一天脱胶后,在阴凉潮湿处存放几天或立即插入苗床。以一层沙一层插条多层堆叠育苗,每层沙为2~3厘米,最后盖草。初时每周浇水一次,出芽后无雨,三天浇水1次,经常保持苗床湿润。也可以在苗床将插条斜插于土中,扦插深度超过茎节腋芽,同样覆盖保湿,20~30天后腋芽萌发,待芽长1~2厘米即可定植。

3. 定植 扦插时,行距2米,株距0.5米。栽植方法可以斜插也可平放,深度以刚露出幼芽为宜。栽植后,畦面覆盖稻草,以利保温保湿。长江流域一般在3月下旬至4月上旬出苗。

4. 肥水管理与除草 葛根是需肥较多的作物,尤其需要较多的钾肥、有机肥和饼肥。基肥可以用腐熟的厩肥或堆肥,亩可施2 000~3 000千克,并加草木灰500千克,与等量的细土混合均匀后,开穴施于定植点处,上覆土。定植苗高20厘米时,应轻施速效肥,以后每月追肥一次,每次施入尿素+复合肥各5~

7千克，施肥浓度和施肥量随植株生长，逐渐加大。6～7月封行前重施追肥，亩施入复合肥15 的千克，磷酸二氢钾15 千克，在块根收获前15 天停止追肥。

葛根耐旱不耐涝，宁可稍干，切忌过湿，雨季注意排水、一般在定植后浇水活棵，促使发苗，平时结合施肥进行灌溉，保持土壤湿润即可。

幼苗期如杂草滋生，可中耕除草，中耕深度以4～5厘米为宜。搭架引蔓后，茎蔓生长繁茂。在块根形成以后，一般不进行中耕，少数杂草可以用手拔除。

5. 整枝搭架 当插条抽生分枝时，应选择1～2条生长健壮的分枝，培育成主蔓，其余分枝去除。当保留的分枝长到30～40厘米时，应立即搭架引蔓。可用3或4根竹竿搭三角架、四角架，架高1.4米，架顶再用竹竿横贯固定。也可在每棵植株旁竖立一根2.7～3.0米的粗长竹或木桩，让茎蔓缠绕其上。茎蔓基部1.4～1.8米的所有侧蔓，应去除，保留上面节位所抽生的侧蔓，以增大叶面积，增加同化产物，并使它分布均匀，以便充分接受阳光。在块根迅速膨大期，挖开植株基部土堆，露出块根头部，让阳光照射，并除去多余的块根和水平生长或斜长的须根和块根，只保留2～3条下扎的块根，使养分集中供应，确保产量，提高品质。

6. 病虫害防治 葛根病害少，有几种害虫。但为害不严重。地老虎可用人工捕杀。葛蝉，清明后成虫为害茎蔓，幼虫钻进茎中为害，可用煤油注入被害部杀死葛蝉。蛴螬为害块根，可用毒饵诱杀。

7. 采收 早熟种生长期为240～270天，晚熟种生长期为300天。一般冬至前后是适宜收获期。块根淀粉含量高，耐贮藏，为提早上市，可在8月中旬开始收获，采用"阉葛法"，收获斜生或过密的块根，但不要伤害其他块根。一年生的葛根每亩产量1 000千克左右。

（三）盆栽技术

1. 栽植 盆栽葛根应选短蔓的早熟种，葛块根纺锤形，长30厘米以上，栽植盆深度应40厘米左右，它耐干旱，不耐水涝。栽培基质应肥沃、疏松、排水良好的沙壤土，加10%腐熟的厩肥＋珍珠岩、蛭石，以保证盆土的通气性。

栽种可用小块茎或插条，插条长15~20厘米，带2~3个节，将插条斜插于土中，深度超过茎节腋芽，覆膜保湿，20~30天腋芽开始萌发，当芽长到1厘米左右时，破膜保温保湿。

2. 肥水管理 葛根生长需要较多的钾肥，当苗高15~20厘米时（5月上中旬）轻施速效氮、钾肥，一般为每盆尿素20~30克，硫酸钾10~20克，6月上中旬苗高60~80厘米时追施1%复合肥水，7~8月要重视追肥，一般施复合肥50克，硫酸钾30克，在块根收获前20天，停止追肥。

葛根耐旱，盆土宁干勿湿，要及时疏通盆底排水孔，防止受渍。

3. 搭架引蔓 阳台栽培可用吊蔓或将蔓引向防盗窗，再在窗上将绳子向外延伸。或将盆放到地上，将蔓引向西南方向，可以阻挡阳台的西晒太阳，如阳台较大，亦可用竹竿立架，架高1.5~2米。选1~2条生长粗壮的分枝，作主蔓，其余分枝剪去，当分枝长到30~50厘米时引蔓上架，下部的侧蔓应剪去，留1.5米以上的侧蔓，并使其伸出窗外，接受阳光照射，对盆下，保留2~3条下扎的块根，使集中养分，迅速肥大。

4. 采收 早熟种经250天，块根已经长成，大约在12月份，可开始收获。采收要小心细仔，不要挖伤块根。

八、茭白

茭白原产中国，由同种植物菰演化而来，主要分布在长江中下游地区。以无锡的刘潭茭和广益茭最有名,肉质白嫩、茭体肥厚,品质极好。

茭白以肉质变态茎供食。营养价值高,味鲜美,干物质中含粗蛋白21.52%~23.25%,维生素C含量100克为685~720毫克,氨基酸含量为11.2%~12.7%,其中天门冬氨酸、谷氨酸、赖氨酸含量较多。

茭白以地下短缩茎越冬,短缩茎基部各节休眠芽可形成分蘖苗4~6个,匍匐枝顶芽和侧芽可形成5~10个分枝,这些分蘖与分枝,就是茭白的种苗。

在孕茭前每一单株有叶5~7片,双季茭8~11片,花茎受黑粉病菌的刺激,叶鞘发扁,假茎膨大,肉质茎肥大,到孕茭后期,叶鞘开裂,露出白色肉质茎称为"露白",为采收适期。

茭白有单季茭和双季茭,一季茭为严格的短日照植物,两季茭对日照要求不严格。初夏和秋季都能孕茭。茭白生长发育适宜温度为5~35℃,以15~30℃为最适温度。萌芽适温为10~20℃,分蘖期适温为20~30℃,分蘖前期灌浅水,孕茭期适温为17~23℃,7月后灌深水。

(一) 品种

茭白分两熟茭与一熟茭,在太湖地区,培育出两种生态型的两熟茭,即夏秋兼用种(孕茭适温为22℃)和夏茭为主型(适温17℃),使上市期延长或提早、春植与夏植相结合,有利于和水稻茬相衔接。

两熟茭:

1. 早熟种 植株矮小,分蘖性较弱,肉质茎较小,产量较低,秋茭在8月下旬、夏茭在5月上旬开始采收。代表品种有苏州小腊台、无锡早茭、80-2、杭州蚂蚁茭、青浦4月茭。

2. 中熟种 植株、叶片、肉质茎比早熟种大,采收期比早熟种晚5～7天。代表品种有无锡中介茭、刘潭茭、苏州中腊台、杭州半大蚕茭，广盆茭，83-1等。

3. 晚熟种 植株高大，肉质茎肥大，产量高。代表品种有苏州大腊台，无锡红花壳，常熟黄霉茭，杭州杼子蚕茭。

一熟茭：

1. 早熟种 生长期短，最早熟的90天，品种有长沙红麻壳、重庆鱼尾茭、广州软尾茭、台湾绿壳、宜兴稻茭。

2. 晚熟种 肉质茎大，单茭重150～200克，品质优，10～11月采收。例如杭州象牙茭、美女茭、重庆罗汉茭、广州大苗茭。

（二）屋顶栽培

1. 栽植 在屋顶用砖砌个栽培池，宽1.2米，长随空间而定，深60厘米。池内放富含有机质的水稻田土，每池加20％腐熟堆厩肥+1％复合肥，拌匀，加水拌成糊状，放7～10天再栽种。两熟茭一般春植，分蘖苗高40～50厘米，有3～4片叶的分株。栽时先将母株挖起，用快刀顺分蘖切成7～12小块，每小块有老茎及分蘖苗3～5个，随挖、随分、随栽。宽行60～80厘米，在上用毛竹片搭成小棚，棚宽1.2米，高0.45米，小棚覆盖在3月初至4月上旬，中棚在2月初至3月下旬覆膜、秋植用两次移苗法，在4月中下旬在留种茭中挖带有1～2个分蘖苗，剪去上部叶片1/3分栽，每平方米7穴。

2. 管理 覆盖期间，使棚温保持20～30℃，如温度高要通风降温，孕茭期温度宜降到15～20℃。追肥一年3～4次，分蘖肥要薄施，孕茭前要重施，两熟茭的夏茭，越冬后要及早追肥、使早发、早长、早孕茭。

栽培茭白，要能排能灌，萌发期水层要浅（3～6厘米），使地温上升，分蘖盛期及结茭期逐渐加深（10～12厘米）抑制无效分蘖，后期水层更深（20厘米），使肉质茎软白肥嫩。

九、蒲菜

蒲菜属香蒲科、香蒲属的多年生草本,广泛分布在长江南北的湖泊、水渠、塘沟,多呈野生状态。作蔬菜用有很强的区域性,可作净化水质与药用。著名产区为云南食用根状茎的建水地区草芽、食用花茎的元谋席草笋、食用假茎的淮安蒲菜和济南大明湖蒲菜。

(一)主要蒲菜资源

1. 建水草芽(属宽叶香蒲) 产云南建水地区,株高 1.4~1.8 米,叶长宽 100~130 厘米×1.2~1.5 厘米,每片叶腋生一芽,根状茎抽生力强,云南四季采收,武汉 4~10 月采收。

2. 矮香蒲(属宽叶香蒲) 原产地不详,株高 1.4~1.5 米,叶长宽 100 厘米×1~1.5 厘米,分株力强。

3. 淮安蒲菜 株高 2~2.3 米,叶长 1.5~1.8 米,宽 0.9~1 厘米,有青皮、红皮两个类型,雌蕊长 11~15 厘米,分株力中等,5 月上旬至 9 月上旬采收。

4. 淮阴蒲菜(属水烛) 株高 2~2.1 米,叶长 1.6~1.65 米,宽 0.9~1 厘米,雌花序长 13~14 厘米,假茎入泥深,假茎白嫩。

5. 大明湖红皮蒲 有青皮、红皮两类型。株高 1.9~2.2 米,叶长 1.6~1.8 米,宽 1~1.2 厘米。

6. 淮阳蒲菜 产河南淮阳城郊,株高 2.1~2.3 米,叶长 1.6~1.7 米,宽 0.7~0.9 厘米,雌花序长 10 厘米。

7. 鳗鱼尾青蒲 产江苏扬州、泰州一带。植株高大,生长快,叶多、宽而薄。一般叶宽 0.8~1 厘米,长 1.5~2.5 米,叶尖像鳗鱼尾,叶鞘青白色,假茎粗而扁,高产优质,抗旱不耐淹。还有一种蛇尾青蒲,较耐淹,但品质稍差。

（二）屋顶栽培

1. 栽植 在屋顶用砖头砌一个栽培槽，宽 1~1.2 米，长随空间大小而定，深 50~60 厘米，槽内放水稻田土加腐熟的堆厩肥 10%加 1%尿素，拌匀后加水，10~15 天后开始栽种。

在 5 月上中旬，气温 20℃时，挖生长健壮，假茎较粗，叶片较宽葱绿有光的幼苗，挖时带部分根系和匍匐茎，直径 17~23 厘米，随挖随栽，行株距 50~60 厘米。如土壤较软，水深在 60 厘米以下用手栽，栽植深度 17 厘米左右，如土较硬，用锹挖穴，扶苗入穴，用土壅根，栽后定要有一部分叶片露出水面。

2. 栽后管理 栽后半月，拔净杂草，在 7 月上旬前除草 2~3 次，保证母肥子壮。萌芽前一个月，保持水深 15~17 厘米，随着萌芽生长，水层逐渐加深，达到 60~100 厘米，以采蒲菜为目的，为使假茎柔软，可适当加深水层，防止水位大起大落，如遇暴雨，一定要及时排水。如天旱要灌水。在春季应追商品鸡粪肥，在 4 月底前，亩施复合肥 5~10 千克。生长期间注意调整密度，间拔病、弱苗，5~6 年后及时更新。

3. 采收 栽植当年如新栽植株生长旺盛，在 5~6 月随时采收。一般在五一节即可采收，7 月采收产量高，品质好，8~9 月份还可采收，一年采 3~4 次。

采收时，先采比较瘦小即将抽薹的植株，后采生长强旺的，每次采收应隔行、隔株、间拔、收割带宽 33 厘米，保留 1~2 株，以便继续生长抽生分枝。

十、姜

姜原产中国及亚洲热带、亚热带地区，以地下根茎供食。每百克鲜姜含糖类 8.5 克，蛋白质 0.6~1.4 克，还含有姜辣素（姜酚）、姜油酮、姜烯酚及姜醇等，具有特殊的香辣味，有健胃、去寒和发汗的功效。我国的广东、浙江、山东为主产区，传统名品有山东莱芜片姜、浙江临平红爪姜。华南地区的姜主供鲜食、糖渍、酱渍，长江流域之姜主供鲜食调味品，北方的姜加工成干姜、姜粉出口。日本还有芽姜栽培，加工成醋渍姜芽，近来我国也组织生产，向日本出口。

姜的地上部与地下部的根茎形成主茎，主茎基部膨大形成初生根茎，称"姜母"，姜母两侧腋芽可发2~3个新苗，为一次分枝，茎球膨大形成一次姜球，称"子姜"，子姜继续分枝，每株可发生10~15个分枝。从种姜萌芽开始，经发芽期、幼苗期、茎叶和根簇旺盛生长期以及根茎休眠期等四个时期。其中母姜侧芽形成2个分蘖时称为"三马叉"期，是植株进入旺长期的开始，因为姜的产量形成同2~3次分枝直接相关。

姜发芽适温为25~30℃，故宜进行20~30℃先高后低的温度下催芽，幼苗出土后适温为25℃，三马叉后为25~28℃，根茎生长适温为20~27℃。所以姜喜温但不能太热，而且高温易诱发姜瘟。姜为耐阴植物，不耐强光，光补偿点为0.5~0.8千勒克斯，光饱和为25~30千勒克斯，35千勒克斯以上光合作用显著减弱，故南方苗期多搭荫棚。姜对光周期不敏感。姜植株鲜重增长动态与对氮、磷、钾吸收动态相一致，幼苗期占全期的吸收量6%，生长盛期占94%、对氮、磷、钾吸收比率大致为4：1：4；姜对水分需求大，主要由于根系浅，吸收力弱，叶面积大，株丛密集，因此，土壤要经常保持湿润。以中性到微酸性土壤为宜。为防止腐烂病，一定要轮作。

（一）类型与品种

根据植株形态和生长习性姜可分两种类型，即疏苗型与密苗型。亦可分成大姜、中姜与小姜三个类型。

1. 疏苗型 植株高大，茎秆粗壮，分枝少，叶深绿色，根茎节少而稀，姜块肥大，多单层排列，如山东莱芜大姜、广东疏轮大姜、台湾水姜、福建大肥姜。

2. 密苗型 长势中等，分枝多，叶色绿，根茎节多而密，姜球数多，双层或多层排列。如山东莱芜片姜，广东密轮细密姜、浙江红爪姜、黄爪姜、安徽铜陵白姜、湖北来凤生姜、云南玉溪黄姜、贵州遵义大白姜、广西玉林圆肉姜、福建红芽姜及四川竹根姜等。

（二）盆姜栽培

用直径 20~30 厘米的塑料盆，盆土用园土、堆厩肥、河沙以 6:2:2 配制而成。选择新鲜、顶芽饱满、无霉烂变质、芽口完整、组织紧密，不变色、不发黑的种姜，连晒 2~3 天，最后一天晒姜到下午趁热收回放在室内堆放 3~4 天，下垫干草，上盖草帘，保持 11~16℃ 进行催芽，催芽放在塑料薄膜坑内，深 25~30 厘米，干铺麦秆厚 5~8 厘米，白天晒，晚上盖，使床温保持 20~25℃。

将花盆内先放培养土，盆底施入菜籽饼 0.5 千克，不能用新鲜的鸡、鸭、牛粪，堆上七八成满时，将种姜埋入土中，芽头朝上或平放，深 1~2 厘米为宜。上盆时间长江流域 4 月下旬至 5 月上旬，华南地区为 2 月下旬至 3 月上旬，华北地区为 5 月上旬至 5 月下旬。种前应浇透水，栽后不必浇水。入夏后生姜出土后，怕烈日暴晒，可盖上黑色地膜。生姜出苗后可施一次 0.5% 尿素液，在收娘姜时施一次氮磷复合肥，在秋凉后，施一次 1% 磷酸二氢钾，促进姜的分枝与膨大。姜生长健壮，病虫害少，立秋前后，不少姜块露出土面，可除去遮阴物。在盆口加一层 2 厘米厚的培养土，亦可将盆移到向阳处，多晒太阳，此时是姜的速生期，保持盆土湿润，浇水宜见干见湿。

（三）庭院生姜栽培技术

1. 选种催芽 在栽前从窖中取出老姜，进行选种，挑选色泽新鲜、顶芽饱满、无霉烂变质、芽口完整、组织紧密、不变色不发黑的姜作种用，初选的种姜要晒姜复选，连晒2～3天，早晒晚收，将受伤受冻受渍的淘汰。

种姜在最后一天晒姜时，下午趁热收回放在室内堆放3～4天，下垫干草，上盖草帘，保持11～16℃，促进种姜养分转化，后移至催芽场催芽。

冷床催芽法 选避风、向阳、高燥、排水良好的地方，挖东西向北高南低的床坑，深25～30厘米，将床底铲平，铺干稻麦秆厚5～8厘米，放入种姜，姜厚25～30厘米，上盖干稻草一层，在床面搭架盖塑料薄膜，白天晒暖，夜晚盖草帘保温，床温保持20～25℃左右。

催芽后将种姜分切，每块种姜按自然分枝分切成小块，每块带1～2个壮芽，单块重50～60克，在室温下1～2日切口自然愈合即可种植。

2. 选地整畦，施足底肥 生姜忌连作，生姜耐旱、耐湿力弱，应选有机质含量较多、排灌两便的黏壤土为好，砂壤土姜块光洁美观但夏季温度偏高，易生姜瘟病，如夏季用遮阳网覆盖，砂壤土生长亦很好。土壤以微酸性到中性为宜，碱性土壤不宜栽培。

栽培用地要深耕20～30厘米，反复耕耙充分晒垡。作畦形式因地区而有所不同，长江流域及以南地区夏季多雨，宜深沟高畦，沟宽35～40厘米，沟深30厘米，畦宽1.8米，畦面横向开定植沟，沟两端留5厘米的土，沟底宽15厘米，将沟土起到畦面，做成面宽20厘米，高20厘米，埂壁垂直的姜埂，定植沟底要比畦沟底高5厘米，以免定植沟积水引起烂姜。在定植前10天，每亩施熟厩肥2 000千克、饼肥75千克、草木灰75千克，施在定植沟中作底肥，切忌使用新鲜的鸡、鸭、牛粪。

3. 适时定栽 一般长江流域在4月下旬至5月上旬定植，栽培时期如表4-1所示。华南地区2月下旬至3月上旬定植。

每条定植沟种一行,株距20厘米,将种姜逐一摆放在种植沟内,姜芽一律朝南,稍将芽头下揿,使姜块略向南倾斜,盖土3厘米。如天气干旱,应提前一天在种植沟中浇水,待水渗下后才能种植。

表4-1 生姜的栽培时期

地 点	催芽期 (月/旬)	用种量 (千克/亩)	栽种期 (月/旬)	行株距 (厘米×厘米)	上市期 (月/旬)
江西九江	4/上	150	5/上	40×30	8/下至10中
福建宁德	2/上中	200	3/上	40×25	7/上
浙江义乌、平湖	4/上	300	5/上	60×30	11/上
浙江泰顺	2/上中	250~350	3/下	50~60×17~20	6/上中
四川自贡	2/下至3/上	500~750	2/底至3/上	40×30	6/中下
山东莱芜	4/上	150~250	5/上	55~60×17~26	10/下

4. 遮阴防暑、精心管理 入夏以后气温在25℃以上时,为防止烈日直晒,在6月上中旬开始,在姜畦面上搭高1.0~1.1米的平棚架,上盖灰色遮阳网。9月以后天气渐凉,要及时拆除遮阳网。

生姜要分次追肥,一般追肥2~3次,第一次追肥在生姜出苗后进行,亩施尿素10千克,配成0.5%~1%稀肥液浇施。第二次在收娘姜时进行,施肥量比第一次增加30%~50%,仍以氮肥为主。在距植株10~12厘米外开穴,施后盖土,第三次在秋凉后进行,这次肥料主要是促进姜的分枝和膨大,要适当重施,一般每亩施尿素20~25千克,硫酸钾20~25千克,过磷酸钙10~15千克,均匀撒在种植行上,并结合进行培土。

生姜在生长期间要进行多次中耕除草和培土,前期每隔10~15天进行浅锄一次,多在雨后进行。当株高40~50厘米时开始培土,将行间的土培向种植沟。长江流域及以南地区,夏季多雨应结合培土将畦沟深挖到30厘米,并将挖出的土壤均匀放在行间，初秋进行2次培土，使原来的种植沟培成垄，垄高10～12厘米，宽20厘米，培土时要防止新姜外露，促进根茎肥大，皮薄肉嫩。

生姜要求湿润的环境，怕积水和干旱，栽后要保持土壤较干，以利土温回升，久旱影响出苗时，可适当浇水。出苗后保持畦面见干见湿。要防止土壤过湿，雨后要及时排除田间积水，要防止烈日下沟灌，以免暴发姜瘟病。

5. 分期采收 当苗高20～30厘米，具有5～6片叶时，可采收种姜（又称娘姜）。收时先用小铲将种姜上的土挖开一些，一手用手指将姜株按住，不让姜株晃动，另一手用狭长的刀或竹签把种姜挖出，要尽量少挖土，少伤根。收后立即将土填满拍实。初秋天气转凉，当植株旺盛分枝，形成株丛时挖取嫩姜。当植株大部分茎叶开始枯黄，根茎已充分老熟时采收，采前到田间进行检查，发现病死枯叶株先行剔除，采时将周围土壤挖开，整株掘起。

6. 病虫害防治 姜的腐烂病又称姜瘟，属细菌性病害，病菌潜伏在姜块、茎叶、土壤及姜株残骸中越冬。播种后，病菌通过浇水、肥料、地下害虫及风土传播，通常6月开始发病，8～9月达到高峰。病菌从姜株茎基部伤口侵入，根茎受害后，先出现水浸状黄褐斑，后渐软腐，维管束变色，病叶萎蔫黄化枯死。

该病持续时间长，病势快，较难防治。除采用轮作，选用抗病品种、排水、施石灰、病株（区）隔离外，在未发病前和发病初期，交替使用农药。种姜消毒除用草木灰及波尔多液外，可用700倍液的高锰酸钾浸种20分钟或用100倍液的甲醛浸种15～30分钟，闷种3～6小时。多菌灵全生育期防治，晒种时用500倍液的多菌灵泡种，栽培时用800倍液土壤消毒，植株5～10个分枝时喷800倍液，每隔10～15天喷一次。姜种用90%姜瘟宁300倍液播前浸种，齐苗期用78%姜瘟宁300倍液灌根，每亩用药300千克。在发病初期及时发现中心病株，立即铲除，病窝内撒生石灰消毒，严防病害蔓延，并用78％的姜瘟宁第二次灌根，药量同第一次。10天后用姜瘟宁500倍液叶面喷雾一次。

虫害主要是玉米螟，钻入心叶为害，发现枯心时用刀将受害苗茎叶一齐割除，杀死或烧毁。在虫卵孵化高峰，螟虫未钻入心叶蛀食前，及时喷2.5％溴氰菊酯加水2000倍液喷雾。

十一、莴笋

莴笋是我国的特产蔬菜，食用肉质嫩茎，营养丰富，是具有一定的医疗价值的保健蔬菜。

（一）优良品种

我国莴笋品种资源丰富，传统品种有成都二白皮、南京紫皮香，按叶型分尖叶种与圆叶种两类。叶色有绿、黄绿、深绿、浓绿、浓绿带紫、紫红等多种。按莴笋形态分高茎与矮茎。高茎肉质茎长30～40厘米，节间疏，笋呈棒形，上下粗细不明显，大多属中晚熟种，产量高；矮茎长20～25厘米，节密如棒槌状，上部尖，品质较好。在台湾还有食用嫩茎为目的莴苣，作叶用时7～8片时拔起上市。

1. Celtuce（西尔求斯） 从美国引进的台湾茎叶两用的嫩茎莴苣，植株直立，节间密，叶数多，叶身平直，披针形，叶色灰绿，叶肉厚，不易破裂。嫩茎长30厘米，粗5～6厘米，茎皮绿白色，肉质翠绿、单茎500克以上，耐热性强，幼苗期能耐28℃高温，不怕夏季雨水及初秋的高温暴雨，是一种珍贵蔬菜品种。

2. 鲫瓜笋 北京地方品种。株高30厘米，开展度45厘米，叶片倒卵形，先端稍圆，浅绿色，叶面微皱，稍有白粉。笋长棒形，中下部稍粗，两端渐细，长16厘米，粗5厘米，单笋重150克，外皮与肉浅绿色，肉质致密，脆嫩，品质好，耐寒，早熟种，不耐热。

3. 尖叶鸭蛋笋 合肥地方品种。株高40厘米，开展度50厘米，中下部大，粗8~10厘米，皮与肉绿白色，单笋重0.5~0.75千克。早熟种，耐寒，不易抽薹。

4. 成都二白皮 株高45~50厘米，开展度20厘米×25厘米，茎粗，皮绿白色，节间有长、短两种。叶簇小直立，叶倒卵圆形、浅绿色，有皱，笋嫩脆，浅绿色，品质好，单笋重1~1.5千克，耐热。

5. 紫叶莴笋 北京地方品种。叶片披针形，有皱，幼叶、心叶及大叶边缘紫红色。笋长棒形，上部稍细，长35厘米，粗6厘米，节间较长，单笋重0.5千克，外皮浅绿色，肉色较深，皮薄肉脆嫩，含水分多。耐寒性强，晚熟种。

6. 苦荬叶 湖南地方品种。株高49.2厘米，叶长25.4厘米。宽8.58厘米，茎粗5.1厘米，长23.1厘米，花叶，单笋重0.55千克。较抗病，无先期抽薹现象。

7. 柳叶 北京地方品种。大棚莴笋栽培品种，株高40~60厘米，开展度45厘米，叶似柳叶，平有浅皱，稍有白粉，叶背白粉多。笋长棒形，上部渐细，长50厘米，粗5厘米，单笋重0.5千克左右，外皮白绿，肉色稍深，脆嫩，水分较少。晚熟种，苗期较耐热。

8. 铁杆（尖叶青） 陕西潼关地方品种，可作酱笋用。株高50~66厘米，开展度36厘米，叶宽披针形，浅绿色，笋棒状，长60厘米左右，粗4.5~6厘米，外皮浅绿色，单笋重1~1.5千克。

9. 夏翡翠 特耐高温，叶椭圆形，皮绿色，茎粗棒形，单株质量1千克，可抗短期40℃高温。

10. 嫩香世纪王 高温专用种，叶大，披针形，尖叶，茎皮薄，青绿色，单株质量1~1.2千克，耐湿，抗病，不易抽薹，不空心。

11. 清夏尖笋王 大尖叶,皮浅青,茎粗棒形,单株质量0.6~1千克,抗高温,适夏秋栽培。

12. 清香988 特抗热,大尖叶,叶淡绿色,茎皮薄,口感好,单株质量0.8~1千克,耐湿,抗病,不易抽薹。

13. 红冠天下 茎叶红色,肉翠绿,香浓,质脆。

14. 香翠 叶长披针形,茎粗,皮嫩白色,肉翠绿色,质嫩,味香。

15. 香芭拉 叶大,尖形,皮嫩浅青绿色,肉翠绿,清香,抗高温,不抽薹。

此外还有,福建永安莴笋、玛丽、华盛顿、加州、新泽西洲、85-5改良系、冠军及浙丰03411F等。

(二) 莴笋的栽培基础

莴笋植株在花芽未分化前,茎短缩、叶片平展,随着叶数的增加,短缩茎逐渐伸长、加粗、在肉质茎肥大前,生长量极少。肉质茎由茎的肥大部分与花茎两部分组成,早熟种花茎部分比例大于中晚熟种。越冬的春莴笋,10~12月以前为幼苗期和发棵期,横径略大于纵径;越冬期,茎的生长基本停止;返青后1周,纵径增长明显加快,在栽培上要控制纵径增长过快,促横径增长。进入茎的膨大发育盛期,茎的重量由10克增加到440克,需要大量肥水,栽培上以促为主,促进叶和肉质茎的肥大。秋莴笋生长期温度高,花芽分化较早,纵径生长速度很快超过横径,在采前50天,平均每天增长0.45厘米,因此,对秋莴笋栽培以促为主。茎部肥大到一定程度,进入花芽分化期,在花原基分化的同时,花茎伸长。肥大茎和花茎两部分的比例因早中晚熟品种而异,花序分化期茎的长度依早、中、晚的顺序而加长。

莴笋喜冷凉而不耐热,种子发芽适温15~20℃,超过30℃发芽受阻。幼苗期3~5℃半个月就会抽薹。幼苗生长适温为12~20℃,叶生长适温为11~18℃,越冬后的幼苗在3月返青便迅速生长，4月后进入肉质茎形成期，此期温度18～22℃，生长快，温度在15℃以下生长慢，但品质优良，所以秋莴笋比春莴笋肉质肥大而脆嫩。

莴笋是长日照高温感应性作物，影响莴笋早抽薹的主要原因是长日照。所以莴笋的早、中、晚品种，无论经过春化或未经过春化，长日照处理比短日照处理提前抽薹。但是莴笋是高温感应性作物，只要温度适宜，花芽分化后不论日照长短，均可抽薹开花，这是秋莴笋栽培的基础。在冬季低温地区，虽能抽薹开花但不结实，采种栽培一定在春季。莴笋的种子有休眠期，一般两个月后休眠自然解除。

莴笋为浅根性作物，根的吸收能力较弱但由于叶面积较大，耗水分多，对土壤表层水分反应极为敏感。要求土壤有机质丰富，保水保肥力强的黏质壤土或壤土，喜酸性土壤。对肥料三要素要求平衡，对磷钾吸收量较多，氮在生长期作用很大。

莴笋的幼苗耐寒性强，生长快，生育期短。莴笋在3月上中旬播种育苗，6月下旬至7月上旬即可收获。

（三）莴笋庭院春季栽培

1. 品种选择 适合春季栽培的优良品种有鲫瓜笋、北京白尖叶、蓝山白圆叶、蓝山白尖叶。

2. 育苗 根据莴苣种类和育苗季节的不同，选择适宜的穴盘规格，一般采用128或200孔穴盘，培育3叶左右秧苗可以选择200孔穴盘，培育4～5叶秧苗宜选择128孔穴盘。基质可以采用商品育苗基质，也可自配基质，如以草炭、蛭石、废菇料为育苗基质原料，按草炭：蛭石为2：1，或草炭：蛭石：废菇料为1：1：1，配制育苗基质，自配基质应添加肥料，一般每立方米自配基质拌入三元复合肥1.2千克，高温期间育苗时添加肥料适当减少，每立方米自配基质拌入三元复合肥0.7千克。

种子处理。高温季节育苗，在播种前应进行低温处理。一般

第四章 食根、茎蔬菜

先将种子用清水浸种 5~6 小时，然后将种子水分滤干，用纱布等包裹后置于冰箱保鲜格内，每天打开种子翻动 1~2 次，3~4 天种子即可露白，然后播种。

基质装盘播种。播种过程分三步进行。第一步，将基质适当浇水并拌匀后装盘，装入基质的高度一般是距育苗盘上沿 0.5 厘米，用直尺刮平。第二步，将种子均匀地播在基质上，每穴播种 2~3 粒种子，播种后，用蛭石进行覆盖，然后用直尺沿育苗盘上沿刮平，将多余的蛭石除去，保证播种的深度均匀一致，发芽整齐。第三步，浇水，由于蛭石质地较轻，直接浇水容易冲掉蛭石造成露籽。具体做法：将育苗盘水平地置于水中，注意水深不能浸过育苗盘高度。让水从盘底慢慢地渗入，直至饱和为止，取出育苗盘。

播种后注意穴盘保湿，一般播种后 3~4 天齐苗。莴苣幼苗生长适宜温度为白天 15~18℃，夜间 10℃ 左右，不低于 5℃。齐苗后保持基质湿润，应注意勤浇水，一般应在早晨浇水；莴苣幼苗柔嫩，水分过多、温度较高时容易发生烂心、猝倒病，所以应防雨防涝。从子叶展开到 2 叶 1 心，基质的含水量宜控制在 75%~80%，2 叶 1 心后进行删苗补苗，每穴留苗 1 株，如有缺苗应及时补苗，并结合喷水，用 0.2%~0.3% 尿素和磷酸二氢钾进行叶面喷雾。从 3 叶 1 心至定植，基质的含水量控制在 70%~75%。一般高温季节苗龄 20~25 天，其他季节苗龄 30~35 天。

3. 定植 要求土壤肥沃、保水保肥能力强、灌水排水方便的田块。翻耕前要晒白，尽量多施厩肥或堆肥做基肥，一般每亩施有机肥 4 000 千克、专用复合肥 50 千克，深翻入土。选择合适苗龄、无病虫为害、根系旺盛的壮苗带土定植。春秋季苗龄 25 天左右、4~6 片真叶、未拔节时定植为好，以株行距 30~35 厘米，定植时应尽量少伤根，并保证充足的水分。

4. 田间管理 浇完缓苗水后，当土表稍干不粘锄时，要及时深中耕、松土、除草，进行第 1 次蹲苗，15~20 天后再浇水，之后一再浅中耕、松土、除草，进行第 2 次蹲苗，15~20 天浇水或雨后要及时中耕保墒，使土表干而土中湿。经 2 次蹲苗后，植株形成强大莲座叶，进入茎叶生长盛期，此时应加强肥水管理，结合浇水每亩施硝铵 10~15 千克，这一时期应经常保持地面湿润。

（四）莴笋的盆栽技术

1. 播种育苗 秋冬栽培选特耐寒的二白皮、精正雪里松、科兴 2 号、白尖叶等晚熟品种。长江流域在 9 月中下旬至 10 月上旬播种，春节可上市。在阳台育苗可在窗户上挂遮阳网，出苗后，保持苗距 3~4 厘米，适当控制浇水，追施 1 次 0.3% 尿素液、培育壮苗，祥见上节相关内容。

2. 上盆 选直径 20~30 厘米的塑料盆或种植槽、基质用园土＋腐熟厩肥，每盆加磷酸二铵 10 克，硫酸钾 10 克，栽前盆土浇湿，在 10 月下旬至 11 月，苗龄 30~40 天，有 4~5 张以上真叶的壮苗，在晴朗无风温暖的天气进行，每盆 1~2 株，种植槽株行距 40 厘米×45 厘米，栽植深度以根部全部埋入土中但不压住心叶为宜，将土压紧，浇定根水，使根与土壤密接。

3. 管理 利用阳台窗、纱窗与窗帘的关开，控制温度。定植初期为缓苗期，白天温度为 18~20℃，夜间为 10℃ 左右；缓苗到团棵，白天温度为 15~20℃，夜间 2~6℃。当温度超过 24℃，要进行通风，防止徒长。

肥水管理掌握冬控春促，一般可追 2~3 次稀饼肥水。定植 1 个月后重施肥一次，每盆可施尿素 20~40 克、硫酸钾 10~20 克，叶面喷 0.1% 磷酸二氢钾。整个生长期保持土壤湿润，接近采前适当控水。

4. 采收 在春节前后，当顶叶与外叶相平时（平口期）为采收适期。如果要延迟采收，可掐尖去蕾，采后剥去下部片叶，保留上部叶片。

（五）莴笋先期抽薹原因与防治措施

1. 品种因素 早熟品种对高温、长日照较为敏感，较中、晚熟品种耐低温性强而耐高温性弱，春种夏收、夏种秋收的莴笋因生长期间在高温长日照环境下，故应选中、晚熟品种（如北京尖叶、西宁莴笋、二白皮），可防止先期抽薹。早熟品种（如特大白尖叶）应在早春栽培。

2. 播种育苗因素 早春莴笋育苗时播种过早，则越冬前生长期长、苗过大、花芽分化早，越冬易遭受冻害且翌年易早抽薹；若播种晚，则冬前生长期短，苗过小，养分积累少，越冬易受冻害且翌年上市迟。夏莴笋播种过迟或秋莴笋播种过早，育苗期气温高、日照长，易早抽薹。

苗期管理应以培育矮壮苗为目的。苗床底肥以有机肥为主，可配施适量复合肥；适量稀播，及时间苗，控制浇水，床土见干见湿，遮光育苗要在齐苗后逐渐晚盖早掀，至3叶后不再遮阳；夏、秋莴笋苗期喷1~2次500毫克/千克的矮壮素。

3. 移栽定植因素 定植不及时，幼苗往往生长过快、胚轴伸长呈徒长状态，栽后难以获得肥大的嫩茎，易早抽薹。定植密度过大，莲座叶形成前已封垄，造成植株拥挤，光照不足，而纷纷徒长争光。

为防止先期抽薹与徒长问题，一般要求具5~6片叶时定植，秋播春收的苗龄40天、春播夏收或夏播秋收的苗龄约25天，秋播冬收的苗龄30~35天。一般春收莴笋为获得早期效益可适度密植；夏收莴笋宜稀植；秋收莴笋后期气候适宜，密度中等。

4. 气候因素 莴笋育苗定植过晚或夏秋栽植时，正处在高温长日照下，往往叶片分化少、花芽分化早、花器发育快，管理稍有不慎，极易徒长抽薹，影响品质与产量。可定期喷施矮壮素，从莲座期开始，7~10天喷1次，共喷2~3次，浓度为350

毫克/千克。

5. 采收因素 莴笋采收以心叶与外叶齐平时为适期,高温季节往往采收前已形成花蕾,不及时采收嫩茎就会迅速徒长抽薹。若为延后采收供应,在平口期及时于晴天掐去莴笋顶端生长点或花蕾,可迟收5～7天,达到增产增效目的。

(六) 莴笋蹲苗的原因及其防止

1. 莴笋蹲苗的原因

(1) 育苗不当　育苗时播种过早、苗期过长、苗期水分及温度管理不善,人为造成幼苗在定植前就发生徒长,定植后易形成蹲苗。

(2) 定植不合理　定植过晚,在高温长日照下叶片分化少,花芽分化早,花器发育快,生殖器官发育加速;定植时栽培密度过大,肥供应不足,植株生长缺少基本生长条件,易未熟抽薹。

(3) 肥水管理不合理　莴笋栽植后若在肥力不足的情况下,浇水过多或雨水排除不及时,土壤湿度大,嫩茎易徒长而呈"涝蹲";在土壤干旱及高温条件下,中耕少、通气不良、根系生长不良,叶片得不到充分的水分供应,嫩茎生长细弱,又易呈"旱蹲"。蹲苗不足,在莲座叶未充分长成前就大量供水供肥,营养生长过旺,茎部未充分发育就提前伸长,易形成蹲苗。

2. 预防对策

(1) 选择适宜的品种和播期　选择适合本地种植季节的品种可有效防止窜苗。

(2) 苗期管理　以培育壮苗为目的,施肥要以有机肥为主,可配适量复合肥,播种时苗床要浇透水,等水渗下后将催好的芽的种子条播,播后覆土0.5厘米,盖膜、搭小拱棚保温保湿。

苗出齐后及时间苗,控制浇水,苗床见干见湿,夏秋季遮光育苗要在齐苗后逐渐晚盖早揭,至3叶后不再遮阳;苗期喷1～2次500毫克/千克的矮壮素可防治蹲苗。

(3) 合理田间管理 幼苗 5~6 片叶，高约 15 厘米时定植，株行距 35 厘米×35 厘米。定植后及时中耕蹲苗，可防止蹿苗。在莲座叶形成、植株封垄前控制浇水，畦面见干见湿，封垄后增加供水，促进嫩茎生长膨大。施足底肥，及时追施缓苗肥、团棵肥、催笋肥，每亩施磷酸二铵 15~20 千克、尿素 7~10 千克，防止蹿苗。适时采收。

十二、芋头

芋以肥大的肉质球茎供食用，在我国栽培历史悠久。在华南、长江以南普遍栽培。芋头株高 1 米左右，叶盾形较大，具长柄。其形态与天南星科许多花卉很相似，最近在许多居民小区及庭院种植芋头，既绿化、美化，又可吃到新鲜的芋头，很受人们的欢迎。

（一）品种

按园艺学分类，可分魁芋、多子芋及多头芋 3 类。属于魁芋的品种有龙头芋、临海大芋、奉花芋、广西的荔浦芋、台湾的槟榔芋等。母芋单重大于全株子芋，母芋品质优于子芋。属于多头芋的品种有姜芋，母芋与子芋大小相似，品质相近，且密集成块，较难分开。多子芋子芋总重大于母芋，子芋品质较优。

按生态学分类，可分旱芋、湿地芋和水芋 3 类。水芋生长需较浅的水，往往与水稻田相似，如光芋、红顶芋；湿地芋有龙头芋、临海大芋、生长期间田间土壤保持湿润，但不宜有水层；旱芋生长需不在水里，但仍需较多的水分。其主要优良品种有：

1. 香酥芋 又名红梗芋。株高 100~120 厘米，叶互生，叶片长宽 80×50 厘米，叶柄长 120 厘米。属子芋类，母芋中大、圆形、下部稍尖，子芋较多，芽红色，肉质糯而甘滑，味醇香。

2. 白梗芋 产苏南、沪、杭，较早熟，叶柄黄绿色。子芋椭圆形,孙芋近圆形,顶芽黄白色,每株结芋 20~30 个,肉质细、面,品质较好。

3. 黄粉芋　产浙江余姚。早中熟,叶柄绿色,子芋椭圆形,孙芋近圆形,每株结芋 20~25 个,球茎含淀粉量高,质细面,品质好。

4. 槟榔芋　产福建。株高 180~200 厘米,开展度 180 厘米×80 厘米,叶柄长 160 厘米,叶长圆形,叶片叶柄绿色,母芋椭圆筒形,长 20~30 厘米,直径 40~55 厘米,皮薄、褐色、皮毛稀疏,褐色,单个母芋质量为 1.4~5.6 克,每母芋基部可生 4~6 个子芋,子芋重 25~125 克,皮薄黄褐色,芋肉白色带紫红色槟榔花纹,食用酥松、粉嫩、香甜,亩产 1 600~2 000 千克。

5. 荔浦芋头　产广西荔浦县,为清朝贡品,属魁芋类型。母芋近短炮弹形,中间略大,两端略细,重 1.5~3 千克。剖开芋肉有紫色槟榔花纹。肉质细腻,煮熟后甘香松软,风味独特。芋头扣肉是广西名产。

6. 杭州香梗芋　属多籽芋类型,子芋质粉,有香气,母芋质松,子母芋品质均好。母芋椭圆形,重 0.3 千克,每株子、孙芋 8~10 个,重 0.6 千克,芽眼红色,毛衣很多。

还有金华红嘴芋、莱阳芋 8520、紫梗毛芋。

(二) 芋头的庭院栽培

芋生育期要求较高的温度,发芽适温 15~20℃,幼苗期适温 20~25℃,壮叶期适温 25~30℃。球茎生长适温为 15~25℃,一般高温季节形成母芋(20~35℃)、母芋达 6~8 节后母芋基本形成,子芋在 9 月之后形成。

芋属于半阳性,不耐夏季强日照,但水芋对光照要求较高,球茎膨大宜在 9 月短日照之后形成。光周期长短对母芋影响小,对子芋影响较大。芋头要求土层深厚、肥沃有机含量高的土壤,

第四章 食根、茎蔬菜

故农民在种芋前沟中施入厩肥、草木灰,以利芋头的生长。

1. 栽种 芋头一般在 3 月下旬至 4 月上旬栽种,宜选土层深厚,肥沃,地势较低而平坦处种植,不能连作,每亩追腐熟堆厩肥 2 000~2 500 千克,45%三元复合肥 10~15 千克,庭院种植每穴施商品鸡粪 1 千克,复合肥 30~50 克。用顶芽充分发达、球茎粗壮饱满、形态完整、无病虫害的子芋作种芋,每亩母芋用种 150 千克,子芋 60~70 千克,播前晒种 2~3 天。播种前开好种穴,穴深 10 厘米,顶芽朝上,覆 2~3 厘米厚细土,盖地膜,行株距 80×35 厘米。水芋可起垄栽植,一垄双行,先按 80 厘米开沟,沟深 10 厘米,浇足底水,按株距 30~35 厘米栽种,然后将芋种在沟内,每穴种 1 个子芋,上盖 2 厘米厚火烧土,连续播 3~5 行后,在 47~50 厘米的大行距中间开深沟,把土分开,培土成垄。播种后 20 天左右,破土出芽及时破膜引苗,并将膜孔处湿土盖好。由于芋头幼芽不能同时出土,在保全苗前每隔 1~2 天在田间查看一次,及时破膜保苗全、苗壮,苗期宜多锄深锄,促根扎下。

2. 肥水管理 芋头喜湿怕旱,当田间出苗到 80%时,浇一次齐苗水,以保全苗促根系生长,幼苗 3 片叶前,保持见干见湿,当田土干到发白时,小水浇灌,当 4~5 片真叶后到球茎膨大期,要大水勤浇,7~10 天浇水一次。高温干旱季节,注意早晚浇水,防旱防热,9 月下旬后需水量减少,要少浇水,平时还要注意排水降渍。

芋生长期长,需肥量大,追肥 3~4 次,2~3 片叶时追第一次肥,每亩用尿素 10 千克,加水 8~10 倍浇施;5 片叶时追二次肥,每亩尿素 10~15 千克,磷酸二氢钾 3~5 千克;7~8 片叶时,地下球茎开始膨大,可追第三次肥,每亩尿素 25~30 千克,硫酸钾 20~25 千克。每次施肥开沟撒于沟内,施后结合培土平沟。

3. 中耕除草与培土 子芋长出 2~3 片真叶时,结合浅耕除草1次，将畦沟中的土覆至畦面，使成龟背形，芋苗高60厘米4～5片叶时，地上部迅速生长，芋头开始膨大，结合追肥中耕除草培土，培土高10～12厘米。

4. 采收 当地下部茎叶变黄，根系枯萎时即可采收，双手手心相对，十指紧握芋头，左右旋转2～3次，拔起芋头。一般在10月中下旬至11月，选晴天掘收。

5. 病虫害 芋头病虫害较少，主要有疫病、软腐病、细菌性斑点病、乌斑病、干腐病和病毒症，虫害有斜纹夜蛾、芋单线天蛾、芋蚜、红蜘蛛及蛴螬等。病害用58％甲霜锰锌600倍防治软腐病，疫病用50％氯溴异氰双酸12 000倍防治。虫害有Bt可湿性粉剂每亩150克防治。

十三、荸荠

又名马蹄、地栗、马薯、通天草，为莎草科荸荠属多年生水生宿根蔬菜。食用器官为球茎，其色红艳，肉细嫩，脆甜多汁，提神爽口，为一种大众化的水果，它具消炎、抑癌、去火、润肺、降血压的作用，深受人们的青睐。其叶晒干称为通心草，有药用，所以，有条件的地方，建池购龙缸，栽上几棵，既欣赏又食用。

（一）品种

荸荠有野生类型与栽培类型，球茎颜色有深红、红褐、棕红及红黑色等。球茎顶芽有尖、钝之分，底部有凹脐与凸脐之分。凹脐含水分多，肉脆嫩，味甜，渣少，目前栽培上大都为凹脐品种。其优良品种：

1. 桂林马蹄 原产于广西桂林市郊区，又名三枝脆。晚熟，耐运输，抗病性较强。其植株较高大，株高100～120厘米，叶状茎较粗。球茎扁圆形，脐部稍凹，茎芽小，球茎横径4.5厘米，高2.5厘米，单球茎重20克以上。皮深红褐色，含淀粉量较低，而含糖量较高，肉质脆嫩，味较甜，宜生食。较耐贮藏。产量高。

2. 贺州芳林马蹄 原产于广西贺州市八步区芳林镇芳林村。球茎形态与桂林马蹄相似，其球茎扁圆形，表面光滑，成熟后呈深栗色或枣红色。果大，单球茎重大的可达55.6克。皮薄细嫩，肉白色，脆甜多汁，富含淀粉，化渣爽口，生食和加工品质俱佳。产量高，较耐贮藏。是目前国内做清水马蹄品质和风味最佳的荸荠品种。

3. 苏荠 原产于江苏苏州市，主要分布在苏州市郊、吴中区、吴江区境内。种植历史悠久。中熟，地上部分耐热不耐寒，地下部分球茎耐寒，可留在地下越冬，不会有冻害。抗病性较弱。施肥不当，容易倒伏而影响地下球茎膨大，将使产量下降。株高80～100厘米。叶状茎粗0.5厘米，球茎扁圆，高2厘米，横径3厘米，平脐，芽尖，皮深红色。单球茎重15克左右。宜熟食，生食品质较差。耐贮藏。产量较低。

4. 高邮荸荠 原产于江苏高邮市和盐城市。球茎形状与苏荠相似，皮红褐色，肉白色，芽较粗直，脐平。株高75厘米左右。单球茎重20克左右。皮较厚，宜熟食，生食品质较差，耐贮藏。全生育期为110天。宜在无霜期生长。产量较高。

5. 余杭荠 原产于浙江余杭市，又名大红袍。株高90～110厘米。球茎扁圆形，纵径2.4厘米，横径3.4厘米，芽粗直，平脐，皮棕红色。单球茎重20克左右。肉质细嫩，味甜，汁多，渣少。生食品质较好，适于加工制罐出口。生育期为160天。抗逆性强。是目前长江中下游地区推广的良种。产量较高。

6. 孝感荸荠 原产于湖北孝感市。中晚熟。株高60～80厘米，茎粗0.3～0.5厘米，分蘖性较强。球茎扁圆，平脐，高2.5厘米，横径3.5～4厘米，红褐色。单球茎重22克左右，顶芽短小而略向一边倾斜，脐部微凹陷。皮薄，味甜，质细渣少，品质好。生育期 180 天左右。耐热力强,抗寒力弱,不耐深水。耐贮藏。产量中等。

7. 虹桥荸荠　原产于浙江乐清市一带。株高 100～110 厘米。球茎扁圆形。单球茎重 17 克左右。皮较厚,红褐色,光泽鲜明,肉白色,肉质较粗,味甜。抗逆性强,生长强健。产量较低。

8. 广州水马蹄　原产于广州市郊区,广州市番禺区、广东乐昌市、广西桂林平乐县栽培较多。较早熟。植株较小。单球茎重 15 克左右,呈扁圆形稍尖,纵径 2 厘米,横径 2.5～3 厘米。皮红黑色,生食品质差,渣多,淀粉含量高,达 12% 以上。是目前提取马蹄粉的主要栽培品种。产量较高。

9. 院桥店头荸荠　产浙江台州黄岩区。株高 80～100 厘米,球茎扁圆,单球质量为 20 克左右,皮红褐色,顶芽短小,俗称"三根葱"。脐微凹,皮薄,味甜,质细,品质上。

10. 福荠　产福州市。球茎近圆形,皮红棕色,平脐,单重 18 克以上。皮较薄,肉质嫩脆,球茎大小整齐,商品性好,成熟晚。

(二) 栽培技术

选择远离（5 千米以外）工矿企业,无工业"三废"（废水、废渣、废气）污染,光照充足,肥沃,表土疏松,底土较坚实,耕作层 20 厘米左右,水源充足,灌溉方便,水体洁净的砂壤土水田种植。在砂壤土中栽培的荸荠,球茎入土浅,大小整齐,肉质嫩甜;在重黏土中生长的,球茎小,不整齐,在腐殖质过多的土壤中生长的,肉粗汁少,皮厚色黑,缺乏爽脆、清甜的风味。同时,荸荠最好实行连片种植,以便于统一管理。

荸荠喜高温、湿润,不耐霜冻,需在无霜期生长,全生育期为 210～240 天。气温为 15℃ 以上时开始萌芽,在 25～30℃ 下分蘖分株生长最快。球茎形成又需要干燥冷凉的环境,以平均气温在10~20℃为较好。冬季地上部枯死，球茎在土中过冬。在长江中下游地区大都在小署到立秋前后育苗移栽。华南地区清明谷雨催芽，小满、芒种栽植。

1. 培育壮苗

留种：荸荠收获时，从留种田中选取外形圆整、表皮无破损、顶芽侧芽粗壮健全、皮深褐色、单球茎重为15克以上、具有所栽培品种特征的球茎贮藏过冬，再进行复选。早水荸荠4月上旬、伏水荸荠5月下旬左右、晚水荸荠6月下旬至7月上旬进行。催芽育苗时，从贮藏的荸荠中选择饱满、表皮光滑且色泽一致的球茎做种。亩留种量早水荸荠15~20千克，伏水与晚水荸荠75~100千克。

室内催芽的方法：播种前种荠用25%多菌灵可湿性粉剂500倍液浸泡18~24小时，或用45%秆枯净可湿性粉剂500倍液浸24小时，进行种荠消毒，杀死表面病菌，预防秆枯病等。然后在地面铺湿稻草，将种荠交替叠放3~4层排列于稻草上，顶芽朝上，再用稻草覆盖，每天浇水2~3次，保持湿润，10~15天后，开始冒青。芽长1.5厘米时，除去覆草，继续浇水保持湿润，20天后叶状茎开始生长并有3~4个侧芽同时萌发时，即可栽植于秧田。

整好田施足基肥进行排种育苗，将催好芽的球茎一个一个地排入秧池，并将球茎按入泥中1厘米，株行距3厘米×3厘米，要求芽头向上、高低一致排好，再覆盖细泥，以不见芽头为宜；而后淋足水，并淋消毒所剩余的药水。

浅水薄肥，育大苗：育苗期间尤其是伏水荸荠育苗期间温度不稳定，有时温度偏低，不利于苗的生长。苗期灌浅水可提高土温，能促进苗的生长。一般在移苗之前灌水深度为1~2厘米；移苗后，随着苗的长大，气温也逐渐升高，灌水深度掌握在2~3厘米，最深不宜超过4厘米。苗期追肥宜轻施勤施，当苗高10厘米左右时浇稀粪水或稀沼气渣水1次，随即浇水，洗去苗上的肥水，以避免伤苗；以后每隔 5~7 天浇稀粪水或沼气渣水 1 次，共浇 3~4 次。30~40 天后，单株分蘖数增加，根系发达，苗高达 35~40 厘米，叶状茎粗 0.5 厘米以上，具有分株 3~4 丛，即可定植到大田。

2. 定植 荸荠在苗期、生长初期及分蘖期对磷的吸收率很高，因此，磷肥要作为基肥施用。一般每亩施腐熟有机肥 1 000~1 500 千克、过磷酸钙 50 千克、硫酸钾 12~15 千克，或硫酸钾型复合肥 20~30 千克、硼砂、硫酸锌各 2 千克均匀地施入田中做基肥，施肥后再进行一次犁耙，7~10 天后定植。

荸荠从 5 月份至 8 月份均可以定植。长江流域早水荸荠在 6 月下旬前定植，伏水荸荠在 7 月份定植，晚水荸荠在 7 月下旬至 8 月初栽植。华南地区气候暖和，定植时期可以略为推迟，但最迟不能超过处暑（即 8 月下旬），原则上越早定植越好。

小心将秧苗球茎一起挖出，剔除雄苗（叶簇生纤细），球茎入土 9 厘米，不带球根的分株苗深度为 12~15 厘米。行距 50~60 厘米，株距 25~30 厘米。

（三）田间管理

1. 施肥 荸荠从栽植到球茎形成，可发生 3~4 次分株，田间管理的重点是在第一至第二次分株期间进行，要求做到前期促早发，中期保稳长，后期不早衰，这也是荸荠高产的重要措施。

施肥原则是"重施基肥，轻施追肥，施好结荠肥，氮、磷、钾并重，前氮后钾"，即前期施少量氮肥，以促进幼苗返青早生快发，中后期以磷、钾肥为主，整个生育期都不能缺钾，特别是进入结球期，缺钾会导致地上部生长不够健壮，球茎不够充实。

（1）早水荸荠的施肥方法　清明至谷雨催芽，小满至芒种栽植（5 月 20 日至 6 月 10 日）。立冬前后采收的早水荸荠以施有机肥为主，即每亩施腐熟农家肥 1 500~2 000 千克、过磷酸钙 30~50 千克、硫酸钾 20 千克、尿素 15 千克，硼砂、硫酸锌各

2~3千克做基肥，追肥宜少。一般在6月下旬至7月上旬每亩施尿素5~7.5千克。9月中下旬气温下降，进入结球期，施入硫酸钾20千克，以促进后期生长稳健，防止植株生长因脱肥而早衰。如果再喷施0.2%的磷酸二氢钾，或1 000毫克/千克硝酸钾溶液或乙烯利溶液，对促进荸荠生长、球茎膨大充实、提高产量效果更明显。

（2）**伏水荸荠的施肥方法** 夏至前后催芽，小暑至大暑栽植（7月5日至7月25日），冬至前后采收的伏水荸荠定植7~10天后为返青期，此时进行第一次施肥，以施速效肥为主，每亩施尿素5千克。随着叶状茎的生长加长，分蘖不断发生，定植后15~20天应结合耘田除草每亩施硫酸钾型复合肥20千克，此即第二次分蘖肥。第三次分蘖肥在栽后30天左右（8月下旬）施，结合第二次耘田除草每亩施腐熟有机肥1 000千克、过磷酸钙25~30千克、硫酸钾型复合肥25千克。第四次施结荠肥，在9月中下旬每亩施硫酸钾型复合肥50千克，腐熟花生麸50千克，硫酸钾15~20千克。

（3）**晚水荸荠的施肥方法** 从小暑至大暑开始催芽，立秋前后（8月10日前后）栽植的称晚水荸荠，采收期可延至翌年清明。种植晚水荸荠，因生长期短，施肥应以速效肥为主，前期以氮肥为主，后期以钾肥为主，一般结合中耕除草追肥2~3次。第一次追肥在分蘖分株初期，重施1次氮肥，每亩施尿素20千克＋过磷酸钙10千克＋硫酸钾10千克。第二次追肥在8月下旬至9月中旬，每亩撒尿素10千克＋硫酸钾10千克，促使植株早封行和稳健生长，防止早衰。第三次追肥在10月上旬，此时植株开始结荠，每亩追施硫酸钾型复合肥50千克，并喷0.2%磷酸二氢钾作为结荠的"接力肥"，使荸荠叶色保持青绿，防止早衰，促使球茎膨大、充实。每次施肥时要排干水，使肥渗入土中，让其自然露干后再灌水至原来深度。

2. 水分管理 科学灌溉是保证荸荠高产稳产的关键技术之

一。荸荠生长前期一般应浅水勤灌，中期干湿交替，后期脱水晒田。

早水荸荠定植以后，当时气温不高，植株本身蒸腾量较小，故灌水宜浅，以2～3厘米深为宜，在一个月内做到干干湿湿，以利于扎根和荠苗返青。以后随着植株的成长、叶状茎的伸长、植株蒸腾量的加大，逐渐加深灌水。

伏水荸荠及晚水荸荠大田移栽时正值高温季节，缺水易使地表温度高而灼伤幼苗，故应及时灌水，以5～6厘米深为宜。活棵后至8月25日，始终保持水深2～3厘米。选择阴天或气温较低时晒田，8月25日至9月20日以干湿交替、湿润灌溉为主，促进根系纵横生长及分蘖生长。到荸荠的分蘖分株期，可保持水深3～5厘米，但一般不超过10厘米。结荠初期排水保持浅水层，以利于匍匐茎向下生长，早形成球茎，封行后及球茎膨大期水层要加深到8～10厘米，抑制无效分蘖分株的发生，减少养分的消耗，促进养分向球茎转运。此后，田间水层逐渐下落，保持干干湿湿抑制过旺生长。成熟后保持田间湿润。

在分蘖、分株和结荠期，田间不能缺水。但在施氮肥后为避免徒长，可短时间进行浅水管理。如出现徒长趋势时，可落水搁田3～5天，也可以喷多效唑予以控制。在地下球茎充实膨大后，地上部叶状茎常会倒伏，此时必须排干水，以免早熟的球茎萌芽。

晚水荸荠在早稻收割后栽植，因其生长期短，故要促进早分蘖分株，整个生长期间不能缺水要及时灌水，水深以5～6厘米为宜。活棵后转入正常生长，8～9月份不宜灌深水，应经常保持3～5厘米深的水位，促进快速分蘖和分株，在短时间内建立起足够的营养体系，为以后结荠打下基础。

3. 中耕除草 荸荠移栽大田后，若不喷洒专用除草剂，加之前期为浅水管理，杂草极易滋生。因此，荸荠从移栽到植株封行，需中耕除草2～3次，可以结合追肥同时进行。早栽的，分蘖、分株次数多，一般可发生 4～5 次；迟栽的，亦可分蘖分株 3～4 次，而中耕除草应在第一、第二次分蘖分株期间进行。每次除草及耘田之后，要追肥 1 次。

4. 采收 一般 12 月份以后，地上部叶状茎枯黄 15 天左右，此时温度降低，球茎内含糖量增加，皮色转为鲜红色，味甜多汁，采收品质最好，鲜食、罐藏及作为加工原料均宜，为采收适期。一般以冬至至小寒为最佳收获期。

(四) 病虫害防治

1. 荸荠秆枯病 该病俗称"马蹄瘟"，广泛分布于各荸荠产区，是荸荠生产中的主要病害。

茎秆发病：初生病斑水渍状，菱形或椭圆形至不规则形暗绿色斑，病斑变软或略凹陷，以后病斑呈暗绿至灰褐色，梭形或椭圆形，上生黑褐色小点。小病斑扩展连合成不规则的大病斑后，病斑组织软化可造成茎秆枯死倒伏，呈浅黄色稻草。发病初期或荸荠分蘖盛期要及时用药。可选用 45% 秆枯净可湿性粉剂 500 倍液，或 25% 施保克乳油 1500 倍液，掌握在零星见病期喷药，或荸荠封行时即进行喷药保护，以后每隔 7～10 天喷药 1 次，共喷 3～4 次。

2. 荸荠枯萎病 该病又称基腐病，是荸荠主要病害之一。中等发病田可减产 30%～40%，重病田则减产 80% 以上甚至绝收。整个生长季节均可发病，尤以 9 月中旬至 10 月上旬发病最严重。病菌从荸荠茎基部、根部伤口侵入，引起茎基发黑、腐烂，植株生长衰弱、矮化变黄，如缺肥状；以后一丛中的少数分蘖开始发生枯萎，最后地上部整丛枯死，病菌则沿匍匐茎蔓延到下一丛。

一是要抓住防治适期。在秧田后期施药预防 2 次，争取带药下大田。防止移栽时造成伤口，这样既可减轻后期发病程度，又能降低防治成本。发病早的年份或田块，应于 8 月下旬至 9 月上旬开始施药，每隔 10 天施药 1 次，连续施药 3~4 次；发病迟的年份或田块，应于 9 月中旬至 9 月下旬开始施药，每隔 10 天施药 1 次，连续施药 2~3 次。二是要对症下药。每亩用 25% 施保克乳油 30 毫升，或 20% 三唑酮乳油 0.1 千克＋40% 禾枯灵可湿性粉剂 6 克，或 50% 果病克可湿性粉剂 0.1 千克喷撒。

3. 荸荠茎腐病 茎外观症状为枯黄色至褐黄色，发棵不良，病茎较短而细。发病部位多数在叶状茎的中下部，离地面 15 厘米左右。病部初呈暗灰色，扩展成暗色不规则病斑，病健分界不明显，且病部组织变软易折断。湿度大时，病部可产生暗色的稀疏霉层。严重时，病斑可上下扩展至整个茎秆，呈暗褐色而枯死，但一般不扩展到茎基部。挖荸荠前，将病苗全部割除，集中销毁。翌年开春后，把遗留在田中的荸荠打捞干净，以减少病原基数。大风大雨过后，可用 25% 施保克乳油 1 500 倍液，或 70% 甲基托布津可湿性粉剂 800 倍液，隔 7~10 天喷 1 次，连喷 3~4 次。

4. 荸荠白粉病 俗称"荸荠湿"，以 9 月份以后发病最严重，蔓延也快。主要发生于茎上，花器亦可染病。初生近圆形星芒状粉斑，随后向四周扩展成边缘不明显的白粉斑块，严重时布满整条茎秆，造成病茎早枯，在发病初期喷 40% 多硫悬浮剂（灭病威）600 倍液，或 15% 粉锈宁 1 000 倍液，每隔 3~5 天喷药 1 次，连续喷 2~3 次，喷药要均匀。以上药剂要交替施用。

5. 荸荠锈病 初始茎上出现淡黄色或浅褐色小斑点，近圆形或长椭圆形，稍凸起的夏孢子堆。以后夏孢子堆表皮破裂散出铁锈色粉末状物，即夏孢子。当茎秆上布满夏孢子堆时即软化倒伏、枯死。可用 40% 杜邦福星乳油 10 000 倍液，或 68.75% 杜邦易保可湿性颗粒剂 1 500 倍加 90% 杜邦可灵可湿性粉剂 2 000 倍混合液，隔 15 天左右喷药 1 次，共用药 1~2 次。

6. 荸荠灰霉病 该病主要发生在采收及贮藏期的荸荠球茎上，多在伤口处产生鼠灰色霉层，一是选用无病种荠，用 25%

多菌灵可湿性粉剂 250 倍或 50％甲基托布津可湿性粉剂 800 倍液浸泡种荸 18～24 小时后，按常规播种。二是注意及时喷药保护。在生长季节及时检查，如发现少量病株要立即喷药。田间发病初期喷洒 50％速克灵可湿性粉剂 2 000 倍液，或 50％扑海因可湿性粉剂 1 000～1 500 倍液。

7. 荸荠小球菌核秆腐病 荸荠小球菌核秆腐病一般在 9～11 月间发生。主要为害叶状茎。初在荠秆基部生水渍状暗褐色斑，之后沿茎秆向上扩展，围绕病秆，被害部软腐，严重时导致全株枯黄、倒伏。叶鞘内外及茎秆内部产生大量的初为白色、老熟后呈近圆形、由黄褐色变成黑色的针头大小菌核。湿度大时，病部表面亦产生厚密的白色菌丝体。封行后喷施 70％甲基托布津可湿性粉剂 800 倍液，或 30％噻井可湿性粉剂 1 000 倍液，或 22％双井水剂 400 倍液。

8. 白禾螟 是荸荠生产上最严重的虫害，又名荸荠螟、无纹白螟、白螟，俗称荸荠钻心虫。长江中下游地区发生 4 代。一、二、三、四代发生时间分别为 6 月上旬至 7 月中旬，7 月中旬至 8 月上旬，8 月中旬至 9 月中旬，9 月中旬至翌年 6 月上中旬，每月 1 代，世代重叠，其中第三代是发生量最大、为害最重的世代，也是防治的重点。掌握在第三代卵块孵化高峰前 2～3 天用药，以 5％锐劲特（氟虫腈）800 倍液，或 35％果虫净 500 倍液，或高氯氰菊酯十久效磷复配成 500 倍液喷雾，还可用 3％米乐尔颗粒剂 2.5～3 千克或 3％杀虫双颗粒剂 1.5～2 千克撒施防治。

（五）荸荠的盆栽技术

1. 栽种 选直径 40～50 厘米的龙缸一只，用水泥将底孔封住。基质用水稻田土＋20％腐熟堆厩肥＋过磷酸钙 20 克，硫酸钾 10 克，均匀地施入土中，拌匀，加水使成泥浆状，经 7～10 天后，将上述方法培育的有分株 3～4 丛，苗高 30～40 厘米，叶状茎粗 0.5 厘米以上的壮苗，栽在缸里，按株行距 20 厘米左右栽上 4～5 丛，入土深度 8～10 厘米。一般在 5～6 月定植，放在阳台中或阳台外。

2. 肥水管理 在 6 月下旬至 7 月上旬追施返青肥，每盆施 10%饼肥水＋1%尿素一次，8 月中下旬追施分蘖肥，每盆追尿素 20 克；9 月中下旬进入结球期，每盆施复合肥 20 克，防止生长脱肥早衰，并喷 0.1%磷酸二氢钾 2～3 次。定植后，盆水深度为 2～3 厘米，在一个月内做到干干湿湿，以利扎根和返青；在分蘖期，水深保持 3～5 厘米，结荸初期保持浅水层，以利匍匐茎生长，早形成球茎，球茎膨大期，水层要加深到 8～10 厘米，抑制无效分蘖，减少养分消耗，促进球茎生长，以后水层逐渐下落，干干湿湿抑制过旺生长，成熟前后保持盆土湿润。

荸荠盆内如有杂草，要及时拔除，早期应松土 2～3 次，可结合追肥同时进行。

3. 采收 当地上部叶状茎枯黄，球茎皮色转鲜红色，可及时采收。

十四、洋葱

洋葱原产中亚伊朗、阿富汗北部及前苏联中亚地区。洋葱营养价值极高，以干重计，总糖量占 50%～78%，含氮物质占 6.25%～13.8%，有 18 种氨基酸，维生素 A 达 5 000 国际单位。维生素 C 含量为 0.45 毫克/克，还含有杀菌物质，有杀死原胞生物、抗真菌等作用。

洋葱种子根寿命极短，主要根系从盘状茎发生，根线状密集成须状，无根毛，吸收力弱。

洋葱鳞茎是个短缩茎，其上有一个顶芽，将来发育成花序，四周有肉质鳞片包围着，外包几片膜质鳞片，叶腋尚有腋芽，其中还有充分发育的小鳞茎，这就是洋葱小球。鳞茎有圆锥形、圆球形、扁球形。国外有单球重达1千克的,我国的洋葱以扁圆中型品种为多。

洋葱以种子繁殖为多,但由于洋葱是异花授粉植物,同一花序种子成熟有迟早,种子易失水,极易失去发芽力,必须注意采种技术及保种方法。

洋葱幼苗经过低温(5~10℃)通过春化,一般幼苗直径在1厘米以下,很少有抽薹现象发生。越冬幼苗如超过1厘米,则出现抽薹植株。洋葱是长日照植物,日照的临界长度为12~16小时,即在此范围内,日照加长,鳞茎更易形成。生育适温幼苗为12~20℃,叶片生长为18~20℃,鳞茎膨大为20~26℃。

洋葱不耐旱、不耐湿,土壤最大持水量以60%~70%为宜。氮磷钾吸收比例为1.6∶1∶2.4,每生产1 000千克产品需吸收纯氮2~2.4千克,磷0.7~0.9千克,钾3.7~4.1千克。由于洋葱根系浅,吸肥力弱,全生育期要有充分的肥水供应。

(一)类型与品种

普通洋葱可分辛辣洋葱和甜洋葱,近年又选育出生食洋葱,美国经改良后形成洋葱新系统。洋葱按皮色分紫红、黄、白三种,按成熟期分早熟种和晚熟种,按生态型又分北方型和南方型(短日型)。

洋葱杂种一代的利用难度大,育出100%雄性不育株较困难,在日本已发现OY,OX,OL,OE,OP等5个杂种1代品种,这些品种生长旺、成熟早、休眠深、抗病性强、抽薹少。

我国的洋葱品种可分:

1. 红皮洋葱 属辛辣型,鳞片肉质微红色,较粗硬,含水较多,葱头圆球形或扁圆形,贮藏性差,中晚熟为多,著名品种有郑州红皮、北京紫皮、西安红皮、杭州红皮、湖南红皮。

2. 黄皮洋葱 属甜洋葱,鳞片肉色微黄,质软,含水少,为加工脱水原料,著名品种有东北黄肉葱、熊岳圆葱、北京黄皮、天津大水桃、荸荠扁、南京黄皮等。

新的品种有：

1. 连云港 84-1　鳞茎圆球形至高桩球形，横径 8～10 厘米，单球重 250～300 克，外皮浅黄色，肉黄色，肉嫩脆细，辣味轻，品质优。

2. 改良超级 502　美国引进短日照杂交种，鳞茎球形，球大，品质佳，成熟早。

3. 七宝甘 70　日本引进。鳞茎扁圆球形，皮黄色，肉白色，直径 8～10 厘米，单球重 300～400 克，鳞片厚，肉紧密，高产质佳，耐贮藏。

4. 连葱 3 号　连云港市大麦品种改良中心从日本洋葱中选育出来。鳞茎圆球形，单球重 300 克左右，皮金黄色，肉黄白色，细嫩，品质好，抗寒、耐热、较耐贮运，中熟、中日照品种。

5. 大宝黄洋葱　鳞茎球形，单球重 300 克，抽薹率低。

6. 金球 1，2，3，4 号　北京蔬菜研究中心引种选育。出口品种。

7. 天津大水桃　鳞茎圆球形，横径 6～9 厘米，纵径 6 厘米，单球重 200 克左右，外皮黄褐色，鳞片肉为黄白色。贮藏性差。

8. 北京黄皮洋葱　鳞茎圆球形至高桩圆球形，纵横径为 7.5～9×7～9 厘米，单球重 200～250 克，外皮浅黄棕色，内部鳞片黄白色，品质好，耐贮藏。

9. 世纪黄　又名连葱 4 号，鳞茎圆球形，外皮金黄色，单球重 230 克，球形指数 0.85 以上，生育期 250 天，中抗紫斑病。

（二）栽培形式

1. 秋季播种，冬前定植　5～6 月收获，是长江流域各省的主要栽培形式。9 月中下旬播种，定植时幼苗径粗不超过 1 厘米,冬天5℃前定植,5月收获,宜选耐贮性强、抽薹少的品种。

2. 秋播、冬栽、春收 是华南冬季温暖地区适宜的栽培形式,选短日型早熟品种,3~4月是国内外市场需求量大,售价高,特别是高桩球形甜洋葱,最有竞争力。

3. 秋播极早熟栽培 用地膜加小棚,在8月下旬至9月上旬播种,10月前受到长日照感应,短日低温下使鳞茎肥大,用小棚保温,2月争取上市。现在日本用小球栽培,可以在12月收获。

(三) 盆栽技术

1. 栽种 选用七宝甘70、美国超级502。长江流域在9月下旬播种,小球过冬,6月上旬采收。

选直径20~30厘米的泥瓦盆,基质选培养土,每平方米需种子2克,撒播,覆土厚0.5厘米,7~10天出苗,每天傍晚浇水一次,追肥1~2次,用1‰尿素液,苗高20厘米,3~4片叶、假茎粗0.5厘米,即可定植。

2. 上盆 选直径30~40厘米的塑料盆,基质用园土加20%腐熟厩肥+25克复合肥,11月中旬开始定植,株行距13厘米×20厘米。

3. 管理 栽后浇定根水,活棵后浇一次缓苗肥,每盆施尿素7.5克。3月上旬气温回升,每盆随浇水施碳铵、过磷酸钙50克,4月上旬追蔬菜专用肥30克,磷酸二铵20克,并保持土壤湿润。5月上旬每盆追尿素10克,10天后再施1次,收前7~10天停水。

病虫害有葱蓟马、潜叶蝇、炭疽病及灰霉病,3月下旬开始定期防治。

4. 采收 6月上旬气温超过27℃,假茎倒伏1周后,叶干枯时选晴天采收,采后在室外晒2~3天,剪去假茎,贮于通风干燥的室内。

（四）庭院栽培

1. 培育洋葱小球　洋葱的播种期与先期抽薹有关，早熟种、红皮品种在9月上旬播种；黄皮的晚熟种，在9月中下旬播种。选土质疏松、肥沃、地势高的沙壤土或壤土，每亩施腐熟堆厩肥2 000千克，耕翻2～3次，深度为15～20厘米，作平畦，耙平轻踩，浇透水撒一层细土，将种子均匀撒在畦面上，覆土厚1～1.5厘米。幼苗生长过程中不能缺水，发现地面板结及时浇水，全部出齐苗长出第一真叶时，控水蹲苗，2片真叶浇1％尿素液。

壮苗标准：苗龄50～55天，株高20～25厘米，3～4叶1心，假茎粗0.5～0.6厘米，无病虫害。

2. 定植　10月下旬至11月上旬栽植，过早不便管理，易抽薹。过迟会越冬死苗，栽时淘汰徒长苗、病苗、矮化苗和易抽薹的大苗（假茎直径大于1厘米）及瘦弱的特小苗（假茎直径小于0.4厘米），将大小苗分级，同级苗栽在一起，用直径1～2厘米的短木条（一头削成圆锥形）在定植畦上扎孔定植，随即湿土填实，行距15～18厘米，株距13～15厘米，深度2～3厘米，以埋没小球为宜，宜浅不宜深，以浇水后不倒秧，不漂根为原则。

3. 田间管理　洋葱秋植春季返青后，到茎叶速长前，此时气温较低，尽量少浇水，旺长前期结束后及时浇水，一般每隔8～9天浇水一次，以土表见干见湿，深层保持湿润为原则，长到8～9片叶时进行一次蹲苗，时间10天，使向鳞茎膨大期转化。从鳞茎开始膨大到茎叶倒伏，从立夏到夏至（4月下旬至6月上旬）要6～7天一次水，保持表土湿润，千万不能缺水，否则洋葱会变辣。收获前一周停水，如水分过大会造成葱头外皮破裂，亦影响贮藏性。

洋葱如基肥足，旺长前期不要追肥，旺长前期结束，开始浇水追肥，一般每亩追有机肥1 000～2 000千克，硫酸钾复合肥25～30千克。鳞茎膨大期每亩追硫酸钾复合肥35千克，膨大后期减少氮肥施入量，以免影响成熟。

洋葱生长过程中如出现先期抽薹现象，要采取摘蕾、劈蕾的方法，可促进侧芽分化，获得一些收成。

4. 病虫害防治 洋葱的病害有紫斑病、软腐病。虫害有葱蓟马、斑潜蝇。紫斑病在发病初期用64%杀毒矾600倍液，软腐病用72%农用链霉素300倍液或20%噻菌酮悬浮剂2 000倍液，7～10天一次，连喷2～3次。

葱蓟马用18%蚜虱净2 000倍液，潜叶蝇用40%绿菜宝乳油1 200倍或10%农梦特乳油1 500倍防治。

5. 采收 当早熟品种30%～40%，晚熟品种倒伏率70%即可收获，亦可在靠近地面1～2片叶完全干枯，第3～4片叶尖端一半已变黄，叶鞘部还绿色时进行收获，采收后晾晒5～7天贮藏。

十五、大蒜

大蒜原产中亚细亚、古埃及等地中海国家。我国栽培历史悠久，现在世界的消费量大增，仅美国年进口11.4万吨（1991年）。我国已形成河北永年，山西平遥，山东嘉祥，苍山，江苏太仓、东台，上海嘉定，陕西歧山，四川成都，贵州毕节等出口基地。其中苍山大蒜、舒城白皮大蒜是出口名品。

大蒜喜冷凉，较耐低温不耐高温，蒜头发芽适温为20～25℃，超过27℃，低于15℃发芽缓慢。生长适温18～20℃，超过25℃生长不良，其生育适温范围低限为8℃，高限为26℃，以温带以南及亚热带北部栽培较多。

大蒜为低温长日照蔬菜，花芽和鳞芽的分化要求经过一段低温时期，15℃以下才能形成，15℃以上蒜头不能肥大，适宜于冷凉环境下栽培。幼苗能在-8℃低温下过冬，在低温下分化花芽和鳞芽，长日照下抽薹形成蒜薹，高温前形成蒜头进入休眠。萌动的蒜瓣在0～4℃下处理1～2个月，通过低温时期，不同品种对低温、时间长短差异较大。大蒜根系短，须根少，分布浅，要求富有机质的土壤，蒜头膨大期是吸收磷（4月25至5月9日）氮（4月25日）、钾（4月25至5月9日）的高峰，每亩需施纯氮8.67千克，磷7.4千克，钾8.6千克。

大蒜抽薹后，鳞芽进入迅速膨大期，在采收蒜薹后20天，生长量占总重的84%，蒜瓣是侧芽（鳞芽）发育而成，蒜薹的生长与蒜头的生长是有矛盾的。故有薹大蒜必须及时采薹。

（一）品种

大蒜按成熟期分早、中、晚三类，按蒜头皮色可分为：

1. 紫皮蒜 鳞茎外皮紫色，属大瓣种，蒜瓣4～6个，肥大，辣味浓烈，品质佳，适于生食、糖醋渍。蒜薹肥大，为薹头兼用种，例如成都二水早、陕西蔡家坡大蒜、黑龙江阿城大蒜、河北定县大蒜、山东嘉祥大蒜、辽宁开原大蒜。

2. 白皮蒜 外皮白色，属小瓣种，其中单轮蒜有蒜瓣10～12个，狗牙蒜为多轮蒜。例如山东苍山白蒜、早薹2号、吉林大马牙、贵州毕节白蒜、安徽舒城白蒜、上海嘉定大蒜、太仓白蒜、徐州白蒜、浙江余姚白皮蒜。白皮蒜植株高、假茎长、叶数多，为青蒜主栽品种。

最近育成的品种有：

1. 成蒜早 成都市第一农科所从二水早中经多代选育而成早中熟大蒜新品种。株高58.8厘米，单株叶片数14片，叶色深绿，单薹重14.4克，鳞茎瓣数10.7个，薹白绿色，鳞茎皮紫色，瓣深紫色，鳞茎横径3.23厘米。从播种到采收119天，亩产薹400千克，蒜头300千克。

2. 毕节大白蒜 产贵州毕节，蒜头扁圆锥形，平均重35～45克，八瓣，蒜皮与蒜瓣白色、蒜味纯正浓郁，辛辣醇香，蒜薹粗壮脆嫩,品质佳。株高50厘米左右,蒜薹长50~55厘米,蒜头亩产300~400千克,蒜薹100千克,较抗寒,主要出口中国香港、新加坡。

3. 成都二水早 属蒜薹专用种。熟性早、休眠短,适应性广,冬前青蒜生长快,产量高,蒜薹品质优,脆嫩,均匀,抽薹早,4月中下旬采薹,亩产300千克,蒜头小,带紫皮,感病毒重。

(二)盆栽青蒜

青蒜主食其嫩叶,整株采收。假茎可以软化,以提高产量与改善品质。

1. 播种 选直径20~30厘米的塑料盆,装入园土加20克复合肥+10克尿素,拌匀后,浇透水待播种。常用品种为苍山白蒜、徐州白蒜、东台白蒜及大丰二月黄等。大蒜剥瓣后挑选,除去杂质、瘪瓣、小瓣、病虫瓣。在7月底至8月初,将种蒜在0~4℃低温处理12~14天,打破休眠,然后浸于凉水中促进发芽,株行距2~4厘米见方,每平方米用种700克。

2. 管理 7~8月温度很高,放在阳台内要通风、挂遮阳网,要坚持日盖夜揭,直到8月初。每天早晚用凉水浇灌,直至出苗。出苗后,可喷0.1%尿素液,1~2天浇水一次。

3. 采收 及时收割,9月上旬苗高15厘米时进行第1次割蒜叶,以后每隔10~15天割1次,每割一刀用0.2%尿素液浇1次,每亩25~10千克。10月上旬连根拔起上市,亩产750千克。

在上海、江苏还有覆草软化法,耕翻土地,施基肥,每米^{2}播种量400克左右,覆土3~4厘米,浇透水后,将烂草盖于畦面上,厚达20厘米,幼苗出土后保持土壤和覆盖物湿润,并分次追施氮肥,使幼苗继续生长,假茎增粗,当苗高50厘米时可间拔上市。

（三）蒜黄栽培

蒜黄是大蒜鳞茎在黑暗条件下的软化栽培，以 8～9 月高温季节生产最好。

秋季在阴凉通风处作宽 1 米的种植畦，用木桩或竹杆在畦上做成高 50～60 厘米小型棚架，架上盖农膜加黑色遮阳网。

选生长茁壮、肥大、无病虫害、无机械伤、鳞茎大、分瓣少的优良的白皮蒜，剥去蒜皮，8 月份种、先放在 0～-4℃温度下处理 20 天，用清水浸一昼夜，使种蒜充分吸水后加速发芽。种时蒜瓣一个紧挨一个紧密地排于畦上，每平方米用种 14～15 千克，种后随即覆盖 3～4 厘米厚的细砂土，浇一次透水，盖好薄膜与遮阳网。

蒜黄主要利用鳞茎贮藏养分，管理的关键是适时浇水，控制好土壤湿度，促进叶片生长，特别防止湿度过大而发生腐烂现象。一般种后浇一次透水，以后小水浅浇。温度（15～20℃）适当，种后 15～20 天，蒜黄高 30～40 厘米时，可收第一次，每千克种蒜收蒜黄 0.6～0.8 千克。间隔 15～20 天再收 1 次，可连收 2～3 次，可收蒜黄 1.2～1.5 千克。

（四）大蒜盆栽法

1. 播种 选直径 30～40 厘米的泥瓦盆，基质用未种过葱蒜的疏松透气保水保肥、pH 值为 5.5～6 的壤土，加腐熟堆厩肥 2 千克，复合肥 20 克，将土与肥料混匀，选择蒜瓣洁白，基部见根突起，无病斑、无损伤的蒜瓣、最好不用冷藏蒜（会裂蒜），剔除发黄、发软、虫蛀、霉烂的蒜瓣。瓣重以 5～9 克为好。为了打破休眠，促进发芽，提早播种，可将选好的种瓣置于 0～-2℃低温下处理 20～30 天，然后用 0.4％的磷酸二氢钾加多菌灵 500 倍液浸种 8～12 小时

南方一般 8 月中下旬至 9 月上中旬播种，行距 20 厘米，株

距10厘米,播时注意蒜瓣的放置方向,使蒜瓣的背腹线与盆面平行,深3厘米,种瓣上覆土1.5厘米左右,覆土要均匀。放入阳台中。

2. 管理 大蒜播后,7~9天出苗,12月上中旬,大蒜已通过低温春化,温度白天控制在15~20℃,夜温保持10℃左右,如室温超过25℃,应通风降温。

在幼苗期一般不要追肥,出苗后可适当控制浇水,苗高4~5厘米时开始追肥,在3叶时追一次1%尿素液,5~6叶追一次壮苗肥,追一次尿素,每盆10~15克,8~9叶时,施一次抽薹肥,浇一次10~15克三元复合肥加叶面喷0.3%磷酸二氢钾。采薹前一周,停止浇水,使植株稍现萎蔫,便于采薹。采薹后,应及时浇水,每盆施含硫酸钾的复合肥15~20克。

3. 病虫害防治 大蒜主要病害有叶枯病、灰霉病、疫病、紫斑病等,在发病初期可用50%叶枯净粉剂1 000倍液,或54%速克灵1 000倍液,或45%特克多悬浮剂2 000倍液,或64%杀毒矾粉剂500倍液防治。虫害有蒜蛆、咖啡豆象、葱蓟马等。蒜蛆可用50%乐果乳油灌根,葱蓟马可喷21%灭杀毙乳油1 500倍液或20%复方浏阳霉素乳油1 000倍液防治。咖啡豆象可喷洒晶体敌百虫1 500倍液防治。

十六、韭菜

韭菜我国各地均有栽培,长江以南多数地区四季栽培,以生产青韭为主,亦有春夏养根秋冬软化栽培,遮光软化生产白韭,培土软化生产韭黄。华南冬春温暖,是韭菜软化栽培适宜季节。长江下游地区,以冬季进行保护地栽培生产韭黄,有囤韭和盖韭两种,保温比北方较易。

韭菜的根与一般葱蒜类不同,着生于短缩茎基部,有吸收根、半贮藏根及贮藏根。前二者是主要的根系,多在春季发生。

贮藏根粗短，在秋季发生，不发生侧根，有贮藏养分的功能，它在盖韭、囤韭栽培中起重要作用，所以必须在露地先行养根。

根状茎是联系根与叶的营养器官，顶端生叶，基部生根，粗0.5～1厘米，年平均伸长1.4～1.57厘米，寿命2～3年。当顶芽长到7～8叶时，根状茎开始萌芽，形成分蘖株，分株苗比种子苗当年分蘖多，春季分蘖在4月下旬至6月上旬，由越冬前分化的腋芽发育而成；5月下旬至8月上旬为秋季分蘖。分蘖多少、强弱与产量有关。分蘖生长过程中，形成上一级新的根状茎和根系，以取代母茎，植株不断形成分蘖，每次根系都向上移动，每年上升约3～5厘米，所以5年后产量下降，要更新重栽。

韭菜播种到第一真叶展开要10～15天，每株叶数5～10片，外部为成长叶，内部为幼叶。韭黄是植株在无光下细胞快速伸长，细胞膜薄，纤维不发达以叶片宽大，叶鞘粗长者为上品。

韭菜是低温长日照植物，叶韭当年播种不能开花，韭菜花薹一般较细瘦，绿色，蕾期质软供食称为韭薹。

我国韭菜以长江为界，长江以北为北韭，以南为南韭，其差异在耐热性与耐旱性，北韭不耐热，耐旱性强；南韭耐热，耐湿。南韭在露地可以过冬，北韭地上部一般-4～-5℃即受冻，地下部在-40℃稍加覆盖能安全越冬。韭菜0℃以下进入休眠，南韭，休眠浅，地温5℃以上根茎的贮藏物质活化，冬眠芽萌动，但萌芽要10℃以上。覆膜的盖韭，扣棚5～7天表土解冻，保温白天18～28℃，夜温8～12℃，待韭菜萌芽后温度渐降。由于保护地密集生长，多次培土，一般地温高于气温，夜温高于日温有利于叶片生长。早春覆地膜增温可提早发芽，提前上市。

韭菜对土壤适应性广，较耐旱而不耐湿，忌积水。对酸性反应敏感，对盐碱适应力较强，但pH以5.6～6.5为宜，能耐含盐量<0.2%轻盐土。

韭菜喜肥，吸肥力极强，肥水与产量关系密切。由于韭菜有"跳根现象"，表层土壤根系密集，对肥水反应敏感，每次刈韭后都要松土,培土追肥。

(一) 品种

1. 根韭 是近期在云南发现的新类型,长势旺,分蘖性强,较耐旱,耐瘠,不耐高温与严寒。叶宽大(1~2.5厘米),花薹特长(40~50厘米),主要作软化韭黄用,一年种植一次,不作多年栽培。

2. 薹用韭

(1) 中国台湾年花韭菜专收韭薹,叶浓绿,叶鞘大,微呈黄赤色,周年抽薹,品质好。

(2) 花韭植株较小,分蘖性强,抽薹率高,抽薹早,花期长,以采花薹为主如兰叶花韭,福州花韭,广州花韭等。

(3) 叶韭中抽薹较多的叶薹兼用种 以叶用为主,叶质好。但其中有易抽薹品种如细叶韭菜,抽薹较多较早。

3. 叶韭 是韭菜的主要类型,可分细叶,宽叶两类。

(1) 宽叶韭菜 叶宽0.8~1.5厘米,叶面扁平,叶色较淡。叶质软,叶鞘扁圆而粗,分蘖性较弱较矮,耐寒,耐热性弱,萌芽早,夏季生长慢,在北方作软化栽培。例如,北京大白根、天津大黄苗、寿光黄马蔺、济南马蔺、南京马鞭韭、杭州绵韭、福州阔叶韭、昆明草花韭、阜丰1号、冬韭4号等。

(2) 细叶 叶鞘圆柱形,白色或微带红色,较坚实而细,直立,株丛紧凑,叶身长而细(0.6厘米)较厚,断面三角形或剑形,色深绿,香味浓,分蘖性强,抽薹率较高,开花较早,耐热性强,抗寒性较弱,春季发芽晚,主供青韭栽培。南北均有,以南方为多,例如北京红根韭、天津卷毛韭、洛阳钩头韭,太原黑韭,兰州小韭,南京红鞘韭,杭州雪韭,重庆小韭等。

最近选育的优良韭菜品种有:雪青、平韭2号、嘉兴白根、汉中冬韭、津引1号、河南791、扬子洲韭、吉安薹韭、独根红韭、神韭F_1及特抗寒的久星18号。

（二）庭院盖韭栽培

在长江中下游地区，冬季温度比北方高。冬季保温后可生产青韭或韭白。这种栽培方式，透光好、增温快、保温好、使用轻便。扣棚在植株枯死后，经清园、中耕、灌水，盖杀菌营养土1~1.5厘米厚，扣棚后，畦面化冻时间一般要5~7天，如在扣棚前用草席先盖地面，可减少冻土层，化冻更快。土壤化冻后要保温，加盖草帘或纸被，使其出土生长。在萌芽前要扒土晒根，这时棚温白天18~28℃，夜温8~12℃，韭菜长到10厘米时进行第一次培土，20厘米高时行第2次培土，收前3~4天顺沟追硝酸铵每亩15~20千克，结合灌水一次。

头刀很重要，一般在5片左右，扣棚后35~45天可割第一刀，为了市场供应，加快头刀韭可将夜温提高到15℃，如使它长慢些夜温控制在8℃左右。第二刀韭菜白天外温低、室内外温差大，放风较难，这时棚温控制15~25℃，夜温8℃左右。每刀割后韭菜高15厘米时可浇水，每亩追硝酸铵15~20千克，或硫酸铵20~25千克，一般可割4~5刀。当棚外气温达10℃以上时，可折棚转入露地生产。

（三）盆栽韭菜

盆栽韭菜最好在露地育苗或到市场上购小苗来栽为好。

1. 播种 将种子在40℃温水中浸种12小时，洗净黏液，将浸好的种子用湿布包好，在16~20℃条件下催芽，每天淋清水1~2次，经2~3天，当有60%种子露白尖时，即可播种。

选直径40~50厘米的塑料盆，盆土用园土加10%有机肥＋尿素、过磷酸钙、及硫酸钾各20克，拌匀，浇透水，待水渗下后撒1厘米厚的干土，将种子均匀撒于盆面上，覆土厚1厘米，保持盆土湿润。从齐苗到苗高10厘米时，每7天浇1次1%尿素液，促进壮苗养根。

2. 上盆 春播苗在6月上中旬定植,苗龄2个月,苗高20厘米,单株叶子5～6片。选直径20～30厘米的泥瓦盆,盆土用园土加3千克腐熟有机肥加复合肥20～30克。拌匀后,挖穴深5厘米,每盆栽3～5丛,穴距10厘米,栽前应剪去须根先端,留2～3厘米长的根;深度为假茎的2/3处,切不可埋没新叶,栽完后浇定根水,封土厚3厘米,7～10天后浇一次缓苗水。

3. 管理 定植后浇两次水,后停水蹲苗。以后盆土保持见干见湿,施肥采取轻施勤施的原则,苗高35厘米以下的施1%尿素液,苗高35厘米以上时,追2%复合肥水一次。

4. 采收 一般韭菜7～9片叶,高33厘米时即可收割,一年割4～6次,早春、晚秋温度低,35～40天割一次,温度适宜时,28～30天割一次,每天上午9～11点收割最好,割时刀要快,切口要齐平,深浅以切口黄白为度,每次留茬3厘米为好,不要在雨前或雨中收割。割后不要浇水、追肥,等新叶长出后才能进行。

(四)冬韭生产

选用嘉兴雪韭、在初霜后扣中棚,11月至翌年1月上市的栽培方法。

雪韭分蘖力强,播种期在7月上旬,每亩播种量4～5千克,稀播后经2～3次分蘖,每丛可成3～4株。播后90天可割第一刀韭菜。如用移栽养根,每亩苗床施农家肥10 000千克,深翻细耙浇足底水后播种,每亩苗床播种10～13千克,播后盖营养土或细沙1厘米厚,盖膜,出苗后撤膜小水勤浇,3叶期间苗。6月份每亩施800千克厩肥,深耕耙平,按行距30～35厘米开沟,进行移栽。立秋后每亩追磷酸二铵50千克或饼肥200千克,培垄灌水。注意肥大水勤。

扣棚的时间应在初霜后最低气温降至-5℃以前,一般应扣棚后生长一段时间再收割。扣棚后当时气温尚高。要注意通风,使棚温控制在 18~25℃，夜温 8~12℃，随着气温的下降，要加盖草帘或上内膜，并在四周围草帘。

当韭菜长到 5 片叶时可收割，收后刨松垄沟，耙平地面，提高室温，待叶片发出后放风降温，白天保持 20~25℃，夜间 5~10℃。并在行间每亩追硫酸铵 40~50 千克，培垄灌水，株高 20 厘米时，再培垄一次，收割前 2~3 天灌水 1 次。

（五）韭菜的病虫害防治

韭菜的病虫害有疫病、灰霉病、锈病、葱蝇、迟眼蕈蚊、台湾韭蚜、须鳞蛾及蝼蛄等。

疫病的发生使根、鳞茎软腐褐变，它的发生与排水通风有关，防治时要注意排水降湿和轮作，在发病初期可用 25% 瑞毒霉 600 倍液，或 58% 甲霜灵锰锌 500 倍液或 40% 乙磷铝 200~300 倍液，每亩用药液 40~50 千克，7~10 天一次。灰霉病是叶片产生白色或浅灰色病斑，造成叶片枯死。防治上除清园、放风降湿外，可用 50% 速克灵 1 000~1 500 倍液，20 天喷一次，20% 粉锈宁 800~1 000 倍液或 50% 多菌灵 600 倍液，在韭菜收割后及苗高 5~8 厘米时喷 2 次。韭菜的锈病如初发病，可喷 20% 粉锈宁 800~1 000 倍液，10~15 天一次，一般 2~3 次，如发病重，先将地上部在地面齐割，然后喷代森锌一次，效果亦较好。

韭菜的根蛆是近来发生的害虫，主要是葱蝇和迟眼蕈蚊。葱蝇防治可用晒根、施草木灰或每亩用 5% 辛硫磷颗粒剂 2 千克拌细土撒于韭根附近再覆土，移栽时要用无虫苗或用 75% 辛硫磷乳油 1 000 倍液浸根。在成虫羽化期（4 中下、6 中、7 中下、10 月中旬）喷 40% 乐果乳油 1 000 倍或 2.5% 溴氰菊酯 3 000 倍液，上午 9~10 时喷效果好。幼虫为害期，发现叶尖开始发黄变软向地面倒伏，可灌药防治，可用 75% 辛硫磷乳油 500 倍液或 25% 喹硫磷乳油 1 000 倍液，扒开根际表土，对根喷灌，随时覆土，以上午 9～10 时喷效果最好。迟眼蕈蚊成虫喜荫蔽、潮湿、腐殖物多处栖息，在夏秋之间，疏叶通风可减轻发生，对 25 瓦电灯有趋性，根据成虫出现与葱蝇一样防治。

韭菜在生产上，常发生干尖、叶枯、死株现象。造成干尖的原因是土壤酸化，氨中毒，高温（35℃以上）及低温引起白尖烂叶，还有缺钙、缺硼、锰过剩亦会引起叶尖黄化。叶枯是由根腐病及韭蛆为害造成的。

十七、葱

我国栽培的葱按食用部分可分大葱、小葱两类。大葱主食葱白，分布在北方，陕西华县谷葱、章丘大梧桐大葱是名品；小葱主食绿叶，又称香葱，分布在南方。有些耐寒不耐热，夏季休眠，亦有些耐热不耐寒，即古人所说的冬葱与夏葱。

（一）大葱按葱白形态可分

（1）长白型 植株高大，叶片开展度大，葱白长，粗细均匀、葱白叶形指数 10 以上（长/粗比值），单株平均重 500 克以上。如辽宁盖平大葱、沈阳翎毛大葱、吉林公主岭大葱、华北各地的明水大葱、梧桐葱、固葱，西安的矬葱、北京的高脚白、天津的五叶齐等。

（2）短白型 株型较矮，在 80 厘米以下较紧凑，葱白部分短，在 30 厘米左右，葱白指数在 10 以下。基部特别肥大的称鸡腿大葱，品质最优，如山东章邱鸡腿大葱、莱芜鸡腿大葱、山东寿光的八叶齐、西安竹节葱、保定的对叶葱及章邱气煞风等。

最近推出的大葱新品种有：

1. 元美 由武汉百兴种业公司引进。植株粗大，生长速度一致，株高 80～90 厘米，葱白长 40～50 厘米，横径 2.5～3.5 厘米，单株质量 350～400 克，叶色深绿，抗病性强，耐寒、耐贮，产量高，亩产达4 000千克以上。

2. 安邱大葱 有极晚抽、天光一本太、元藏等，耐低温，晚抽薹，假茎组织紧密，整株色泽亮丽，抗病性强，加工品质好。

3. 东京夏里长葱 日本品种。植株生长旺盛，叶色浓绿，折叶现象极小，生长整齐，假茎长40厘米以上，粗2～2.5厘米，葱白纯白色光滑有光泽，上下粗细均匀、品质脆嫩，美味可口，耐热性好，早熟性强，产量高，抗病性强，从移栽到收约90天，耐贮运，亩产3 000～4 000千克。

此外，还有日本品种长宝、长悦、明彦等。山东有晚抽F_1、晚抽新秀、东京特选及鲁大葱1号等。

（二）大葱盆栽技术

1. 育苗 葱必须十分注意轮作，栽培用土必须经5年以上未种过葱的土壤。春播育苗在3月上中旬，秋播育苗在9月上中旬播种。葱种子细小，种皮坚硬，吸水力差，基质要疏松肥沃，可用园土加有机肥混合，可床播或盆播，浇足底水，水渗完后将种撒于床（盆）面上，覆细土1厘米，亦可用70孔育苗盘，基质为泥炭与珍珠岩2∶1混合，每孔播一粒种子，播后盖上薄层基质，6～10天后出苗。春播苗长到3～4叶时，开始肥水管理，秋播苗不浇肥水，控制在越冬前保持2叶1心，防止越冬期通过春化，先期抽薹，越冬苗在立冬结冻前苗高10～12厘米时，浇一次冻水。为了达到壮苗，苗期既要促又要控，不使幼苗徒长，要苗粗叶厚，定植前要停止肥水，进行蹲苗，使苗株充实，根须多而粗壮。

2. 上盆 春播苗、秋播苗都在夏至前后定植或上盆。地栽用沟植，高白型大葱沟深些（30厘米以上，地面以下15厘米），短白型浅一些，行距50～70厘米。盆栽用园土加商品有机肥＋狮马牌硫酸钾10～20克，深20厘米，株距4～5厘米，定植时不能埋住心叶,以免影响葱苗生长,定植后及时浇定根水。

3. 肥水管理 大葱生长期长,产量高,要薄肥勤施,整个生长期追肥4~5次。定植成活后每隔15天追肥一次,前期用尿素或硫酸钾型复合肥,高温期间不追肥,8月上旬开始追肥,9月天气转凉,大葱生长加快,需肥量增加,9月下旬~10月上旬是产品形成期,需肥量大,每次施1‰尿素或硫酸钾型复合肥液,每次追肥后浇少量的水,保持盆土湿润,收获前7~8天停止浇水。

4. 培土 培土是软化叶鞘,防止倒伏,培土次数长白型2次,葱白入土30~40厘米,短白型一次,葱白入土20厘米,盆栽在株间撒入砂土,经25~40天,可达到软化目的。

5. 病虫害防治 病害有霜霉病、紫斑病、以预防为主。在发病前用75%代森锰锌600倍液或75%百菌清600倍液,每隔15天喷一次,交替使用。霜霉病发病时可用72%杜邦克露1 000倍液,紫斑病用75%扑海因500倍液。虫害有蓟马、甜菜夜蛾,蓟马可用10%吡虫啉5 000倍液,甜菜夜蛾用52.25%农地乐1 500倍液、0.2%甲维盐1 000倍液交替使用。

6. 采收 当葱白达到30厘米以上即可采收,收时先挖空一侧露出葱白,轻轻拔出,收获时要细仔,勿折断葱白,擦破葱皮,以免腐烂。采前一周应停止浇水。采收时间在10月中旬至11月下旬。

(三)绿叶葱

1. 分葱 为大葱的变种,植株很小,分蘖力强,鳞茎不特别大,虽然开花,不易结籽,可分春葱、夏葱、冬葱及霉葱等。按其开花状况可分(1)不开花结实分葱,又可分冬葱和四季葱 ①冬葱8月中旬分株,10月中旬采收,不耐寒,冬季枯死,次春再发叶,4~5月采收、不抽薹,叶鞘稍肥大,高温前全拔,拔起晒干，8月后重栽；②四季葱，可四季栽植，以春秋两季产量高，不耐热较耐寒。(2) 开花不结实分葱，分蘖性很强，能开花但不结籽，用分株繁殖，植株小，产量低。(3) 开花结实分葱，以种子繁殖，春秋栽培，春播3月育苗，5月上旬分栽，每株能分蘖20个以上，6～9月分次采收。秋播8月开始到10月，播后2个月可以采收。清明后开花结籽。

2. 楼葱 又名观音葱，龙爪葱、羊角葱，主要分布在西北地区，如西藏拉萨大葱，葱白、葱叶品质均佳，以食用葱叶为主。植株直立，分蘖性极强，每株可分蘖5～6个，6～7月分蘖抽薹但不结实，花顶气生鳞茎，花茎生小葱，小葱长到18～21厘米再生小鳞茎成为多层葱，小鳞茎供繁殖用。3月定植，5～11月不断采幼葱食用。极耐寒。

3. 细香葱 又名四季葱，分布在长江流域，叶圆筒形，长30～40厘米，淡绿色，叶鞘基部稍膨大，紫红色，伞状花序，极少结实。花后枯死，秋后再发，以小鳞茎过冬，可多年采收。

4. 胡葱 又名火葱，蒜头葱，绿叶与鳞茎供食。叶形圆筒形中空，长15～25厘米，鳞茎长卵形，长3厘米，粗2～3厘米，7～8个簇生，基部相连，鳞茎外皮赤褐色，耐贮，食用香美。开花（花淡紫）不结籽，抗寒性极强，极不耐热，夏季枯死，8～9月再种。作为绿叶葱，8～9月栽后冬春两次刈叶采收。

5. 细香葱的栽培技术 细香葱很少结籽，一般用分株繁殖。香葱有夏葱5～6月定植，7～8月上市，秋葱7～8月定植，9～10月上市；冬葱9～10月定植，11月至翌年1月上市。

(1) 栽植 香葱在小区内种植，与花卉葱兰、韭兰相似。选地势平坦、排灌方便，土层深厚的砂壤土或壤土，基肥用腐熟商品有机肥每亩2 000千克加复合肥25千克，施肥深10～20厘米，施入后细耙混匀。

栽植前将母株挖起，将过长的根须剪掉，用手将株丛分开，每株应有茎盘和根须,行距15~20厘米,穴距8~10厘米,每丛可栽3~4株,栽植深度5厘米。

(2) 肥水管理　香葱根系不发达,分布浅,不耐旱不耐渍,浇水应小水勤浇保持土壤湿润,要注意排水,防止烂根死苗。5~10月晴天,每天早晚浇水1次。中午千万不能浇水。

追肥应少量多次,薄肥勤施。葱活棵后应追施尿素每亩5千克,作促蘖肥,每12~15天追1次,分蘖盛期每亩追尿素10千克加氯化钾8千克或氮磷钾15∶15∶15复合肥20千克作壮蘖肥。收获前15~20天追加尿素每亩15千克,施肥必须与浇水相结合。平时注意中耕除草。

(3) 病虫害防治　常见病害有霜霉病、灰霉病、疫病、紫斑病、叶枯病,可用72%克露可湿性粉剂600倍或25%甲霜灵1 000倍或64%杀毒矾可湿性粉剂600倍防治。虫害有美洲斑潜蝇、葱蓟马、斜纹夜蛾可用1.8%阿维菌素乳油3 000倍防治。

(4) 采收　香葱成活后即开始分蘖,分蘖上再抽二次分蘖,一般栽后2~3个月,可开始采收。

十八、荞头

又名藠头,路荞,古名薤。百合科葱属小鳞茎蔬菜。在湖南、江西、广西、贵州、浙江栽培较多,适于南方红黄壤山区栽培。适应性强,栽培易。小鳞茎盐渍,具特殊辛香味,常在炎热夏季作左餐用。

荞头有治盗汗、止带、安胎的作用,可促进食欲,帮助消化,解油腻,健脾开胃,温中通阴,舒筋益气,通神安魂,散瘀止痛的疗效。它富含维生素,可将人体有害化学金属元素排出体外,可治疗痢疾、蛔虫、肺肿、积食、腹胀等症,在中国港澳、日本、东南亚很受青睐。

南昌荞头，在法国巴黎国际食品博览会上获金奖。

（一）类型与品种

1. 大叶种 又名南薤，鳞茎大而圆，叶较大，分蘖力较弱，每鳞茎分蘖仅 5~6 个，叶易倒伏，鳞茎供食。

2. 细叶种 又名紫皮薤、叶细小，分蘖力强，每个鳞茎分蘖 15~20 个，鳞茎小，叶长 30 厘米，易倒伏，叶与鳞茎皆可食用。

3. 长柄种 又名白鸡腿，分蘖力较强，每一鳞茎分蘖 11~15 个，薤柄长，形似鸡腿，白而柔软，品质佳良，叶直立、产量高。

4. 江西新建荞头 叶片数多，鳞茎较大，长势强，分球多而均匀，产量高。

5. 云南开远荞头 叶片数增加快，叶数中等，分球增加快，产量较高。

6. 湖南梁子湖荞头 越夏早，叶片数少，产量较低。

7. 贵阳白皮荞头 鳞茎外皮白色，长卵形，粗 1~1.5 厘米，单头重 10 克左右，生育期 300~340 天，味美、色白香脆，易化渣，可作罐头。

8. 贵阳红皮荞头 鳞茎外皮呈紫红色，长卵形，粗 1.5~3 厘米，单头重 1.2 克，生育期 300 天，产量比白皮荞头低。

（二）习性

荞头性喜冷凉湿润的气候，要求年平均温度 14~18℃，极端最高温度 36℃，最低温度 8℃，生长适温 15~20℃，生育期要求积温 4 087~5 550℃，降雨量 767~875 毫米。在春季长日照下形成鳞茎，气温超过 25℃即行休眠。植株生长耐弱光，常可作为间作物栽培。抗逆性强，病虫害少，对土壤适应性广，但以排水良好、疏松、肥沃的沙壤土生长较好。耐瘠薄，耐寒。一般春季发芽生长,夏季时地上部分枯萎,地下鳞茎呈休眠状态,气候转冷,鳞茎抽生新芽,长成新株。一般9月前后种植,以幼苗越冬,以采收鳞茎为目的,6月份采收,以叶和鳞茎兼食的品种,翌年2~4月陆续采收。

据姜发在贵阳的观察,生长发育可分4个阶段,(1) 7月下旬播种,发叶后冬至前后为一次生长,有2~3次分蘖,每次可达5~8株。(2) 冬至后春分前,温度低,停止生长。(3) 春分后谷雨前,继续分蘖2~3次,每穴可达10~16株。(4) 谷雨后夏至前,鳞茎膨大期,6月中下旬采收。

(三) 栽培要点

作种用鳞茎应选生长势强,色泽洁白,组织脆嫩,无病无伤的大个鳞茎,收获应比食用的迟,在地上部完全干枯的晴天挖掘。挖后晾干,贮于通风干燥处。

盆栽可以选20厘米以上直径,深20厘米的花盆即可,盆土用园土6份,堆厩肥2份,河沙2份或黄山土6份,堆厩肥2份,草木灰2份混合而成,每盆加钙镁磷肥25克。将鳞茎剪去地上部残叶,切断须根,仅留2厘米长,用小木棒掘孔,芽头向上,根部插入土中,每孔插种1~2头,上盖草木灰或培养土,浇透水,盖土宜薄,以稍露荞柄顶端为宜,用稻草覆盖。

出苗后,越冬前 (9~10月) 和春季 (2~3月) 是茎叶生长期,各追施10%~20%饼肥水或10%人畜粪尿或尿素10~20克,中后期施复合肥50~100克,促进茎叶鳞茎生长,在春季,每2~3天浇一次水,冬前每3~5天浇一次水,在鳞茎膨大时,可适当培土。

荞头经400天的生育过程,叶色由绿转黄,进入采收期,采时不要挖伤鳞茎,拍去泥土,留柄3厘米,阴干放在阴暗通风处。留种用剪去须根留柄3厘米。

十九、辣根

辣根又名西洋山萮菜、马萝卜,属十字花科蔬菜,以其肉质根供作调味品,肉质根中含有一种强烈的挥发性物质黑芥甙,具有特殊的辛辣气味,含硫丙(基)硫氰酸,有刺激胃肠、增进食欲的功能。晒干粉碎后,配制咖喱粉,作烧牛肉和奶油食品的调料;或切成薄片加入肉类罐头中调味。辣根皮可用于提炼辣根酶,在医药上使用。叶经加工可生产天然绿色色素。

辣根为多年生宿根性草本植物,根出叶,叶较长大,广披针形至长椭圆形,叶缘有缺刻,具长柄。霜冻后地上部大部分冻死,仅留心叶和根部于土中越冬。第二年春季返青生长,夏季抽薹开花,但多花而不实,不易得到种子,故一般采用根部不定芽进行无性繁殖。骨干根长圆柱形,不很规则,须根3~4列,外皮较厚而粗糙,黄白色,内部白至淡黄色,有辛辣味。

辣根性喜冷凉,生长适温为10~20℃,较耐寒和耐热,叶片在0℃以下即枯死,但根在气温达-10℃时仍能在土中安全越冬,夏季在气温达28℃以上时生长不良。对水分要求适中,较耐旱而不耐湿,如土壤水分过多,则易引起烂根。对土壤要求以肥沃、松软、土层比较深厚的沙壤土为最好,粘重土壤不宜生长。对土壤酸碱度要求以微酸性为最好,中性土壤也可生长。对肥料要求以氮、钾肥为主,磷肥适量配合。

辣根原产南欧和土耳其,已有2000多年栽培历史,我国引进栽培不到100年,栽培面积较少,主要分布在上海、青岛和江苏等沿海城市附近地区。其适应性较广,在我国华北地区和长江流域均可种植。

(一)主要品种

辣根的栽培品种不多,主要有以下两种:

第四章 食根、茎蔬菜

1. 英国辣根 80多年前由英国引进,种植于上海市宝山县大场镇一带。株高约65厘米,肉质根圆柱形,长30～50厘米,外皮较厚,黄白色,内部肉质白色,易生不定芽,叶披针形,深绿色,长30厘米、宽15厘米左右,叶缘有缺刻,冷凉季节生出的叶片缺刻增深而变形。叶柄细长,超过叶片。产量中等,品质较好。

2. 日本辣根 几年前从日本引进,种植于江苏大丰县南洋镇一带。株高60厘米左右,肉质根圆柱形,长30～50厘米,粗5厘米左右,侧根多,茎上部分枝,叶长卵形,叶缘有缺刻。根的辣味强,品质较好。

(二) 适时定植

种根准备。于秋冬采收时,选取直径在1厘米以上2厘米以下的主根或支根,并要求根色黄白,无病虫害。随即将种根剪成或切成10～15厘米长的根段,上口切平,下口切成45度角的斜面。并将切口蘸消石灰消毒,即可种植。如秋冬不栽,留待第二年春季种植,必须进行沙藏。即将根每数十根理齐,扎成小捆,埋藏于较暖的室内或地窖内的湿润而洁净的沙中。沙的湿度以手捏成团,松开即散为度。贮藏期间保持温度在3～8℃之间。如温度低,则在沙上再加盖稻草;温度高则通风散热。湿度以沙不干燥、略有润湿为度。

选择地势较高、排水良好、土质较肥、土层深厚的沙壤土栽培。不宜与十字花科蔬菜如白菜、萝卜、甘蓝和花椰菜等前后接茬,以免病虫害相互传染。收完前茬作物即行深翻,一般要求耕深25～30厘米,施足腐熟的基肥,每亩撒施腐熟厩肥2 000～2 500千克,然后再耕一次,耙平作畦,长江流域及其以南多雨地区作高畦,畦宽2米,畦沟宽40厘米,沟深20厘米左右,并要"三沟"配套,以利排水。北方少雨地区可做低畦,畦宽2米左右,畦沟宽40厘米,深10厘米左右。畦向以南北向为宜。

长江流域及其以南地区辣根在春秋两季均可定植，但为保证有充分时间进行耕耙做畦，以春季定植为多。秋植多在辣根采收以后，剪取其部分支根，不经贮藏，即行定植。长江流域多在11月中旬，当地气温已降至5~10℃，尚未结冰时进行。华北地区则应提前到10月下旬到11月上旬。春植多在当地气温已回升到5~10℃时进行。长江流域多在3月上旬到3月中旬，华北地区多在3月下旬到4月上旬。栽植一般行距50厘米，株距25~30厘米，亩栽4 000~5 000株。栽前在畦上按行距50厘米划南北向浅沟，在浅沟中按株距用木杆或铁扦打洞，洞的直径与种根直径（粗度）大致相等，洞的长度应与种根的长度大致相当，打洞不宜与畦面垂直，而应由北向南倾斜打入，与畦面约呈45度斜角。打洞后逐一将种根插入洞中，但要注意根头朝上，根尾朝下，不能倒插。根头应略低于畦面，覆土宜浅，至盖没根头即可，以防覆土太厚，推迟出苗。栽后一般不需浇水。

盆栽选直径30~40厘米的花盆，盆土用园土，堆厩肥按7:3混合，每盆加尿素10克，硫酸钾15克，拌匀，用木杆打洞，长度与种根长度相似，根头略低于盆面。

（三）田间管理

1. 除草 栽后25~35天出苗，出苗后及时松土除草，一般每隔15~20天一次，于雨后或施肥后土壤较板结时进行，最后一次除草应结合培土，将行间土壤培到栽植行上，使栽植行形成高6~7厘米的小土垄，以防露根和倒伏。

2. 施肥 一般追肥2次，第一次于齐苗后追施10%左右的腐熟稀粪水1 000千克/亩，或尿素8~10千克，对水100倍浇施。第二次于立秋前后，即8月上旬当地气温开始转凉时进行，亩施尿素20千克、碳酸氢铵15~20千克，硫酸钾15千克，视土壤干湿情况对水浇施或拌土点施，但均要距植株中心17~20厘米处开穴施入，随后盖土平穴，以满足肉质根秋季迅速膨大对土壤养分的需求。多雨天气注意及时排水，以防涝渍伤根。高温干旱天气要于早上浇灌凉水，增湿降温，保持表土湿润。

（四）病虫防治

1. 病害防治　辣根病害较少，主要病害有疮痂病，多由连作所引发，故需实行合理轮作。

2. 虫害防治　辣根虫害较多，主要虫害有菜粉蝶、小菜蛾和蚜虫。菜粉蝶在叶上产卵，孵化后食害叶片，严重时仅存叶脉，致使肉质根难以生长。应掌握在幼虫3龄前喷药防治，对3龄以上、较大的幼虫，辅以人工捕捉。小菜蛾从春到秋都会发生，但小菜蛾常躲在叶片背面为害，喷药时叶背面尤需喷布周到。蚜虫集中在嫩叶背面和心叶上刺吸汁液，造成叶片卷缩，生长不良，在发生初期要及时喷药。以上三种害虫均可用2.5%的溴氰菊酯或功夫菊酯，加水2 000~3 000倍防治。

（五）采收

辣根地上部叶片枯萎而土壤尚未上冻时为采收适期，长江流域多在11月中旬，华北地区多在10月下旬到11月上旬。挖取后随即清除肉质根上附着的泥土，要求肉质根粗（直径）达2厘米以上，削平根头、根尾，剪去须根清除泥土，且无机械损伤，无病虫斑点，无烂坏变质，无污染，不空心。辣根收后不能在空气中久放，久放会使肉质根干萎和空心必须进行贮藏。贮藏应选地势高燥、地下水位在1米以下的土地，其北面还要挡风的建筑物，如无则用树枝和秸秆等设立风障，以阻挡寒风。然后，挖深1米、宽1米、长视贮量大小而定的土窖，窖底拍平，垫上洁净稻草一层，铺放肉质根厚5~10厘米，撒盖半干半湿的洁净细沙或沙土一层，至盖没所有肉质根为度，其上再铺放肉质根一层，盖沙一层，如此层层相间，直至距窖口10~15厘米为止。上盖稻草，再加盖细土，形成馒头形，拍实，使窖顶高出地面20厘米。窖四周开排水沟，使雨雪天水能顺沟排出，不渗入窖内。如遇天气严寒超过-10℃，则在窖顶再盖草压土保温，寒潮过后，即行揭除。家庭贮藏可利用室内在墙角用砖围码成框，进行沙藏，保持贮藏温度在 3~8℃之间，一般可以从冬季贮到第二年萌芽前，约为 100~120 天。

二十、芜菁甘蓝

又名根用甘蓝、根油菜，原产地中海沿岸，瑞典栽培较多。我国自 19 世纪传入，云南、山东为传播中心。江苏、浙江、上海称大头菜。

芜菁甘蓝肉质根干物质含量高，每 100 克鲜重含水分 91%~93%，蛋白质 0.9~1.4 克，糖类 4~4.5 克，纤维素 1.1 克，维生素 C38~42 毫克，叶极似甘蓝，叶质柔软，可煮食或盐渍。肉质根解剖结耕与萝卜相似，食用部分主要为木质部，韧皮部不发达，皮层比萝卜厚，肉质致密，含水量少，无空心现象，极耐贮、耐寒。

（一）品种

1. 云南种 有扁圆形，近圆形两种根形、皮紫或绿色。晚熟种，生长期 100~120 天，叶深裂，小裂片 6~8 对，江、浙、沪栽培较多。

2. 山东种 分布山东、河北、江苏、浙江、上海等地，有裂叶、板叶两种。裂叶种叶片平展，肉质根圆球形，根头部深紫色，较小，根颈部膨大，淡紫色，皮较光滑，直根部分不露出土外，黄白或灰白色，侧根较多，肉质根重 1~1.5 千克，品质较好，极耐寒，在上海、江苏可露地过冬。板叶根皮绿色，入土部分白色，1/2 入土，根较裂叶根小，较早熟，植株半直立，可密植。

3. 河北种 主要分布在河北坝上地区，肉质根纺缍形，较大，单根重 2.5～3 千克，皮色有紫皮、黄皮两种，以紫皮栽培较多，主供饲料，叶大数多色浓绿、蜡粉多。当地称狗头蔓菁，根头部由于剥叶而肥大。

（二）盆栽技术

芜菁甘蓝生育适温 13±7℃，叶能耐－5～6℃，长江流域可以秋播，冬春栽培。在 1～3℃经 40～60 天通过春化才能分化花芽，不会未熟抽薹。

种子可以在 2～3℃发芽，发芽后适温 15℃以上，春播不能太早，不耐热。肉质根膨大期要较多光照，光饱和点为 2 万勒克斯，光补偿点为 2 000 勒克斯。对土壤适应性强，瘠薄旱田和湿润、黏重的稻田都能适应。耐肥，吸肥力高于胡萝卜，对钾的吸收量大，氮、磷、钾的比例为 1.6∶1∶3。

1. 播种、育苗 直播简便、省工，但由于种子小，幼苗期生长慢，易受干旱、病虫为害，在长江流域在 8 月上旬播种，浙南福建在 9 月上中旬，山东、河北、云南进行夏秋栽培。

选直径 20～30 厘米的泥瓦盆，盆土用未种过十字花科蔬菜的园土加 20％腐熟的厩肥，加 20～30 克复合肥，由于种子小，播种时将种子与细土混合成颗粒状，覆细土，以不见种子为度。播前浇足水，播后喷水保湿，经 4～7 天即可出苗。如直播要分次间苗，如育苗，在 1～3 片叶时进行移栽，栽后加强肥水管理，3～4 片时可定植，苗期 25～30 天。

2. 管理 选直径 30～40 厘米的塑料盆，盆土可用园土加 10％腐熟厩肥，加 30 克硫酸钾混匀装盆。定植前，要停止浇水进行炼苗，然后选 4～5 叶大苗，甚至在破白期进行栽植，栽后浇定根水。每盆栽 1～2 株。活棵后进行松土、培土、施肥。在破白后浇一次 10 倍饼肥水，整个生长期，每隔 10～15 天追一次尿素加硫酸钾，每盆 10 克左右。秋天，每 2～3 天浇水一次，浇则浇透，见干见湿。

在栽培中，菜农有剥叶习惯，可调节叶片生长与肉质根肥大生长的作用。肉质根肥大后期，肉质根不再增长时，剥叶可促进成熟，不影响品质。

3. 采收 当肉质根不再增大，达到该品种应有大小时，要及时采收，将根头部削平，分级贮存。

二十一、紫背天葵

紫背天葵主要食用部位是嫩茎叶。嫩茎叶质地柔软嫩滑，风味独特，因叶背为紫色才被形象地称为紫背天葵。

紫背天葵作为一种值得推广的高营养保健蔬菜，含有较为全面的营养成分，除一般蔬菜所具有的营养物质外，其还含有丰富的维生素A、维生素B、维生素C、黄酮甙及钙、铁、锌、锰等多种对人体健康有益的元素。据分析，每100克干物质中含钙22毫克、磷2.8毫克、铁20.9毫克、锰14.5毫克、铜1.8毫克；每100克鲜食部分中含铁7.5毫克、锰8.13毫克，是大白菜、萝卜和瓜类蔬菜含量的20多倍。

紫背天葵，全草如药，味苦性温，可治骨折、疔疮肿痛，民间又常作风湿劳伤配方药用。紫背天葵含有的黄酮甙成分，可以延长维生素C的功效，有提高抗寄生虫和抗病毒的能力，并对肿瘤有一定抗效。此外，还有治疗咳血、血崩、痛经，支气管炎、盆腔炎、阿米巴、痢疾和外伤止血的功效。在我国南方地区常把紫背天葵作为一种补血良药。

（一）类型

紫背天葵有红叶种和紫茎绿叶种2种类型。红叶种叶背和茎均为紫红色，新芽叶片也为紫红色，随着茎的成熟，逐渐变为绿色，耐低温，适于冬季较冷地区栽培；紫茎绿叶种，茎基淡紫色，节短，分枝性能差，叶小椭圆形，先端渐尖，叶色浓绿，有短绒毛，黏液较少，质地差，但耐热耐湿性强。

（二）育苗

紫背天葵有扦插、分株、播种3种育苗方法，扦插易产生不定根，故多采用扦插育苗。

1. 扦插 紫背天葵茎节部易生不定根，插条极容易生根，适宜扦插繁殖，这也是生产上常用的繁殖方式。

在无霜冻的地方，周年均可进行扦插，但在春、秋两季插条生根快，生长迅速，所以一般在2~3月份和9~10月份进行。扦插时选择具有一定成熟的生长健壮的枝条，不能选过嫩或过老的枝条作插穗，插条长10厘米左右，带3~5片叶，摘去基部的1~2片叶，按行距20~30厘米，株距6~10厘米，斜插于苗床，入土深度以5~6厘米为宜（插条长度的1/2~2/3）。然后，浇透底水，保持床土湿润。春季扦插应加盖小拱棚，保温保湿，早秋高温干旱、多暴雨的季节，可覆盖遮阳网膜，保湿降温，并防止暴雨冲刷。20~25℃的条件下，10天至半个月即可成活生根。苗期还应注意保持床土湿润状态，过干过湿都不利于插条生根和新叶生长。

2. 播种 一般在春季2~3月份气温稳定在12℃以上时播种，播种后8~10天即可出苗，苗高10~15厘米时定植。紫背天葵利用种子繁殖的优点，繁育出的幼苗几乎不带病毒。

（三）栽培技术

紫背天葵原产我国西南地区，为喜温类蔬菜，耐热力强，较高温度有利于生长，但在炎热的高温季节生长缓慢。紫背天葵不耐寒，虽然能忍受3~5℃的低温，但是如遇到霜冻便立即死亡。

紫背天葵喜湿润的生长环境，土壤水分充足，有利于植株生长，产量高，品质好，但也耐旱，在较干旱的条件下可以缓慢生长。在整个栽培过程中需水量均匀，可根据具体的土壤及空气含水量决定浇水的次数和水量，一般保持土壤见干见湿即可。其根部耐旱，在夏季高温干旱条件下不易死亡。紫背天葵对光照要求不严，喜强光而较耐阴，可在背阴地边或连阴雨条件下生长，但充足的日照条件下生长更加旺盛，有利于提高产量。紫背天葵对土壤要求不严，黄壤、沙壤、红壤均可种植。适宜 pH $5.5\sim6.5$。

1. 栽植 盆栽选直径 $20\sim30$ 厘米的塑料盆，盆土用园土、堆厩肥 8∶2 配制而成，每盆加 10 克复合肥，每盆栽 $2\sim3$ 株扦插苗或种子秧苗。

2. 地栽 多采用行距 $30\sim35$ 厘米，株距 $25\sim30$ 厘米的密度栽入扦插苗或秧苗，然后浇定根饼肥水，促进成活。定植一般选晴天的下午进行。

定植密度应根据生长期长短来决定，生长期长的要稀一些，生长期短的或想提高前期产量的就要密一些，因紫背天葵叶片狭长、分枝直立生长，适宜密植。

3. 肥水管理 紫背天葵在整个生长期中，对肥水的要求比较均匀。获得高质和质地柔软的产品，种植地宜施足有机质基肥，每隔半个月或采收 1 次即追肥 1 次。灌溉的原则"见干见湿"，无雨天每隔 $7\sim10$ 天浇 1 次"饱水"，雨季要注意排水防涝。

4. 病虫害防治 对根腐病可选用 69％安克锰锌 800 倍液、50％多菌灵 800 倍液灌根或喷雾，$6\sim8$ 天 1 次，喷雾时要兼顾地面。对叶斑病、炭疽病、菌核病可选用 70％代森锰锌 500 倍液或 50％大生 500 倍液等，于发病初期喷施，共喷 $2\sim3$ 次。对斜纹夜蛾，用 52.25％农地乐 1 000 倍液或 44％速凯乳油 1 500 倍液等，效果良好。干旱季节易发生蚜虫及潜叶蝇为害，要及时进行防治，以免传播病毒病，一般采用 10％一遍净 2 000 倍液及 50％潜克（灭蝇胺）5 000 倍液喷雾，及时采收能减少或避免为害的发生。

4. 烂苑的防止 轮作，深翻地，将菌核深埋。不偏施氮肥，增施磷钾肥，增强抗病性。高畦、短畦、窄畦，覆盖地膜栽培，这样能达到雨停地干。不过密种植，及时剥去下部的老黄病叶，利于通风透光，降低湿度。发病初期可喷施50%多菌灵1 000倍液，或50%甲基托布津500倍液防治，喷施百菌清粉尘剂比喷药水效果好。

5. 采收 紫背天葵在南方地区，种植一次可采收2～3年。移栽后25～30天即可采收，采收标准是，嫩梢长10～15厘米，有5～6片叶。第1次采收时，在茎基部留2～3节，以后从叶腋长出新梢。采收时留基部1～2片叶。在适宜环境条件下，每10～15天可采收1次，采收次数越多，植株的分枝越旺盛，如不及时采收，反而不利于其生长。

第五章

食果蔬菜

一、番茄

(一) 品种

番茄按果皮厚度不同,可分薄皮与厚皮两种。薄皮番茄果实皮薄多汁,种腔大,不耐挤碰,成熟后果肉很快变软,耐贮性差,存放期短,不管生食或做菜,品质好,很受消费者的欢迎,过去我国传统栽培品种大多属于这一类。优良品种有毛粉802、中杂9号、L-402、佳粉10号、早魁、青岛早红、早丰、苏抗9号、丽春、浦红1号、霞粉及中杂7号等。厚皮番茄果皮厚、少汁、种子腔小,耐挤碰,可长期存放,耐贮性强,很受运贮者欢迎,目前大部分从国外引进,如莱福6号、FA-189、144、百利、玛瓦、红太子、普罗旺斯(京津地区)、上海合作903、斯洛克、国际粉霸。

最近推出的新品种有领航1号、拉比、迪利奥、德利奥7728、利得001、保罗塔、钢石、艺丰R-2299、欧莱思、金棚3号、车圣1号及皖杂18号等。

(二) 盆栽技术

番茄有春秋两季,春番茄一般12月至次年2月播种,3月下旬至4月中下旬定植,6~7月上市;秋番茄6月中下旬至7月下旬播种,7月中旬至8月下旬定植,9~10月上市。保护地栽培12~1月播种，4月上市；6~8月播种，10月至次年2月上市。

1. 育苗 春番茄在阳台用育苗钵育苗，少量的亦可用花盆育苗。种子用50~55℃热水烫种，30℃温水浸种4~8小时，详见表5-1，然后用1‰高锰酸钾浸泡15分钟。放入纱布包，在25℃温度下催芽。播种用培养土（园土加碳化稻壳），或品氏托普泥炭、青都椰糠。将种子均匀撒入土中，覆营养土1厘米厚，覆膜，在日温25~30℃，夜温15~20℃，使出苗，真叶展开后，使温度降到20~25℃。苗龄60~70天，株高25厘米，具7~8片真叶，第一花序现大蕾，茎粗0.7~0.8厘米时可定植。

2. 定植 番茄属于喜温性的喜肥蔬菜，生长期长，产量高，要施足底肥。选直径20~30厘米的泥瓦盆，盆土用未种过茄科蔬菜的园土加20%腐熟厩肥及复合肥或硫酸钾，每盆栽1株，栽后放阳台上，可以早栽，3月中下旬就可以栽植，如栽后放室外，应在终霜期过后，10厘米地温稳定在10℃以上时开始栽植。如用栽培槽，可栽1~2行，定植穴深10~13厘米，穴内放10克复合肥，盖上一层土，定植前可进行土壤消毒，定植当日，将穴内灌足清水，待水渗下后，将带土坨幼苗轻放于沟内，覆土封穴。定植株距早熟种25~30厘米，中晚熟种30~33厘米，要保持土球完整不散。

3. 整枝 浇过缓苗水后，当植株高25~30厘米时，及时搭架绑蔓。番茄的整枝有单干式与双干式。单干整枝保留主干结果，其他侧枝及时疏除适于早熟栽培的品种。亦可以保留果穗下一个侧枝，结一穗果摘心，成为改良单干整枝。双干除主干外，保留第一花序下所抽生第一侧枝结果，其余侧枝均及时除去。本法利于根系和植株的健壮生长，单株结果量大，适于高秧种的中、晚熟品种丰产栽培。

绑蔓，第一道蔓绑在第一果穗果下面的第一片叶下部，绑时要将花序移到架材外侧、绑蔓松紧适度。当预留果穗出现时，在果穗上方留 2 片叶摘心。第一花序下的侧枝及其他侧枝，即使不留作结果枝，也不宜过早打掉，一般应留 1~2 片叶，用来制造养分，辅助主干生长。如影响通风透光时，应及时摘除。打杈摘心应在晴天进行，不要在雨天或露水未干时进行，以利于伤口愈合，防止病原菌感染。对于病毒病等有毒病株，应单独进行整枝或拔除，避免人为传播。

4. 肥水管理 番茄多次开花结果，对肥水要求高，特别需要较多的磷钾肥料。定植后要浇缓苗水，之后到坐果前控水蹲苗，在蹲苗期间遇天旱或水未浇透，可在第一花序开放前再浇一次催花水，浇水后继续蹲苗。

当有 50% 左右植株第一果穗长到核桃大小时结束蹲苗，浇水并追攻秧攻果肥，每平方米施入 30 克复合肥或尿素 20~30 克，盆栽番茄每盆施 10 克复合肥。进入结果盛期，要经常保持地表见湿见干。攻秧攻果肥追后，每隔 10~15 天每米^{2}追施 1 次复合肥 30~40 克，或尿素 20~30 克，并喷 0.1% 磷酸二氢钾溶液 2~3 次。

5. 采收 番茄成熟过程可分绿熟期、转色期、成熟期及完熟期等 4 个时期。短期贮运应在转色期采收，不要采绿熟期果，就地销售宜在成熟期采收，制番薯酱的宜在完熟期采收。

采收在傍晚无露水时采收为宜，此时果实鲜艳度好，便于存放。采收时，带一段果柄剪下果实或从果柄弯节处将果柄折断，果实要轻拿轻放，放在阴凉处。

表 5-1 茄果类浸种、催芽温度

品名	浸种		催芽	
	温度℃	小时	温度℃	天
番茄	25~30	10~12	25~28	2~3
茄子	30	20~24	28~30	6~7
辣椒	25~30	10~12	25~30	4~5

（三）病虫害防治

1. 苗期猝倒病　猝倒病又称卡脖子病、秃疮头等，常引起幼苗成片死亡，幼苗出土后子叶展开至 2 片真叶最易发病，茎基部出现水渍状黄褐色病斑，绕茎扩展而变为褐色，收缩成线状称卡脖子，幼苗依然青绿而折倒，苗床湿度高时病部表面生有白色棉絮状霉层。

防治方法：床土消毒：每平方米苗床用 25% 甲霜灵可湿性粉剂 5 克，或 50% 多菌灵可湿性粉剂 5 克对细土 10 千克拌匀。先浇透底水，水渗下后取 1/3 药土均匀撒在床面，另 2/3 药土盖种；亦可按每平方米床土用 40% 甲醛（福尔马林）30 毫升，对水 100 倍喷洒，然后用塑料薄膜将床土表面盖严，闷 4～5 天后除去覆盖物，耙松放气 2 周以上进行播种。种子消毒：播前用 5% 甲霜灵可湿性粉剂与 70% 代森锰锌可湿性粉剂以 9∶1 混合，再加水 1 500 倍液浸种待风干后播种。

发病初期用 15% 恶霉灵 450 倍浇苗床，每平方米 2～3 升。也可用 75% 百菌清 600 倍 7～10 天一次，防治 1～2 次。

2. 早疫病　茎、叶、花、果均可发病。叶片初现针尖的小黑点，扩大轮纹状，边缘浅绿色或黄色晕环，中部呈同心轮纹。基部为褐色圆点斑，表面生灰色霉，果实染病初为椭圆形褐斑，黑色凹陷，后果开裂，密生黑霉。

防治方法：除轮作，增施磷钾肥，及时整枝打杈、摘底叶外，发病初期用 70% 代森锰锌可湿性粉剂 500 倍液或 75% 百菌清 600 倍液，7～10 天一次，连喷 2～3 次。

3. 晚疫病　为害叶、茎、果实。叶尖或叶缘先发病，形成绿色水渍状，不规则病斑，扩大成褐色，边缘不明显大斑，潮湿时长白色霉状物。果实灰绿色云状硬块，边缘不明显，后长稀疏白色霉状物。

防治方法：发病初期交替喷洒 72.2% 普力克 800 倍液或

50%甲霜铜600倍液,或72%杜邦克露800~1 000倍液,10天喷一次,连喷2~3次。

4. 灰霉病 青果受害重,初现灰白色病斑,后长出灰绿色霉层,果失水僵化。叶尖开始发病,病斑呈V形向内扩展,扩大成水浸状浅褐色,边缘不规则具深浅相间轮纹,干枯生灰霉,使叶枯死。

防治法:发病初期,叶面喷50%速克灵2 000倍液或50%扑海因1 500倍液或50%克霉灵800倍液,隔7~10天1次,共喷3~4次。

5. 青枯病 株高30厘米显病,先顶部叶片萎蔫,后下部叶片萎蔫,病株白天萎蔫,晚上复原,病叶变浅绿。茎维管束变褐色,切面上可溢出白色菌液,7~8天即死亡。

防治方法:拔除病株,用生石灰消毒,用青枯病拮抗菌MA-7、NOG104于定植时浸根。发病初期喷25%琥珀酸铜500~600倍液或70%琥·乙磷铝500~600倍液,7~10天喷1次,连喷3~4次。拔除病株后,在病穴灌注100~200毫克/千克农用链霉素或新植霉素4 000倍液,每株0.25~0.54克,10~15天灌一次,连灌2~3次。

6. 脐腐病 生理病害,初在幼果脐部现水浸状斑,扩大顶部凹陷变褐,直径1~2厘米,后上生黑霉,多发生在一二穗果上。

防治方法:地膜覆盖栽培,均衡水分供应,从初花期开始,隔15天喷1%过磷酸钙或0.5%氯化钙加5毫克/升萘乙酸,连喷2次。

7. 病毒病 有花叶、蕨叶、条斑、巨芽、卷叶及黄顶型6种。

防治方法:防治蚜虫和白粉虱等传毒虫源。发病初期可用20%病毒A500倍或1.5%植病灵1 000倍或83增抗剂100倍液喷雾,7~10天1次,连喷2~3次。

8. 根结线虫 定植前开沟或穴浇灌 1 200~1 500 倍 1.8% 爱福丁乳油或 1.8% 齐螨素乳油，缓苗后再追 1 次，生长期用 90% 敌百虫 800 倍灌根 7~8 天一次，连灌 2~3 次。

9. 蚜虫 用银灰色薄膜驱蚜或用长 1 米宽 0.2 米的硬纸板，涂黄油漆，干后涂黄色机油，插到田间，高出作物 30~60 厘米，7~10 天重涂一层机油，诱杀蚜虫，每亩 32~34 块。

10. 白粉虱 用黄板诱杀。亦可喷 50% 巴丹 1 000 倍液或 2.5% 蚜虱克特 1 000 倍液，5~7 天一次，连喷 3~4 次。

二、茄子

(一) 品种

茄子按果实形状可分圆茄、长茄及卵（矮）茄三种。

1. 圆茄 植株高大，生长势强，叶片宽大肥厚，叶色浓绿，叶缘缺刻钝呈波浪形。花朵大，淡紫色，花梗粗、肥。果实圆球形、扁圆形或短圆形、呈紫色或赤紫色，肉质较紧密，多属中晚熟种。北方栽培较多，如西安紫圆茄，天津二苠茄、丰研 2 号、茄杂 2 号、圆丰 1 号及紫光大圆茄等。

2. 长茄 植株中高，约为 60~80 厘米，生长势中等，叶多绿色，较狭小。花朵较小，淡紫色。果实长棍棒形、细长或稍弯曲，皮较薄，肉质较软，果皮多数为紫色，亦可见到白色或绿色，结果较多，单果重轻，多为早中熟种。优良品种有济丰长茄 1 号、黔茄 4 号、贝司特 3 号、紫龙 3 号、紫阳长茄、扬茄 1 号、粤茄 2 号、秋茄 9149、墨菲、渝研 1 号、爱国者长茄及济杂长茄 7 号等。

3. 卵（矮）茄 植株矮小，长势偏弱，抗性较强，茎叶细小，叶片薄，边缘波浪形，叶色淡绿。花淡紫色，花朵小，花梗细。着果部位低，果实较小，果形有卵圆形、长卵形、牛心形。果皮黑紫色或赤紫色，亦有绿、白色。果肉组织疏松象海绵状，种子较多，产量偏低，多为早熟种。优良品种有西安绿茄、北京灯泡茄、金华白茄、新乡糙青茄、承茄1号、绿抗茄子及蒙胧茄3号等。

（二）盆栽技术

1. 育苗 茄种皮厚，坚硬有蜡质，透水透气性差，要用高温浸种，先将种子用60℃温水浸20分种，不断搅拌使水温降到30℃左右，浸泡12小时，搓去黏液，用清水洗净，用纱布包好，在25~30℃催芽，每天淘洗两次，4~6天可发芽，详见表5-1。

育苗在阳台里，用塑料盆，盆土为园土与腐熟堆厩肥7:3比例配制而成。每盆加复合肥50克。撒播，每平方米播种子5~10克，上覆1厘米厚的培养土，覆膜，保持温度白天25~30℃，夜间14~22℃，苗出齐后适当降温。第一真叶展开后提温，白天25~28℃，夜温15~20℃，分苗前5~7天降温炼苗。温度用窗户、窗帘开关调节，有供热地区可通热气升温。浇水在晴天进行，浇后通风，苗子破心后喷百菌清治病。苗龄80~90天，具6~8片真叶，门茄已现蕾时定植。

2. 定植 茄子有春茬和夏茬。春茬在12月下旬至次年2月下旬播种，3月下旬至4月中下旬定植，5月下旬至7月上旬上市。夏茬3月中旬或2月下旬播种，5月中下旬定植，6月下旬至8月下旬上市。

茄子根系发达，入土深，栽培期长产量高，需肥量大，要求多施基肥，每盆基肥用腐熟堆厩肥5千克加复合肥50~80克。亦可以加施氮肥，每盆施尿素30克，可对早期茄苗发棵拉高及花芽质量有利。

选直径30~40厘米圆形塑料盆，盆土用未种过茄科蔬菜的园土加基肥，亦可用栽培槽栽植，圆茄早熟品种株行距20厘米×30厘米，中晚熟种30厘米×40厘米，长茄类早熟种30厘米×40厘米，中晚熟种40厘米×50厘米。长形的栽培槽，可种1~2行。定植在10厘米地温15℃以上时栽植,选晴天上午进行,穴深10~13厘米,定植前如土壤太干,应提前浇水,定植当日将穴内灌足清水,待水渗下后,将带土坨幼苗轻放于穴内,覆土封穴、覆膜,要保持土坨完整,大小苗要分区定植。

3. 肥水管理 定植当天浇定根水,缓苗后浇缓苗水,并随水每盆加20克尿素,之后蹲苗,门茄瞪眼时浇水追催果膨大肥,每盆追磷酸二铵30克,以后勤浇水,保持土面经常湿润。

对茄或四门斗茄坐果后,每盆分别随水浇施尿素20~30克,共追肥3~4次。

4. 整枝 茄子在门茄以下萌生的侧枝要去掉,进入盛果期,对过密枝进行疏剪,植株生长太旺盛应勤摘心。生长后期将老叶、黄叶、病叶及时摘除。

5. 采收 茄子以嫩果供食,当萼片与果实相连处的白色或淡绿色环带比较明显,表示果实正在迅速生长,当这条环带不明显或正在消失,这时采收正当时。

门茄要稍提前采收,即在白色环带明显时采,这样可促进植株生长和后继果实的发育,雨季应及时采收,减少病烂果。

茄子宜在下午或傍晚采收,用刀将果实留下段果柄割下,外运茄子不带果柄,以免运输时刺伤果实。

(三) 病虫害防治

茄子的病虫害有绵疫病、褐纹病、黄萎病、猝倒病、灰霉病及二十八星瓢虫、红蜘蛛、茶黄螨等。

1. 褐纹病 幼苗发病叶片上病斑圆形,茎上病斑近棱形,褐色凹陷,茎部溢缩死亡。成株从下部叶片先发病,初现水浸状小点,扩大成圆形或近圆形褐斑,病斑扩大后中央呈灰白色,边缘深褐色,上面密生轮纹状小黑点。茎上病斑多在枝杈处,长圆形,中央灰白色,边缘褐色凹陷,干腐,有明显轮纹,上生黑色小点。病菌在种子、病残体、土壤中越冬，风、雨、昆虫传播，发病适温 28～30℃，空气湿度 80% 以上。种子可用温汤浸种或福尔马林 1 000 倍液浸种 15 分钟或 10% 的 401 抗菌剂 1 000 倍液浸种 30 分钟。发病初期可用 50% 苯菌灵 1 000 倍液或 70% 甲基托布津 800 倍液，5～7 天一次，连喷 3～4 次。

2. 绵疫病 主要为害果实，下部先发病，初现水渍状小圆斑，扩大成黄褐色或暗褐色大斑，果实收缩变软，湿度大时病斑上产生白色棉絮状菌丝。叶片发病从叶尖与叶缘开始，初现暗绿色至淡褐色水浸状小点，扩大成圆形或不规则形，有轮纹，上有白霉。病菌在土壤中越冬，温度 25～30℃，空气湿度 80% 以上时发病快。初发病可用 25% 甲霜灵 800 倍液，或 64% 杀毒矾 400 倍液，或者 72.2% 普力克 700 倍液，或 14% 络氨铜，或 70% 敌克松 600 倍液，7～10 天一次，连喷 3～4 次。

3. 黄萎病 结果初期开始发病，盛果期较重，发病多从半边植株下部开始，叶子叶脉间变黄，后变褐色，逐渐向上部扩展。初期半边枝叶中午萎蔫，旱、晚恢复，最后全叶枯黄下垂，半边或全株枯死，横剖茎部可见维管束褐变。土壤和种子带菌，种子、灌溉、风雨传播，伤口入侵，发病适温 19～24℃。播前种子用 0.25% 的 50% 多菌灵浸种 1 小时，苗期和定植前喷 50% 多菌灵 600 倍液。发病初期可用农抗 120，200 倍液灌根，每株灌 150～250 毫升，10 天一次，连灌 2～3 次。或用 10% 双效灵 Ⅱ 号 200 倍液或 50% 多菌灵 500 倍液浇根，每株 0.3～0.5 千克。

4. 猝倒病 播前用五代合剂处理土壤，播后用 1 000 倍高锰酸钾喷一次，出苗后用 25% 甲霜灵 800 倍喷 2 次。

5. 灰霉病 在发病初期，可用 50% 速克灵 1 500 倍液或 50% 扑海因可湿性粉剂 1 500 倍液 7～10 天一次，连喷 2～3 次。

6. 茶黄螨 可用 73% 克螨特乳油 1 000 倍液或 25% 灭螨锰可湿性粉剂 1 000～1 500 倍液，每隔 7 天喷一次，连喷 2～3 次。

7. 红蜘蛛 可用25%灭螨锰1 000倍液,或25%功夫油乳2 000倍液或20%双甲脒乳油1 000~2 000倍液或1.2%烟·苦参碱乳油1 500倍液,每隔7天喷一次,连喷2~3次。

8. 二十八星瓢虫 初孵化幼虫群集为害,可用21%灭杀毙乳油6 000倍液或2.5%溴氰菊酯3 000倍液或10%溴马乳油1 500倍液防治。

9. 烟青虫 田间装黑光灯诱杀成虫,3龄幼虫前用BT乳油250~300倍液喷布。释放赤眼蜂或放草蛉、瓢虫等。

三、辣椒

按用途一般分为"菜椒"、"干椒"、"水果椒"、"观赏椒"几种类型。

(1) **菜椒** 又称为青椒,以采收绿熟果鲜食为主。果实含辣椒素较少或无。植株高大,长势旺盛,果实个大肉厚。优良品种有中椒11号、农发甜椒、甜杂7号、京椒1号、白星2号、紫生2号、甜杂新1号、海丰25号等灯笼椒类品种以及中椒6号、农大21号、丰椒1号、华椒17号、洛椒4号、江蔬1号等牛角椒类品种。

(2) **干椒** 又名辛辣椒,以采收红熟果制椒干为主。果实多为长椒型,辣椒素含量高。优良品种有8212线辣椒、成都二金条、线椒8819、皇椒2号、石线2号、红泽1号、羊角红1号、邯优尖椒、干鲜3号(河北鸡泽县产)、长虹362a、王子203、杭椒1号、益都红、陕椒2001、天椒1号、天椒2号、湘辣1号、韩星1号等。

(3) **观赏椒** 主要是指一些植株长势中等或弱,株冠中等或小,果实红色、黄色、橘红色等,叶片中等或小等一些辣椒品种,主要品种有幸运星、黑珍珠、黑皮小指朝天椒、五彩椒、红枣椒、黄线椒、发财椒、皇娘风韵及彩女闹春等。

（二）盆栽技术

1. 育苗 在阳台进行，长江流域在 2 月中下旬播种，华北地区在 3 月中下旬，西北地区在 3 月下旬～4 月上旬进行。选直径 30～40 厘米塑料盆，盆土用 1 份腐熟厩肥加 1～2 份园土配制而成。播前先浇足底水，至湿润营养土为度，次日将椒种均匀撒播于盆土中，上盖一层培养土，以不见种子为宜，厚约 0.5 厘米。白天保持 25～30℃，夜间 10℃以上、约经 10 天即可出苗。齐苗后开窗通风，使温度保持白天 20～25℃，夜间 10～15℃，使幼苗苗壮成长。当 1～2 片真叶时移苗，株距 6～7 厘米，栽后浇稳根水，7～8 天即可成活。浇水 1～2 天一次，床土发白就浇水，并追 1～2 次稀复合肥水。定植前 10～15 天、降温炼苗。苗高 15 厘米以上，6～7 片叶子即可定植。

2. 上盆 选直径 20～30 厘米的泥瓦盆，盆土用未种过茄科作物的园土加 10％腐熟厩肥加复合肥，每盆 20～30 克，拌匀。上盆在阴天或晴天傍晚栽苗，要保持土块完整，避免露根，栽植前浇透水，大小苗、壮弱苗要分开栽，深度是培土后盆土高于原土印，不埋没叶片，栽后浇足定根水，每盆栽 1～2 株，保持株距 25～30 厘米左右。

3. 肥水管理 定植时浇足定植水后，缓苗期间不再浇水。1 周后，浇 1 次缓苗水。缓苗水后控水蹲苗，到坐果前，不干不浇水，发生干旱时，也要在花前或开花初期浇小水，严禁在盛花期浇水。春季温度低，辣椒定植后生长比较缓慢，发棵晚，要在缓苗后，结合浇缓苗水，冲施 1 次氮肥，促早发棵。

植株坐果后，要及时浇水，并追一次肥，每盆用复合肥 25 克，结合松土划入沟内。施肥后要勤浇水，经常保持地面湿润。门椒采收前追第二次肥，每盆用复合肥 20 克。盛夏期间，因受高温的影响，辣椒生长比较缓慢，要减少施肥，结合浇水每盆冲施尿素 15 克 1～2 次。勤浇水，保持地面湿润。

入秋后,气候开始变凉,植株进入第二个结果高峰期,要及时追肥浇水,促叶保秧,防止早衰。至拔秧前一般冲施肥2次即可,追肥种类以氮肥为主。

早春和晚秋浇水应安排在温度偏高的中午前后,夏季浇水应安排在凉爽的早晚进行。

4. 整枝 辣椒选用中晚熟品种,植株生长势强,应及时整枝,并适当多留结果枝。当侧枝长到15厘米左右长后开始整枝。整枝时,将门椒下发生的侧枝及早抹掉,封盆后,勤整枝,将田间枝干过于密集处适当疏剪,保持良好的通风透光性。

5. 采收 辣椒陆续开花结果,果实成熟期先后不一,根据食用要求,分批采收。如采红椒宜在晴天采收,门椒要尽早采摘,以免影响后续辣椒的生长。

(三)盆栽观赏椒

1. 播种栽植 观赏椒采用槽式基质栽培或盆栽,育苗一般用育苗钵或育苗盘进行,穴盘用80或120孔,基质用草炭、蛭石、珍珠岩按2∶1∶1组成,每穴播1~2粒。育苗钵基质为园土、厩肥、复合肥,按7∶2∶1组成,每钵播1~2粒种子,催芽温度25~30℃,4~5天,见表5-1。播后白天保持25~28℃,夜温18~21℃,5~7天即可出苗,播后15~20天,幼苗2~3真叶时进行分苗,苗高17~20厘米,具有6~8片真叶时,可上盆。

2. 上盆 槽式基质栽培一般利用红砖砌成简易栽培槽,槽底部铺有薄膜,槽宽74~100厘米,双行定植,株行距为35厘米×45厘米,每平方米定植5~6株。

采用盆栽时,选用规格为30~40厘米的花盆,装满由菜园土加有机肥混合而成的基质,每盆栽植1株。

3. 肥水管理 定植后采用稀薄的营养液进行浇灌或者施入高效有机肥。浇灌营养液通常在定植15天后开始,用清水浸泡配方有机肥 24 小时后取上清液，稀释后浇灌，每隔 10～15 天淋施 1 次，用量为每株 0.5～1.5 升。固体肥料一般定植后，每隔 15 天左右，每立方米混入鸡粪 5～6 千克。

盆栽辣椒每株每次每盆施 10 克消毒鸡粪即可，开花结果期要加强水肥管理。

结果前，适当控制浇水，防止植株生长过旺，结果后，经常保持地面湿润。

4. 植株调整 辣椒分枝力强，栽培过程中应用短竹杆扎稳主干，修剪侧枝，促进通风透光，提高坐果率。一般苗高 10～15 厘米后适当整枝、摘心，促使造型美观。

盆栽植株冬季可移至室内，适当养护可继续开花，观果期往往可延长到新年。

5. 病虫害防治 彩椒的病虫害有疫病、青枯病、病毒病、灰霉病。据日本长野县野菜花卉农场研究，青椒抗病品种优胜和荣誉可作彩椒的砧木，彩椒的 Ranger 是抗疫病的品种。

（1）**病毒病** 辣椒的病毒病有烟草花叶病毒（TMV）、黄瓜花叶病毒（CMV）及几种病毒复合侵染造成条斑型病毒病。烟草花叶病毒由整枝打杈接触传染，种子亦带毒；黄瓜花叶病毒引起叶片畸形或蕨叶型，由蚜虫传毒。至今尚未有抗病品种。发病初期可用 0.1% 高锰酸钾或 20 毫克/升萘乙酸处理，对花叶病毒有一定的防效。最近，发现弱病毒疫苗 M4 对烟草花叶病毒、卫星病毒 S52 对黄瓜花叶病毒，耐病毒诱导剂 NS83 等有一定的防治效果。

（2）**轮纹病** 又名早疫病。从下部叶片开始发病，初现深褐色小点，扩大成圆形或椭圆形病斑，外有黄绿色晕环，病斑灰褐色，有深褐色轮纹，潮湿时病斑上生黑色霉层。在气温 20～25℃，湿度 70% 以上时发病快。种子用 50℃ 温汤浸种，消灭种子带菌。发病前用 70% 代森锰锌 500 倍液或 75% 甲基托布津 800 倍液或 40% 灭菌丹可湿性粉剂 400 倍液，每 7～10 天 1 次，连喷4～5次。

（3）炭疽病　可用种子消毒法，发病初期喷70％甲基托布津500～600倍液，或50％多菌灵800倍液或75％百菌清400倍液，每7～10天一次，连防2～3次。

（4）细菌性斑点病　可用链霉素、氯霉素或新植霉素200毫克/千克来防治。

（5）枯萎病　发病时下部叶子变黄，以后萎蔫下垂死亡，病株根部褐变，茎部维管束变色。病菌在土壤中、病株残体或种子上过冬，土、水、种子传播，伤口侵入。种子可用50％多菌灵500倍液浸种1小时，消灭带菌。发病初期用50％多菌灵500倍液，或10％双效灵200～300倍液，每株灌根0.25千克，10天1次，连灌2～3次。

（6）立枯病　为害幼苗茎基部或地下根部，初在茎部现不规则暗褐斑，凹陷边缘明显，扩展一周后，茎部萎缩干枯，但不折到。发病初期用20％甲基立枯磷乳油1 200倍或15％恶霉灵水剂450倍喷洒。

彩椒的虫害有地老虎、棉铃虫、烟草夜蛾、蚜虫、蛴螬、蝼蛄等。在综合防治上，除铲除杂草，清除虫卵，成虫诱杀外，蚜虫可用1.8％集琦虫螨克乳油2 000～2 500倍液或40％绿菜宝800～1 000倍液防治。对地老虎在3龄幼虫未入土前，可喷40％菊杀乳油2 000倍液，3龄以上幼虫可用毒饵诱杀。毒饵用96％敌百虫0.5千克，对水25～50千克，拌炒香豆饼、玉米面、麸皮50千克，傍晚洒于根际。棉铃虫及烟草夜蛾，在第二代幼虫为害期，即幼虫钻果前，一般在6月下旬开始，每周打药一次，连喷3～4次，药剂为40％菊杀乳油3 000倍液。

（四）辣椒死棵的原因及其防止

辣椒死棵的原因有盆土选用种过茄科蔬菜的田园土，或在大棚内取土，虽土壤较肥，但病残体较多，病原菌增加，其次是种子带菌，未对种子进行消毒处理。第三用未经充分发酵的腐熟有机肥，定植后大水，高温阳光下栽植，栽得过深导致茎基腐病的发生。第四浇水太多，量太大，使根系受渍、盆底孔受阻，排水不畅，在生长期中农事操作造成伤口感染等。

防治方法 辣椒死棵原因很多，主要有细菌性青枯病，苗期及定植初期的猝倒病、立枯病、疫病及茎基腐病等，要识别病症，对症下药。要选用抗病品种，种子用 50～60℃温水浸种，使种子受热 15 分钟，可杀死潜伏的病菌。在栽培技术上注意科学合理施肥，增加有机肥，氮、磷、钾合理配比，增加抗病力。合理浇水，增加通风透光，改善生态环境。移栽时穴施移栽灵、恶霉灵，定植后药剂灌根。常用药剂有甲基立枯磷、普力克、链霉素及乙磷铝锰锌等。亦可用多菌灵或甲基托布津可湿性粉剂加琥胶肥酸铜，配成药土，撒在茎干的基部。

四、苦瓜

苦瓜古名锦荔枝，别名癞葡萄，荔枝瓜，凉瓜等。原产东印度热带地区。苦瓜性喜温暖，耐热不耐寒，种子发芽适温 30～35℃，生长及开花结果适温为 25℃，15℃以下、35℃以上不利于苦瓜的生育。对日照长短要求不严，喜光不耐荫，开花结果要强光照，喜湿不耐涝。

（一）优良品种

苦瓜按果皮颜色可分浓绿、绿、白三种类型。绿色、浓绿色苦味浓；淡绿与白色苦味稍淡。

优良品种有蓝山长白苦瓜、大顶苦瓜、海参、夏丰、翠绿 1 号、湘丰 1 号、湘丰 3 号、衡杂苦瓜、绿宝、渝白苦瓜、大厦苦瓜、江门苦瓜、云南大白苦瓜、长白舌苦瓜、夏雷、穗新 1 号、扬子洲大纹苦瓜、铃阳苦瓜、翠绿大顶、早丰 2 号及月华苦瓜等。

最近推出的苦瓜品种有:

1. 丰绿 广东省农科院蔬菜所育成的一代油瓜品种。中晚熟,以侧蔓结果为主。单果质量500克,果长30～35厘米,近圆柱形,浅绿色,光鲜亮泽,条瘤粗直,果肉丰厚致密,耐贮运、耐热、丰产。

2. 金船12号 由汕头市金韩种业育成。中熟种。主侧蔓结瓜。瓜圆筒形,单果质量500克,长30厘米,瘤条清淅、淡绿色有光、肉厚,丰产、耐热、抗风雨。

3. 碧丰 广州农科院蔬菜所育成。中晚熟、瓜油绿有粉,瓜长28～32厘米,粗7～8厘米,果肉厚,肉质紧实,耐裂果,耐贮运,抗病、耐热、耐雨水、越夏栽培品种。

4. 巴提雅 泰国耐热型苦瓜。中早熟,生长旺。单瓜质量500克,瓜形美观,瓜长30～35厘米,双头齐,瓜油绿有光,瘤条清晰、肉厚,不裂果,抗性强,产量高。

5. 东满田长身苦瓜 华南农大选育。瓜型长粗美观,单瓜质量500克,瓜长30～35厘米,肉厚,耐贮。抗病耐热,适夏秋栽培。

6. 绿宝石 广州农科院蔬菜所选育。早熟、瓜长26～30厘米,横径6～7厘米,皮色油绿有光,瘤条粗直。品质优良,抗病,前期结瓜多。

7. 早翡翠绿 广州亚蔬园艺种苗育成。极早熟,耐寒、抗病。瓜长26～30厘米,横径6厘米,瓜肩宽平,瘤条粗大,平直,瓜皮油绿有光,高产。

8. 玉和大顶 广东汕头金韩种业育成。极早熟,易结瓜,结瓜期长。瓜长20～25厘米,顶宽10～15厘米,瓜圆锥形,瘤条肥大,皮深绿色,肉厚质优,单果质量600～800克。抗病,丰产。

9. 翠绿3号大顶 广东农科院蔬菜所育成。早中熟、生长势强，分枝力强。瓜短圆锥形，圆、条瘤相间，瓜长 13～15 厘米，横径 8～10 厘米，单瓜质量 300～400 克。耐寒、耐涝。质爽脆，苦味适中。

10. 绿秀珍珠 汕头市金韩种业育成。早熟、坐果率高，高产。抗病，耐热。单瓜 500～800 克，果长 35 厘米，横径 8～10 厘米，瓜形修长，中间稍宽，皮翠绿色有光，长短瘤相间，肉厚 1.5 厘米，口感好，品质优。

11. 碧珍 1 号珍珠苦瓜 广州市农科院蔬菜所选育。极早熟，瓜面瘤粒突起，瘤条与瘤粒相间整齐。皮油绿光亮，瓜长 28～33 厘米，横径 6～7 厘米，肉紧、厚。味爽脆，耐裂果，耐涝性较好。

12. GL‑934 珍珠苦瓜 广东引进，中熟。果棒形，果肩宽，果亮绿色，果瘤大、突出，单果质量 450 克，果长 25 厘米，横径 6～8 厘米。高产，耐热，耐湿，抗病。

13. 东洋绿 F_1 以侧蔓孙蔓结瓜为主。瓜形修长，单瓜质量 550～850 克，瓜长 33～35 厘米，果径 8～10 厘米，果油绿光亮，瓜肉厚，硬度好。耐热、耐寒、耐湿、产量高，口感好。

14. 绿玉 分枝力强，主侧蔓结瓜，坐果性好。瓜条顺直亮绿，短纵瘤与圆粒瘤相间。果长 34 厘米；果径 6 厘米，单果质量 700 克。商品性好，耐贮运，品质好，苦味适中，是长江流域推广的早中熟品种。武汉市蔬菜所最近选育亮绿珠瘤早熟苦瓜、绿翠及秀绿（2013）。

15. 流光溢彩 上海种都种业育成。早熟种、主蔓结果为主。果实长棒形，皮色墨绿光亮，上覆短棱小圆瘤，果肉绿色，单果质量 400～500 克，果长 30～33 厘米，肉爽脆。耐涝、耐热。

16. 圆梦 天津科润农科公司育成。果长棒形、皮翠绿有光，瓜长 35 厘米，横径 7 厘米，果肉厚 1 厘米以上，果表圆瘤与短条瘤相间，单瓜质量 400 克以上，种腔小。早熟，第 8～10

节始生雌花,连续坐瓜能力强、丰产性好。苦味适中,清香脆嫩,抗病力强,适于北方作设施栽培。

(二)盆栽技术

盆栽苦瓜在大棚或阳台等保温设施下育苗,然后在阳台或露地定植,在4~8月采收。

1. 育苗 中国台湾、江西用抗疫病丝瓜作砧木,山东用云南黑籽南瓜和90-1南瓜作砧木,达到早上市目的。栽培品种用第一雌花在10节的早熟、耐寒、丰产的夏蓝山长白、翠绿1号、湘丰1号、衡杂苦瓜,长江流域选用农得利大肉、绿玉、比玉、碧秀、天箭、翠笛、秀绿、春晓1号及如意11号等品种。

穴盘育苗基质用草炭、珍珠岩2:1配制而成,每立方米加商品鸡粪20千克,复合肥2千克拌匀装入70孔穴盘中,用水把基质湿透。每孔播一粒催过芽的种子。

浸种催芽适时播种、苦瓜播种时间各地差异较大,一般在2~3月播种,详见表5-2,苦瓜种子种皮坚硬,必须进行浸种催芽,见表5-3。浸种子在55~60℃热水中浸10~15分钟,并不停搅拌使种子受热均匀。然后在30~33℃热水中浸12~15分钟,浸种时适当搅拌,搓洗,捞起稍凉,捏破种嘴,在30~33℃催芽,经3天80%种子露白即可播种,在催芽时用30℃温水冲洗1~2次,黑籽南瓜浸种8小时。在25~30℃催芽,1~2天后,芽长2毫米时播种。

表5-2 苦瓜盆槽栽培

地点	品种	播种期(月/旬)	定植期(月/旬)	株行距(厘米×厘米)	采收期(月/旬)
上海	长山	2/上	3月	40×200	4~6
重庆	长白青皮	3/上	4/上	65×165	5/下至8
江西宜春	月华	2/下	3/中下	60×150	5/下至9

表 5-3 主要瓜类的浸种、催芽温度

种类	浸种		催芽	
	温度℃	小时	温度℃	天
黄 瓜	25～30	8～12	25～30	1～1.5
西葫芦	25～30	8～12	25～30	2
冬 瓜	25～30	12～20	28～30	3～4
丝 瓜	28～30	8～10	28～30	4～5
菜 瓜	28～30	8～12	28～30	1～1.5
苦 瓜	25～30	12～16	28～30	4～5

营养钵育苗，钵内装好营养土并压实。播前浇透水，每钵放种子一粒，盖湿润细土 1.5 厘米厚，关好窗门。通上热气加温，出苗前室内控制在 30～35℃，出苗后注意通风换气，并将温度控制在 25～28℃ 为宜，夜温 22℃，苗齐后喷一次 1 000 倍的 70%甲基托布津液，晴天上午适当洒水、以湿润为度，并结合施 1%尿素液。黑籽南瓜砧木比苦瓜晚播 3～4 天。

2. 适时嫁接、精心管理，当黑籽南瓜长出真叶，苦瓜苗长到一叶一心时即可嫁接（见表 5-4）。其方法是用刀片将黑籽南瓜茎斜向下切茎粗的 2/3，同时将苦瓜幼茎斜向上切至茎粗的 2/3，靠接用嫁接夹固定。接前苗床要适量浇水，接后 1～3 天全天遮阴，以后每天上午 10 时至下午 3 时遮光，温度白天 32℃，夜温 20℃，湿度 90%左右，7 天后全天见光，10 天后苦瓜开始生长，将根切断，进行降温，白天 25℃，夜间 15℃，定植前 5 天，将夜温降至 10℃，进行低温锻炼。

表 5-4 主要瓜类常用砧木

瓜 名	常用砧木	嫁接目的
黄 瓜	黑籽南瓜、南砧 1 号	增强抗寒性
西葫芦	黑籽南瓜、南砧 1 号	增强抗寒性

第五章　食果蔬菜

（续）

瓜名	常用砧木	嫁接目的
丝瓜	黑籽南瓜	增强抗寒性
苦瓜	丝瓜、黑籽南瓜	防病、耐涝
西瓜	新土佐南瓜、葫芦	防病
甜瓜	圣砧1号、大井、绿宝石	防病

3. 上盆　选直径20～30厘米的塑料盆，盆土用园土加商品厩肥2千克，磷肥50克，硫酸钾15克，将土与肥拌匀，用4～5片真叶的大苗栽植，每盆栽1～2株。栽培槽栽植行距1.5米，株距40～60厘米（见表5-2）。在定植前，先每穴浇40～50℃温水，提高地温，定植时以露出嫁接苗为宜，定植3～4天后浇1次缓苗水。

4. 管理　苦瓜分枝多，以主蔓结果为主。因此，一定要保证主蔓的生长，主茎在0.5～1米以下的侧蔓要全部摘除，可增加高节位的雌花数。要及时搭人字架或拱形架，在主蔓生长的同时，每株留2～3个侧蔓一起上架，以后再产生侧蔓，有瓜即留，当节摘心，无瓜从基部剪掉。如用塑料绳吊蔓，密度可大些，利用主蔓结瓜，及时去掉侧蔓，随着苦瓜的采收和茎蔓生长，及时落蔓去老叶。用人字架的在蔓长30厘米时开始绑蔓，以后，每隔4～5天绑蔓1次。

苦瓜前期一定要进行人工授粉，授粉在上午10时前后，摘取新开的雄花对花。为了增加雌花数和降低雌花着生节位，可在幼苗期喷40毫克/千克赤霉素。开花时可用2,4-D 20～40毫克/千克涂瓜柄，促进结实。

苦瓜虽耐肥，但苗期耐肥性弱，故追肥要前轻后重。栽后8～10天，用10%饼肥水浇在株旁，过8～10天用20%饼肥水加尿素施肥。在茎蔓生长期及盛果期，要追1～2次重肥，每盆追腐熟菜子饼35克或氮、磷、钾复合肥30克，穴施在离根20

厘米处，每隔 7 天喷 0.3% 磷酸二氢钾。定植后 3~4 天浇 1 次缓苗水，以后要控制水分，做到土壤见干见湿。结瓜期每 7~10 天浇 1 次水，每次浇水应在摘瓜前进行。随气温的提高，通风量加大，可适当缩短灌水间隔时间，增加浇水量。

定植后 2~3 天闭窗，通热气提高室温，缓苗后至开花前，使室温保持 20~25℃，夜间 12~15℃，开花结果期气温白天 25~30℃。夜间 12~15℃。4 月中旬后，气温逐渐升高，应视各地气温上升情况。及时开关窗户，并利用外界有利气温结瓜。增加后期的产量。

5. 采收 苦瓜以嫩果供食，种子发育快，应及时采收。以条状或瘤状突起饱满，果皮有光泽，果顶开始变淡，花冠脱落，一般在雌花开花后 12~15 天，用剪刀剪下。

6. 病虫害防治 苦瓜最毁灭性的病害是疫病，近年来，我国台湾省利用丝瓜砧嫁接换根法，不但减轻危害，而且延长生长期，增加产量，增加抗逆性。苦瓜还有炭疽病、枯萎病。炭疽病用 50% 甲基托布津 500~700 倍液或 50% 多菌灵 500~700 倍液，每隔 7~10 天一次，喷 3~4 次。枯萎病可用 25% 瑞毒霉 400~600 倍液或 70% 甲基托布津 1 000 倍液，并实行轮作，施石灰措施。瓜实蝇在 4~5 月为害，可用 90% 敌百虫或敌敌畏 800 倍液，喷杀停留在叶背的成虫。

五、丝瓜

(一) 品种

丝瓜按果实长度可分短棒和长棒 2 种，按表面光滑程度分有棱丝瓜、无棱丝瓜 2 种。

主要品种有绿胜 3 号、长江蔬 1 号、早杂 1 号、南京长丝瓜、早优 1 号、兴蔬早佳、嵊州白皮、苏丝 4 号（果肉不褐变）、亚蔬园 2 号、南宁肉丝瓜、冷江肉丝瓜、夏棠 1 号、丰抗、五叶香及绿雅等。

（二）丝瓜的盆栽技术

1. 育苗 选直径 30~50 厘米的塑料盆，盆内放培养土，即园土加 20%有机肥＋50 克复合肥，混合均匀后浇湿盆土，准备播种。盆栽丝瓜宜选蔓短、着瓜节位低的品种，如冷江肉丝瓜、五叶香、肉蔓儿等。如空间较大，茎蔓有地方可爬，亦可选长丝瓜如南京线丝瓜、雅绿、早杂 1 号及丰抗等品种。

播前用 55℃热水烫种，再在 25~30℃温水中浸泡 3~4 小时，用 8 厘米×10 厘米营养钵放在阳台上育苗，当芽长到 1~2 厘米时，将根芽去掉，这样播后根系发达，易生雌花，苗龄 40~50 天，2 叶 1 心时移植。亦可在地植直播，这种栽培方式播种期在 3~4 月份。

2. 上盆或定植 地栽选疏松肥沃的砂壤土，播前每穴施有机肥 1~3 千克或尿素，磷酸二氢钾各 20~30 克，当幼苗 2~3 真叶时，定植于露地。

盆栽亦有直播的，每盆播种子 3~5 粒，出苗后每盆留 2~3 株。育苗的当幼苗有 2~3 片真叶时，定植于盆内，浇足定根水，促使成活，为促进分枝，在瓜苗 2 叶 1 心时，将瓜顶去掉。

3. 肥水管理 盆栽丝瓜上盆后，应放在露天里，不宜放在室内，放的地方应可供丝瓜爬藤的地方。刚上盆时，丝瓜根系不发达，晴天必须每天浇水一次，由于它叶子大、水分消耗大，如不及时浇水，就会出现叶子萎蔫状态，这时要及时补水，1~2 小时后即可复原。一般盆放到外面 1~2 个月后，根系从盆底进入土壤，就不会出现萎蔫现象。在现蕾前，要施一次尿素，每盆 10 克左右。现蕾到开花时，施一次 1%尿素＋1%磷酸二氢钾，保证开花结果的需要。

丝瓜喜湿润，要保证水分供应，盆栽夏季每天早或晚浇一次水，浇要浇透，见干见湿，春秋天1~2天浇一次水。地栽3~5天浇水一次。

4. 植株调整 盆栽丝瓜一定要促使其早产生雌花，因为有些丝瓜在孙蔓以上结瓜，更有到立秋后才能有大量雌花，因此必须及时摘心，促使分枝。当主蔓或子蔓长到30厘米时，就要摘心，使其长出孙蔓，当长到1米以上时要去掉无雌花的侧蔓，剪掉卷须进行绑蔓，保证丝瓜头直立向上，如蔓头挂下来，生长势就大减，就不会产生雌花。每次结瓜后，瓜上3~4叶摘心，要留好1~2根侧蔓，使直立向上生长。丝瓜要进行人工授粉，摘去过多的80%雄花。如太密时，要去弱蔓，去老叶，保证通风透光。

5. 采收 丝瓜以嫩果供食，一般花后10~12天，即可采收，特别是头瓜，更要早采，防止影响以后的成花。

6. 病虫害防治 盆栽丝瓜的病虫害较少，主要有霜霉病，病毒病及线虫病。地栽线虫病很普遍。虫害有瓜守和螨类，丝瓜盆栽很少打药，发现病害后，及时摘除。虫害用人工捕捉或摘除。如霜霉病很重，在摘除病叶后喷64%杀毒矾500倍液，效果很好，千万不要用毒药。

六、西葫芦

西葫芦又名笋瓜、茭瓜、美洲南瓜，以食嫩瓜为主，营养价值高，生长快，结果早，是一种上市早的补春淡蔬菜。

西葫芦耐低温，种子发芽适温25~30℃，生育适温15~29℃，夜温8~10℃能正常生长。开花结果期以22~25℃为宜，从播种至采收需有效积温1000~1100℃。西葫芦属短日照植物，要求较强光照，但较耐弱光。适于春季栽培。它对高温、高湿和低温低湿有良好的适应性。在苗期地温较低，可忍受较高的空气湿度，但生育后期如湿度大就会生白粉病，前期干旱会发生病毒病。对土壤要求不严,以土层深厚的土壤易丰产,沙土利于早熟。

(一) 品种选择

西葫芦按生长习性可分矮生、半蔓生和蔓生三类,盆栽应选茎蔓短,节间密,结瓜节位低,耐低温,结瓜早的短蔓品种。优良品种有:

1. 潍早1号 山东潍坊市农业科学研究所以昌白93-A-1×法荬92-1自交代杂交选育的品种。株型直立紧凑,第四至五节初生雌花,果实圆柱形,商品瓜重0.8~1.2千克,瓜皮乳白色,细。高抗病毒病、白粉病,较抗霜霉病。

2. 早青一代 山西农科院选育,瓜长圆形,皮浅绿色,第五至六节始生雌花,抗病,品质优,早熟短蔓型。肉乳白色,不耐高温。最近育出的长青王,花期比早青一代早5~7天,早期产量高。

3. 阿尔及利亚 属花叶型品种。瓜长圆形,深绿色,间有浅绿色条纹,嫩瓜肉厚、色浅、多汁,不耐寒,耐热,抗病性差,早熟。

4. 太阳9795 美国太阳种子公司经销,瓜圆柱形,浅绿色,第五至六节生雌花,单瓜重0.5千克。

(二) 盆栽技术

1. 培育壮苗 西葫芦采用阳台营养钵育苗,播种前,种子在25~30℃温水中浸泡4~8小时后,放在温度为25~30℃催芽箱中催芽,2~3天后种子露白即可播种,每隔1~1.5厘米见方播种子1粒,覆土厚1厘米。出苗后4~6天,当子叶平展时移于直径8厘米的营养钵内,移苗后宜浇透水,置于阳台内使其生长,使温度白天保持20~25℃,不超过30℃,夜温不低于15℃。苗龄35~40天,株高25厘米,6~7片真叶,幼苗的营养面积应达到 10 厘米×12 厘米（表 5-5）。

表 5-5　西葫芦盆槽栽培形式

地　名	播种期 (月/旬)	定植期 (月/旬)	株行距 (米×米)	上市期 (月/旬)
上　海	2/下至 3/上	3 上至 3/下	0.5×1.5	6/上
南　京	2/下	3/下	0.8×1.0	5/下至 6/下
四川万县	2/中下	2/下至 3/上	0.5×1.0	4/下至 5/上
浙江舟山	1/中下	2/下	0.6×1.0	4 初至 6/上

2. 上盆　盆钵栽培选直径 20~30 厘米的塑料盆，基质用园土加 20% 腐熟堆厩肥加磷酸二铵 20~30 克，拌匀入盆，每盆 1~2 株。栽培槽宽 0.8~1 米，长随空间大小而定，深 40~50 厘米，基质用园土加商品鸡粪 10%，加饼肥 50 克，混匀施入。栽培槽在晴天上午按 60~70 厘米×50~60 厘米行株距开穴栽坨填土浇水，栽苗深度以苗坨上面与槽面平或略低为宜。

3. 管理　定植后 5~7 天不通风，晚上保湿缓苗，缓苗后选晴天上午浇一次小水，开窗放风，使室温保持白天 20~25℃，夜间 15℃以上，如温度超过 30℃，增加通风。定植前 5~7 天进行低温锻炼。

盛瓜期 8~10 天追肥一次，5 天左右浇水一次，肥水结合，亦可喷 0.2% 尿素和磷酸二氢钾。为了提高坐果，防止化瓜，在雌花开放时进行人工授粉或用 30 毫克/千克番茄灵、2,4-D 点花。

4. 及时采收　西葫芦生长快，花后 10~12 天，单瓜重达 0.5~1 千克时，应适时早收瓜。后期病毒病、白粉病重时，可用 20% 粉锈宁 1 500 倍液或 150~200 倍液的农抗 120，5~7 天喷一次，连喷 2~3 次。霜霉病除加强通风外，可用 75% 百菌清 600 倍液或 50% 敌菌灵 500 倍液喷雾。

七、瓠瓜

瓠瓜又名夜开花、扁蒲、葫芦、长瓜,原产热带,以嫩瓜供食。

生育适温为 20～25℃,最适发芽温度为 30～35℃,生长前期喜湿润,结果期喜晴朗天气,阴雨连绵易引起花叶腐烂。适于种植在保水保肥力强,排水良好,肥沃的壤土中。

(一)优良品种

1. 武汉长瓠瓜 瓜长圆筒形,长 40～50 厘米,皮淡绿色,品质好,早熟。皮薄,光泽好,产量高,抗病。

2. 95-2 华中农业大学用强雌株第 X-2×自交系 t-1 配制而成。主蔓第五至六节生雌花,瓜长条形,长 40 厘米,平均瓜重 500 克,微甜,生长势强,适于早熟栽培。

3. 扬州长瓠瓜 瓜长筒形,长 50～60 厘米,瓜皮绿白色,柔嫩多汁,果肉白色,早熟,丰产,抗性强。

4. 面条瓠子 南京地方品种。瓜长 0.7～1 米,上下粗细相似,皮薄肉厚而嫩,单瓜重 1.5～2 千克,早熟。

5. 线瓠子 北京地方品种。瓜长棒形,上中部略细,瓜顶平圆,瓜柄四周略凸起有纵棱,瓜长 60～70 厘米,单瓜重 500～750 克,皮绿白色,密生白色茸毛,肉较厚,白色,质细嫩,品质佳。

6. 南秀公主 瓜短圆筒形,瓜长 22 厘米,横径 5～6 厘米,单瓜质量 500～600 克,瓜绿色,品质佳,早熟,侧蔓结瓜为主,耐贮运。

(二)盆栽技术

瓠瓜适于栽培槽屋顶种植,亦可在庭院种植。

1. 培育壮苗 瓠瓜用棚室电热线加温育苗。播种时间在 2 月份，详见表 5-6，电热线以 80~100 瓦/平方米为好，营养土用园土 6 份，堆肥 4 份，每立方米营养土加过磷酸钙 1 千克，草本灰 10 千克，拌匀。将营养土装入营养钵排在床上，浇足底水，24 小时后播种。

表 5-6 瓠瓜的栽培技术简表

地名	播种期（月/旬）	定植期（月/旬）	株行距（米×米）	上市期（月/旬）
南京	3/上	4/中	0.4×1.0	6/上
重庆	2/中下	3/下	0.6×0.75	5/中
武汉	2/上	3/中	0.4×1.0	5/上
扬州	2/中下	3/中	0.4×0.6	5/上中
温州	2/上	3/上	0.4×0.8	4/下

瓠瓜种子皮厚，不易吸水，播前要浸种催芽（见表 5-3），将精选的种子在 55℃热水中浸种 15 分钟，然后在 25~30℃浸种 8~10 小时捞起用湿纱布包好，放在 27~30℃条件下催芽，经 2~3 天，50%种子露白即可播种，每平方米需种子 0.3 克左右。

将催好芽的种子播入营养钵，每钵 1~2 粒，出苗后留 1 株，播后盖 2 厘米厚的营养土。从播种到子叶出土室温保持白天 25~30℃，夜间 20℃左右，幼苗出土后白天 25℃，夜间 16℃左右，定植前进行炼苗，夜温 8~12℃，白天 20~25℃。

盆土经常保持湿润，补水在晴天无风中午进行，可结合追 0.2%尿素和磷酸二氢钾，浇水后通风排湿。

2. 定植 栽培槽宽 1 米，深 40~50 厘米，长随空间大小而定，上搭小棚保温，槽内放培养土，由未种过瓜类的园土加 10%厩肥，1%的尿素、磷酸二氢钾配制而成，拌匀，摊平，株行距 0.4×0.8 米。盆栽每盆栽 1~2 株。壮苗标准是子叶完好，

3~5片真叶、株高15厘米，苗龄30~40天，叶深绿，无病虫害，根系发达。

地栽当土温8℃以上，气温稳定在10℃以上即可定植，选冷尾暖头晴天栽植，株行距见表5-6。浇透定植水，封地膜口。

3. 精细管理 定植后保温，使棚内温度保持20~25℃，以保温为主，白天适当通风。4月份以后，白天棚温达30℃时通风排湿，下午棚温25℃停止通风。

当蔓长0.4米时撤去小棚立架绑蔓。主蔓长到6~8节时摘心促发子蔓，顶上子蔓继续向上生长，其余子蔓留1~2个健壮硕大的雌花，在花上留1~2叶摘心，每蔓留瓜1~2个。

在定植前将4/5植株用乙烯利处理，留1/5作授粉用。在瓜蔓长到10~15节时，再喷150毫克/千克的乙烯利，促使侧蔓生雌花，对未喷乙烯利的植株，进行人工授粉。

瓠瓜结果多，需肥大，除基肥外，每隔10~15天每米^{2}施复合肥10~15克，进入结果后上架前开穴重施复合肥30克，每采收2~3次施肥一次。

瓠瓜的白粉病较重，可用粉锈宁40~60克加水50千克，喷2~3次。苗期有立枯病，猝倒病，可用敌克松1 000倍液喷2~3次防治。

4. 及时采收，促进高产 小棚瓠瓜，一般在5月上旬开始上市，瓠瓜生长快，从开花到采收仅需10~13天，必需及时采收。一般当皮色变淡带白，肉质坚实富弹性时品质最佳。

八、观赏南瓜

观赏南瓜为南瓜中的微型瓜品种，瓜色鲜艳，果型趣巧、精致、形状奇特，既能在露地、温室种植，又可用花盆栽培，观赏价值高，近几年来已经成为现代农业示范园中吸引游客的亮点之一。

（一）品种

目前，国内种植的观赏南瓜品种主要引自国外，主要品种有佛手、鸳鸯梨、龙凤瓢、白蛋、金童、玉女、橘灯、花皮、金色年华、飞碟、金天鹅、皇冠、沙田柚、黑地雷、雪绒花、锦绣球等。还有味甜绵的蜜本南瓜、汕美1号、2号、23号、33号、江淮早蜜、新秀南瓜王、惠研201、白沙组合、春润大果等。

杭州市蔬菜研究所选育的胜栗南瓜，早熟，主蔓第5~6节出现第一雌花，侧蔓2~3节出现雌花，主侧蔓均能结瓜，连续坐瓜2~4个，瓜扁圆形，嫩瓜深绿色，间有细白纹路，老瓜深黑色，肉质浓橙黄色，强粉质，单瓜质量1千克，商品性好。

观赏南瓜可以盆栽、基质栽培、土壤栽培。

（二）育苗

用未种过瓜类的菜园土7份，干猪粪2份、草木灰1份，每立方米营养土加三元复合肥（15-15-15）2千克，用直径20厘米的营养钵装土。可以用压缩营养钵，由东北草炭、商品有机肥、植物生长调节剂、杀菌剂等，采用先进工艺制成，适于不会进行蔬菜育苗的市民使用，简单、方便、成活率高。

播种前先用55℃的温汤浸种，然后催芽。由于种皮较薄，浸种时间不超过2小时，浸种后将种子用湿毛巾盖住，保持25~28℃进行催芽，当芽长3~4毫米时，立即播种。一般春播在2~3月，秋播在7~8月。保护地栽培在11月下旬~12月上旬。播前先浇足底水，将催好芽的种子平放在营养钵内，播后盖一层细土，覆地膜，保持室温20~25℃，以利出苗快，出苗齐。

（三）定植

盆栽可用素烧盆，玻璃缸盆、木盆、基质可用亲水泡沫或陶粒，陶粒用泥土滚球进行土窑烧制而成，具有高透水、透气、透肥的优点，亦可以用园土加腐熟堆厩肥＋陶粒。屋顶栽培用砖砌栽培槽或塑料盆，可以在各种器皿铺无纺布，防止泥渣在浇水中流出，污染阳台及屋顶。幼苗用具4～5片真叶的壮苗。定植前挖好定植穴，穴内放少量的三元复合肥，盖些土以防瓜苗与肥料直接接触，还可对幼苗进行免疫预防，提高植物的抗逆性、抗病性和气候对植物的伤害。栽后浇定根水，并用土盖严定植穴。盆栽每盆1～2株，栽培槽行距1米，株距45厘米，放在阳台或屋顶栽培，如有条件，在栽培槽上用2米长的竹片，搭高60厘米的小棚，覆膜保温。

（四）管理

定植后7天密闭管理，提高温度，促进缓苗，缓苗后白天温度保持25～28℃，如温度太低，要加无纺布覆盖，温度超过32℃，要适当通风。

1. 植株调整 当植株高度达30～40厘米时，要搭竹篱或吊线，引蔓上架，并根据品种特性，保留主蔓及基部的1条侧蔓，待侧蔓瓜坐稳后，在瓜的上部留2叶摘心，瓜采后剪除侧蔓，保留主蔓再生侧蔓结果。

2. 肥水管理 从雌花现蕾到第一瓜坐稳期间，土壤湿度过大或追肥过多易引起茎叶徒长影响坐果，应注意蹲苗，适当控水控肥。结瓜后加大肥水供应量，盆栽南瓜每天浇水2～3次，每周可追施0.3%～0.5%复合肥水溶液1次。

土壤栽培，植株成活后施1次速效性水肥；第二次追肥在瓜蔓长30厘米左右，大部分果坐稳后重施一次肥，以促进果实生长，追肥一般每平方米用三元复合肥20克。

基质栽培采用营养液滴灌最好，如无营养液滴灌，可每周追施1次0.3%～0.5%的三元复合肥，坐果后每立方米基质施入消毒鸡粪10千克、花生麸5千克、磷肥1千克补充营养，保证植株旺盛生长。

3. 保花保果 南瓜阳台栽培雌花先于雄花开放,在雌花开放时,可用南瓜灵保花保果,等大量的花开放时,清晨要及时进行人工授粉,以保证坐果。

4. 采收 南瓜的嫩瓜和老熟瓜均可食用,一般早期瓜和早熟品种在谢花后 10~15 天可采收嫩瓜,谢花后 35~60 天,可采收老熟瓜。老熟瓜表皮一般蜡粉增厚,皮色由绿色转变成黄色或红色,用指甲轻轻刻划表皮时不易破裂。

收瓜时用剪刀将瓜留 3 厘米长瓜柄剪下。采收时轻拿轻放,不要碰伤。贮藏用瓜需选择晴天采收,采收后在 24~27℃下放置 2 周,使果皮硬化。

九、小冬瓜

冬瓜原产我国,是我国具民族特色的蔬菜。冬瓜喜温耐热,生育适温为 25±7℃,发芽适温 30℃,着果适温为 25℃。冬瓜虽为短日照蔬菜,但生长期要求充足的光照。以 50 千勒克斯的光强,25℃温度和 80% 以上的空气湿度为宜。冬瓜耗肥水多,每生产 5000 千克冬瓜,要纯氮 15~18 千克、磷 12~12.5 千克,钾 12~15 千克。

(一)品种

小冬瓜是指瓜形小,单瓜质量 1~2 千克,成熟早,结果易的冬瓜品种,适于盆栽或屋顶栽培。

1. 一串铃冬瓜 4 号 中国农科院蔬菜花卉研究所从地方品种选出,早熟,生长势中等,生长期短。第一雌花节位 6~9 节,隔 3~5 片叶结瓜,侧蔓结瓜性强。瓜扁圆形,瓜面有浅棱,被有白粉,瓜肉白色,种子腔少,单瓜质量 1~2 千克。

2. 东和冬瓜 中国台湾农友公司选育。特早生,结果力强,开花后 8~10 天可收毛瓜。嫩瓜瓜长 16~18 厘米,横径 6~7 厘米，单瓜质量 450~500 克，果面无蜡粉，耐贮，老熟瓜长 32 厘米，单瓜质量 2.8 千克。

3. 望春冬瓜 四川绵阳科兴种业选育。早熟、定植到采收 60 天，第一雌花着生节位 6~8 节，主蔓长 5 米以上，生长势强。嫩瓜浅绿色，短柱形，平均单瓜质量 1 300 克，商品性好。

4. 绿翡翠 单瓜质量为 2.5 千克、果实长圆形，皮翠绿色，肉浅绿色。抗逆性强、产量高、品质优，耐贮运，可生拌、炒食及炖汤，深受人民的喜爱。

5. 小惠 中国台湾农友公司选育。极早熟，对日照长短不敏感，在短日照下雌花着生早，母蔓可连续结果 3 个，一株可结 5~6 个。果实椭圆形至长椭圆形，皮色青黑，无蜡粉，单果质量 2.5 千克，肉质细嫩，耐贮运。

6. 穗小 1 号 广州白云区蔬菜所育成。早熟，瓜短圆柱形，单瓜质量 2.5~3 千克，皮墨绿色，略带白花点，肉厚 4 厘米，结果力强，口感粉甜。

还有春丰 818、甜仙子、黑仙子 1 号、2 号等。

（二）盆栽技术

1. 播种育苗 春播在 2 月下旬~3 月上旬在阳台或保护地育苗，秋播在 7 月下旬在露地育苗。营养土用未种过瓜类的水稻田土 5 份加堆厩肥 4 份，加菜籽饼复合肥一份拌匀，消毒后待播。播前种子用清水淘洗，放入 60℃ 热水烫种 8~10 分钟，然后在 28~30℃ 温箱中催芽，种子露白后播在 8 厘米×10 厘米的营养钵内，浇足水，覆土厚 1~1.5 厘米。将营养钵排于床内，保持温度 25~28℃，出苗后加强温湿度管理，苗龄 35 天左右，3~4 片真叶即可定植。

2. 上盆 选直径 30~40 厘米的塑料盆，盆土用园土加 20% 堆厩肥，每盆加三元复合肥 30~40 克，尿素 10~15 克，拌匀，每盆栽 1~2 株。栽培槽株距 0.8 米，栽一行。

3. 整枝 搭高 1.8 米的架或用绳吊蔓，定植后 25～30 天，可引蔓上架，每 20～30 厘米绑蔓一道，主蔓 1.2 米以下的侧蔓，全部摘除，促进主蔓结瓜。结果中后期，及时打掉下部老叶，适当保留上部侧蔓，选留侧蔓结瓜，整个生长期，疏去细弱、病虫蔓，以利通风透光。

4. 肥水管理 定植后用 1‰ 复合肥水浇透 2～3 次，促其快长。伸蔓期注意水分的供应，坐瓜如拳头大小时，追施坐果肥，每株施三元素复合肥 30 克，进入盛果期，每采收一次，追施 1‰ 磷酸二氢钾水。整个生长期，保持土壤湿润，1～2 天浇水一次，浇则浇透，见干见湿。

5. 采收 以采收嫩瓜为主，一般开花后 25 天左右，选晴天上午采收。

十、佛手瓜

佛手瓜又名合掌瓜、福寿瓜、白瓜、菜肴梨、隼人瓜。原产墨西哥、美洲中部和西印度群岛，是我国西南、华南各省的重要秋季蔬菜，很受市民的欢迎。

佛手瓜营养全面，是肥胖和忌食钠盐病人的理想保健蔬菜，有降低血压，促进儿童智力发育，医治不孕症和男性性功能衰退等功效，还具有提高细胞抗性而具防癌作用。

盆栽佛手瓜，肉质清脆，多汁可口，生熟食均宜，植株枝蔓婆娑，覆盖面大，种植阳台、平台，可挡西晒太阳，作垂直绿化用。嫩苗柔嫩多汁，病虫害少，是人们喜爱的绿色食品。

（一）栽培品种

佛手瓜有白皮与绿皮两种，绿皮佛手瓜生长势强，茎蔓粗长，结瓜多，产量高，品质较差；白皮佛手瓜长势较弱，茎蔓细短，结瓜少，产量较低，果皮无刺，表皮和果肉洁白，美观，肉

第五章　食果蔬菜

质细嫩，清脆可口，适于盆栽。

（二）育苗

1. 裸胚育苗　所谓裸胚就是去掉种皮的种子，它出苗率和成苗率高，播种方便，可将种瓜取胚后食用。

在采收早中期，采摘授粉后25～30天长成的瓜中，选大小适宜，重200～300克充分成熟的瓜做种瓜，注意病虫瓜，受冻瓜不能用。将种瓜在水温15～18℃的25%多菌灵250倍液中浸20～30分钟，取出晾干。

催芽可将种瓜装入塑料袋，折叠袋口封闭，将整个瓜侧放，使缝合线与地面垂直，保证胚芽顺利地从两片子叶中钻出来。胚芽长达3～5厘米时，即可取出。

选用直径10～15厘米，高15～20厘米的瓦盆或营养钵，基质用园土2份，腐熟堆厩肥1份，细沙2份，过筛拌匀，调节湿度以不粘手为宜，胚芽长达3～5厘米时，两手轻掰种瓜先端大纵沟，使裂口增大到1厘米时，轻轻拔动子叶，等整个子叶活动时，将胚与子叶全部取出，亦可将发芽品种瓜用刀沿子叶方向将瓜割开，取出裸胚，取出胚后要及时栽植，如准备第2天种，应用35～40倍的湿沙（手握成团而不滴水）与胚混合，放入花盆中。

栽时先将2/3的培养土装入花盆中压实、压平后将幼芽朝上放在土面，填上1/3的培养土，盖住芽端厚2～3厘米，轻轻压实，装进培养土应稍高于盆。栽后放在阳台上，保持温度20～25℃，一般可以套上塑料袋，小苗时保持表土湿润，不必喷水，苗大后每天喷雾一次。要保持充足的阳光，要放在阳台的朝阳处。

2. 扦插　可用侧芽扦插或茎蔓扦插，侧芽扦插是从种瓜育出的幼苗上，摘取长约6厘米左右的侧芽，插在营养钵中，使芽条的顶端离土面不少于3厘米，以免失水干枯，插后覆草浇透水，保持温度 20℃，经过 7 天开始出芽，傍晚揭除稻草，10 天后，幼根长达 2～3 厘米时，及时浇水，追施 1‰ 的饼肥水。

茎蔓扦插是从裸胚幼苗上剪取茎蔓，截成 2～3 节一段，将下部一节上的叶摘掉，放入 0.01% 萘乙酸或吲哚乙酸溶液中浸泡 10～30 分钟，扦插在河沙、园土、蛭石（珍珠岩）的混合基质中，避光保温，保湿 5～7 天，10 天后新根长达 1 厘米时便可见光，每隔 2 天追施 1 次腐熟的饼肥水或复合肥水。

（三）盆栽技术

佛手瓜性喜温暖气候，怕热又怕冷，对盛夏炎热，枝蔓上部常被热死，枝叶遇霜即枯。生长适温 15～25℃，地下部较耐寒，不结冰可安全过冬。对水分要求较高，不耐旱，要求土壤经常保持湿润状态，不耐涝。佛手瓜是典型的短日照蔬菜，在长日照下不开花结果。要求疏松、肥沃、排水良好的壤土，需肥量大，但对肥料浓度反应非常敏感，切忌使用高浓度的肥料。

1. 上盆 佛手瓜每株棚面可达 60～70 米^2，因此，定植盆要大，盆的直径以 40～60 厘米为宜，盆土用园土 6 份，腐熟堆厩肥 2 份，河沙 2 份配制而成。每盆施饼肥 1～2 千克或腐熟鸡粪 3～5 千克，并加骨粉 0.5 千克，严禁施入未经充分发酵的肥料，因为佛手瓜幼苗时对氨气非常敏感，极易受灼，每盆栽 1～3 株。定植时间以清明前后为宜，如放在阳台上可适当提前，栽后用塑膜筒罩住幼苗，在筒顶开小孔，以通风透气。栽植的土应预先调好水份，栽后浇少量的水，千万不能多浇水，以免高湿低温造成烂根。

2. 摘心引蔓 当瓜苗长到 20～30 厘米时，即可摘心，促进侧蔓生长，当侧蔓长到 30～40 厘米时再摘心，促使孙蔓生长，并留 2～3 条孙蔓，其余的剪去，然后将瓜苗引上架。庭院种瓜，当瓜苗高 33 厘米时在苗旁插一竹杆，让其茎蔓上爬，以后搭人字架或棚架，架高 1.5 米即可；如在阳台长瓜，可用塑料绳吊在屋顶，让茎蔓均匀分布在架面上。

3. 肥水管理　佛手瓜既可采果食用，又可采摘嫩茎叶，水分和肥料对产量和质量影响很大。盆栽时除施足基肥外，每次采收后，追施腐熟的饼肥水，沼气肥外，还可喷施 0.1％磷酸二氢钾或叶面宝。每年追肥 3～4 次，即 5～6 月，7 月中旬，8 月上旬及 9 月。每次每株追施三元复合肥 50～60 克加尿素 10 克。

佛手瓜性喜潮湿，每次施肥后应浇水一次，干旱时浇水要勤，高温干燥时可适当喷些水，增加土壤和空气湿度。

4. 病虫害防治　佛手瓜的病虫害较少，盆栽佛手瓜更少，主要的虫害有红蜘蛛、蚜虫，可用苦楝素防治。病害有叶斑病、霜霉病，叶斑病可用 200 倍波尔多液或 75％百菌清 600 倍或 64％杀毒矾 500 倍防治。霜霉病可用乙锰、甲霜铜防治，采收前 3～4 天停止喷药。

5. 采收　当新长出嫩梢有 20～30 厘米长时即可采收，标准是顶芽向下数第 5～6 节摘下，采收长度 10～15 厘米，采收间隔期 3～5 天。嫩瓜的采收根据食用需要，瓜重 150～200 克，在授粉后 15～20 天采未成熟的小瓜。

十一、节瓜

节瓜又名毛瓜，为葫芦科冬瓜属中的一个变种。以食嫩瓜为主，在果实内种子未硬化时，连种子、果瓤一起食用。它与冬瓜的区别是嫩瓜果肉质地细嫩，煮熟不会发酸，风味品质优于冬瓜，是广东、广西及台湾省的特产。

（一）品种

1. 山农 1 号　山东农业大学选育。主蔓长 2.2～2.5 米。叶掌状，主蔓第五至八节着生第一雌花，以后每 3～5 节着生一雌花，单株可结果 5～7 个，单果重 1.5 千克左右，果短筒形，绿色少斑点，披茸毛，果长15～20厘米，直径5～7厘米。早熟、耐热，抗白粉病、霜霉病。

2. 吉乐 中国台湾省农友种苗公司育成的杂交种。茎蔓较短小，叶片小，缺刻深。果实长椭圆形，单果重1.8～2.5千克，果皮淡绿色。耐热，耐寒，耐病毒，抗白粉病、炭疽病，耐贮运，早熟，结果能力较强。

3. 清心 中国台湾省农友种苗公司育成的杂交种。生长强健，叶小。缺刻深，叶片细裂。果实椭圆形，浅绿色，单果重1～1.5千克，充分成熟时果面稍有果粉。

4. 七星仔 主蔓上第五至七节着生第一雌花，以后每隔2～4节着生一个雌花，或连续4～5节着生雌花。果实圆柱形，单果重250克，品质好。

5. 大藤 生长势强，侧蔓多，主蔓第七至十四节着生第一雌花，以后每隔五至七节着生一个雌花。果实长圆柱形，品质好，耐热。适于夏播。

6. 黑皮青 主蔓第四至八节生第一雌花，以后隔4～6节着生一个雌花。果实圆柱形，单果重500克左右，皮浓绿色，具茸毛，肉厚致密，品质优良。

7. 菠萝种 主蔓第五至六节生第一雌花，以后隔4～6节生一雌花。果实短圆锥形，长23厘米，横径11厘米，单果重500克。皮黄绿色，具茸毛，肉质好，耐贮运，早熟，适于春播。

（二）盆栽技术

节瓜根系较发达，茎五棱，绿色，被茸毛，叶掌状5～7裂，叶面浓绿色，被茸毛。花单性同株，单生。花黄色，果实为瓠果，有短或长椭圆形，绿色，果面具数条浅纵沟或星状绿白点，被茸毛，一般果重250～500克。种子椭圆形，种孔端稍尖，淡黄白色，具突起环纹，千粒重42～43克。

发芽期 7~10 天，幼苗期 25 天，抽蔓期 10 天，开花结果期 45~60 天。喜温耐热。种子发芽适温 30℃ 左右，低于 20℃ 发芽缓慢，幼苗生长适温 20~25℃，低于 10℃ 即受冻，茎叶生长和开花结果适温为 25℃ 左右，15℃ 以下开花授粉不良。短日照植物但不严格，在低温短日照下可以促进发育。根系发达，吸水力强，耗水亦多，要求较高的土壤湿度。在开花结果期及果实发育前期和中期对肥料吸收量大，磷、钾需求量较均衡。

1. 育苗 节瓜一般在保护地育苗，华北在 12 月上旬到翌年 2 月中旬育苗，华东地区 2 月中下旬至 3 月上旬育苗，华南地区 1~8 月育苗，4~10 月份供应。

种子在 40~50℃ 温水浸种 4~5 小时，在 30℃ 催芽，36 小时开始发芽，播种在穴盘内，基质用草炭、蛭石 2∶1，温度保持 25℃ 左右，4~5 天发芽。育苗期保证温度白天 25℃ 左右，夜间不低于 15℃，定植前 7~10 天，降温炼苗，白天保持 20℃ 左右，夜间 10~15℃，苗龄 40 天。

2. 栽植 阳台盆栽在 3 月中下旬定植，用直径 20~30 厘米的塑料盆，盆土用园土 6 份，腐熟堆厩肥 2 份，砻糠灰 2 份配制而成，每盆加复合肥 20~30 克，每盆栽 1 株。栽后浇透定根水，放在阳台中。

3. 管理 定植后，关窗保温，白天保持 28~32℃，夜间 15℃ 以上，促进根系生长，加速缓苗，缓苗后白天保持 25℃ 左右，夜温 13℃ 左右，如气温降至 5℃ 以下，就会冻伤，要密切做好保温工作。开花坐果期保持 25~28℃，夜温 15~18℃，防止 40℃ 以上高温而造成灼伤，要及时通风降温，果实膨大期，白天保持 28~30℃，夜间保持 15~18℃。如外界温度已满足生育需求，为改善光照条件，尽量减少遮荫，可移至露地条件下生长。

节瓜主蔓、侧蔓都能结果，前半期主蔓产量占 80% 左右，后半期侧蔓产量占 60% 左右，因此，在结果以前，摘除全部侧蔓，保证主蔓结果，选留中部以上的侧蔓增加后期结果。第一朵雌花如早期温度低，叶片少，易出现畸形果，可留第三、四雌花结果，雌花授粉后，在最上一个花的上方留4～5片叶摘心，全株保留12～14片叶子，每株插一根60～100厘米的竹竿做支柱，便于绑蔓。节瓜生育期短，开花结瓜迅速，果实采得早，要适时追肥，在缓苗后、抽蔓期、坐瓜后，每盆施三元复合肥5～10克，早春气温低，应适当少浇水，以免降低地温，缓苗后松土蹲苗，果实迅速膨大期要及时供应水分。

节瓜在花后7～10天便可采收，出口果重150～200克，国内采收标准为250～500克。

（三）瓜类病虫害防治

1. 苗期猝倒病 猝倒病又称卡脖子病、秃疮头等，常引起幼苗成片死亡。幼苗出土后子叶展开至2片真叶时最易发病，茎基部出现水渍状黄褐色病斑，绕茎扩展而变为褐色，收缩成线状，称卡脖子，幼苗依然青绿但折倒，苗床湿度高时病部表面生有白色棉絮状霉层。

发病初期，选用15％恶霉灵450倍液或甲基立枯磷1 200倍液浇苗床，每平方米2～3升。也可用58％雷多米尔锰锌可湿性粉剂500倍或64％杀毒矾可湿性粉剂500倍液喷洒，隔7～10天1次，防治1～2次。

2. 立枯病 立枯病主要为害幼苗茎基部或地下根部，最初在茎部出现椭圆形或不规则形暗褐色病斑，逐渐向里凹陷，边缘较明显，扩展后绕茎1周，致茎部萎缩干枯，后瓜苗死亡，但不折倒。苗床发病时，可用500～600倍高锰酸钾或20％甲基立枯磷乳油800～1 200倍液＋70％代森锰锌可湿性粉剂800倍液，或10％多抗霉素可湿性粉剂600倍液等喷洒。

3. 霜霉病 霜霉病主要发生在叶片上。病叶自下而上蔓延，初期叶面出现淡黄色病斑，叶背面出现水浸状圆形小斑，后渐变成黄褐色。湿度大时病斑背面出现灰黑色霉层。干燥时病斑干枯易碎裂。严重时病斑连成片，短期内整张叶片枯死。播种前对种子进行消毒。用70%甲基托布津可湿性粉剂+50%福美双可湿性粉剂按1∶1混合，按用药量为种子质量的0.3%拌种，拌种后播种。发病初期，用80%大生可湿性粉剂600～800倍液，或58%代森锰锌可湿性粉剂500倍液，或72.2%普力克水剂800倍液。5～7天喷一次，连喷3～4次。

4. 炭疽病 当叶片感病时，最初出现水浸状纺锤形或圆形斑点，外围有一紫黑色圈，似同心轮纹状，干燥时病斑中央破裂，叶提前脱落。果实发病初期，表皮出现暗绿色油状斑点，病斑扩大后呈圆形或椭圆形凹陷，呈暗褐或黑褐色，当空气潮湿时，中部产生粉红色的分生孢子，严重时致使全果收缩腐烂。播种前进行种子消毒，可用40%福尔马林100倍液浸种30分钟，冲洗净后播种。发病初期，随时摘除病叶，并用80%代森锌可湿性粉剂800倍液，或用50%甲基硫菌灵可湿性粉剂1 000倍液喷雾，7～10天喷1次，共喷3～4次。

5. 白粉病 发病初期，用15%粉锈宁水剂800～1 000倍液，或40%多硫300倍液，或47%加瑞农可湿性粉剂500～600倍液，或40%福星8 000～10 000倍液喷雾，7～10天1次，连喷2～3次。

6. 病毒病 瓜类病毒病主要有花叶型、皱缩型、黄化型、坏死型、复合侵染混合型等。花叶型植株生长发育弱，首先在植株顶端叶片产生深浅绿色相间的花叶斑驳，叶片变小卷缩、畸形，对产量有一定影响。皱缩型叶片皱缩，呈泡斑，严重时伴随有蕨叶、小叶和鸡爪叶等畸形。叶脉坏死型和混合型叶片上沿叶脉产生淡褐色的坏死，叶柄和瓜蔓上则产生铁锈色坏死斑驳，常使叶片焦枯，蔓扭曲，蔓节间缩短，植株矮化。果实受害变小，畸形，引起田间植株早衰死亡，甚至绝收。

种子用10%磷酸三钠溶液浸种20分钟，用清水洗净后再播种；及时防治蚜虫和白粉虱，定植前对幼苗进行1次喷药防治，做到幼苗带药定植。发病初期,可用20%病毒A可湿性粉剂500倍液,或1.5%植病灵乳剂1 000倍液,或83增抗剂100倍液喷雾。每隔10天1次,连喷2~3次。

7. 灰霉病 病菌多从开败的雌花侵入,致花瓣腐烂,并长出淡灰褐色的霉层,进而向幼瓜扩展,到脐部呈水渍状,花和幼苗褪色、变软、腐烂,表面密生灰褐色霉状物。叶处从叶尖发生,初为水浸状,后为浅灰褐色,病斑中间有时产生灰褐色霉层,常使叶片上形成大型病斑,并有轮纹,边缘明显,表面着生少量灰霉。发病初期,叶面喷洒50%速克灵可湿性粉剂2 000倍液,或扑海因可湿性粉剂1 500倍液,或50%克霉灵可湿性粉剂800~1 000倍液,隔7~10天1次,防治3~4次。

8. 细菌性角斑病 主要为害叶片,也可为害茎和果实,初生针尖大小的水渍状斑点,扩大时受叶脉限制呈多角形灰褐斑,易穿孔或破裂。茎部发病,呈水渍状浅黄褐色条斑,后期易纵裂。果实发病,初呈水渍状小圆点,迅速扩展,小病斑融合成大斑,果实软化腐烂,湿度大时瓜皮破损,全瓜腐败脱落。有时病菌表面产生灰白色菌液,干燥条件下,病部坏死下陷,病瓜畸形干腐。对带菌种子用农用链霉素或氯霉素500倍浸种2小时,用清水洗净后播种。发病初期,喷洒47%加瑞农可湿性粉剂800倍或50%琥胶肥酸铜可湿性粉剂500倍或新植霉素4 000倍液,7~10天1次,连喷3次。

9. 蚜虫 用银灰网驱蚜或黄板诱蚜,黄板长1米、宽0.2米,涂黏性黄色机油,高出作物30~60厘米,每亩32~34个,7~10天涂机油一次。

10. 白粉虱 可选用50%巴丹可湿性粉剂1 000~1 200倍液,或2.5%蚜虱克特乳油1 000倍液,或10%吡虫啉可湿性粉剂1 000倍液,或25%扑虱灵可湿性粉剂1 500倍液,或25%灭螨锰乳油1 000倍液,或20%灭扫利乳油2 000倍液,叶背面喷雾,每5~7天喷1次,连喷3~5次。

十二、菜豆

菜豆又称芸豆，四季豆。以嫩荚供食，营养丰富，风味清鲜，是一种大众化蔬菜。菜豆原产于南美与中美，生育期内要求温暖干燥、阳光充足的气候，不耐霜冻。种子发芽适温为20～25℃，幼苗生长期适温为18～20℃，开花结荚期为18～25℃。地温23～28℃根瘤生长良好，在8～25℃条件下经7～15天通过春化阶段，菜豆多数品种为中光性，光饱和点为20～50千勒克斯，补偿点为1.56千勒克斯，露地只能在春秋两季生产。近年利用设施栽培，使供应期延长，在元旦春节都有新鲜菜豆上市。

（一）品种

菜用菜豆按茎的生长习性可分矮生种和蔓生种。

矮生种有优胜者27-10、荷兰GS-259、英国矮生、尼斯克、矮早18、法国菜豆、黑法蓝豆、江户川、加绿15。其特点是早熟、植株直立、丛生状、耐低温、产量低，品质差。

蔓生种有满架联、丰收1号、春丰4号、芸丰623、特嫩号、菜豆12号、中杂芸15、渡育1号、78-209、上海白花架豆、双丰1号、碧丰、鲁芸1号。其特点产量高，荚大，肉厚，纤维少，不易老。

新优品种有：

矮生种

1. 优胜者 株高40厘米左右，5～6节封顶，结荚多而集中，播后60天左右开采。嫩荚近圆棍形，花浅紫色，种子浅肉色带有浅棕色细纹，耐热，对病毒病和白粉病有较强的抗性。

2. 供给者 生长势较强，株高40～50厘米，有3～4个分枝。叶片较大，每个花序结荚4～5个。嫩荚圆棍形，绿色，荚长10～13厘米，单荚重8～11克。嫩荚肉厚，质脆嫩，纤维少，不易老，品质优良。该品种早熟，播后50~60天采收。适应性强，耐轻霜，抗病。

3. 江户川 日本品种，株高45厘米，荚长12厘米，圆棍形，绿色，直而整齐，肉厚，无筋，无革质膜，从播种到开采需55~60天。

蔓生种

1. 架豆王（无筋四季豆、泰国架豆王） 植株长势强，高产、稳产、抗病。叶片肥大，株高350厘米，有5条侧枝，侧枝继续分枝。花白色，第一花序着生在3~4节上，每序花4~8朵，结荚3~6个，荚绿色，荚形圆长，稍弯曲，荚长30厘米以上，无筋，横径1.1~1.3厘米，单荚重30克。单株结荚70个左右，最高可达120个左右。从播种到采收嫩荚75天左右。

2. 83-A芸豆 又名连芸1号，植株蔓生，株高3米，生长势强，分枝力中等，有2~3条侧枝。主茎始花节位春栽为3~4节，夏、秋栽培为7~8节。嫩荚白绿色，近圆棍形，荚长18~25厘米。宽1.4厘米，厚1.2厘米，平均单荚重19克。荚肉厚，纤维少，品质佳。中熟，播种至始收时间：春播约70天，夏播约45天，秋播约55天。适应性较广，较抗锈病和炭疽病。亩产2 600千克。

3. 97-5芸豆 植株蔓生，株高200厘米左右，生长势强。花白色，嫩荚白绿色，荚长25厘米左右，宽约1.47厘米，厚约1.69厘米，尖端稍弯，棍形，单荚重27克左右。有筋软荚，无革质膜，嫩荚肉厚，品质优。种子灰色，早熟，耐热，高抗锈病。

4. 早丰 早丰是早熟菜豆新品种，全生育期春播90~95天，夏播80~85天，保护地栽培115~120天。荚为乳白色，荚长18~22厘米，单荚重25克，荚条顺直，肉厚，质嫩，纤维少，耐老性强，口味佳；抗炭疽病、锈病能力强。

5. 特嫩1 生长势强，商品荚绿、直，长20厘米左右、近圆形；无筋，两缝线处的维管束很不发达，不形成纤维束，荚果可以轻易折断，断口无丝相连；软荚，中果皮细胞壁不硬化，不形成革膜，手感柔软，干种荚皱缩而不光滑；适于冬、春保护地、晚春、夏秋栽培，是烹调、速冻加工兼用种。

6. 油豆 哈尔滨市农业科学院选育的优良品种。植株生长势强，基部分枝多。三出复叶中等大小，卵圆形。总状花序，花为浅紫色，在主蔓上6~7节着生第一花序。嫩荚绿色，荚尖部有紫条纹，扁条形，平均荚长20厘米，荚宽2.4厘米，单荚重24克。无纤维，肉质面，具有典型的东北优质油豆角特征。该品种春秋皆可种植，露地保护地兼用。从播种到采收65~70天，中熟品种。

适宜出口的粒用菜豆品种：

1. 品芸2号 为小粒白芸豆，生育期95天左右，株高40~60厘米，百粒重18~22克，籽粒蛋白质含量为25.7%。产量一般为100~150千克/亩，适宜在黑龙江省、内蒙古自治区、山西省、陕西省等地区推广种植。

2. 北京小黑芸豆 为粒用黑芸豆，生育期95天左右，株高约60厘米，百粒重21克左右。一般产量为150千克/亩。适宜在内蒙古自治区、山西省、河北省等地区推广种植。

3. G0517 红腰子豆，生育期约100天，株高50~60厘米，百粒重50克左右。一般产量为100~150千克/亩。适宜在黑龙江省、内蒙古自治区、河北省、山西省、甘肃省等地区推广种植。

4. 英国红芸豆 引自英国，粒色紫红，肾形，矮生直立，株高30~40厘米，百粒重45~50克。比较早熟，生育期100天左右，一般产量为100~150千克/亩。适宜在东北、内蒙古自治区、河北省、陕西省等地区推广种植。

5. 早绿地豆 荚粒两用菜豆品种，矮生直立，生长势强，株高40厘米。百粒重30克左右，播种至采嫩荚65~70天。嫩荚产量平均 1 200 千克/亩，籽粒产量一般为 120～200 千克/亩。作蔬菜栽培适宜于全国各大蔬菜主产区。

（二）盆栽技术

菜豆可春、秋两季栽培，华北地区及长江流域的播种期如表 5-7 所示。

表 5-7 菜豆的播种期

地区	播种 月/旬	定植 月/旬	采收 月/旬	备注
华北地区	2/下～3/上	3/下～4/初	5～6	蔓生
	直播	3/中～3/下	5～7	矮生
	直播	7/下～8上	9/下～10	蔓生
长江流域	2/中下	3/中下	4～5 月	蔓生
	直播	7/下～8上	9/下～11	蔓生

1. 播种育苗 菜豆根系生长发育快、受伤后再生能力弱，影响幼苗生长，因此菜豆不耐移栽，在栽培上以直播为主。露地在气温稳定在 10℃ 以上时播种，如欲提早，宜在保护地育苗。菜豆育苗时必须注意保护根系，采用营养钵、纸筒或营养土块等保护根系的方法育苗，营养钵的直径 8～10 厘米。盆土用园土加堆厩肥加复合肥配制而成，每钵播种子 2～3 粒，播前浇透水，覆土厚 2 厘米。第一片复叶展开时就可定植，最晚到 2～3 片复叶、伸蔓前，定植时要严防土坨散开。

盆直播用直径 20～30 厘米的花盆，盆土用沙壤土加堆厩肥加过磷酸钙、硫酸钾配制而成，比例为 7∶2∶1 拌匀，装盆，浇透水。

播种时选粒大、饱满、大小整齐、颜色一致有光泽、无机械损伤或虫害伤的种子，干籽直播。播种前 5～6 天浇透水，待地面稍干穴播。每盆播种子 4～5 粒，覆土厚 2 厘米。如用栽培槽，蔓生菜豆行距 50～60 厘米，穴距 30～40 厘米，每穴播种子 3～

4粒；矮生菜豆行距35~45厘米，穴距30厘米左右，每穴播种子3~4粒。播后覆土2~3厘米，轻压保墒。

2. 肥水管理 菜豆幼苗较耐旱，在底水充足的前提下，定植前一般不再浇水。视情况可在菜豆幼苗拉大"十"字（一对基生叶和一对真叶）时轻浇第一水，及时深松土蹲苗。此后中耕1~2次并控制浇水，若遇雨要及时松土提高地温。当第一个花序坐荚、荚长3厘米左右时，开始浇水，以后见干就浇，保持盆面见干见湿。这就是菜农所说的"干花湿荚"的水分管理办法，进入高温季节，要勤浇轻浇，早晚浇水，以降低地温。

当架菜豆开始抽蔓，地菜豆开始分枝时，每盆可追施尿素20~30克稀释成水溶液后浇施，可促进生长与分化花芽。到第一、二花序已结出嫩荚和采收嫩荚后可追施重肥，每盆施复合肥50克。架菜豆结荚期长，以后视结荚情况，再追肥2~3次，做到花前少施，花后多施，结荚期重施。除根部施肥外，还可喷0.2%磷酸二氢钾。

架菜豆开始抽蔓时，要及时用细竹杆或塑料绳搭架或吊蔓，支架一般高2米左右，引蔓向上生长和结荚。

3. 落花落荚的原因及防止 菜豆落花、落荚现象严重，通常蔓生菜豆坐荚率仅占开花数的30%~40%，若能争取到60%的坐荚率就可丰产。

菜豆落花、落荚的原因是多方面的，而且各种因素间相互影响。综合看有2个方面的原因：一是营养因素。菜豆花芽分化较早，植株大部分时间是营养生长和生殖生长同时进行，常因营养生长和生殖生长争夺养分而发生落花、落荚，尤其是初花期，如不控水蹲苗就会造成茎叶徒长，致使开花期推迟，花数减少，落花、落荚严重。当菜豆进入旺盛生长期，若肥水不足，营养不良，即蹲苗过狠，同样会造成落花、落荚。另外，栽培密度过大、支架不足、光照不足、病虫为害、采收不及时等，均会使花器因营养不足而发育不良，很多花在发育早期就已脱落。二是环境因素影响花器发育，如花芽分化期和开花期遇低温或夏季遇高温，开花期遇雨，温度过高，土壤和空气过度干旱等因素影响花粉生活力，阻碍花粉管的伸长，开花时土壤和空气过于干旱或遇大风致使花粉早衰，柱头干燥，开花时遇雨又会使花粉不易散发等。

生产上要采取措施防止落花、落荚。把菜豆的生育期安排在温度适宜的月份内，避免或减轻高温与低温的危害；苗期缓苗后适当蹲苗；室内发现节间超过 20 厘米以上就是徒长，可采用距离地面 1 米处掐尖控制生长；开花到结荚长 5 厘米以上期间不要浇水；当顶端长到距房顶 30 厘米处全部掐尖的栽培新技术，是防止落花、落荚的关键措施。

菜豆长到 2 片复叶时，要及时浇 1 次透水，然后深松土，要求深、透、细，当第一花序坐荚，荚长 3 厘米左右时再开始追肥浇水。进入生殖生长旺盛期加强肥水供应，要施完全肥，提高植株营养水平；合理密植，改善光照条件，及时细致地采收，加强病虫害防治等；此外，在花期喷 15～25 毫克/升的萘乙酸或 2 毫克/升的磷氯苯酚代乙酸等，都有防止落花、落果的效果。

4. 秋菜豆栽培重点 秋菜豆栽培，苗期处在高温高湿季节，故要选用耐热、抗病、对日照反应不敏感或短日照的早、中熟品种。

蔓生菜豆 7 月上、中旬播种，保证霜前有 100 天生育期，矮生种 7 月下旬至 8 月初播种。

高温期播种，齐苗是重点。秋菜豆生育后期温度逐渐降低，侧枝发育差，种植密度应比春菜豆大些。如用栽培槽栽种，蔓生种行距 55～60 厘米，穴距 20 厘米左右；矮生种行距 25 厘米，穴距 15 厘米左右，每穴播种子 3～5 粒。

秋菜豆幼苗期气温高，蒸发强，消耗水分多，而且生育期短，因此，苗期就要浇水，以降温保湿。结合浇水进行追肥，促进植株迅速生长发育，争取在短期内建成强大的株型，尽早开花结荚。蔓生种应尽早插架。

蔓生菜豆，施肥应以基肥为主，追肥为辅。施基肥每盆施有机肥1 000~1 500克、硫酸钾10克、过磷酸钙15~20克。追肥的原则是开花前少施，开花后多施，结荚期重施。在菜豆植株生长前期，根系上根瘤菌的固氮能力较弱，因此适量施用氮肥可以促进植株早发秧，生长健壮。如植株长势旺盛，则必须控制施用氮肥，以防植株营养生长过旺而引起落花落荚和延迟结荚。菜豆植株开花结荚以后可每盆施腐熟的有机肥500~700克，每隔10~15天1次，满足豆荚快速生长发育的需要。除了根部施肥外，还可用0.2%的磷酸二氢钾进行叶面喷施。

5. 采收 菜豆以嫩荚为产品器官，必须及时采收才能保证豆荚的品质和产量，并维持植株长势。蔓生种播种后60~70天开始采收嫩荚。看豆粒初显就可以采收，一般开花后12~18天。在采收初期和后期可每隔3~4天采收1次，盛花期每隔2~3天采收1次。正常情况下蔓生种可陆续采收40~60天。矮生种播后50~60天开始采收，可采收1个月。

（三）病虫害防治

1. 豆荚螟 主要为害叶片花及豆荚。卷叶或蛀入荚内取食幼嫩的豆粒，花序及嫩梢受害后造成落花、枯梢，影响产量。豆荚螟以老熟幼虫在寄主附近结茧越冬，幼虫为害。高温、高湿条件下易大量发生。及时清除落花、落荚及被害叶片、豆荚。从现蕾开始，可用50%杀螟松乳油1 000倍液或25%菊马合剂3 000倍液喷施，每隔10天喷药1次，连喷2~3次。也可用黑光灯诱杀成虫。

2. 蚜虫 发现幼蚜立即喷药，用50%抗蚜威可湿性粉剂2 000~3 000倍液或2.5%功夫乳油3 000倍液喷雾，或20%灭扫利，或20%氰戊菊酯乳油3 000~4 000倍液，7~10天喷1次，连喷2~3次。

3. 潜叶蝇　幼虫潜叶蝇取食上下表皮层间的叶肉，形成曲折隧道，影响光合作用。成虫寿命7～20天，白天活动，产卵多选择在嫩叶上，产于叶背面的叶肉中。

要抓住产卵盛期和卵孵化初期2个关键时期，可用20％氰戊菊酯3 000倍液。

4. 锈病　菜豆生长中后期发生，主要侵害叶片，严重时茎、蔓、叶、柄及荚均可受害。豆荚染病形成突出表皮的疱斑，表皮破裂后，散出褐色孢子粉，发病重的无法食用。种植抗病品种，如福三长丰、新秀1号、九粒白、春丰4号、细花等。

发病初期喷洒15％三唑酮可湿性粉剂1 000～1 500倍液、50％萎锈灵乳油800倍液、50％硫黄悬浮剂300倍液、25％敌力脱乳油3 000倍液，12.5％速保利可湿性粉剂4 000～5 000倍液，隔15天左右1次，防治1次或2次。

5. 枯萎病　一般花期开始发病。染病后，叶子出现黄色网纹状病斑，嫩枝、茎变褐色，植株萎蔫至死亡。剖开根部，可见维管束变黑褐色。

在发病初期用70％甲基托布津可湿性粉剂800～1 000倍液喷菜豆植株茎基部，每7～10天喷1次，也可用75％百菌清可湿性粉剂1 000倍液或50％多菌灵600倍液灌根，每株100毫升，连续2～3次。

6. 灰霉病　植株茎蔓、叶、豆荚等均可被害。染病后在茎基部发生云状病斑，周缘深褐色，中部浅棕色或浅黄色。干燥时病部表现破裂；潮湿时，表面密生灰色霉层。

发病初期可喷25％多菌灵可湿性粉剂500倍液，或75％百菌清可湿性粉剂600倍液，或50％速克灵可湿性粉剂1 500倍液，每隔7～10天喷1次，共2～3次。

7. 根腐病　感病症状初期不明显，仅表现植株稍矮小，下部叶片黄枯，至开花结荚期才逐渐显露出来。茎蔓地下部分黑褐色，病部稍下陷，有时开裂深入皮层。土壤潮湿时病部有粉红色霉状物。重病株主根腐烂、茎叶枯死。发病初期用70%甲基托布津800倍液，或95%敌克松1 500倍液，或50%多菌灵500倍液防治。每隔7～10天1次，连喷2～3次。

8. 花叶病 病株矮缩，嫩叶初现花脉，缺绿或皱缩，继之呈现浓淡相间的花叶。严重时花叶绿色部分凹下或凸起成袋形叶片，常向下弯曲，变为畸形。

发病初期喷1.5%植病灵1 000倍液或抗毒剂1号300倍液。

9. 炭疽病 从幼苗到开花结荚的整个生育期都可发生，可为害幼苗、嫩茎和豆荚，植株感病后首先在发病部位生成锈色斑点，后随茎、叶生长病斑逐渐扩大，病斑中心呈黑褐色，边缘淡褐色至粉红色。发病初期喷70%甲基托布津可湿性粉剂500倍液，或65%代森锌可湿性粉剂500倍液，或75%百菌清可湿性粉剂600倍液。每7天喷1次，连喷2～3次。

十三、长豇豆

长豇豆原产非洲、喜温耐热，是南方的重要蔬菜之一。其产量、抗逆性、品种多样性均比菜豆好。

长豇豆生长适温为25～30℃，35℃以上生育不良。幼苗期20～25℃、分枝期以25℃、开花结荚期25～30℃为宜。早熟种对温度要求低，花芽分化早，主茎第三至四节可出现第一花序，中熟种7～8节，晚熟品种要求温度高，第九节以后才现花。

长豇豆为中光性，春播长豇豆自播种至采收嫩荚需90天，夏播为60天，在短日照下可提早开花结荚。

（一）优良品种

长豇豆按荚色分为绿、浅绿、绿白、花、紫、盘曲荚等六类。按品质分软荚与半软荚两类。按栽培分可分为长蔓、半蔓性与矮生三类。优良品种有：

1. 之豇 28-2　浙江省农业科学院园艺研究所以一点红×青皮豇杂交选育成。株高 2.5～3 米，主茎 22～25 节，分枝少，以主茎结荚为主，初花节位 2～5 节。荚浅绿色，长 55～65 厘米，粗 0.8～1 厘米，单荚重 20～30 克，花紫红色。株型紧凑，适合密植，抗花叶病，适应性广，对光照要求不严。最近又育出之豇特早 30，早熟性更好。

2. 宜农 81702　又名一点黄长白豇，系一点红与宜恩本地白豇自然杂交选出。中熟种，结荚整齐，荚肉肥厚，品质优良，蔓性，分枝少，抗逆性强，花白中带紫，嫩荚白绿色，尾部一点黄，荚长 80～110 厘米。

3. 红嘴燕　成都地方品种。生长势强，蔓性，分枝多，花紫红色，以主蔓结荚为主，荚圆形，淡绿色，先端呈红色，荚长 50～60 厘米，肉较薄，纤维少，品质好，耐热性强，生育期 70 天，亩产 2 000 千克。

4. 青豇-80　主蔓结荚为主，主蔓 5～7 节叶节出现第一花序，花蓝紫色，嫩荚灰绿色，荚长约 70 厘米，丰产性好，适于春、夏播种。还有青豇 901。

5. 高产 4 号　植株蔓生，叶片中等大，以主蔓结荚为主，第 2～3 节始生花序，荚长 60～65 厘米，荚粗 1 厘米，成荚率较高。早熟，品质优良，种子不易显露，嫩荚不易老化，产量高，一般亩产鲜荚 2 000 千克左右。稍耐低温，耐热，耐湿，春、夏、秋季均可种植，适应性广。

6. 青丰豇豆　生长势中等，花淡紫色，荚长 50～60 厘米，肉厚，质嫩，耐贮运、耐热、耐涝、抗病，丰产，适夏季栽培。

7. 黄花青　茎蔓短，长势强。花紫色，荚长 25～30 厘米，绿色，种子较小，淡黄色。早熟，春播 60 天可采收嫩荚，抗病性强。

8. 宁豇 2 号（白豇 2 号）　南京市蔬菜所以红嘴燕×（大叶青 2-15-2-2）杂交选育而成。植株蔓性，生长势强，株高 3

米以上，分枝力中等，节间较短，主蔓始花节3~7节，侧蔓始花节1~2节，单株结荚14~18个。荚绿白色，长64~72厘米，粗0.8厘米，单荚重19~22克，质嫩，味浓略甜，品质佳。耐热、耐涝、耐旱，但不耐低温，易感病毒，亩产1 300~1 600千克。

9. 金马长豇 马来西亚引入。早熟，播种至开花45天，荚浅青色，末端青白色，荚长70~75厘米，肉厚而坚实，耐热性强，耐肥、抗病，荚果不易老化，品质优。在海南有"豆角王"之誉。

10. 中国台湾豇豆YP-2 根系发达，叶片较大，始花节8~9节，花白色，荚长62~72厘米，单荚重35~50克，绿白色，肉厚质柔，从种至初收50~70天，采收期120天。

11. 夏宝 深圳农科中心蔬菜所用上海张塘豇豆×广东豇豆杂交而成，蔓长4.0~4.5米，主蔓第四节着花，荚绿白色，长55~60厘米，横径1.0~1.2厘米，肉厚不易老，对枯萎病、锈病有较强的抗性，亩产1 500千克左右。

12. 金扬豇3号 江苏里下河农科所选育。早中熟，始花节4~6节，生育期99~105天。主蔓结果为主，单株荚数18.3个，荚长70厘米，单荚质量26.8克，籽粒红褐色，抗锈病。2011年审定。

此外，还有王者1号、亚泰1号、汕美1号、中南5号、桂丰6号、金华宝、蛟龙及艾美特等。

（二）长豇豆的庭院栽培

长豇豆根瘤菌不发达，生长期根瘤菌固氮能力较弱，选择疏松、肥沃有机质含量高的土壤，施足底肥，增施磷钾肥，对今后豇豆的生长、开花、结荚影响很大，因此，如宅基地土壤理化性不好，更要换土改良。

1. 播种 选3年未种过豆科作物的地块种植，要求冬前深耕，春季浅耕细耙，每亩施堆厩肥 2 000 千克，过磷酸钙 25～30 千克，硫酸钾 25 千克，选用粒大、饱满、整齐一致、无病虫和机械损伤的新鲜种子播种是获得高产的基础。将种子在阳光下晒 1～2 天，可促使发芽整齐，播种温度较低时，还有防止烂种的作用。长豇豆种子蛋白质、脂肪含量高，播种前不能进行浸种处理，否则易烂种。

为了防治病虫害，可用适乐时（咯菌晴）悬浮种衣剂进行消毒处理，每包种衣剂 10 毫升，可拌种子 1～3 千克，可防止土传病害及种子带菌。

当地表 5～10 厘米的土温稳定在 10℃ 以上，即可播种，在长江流域 3 月下旬到 4 月上旬，保护地栽培可提早到 1～2 月份。

长豇豆一般直播，播种前应浇足底水，蔓生种行距 60～70 厘米，穴距 30 厘米，每穴 4～5 粒种子。矮生种行距 50～60 厘米，穴距 30 厘米，播种深度 3～4 厘米。

为了提早上市，采用营养钵育苗，培养土要疏松肥沃，一般用腐熟的有机肥和暴晒过的 20 厘米以下的深层园土，按照 4∶6 的比例配制，过筛混合。营养钵摆放整齐，不留缝隙，保持床内平整。播种要提前 1 天浇水，防止温度过低。每钵播 3～4 粒，覆土厚 3 厘米左右，有利于保持水分，且容易脱去种皮，出苗整齐，幼茎粗壮。长豇豆根系发达，吸水力强，叶面蒸腾量相对较小，所以比较耐旱。一般苗期需水较少，应注意控水蹲苗，防止徒长。幼苗出土后，第一对真叶尚未展开时，就应定植。栽培密度同直播，定植前几天要整地浇透水，定植后视情况可浇定植水，经 5～7 天缓苗后，加强中耕，保墒增温。待新蔓长出时，再浇水催苗。开花结荚期需水量大，应保证充足的水分供应。豇豆不耐涝，田间不能积水，并注意雨后及时排水，防止根系窒息或发病，导致植株死亡。

加强苗床管理，防止徒长。播种后，立即覆盖薄膜，严密封床，保证尽快升温。出苗 70%～80% 时，开始通风，及时降温，阴雨天气要注意通风排湿。苗齐后逐渐开大风口，直到撤下薄膜，定植前1周左右昼夜不盖，加强锻炼秧苗。

长豇豆定植应掌握栽小、栽早的原则，有利于成活。一般在断霜后定植。苗龄以20~25天为宜。

2. 肥水管理 施足底肥，适时追肥，追肥在整个生育期一般分3次进行，每次每亩施10~15千克速效肥，第一次在幼苗期，以氮肥为主；第二次在抽蔓时，此时根瘤增多，营养不能满足生长需重施肥，氮、磷、钾配合施用；第三次在采收几次后的结荚盛期，以三元素复合肥为好。

生长前期要适当控制水分进行蹲苗，以促进生殖生长，形成较多的花芽。第一花序开花坐荚时浇第一水，主蔓上约2/3花序出现时浇第二水。以后进入结荚盛期，根据降雨情况每7天左右浇水1次，做到见干见湿。

3. 搭架引蔓 长豇豆在株高25~50厘米开始抽蔓时，及时用长2~2.5米的竹竿搭人字架进行引蔓，盆栽可以吊蔓，并使蔓在架上分布均匀，通风透光。

4. 整枝 蔓生长豇豆的每个叶节处都着生有混合芽，在环境条件（肥、水、光照、温度等）适宜时都可开花和抽生新的枝蔓。因此，在栽培上必须通过整枝对营养生长和生殖生长进行调节。调控的原则是促进生殖生长，控制营养生长，以利早开花结荚。多开花结荚，从而获得高产。

整枝的具体方法，一是抹芽打杈，即将主蔓第一花序以下侧芽全部抹除，第一花序以上侧芽，抹除叶芽，保留花芽。二是及早摘心，在肥水充足时，可适当保留叶芽，待其长成侧枝时留1~2片叶摘心，可利用侧蔓结荚。三是打顶尖，即蔓长到2~3米时，及时打顶摘心，控制生长，促使侧枝花芽形成，以免养分消耗和便于采摘果荚。四是适时疏叶，在植株营养生长过旺，通风透光不良时，可摘除过多的叶、枝及老叶、病叶，尤其是中下部的枝叶。

矮生豇豆适应性强，一般不搭架引蔓，也不进行整枝。

5. 采收 豇豆一般开花后 10～13 天就可采收嫩荚供食用。此时豆荚充分伸长、加粗，而种子尚未膨大，鲜重最大，产量不仅最高，而且品质也最佳。豇豆的每一个花序上有 2 对以上的花芽，在植株生长良好、营养水平高时，大部分花芽都可发育成花朵，开花结荚。其第一对荚宜早收，采收时最好剪收，不要损伤其余花芽，更不要连花序一齐摘掉。采收时间以每天上午 10 点以前或下午 5 时以后为宜。初产期 4～5 天采收 1 次，盛产期每隔 1～2 天采收 1 次，如不及时采收，豆荚容易老化降低品质。

6. 病虫害防治 为害豇豆的害虫主要有：豆荚螟、豆蚜、潜叶蝇、豆象、蛴螬等要及时防治。

（1）锈病 主要为害叶片、叶柄、茎蔓、严重时也为害豆荚。发病初期在叶背面产生淡黄色小斑点，逐渐变成褐色，隆起成夏孢子堆，表皮破裂散发出红褐色粉末即夏孢子。生长后期形成黑色的冬孢子堆，导致叶片变形脱落。在叶柄和豆荚上有时也产生夏孢子堆或冬孢子堆。发病初期及时喷药防治，常用 15％ 粉锈宁 1 500 倍液每周喷 1 次，连喷 3 次。或 75％ 百菌清可湿性粉剂 600 倍液，每 10 天喷药 1 次，连续喷 2～3 次。

（2）枯萎病 在豇豆的整个生育期都可发病，一般多发现于初花期。植株染病后，多从植株的下部叶片开始变黄，由下向上蔓延，导致叶片脱落，根茎部开裂，内部维管束组织变成褐色。发病初期可用 20％ 多菌灵可湿性粉剂 500 倍液灌根，每株浇 200～300 毫升，每 7 天浇 1 次，浇 2～3 次。

（3）疫病 主要为害植株的茎蔓，多发生在靠近地面的节部及其附近。发病初期呈水浸状，色暗，没有明显的边缘，环绕茎部一周后变成褐色，向内枯缩，病茎上部的叶片迅速萎蔫枯死。在叶片上，发病初期局部发生暗绿色水浸状斑点，后逐步扩大成圆形或椭圆形的褐斑，在潮湿条件下病斑迅速扩大使整个叶片腐烂。在豆荚上，发病部位产生暗绿色水浸状斑点，随病斑扩大，发病组织软腐，并在表面产生白色霉状物。在发病初期用90%乙磷铝可湿性粉剂500倍液，或25%瑞毒霉可湿性粉剂1 000倍液，或64%杀霉毒矾可湿性粉剂500倍液，每7天喷药1次，连续喷2~3次。

(4) 煤霉病、白粉病、轮斑病　可用30%爱苗（苯醚甲、丙环）乳油3 000倍或25%爱可（烯肟、戊唑醇）悬浮剂3 000倍液交替防治。

(5) 蓟马　用5%高氯啶虫脒乳油2 000倍或3%啶虫脒乳油1 500倍液交替防治。斑潜蝇可用50%灭蝇胺可湿性粉剂4 000倍防治；豆荚螟可用杜邦普尊（氯虫苯甲酰胺）悬浮剂1 500倍液或14%福奇（氯虫、高氯氟）微囊悬乳剂3 000倍液交替防治；斜纹夜蛾、蚜虫可用6%吡虫啉3 000倍液防治。

十四、豌豆

菜用豌豆包括青豌豆粒，软嫩荚及豌豆苗三种栽培类型。豌豆是半耐寒性蔬菜、春性品种（菜用、荚用）通过春化要求15℃以上，冬性品种（粮用）要求4~8℃。4℃种子开始缓慢发芽，16~18℃，4~6天出苗，出苗率也最高。幼苗能耐-4~-7℃低温。茎蔓生长适温15~20℃，-1℃就受冻，开花结荚适温为15~18℃，荚果成熟适温18~20℃，超过26℃时会影响产量与品质，豌豆用2℃低温处理，花芽分化快，结荚节位低，荚用品种较耐热，低温处理后幼苗期短开花早。多数品种为长日照。在结荚期要求较强的光照、忌高湿。幼苗期能忍耐一定的干旱，开花结荚时空气过分干燥，会引起落花落荚。

豌豆植株分为矮性种、蔓性种及半蔓性种。矮性种蔓长30~90厘米，为早熟种，蔓性种蔓长150~200厘米，分枝多，为晚熟种。分枝性因品质、光照而不同，矮性种多属下位分枝，蔓性种多属上位分枝。低温、短日照，下位分枝增加。第一花序着生在 5~8 节为早熟种，12~16 节为晚熟种。着生节位与幼苗期温度有关，秋播豌豆对低温要求高，暖地夏播豌豆对低温要求低。

（一）品种

荚用豌豆品种：

1. 广东大荚 又名大荚荷兰豆，蔓性，株高 2 米，主茎 17~19 节出现第 1 花序，晚熟种。花紫红色，荚长 13~14 厘米，宽 3 厘米，荚酥软脆甜，极少纤维，品质优。

2. 中山青 中山植物园选育成。株高 1.6~2.2 米，花白色，单生或双生，荚果月牙形，长 6~7 厘米，宽 1.3~1.5 米，厚 0.9 厘米，每荚有种子 4~7 粒，色绿多皱，荚壁肥厚多汁，纤维少，蔓性。

3. 晋软 1 号 山西农大以早绿与热加洛瓦杂交选育成。高 1.5~2 米，蔓性种，分枝强，始花 17~19 节，花白色，单生，结荚 7~11 个，侧枝结荚 5~7 个。荚呈剑形，扁直稍弯，黄绿色，脆甜，生长期 85~90 天。晚熟种，亩产 1 000~1 250 千克，适于保护地栽培。

4. 连阳双花 产广东澄海。蔓性软荚种。花白色，荚长 6~7 厘米，宽 1.3 厘米，种子圆形，黄白色，嫩荚供食，品质佳。

5. 赤花绢荚 江苏农科院从日本引进。矮生种，株高 25~35 厘米，茎四棱，中空，花紫色，荚长 5~6 厘米，宽 1.3~1.5 厘米，细嫩香甜。

6. 广东二花 株高 90~100 厘米，播后 40 天分枝，50 天开花，从播种到始采 60 天，丰产、品质优良，半蔓性。

7. 中国台中 11 号 早熟，结荚性好，品质优良，荚鲜绿色，荚长 5~9 厘米，整齐度好，产量高，花白色，保鲜期长。8~11 月播种，10 月至翌年 2 月采收。

8. 日本小白花 较早熟，荚墨绿色，长 4~6 厘米，几乎不弯曲，整齐度高，商品性好，花白色，耐寒力中等，抗病性中

第五章 食果蔬菜

等,生产周期短,总产不高,是福建主要出口日、韩品种。

9. 镇江 8607 江苏省镇江农科所选育。蔓性,晚熟,蔓长1.7米以上,白花,结荚较多,荚长6~7厘米,耐寒性较强,产量高,品质中等。

10. 青荷1号 是国内首次育成的春播食荚豌豆品种。该品种株高80厘米,生育期99~118天,出苗至采荚55~60天,荚长12厘米,荚宽3厘米,青荚含可溶性糖5.05%,粗蛋白质3.16%,每100克中维生素C的含量为51.86毫克,烹饪品质好。适于西北地区温棚、大田种植。

11. 甜脆 761 1990年从美国引进的高代品系,该品种株高170~190厘米,出苗至采荚55~60天,开花至采荚15~17天,荚长10~12厘米,荚宽1~1.5厘米,青荚含可溶性糖6.56%,粗蛋白质23.97%,每100克中维生素C的含量53.14毫克,烹饪品质优于其他食荚豌豆。

粒用豌豆品种:

1. 阿极克斯 产新西兰,该品种株高80厘米左右,生育期105~108天,鲜籽粒含可溶性糖6.4%,粗蛋白质5.72%,每100克中维生素C的含量45.46毫克。其显著特点是干籽粒表皮具有天然绿色,可取代传统的色料染绿法,无污染,无公害。在成熟期前采摘青荚1 000~1250千克/亩,剥壳取青籽。

2. 草原 276 株高65~70厘米,生育期120~126天,双荚率80%,千粒重270~285克,干籽粒300~450千克/亩、光滑,种皮白色,籽粒含淀粉50.63%,粗蛋白质24.69%,可干制熟食品加工。

3. 温豌1号 食籽型大荚甜豌豆品种,株高约115厘米,蔓生,生长势强,茎、叶浅绿色,花白色,始花节位为第10~11节,有效分枝4个左右,主、侧蔓均可结荚,单株结荚30~50个,嫩荚绿色,平均荚长9.1厘米、宽1.8厘米,单荚重约18克,每荚有籽粒7~8粒,嫩豆粒翠绿色,籽粒大,味甜,中等成熟时质糯，品质佳。耐储运，适应性广，抗寒能力强。鲜籽百粒重约为68克，剥鲜粒率约48.1%，适合鲜食和加工。亩产1 000千克以上，适宜浙江省和长江流域种植。

4. 奇珍76 根系发达，入土深度可达1米，但多数根群分布在20～30厘米的土层内，根瘤固氮能力较强。分枝能力较弱，在茎基部和中部生出的侧枝较少，主要是靠主蔓结荚。蔓生种一般豆蔓长至9～11个节位时着生第一朵花，以后每个节位都着生花，喜欢冷凉天气，耐寒而不耐热，适宜生长温度为16～23℃。植株半蔓生，蔓长1.8～2.5米，分枝力强，结荚多，每株可结荚20～30个以上，荚大粒大，花白色，豆荚呈长圆形，属软荚型品种。荚长7～8厘米，荚圆肥大，爽脆、糖度高，有光泽，亩播量5～8千克，青豆荚亩产800～1 000千克。是目前外贸出口加工的主要品种，非常有发展前途。

（二）食荚豌豆的盆栽技术

1. 播种 食荚豌豆有春播与秋播，秋播8月中下旬播种，9月中下旬～11月采收。食荚豌豆一般都行直播，选直径30～40厘米的塑料盆，盆土用疏松、肥沃的沙壤土加厩肥5千克，过磷酸钙40克，拌匀，点播，穴距14～18厘米，每穴播种子3～4粒，播种深度3～4厘米。栽培槽播种行距60厘米，株距20厘米，在穴中施磷肥20克，盖薄土。

为了缩短豌豆在盆内的时间，亦有先育苗后定植到盆内。育苗时间在16～23℃要25～30天；10～17℃要30～40天。一般用营养土块干籽播种，每穴播籽4粒，苗期维持10～18℃。

不管直播或育苗都要浮面盖遮阳网降温保湿，播种后要经常浇水，保持土壤湿润，7天左右可出苗。出苗后及时除去覆盖物。

定植苗应有2～4片真叶，茎粗节短，在早晚栽植，要浇足定植水，覆盖遮阳网，促进早成活。

2. 肥水管理 豌豆根瘤菌发达，底肥充足的情况下苗期可不追肥。若底肥不足，苗期少量施入氮肥可促进花芽分化，增加有效分枝数和双荚数。在植株现蕾时每盆施入复合肥15～20克以促进花荚发育。当第一批花坐荚后，每隔10～15天追肥1次，每次按每盆15～20克，以磷、钾肥为主，直至收获期结束。

豌豆耐旱性差，是需水较多的作物，在生长发育的整个时期都要求有充足的水分供应才能够生长健壮、荚大粒饱。播种后如遇干旱要及时浇水以促进种子发芽和出苗。出苗后要保持土壤湿润，开花结荚期是需水较多的时期，要保证水分的充分供应才能正常开花结荚。8～9月每1～2天一次水，10～11月每3～4天一次水，浇要浇透，见干见湿。因为豌豆也不耐涝，要注意排水防渍。

3. 植株调整 采用蔓生种或半蔓生种栽培，当植株出现卷须时应及时立支架，可用细竹竿立支架，进行人工绑蔓和引蔓；或拉1～2道塑料绳，让蔓靠在绳上，不需人工绑蔓。豌豆的侧枝发生能力不同，有些品种可能侧枝较多，可以根据长势适当打掉一些，以防营养生长过剩，影响坐荚。有些分枝能力弱的品种，可在长到适当高度时打掉顶端生长点，以促进侧枝萌发。

4. 及时采收 采收（收购）标准：嫩荚长5～7厘米，宽1～1.6厘米，厚0.3～0.4厘米，荚面显子粒鼓起的痕迹，鲜嫩、淡绿色、无破碎、无折断、无霉变、无畸形、无病虫斑点、无污染，一般在开花后7～10天采摘嫩荚，在上午露水干后开始采摘。

5. 综合防治病虫害 病害有白粉病、霜霉病、根腐病、锈病、病毒病及褐斑病，虫害有潜叶蝇、豌豆象、及蚜虫。要选用抗病品种，培育无病幼苗，实行3～4年以上轮作，严格土壤消毒，控制温湿度。在初发病时，白粉病可用50%多菌灵或20%粉锈宁1 000倍液，连喷2～3次，每次相隔10～15天。褐斑病除及时排水降湿外，可用50%甲霜灵或90%乙磷铝500～600倍液，喷 2~3 次。病毒病发病初期喷药，常用农药有 20％盐酸吗啉胍铜可湿性粉剂 500 倍液，或 1.5％十二烷基硫酸钠乳剂 1 000 倍液。每隔 10 天左右喷施 1 次，连续防治 3~4 次。采收前 5 天停止用药。潜叶蝇在成虫产卵后未进入叶肉前，喷 2 500 倍液杀灭菊酯，蚜虫可用灭蚜灵防治，豌豆象在盛花期可用 50％杀螟松乳油 1 000 倍液防治。

（三）豌豆苗的栽培

1. 品种

（1）90-17　又称无须豌豆，区别与普通豌豆的显著特点是卷须全部变成叶片，其分枝顶端部分（称青苗，含蛋白质总量 40％，氨基酸总量 35％）鲜嫩绿，无纤维素，用手掐或镰刀割取，类似打顶，促使植株分枝增生，顶端肥嫩，产量高，达到 700~800 千克/亩，食其顶端部分口感清爽、甜嫩，具有解热败火之用。

（2）草原 224　新型芽苗菜品种，种子发芽率高不易霉烂，具有芽苗菜生长周期短（7~10 天）、复种指数高、生产场地小等特点。

（3）美国豌豆苗　由福州市蔬菜所从美国引进。半蔓性，分枝多，叶宽厚，深绿色、嫩梢纤维少，品质优，9 月至翌年 2 月播种，可采 100~120 天。

（4）上海豌豆苗　硬荚种，蔓性，分枝多，种子品质差，但叶片大，浅绿色，鲜嫩少渣，以采嫩梢为主。花淡黄、紫红或白色，生长期 50~65 天，亩产嫩头 1 000 千克。

（5）上农无须豌豆苗　上海农科院选育的卷须退化品种。纤维少，叶片肥厚，品质细腻，香味清醇，嫩而少渣，生育期 60 天左右，亩产嫩头 1 000~1 500 千克；很有发展前途。

（6）无须豆尖 1 号　四川农科院育成。株高 1.3 米，茎粗壮，无卷须，复叶，叶片厚，绿色，白花白籽，播种 20 天可掐尖上市,连续采9~10次,亩产嫩苗1 000千克。

(7)黑目 中国台湾主栽品种。蔓性,分枝多,叶片肥大,白花白籽,种脐黑色,硬荚种。

2. 豌豆苗(头)栽培 豌豆苗的栽培一般除6~8月外,全年分期播种,最适播种期9~10月及早春2月。11月至翌年2月在室内播种,8~9月在遮阳网覆盖播种,播后30~40天陆续采收,可采收嫩梢6~7次(表5-8)。

表5-8 豌豆苗栽培技术

地名	播种期 (月/旬)	播种量 (克/米^2)	行株距 (厘米×厘米)	采收期 (月)
南京 秋冬	10月	15~20	25×10	11~12
秋	8/中下	15~20	20×15	10~11
上海	10/中	30~60		12~4
杭州	8/上中	10~15	25×10	9~10

豌豆苗采收期长,需肥量大,一般用塑料盆或栽培槽播种,盆土用园土加腐熟厩肥加过磷酸钙加草木灰。拌匀、整平,条播行距25~30厘米,播幅10厘米,每平方米用种15~20克,如用穴播,穴距20~25厘米,每穴播4~5粒种子,覆土厚2厘米,播后覆草木灰,并浇足水分,促进发芽,有利于豆苗的生长。出土后2片真叶时,及时追施速效氮肥一次。大约在播种后一个月,苗高18~20厘米开始采收,每10天采一次。每次采收后,每米^{2}追5~6克尿素,对成0.3%浓度施下,前后施4~5次。浇水要保持盆土见干见湿。温度应控制在12~16℃,温度超过25℃要适当遮阳或加强通风换气,喷水降温。

十五、菜用大豆

大豆原产我国,但美国、巴西是大豆的重要出口国,产量比中国多30倍和千倍。早在20世纪50年代，日本已开始菜用大豆的半促成栽培。

大豆中蛋白质含量是豆类中最高，嫩豆中含量达37%，高于豌豆与蚕豆，还含有生活素（男性和女性激素）能保持旺盛的活力。

大豆根系发达，发芽后2~3周为根瘤着生盛期，每亩大豆根瘤固氮量约为10千克纯氮，相当于50千克硫酸铵。毛豆株型有蔓性与矮性两类。毛豆从花芽分化到开花约25~30天，有限型主茎长到株高1/2以上开始开花，无限型从主茎第二至三节先开花，以后逐节开花，从初花到盛花，营养生长与生殖生长矛盾十分突出，落花率高达40%~60%。

早毛豆在3月下旬直播，7℃时发芽率达89.3%，出苗后要求18~22℃，在日温24~30℃，夜温18~24℃条件下开花可提早。毛豆为短日照蔬菜，但不同品种对光周期反应不同，9~18小时是光照的适应范围。南方的早毛豆，对光周期反应不敏感，晚熟种大部分是短日性。大豆出苗后20~25天开始花芽分化，光照阶段长约5~12天。

（一）优良品种

菜用毛豆可分早、中、晚三类。早毛豆能在长光照的春夏环境中分化花芽，特别是能在低温下分化花芽，从播种到采收嫩豆为80~90天，如上海早红皮、杭州四月拔、成都白水豆、镇江黑豆、上海四月拔。中毛豆大多从夏大豆中选出，例如六月拔、七月拔、六月白等。晚毛豆从秋大豆中选出，产量高、品质优。是短日性强的品种，如南方的大青豆、浙江的乌皮绿肉、上海西风豆、杭州的五香毛豆。毛豆的新品种有：

1. 灰荚2号 江苏省农科院经作所用沔98宁镇1号杂交而成。有限型，株高70~80厘米，主茎13~14节，一次分枝3~4个，白花、灰色茸毛。豆荚弯镰刀形，多为3粒荚，荚大饱

第五章 食果蔬菜

满、剥壳方便，商品性好。中抗大豆病毒，感光性弱，感温性较强，适于早熟栽培。

2. A 克 S292 亚洲蔬菜研究中心选育。生长势强，株型紧凑，株高 45～51 厘米，有限型，结荚密，百粒重 60～64 克，单株荚重 47.2 克。荚长 5.9 厘米，豆粒绿色，品质佳。

3. 绿宝珠 江苏启东县兴隆沙农场以太仓大青豆×启东西风青杂交而成。从播种至采荚 119 天，单株鲜荚重 58 克，百荚鲜重 215 克，荚大扁平，籽粒椭圆形，绿籽，有限型，中抗大豆病毒病，属中晚熟种。

4. 95-1 特早熟毛豆 从日本引进。播种至采荚 70～75 天，株高 35 厘米，有限型，平均单株结荚 63 个，单株荚重 88 克，粒大鲜绿色，味甜糯，风味极佳。

5. 上农香毛豆 上海农学院选育。株高 37～45 厘米，单株结荚 25～35 个，豆粒大，花紫色，荚鲜绿被白毛，百粒干重 20 克左右，味糯甜鲜美，特早熟，从种至收荚 80 天。

6. 绿光 75 中国台湾品种。荚大、色翠绿、清甜可口，糯性好，早熟。有限型，株高 60 厘米，白花，豆荚茸毛白色，干豆百粒重 40～45 克，亩产鲜荚 750 千克。

7. 大青豆 AC10 安徽农业大学以西德青豆 S.O×75-54 红杂交辐射选育而成，早熟、高产、优质新品种。株高 80 厘米，主茎 18 节以上生花，每株有荚 42.2 个，荚嫩绿色，籽椭圆形、种子较小。

8. 南农 96CT-1 生育期 100 天，株高 70 厘米，亩产 151 千克，有限型，早熟种，百粒重 26 克，籽黄色，品质较酥，种子较小。

9. 宁蔬 60 南京蔬菜所选育。株高 50 厘米，白毛绿荚，单株结荚 25～28 个，生长期 60～70 天，鲜百粒重 80～90 克，宜作春保护地栽培。

10. 早生白鸟 江苏省蔬菜所选育。株高 60 厘米，单株结荚 25 个，生长期 60～70 天，鲜百粒重 60 克，三粒荚多、荚黄绿色、黄毛、高产。

11. 鲁青豆 1 号　烟台农科所选育。株高 70～75 厘米，豆荚绿色，茸毛棕红色，荚和粒较大，豆粒内外均青色，早中熟，春夏播均可，较抗花叶病毒和霜霉病，高抗倒伏。

此外，还有育新毛豆、渝豆 1 号、宁青豆 1 号、中国台湾 305 等。

（二）盆栽技术

早熟种毛豆在长江流域 4 月上中旬、土温达 12℃ 以上时播种，6 月下旬至 7 月上旬采收。中熟种迟 10～20 天，晚熟种 6 月上中旬播种，9 月中下旬至 10 月上旬采收。华北地区比长江流域迟 2 周，华南地区早 2～3 周。

1. 播种　毛豆可用盆栽、槽栽，亦可庭院、房前直播。盆土用园土加腐熟堆厩肥 10%＋过磷酸钙 1%。每盆种 1～2 穴，每穴播种子 4～5 粒，如槽栽或房前栽，行距 25～40 厘米，株距 15～20 厘米，穴底要平，覆土厚 2～3 厘米。

准备播种用的种子，经人工筛选，去除病虫粒、瘪粒、未熟粒和各种杂质，播前晒 1～2 天，做发芽试验。将发芽率高于 90% 的种子用来播种。

为了提早上市，长江流域亦有育苗移栽的，一般用育苗土块，但土块不能散，在第一对真叶展开时定植，深以子叶距地面 1.5 厘米为度，栽后浇定根水，以保成活。

2. 肥水管理　毛豆前期生长慢，杂草较多，在开花前要中耕 2～3 次，出苗后隔 10～15 天进行一次，最后一次除草结合培土，培土到主茎子叶节为度，以防倒伏。出苗后一周或成活后，追 200 倍尿素液，现蕾到开花，再施一次尿素加三元复合肥。在结荚鼓粒期喷 0.2% 磷酸二氢钾加 1% 尿素，可提高结荚率，增产效果明显。毛豆苗期需水不多，浇水要遵守"干花湿荚"的经验。初花期，如盆土干，可适当浇水，结荚期如土干要多次浇水。

3. 适时采收　在开花后 30～40 天采青荚，当豆粒饱满鼓起，豆荚由绿色变黄绿时要及时采收。采收及时糖分高，品质好，吃口香甜。采下青豆荚应贮存在阴凉处或整株连根拔起，除去叶片、空荚、虫荚，扎成小束出售。

4. 病虫害防治　毛豆主要病害有霜霉病、褐斑病、黑斑病。发病初期可用 0.5% 波尔多液或 50% 甲基托布津 500～800 倍液，每隔 5～7 天喷一次，连喷 2～3 次。害虫有豆天蛾、豆荚螟、蚜虫、斜纹夜蛾等，在植株现蕾后，幼虫初孵化时用氰戊菊酯乳油，每隔 5～7 天喷 1 次，连喷 2～3 次，蚜虫用 2 000 倍液吡虫啉防治，效果很好。

十六、蚕豆

蚕豆其豆荚状如老蚕而得名，又名胡豆、罗汉豆，主产于南方各省，以云南、四川、湖北、江苏较多。蚕豆常与农作物间作或轮作。在庭院、路边种植蚕豆，绿叶、淡紫色花、绿荚，既美化环境又可食用。

（一）品种

蚕豆以豆粒大小分为小粒（70 克以下）、中粒（70～120 克）和大粒（百粒重 120 克以上）。按用途有食用、饲用和绿肥型。按种皮颜色可分青皮、白皮、红皮及黑皮等。

1. 陵西一寸　日本品种。株高 1 米，茎粗 1 厘米，单株分枝 5～6 个。第 4～6 叶腋抽生花序，花白至淡紫色，每一叶腋结荚 1～2 个，每荚含种子 2～4 粒。豆粒大而宽扁，长 2～3 厘米，种皮绿白色，百粒重 200～250 克，皮薄、肉细糯，品质好。

2. 下灶牛脚扁 产江苏东台,株高 80～90 厘米,分枝性强。结荚多,每荚含种子 2～3 粒,粒大,皮青白色,豆粒肉质细腻,适口性好,百粒重 150～160 克。

3. 慈溪大白蚕 浙江省慈溪市的地方晚熟品种。大粒品种,百粒重 120 克左右,种皮乳白色,色泽光洁。蛋白质含量 29.5%,食味好,商品价值高,国际上畅销。对耕作条件要求严格,耐湿性较差。在当地霜降前后播种,次年 5 月底成熟。

4. 上虞田鸡青 浙江省上虞县的地方中熟品种,耐湿、耐迟播,适于平原水网地区种植。种皮绿色,百粒重 80 克左右,蛋白质含量 31.5%,品质优良。在当地 10 月底播种,次年 5 月下旬成熟,亩产 150 千克左右。

5. 崇礼蚕豆 河北省崇礼县的地方品种。早熟,种皮浅黄色,百粒重 110～120 克,蛋白质含量约 24%。植株紧凑,喜水肥,适于密植。在当地于 5 月上旬播种,霜冻前收获,亩产 200～230 千克。本品种适合炒食或油炸,质地酥脆,味道很好,在国际市场上畅销。

6. 临夏马牙 甘肃省临夏州的地方品种。晚熟、春性强,全生育日数 155～170 天,植株高大。种皮乳白色。百粒重 120 克,蛋白质含量 23.7%,适于在海拔 1700～2500 米、无霜期 160 天左右的山阴地和水川地种植。应适当稀植,一般亩产 150～200 千克。

7. 临夏大蚕豆 该品种为春蚕豆品种,生育期 160 天左右,属中熟品种。株型紧凑,茎秆健壮,株高 140 厘米左右,有效分枝 1～3 个,单株结荚 15～22 个,每荚 1～3 粒种子。种子宽厚形,种皮乳白色,脐黑色,籽粒饱满,硬实少。百粒重 170 克左右,属大粒型品种,蛋白质含量 27.9%。该品种抗逆性强,适应范围广,在海拔 1700～2600 米的川塬灌区和山阴地区均能种植。一般亩产 250～400 千克。

还有杭州白蚕豆、成都大白胡豆等。

(二) 庭院栽培

蚕豆性喜温暖湿润的气候，不耐暑热，也不耐寒冷，整个生育期间以 18~27℃ 为最好。不同生育阶段对温度的要求和抵抗低温的能力不同，4℃ 左右开始发芽，出苗最适温度为 9~12℃，营养器官的形成为 14~16℃，开花最适温度为 16~20℃，结荚期为 16~22℃。气温高于 27℃ 即开始出现热害。

蚕豆是喜光的长日照作物，对光照条件反应敏感，整个生育期需要充足的光照，若开花结荚期植株密度过大，互相遮光严重，会大量落花落荚。因此，栽培上要采用合理的栽植密度，并及时整枝打顶，保证充足的光照。

蚕豆适于庭院栽培，在小区的路边、沟旁、门前都可种植、绿叶紫花，十分美观，既绿化美化，又能吃到新鲜的蚕豆，深受居民的欢迎。

1. 播种 蚕豆的栽培，可分为春播和秋播两类地区。北方及寒冷地方多为春播，春播应特别注意避免盛花期受晚霜危害，一般在 3 月下旬至 4 月中旬气温稳定在 5℃ 以上时播种，当年 8 月中旬至 9 月份成熟。南方地区多进行秋播。秋播时间为 10 月上旬到 11 月上旬，翌年 4 月份至 5 月上旬采收。

宜挑选大小适中、无病害、无破损、经过热水浸烫、健壮完好的豆粒作为种子。播前晒种 1~2 天，以利于提高田间出苗率和齐苗率。播种方法一般开沟穴播。播种深度以 5~6 厘米为宜。播种过深子叶上分枝退化，分枝节埋在土中，分枝减少。播后盖土 3 厘米厚。荚用蚕豆一般行距为 50 厘米，株距为 25 厘米，每亩 4 500~7 000 穴，每穴播种子 2 粒，每亩用种 5~8 千克。大粒品种可放宽密度，行距为 80 厘米，株距为 30 厘米。每亩用种量一般为 8~12 千克。

2. 肥水管理 蚕豆是一种需肥较多的作物，应施足底肥。一般每亩施腐熟的有机肥1 000～1 500千克、磷肥20～25千克、硫酸钾250～500千克。当幼苗生长达3～4片真叶时，豆种所贮养分消耗殆尽，而根瘤尚未形成，如幼苗生长缓慢，叶色转黄，应及时追肥，促进早分枝，多分枝，使前期生育良好。苗期每亩可追施尿素3～5千克。进入开花结荚期要重施肥，这时肥水不足易落花、落荚，每亩可施尿素8～10千克，过磷酸钙10～15千克。对提高结荚率和籽粒饱满作用显著。坐荚后可用0.5％的钼酸铵和硼酸液进行叶面喷施，可促进豆粒饱满。

蚕豆对水分很敏感，涝时要及时排水，旱时要注意供水。一般在蚕豆的整个生育期内浇水2～3次，第一次在现蕾开花期，第二次在结荚始期，第三次在结荚鼓粒期，第三次浇水是重点。花荚期是蚕豆对水分最敏感的时期，苗期一般不浇水。

3. 植株调整 蚕豆花荚脱落率可达90％左右，其原因主要是营养不足和养分失调所致。及时整枝摘心能调节营养生长和生殖生长的平衡，调节养分分配，有增荚、增粒、增重，从而提高产量的作用。

（1）主茎摘心 主茎摘心可以促进早分枝，多分枝，并对控制植株高度，防止倒伏有一定作用。一般在主茎长到20～30厘米，基部已有1～2个分枝芽时，留7～10厘米摘心最好。

（2）早春整枝 春季气温升高后蚕豆发生大量二、三次分枝，这些分枝多为无效分枝，应在初花期去掉细弱枝。

（3）花荚期打顶 打顶的时期以中上部已达盛花期，下部已开始结荚为宜。打顶时要注意：打小顶，不打大顶；可打花蕾但不能打花；打顶应在晴天进行，以防发生霉烂；打顶以掐去嫩梢3～6厘米为宜；如果植株生长不旺，可不打顶。

4. 病虫害防治

（1）蚕豆象 俗称豆龟、豆牛，是蚕豆最主要的害虫。豆象1年发生1代。成虫在豆粒内、仓库内过冬，翌年春天蚕豆开花时飞到田里为害。在蚕豆开花结荚期，用 90% 晶体敌百虫 2 000～3 000 倍水溶液。在晴天下午喷雾，防治效果可达 50%。

（2）地蚕　是为害蚕豆幼苗较重的害虫，咬断初生根和根茎，使幼苗枯萎死亡。可用 50% 西维因可湿性粉剂 800 倍液灌根。

（3）蚜虫　一般用 40% 的乐果乳剂 800～1 000 倍液喷雾，每 7～10 天喷 1 次，连喷 2～3 次。

（4）蚕豆锈病　主要为害叶片和茎秆。病初叶上产生黄绿色或灰白色小斑点，随后凸起，变成黄褐色小疱。扩大病斑后，表皮破裂，散出红色粉末（夏孢子）。发病后期叶片变形早落。

发病前或发病初期可用 15% 三唑酮可湿性粉剂 1 000～1 500 倍液，或 50% 萎锈灵乳油 800 倍液，每隔 10 天左右喷施 1 次，连续防治 2～3 次。

（5）蚕豆褐斑病　为害叶片、茎秆及豆荚。发病初期叶片上初现赤褐色小斑点，扩大为圆形或椭圆形病斑，直径为 3～8 毫米，病斑上密生黑色呈轮纹状排列的小粒点，病情严重时相互融合成不规则大斑块。湿度大时病部破裂穿孔或枯死。茎部发病时产生椭圆形较大斑块，病斑直径为 5～15 毫米，中央灰白色稍凹陷，周缘赤褐色，被害茎常枯死折断。豆荚发病时病斑暗褐色，四周黑色，病斑凹陷，严重时豆荚枯萎。种子瘦小，不成熟。病原菌可穿过豆荚皮侵害种子，在种子表面形成褐色或黑色污斑。茎、豆荚的病部也长黑色小粒点。

可用 30% 绿叶丹可湿性粉剂 800 倍液或 50% 琥胶肥酸铜 500 倍液，每 10 天一次，防治 1～2 次。

（6）轮纹病　发病时叶片初现 1 毫米大小紫红褐色小点，扩大成圆形黑褐色轮纹斑，边缘稍隆起，后病斑融合成大斑，叶变黄、变黑褐色穿孔或干枯。阴雨天后出现灰白色薄霉层。

发病初期用碱或硫式铜悬浮剂 500 倍液或 72% 氢氧化铜微粒粉剂 500 倍液，10 天一次，连防 1～2 次。

5. 采收 南方冬蚕豆4月下旬至5月下旬成熟，北方春蚕豆8月上旬至9月上旬成熟。当中下部豆荚表面光亮种子长足未硬化时采青豆粒；豆荚变褐干燥后收干豆粒。

十七、扁豆

又名南扁豆、沿篱豆、蛾眉豆、泰豆、小刀豆及羊眼豆等。在我国有1 000多年栽培历史，南北各地都可栽培。

扁豆为一年生蔓生蔬菜，根系发达，入土深，耐旱力强，蔓有长蔓、短蔓之分，以排水良好的沙壤土为好，喜温怕寒，生长适温20~25℃，短日照，对水分要求不严。

1. 红玉 扬州帮达蔬菜所选育。早熟，主侧蔓同时结荚、结荚期长。花紫色，花穗长25.5~35.5厘米，每穗结荚5~15个。荚长宽8.72.5厘米，厚0.7厘米，单荚质量6.5克，紫色有光，2~4节主蔓开始结荚，10节以上结荚性高，6月上旬至8月上旬采收。

2. 翠玉 扬州帮达蔬菜所选育。特早熟，从种到采嫩荚80天，主侧蔓花穗多。嫩荚翠绿色，肉厚，质佳。花粉红色。花穗长22.5~35.5厘米，每穗结荚5~13个，荚长7厘米，宽2.3厘米，厚1厘米，单荚质量6.1克，每荚有种子3~5粒，黑色。6月上旬至8月上旬采收，亩产1 500~2 500千克。适于早春大棚或露地栽培。

3. 猪耳朵 嫩荚长7厘米以上，宽3~4厘米，内具4~5粒种子，嫩荚质脆，高产优质。主蔓第6~7节着生第一花序，花冠紫色，嫩荚猪耳朵形、浅绿色，生长后期嫩荚背腹线部呈紫红色，单荚重5~10克。种子近圆形，黑色。耐热、耐寒，抗病性强。

4. 白花扁豆 茎、叶柄绿色，花白色，荚绿白色，种子褐色或黑色。荚长5~8厘米，宽1~1.5厘米，内具3~5粒种子。该品种中熟、耐旱、适应性广，结荚性强，产量较高，嫩荚品质一般。

5. 紫边扁豆　晚熟品种，从播种到嫩荚采收需 80 天，作为日光温室栽培用种。适应性强、抗病、产量高、食用期长。豆荚菱形，浅绿带紫色，边紫色。荚长 12 厘米，宽 3.6 厘米，厚 0.4 厘米，平均单荚重 10.2 克，嫩荚肉厚，纤维少，品质上等。

（一）栽培技术

1. 播种　在庭院，可将扁豆种在墙边，栏杆旁，绿叶红花，可美化、绿化庭院。

扁豆在气温达到 12℃时即可播种，长江流域露地栽培一般在 4 月份播种，华北地区在 4 月下旬到 5 月中旬播种。华南地区在 3 月份播种。扁豆一般采用干籽直播，行距 60~80 厘米，株距 50 厘米，每穴播种 3~4 粒，覆土 3~4 厘米厚。

2. 肥水管理　由于扁豆结荚时间长，不断开花结荚，需要有足够的肥水，才能保证其高产。一般每亩施有机肥 1 500 千克、复合肥 40 千克、磷肥 20 千克作为基肥。苗期至开花前，一般追肥 1~2 次，以腐熟饼肥水＋尿素为好。当第一批扁豆荚能采收时，每亩追复合肥 10~15 千克。以后每采收 1~2 次扁豆，追肥 1 次。对生长势强、分枝力强的品种要看苗施肥，如长势旺可不追肥。结荚后，再追施肥水。开花结荚期每隔 7~10 天进行叶面喷肥，有明显的增产效果。

扁豆苗期需水较少，要控制浇水，遇旱轻浇。蔓伸长后需水较多，尤其结荚期需水量较大，结荚期浇水可增加粒重，延长花期。但也要控制浇水，防止落花落荚和枝蔓徒长。一般在蔓伸长期浇水 1~2 次，花荚期每 10 天左右浇水 1 次。花期遇雨要注意排水防涝。

（二）扁豆病虫害防治

扁豆的主要害虫是红蜘蛛和蚜虫，8~9 月份发生较多。红蜘蛛为害叶片，蚜虫为害叶片和花荚。防治的方法有：发现为害叶片及时摘除深埋。用0.5%或1%乐果粉剂，或1.5%灭蚜净粉剂喷粉，或40%乐果乳油2 000～1 000倍液喷雾。

1. 扁豆红斑病 叶片上的病斑近圆形，大小为2～9毫米，红色至红褐色，背面密生灰色霉层。严重时侵染豆荚，在其上形成比较大的红褐色斑，病斑中心黑褐色，后期密生灰黑色霉层。发病前或发病初期可用65%代森锌可湿性粉剂500倍液，或75%百菌清可湿性粉剂600倍液，或77%氢氧化铜可湿性微粒剂500倍液。每隔7～10天喷1次，连续防治2～3次。

2. 扁豆炭疽病 苗期发病，子叶边缘出现浅褐色至红褐色的凹陷斑，湿度大时病斑上长出粉红色黏稠物。叶片发病初期出现黑褐色小点，沿脉扩展成多角形小条状病斑，赤褐色至黑色。茎蔓上发病时现凹陷的赤褐色病斑，直径0.5～1厘米，中央黑褐色至黑色，边缘浅褐色或褐红色。扁豆成熟后，病斑颜色渐浅，边缘稍隆起，中央凹陷；种子上的病斑形状不定，黄褐色至暗褐色。发病前和发病初期可用80%炭疽福美可湿性粉剂900倍液，或50%苯菌灵可湿性粉剂1 500倍液，或30%碱式硫酸铜悬浮剂400倍液，每隔7～10天喷1次，连续防治2～3次。

3. 扁豆锈病 苗期可用15%三唑铜可湿性粉剂1 000～1 500倍液或50%萎锈灵乳油800倍液，或50%硫黄悬浮剂300倍液，或40%氟硅唑乳油1 000倍液，每隔15天喷1次，防治1～2次。

4. 扁豆细菌性疫病 主要为害叶片、茎、荚。叶片发病时多在叶尖出现病斑，病斑黄褐色到褐色，形状不规则，四周有黄色晕圈，病部组织变薄；发病重时病斑扩大，变为黑褐色枯死。发病初期，用77%氢氧化铜可湿性微粒剂500倍液，或90%新植霉素4 000倍液，7～10天1次，连续2～3次。

十八、金针菜

金针菜又名黄花菜、萱草花，属于百合科，是我国的特产蔬菜，以花蕾干制品供食用。在干制金针菜中约含蛋白质12.8%，碳水化合物42%、脂肪2.5%，并含有16种人体必需氨基酸。其色泽金黄，气味香甜，且耐贮藏运输，是菜中上品，畅销国内外。

金针菜为多年生宿根性草本植物。其地上部不耐寒，遇霜即枯。但其短缩茎和根系耐寒，在当地气温较长期达-10℃时，也能在土中安全越冬。叶丛生长适温15~20℃，抽茎开花适温20~25℃。植株根系发达，肉质根含水较多，故耐旱力较强。但盛花期需水较多，对土壤适应性较广，在酸性到微碱性土中都可生长，且较耐瘠薄，但以在土质疏松、土层深厚的田块生长良好。在我国南北各省都有栽培。适合庭院、小区既当花卉又当蔬菜栽培。

（一）主要品种

1. 大乌嘴 原产江苏宿迁丁嘴、泗阳三庄，又称丁庄大菜，是江苏的主要品种。植株生长和分蘖较快，分株栽植，经3~4年进入盛产期，花茎（花薹）高大，花蕾大，干制率高，当地于6月下旬开始采收，菜农称为夏至大刨菜，持续采收约50天。花蕾于下午5时开始开放。植株抗病性强，丰产性好，一般亩产干花蕾15千克，高产田可达250~300千克，且品质优良。当地还有小乌嘴、小黄壳子品种，品质较差。

2. 荆州花 原产湖南邵东县，植株生长势强，叶片较软而披散，花茎高达1.3~1.5米，花蕾黄色，顶端略带紫色，长11~13厘米。当地于6月下旬开始采收，采收持续45~70天。花蕾于下午6~7时开始开放，抗旱力较强。但植株分蘖较慢，分株栽植要经 5 年左右才进入盛产期，亩产干花蕾 150~200 千克。

3. 沙苑金针菜 原产陕西大荔县，植株生长势强，花葶高 1~1.5 米，着生花蕾 20~30 个，多的可达 50~60 个，花蕾金黄色，长 10~12 厘米，当地于 6 月上旬开始采收，采收期持续 30~40 天，产量较高，品质较好。

4. 庆阳线黄花 产甘肃庆阳地区。条长、肉厚、色亮味美，久煮不烂。

此外，湖南祁东的猛子花、山西大同的大同花等。

（二）整地施肥

金针菜适应性广，平原、山岗、丘陵和田边隙地均可种植，土壤从粘壤到沙壤均可适应。

金针菜一次栽植后要连续采收多年，必须精细整地，施足基肥。栽植前一个月（最好在前一年秋季）进行深耕 20~40 厘米，直达心土层为度。施入优质塘泥或堆厩肥 4 000 千克左右作基肥，酸度过重的红壤，还须施入石灰粉，每亩 40~50 千克，再实行耕耙作畦。

（三）适时定植

金针菜可用种子繁殖和分株繁殖，但用种子繁殖品种的优良种性容易发生变异。为保证产品质量，一般都采用分株繁殖。在选定品种后，应从该品种优质丰产的田块中选生长势强、花蕾多、品质好、无病虫的母株丛上选择种苗。然后分株栽植。金针菜春秋两季均可选苗栽植。长江流域及其以南地区多实行秋栽，当年即可抽生秋苗并花芽分化。华北、西北比较寒冷地区则多实行春栽。

秋栽于花蕾采完后到抽生秋苗前进行，即从选好的母株丛上，用锹从其一侧挖取 1/3 的分蘖，作为种苗，剪去其下部已衰老的根须和块状肉质根,保留条状的肉质根,按分蘖走势,带根从短缩茎上割开,即可栽植。一般行距 0.7~1 米,穴距 40~50 厘米,每穴栽植 3 株分蘖苗,分蘖间相距 10 厘米左右。栽后如遇高温干旱,要多次浇水抗旱,直至成活。秋栽也可延迟到晚秋或初冬进行,即于秋苗经霜枯黄后分株栽植,但要在冬前培肥壅土,防止冻害。

春栽于春苗萌芽前进行,一般多在 3 月到 4 月上旬,如肉质根过长要适当修剪。栽时应使肉质根在土中舒展分开,栽深 10~15 厘米,栽后浇水稳根。

(四) 田间管理

1. 栽植初期管理 栽后应清除杂草,干旱天气分次浇施腐熟的稀薄粪水。如为晚秋栽植,冬前应施入腐熟堆厩肥,保温防冻。

2. 春夏管理 早春土壤解冻、春苗还未出苗前,进行全面浅锄,并向株丛周围培土,亩施腐熟粪肥 1 000 千克,过磷酸钙和硫酸钾或氯化钾各 10 千克左右,促使春苗早发。花薹开始抽生时,施入薹肥,亩施尿素 15 千克,磷、钾肥 5~10 千克,在株丛外围开穴点施,然后浇水覆土。当植株开始采后 1~2 周,还要追施蕾肥,用量视植株长势而定,一般比薹肥略少。在水分管理上,南方多雨地区首先应做好排水工作,雨后及时排除积水,降低地下水位,减少病害和落蕾。但在出苗期和采收期植株对水分敏感,如遇干旱,要及时浇水或沟灌。北方少雨地区更应做好浇水工作。春季返青期为防止降低土温,除非遇特殊干旱,一般不浇水。抽薹期遇旱要浇灌到表土充分润湿。花蕾期正值雨季,应视降雨情况决定是否浇水,一般应保持地表不干。

3. 秋冬管理 采收结束后要及时拔除枯薹,割去老叶,清洁田园,并翻挖行间被踩板结的土壤,深挖 25~30 厘米,翻后施入腐熟畜粪肥每亩 2 000 千克左右，或三元复合肥 20～30 千克，促进秋苗早发，多在根内积累养分，为下一年丰收打下基础。秋冬降霜后秋苗枯黄，可平地割去枯叶，施入冬肥，亩施腐熟厩肥 2 000 千克左右，并配制 20 千克磷肥，穴施于株丛外围，或开沟条施于株行一侧。并逐年培土，使株行逐渐培高成垄，一般多将河塘泥或土杂肥冬培于株丛上。金针菜定植后 1～2 年内，株丛小，苗数少，可在其行间间作 1～2 行矮秆作物。春季可间作早毛豆、矮菜豆；秋季可间作菠菜、青菜，以提高土地利用率。第三年起，株丛繁茂，不能再实行间作。

（五）病虫害防治

主要病害有锈病、叶斑病和叶枯病，均属真菌性病害。

锈病开始在叶片和花薹上产生泡状斑点，表皮破裂后散布黄褐色粉末，后期呈红褐色并有黑色斑点，严重时叶片枯死，不抽花薹或花蕾干瘪。多雨天气易于蔓延。防治应注意田间排水，发现少数病株应及时割除，并用粉锈宁可湿性粉剂加水 700 倍喷雾。

叶斑病先在嫩叶上出现病斑，中央灰白色，边缘深褐色，湿度大时病斑背面出现粉红色霉状物，花薹上病斑呈梭形，黄褐色，使花茎缢缩，花蕾脱落，严重时全株枯死。叶枯病先在叶片中段边缘产生水渍状小斑点，后沿叶脉上下蔓延成褐色条斑，以至叶片枯死，严重时全株枯死。

以上两病防治方法，可在发病初期用 25% 的多菌灵加水 500 倍或 70% 甲基托布津加水 800 倍喷雾。并交替使用。

主要虫害有蚜虫和红蜘蛛。蚜虫在嫩叶和花蕾上集中刺吸汁液，造成花蕾瘦小，易脱落。可用溴氰菊酯或功夫菊酯加水 2 500 倍喷雾防治。红蜘蛛又名朱砂螨，在叶背集中为害，使近叶脉处出现赤色条斑，造成叶片向下卷缩枯黄。防治方法：可用 25% 灭螨锰加水 1 000 倍，或双甲脒乳油加水 1 000 倍喷雾。采摘前十天停止使用农药,以防污染。

(六) 采摘

金针菜采摘时间要求较严,一般要在开花前数小时采摘,采时花蕾饱满,颜色黄绿,以充分长大而又未开裂为宜。过早采摘晒干率低,色泽欠佳;过迟采摘,花蕾发泡,甚至开裂。一般在夏至到大暑(6月下旬~7月中下旬)进行。采摘时间因品种和天气情况而异,一般在下午1~6时进行。阴雨天气水分充足,花蕾生长快,有的品种每天开花时间较早,则应适当提前采摘,反之,适当延后。采摘可每天进行,直到结束。沿行采蕾,在花蕾的花梗基部轻轻折断,并要轻摘,轻放,浅装,快运,防止重压。一般在栽后第二年开始采收,亩产干花蕾30~50千克,以后逐年增加。经4~5年,进入盛产期,亩产增至150~200千克,高产田可达250~300千克。十年以后,植株衰老,应另择田块重栽更新,本田改种其他作物。如管理精细,可适当延长采收年限。

(七) 加工干制

采后的鲜蕾,不能久放,以防开花。当天采摘的鲜蕾必须当天加工。加工分蒸制和干燥两步。

蒸制是利用蒸气快速杀死花蕾细胞,基本保持其原有营养和色泽。蒸前先在锅内加水烧开,同时将鲜蕾铺放在蒸笼内。少则3~5千克,多则15~20千克,视锅和蒸笼大小而定,但厚度一般不宜超过30厘米,然后盖上笼盖,上锅蒸制,蒸架离水面7~9厘米。要稳火慢烧,一般蒸制20~25分钟,即听见水响后再烧几分钟可以停火,以余火继续再加热,使笼内温度达到65℃左右,保持10~15分钟,并使笼内上下层花蕾受热程度一致。蒸好的标志是笼内花蕾堆高明显下降,花蕾变软,色泽由黄绿变成淡黄,摸之烫手,用手指轻轻搓动略有响声。到此程度后,即可从笼中取出进行干燥。

开始干燥时先将花蕾移置于清洁通风处摊晾一夜，次日出晒。晾晒以高粱秆帘子或芦帘为好，可朝阳架晒，如阳光充足，第一天在帘上适当铺厚一点，防止暴晒，使色泽发暗。第二天再晒可适当铺薄，使之充分干燥。一般在晴好天气，阳光较强，只需晒 2 天即干，多云天气，则需晒 3～4 天。晴天晒 1 天或多云天气晒 2 天，至蕾已半干、仍较柔软时，可用手搓揉和压紧，然后再晒，既利于晒干，又可增加表面光泽和油性，提高品质。若蒸制后遇到雨天，不能出晒，应继续摊晾，不可翻动，若雨日延长，可回锅重蒸一次，但时间要缩短一些。以防霉烂。若预报连日阴雨，不能进行干燥，可将采回未蒸的鲜蕾浸泡在 2% 的盐水或 0.5% 的明矾水中，放置阴凉通风处，暂时保鲜 2～3 天。已晒至半干的花蕾，可暂时松散堆起，天晴后再晒，或用铁锅擦净油腻，文火烘干，并不时翻动，使之干燥均匀。

干燥后的金针菜要求蕾条大小比较一致，全无开放花朵，色泽黄爽而不发暗，干燥适度，含水量不超过 16%，无病虫害，无发霉变质。装袋后要放置充分干燥处贮藏，因金针菜干品中含糖较多，在空气湿度稍大时即可吸湿回潮、发霉变质。一般应用绝无破洞的聚乙烯薄膜袋装，压实扎紧，外套双丝麻袋包装，放置于有地板或在地下铺干草和薄膜的房间，密闭干藏，并注意定期检查和复晒。

十九、黄秋葵

原产于非洲东北部，是欧洲、非洲、中东及东南亚等热带地区广泛栽培的蔬菜之一。黄秋葵嫩荚肉质柔嫩、润滑，用于炒食、煮食、凉拌、制罐及速冻，除嫩荚供食外，叶、芽、花也可食用，种子中含有较多的钾、钙、铁等矿物质，花、种子和根均可入药，对恶疮痈瘤有疗效。幼果中含有黏滑汁液，具有特殊的香气和风味。其汁液中混有果胶及阿拉伯果胶为可溶性纤维，在现代保健新观念中极为重视，经常食用黄秋葵有健胃润肠之效。果实可作保健品"葵力健"原料。近年来在日本、中国台湾、中国香港市场上成为热门蔬菜，发展潜力很大。根系发达，根吸收力强，能抗旱、耐涝。主茎直立，高达1~2.5米，茎绿色或带紫色，甚至全暗紫红色。叶互生，叶面有茸毛，淡绿色至深绿色。花单生，着生在叶腋中，一般品种自主茎3~6节起开始着花，依品种及气温高低而不同，以后每节叶腋着生一花，凡有花着生的叶腋，即不再有侧枝发生，有侧枝发生的叶腋不再有花着生。侧枝上也有花着生。花为完全花，由下而上开花，一天开花1~2朵，开花时间与温度有关，高温时开花较早，低温时开花较晚。花瓣黄色，基部暗紫红色，亦有红色，果实为蒴果，先端尖细，略为弯曲似羊角，普通有5~10个棱角，也有圆形无棱角的，果实长度依品种有异，长的可达25厘米，短的不足10厘米，果皮淡绿至浓绿。每一蒴果平均有种子75~85粒，球形，绿豆大小，灰绿色乃至黑色，直径0.5厘米，千粒重55克。黄秋葵在我国福建建宁、泰宁等县，有100多年历史，江西萍乡镇亦有50多年栽培历史，20世纪初从印度引种到上海宝山县大场镇栽培，80年代在连云港市，90年代在景德镇试种，在中国台湾省，都有较多的栽培面积。

性喜温暖，不耐严寒，特别耐热。当气温13℃，土温15℃左右，种子可以发芽，种子发芽和生育期适温为25~30℃，高温条件下，发芽迅速整齐，生长茂盛。随着温度升高，开花多，结果多，果实发育快，长、大、直而光滑，产量高，品质好。月平均气温17℃左右，就影响开花结果。夜温低于14℃时，生长缓慢，植株矮小，叶片变小，开花少落花多。整个生长期间，耐旱也耐湿，但不耐涝，结果期干旱，应注意灌溉，保持湿润。对光照条件特别敏感，要求通风透气，光照充足。对肥料的要求，前期需氮肥较多，中后期需磷钾肥较多。对土壤适应性较广，但以土层深厚、肥沃、排水良好的壤土较为理想。

(一) 类型和品种

按果实外形可分为圆果种和棱角种；依蒴果长度可分为短果种和长果种。一般长果种栽培较普遍。

品种选择时要注意节间短，叶小缺刻深，花着生节位低，果实五角形，中等粗细。

1. 妇人指 原产美国，为无限生长型，株高1米左右，生长繁茂，分枝多，主侧茎都能结果，中熟。第6~8叶始花，果实5~6室，细长似手指，品质好。

2. 长果绿 原产美国，为有限生长类，株高70厘米，长势中等，分枝较多，主茎和侧枝均结果，早熟，主茎第5~7叶始花，以后陆续开花结果，采收期较短，果型细长，品质较好。

3. 东京五角 株高1.5米，茎粗叶大，以主茎结果为主，早中熟品种，主茎第5~7叶现蕾，果实五室，外观五棱，采收期60天。优质高产。

4. 绿星 原产日本，无限生长类，株高1.4米，茎粗叶大，叶缺刻较浅，以主茎结果为主，第6~8叶始花，果实6~9室，外观6~9棱，较五角稍粗，采收期长，产量高品质好。

5. 黄丰1号 扬州大学选出，大叶长果，果重20~30克，第4~5节开始结果，花后5天采嫩果，植株矮小，适合盆栽。

6. 美丽五角 茎粗节短，株高0.8~1米，叶掌状5裂，主茎4~8节生花，花羊角形，果五角棱形，嫩果长12厘米，花后5~7天采嫩果。

7. 红秋葵 果实叶脉红色，叶掌状3~5裂，花黄色，果圆锥形，五角，长12厘米。

此外，还有中国台湾的南洋、五福、翠娇、清福及山东嘉态

1号等。

(二) 盆栽技术

1. 播种育苗　长江流域及华南，以春播为主，3~4月播种，5~9月上市；5~6月播种，7~10月上市；7月播种，9~11月上市。为防止伤根，黄秋葵多行直播，直播作宽150厘米畦，行株距7040~50厘米，每穴3~4粒，长到3~4片叶留一株壮苗。育苗用用10厘米直径的营养钵，营养土用园土5份，堆厩肥3份，过筛炉渣2份混合而成，穴深2~3厘米，每穴种3~4粒种子，覆土1~1.5厘米后浇水，10天左右出土。为了早出苗，先用55℃热水烫种10分钟，放入冷水浸泡1~2天，再放入30℃发芽箱中催芽，发芽前用清水冲洗种子一次，有60%种子出芽时播种。

穴盘育苗法，在30~35℃热水中浸1~2天的种子放在25~30℃温度下催芽。幼芽露出后播到穴盘，每穴2粒种子，覆土1厘米，白天25~30℃，夜温15~20℃，4~5天出苗后白天22~25℃，夜温13~15℃，第一真叶时每钵留1株。并开始浇淋0.2%~0.5%尿素液，3~4片叶时上盆。

2. 上盆　用直径30~50厘米的花盆，每盆施100~200克腐熟的堆厩肥，复合肥30~50克，定植苗高10~12厘米，2~3片真叶时，苗龄30~40天，栽后浇足定植水。将盆栽植株按3~4盆为一畦，中间留步道，上盖小棚保温。

3. 管理　直播出苗后要及时间苗，掌握"早间苗，迟定苗"的原则。破心时第一次间苗，间去弱苗、残苗、小苗、双株苗，苗距1厘米；2~3片真叶时第2次间苗，留壮苗，3~4片真叶时定苗，苗距20厘米。穴播的每穴留2~3株。

上盆后保温，白天保持温度28~32℃，夜温18~20℃，缓苗后降温，白天25~28℃，夜温15~18℃。结果后白天25~30℃，夜温13~15℃，5月下旬夜温稳定在15℃时昼夜通风。

上盆后，应连续中耕除草2次，第1朵花开放前，应加强中耕。灌溉和雨后根际土壤被冲刷时，应及时培土护根，以免倒伏，遇到植株倾斜或倒伏，应及时扶正培土。还应设立支架防倒伏，用1米左右的竹竿、树枝插在植株根傍，可以起到支撑作用。

在生长期间，要求较高的空气和土壤湿度，尤其是开花结果时，不可缺水。遇到天旱时，每天要浇水一次。大雨后要及时排水，黄秋葵吸肥能力强，结果期亦长，一般生产2 000千克果实需纯氮13.3千克，磷10.7千克，钾12.7千克。基肥的施用量为总施肥量的2/3，南方普遍缺硼，应加入硼砂。一般在施足基肥的基础上，适当追肥，不宜滥施，以免发生营养生长和生殖生长失调的现象。在正常情况下，出苗后施一次齐苗肥，定苗或定植后施一次提苗肥，每盆开沟施复合肥30~50克，在开花结果期施一次重肥，每盆施氮、磷、钾复合肥100克，以后不再追肥了。

在适宜的环境条件下，植株生长特别旺盛，主、侧枝粗壮，叶片肥大，迟迟不开花结果，这时应采取扭叶的办法，将叶柄扭成弯曲状下垂，可以控制营养生长。开花结果期间，要求通风条件好，对于已采过嫩果以下各节老叶应剪除，减少养分的消耗，采嫩果为目的主枝长50~80厘米应摘心，采收种果的植株。9月下旬就要摘心，促使种果老熟，达到籽粒饱满的要求。

（三）采收

盆栽黄秋葵，在植株出现花蕾时可上市出售，供家庭种养和观赏。早熟品种从3~6节开始节节开花，大多数品种从7~8节节节开花。在高温季节，花谢后4~5天可采收（有的品种2~3天），结果多的植株，可结100多个嫩果，台湾五福黄秋葵可结50多个果，南京地区92年试种，每株平均结嫩果43个。开始采收黄秋葵，每隔2~3天收一次，盛果期间，每天或隔天采收，采后就上市,这样嫩果显得更加鲜嫩。因茎、叶、果实上都有刚毛或刺,采收时应套上手套,否则手膀被刺,奇痒难忍,这时可用肥皂温水洗一洗,或放在火上面烤一下,可减轻痛痒程度。

(四)病虫害防治

黄秋葵的病害有立枯病、黑茎病、黑斑病、根结线虫等。立枯病可用50%多菌灵可湿性粉剂或50%甲基托布津,每平方米5克进行土壤消毒,发病初期可用75%百菌清800~1 000倍液,或70%代森锰锌500倍液,7~10天一次,连喷2~3次。黑茎病在发病初期在茎部、下部叶上喷600倍代森锰锌或1 000倍多菌灵。黑斑病在发病初期喷500倍代森锌或600倍多菌灵连喷2~3次。根结线虫可用益舒宝颗粒剂每亩2~6千克或10%力满库4~5千克,穴施根部土中。

主要害虫有蚜虫、地老虎、棉铃虫、螨类。蚜虫可用50%辟蚜雾2 000~3 000倍。地老虎可用50%辛硫磷2 000倍灌根。棉铃虫可用10%除尽1 000倍喷雾。螨类可用35%杀螨特乳油800倍液喷雾。

二十、菜用玉米

玉米部分变种和品种包括甜玉米和多穗玉米多作蔬菜和副食品食用,故称菜用玉米,其栽培技术也与粮用玉米有一定差别。乳熟期采收的甜玉米可溶性糖含量达到15%~20%,八种水解性氨基酸含量均超过普通玉米,维生素B_1、B_2,维生素C和维生素P的含量也很丰富,具有较高的营养价值,并且有独特的风味,很受消费者欢迎。多穗玉米以采收花丝刚刚外露的幼嫩雌穗为目的,一株可产多穗,幼嫩雌穗经加工后即成玉米笋,被誉为当今世界十大名菜之一。玉米笋罐头一般含有蛋白质、脂肪、糖、多种维生素和钙、磷、铁等成分,营养比较全面,在国际市场较为畅销。玉米为一年生高秆草本植物，性喜温暖，必须在无霜期内生长。生长和结果适温21～30℃，低于15℃和高于35℃则生长结果会受一定影响。要求土壤肥沃、土层深厚；水分适中，稍耐旱而不耐涝；以氮为最多，磷、钾次之。玉米在我国各地都有栽培，但菜用玉米目前生产面积不大，以沿海地区为多。

（一）品种

甜玉米要求是果穗长达20厘米以上，不秃顶或将秃顶切去，籽粒正在乳熟期，甜度高，含糖量达15%左右，果穗新鲜，籽粒排满，无病虫伤害，无机械损伤。

有普甜和超甜两种亚型。普甜型甜玉米含糖量10%～15%，超甜型甜玉米含糖量在15%以上。

1. 扬甜1号 由江苏农学院育成推广。属超甜型。株高2.5米左右，茎粗2.3厘米，全生育期90～95天，出苗较好，长势较强，平均穗长22.7厘米，秃顶2.5厘米，穗粗4.4厘米，籽粒黄色，较小，百粒重33克，乳熟期果穗甜度较高，含糖量16%～17%，每亩产嫩果穗750千克左右。副产茎叶鲜重1 900多千克，可作青饲料。

2. 甜玉2号 由中国农科院作物研究所育成推广，属超甜型。株高2.5米左右，茎粗2.3厘米，全生育期120天左右，中晚熟，抗病性较强，平均穗长22.7厘米，穗粗4.5厘米，秃顶2.5厘米，百粒重33.6克。品质较好，亩产嫩果穗750～1 000千克，副产茎叶鲜重2 000多千克。

3. 蜜玉4号 属超甜型。株高2.2～2.5米，茎粗2.2厘米。苗期长势较弱，拔节后长势转强，较抗病，全生育期90天左石，果穗长20～27厘米，粗4.8厘米左右，秃顶1.9厘米，籽粒较大，鲜黄色，百粒重43克，含糖量16%～18%，亩产嫩果穗680～840千克。果穗较整齐一致，品质优良。

4. 甜单1号 由北京农业大学育成。属普甜型杂交种。平均株高 1.8 米，茎粗 2.2 厘米，较早熟，全生育期 77 天，平均果穗长 17.8 厘米，穗粗 4.3 厘米，籽粒米黄色，百粒重 36 克，带糯性，甜度中等，亩产嫩果穗 540~550 千克，品质较好。

5. 淮甜 6 号 由江苏省淮阴市农科所育成。属普甜型杂交种。株高 2.6~2.9 米，较早熟，全生育期 80 天左右。平均果穗长 21 厘米，粗 5.4 厘米，很少秃顶，金黄色，长棒形，百粒鲜重 40 克。产量高，亩产嫩果穗 1 000 千克以上。春、夏播皆可。抗病性较强。

6. 京甜紫花糯 北京燕禾金农科中心育成，株高 180~185 厘米，穗长 19 厘米，穗粗 4.5 厘米，秃顶长 0.6~1.2 厘米，单苞鲜质量 250~300 克，果穗锥形，籽粒紫白相间，糯性好，有甜味，中抗纹枯病和小斑病，抗倒伏性强。适合春秋种植，2006 年审定。

7. 万甜 2 000 株高 230 厘米，穗位 90 厘米，穗长 20 厘米。果穗筒形，籽粒黄色，从出苗到采收 80~90 天，亩产 1 000 千克。

8. 金晶龙 2 号 株高 180 厘米，果穗筒形，单苞重 300~350 克，果穗整齐饱满，籽粒黄白相间，皮薄、渣少、香甜，出苗到采收 75~85 天，亩产 1 000 千克。

9. 中科金镶玉 F_1 株高 205 厘米，穗位高 80 厘米，穗长 20~23 厘米，穗粗约 5 厘米，每穗 16 行，籽粒黄白相间排列有序，从播种到采收 81 天。品质特好，超甜双色水果玉米。

10. 玉农金甜玉 A25 江西玉丰种业选育。果穗圆筒形，穗重 400~500 克，金黄色，香甜柔嫩，皮薄无渣，奶油味，从播种至采收 70~85 天。

11. 苏科糯 3 号甜玉米 株高 180 厘米，穗位 80 厘米，果穗长锥形，花丝粉红色，籽粒紫白相间，硬粒型，30％甜，70％糯，2010 年审定。

12. 广糯 1 号甜玉米 广东农科院玉米所育成。果穗圆筒形,长19~21厘米,穗粗4.6厘米,穗行数14行,籽粒白色,单穗果质量300~400克,亩产鲜苞1 000千克。株型半紧凑,株高200厘米,穗位高70厘米,从播种至采收60~70天。糯性强,口感好,品质优,抗病性及抗倒伏性强。2004年通过国家品种审定。

此外,尚有新品种晶甜3号、晶甜5号、华珍、甜糯8号、花超甜玉米、黄金1号、金珠蜜、库普拉、SBS903、甜心格1号、超甜2 000及美玉加甜糯等。

玉米笋 要求在雌穗刚吐出花丝时采收,笋体淡黄色、宝塔形,长6~11厘米,粗(横径)不超过1.7厘米。整齐、新鲜,无病虫伤害,无损伤、折断,不畸形,不老化,不空心。

1. 鲁笋玉1号 由山东烟台市农科所育成。株高2.2米,单秆多穗,一般单株结雌穗5~6支,采收时笋长(穗长)6~8厘米,粗1.5~1.7厘米。植株较抗病、抗倒伏,适应性较广。在烟台春播68天、夏播60天即可采笋,采笋期10天左右,一年可种植两茬。适宜的种植密度约为每亩4 000株,亩产笋2万支左右,合120千克左右。副产茎叶鲜重2 500千克。

2. 烟罐6号 由山东烟台农校和烟台罐头总厂研究所合作育成。株高2.3米,生长势强,较抗病、抗倒伏,全生育期100天左右,从出苗到采笋60天左右。适于直播单作或与小麦套作,春播在烟台5月上中旬进行,夏播6月中、下旬,每株可采笋3只,笋体淡黄色,宝塔形,长6~10厘米,粗0.8~1.7厘米,亩产笋100~120千克,也可笋、粮兼用,第一穗至老熟采收,供作粮用,亩产粮500~700千克,第二、三穗供采嫩笋用,亩产笋35千克。

3. 冀特3号 由河北省石家庄地区农科所育成。株高2.5米,一般每株可长雌穗3~4个,从小苗到采笋期一般需经60~70天,笋体较细长,亩产笋约1.6万~1.8万只,合80~100千克,副产茎叶鲜重2 500~3 000千克。

第五章 食果蔬菜

（二）甜玉米栽培

1. 土地选择 宜选地势平坦、土层深厚的沙壤到黏壤土种植，土壤酸碱度从微酸到微碱性均可。适于庭院，或屋顶、房前栽种。玉米不宜连作，必须实行隔年轮作。在甜玉米田四周2 000米内，不能种植其他玉米，以防异品种授粉，降低品质。

2. 整地作畦 玉米为深根作物，要耕翻土地，深20~25厘米，施足基肥，一般亩施腐熟厩肥或粪肥3 000~4 000千克，外加过磷酸钙或三元复合肥30~40千克，施后耕耙作畦。由于甜玉米种子常皱缩，发芽顶上力弱，因此要求反复耙细、耙平，精细整地，一般作畦宽2~3米，畦沟宽40厘米，沟深视当地玉米生育期雨水多少和地势高低而定。在长江流域及其以南多雨地区，一般畦沟深20~25厘米，如所处地势较低应加深到25~30厘米，北方少雨地区可作低畦，畦沟深10~15厘米。并要三沟配套，保证雨止田干，沟无积水。

3. 适期播种 播种期要根据所栽培品种采收期早晚推算确定。一般多在品种适宜播种期内分期播种。春播适期长江流域多在4月上旬到下旬，当地日平均气温已回升到10~15℃基本断霜时为宜。华北地区多在4月中旬到5月上旬，华南地区多在3月上旬到4月上旬。一般采用穴播法，即在畦面上按宽窄行划行点播，宽行行距75~80厘米，窄行行距50厘米，在行上按穴距30厘米左右开穴，每穴播种2~3粒，播深5厘米左右。如播时土壤干旱，应先浇底水后播种，以利出苗。每亩播种量约为2.5~3千克。春播玉米采收期多在6~7月。夏播玉米适期应以采收期进入秋凉天气、气温降至25℃以下为原则，按不同品种的生育期向前反推确定。长江流域多在6月中、下旬，华北地区多在6月上、中旬，华南地区则宜延至8月上中旬。到9~10月先后采收。

4. 田间管理 间苗补缺：出苗后要及时间苗补缺，2~3叶期开始间苗，3～4叶期定苗。间苗时注意查苗补缺，于傍晚从多苗穴中带土起出一苗，移栽于缺苗穴中补齐，并连续浇水两天，以利活棵，最后定苗，每穴留一壮苗，以达全苗。

中耕除草：玉米为中耕作物，出苗后要进行中耕除草，每半月左右一次，直到植株封行为止。最后一次结合培土，将土壤培到植株基部，形成馒头形，可防倒伏。

浇水排水：在苗期和抽穗开花以后如遇天气干旱，要及时浇水。多雨天气要及时清沟排水，防止畦沟积水。做到防旱防涝，保持田间土壤含水量的60%～80%，即表层以下保持湿润为度。

分次追肥：玉米以基肥为主，但也要适当追肥。一般追肥两次，第一次在定苗后浇施1%的尿素稀肥水，以促进幼苗生长。到植株不再生长新叶，在抽雄花穗（放顶花）前7～10天追施第二次肥料，这次施肥量应较重，亩施尿素15～20千克，外加过磷酸钙和硫酸钾各10千克，或用三元复合肥25～30千克，拌1～2倍细土，在株旁15～20厘米处开穴点施，施后盖土平穴。每亩施肥量总氮控制在12～18千克，$N:P_2O_5:K_2O$比例为1:0.5:1。如遇天旱，随即浇水，以促进肥效的发挥。此外，在植株拔节长高期如叶色发黄，可适当追肥，如叶色绿，生长正常，则不需追肥，以防徒长。

5. 病虫防治 主要病害有大斑病、小斑病、纹枯病、基腐病和黑穗病，均属真菌性病害。还有细菌性心腐病。

大斑病和小斑病病原菌均以菌丝在玉米残株枯叶上越冬，第二年产孢子后侵染新株，多在玉米生长后期发生。其中小斑病发生较早，在叶上和苞叶上出现病斑，病斑椭圆形，黄褐色，内有深褐色轮纹，病斑较小，长0.5～1.5厘米。大斑病发生稍迟，亦在叶上和苞叶上出现病斑，斑大而少，梭形，青褐色至枯黄色，上有黑褐色霉层。两种病害均损伤叶片，严重时使叶枯死。防治方法：实行合理轮作，清除田间玉米残株枯叶，防止偏施氮肥，适当增施磷、钾肥，及时中耕、除草和培土，使植株生长健

第五章 食果蔬菜

壮,可基本防除两病。

黑穗病的病原菌以厚垣孢子留存土中和残株上越冬,萌发后侵染玉米新株,最后侵入雌穗和雄穗,使其全穗或部分穗为黑粉状厚垣孢子堆所取代,并畸形膨大,破碎后厚垣孢子飞散。防治方法:除同以上两病外,可在苗期和后期用倍量式波尔多液喷雾预防。

主要虫害有地老虎等地下害虫和玉米螟、斜纹夜蛾、棉铃虫、白脉黏虫、蚜虫等。

地下害虫咬断或切断幼苗主根或主茎,造成缺苗断垄。防治方法:可用90%的敌百虫0.5千克,加水2.5~3千克,喷在50千克碾碎、炒香的棉籽饼或麦麸上,制成毒饵,傍晚撒到幼苗根际附近,每隔1~2米撒放一小堆,每亩用饵料15~20千克。并结合在清晨于受害苗附近扒土寻找,捕杀。

玉米螟多在植株生长中期开始在叶上孵化为幼虫,侵入心叶内为害茎叶和果穗。防治方法:可掌握在孵化高峰时,用2.5%的溴氰菊酯(敌杀死)加水2 000~3 000倍喷雾。斜纹夜蛾、棉铃虫、白脉黏虫在玉米开始抽丝时喷20%米满(虫酰肼)悬浮液1 500~2 000倍液或10%除尽(溴虫腈)悬浮剂1 000倍液,在抽丝始期及间隔1星期喷药,共喷2次。

6. 适期采收 甜玉米的采收期必须严格,应在果穗乳熟期、灌浆充足时采摘。这时采收籽粒皮薄,含糖量高,味甜可口。采收过早,籽粒不饱满,含糖量低;采收过迟,籽粒皮厚,可溶性糖逐步转化为淀粉,含糖量也低,均不能达到采收标准。适期采收的外部标志为:一般在雌穗吐出花丝22~25天,花丝先端已变黑褐色,果穗在茎秆上开始向外倾斜,苞片仍呈绿色时为度。由于全田各株生长发育不尽相同,故在进入采收期后,要每天一早下田查看,及时采收成熟适度的果穗,剥尽苞片,切除果梗,进行整理挑选后,随即装入箩筐,应摊放在20℃以下的阴冷室内。

玉米是风媒作物,为提高籽粒的饱满度,宜在上午 9～10 时,人工摇动田间边缘植株,进行授粉。

(三) 笋用玉米（多穗玉米）栽培

笋用玉米栽培的目的主要为采收玉米笋,即其幼嫩的雌花穗。由于笋体细小,重量较轻,要求一株采收多穗,才可取得较好的效益。因此,其开始采收较甜玉米早,而最后采收较甜玉米迟,采收期延续天数较长。其栽培技术与甜玉米大体相同,但也存在着一定差别。其不同之处如下:

1. 种植密度 一般较甜玉米种植要密,宽行行距 70 厘米,窄行行距 40 厘米,穴距 25 厘米,每穴最后定苗仍留苗 1 株,每亩栽植 5000 株左右,比甜玉米约加密 30%～50%,播种量也需相应增加。

2. 灌溉排水 出笋期间植株对水分比较敏感。田间如果干旱,则出笋易老化、空心和变色,如果积水,则生育停滞,不能及时出笋,甚至枯萎。故须经常查看田间土壤湿度,及时浇灌或排涝,以保正常出笋。

3. 分期采收 玉米笋采收的时期较甜玉米早,一株多穗,采收的穗数比甜玉米多,故采收需要更加精细,认真和及时。一般以雌花穗花丝吐出,长度不超过 2～3 厘米时采摘为宜。采收应在早上进行,因早上气温较低,湿度较大,玉米穗柄容易折断。采收开始后,必须坚持每天早上检查,选穗采摘。采回的雌穗要当天剥笋,方法是用小刀沿穗纵向划开苞片,将笋完整地取出,防止折断,并除净花丝。

第六章

水 果 用 蔬 菜

水果用蔬菜是指生食当水果用的一类蔬菜,亦可作拼盘,凉拌,做成果酱,沙拉等,是近年掀起新的餐用蔬菜。

一、水果黄瓜

水果黄瓜又称迷你黄瓜,上世纪90年代中引入我国,果肉比重大,营养成分含量高于普通黄瓜,深受消费者的青睐。

(一) 品种

大部分品种从国外引入如拉迪特、夏之光、萨伯特、康德、翰德、戴多星、塔桑、MK160、一休靓瓜等。国内最近育成的有青岛蔬菜研究中心育成的2013、北农大育成的春光2号、北京三益黄瓜育种科研中心的超小型水果黄瓜金童、玉女等。还有脆甜绿6号、凤燕、春燕、密燕、秀燕、飞燕、锦龙及春秋节成黄瓜等。

1. 盆栽技术

播种育苗 水果黄瓜将种子放在55~60℃的温度浸种10~15分钟,种子浸入后不断搅拌,使之冷却到25℃后,转入25~30℃温度,浸种8~12小时(详见表5-3)。

经浸种后捞出种子,放入在纱布内,在25~30℃,催芽1~1.5天,每隔10~12小时用新鲜温水淘洗一次,洗去黏液,晾去种皮上多余水分,包起来继续催芽,当70%种子露白即可播种。

表6-1 黄瓜的苗期温度

时期	白天温度℃	夜温℃
播后～第一真叶展开	25～28	20～23
第1真叶展开	25	15
定植前2天	15～20	5～10

用纸钵或塑料钵育苗,一般规格为10厘米×10厘米,用过筛细土、腐熟厩肥、细沙配制而成,比例5～6∶3～4∶1,每立方米加复合肥,磷肥,钾肥1～2千克。每钵播种子1～2粒,播前浇足底水,深度为1厘米,种子平放,避免侧放和立放。播后至第一片真叶展出,保持28～30℃,70%种子出苗后,可适当降低3～5℃;第一片真叶展出后,白天保持25℃左右,夜间温度在15℃左右,定植前7～10天,逐渐降低温度,进行炼苗,白天温度下降到15～20℃,夜间温度下降到5～10℃,见表6-1。育苗期间,采取小水勤浇,水要浇透,以钵底有水流出为宜。随浇水每7～10天追0.2%～1%化肥液,连追2～3次。

嫁接育苗 选择云南黑籽南瓜,黄瓜比南瓜早播5～7天,黄瓜浸种催芽后播种,南瓜浸种后即播(见表5-4)。

当南瓜茎长7～8厘米,子叶展开,真叶初露,黄瓜茎长8～9厘米,第一片真叶初展1厘米时进行嫁接。嫁接时先将两种幼苗从苗床中取出,根系略带泥土,用竹签剔除南瓜苗生长点,再用刀片从子叶下0.5～1厘米处向上而下呈35°～40°角下刀,斜切茎粗的2/3,切口要光滑自然,一刀切成。同时,另取一株黄瓜幼苗,在距子叶下方1.2～1.5厘米处,向下而上呈30°角,斜切茎粗的1/2,然后把两株幼苗在切口处对好贴合,使黄瓜子叶压在南瓜子叶上,且呈十字形,用一手稳住苗,另一手用嫁接夹夹苗,移栽在穴盘内,基质不要盖住嫁接夹,移栽后扣棚遮阴,以保苗子不失水。

嫁接后 3 天内,保持温度白天 25～28℃,夜温 18～20℃,空气相对湿度 90%～95%。到第四天,适当通风,逐渐降低温湿度,白天温度 22～24℃,夜间 14～17℃,土温 18～25℃,空气相对湿度 80% 左右。一周后进行正常管理(见表 6-2)。嫁接后及时清除砧木叶腋的侧芽和新长出的新叶。接后 10～12 天,用手指把接穗的下胚茎捏一下,破坏局部维管束,使之断根后基本不缓苗。15 天后切断接穗下部的茎,进行断根,即在接口以下 1 厘米处,用剪刀将黄瓜茎剪断,再往上 0.5 厘米处剪一下,使之留下空隙,避免黄瓜自身愈合。定植前 5～7 天,要适当降低温度,白天保持 20～25℃,夜间 12～15℃,并定植前去掉夹子。从播种到定植一般需 35～40 天。

表 6-2 嫁接苗培育温度

初期	白天℃	夜温℃	空气相对湿度%
接后 3 天	25～28	18～20	90～95
接后 4 天	22～24	14～17	80
接后 1 周	20～25	15～20	70
定植前 5～7 天	20～25	12～15	70

2. 上盆 水果黄瓜一般盆栽在 2 月上中旬播种,3 月中下旬定植,苗龄 35 天。秋冬季在 8 月上中旬播种,9 月上中旬定植,10～11 月采收。秋冬栽培要嫁接育苗,增加抗寒性与抗病能力。

选直径 30 厘米的塑料盆,盆土用腐熟有机肥、园土,按 4:6 配制而成,每盆加 10 克复合肥,拌匀装入盆内,装土离盆沿 2 厘米,以便浇水,每盆栽 2～3 株。栽后浇定根水,保证成活。将花盆放到室外阳光充足处。

3. 肥水管理 缓苗时浇一次水,之后控水,坐瓜后开始浇水,保持盆土湿润。首次采收后,每盆追饼肥水 1.5 千克,结瓜盛期 5 天左右,随水追一次肥,每盆施 1% 尿素液+1% 硫酸钾液1升。结瓜后期追肥以钾肥为主，适量补充氮肥，一般随水每盆施硫酸钾10克、尿素10克。

4. 植株调整 从第六节开始留瓜，1~5节位的瓜应及时疏掉，用银灰色吊绳引蔓吊蔓，中部每节可以留1~2条瓜，疏掉多余的花。瓜蔓爬到绳顶后，将下部老叶摘除，落蔓，落蔓后重新引蔓上架，植株可达2米，每株结瓜20~30条。

（二）棚室无公害标准化生产

1. 土地选择 水果黄瓜无公害栽培应选生长条件良好、无污染源、空气、水和土壤质量符合国家标准。土壤疏松、肥沃，有机质含量在1%以上，排灌条件良好，两季以上未种过瓜类作物的土地上种植。

2. 育苗 棚室栽培在2月中下旬育苗，3月下旬定植，4月下旬至7月中旬采收。一般用穴盘育苗，精量播种1穴1粒，常用32孔或50孔的穴盘，基质用草炭、蛭石、腐熟有机肥按1∶1∶1配制，亦可用泰林康育苗用泥炭（pH值5.5~6.5）或品氏托普泥炭。每立方米基质加50%多菌灵150克，再加三元素复合肥2千克，混合均匀拌湿备用，装盘前先将基质拌湿，手握成团。种子须晒1~2天，用55~60℃温水浸泡，不断搅拌至水温降到30℃，浸泡4~8小时捞出，再用10%磷酸三钠溶液浸泡20~30分钟，最后捞出洗净沥干，用湿布包好，在25~30℃下催芽，80%种子露白时播种。

将松散潮湿的基质装入穴盘，用木条刮去多余基质，不镇压或振动，把装好基质的穴盘压在另一装好基质的穴盘上面，孔穴对孔穴，压深约1.5厘米左右，将种子播于穴盘孔正中，每穴1粒，覆盖基质或蛭石，用木条刮平。将苗盘整齐地放在铺地热线的苗床上并喷水，喷水以穴盘基质中水饱和下滴为宜，覆地膜保温保湿。

幼苗出土前温度保持28~32℃，苗出齐后，适当降温，白天 25~30℃，夜间 12~15℃，定植前 7 天降温炼苗，白天 20~25℃，夜间 10℃。苗期保持较强的光照，2 叶后及时补水补肥，并喷 1~2 次叶面肥。壮苗标准：苗龄 35 天，3 叶 1 心或 4 叶 1 心，苗高 15~20 厘米，叶片肥大平展，叶色深绿，根系发达，无病虫害。

3. 定植　整地前每亩均匀施入腐熟厩肥 3 000 千克，复合肥 50 千克，耕翻 30 厘米，疏松细碎整平，做成高出地面 15~20 厘米的条垄，垄宽 80 厘米，沟宽 70 厘米，装上滴灌设备。当地表 10 厘米温度稳定在 10℃时定植，每垄栽 2 行，行距 60 厘米，株距 15~20 厘米，以土坨与地面平齐为宜，采取滴灌膜下浇定植水。

4. 温湿度管理　定植到缓苗，白天温度 26~32℃，夜间 15~20℃，缓苗后白天温度 25~30℃，夜间 12~15℃。结果期 8~14 点 25~30℃，14~17 点 20~25℃，17~0 点 15~20℃，0 点~日出 13~15℃。地温保持 15~20℃。白天太阳出来要通风降温，夜间要保温。空气相对湿度缓苗期 80%~90%，开花结瓜期 70%~85%。要通过覆膜、通风、滴灌、排湿来调节好温湿度。

5. 肥水管理　花后及时浇水，缓苗期一般不浇水，缓苗后浇一次缓苗水，然后控制浇水，一直延续到根瓜采收前再浇水，以后 7 天浇一次水，随着气温的上升，3~5 天或 2~3 天一次。追肥应少量多次，催瓜肥重施，每亩施复合肥 10~15 千克。以后每 15 天追 1 次。滴灌施肥每 5~7 天 1 次，每亩施液态有机肥 2 500 毫升＋硫酸钾 2.5 千克，叶面喷施 0.2%磷酸二氢钾＋0.2%尿素液，7~10 天 1 次。

6. 植株调整　水果黄瓜单蔓整枝，摘除所有侧蔓，当株高 30 厘米时进行吊蔓，以后每长 3~4 片叶及时绕蔓、摘除卷须。水果黄瓜雌花多，基部 1~5 节瓜及早疏掉，第 6 节开始留瓜，当植株长到 2 米左右时摘除下部老黄叶，将无叶片的蔓交叉放在垄面上，保持株高 1.7 米左右。

7. 病虫防治 用农业、物理、生物防治为主，少用高效低毒农药，可用黄板、杀虫灯诱杀和银灰膜驱虫、高温闷棚防治霜霉病，枯草芽孢杆菌、穿刺巴氏菌防治枯萎病。霜霉病用 52.5% 抑快净 1 000 倍防治，细菌性角斑病，可用 47% 加瑞农 800 倍液，7~10 天一次，共喷 3 次。

8. 采收 水果黄瓜要及早采收，保持良好果形，特有风味，商品性和品质。当雌花开放后 6~8 天，瓜长 12~18 厘米，横径 2~3 厘米，单瓜重 50~80 克，即可在早上采收，用剪刀剪断瓜柄。轻拿轻放。

二、水果萝卜

萝卜为半耐寒蔬菜。种子 2~3℃ 便能发芽，茎叶生长适温 15~20℃，发芽期适温 20~25℃，幼苗期适温 15~20℃，肉质根形成适温 13~18℃。在 16~22℃ 和 12 小时以上长日照下进入抽薹开花。光饱和点为 18~25 千勒克斯。

萝卜直根的形成与发育可分破白、定桩及露肩三个时期。萝卜第一真叶出现时，其下胚轴及直根上部开始膨大，中柱初生组织膨大，使表皮及皮层破裂称为破白，表示肉质根开始进入生长时期。当肉质根相当粗大，叶不长，根长得很快称为定桩。肉质根已显露基本形态，加粗生长加速称为露肩。

萝卜适宜土壤湿度为田间最大持水量的 60%~80%，空气相对湿度 60% 左右，水分不足肉质根瘦小产量低，水分忽干忽湿会造成根开裂。

萝卜要求充足的光照，短日照有利于肉质根的形成，在长日照下肉质根停止肥大，迅速开花，经低温处理后，光照 14 小时很快就会开花。

萝卜喜土层较深、土质疏松、富含有机质，排水与保肥性好的土壤。据研究，生产 1 000 千克萝卜，约吸收纯氮 5.55 千克，纯磷 2.6 千克，纯钾 6.3 千克。氮仍是影响萝卜产量的重要敏感元素，一般氮、磷、钾的施肥比例为 2.1∶1∶2.5。

（一）类型与品种

萝卜品种众多，形状各异，按栽培可分为：

1. 春夏萝卜

（1）四季萝卜　植株矮小，肉质根小、呈球形、短圆锥形或扁圆形，直径和高度 2～4 厘米，较耐寒、耐热，播后 30～40 天可收，板叶或花叶，白肉。如南京扬花萝卜、上海小红等。

（2）小型早萝卜　肉质根比四季萝卜大，直径 3 厘米，长 12 厘米左右，皮红，肉白，味甜或稍辣，播后 50 天可上市，如北京锥把子、大缨水萝卜、南京的泡里红、五月红、四川的胭脂红、枇杷缨萝卜、天津的娃娃脸、大连小五缨萝卜等。

2. 夏秋萝卜　农民称为火萝卜、伏萝卜，播种期正值酷暑、台风、暴雨季节，病虫害多，对萝卜生长十分不利。要选择和培育抗热性和抗病性强的品种，例如北京农大的热白萝卜、南京农大的热丰 1 号、华中农大的热杂 4 号。

3. 秋冬萝卜　是我国萝卜的主要类型，品种众多，优质高产，又有生食、加工与熟食的品种，大多作露地栽培。例如杭州洋红萝卜。

4. 冬春萝卜　指冬播春收的萝卜，是从秋冬萝卜中分化出较耐寒的品种，例如江苏如皋百日子，武汉的春不老，上海的月浦白，杭州的大缨洋红等。

萝卜的杂种优势十分明显，杂种一代大都表现增产，品质改善，抗逆性、抗病力增强。例如江苏农学院江农大红，南京农大的青杂一代，山东蔬菜所的青潍 1 号、武汉杂种 1 号、丰光杂种 1 号等新品种。

水果萝卜有两类，一类是春夏萝卜中早春生食的水萝卜，又名四季萝卜,扬花萝卜、绿叶、红皮、白心、色彩鲜艳,又在严冬早春上市,格外诱人。如北京锥把子,大缨水萝卜,南京泡里红、五月红、四川胭脂红、枇杷缨萝卜、天津娃娃脸、大连小五缨、上海小红、江苏淮安的麻雀头。另一类是秋冬甜脆型萝卜,如天津卫青萝卜、山东青皮脆、北京心里美、杭州大缨洋红及淮安青皮萝卜等。

（1）卫青萝卜　天津古老品种。直根全绿、皮薄、甜脆,长20厘米左右,直径6～8厘米,长筒型,生食风味极佳,味甜,质脆,水分多,不易糠心。最近选育的有郑研791、超级郑研及绿玉等。

（2）淮安青萝卜　萝卜长直筒形,长10～15厘米,直径3～4厘米,筒身全绿,从头绿到脚,肉色碧绿,汁多而甜,含汁欲滴,十分诱人。刚采收时质硬,经霜冻后不糠心,味变脆、甜、水分极多。

（3）心里美　北京特产。萝卜短圆筒形,出土部分绿色,入土部分白色,重0.5～1千克,味甜、质脆,肉质紫红鲜艳,享誉国内外。收获时质硬风味稍差,贮藏后风味变浓,水分含量中等。

（4）上海小红　根扁圆形,皮玫瑰紫色,根尾白色,味甜、多汁、脆嫩、花叶。

（5）麻雀头　产淮安,根圆至扁圆形,皮鲜红色,肉白色,脆嫩,花叶。

（6）五缨　大叶5～6片,板叶,叶柄正面紫红色,肉质根圆锥形,重30～40克,长8厘米,横径3厘米,皮红色,肉质白、细嫩,生长期50天。

（7）CG9646　浙江农业新品种引种中心引入。叶丛半直立,叶长60厘米,全裂。肉质根圆锥形,白色,根重1.3千克,肉质白色,质脆、味甜,品质上。

（8）荸荠扁　根扁圆形、皮红或白色、光滑、嫩脆、无辣味、品质中等，播后30~40天可采收。

最近选育的有重庆民哈哈农业公司的韩晶玉翠、青岛胶研种苗所的胶研秀青萝卜，荷兰小天使，德国的早红，日本的20日大根及春萝1号、卫青1号、鲁萝8号、上选4号、春白2号、夏浓早生2号、夏长白2号等。

（二）春萝卜盆栽技术

1. 播种 由于水果萝卜生长期短，肉质根质量小，对肥料的种类与数量要求不严格，一般以基肥为主，追肥次数少。盆栽时要配好培养土，做到肥沃、疏松，可用园土、腐熟厩肥、复合肥7∶2∶1配比而成，可选用直径30~40厘米的圆盆，装土入盆后，按15~20厘米开沟条穴播或撒播，每穴播种4~5粒，播后覆土1~1.5厘米。如畦播，宜直播，按行距10厘米开浅沟，沟深1.5厘米，每亩播种量1~1.5千克，浇足底水，播后覆细土2厘米厚，以防土壤板结影响出苗。

2. 间苗 在22~25℃时2~3天出苗，幼苗出土后生长迅速，撒播要及时间苗，一片真叶展开时进行第一次间苗，拔除病虫弱苗，2~3片真叶时匀苗，6~10厘米留一株，条穴播5~6真叶时定苗，每穴留1株苗。

3. 肥水管理 水果萝卜苗小根浅，水要少浇、勤浇，叶片生长旺盛期要适量浇水，做到土发白才浇，地不干不浇，以免降低地温。如地力不足，可随水施少量速效氮肥。在破白期及肉质根迅速肥大期，每盆追硝酸铵5~10克，做到破心轻追，破肚重追，切忌浓度过大。

4. 采收 水萝卜一般播后30~60天可开始分期采收，2~3天收一次，3~5次拔完。拔出后洗净泥土，5个绑一把，绑在距肉质根5厘米处叶片上，叶片顶部切断，使叶片长与肉质根长度相等。

水果萝卜要及时采收，然后进行窖藏，贮藏期间防止冻伤糠心及黑心发生。

(三) 水果萝卜秋冬盆栽技术

1. 播种 秋冬萝卜选卫青萝卜、心里美、胶研青秀萝卜等品种。播种期长江流域在8月上中旬，华北地区在8月上旬，淮北地区在8月中旬。

盆栽可选用直径30～50厘米的盆或缸，基质用园土加20％腐熟厩肥加1％过磷酸钙，将土与肥料拌匀装入盆中，播前浇足底水，撒播，覆土厚度1.5～2厘米，如穴播，按7～10厘米开穴，每穴播种子4～5粒，播后放到阳台上保温。白天保持20～25℃，夜温10～13℃，出苗后白天降到15～20℃，夜间8～10℃，不低于3～5℃。破白后，室温白天15～18℃，夜温8～10℃。

2. 管理 幼苗出土后生长迅速，撒播要及时间苗，一片真叶展开时进行第一次间苗，拔除病虫弱苗，第二次在2～3片真叶时匀苗，4～10厘米见方留一株。有些品种，苗距可达10～15厘米。条穴播的5～6片真叶时定苗，每穴留苗1株。

幼苗期，苗小根浅，水要少浇勤浇；叶部生长盛期要适量浇水，做到盆土不干不浇，土发白才浇，肉质根生长期，充分均匀供水，浇水宜在晴天上午浇，以免降低地温。在破白期及肉质迅速肥大期，每盆追硝酸铵10～15克，硫酸钾20克，过磷酸钙50克，做到破心追轻，破肚追重，切忌浓度过大。每生产100千克萝卜，需吸收氮0.55千克，磷0.26千克，钾0.64千克，氮磷钾比为2.1∶1∶2.5，钾的吸收量最大。栽培萝卜，要多施腐熟的有机肥，新鲜圈肥会造成萝卜黑心，因此，在破肚、根膨大期，应保证钾肥的供应。

3. 采收 一般播后80～90天可采收，宜分次分期进行，一般2～3天收一次，3～5次拔完。拔完后洗净泥土，叶片顶部切断，使叶片长和肉质根长度相等。如熟食，亦可去叶只留肉质根上市。

(四) 萝卜糠心、肉质根分叉、开裂的防止

萝卜糠心与品种有关,凡肉质致密的小型品种,不易糠心。生长后期肥太多,水分或多或少、温度高,特别是夜温高易糠心,光照不足、茎叶生长受限,易糠心。肉质根形成期缺水会糠心,防止糠心的办法,首先要选用不糠心的品种,新鲜的种子,这是根本,然后控制好后期的温度、水分,保证充足的光照。

萝卜的分叉、弯曲的原因是使用陈种子,根生长时遇高浓度的化肥、害虫侵害及植株斜生分叉增多。氮过多、磷不足,可使萝卜产生芥子油多,使味道变辣。防止的办法是选用新种子,最好是当年的种子,使用肥料宜稀而均匀,腐熟,水分不过干过湿。要早间苗、晚定苗,防叉根。

三、樱桃番茄

樱桃番茄又名迷你番茄、微型番茄,是普通番茄的一个变种。樱桃番茄果实小,单果重仅10～20克,植株生长势强,结果多,每株结果400～500个。果实形状有球形、枣形、洋梨形等,具有较高的观赏价值。樱桃番茄可露地栽培,也可利用塑料大棚栽培,但目前以温室冬春栽培较为普遍。较优良品种有圣女、千僖、黄珍珠、亚蔬六号、绿宝石、红提、串珠等。

(一) 品种

1. 圣女 中国台湾省农友种苗公司培育。生长势强,属无限生长类,早中熟,主茎8～9节着生第一花序,以后每3～4节着生一花序,每穗可结果30～60个,每株可挂果200～500个。果实枣形,亮红色,单果重10～20克,可溶性固形物含量10%以上,果长4～5厘米,横径2厘米。果腔小,种子极少,不裂

果，耐贮运，品质优，耐高温，抗枯萎病和病毒病，被称为樱桃番茄系列的"水果之王"。亩产 4 000 千克。

2. 米克 荷兰诺华公司培育。生长势强，无限生长类，中熟，主茎 6～7 节着生第一花序，平均每穗着果 74.9 粒。果实深红色，扁球形，皮厚，味佳，平均单果重 7.8 克。耐高温，抗枯萎病、黄萎病和病毒病。

3. 金珠 中国台湾省育成，无限生长类。第一花序着生在 6～7 节，果实红色，球形，每株果穗数 6 个，每穗平均结果数 20.8 个，平均单果重 15.5 克，味甜，适口性好，产量高，亩产 2 000 千克。

4. 四季红 有限生长类，第一果穗着生在 6～7 叶，单株果穗数 7.4 个，每穗结果 7.5 个，果实近球形，平均单果重 19.2 克，适口性较好，味较甜。

5. 樱桃红 由荷兰引进，无限生长类，第一花序着生在第七至九节，每花序着果 10 个以上。果实圆球形，红色，单果重 10～15 克，抗病。

6. 朱云 中国台湾省育成。果实红色，圆球形，单果重 13～18 克，酸甜适中，极早熟，耐高温，耐湿，夏季也可栽培。

7. 超甜樱桃番茄 从荷兰鹿特丹市引入。无限生长类，第八至十叶开始生第一花序，每穗坐果 30 个以上，每株可采 28～35 穗果。果实圆球形，鲜红色有光，平均单果重 10～12 克，可溶性固形物含量为 5.3%，果脐小，皮厚不裂果，抗枯萎病和叶霉病。采收期长达 9 个月。

8. 美味樱桃番茄 中国农科院蔬菜花卉所从日本樱桃番茄中选出，无限生长类，生长势强。果实圆球形，红色，色泽艳丽，着色均匀。每穗可结果 30～60 粒，单果重 12～15 克，大小整齐匀称，风味浓郁，甜酸适口，抗病毒病、极早熟。

9. 京丹 1 号 北京市蔬菜研究中心育成。无限生长类，叶色浓绿，生长势强，第一花序着生 7～9 节，每穗花数 10 个。果实圆球形或高圆形,红色,单果重 8~12 克,甜酸适中,耐低温,高抗病毒病,较耐叶霉病。

10. 千红 1 号 无限生长型,生长势强。叶片较小,叶色浓绿。第一花序着生于 7~8 节,以后每隔 3 片叶着生一花序,花序大,平均坐果 30 个以上。果实圆形,成熟后红色,平均单果重 10 克左右。果皮薄,味浓、甜,口感极佳,可溶性固形物 8%~9%,无土栽培的糖含量高达 9%~10%。该品种中早熟,抗病毒病及其他叶部病害,适于露地及保护地栽培。

11. 翠红 中国台湾省农友种苗公司育成,半封顶型,株高 1.5~2 米,侧枝多,早熟,播种至初收 80 天,第一果穗着生在第六至七节,以后每一节均着生花序,每一穗果结果数为 11~15 个,一株可挂 30 穗果。果实子弹头型,颜色深红,横果径 2.15~2.58 厘米,果肉厚 0.29~0.37 厘米,单果重 9~15 克。耐热,耐贮运,口味佳,适于鲜食,糖度 7.05%~8.13%。

12. 朱丽 中国台湾省农友种苗公司育成。株高 2~3 米,生长健壮,叶缺刻深,叶片长,第一果穗着生于第七至九节,播种至始收 100 天,隔一个节有一串花序,每一花序挂果 7~9 个,全株可结 20~25 穗果,平均单果重 20.3~34.6 克,横径 2.9~3.3 厘米,果肉厚 0.4~0.5 厘米,中果型,果色深红,耐贮运,糖度 5.8%~6.3%。

13. 美国樱桃黑番茄(Black cherry) 徐州市蔬菜研究所引进。果实及果肉均为黑红色,有浓郁的水果香味,亩产 4 000 千克,定植后 20 天开花,30~35 天开始成熟。

14. 七仙女 江苏省农业科学院蔬菜研究所育成的抗病丰产、商品性佳、耐贮运的早中熟黄色樱桃番茄新品种。无限生长类型,植株长势旺盛,叶色浓绿,茎秆粗状。主茎 7~9 节生第一花序,一花序可结 7~12 只,单果重 5~18 克。果实金黄色,圆球形,不易裂果,平均糖度 7 度,肉质软,皮薄籽少,风味甜美,清凉爽口,商品性佳,耐贮运。

(二) 盆栽技术

1. 播种育苗 樱桃番茄种子小且价格较高,宜采用营养钵育苗。可用纸钵或塑料钵作容器,基质用腐熟厩肥、园土按 4:6 比配制而成,每立方米基质加复合肥、磷肥、钾肥 1~2 千克,农药(多菌灵、敌百虫)150~200 克,当土温达 16~30℃时,在晴暖天中午,将催芽后种子播种,播前先浇足水,每钵播种子 1~2 粒,播种深度 1 厘米,用育苗土覆盖。播种到第一片真叶展出保持 28~30℃,当 70% 幼苗出土后,可降到 23~25℃,防止形成高脚苗。从第一片真叶到分苗,白天保持 25℃,夜温 20℃,促早缓苗,缓苗后白天 25~28℃,夜温 15~18℃,定植前 7 天进行炼苗,白天温度 15~20℃,夜温 5~10℃(见表 6-3)。

表 6-3 樱桃番茄苗期的温度

苗期	白天℃	夜温℃
播种~第一真叶展出	25~28	15
分苗后	25~30	20
缓苗后	25~28	15~18
定植前 7 天	15~20	5~10

盆钵育苗易干旱,要经常浇水,做到小水勤浇,浇则浇透。盆钵育苗用营养土,一般苗期不需追肥,如苗钵大小、营养不良,在中后期,可用随水浇施法施入 0.2%~1% 的复合肥液,亦可浇 10 倍饼肥水,每 7~10 天追一次,连追 3~5 次。

樱桃番茄发芽后根系生长快,移苗伤根后恢复快,大规模生产,可以用大孔径穴盘如 72 孔的穴盘育苗。基质用泥炭、珍珠岩 8:2 混合,每方基质加 50% 多菌灵 150~200 克,商品鸡粪 10~15 千克,复合肥 1~1.5 千克,将配好基质放在穴盘上,用刮板从穴盘一侧刮向另一侧,使每孔基质都装满,将穴盘垂直放

第六章 水果用蔬菜

一起,4~5盘一摞,上面放一空盘,用手均匀下压至1厘米为止,将穴内基质压紧。将种子浸种6~8小时,每穴播种子1粒,深度0.5厘米,覆土后洒透水,保持25~30℃,5~7天即可出苗。出芽后保持土表干燥,以防猝倒病的发生。从子叶出土到2片真叶,要保持低夜温、低湿度、充足光照,培育壮苗。2片1心时幼苗主根已透出穴盘,要移动穴盘断根促发侧根,断苗应选择晴天下午4点后进行,放置一夜,1~2天后可缓苗。3片真叶以后开始花芽分化,保持中湿度,15℃夜温,4片真叶,苗龄45天可定植。定植前喷1~2次叶面肥加百菌清,防治叶部病害。如在棚室栽培,宜用嫁接苗,砧木应与接穗有强的亲和力,共生力强而稳定。对土传病害有抗性,耐低温,耐弱光,耐湿,不改变果实的品质,常用砧木见表6-4。

表6-4 茄果类常用砧木

品名	常用砧木
番茄	BF、兴津101、PFN、KVNF、耐病新交1号、托巴姆
茄子	托巴姆、红茄、耐病VF、密特、刺茄
辣椒	土佐绿B、PFR-K64、LS279、超抗托巴姆、红茄、格拉夫大特

常用劈接法 砧木苗茎高12~15厘米,有叶3~4片;接穗苗茎高12厘米,有叶2~3片,一般砧木较接穗早播5~7天,砧木苗栽在容器内。用刀将苗茎从第2~3叶间横切断,并去掉第1片叶,在茎段中央、纵向下劈切口长达1.5厘米,用刀片在苗茎的第2~3叶间,紧靠第2片叶把茎横切断,然后削成楔形双斜面,长1.5厘米。将接穗对好形成层插入砧木茎内,用嫁接夹将接口固定住。

接后8~10天内,保持白天25~30℃,夜温20℃,空气湿度90%以上,3天后小通风使温度降低3~5℃,成活后空气湿度以70%为宜。

嫁接苗栽入苗床后要逐行逐株浇透水,要保持苗钵土潮湿。

嫁接当日及接后 3 天，适当遮荫、第 4 天开始，接受短期阳光。接后 7~10 天，将质量不同的分类放置，便于管理，对恢复慢生长差的苗木集中加强管理。接后 9~10 天进行断根、抹去砧木上的枝杈。

2. 上盆 选直径 30~50 厘米的塑料盆，盆土用未种过茄科作物的园土与腐熟堆厩肥以 8∶2 配制而成，每盆加复合肥 50 克，尿素 20~30 克。选壮苗定植，即苗龄 45~60 天，苗高 18~25 厘米，茎粗 0.5 厘米，上下粗细相近，节间短，健壮，子叶健全，具 4~6 片真叶，叶色深绿，无病虫害的苗木，每盆栽 2~3 株，栽后浇透定根水。

3. 管理

（1）温度和光照管理　缓苗后加强通风，白天保持 20~28℃。严冬季节注意防寒保温，夜间不低于 10℃。开春天气变暖后防高温"灼伤"花、叶。

表 6-5　樱桃番茄的管理措施

时期	标志	日温℃	夜温℃	水分	肥料	主要工作
缓苗期	心叶生长	28~30	15	浇定根水后不浇水	不追肥	保湿
营养生长期	从生长到第一穗果	22~28	10	不浇水	不追肥	吊蔓整枝
结果前期	第 1~6 穗果坐果	25~28	>13	每穗果膨大时追肥水，见干见湿	复合肥 15 千克/亩	授粉打侧芽
结果后期	从 6 穗果膨大至授粉	25~28	>8	每序果膨大追肥水	复合肥 20 千克/亩	授粉打侧芽
采收期	果实变色成熟	25~28	>8	采后浇水	叶面肥	及时采摘

（2）肥水管理　开花坐果前适当控制浇水，第一穗果开始膨大时，随水冲施肥 1 次，以后每坐住一穗果追肥 1 次，用量同普通番茄。

(3) 植株调整　宜用吊蔓。多采用单干整枝，植株长到架顶后及时落蔓。

(4) 保花保果　低温期，用30～50毫克/千克番茄灵（PCPA）喷花或用15～20毫克/千克的2,4-D蘸花柄。

(5) 采收　樱桃番茄结果数多，同一花序上的果实成熟期不一致，可单果分批采收，也可成串采收。

4. 病虫害防治

(1) 病虫发生的特点　病毒病是番茄的重要病害，高温干旱、蚜虫发生严重发病重，发病率8%～15%。灰霉病的为害性仅次于病毒病，低温高湿、春季多阴雨、刮风、倒春寒时发病重，一般损失15%～20%，南方要重些。晚疫病、叶霉病发病程度因地因管理而有差异，晚疫病低温高湿发病重，产量损失10%左右；叶霉病在中后期高温高湿发病重，一般损失5%～10%。早疫病在土壤贫瘠、管理不善发病重，损失可达10%以上。青枯病、溃疡病为细菌性病害，一旦发生毁灭性极强。白绢病、菌核病、根结线虫为土传病害，通过病土病苗传播，发病后防治难度大，损失重。蚜虫白粉虱发生普遍，繁殖速度快，受害重；棉铃虫、茶黄螨、美洲斑潜蝇为新的季节性害虫，局部损失较重。因此盆栽番茄应根据番茄生长发育和病虫消长规律，创造适于番茄生长、不利病虫发生的最优生长环境，充分利用生物、物理、生态及害虫趋性等控病防虫措施，有效控制病虫为害，应以选用抗病品种、培育无病壮苗为基础，选用病虫专项防治技术，尽量减少农药使用，把病虫控制在经济允许损失水平之下，使之达到优质、卫生、营养的目的。

(2) 病毒病　其症状有花叶型、条斑型、蕨叶型3种，83增抗剂用原液7.5克加水750克，分别在小苗2～3叶，栽前1周，缓苗后1周各喷1次，还可用20%毒克星400～500倍液抗毒剂1号300～400倍液，25%抗病毒粉400倍液，20%病毒净400～600倍液，病毒宁500倍液，每7天一次，连喷2～3次，有一定的防治效果。

（3）灰霉病　发病初期可用65%克得灵1 500倍液+25%菌思奇乳油1 000倍液,50%扑海因1 500倍液,50%农利灵1 000倍液,50%多霉灵1 500倍液交替使用,7～10天一次,连喷2～3次。

（4）晚疫病　幼苗发病在近叶柄处的茎呈黑褐色并腐烂,植株萎蔫折倒枯死,潮湿时产生白色霉层。发现中心病株立即防治,可用40%乙磷铝300倍液,或75%百菌清600倍液。64%杀毒矾500倍液,或25%瑞毒霉1 000倍液,或72%普力克800倍液,或72%克露500倍液,5～7天1次,连喷3～4次。

（5）早疫病　用70%代森锰锌500倍液,或40%灭菌丹400倍液,或75%百菌清600倍液,7～10天一次,连喷4～5次。

（6）叶霉病　发病初期用武夷霉素150倍液,50%扑海因1 500倍液,五四〇六的3号剂600倍液,47%加瑞农1 000倍液,7～10天一次,连喷2～3次。

（7）青枯病　发病初期可用72%克露,50%甲基托布津500倍液,75%百菌清500倍液防治,6～7天一次,连喷3～4次。

（8）枯萎病　发病初期可用10%双效灵200倍液,50%多菌灵500倍液灌根,每株灌0.25千克,10天一次,连灌2～3次。

（9）根结线虫　可用1.8%集琦虫螨克乳油每亩600～1 000克,加水500～1 000千克,均匀喷浇苗床或定植穴,也可用3%米乐尔颗粒剂每亩2～3千克,拌适量细土均匀撒于苗床和定植穴内。

（10）有翅蚜、白粉虱、斑潜蝇　成虫可挂黄板,外套透明塑料膜涂机油或黏胶诱杀,亦可架黄板,大小0.3米0.5米左右,每8～10米挂一块,悬挂高度以高出番茄生长点5厘米为宜。有条件地方可释放寄生蜂防治白粉虱和斑潜蝇。白粉虱在早上喷杜邦万灵+吡虫啉或灭螨猛或阿克泰（噻虫嗪）进行防治。

四、菜用甜瓜

菜用甜瓜又名越瓜、菜瓜、梢瓜，具有很高的营养价值和药用功效。有利尿、解热毒之药效，有甜瓜的甜脆，又有黄瓜的清脆爽口，常作夏季水果，多用于生食、凉拌和酱菜的原料，栽培粗放，产量高，耐贮运，具有很高经济效益的优势品种。

（一）品种

1. 八棱脆 天津科润蔬菜所育成。瓜皮表面有 8 条凸出棱带，短粗棒形，外观漂亮、品质极佳、极早熟。以主蔓结瓜为主，连续坐果性好，单株结瓜 8 个左右，丰产优质，口感好，酥脆可口。

2. 红瓤酥 瓜长圆形、瓜皮灰绿，瓜熟后瓤橘黄色，味甘汁多，酥脆可口，清热解毒。生长势强，子、孙蔓结瓜，以孙蔓结瓜为主。产量高。

3. 芝麻酥 江淮北部地方品种。瓜皮浅绿色有黑色条纹，果肉黄绿色，种子小如芝麻，酥脆爽口，风味极佳。中熟偏晚，以孙蔓结瓜为主，产量中等。

4. 一串铃梢瓜 瓜长圆柱形，乳白皮，有 10 条纵白浅纹、甜脆、风味独特，单瓜质量 300～500 克。早熟，生长势强，抗逆性强，适应范围广。产量高。

5. 白皮棱子酥瓜 叶片心脏形，叶缘有浅裂刻，以主蔓结瓜为主，结瓜早。瓜圆筒形，带棱、白皮，单瓜质量 1 500～2 000 克。味甜汁多，酥脆可口。早熟，产量高。

6. 过路白 瓜长圆筒状，长 40 厘米，横径 8～10 厘米，单瓜质量 2 千克，瓜皮浅白色有竖线条纹，风味独特，酸甜可口。长势强，以孙蔓结果为主。早熟，产量中等。

7. 长花皮酥 瓜长圆柱状，瓜皮花皮色，熟后瓤橘黄色，瓜长 30 厘米,粗 10 厘米,单瓜质量 1~1.5 千克。味甘多汁,酥脆可口,生长势强、子、孙蔓均可结果,产量偏低。

8. 小籽八方瓜 瓜圆筒状,皮淡黄色,有不规则突出纵棱 8 条,果肉厚,脆嫩多汁,味香甜。主蔓结瓜迟,子蔓 7~8 节开始着瓜,孙蔓第一节发生雌花。适应性强,抗病,生长势强,丰产,经济效益特高。

9. 花雪梨 产浙江温岭。瓜长圆筒形,顶部圆,皮色黄绿,上有十多条绿色条纹,瓜长 30~50 厘米,直径 3~5 厘米。肉厚,肉脆嫩多汁,熟后味甜,子、孙蔓结瓜,适应性强,抗病、产量高。

(二) 栽培技术

菜用甜瓜喜温耐热,不耐寒、不耐涝。种子在 16~18℃开始发芽,30℃发芽最快,生长适温 25~32℃,生长期需充足的光照和 pH 值 6~7,疏松的土壤。

1. 育苗 基质用园土 50%~60%,有机肥 40%~50%,复合肥每立方米 1~2 千克,加多菌灵、敌百虫 150~200 克,按比例混合成堆,上用薄膜封盖严实 7~10 天再用。然后将培养土装入育苗钵内,种子经浸种催芽后,每钵播 1~2 粒,深度 1 厘米,种子要平放,要先浇足水后再播。播后保持 28~30℃,当 70% 幼苗出土后,降温 3~5℃,防止高脚苗。第一片真叶出现后,温度保持 25℃,定植前 7~10 天降温炼苗。

2. 定植 露地栽培 4 月上旬播种育苗,直播 4 月中下旬进行,定植前要整地施基肥,每亩施厩肥 1 000~2 000 千克,按行距 50~100 厘米,株距 35~50 厘米定植,栽后浇足定根水。黄淮地区常作为西瓜地的边际作物,防止人畜损坏。

3. 肥水管理 菜用甜瓜需肥水少,但易早衰,应抓好伸蔓期及膨瓜期的肥水供应。追肥每亩施尿沼液 800 千克加高钙钾宝 10 千克及磷酸二氢钾等,忌大水漫灌,遇旱要及时浇水。

4. 整枝技术 菜用甜瓜在子孙蔓结瓜必须早摘心,当主蔓4~5片时摘心,留4条子蔓,当子蔓长到4~5叶时再摘心,一般第1~2节就有雌花,将有瓜节位的孙蔓打掉,每一子蔓留1~2个瓜,每株留5~6个瓜。如子蔓上无雌花,即留孙蔓结瓜,瓜前留2叶摘心,每一孙蔓留一个瓜,其余枝杈一律摘除。整枝把握一个早字,伤口坚持一个小字,可用铒子将生长点摘除。整枝时蔓下填土,瓜长到半大时进行翻瓜。在黄淮地区,还有压瓜的习惯,当瓜开始拖蔓时,用瓜锄挖一小坑,撒一把麻油饼,用土将瓜蔓压上,瓜农称为"编根"。当瓜蔓长到30~40厘米时,同样挖小坑,施入麻油饼或麻油渣,将瓜蔓压入土中,瓜头要上抬,随着瓜蔓的生长,使瓜头引向所需的方向,每隔30~40厘米压蔓一次。压蔓有防风、追肥、抑制徒长的作用。

5. 菜用甜瓜忌连作,忌土热时浇水,忌含氯肥料,忌采前漫灌,忌氮肥过量。

6. 病虫害防治 主要病虫害有幼苗猝倒病、细菌性枯萎病、霜霉病、白粉病、蚜虫、粉虱、斑潜蝇。定植前带肥药移栽,可用800倍百菌清加0.2%磷酸二氢钾液。定植覆膜前喷300倍多菌灵,3天后膜内有水珠时定植。生长期每隔7天喷中生菌素加农用链霉素防病。

7. 采收 当果实出现固有色泽、瓜条发白,瓜把上蜡,瓜已长足但未变软,瓜条有弹性,一般雌花开放后35~40天即成熟,要及时摘下。

五、紫茎蓝

又名球茎甘蓝,原产地中海沿岸,为叶用甘蓝的能形成肉质茎的变种。食用部分为球茎,质脆嫩,味甜如水果,可作水果鲜食亦可切丝炒食,嫩绿色叶片,配以紫红色叶脉,为城市街头、广场绿地、居民小区绿化美化的品种之一,还可盆栽作为礼品推向市场。

紫茎蓝植株矮小，株高约 35 厘米，叶 15～20 片，球形，叶柄细短，球径约 10 厘米，近圆球形，单球质量 0.4～0.5 千克，从播种至采收 80～90 天。夏秋播秋冬收，春播 5～7 月收。

紫茎蓝喜温和、湿润气候，耐寒性较强，冬季可耐 －5～－6℃低温，营养生长适温 15～20℃，肉质茎膨大期遇 30℃以上高温，球茎易老化多纤维，生长期间需充足的光照，对土壤要求不严，但喜腐植质丰富的壤土，较耐肥水。

（一）育苗

以春秋栽培为主。育苗移栽每亩用种 50 克。春季育苗在保温的室内，用营养钵或穴盘基质育苗，播种在 1 月初至 2 月中旬。育苗时将培养土装入直径 8 厘米的营养钵或穴盘中，播种前先浇足水，待水渗下后播种，每穴 2～3 粒，播后及时用细土覆盖、覆土厚度 1～1.5 厘米，覆膜保温保湿，出苗后去膜，使白天保持 20～25℃，夜温 5～8℃，防止苗子徒长。黄淮地区秋植在 7 月底～8 月初育苗，遮阳网覆盖，苗龄 30～40 天，具 4～5 片真叶即可定植。

（二）定植

春季露地定植在 4 月中下旬，秋季在 9 月上中旬，株行距 30 厘米×40～50 厘米。庭院栽植每平方米施腐熟厩肥 4 千克，氮、磷、钾三元素复合肥或过磷酸钙 25～50 克，每亩 4500 株左右，选晴天带土坨定植，及时浇足定根水。

盆栽选 20～30 厘米的塑料盆、泥瓦盆或紫砂盆、用园土与堆厩肥 3:1 混合作基质，每盆栽一株。

（三）肥水管理

定植后及时浇定植水和缓苗水，当长到有 10 片叶子时追施尿素，每盆20～30克，亦可浇10倍饼肥水，追肥不宜过早，以防植株徒长，球茎膨大中期和后期各追一次尿素水，每次每盆15～20克，亦可浇饼肥水加尿素。紫茎蓝浇水施肥要均匀一致，浇水间隔和浇水量要均匀，间隔不能过长，以免形成畸形球茎，土壤过干过湿会造成球茎开裂或出现二次生长的小球，影响产量与品质。

紫茎蓝在定植浇水后，待土壤稍干可松土1～2次，并适当蹲苗，紫茎蓝莲座期比结球甘蓝短，外叶数少，球茎开始膨大后结合松土向球茎四周培土，防止球茎长大倒向一侧，培土时防止伤到球茎。

（四）病虫害防治

紫甘蓝主要病虫害有黑腐病、菌核病、霜霉病及蚜虫、菜青虫、蜗牛等。要避免与甘蓝类蔬菜重茬。病害发生初期及时摘除病叶，并可喷30%琥珀酸铜、乙磷铝可湿性粉剂1 000倍或50%速克灵可湿性粉剂2 000倍液。防治蚜虫可用10%吡虫啉可湿性粉剂1 000倍，或Bt乳剂500倍液。防治蜗牛除人工捕捉外可撒施6%密达颗粒剂，每平方米0.8～10克。

（五）采收

定植后50～60天，球茎表面出现蜡粉并有光泽，球茎膨大缓慢时即可收获。收获过迟会使生长点向上伸长，球茎变长、变厚、硬，纤维增加，降低商品性。

六、观赏茄子

观赏茄子是指茄子中的微型茄子品种，植株小巧，果实较小，果实形状有鸡蛋形、五指形、圆球形和卵形等，表皮有紫黑、白、紫红、大红等颜色，有的品种果色初为银白，成熟时转为金黄，枝条上悬金挂银很美观。近年来，我国观赏茄子的栽培发展很快，在许多现代农业园区和游览景区纷纷引入种植，是发展观光旅游农业的主栽品种之一。

（一）品种

我国现广泛栽培的观赏茄子品种主要来自国外及地区，主要品种有：非洲红茄、乳茄（又名五指茄）、宝石茄（又名红宝石）、蛋茄〔也叫金银茄）、彩茄1号等。最近日本及中国台湾省推出的品种有：

1. 羽黑一丸茄子 日本育成。叶片较小，节间短，枝条开张。果实长椭圆形，浓紫黑色，单果重10克左右，极早熟，花后10天可采收。

2. 山紫长茄 日本育成。株形半直立，侧枝多，叶片较大，节间短。果实细长，长15～16厘米，单果重50～55克。

3. 小丸茄子 日本品种。果实在50克以下，有紫黑、白、紫红、绿、大红等色，果实为圆形或卵形。

4. 新娘 中国台湾农友种苗公司育成。植株长势强健，株形较矮，茎青色，花淡紫色。结果多时间长，果实中长形端直，长18～22厘米，直径3～3.5厘米，单果重90克，白皮有浅红色细致美丽纵条纹，萼绿色，肉纯白色，品质细嫩。早熟，抗青枯病。

5. 民田 日本品种。单果重6～8克，浓紫黑色，品质好。

6. 紫绪仙台长 日本品种。果长6～8厘米，紫黑色，长圆柱形，品质好。

7. 黑潮 日本品种，果实长圆形，黑色，极早熟，花后12天可食，抗病耐湿。

8. 极早生大丸 果实椭圆形，黑紫色，品质极佳。

（二）盆栽技术

1. 育苗 育苗应采用育苗钵育苗。盆土用园土、堆厩肥、细砂和炉渣按6∶3∶1配制而成,每立方米加复合肥1~2千克,多菌灵、敌百虫150~200克,混匀后7~10天后播种。播前浇足底水,在晴暖天中午将催过芽的种子进行播种,深度为1厘米,每钵播种子2~3粒。苗期温度掌握白天高夜间低,晴天高,阴天低,出苗前、移苗后高,移苗前、定植前低。2~3叶时进行分苗,定植前6~8天进行炼苗,苗龄40~50天,门茄已现蕾,6~8叶时定植。

2. 上盆 选直径30~50厘米的塑料盆,盆土用园土、腐熟堆厩肥按7∶3配制而成,每盆加复合肥40~50克,拌匀。当日均温度稳定在17℃左右时选择温暖晴天进行。定植不可过深,以与原来苗床栽植深度相同,或与秧苗的子叶节平齐为宜,子叶露在土外。

规模种植一般采取保护地栽培形式,用营养土或基质进行槽栽。用红砖砌成简易栽培槽,槽底部铺有薄膜,槽内宽48厘米左右,待幼苗长出3~4片真叶时,栽于栽培槽内,其株行距60~80厘米。定植后覆盖地膜。盆栽每盆1株苗。

3. 肥水管理 苗期适当控制浇水,在门茄"瞪眼"之前应控水,中耕蹲苗。"瞪眼"之后需进行一次重点浇水、施肥。进入盛果期后勤浇水,结合浇水进行追肥。每隔10~15天追施1次氮、磷、钾复合肥,每盆用氮、磷、钾复合肥15克,同时叶面喷施0.2%硫酸锌、0.5%硼酸,促进茄子生长,提高茄子品质,使茄子表面有光泽。

在严冬低温时,适当地减少浇水次数,有利于提高地温,促进植株生长,同时降低室内空气湿度,减少病害。

4. 整形修剪 小果型品种株高15厘米左右时打顶,使其长出分枝,分枝长到10厘米左右再次打顶。一般打顶3~4次,促使多分枝,株形矮壮,即可形成高40~50厘米的球形植株,这样挂果后非常美观。

大果型品种一般采取双干整枝,以第一级分枝的两个分枝为主干，随着植株生长，每隔半个月进行一次整枝，除去主干上所有侧枝和植株基部新长出的侧枝，盛果期每个主干上适当地留1～2个侧枝，第一果坐住后摘心。

叶片长密后须摘叶，摘除硕大、黄枯的老叶，以利通风透气、增强光照。使叶细又厚。摘叶时发现徒长枝、过密枝、枯枝、病虫枝也应剪除。

5. 保花保果 冬季或早春栽培茄子，由于温度偏低，花芽分化质量差，自然坐果率不高，需要进行人工点花，一般选用30毫克/升的2，4-D涂抹花柄，或用50毫克/升的防落素在花半开时喷花。

6. 疏花疏果 一些簇生花序的品种，结果比较多。每个花序挂果一般在4个以上，为了保证茄子的品质及果形，必须进行疏果。当茄子长到拇指大小时进行疏果，每个花序选生长快，果柄粗的茄子留3～4个。

7. 采收 从开花到采收嫩果，约需25天，当萼片与果实相连的白色或淡绿色环带比较明显，表示果实正在迅速生长，当环带不明显就及时采收，门茄宜早采。

8. 设施栽培茄子易落花落果，如何防止？ 茄子属自花授粉植物，适宜开花温度为15～32℃，15℃以下易落花。如室内温度过低，不能正常授粉结果，落果严重，高温期如室内温度太高，花粉不能正常授粉亦会落花。

预防办法：在茄子坐果期，室内温度不能超过35℃，冬季不能低于15℃，保持25～30℃为宜。开花期用防落素40～50毫克/升喷花或20～30毫克/升2，4-D蘸花，可防止落花。

七、水果椒

又名彩色辣椒。果实灯笼形，颜色多样，在绿熟期或成熟期呈现出红、黄、橙、白、紫等多种颜色。根据果实的颜色变化不同，水果椒又分为转色品种（即幼果绿色，果实成熟时呈现出不同的颜色）和本色品种（即幼果期就表现出应有的颜色）两种类型。水果椒色泽亮丽、汁多味美、营养价值高，适合生食。优良品种有白公主、紫贵人、佐罗、麦卡比、扎哈维、黄力士、白玉等。

（一）品种

荷兰品种：

1. 金狮（Lion） 株高 100 厘米，冠幅 80 厘米，始花节位为 12～14 节，黄、橙红色，单果重 160 克，中熟，生长势强，抗性强。

2. 格丽（Grizziy） 株高 84 厘米，冠幅 62 厘米，始花节位第 8 节。果方灯笼形，果色绿、橙黄及红色，光滑有光，单果重 150 克，中熟，抗烟草花叶病毒。

3. 查可（CHOCO） 株高 90 厘米，冠幅 83 厘米，始花节位第 12 节，果实方灯笼形，褐色，单果重 100 克，中熟，长势强，抗烟草花叶病毒。

4. 卡地拉（Cadla） 株高 84 厘米，冠幅 70 厘米，始花节位第 11～13 节，果实方灯笼形，金黄色美观有光，单果重 250 克，中熟，长势强，抗马铃薯病毒和烟草花叶病毒。

5. 卞卡（Blanca） 株高 73 厘米，冠幅 75 厘米，始花节位第 11～12 节，果实长灯笼形，果色奶白至鲜红色，有微棱，单果重 200 克，极早熟，抗烟草花叶病毒。

6. 朝平（Chopin） 株高 86 厘米，株幅 100 厘米，始花节位第 11～13 节，果实方灯笼形，黄色，单果重 180 克，早熟，生长势强，抗烟草花叶病毒。

7. 佐罗（Zorro） 株高 80 厘米，株幅 80 厘米，始花节位第 11～13 节，果实方灯笼形，深紫色，果肉绿色，老熟果红色有光，单果重 100 克，早熟，抗烟草花叶病毒。

8. 白玉 果实灯笼形,果色由奶白变浅黄色变红色,长粗 10 厘米,单果重 200 克左右,果肉较厚,口感好,抗性较强。

日本的彩椒品种:

1. 万德钟(Wander bell) 泷井种苗公司培育,是在日本高温多湿气候条件下育成的钟铃形杂交一代品种。早熟,花后 50～60 天达生理成熟,果深红色,肉厚 5 毫米,单果重 120 克,纵横径几乎相等,味甜,可溶性固形物含量为 7%～8%,货架寿命长,耐高温高湿,着果性能良好。

2. 金钟(Golden bell) 泷井种苗公司培育。植株长势中等,着果性良好,果艳黄色,单果重 150 克,果肉厚 8 毫米,纵径稍大于横径,酸甜可口,花后 50～60 天成熟。

3. 卡路比(Garotte Piment) 泷井种苗公司培育。适应性强,侧枝着果性良好。花后 50～60 天成熟,果鲜红色,牛角形,单果重 150 克,畸形果少,优品率高,果肉厚 6～7 毫米,可溶性固形含量为 7%～9%。

4. 森诺瑞塔(Senorita) 极早熟品种,花后 45～50 天达到生理成熟,由坂田种苗公司培育。果实柿子椒形,鲜红色有光,纵横径均约 4 厘米,果肩部约 5 厘米,单果重 50～60 克,果肉多汁味甜,成熟果胡萝卜素含量是未熟果的 5 倍。

(二)栽培要点

1. 上盆 彩椒栽植用 30 厘米左右的圆盆,盆栽基质用园土 6 份,腐熟堆厩肥 4 份,每 10 立方米营养土加入氮 15～25 千克,磷 20～25 千克,钾 15～25 千克,拌匀彻底消毒,栽植时起苗带土坨定植,起苗应尽量小心,勿伤根系,栽植覆土不要过深,以埋住土坨为宜,栽后浇透水。

槽式基质栽培用红砖砌成简易栽培槽,槽底部铺有薄膜,槽宽 74～100 厘米,采用育苗钵育苗,定植苗高 17～20 厘米,具 6～8 片真叶,株行距 35 厘米×45 厘米。

2. 整枝 为确保彩椒的单果重和商品质量，必须在主枝上留果。确定主枝密度的基本原则是光照条件，光照条件好的地方每平方米可留主枝 8 条以上，每株的主枝数为 2～4 条，光照较差时，每株一般留 2 条主枝，还要考虑空间大小及应用品种。红色品种留 3 条主枝，黄色品种每株留 4 条主枝。

整枝的方法是定植成长后第一分枝以下的侧芽要及时摘除，植株的第一至三花也要摘除，以免着果坠秧，第四、五花着果后将第六花摘除，以后如结果太多会自动落花，以保证植株的合理负载量。在确定每株结果枝后再发生的一级侧枝应当摘除，以利通风透光。着果后在果实上面长出的侧枝，保留 2～3 片叶摘心，并将此侧枝上的花蕾摘除。主枝上生出畸形果应及时摘除。植株的高度根据空间大小保持 1～1.5 米左右，当主枝长到主枝支柱或悬吊铁丝高度时，应控制其生长，进行摘心。

3. 肥水管理 缓苗后至开花前进行第一次追肥，每株施 15～22 克复合肥，并浇一次水；门椒开花期一般不浇水不追肥，门椒坐果后，可进行重追肥，每株施 20% 饼肥水 2～3 千克，或施复肥 30 克，门椒采收后，为防止植株早衰，每株可施尿素 10 克，硫酸钾 7 克，还可多次喷施绿芬威、磷酸二氢钾等叶面肥。彩椒根群分布浅，根系不发达，追肥一定要少量多次防烧根，浇水要见干见湿，防止沤根。结果前控制浇水，结果后保持盆土湿润。亦可在定植后采用稀薄营养液进行浇灌，一般在栽后 15 天开始，用清水浸泡配方有机肥 24 小时后取上清液，稀释后浇灌，每隔 10～15 天淋施一次，每株 0.5～1.5 升。固体肥料在定植后每隔 15 天，每立方米混入鸡粪 5～6 千克。

4. 温光管理 定植后缓苗前，昼温应控制在 26～30℃，夜温 16～18℃；开花结果期，昼温保持 25～27℃，夜温 15～17℃，有 10℃左右的温差较为理想。冬季要注意保温，供暖处可输入暖气，亦可将植株移入封闭阳台的朝南方向，如气温低于 -5℃，可在上套一个塑料薄膜袋并可喷 1 000 倍的植物动力

2003液，对促进生长发育，增加耐寒性有一定的好处。

在果实成型的转色期，适当控水，增加光照，加大昼夜温差，有些品种如橘西亚、银卓、圣方舟、安达莱、皮卡多转色慢更要注意温光条件，白椒、紫椒在果实膨大过程中不必拉大温差，低温弱光条件可正常着色。

5. 采收 彩椒红果品种主要含辣椒红素和茄红素，黄果品种主要含叶黄素，橙色果主要含 β-胡萝卜素和玉米黄质，这些色素随着温度、光照的变化，在成熟过程有一个消长过程。当果实充分肥大，皮色转浓，果皮坚硬有光，从开始着色到完全着色约需4～6天，有些品种，从绿、白、紫、红色的转变要经过10～20天的时间，一般品种在完全着色时采收，秋冬初温度下降时，果面有30%着色亦可采收，在室温下2～3天使其完全着色，但果实货架寿命要减少1～2天。

八、彩色西葫芦

彩色西葫芦是指果皮颜色金黄或花皮，色泽鲜艳适宜观赏的西葫芦品种，目前栽培较普遍的是金皮西葫芦。

金皮西葫芦皮色金黄、色泽亮丽，又称香蕉西葫芦，以食用嫩果为主，嫩果肉质细嫩，味微甜清香，适于生食，也可炒食或做馅，其嫩茎梢也可做菜食用，以冬、早春季早上市的小型幼嫩瓜更受消费者欢迎。近年来，金皮西葫芦作为高档蔬菜被广泛种植于科技示范园、生物观赏园以及大型蔬菜生产基地中，发展前景广阔。

(一) 品种

金皮西葫芦主要品种有金蜡烛西葫芦、薄皮金黄色西葫芦、"558紧蜡"、黄金果美洲南瓜、"埃多拉都"黄金果西葫芦、高迪、金珊瑚、韩国金皮西葫芦等。

（二）盆栽技术

1. 育苗 金皮西葫芦在 10 月上中旬育苗，用黑籽南瓜或南砧 1 号作砧木，用大口径育苗钵育苗，育苗钵直径 10 厘米，基质用园土、堆厩肥，细砂或炉渣按 6∶3∶1 配制，每立方米加复合肥、磷钾肥 1~2 千克，当土温达 16~30℃ 催芽后播种，深 1~2 厘米。嫁接用靠接法和插接法。靠接法用刀尖切除砧木生长点，然后用刀片在苗茎的一侧紧靠子叶，与苗茎呈 30~40 度的夹角向前削一长 0.8~1 厘米的切口，切口深达苗茎粗的 2/3 左右。取接穗苗，在苗茎一侧，距子叶约 2 厘米处与苗茎呈 30 度左右的夹角向前削切一刀，刀口长与砧木苗的一致，刀口深达苗茎粗的 3/4 左右，将瓜苗和砧木苗的苗茎切口对正，对齐，嵌合插好，瓜苗切面要插到砧木苗茎切口的最底部，使切口内不留空隙，用塑料夹从瓜苗一侧入夹把两苗的接合部夹牢，接后将嫁接苗栽到育苗钵内。

2. 上盆 用直径 30~40 厘米的塑料盆，盆土用园土加堆厩肥以 7∶3 配合而成，每盆施尿素 20~30 克，复合肥 30~40 克作基肥，嫁接苗 3~4 叶时栽于盆中，每盆 1 株，浇足定根水，栽时土块要完整，宜在晴暖天中午进行。

3. 管理 根瓜坐住前一般不追肥浇水，当瓜长约 10 厘米时，开始浇水，深冬季节膜下浇小水，结合浇水每盆冲施硝酸钾 15~20 克、磷酸二氢钾 15 克。进入结瓜盛期，追肥量要加大。冬季 15 天追一次肥水，春季 10 天左右追一次肥水。西葫芦以主蔓结瓜为主，除吊绳引蔓外，发生侧枝应及时抹掉，并摘除病叶、老叶，到生长后期，主蔓老化，可选留 1~2 个侧蔓，待出现雌花时，将主蔓打顶，保证侧蔓结果。

开花期可在清晨进行人工授粉，亦可用 20 毫克/升的 2,4-D 点柱头，提高坐瓜率。放在阳台的金皮西葫芦，利用窗户的开关或输入暖气，调节温度。定植后一周，保持 25~30℃，缓苗后白天 25℃ 左右，夜间 15℃ 左右。结瓜期白天 28~30℃，夜间 15℃ 以上。冬季温度白天不超过 32℃，夜间不低于 8℃，春季白天温度 28℃ 左右，夜间 15~20℃。

4. 采收 西葫芦以嫩瓜为产品，根瓜要早采，一般瓜重 250~300 克为采收适期。采收在上午 10 时进行，采收时，用剪刀留 3 厘米长果柄将瓜剪下，轻采轻放。

九、草莓

草莓果实色泽鲜艳，芳香，肉柔汁多，酸甜爽口，是一种颇受消费者青睐的时鲜水果。目前我国人均消费草莓 0.3 千克，为日本的 1/7。草莓出口创汇前途广阔，我国速冻草莓出口日本、韩国及东南亚各国。欧美各国对果酱需求量大，市场潜力很大，它也是观光休闲园艺及庭园绿化的好作物。

（一）品种

草莓过去大部分从国外引进，如日本的丰香、如峰、春香、宝交早生、静宝、丽红、久能早生、盛岗 16。美国品种如明星、拉瑞特、达娜。荷兰品种如戈雷拉。西班牙品种如杜克拉。国内育成品种较少，如沈阳农大的长虹、江苏园艺所的硕香等。最近又推出的新品种有：

1. 甜查理 植株开张，叶片近圆形、叶面平展、较厚、浓绿色，叶柄粗壮。花序低于叶片，花序梗长 16.4 厘米，生长势强，株高 19 厘米，冠径 27.6 厘米×25 厘米，休眠期最短，在大棚内最先开花。果实圆锥形，果面鲜红色有光，单果重 28 克，果肉红色，在辽西综合性状表现良好，连续结果能力强。每平方米产量 4.8 千克。

2. 红脸颊（Beni hoppe） 又名红颜。植株直立，叶片大，绿色，叶柄长。花较小，花瓣易落，不污染果实，花序高于叶片,花序梗长 35.8 厘米,生长势强健,株高 28.2 厘米,冠径 32.6 厘米×26.4 厘米。果圆锥形,单果重 26 克,红色。丰产性好,每平方米产量 5.1 千克。

3. 佐贺清香 植株开张、叶片大、叶绿色、花序高于叶片。花序梗长 28.6 厘米,生长势强壮。株高 22 厘米,冠径 33.8 厘米×31.4 厘米。果实圆锥形,单果重 37 克,果面红色,果肉白色,味甜。每平方米产量 4 千克。

4. 章姬(Akihime) 株形开张,花小,叶片大,绿色,叶柄长,花序与叶片相平。花序梗长 29 厘米,植株高大,生长势中庸,株高 26.2 厘米,冠径 34.8 厘米×28.6 厘米,连续结果能力强。果实长圆锥形,果面艳红色,风味甜,香气浓,果实大,单果重 33 克。在西藏表现良好。

5. 燕香 北京市农林科学院林果所选育,由女峰(Myoho)与达赛莱克特(Darselect)杂交成。果实圆锥形,平均单果质量 33.35 克,橙红色,果肉橙红色,酸甜适中,有香味,可溶性固形物含量 8.7%,总酸含量 0.59%,硬度 0.51 千克/厘米^2。5 月中旬成熟,果实发育期 25 天,日光温室栽培成熟期 1 月中下旬。

表 6-6 草莓品种在大棚的果实经济性状

品种	果形	单果重(克)	果肉色	果肉硬度 千克/厘米^2	可溶性固形物(%)	酸度(%)	盛花期 11月日	成熟期 1月日	开花至成熟(天数)
红实美	长楔形	23	红	0.96	5.9	0.70	14	14	52
甜查理	圆锥形	28	红	1.46	6.8	0.69	23	*23	32
红脸颊	圆锥形	26	红	1.45	8.3	0.61	18	18	58
香莓	短圆锥	30	红	0.73	9.0	0.74	14	14	54
章姬	长圆锥	33	红	0.85	11.0	0.62	14	14	54
鬼怒甘	扁圆锥	35	红	1.88	6.7	0.59	18	18	59
贵美人	圆锥形	35	白	0.88	8.0	0.74	14	14	58
幸香	短圆锥	16	红	1.10	11.0	0.76	14	14	54
佐贺清香	圆锥形	37	白	1.17	8.9	0.62	18	18	58

注:*12 月 23 日

6. 黔莓 2 号　贵州省园艺所育成，亲本为章姬×法兰帝。果实短圆锥形，平均单果重 25.2 克，果鲜红色有光，果肉橙红色，果肉细韧，香味浓，甜酸适中，硬度 0.86 千克/厘米^2，可溶性固形物含量 10.2%～11.5%，可滴定酸含量 0.55%。露地栽培成熟期在贵州为 4 月中下旬。2010 年审定。

7. 天香　北京市林果所育成，亲本达赛莱克特×卡姆罗莎(Camarosa)。果实圆锥形，单果重 58 克，果面橙红色有光，果肉橙红色，髓心小，肉质细，有香味，甜酸适口，可溶性固形物含量为 8.9%，硬度 2.75 千克/厘米^2，露地 5 月中旬成熟。2008 年审定。

8. 香丽　沈阳农大育成，亲本为吐德拉×枥乙女。果实圆锥形或楔形，平均单果重 27 克，果面红色有光，果肉红色，髓心白色，无空洞，汁多，味酸甜，有香味，可溶性固形物含量为 10%，可滴定酸度 0.8%，硬度 0.43 千克/厘米^2。日光温室在 1 月中下旬成熟。

9. 三公主　吉林农科院果树所选育，亲本为公四莓 1 号×硕丰。果楔形，平均单果重 23.3 克，红色，萼片中大，反卷，果肉红色，果心髓较大有空隙，香气浓，味酸甜，品质上，可溶性固形物含量为 10%，总酸含量为 2.71%。露地栽培在长春 6 月中旬成熟。

10. 红熊猫　由美国杰克用栽培品种草莓与近缘欧洲红色委陵菜杂交的属间杂种。绿叶红花，叶片小，深绿色有光。花瓣粉红或红色，花蕾期花色深，开花后渐浅，花大，直径 2～3 厘米，每株可生 80 朵花。5 月上旬开花，10 月底停花。果小，单果重 5～10 克，有草莓香味，味酸，可溶性固形物含量 8%，含可滴定酸含量 1.3%。以观赏为主，亦可食用。

11. 鬼怒甘　植株半直立，叶片宽大、肥厚，绿色，花序低于叶片，花序梗长 19.4 厘米，生长势旺盛，株高 20 厘米，冠径 28.6 厘米×24.6 厘米。果实偏圆锥形，果面鲜红色有光，单果重35克,果肉红色,丰产性强,抗病性强,每平方米产量6千克。

12. 宁玉 江苏农科院园艺所育成,亲本为幸香×章姬。果实圆锥形,平均单果重24.5克,果面红色平整,皮厚,果肉橙红色,髓心橙色,肉质细腻,硬度好,香气浓,品质极好。可溶性固形物含量为10.7%,可滴定酸含量为0.52%,硬度1.63千克/厘米^2,耐贮运。在南京促成栽培,8月下旬定植,果实11月中旬成熟。2010年审定。

(二) 花芽分化及调控技术

9月下旬至10月上旬为草莓花芽分化期,分化期10~12天,分化过程见图6-1。分化早晚与品种、地区、不同植株间有

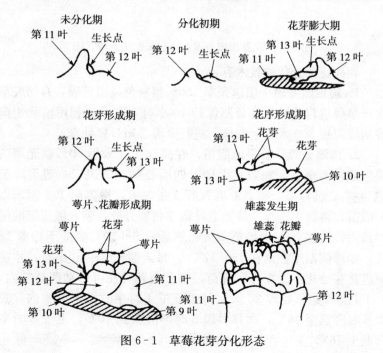

图6-1 草莓花芽分化形态

差异,纬度高的地区,秋季低温早、日照短、花芽分化早;南方秋季温度下降晚,分化期相应推迟。花芽分化时还必须有充实健壮的植株,分化前要有 4~6 片展开叶。

草莓的花芽分化过程及与温度、昼长的关系如图 6-2 所示。30℃ 以上,5℃ 以下不论昼长短,均不能分化花芽。不同品种花芽分化的适温与日照,春香是 24~25℃ 和 <12.5 小时,宝交早生为 22~25℃ 和 <12.3 小时。

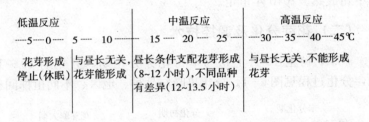

图 6-2 花芽形成与温度、昼长的关系模式图

调控花芽分化的技术有:

1. 短日照处理 用遮光率 100% 银灰色或黑色膜,自傍晚至次日早晨进行遮光,使日照保持 10 小时左右。或利用南北走向谷地或海拔 500 米以上谷地,进行降温、短日照处理。

2. 降温处理 ①平地假植,在离地 1.5 米用 60% 遮光率的黑色遮阳网覆盖,如盖在大棚上四周要畅开通风,一般可降温 2℃ 左右;②冷藏,将具有展开叶 5 张以上,根茎粗 1.2 厘米以上的苗,将根土洗净、摘除老叶留 3 张展开叶,装入铺报纸的塑料箱内,先在 20℃ 中练苗 1 天,然后放 5~10℃ 温度下冷藏 15 天;如冷藏温度控制在 15~17℃,每天照光 8~10 小时,才能促进花芽分化;③夜冷室育苗,将子苗栽种在可移动假植箱内,8 月中旬开始,处理 20 天,每天下午 4 时半时推进冷室内,晚上 8 时降温至 16℃,次日早晨 5 时半降温到 10℃,上午 8 时半升温至 16℃。

3. 断根蹲苗 假植苗在 8 月中旬后,进行 1～2 次移栽或切根,同时摘除老叶,保留 4～5 张展开叶,可促进花芽分化。

4. 盆钵育苗 将子苗假植在直径 10～12 厘米,高 8～10 厘米的塑料钵内,选肥力中等、疏松、保水力强的培养土作钵土,将具有 2～3 张展开叶的子苗栽入钵中,排列在假植圃中,8 月中旬前以氮肥为中心进行肥培,使达到 5～6 张叶,根茎粗 0.8 厘米以上的壮苗,8 月中旬后断氮控水,连钵土一起放入定植穴。这种苗开花早、产量高。

(三) 栽培技术

草莓适宜根系生长的土温为 15～20℃,叶片生长适温 20℃,光合作用适温 20～25℃。花芽形成要求低温短日照,气温 10～24℃,日照 125 小时以下都能分化花芽。花粉发芽适温为 25～27℃,开花结果适温为 18～23℃。

草莓是喜光作物,光补偿点为 0.5～1 千勒克斯,光饱和点为 20～30 千勒克斯,不耐直射强光。

草莓根系浅,根数多,叶面积大,消耗水分多,对土壤水分要求高。生长期适宜的土壤相对含水量为 70%,花芽分化期为 60%,结果成熟期为 80%。对空气湿度要求严格,相对湿度以 80% 以下好。开花期不能超过 90%。

草莓对土壤适应性强,适宜的 pH 为 5.5～6.5,在疏松、肥沃、透气性好的土壤中易丰产,对碱性 (pH8.2) 土壤和盐类浓度很敏感,液肥浓度不要超过 0.3%。

1. 露地栽培 在房前院内,种植草莓,既可绿化、美化环境,又能吃到新鲜又香又甜的果实,是一种休闲保健的活动。露地草莓宜选抗病力强、生长旺盛、耐寒性好、果大、品质好的品种,如章姬、鬼怒甘等。

(1) 栽植 在 8～9 月,选根系发达,具 4～5 片成龄叶、新茎直径 0.8 厘米以上,须根粗白、舒展、苗重 20 克以上、无病虫害的苗木。选土壤肥沃、疏松、排水良好、杂草少的沙壤土。耕翻细耙，耙去草根，每平方米施堆厩肥3～5千克，加优质复合肥30～40克，均匀撒入，翻耕入土，做成宽80～100厘米，高40厘米的床畦。按行距30厘米，株距20～25厘米栽于畦内，深度以深不埋心，浅不露根为宜，浇足定根水，覆盖地膜。栽后小水勤浇，表土不见干，保证成活。苗子长出后，追施稀肥水，利用9～11月有利气候使其生长良好，冬季要保暖过冬，防止冻死。

（2）田间管理　过冬前，追施腊肥，一般每平方米穴施饼肥或厩肥50～80克，有条件的地方，要覆草过冬，并在根基培土，或在向北方向筑小土埂，防寒保温。明春清明后，追施返青肥，可追施1%尿素液，开花前追一次复合肥，每平方米30～50克。花后追进口硫酸钾水溶液，每次采果后，喷施0.1%磷酸二氢钾。浇水以小水勤浇，湿而不积水为宜。

开花后，适度疏花、疏蕾，使每个花序留果5～6个。果实发育的匍匐茎，要及时摘除。结果后打洞铺膜，保证果实清洁卫生。

（3）适时采收　当70%果面呈现红色时，八九成熟时采收，采摘在上午8～10时或下午4～6点进行，不带露水果和晒热果，轻摘、轻拿、轻放，防止损伤花萼。

2. 绿化无公害设施栽培　利用棚室促成栽培，可使草莓提前2～3个月上市。

（1）整地作畦　每亩施腐熟有机肥2 000～3 000千克，硼肥1千克，硫酸锌1千克，清除杂草，翻耕25～30厘米，整成平、绵、松的畦面，浇水沉实。畦底宽65厘米，畦面宽40厘米，畦高40厘米，畦间距35厘米。

（2）定植　在9月上中旬阴雨天种植，要求苗木4～5片成龄叶，根系发达，新根多，根茎粗1厘米以上，大小一致，无病虫害，行株距35～40厘米×20～22厘米，栽植覆土上不埋心，下不露根。种苗花轴着生方向朝向垄背，利于花果管理，浇透定根水，覆黑色膜。当温度降到3℃以下7～10天扣棚。

(3) 管理　当10%的草莓开花时，放入蜜蜂，每棚一箱，及时喷0.2%硼肥2～3次，提高坐果率。每天根据温度变化，及时揭棚和扣棚，使棚内温度保持10～25℃，最高不超过35℃，开花期温度28～30℃，果实膨大期20～25℃。

在保温前覆地膜前浇水一次，以后结合追肥浇水。每批花开放后及每批果实采收后及时追施硫酸钾或磷酸二氢钾液肥。及时摘去老病、残叶和采果后的花序，摘除侧芽老匍匐茎，每一花序留5～8果实。

(4) 采收　当80%果实已着色，即可采收。要轻采轻放。

(5) 病虫害防治　草莓白粉病是一个较普遍的病害，常常因喷药残毒影响出口，可用应得1 500倍或10%苯醚甲环唑2 000倍液加柔水通3 000倍液喷布，或阿米妙收1 500倍喷布，效果显著。从草莓扣棚到现蕾是病虫防治关键期，可用吡虫啉或1.8%阿维菌素防治蚜虫、粉虱。对草莓芽线虫，在花芽形成始期可根灌2～3次敌百虫液，5～7天一次，亦可在扣棚后用硫磺熏蒸器熏蒸，防治白粉病。

3. 盆栽　选直径20～30厘米的塑料盆，盆土用园土、堆厩肥、复合肥以6∶4∶1配制而成，栽前浇透水，每盆栽2～3株具4～5片成龄叶，新茎直径在0.6厘米以上，须根发达、舒展，苗重20克左右的健壮苗木，栽植深度以上不埋心，下不露根为原则，栽后浇定根水，放在阳台缓苗。成活后新叶开始生长，保持白天20～25℃，夜温18～20℃。开花时，保持18～23℃。草莓是喜光植物，要使阳台有充足的阳光照射、在生长期，每2～3天浇水一次，浇则浇透，见干见湿，开花期空气湿度稍低，利于授粉与受精。

草莓根系浅，对盐类浓度十分敏感。在成活后，追一次10倍饼肥水加1%尿素液，开花前及开花后追1%三元素复合肥，果实成熟前2~3周，喷2~3次0.1%磷酸二氢钾加1%尿素液，促进果实长大，成熟。

花后及时疏蕾，每一花序留果3~5个，果下铺塑料纸或反光膜，促进果实着色，并保持清洁无污染。

当果实有80%以上果面着色，果实已成熟时，可采下食用或盆栽观赏。

十、蓝莓

蓝莓又名越橘，为多年生浆果，高0.5~2米，适于盆栽或地栽。浆果蓝黑色或深红色，直径0.5~2厘米，单生或穗状，叶近椭圆形，全缘或有锯齿，在枝上互生。

蓝莓果实是制造果汁的上好原料，亦可以做果酒、果糕、果浆、沙拉，亦可做成蓝莓胶囊，对白内障、黄斑退化、糖尿病、视网膜病变有一定的疗效，还可做成水果拼盘，进入欧美的上等餐厅。

我国蓝莓主要分布在东北地区、山东半岛、东南地区（苏、浙、闽）及西南地区（云、贵、川、湘、鄂）等。我国蓝莓面积2011年为5 000公顷，产量为1 000吨，野生蓝莓面积为182 000公顷，主要分布长白山和大兴安岭地区，2008年产量为30 000~40 000吨，仅能满足消费量的40%~50%。南方产区2008年蓝莓面积300公顷，其中东南地区150公顷，西南地区150公顷，产量110吨，占全国产量的27.5%（全国产量为400吨）。

全国蓝莓加工品有果汁、果酒、果酱、速冻及罐头等。果汁每瓶售价30元，蓝莓酒兴安庄园品牌每瓶售价1 000元，果酱每瓶25元，罐头每罐20~25元。鲜果的零售价为200元/千克。

据美国农业部（USDA）和美国医学研究院（NIH）的研究，蓝莓除含有糖、纤维素外，还富含抗氧化剂、细菌生长抑制

第六章 水果用蔬菜

剂、鞣花酸、鞣花单宁、叶酸、花色素甙及类黄酮化合物等，可清除人体的自由基，抑制与逆转人体衰老。蓝莓中的叶酸，可预防子宫癌，促进胎儿发育，防治儿童腹泻，改进人的弱视等，具有很好的保健功能，深受人们的喜爱。

（一）中国蓝莓品种的研究

进入 21 世纪以来，蓝莓的营养价值及保健作用逐渐被人们所认识，因此，蓝莓成为第三代新兴果树，蓝莓的研究、栽培业及引种工作已经启动，吉林农业大学、南京中山植物院等单位，从国外引进了许多蓝莓品种，并进行广泛的研究。而后山东、辽宁、江苏、浙江、云南、贵州亦开展区域化试验，为了便于系统地总结引种工作，作者将 20 多年的精心研究，对各地引进品种加以整理，纠正同名异物，一物异名，现综述如下：

我国蓝莓品种可分高丛越橘（包括北高丛越橘与南高丛越橘）、半高丛越橘、兔眼越橘、矮丛越橘及蔓越橘等。

1. 高丛越橘 包括北高丛越橘（Vaccimium Corymbosuml），南高丛越橘（V.C×V. darrowi、V. australe）。

北高丛越橘品种有蓝丰（Bluecrop）、泽西（Jersey）、蓝线（Blueray）、鲁贝尔（Rubel）、艾利特（Elliot）、都克（又名公爵）（Duke）、蓝乐（又名蓝仔）（Bluejay）、陶乐（Toro）、尼尔逊（Nelson）、布丽奇特（Brigitta）奈尔森（Nelson）、瑞卡（Reka）、遗产（Legacy）、奥扎克蓝（Ozarkblue）、蓝塔（Bluetta）、普鲁（Puru）、爱国者（Patriot）、伯凯来（Berkeley）。

南高丛越橘品种有：奥尼尔（O'Neal）、蓝脆（Bluecrisp）、晨令（Reveille）、南佳丽（Southern Belle）、星（Star）、丰满（Bladen）、翡翠（Emerald）、宝石（Jewel）、夏普蓝（Sharpblue）、云雾（又名米斯梯（Misty）、米伦尼亚（Millenia）、温莎（Windsor）、喜莱（Sierra、Sebring）、六月

(June)、密斯梯（Misty）、萨姆森（Sampson）、欢庆（Jubilee）、佐治亚宝石（Georgiagem）、惊魂（Craven）、勒诺尔（Lenoir）、帕姆里克（Pamlico）、阿伦（Arlen）、艾文蓝（Yewiblue）、考维尔（Coville）、威口（Weymouth）、达克西（Dixi）、赫伯特（Herbert）、派伯顿（Pemberton）、晚蓝（Lateblue）、斯巴坦（Spartan）、蓝天（Bluehaven）、布玲顿（Burlington）、日升（Sunrise）。

德国品种有赫埃曼（Heerma）、阿曼（Ama）和克里莎（Gretha）。

日本选出了大果、高糖、口感好的早熟考林（Collins）、早蓝（Earliblue）、爱国者、13-16A，中熟的伯克利、达柔。

南高丛品种抗寒力中等，低温要求时数少，适于较温暖湿润气候，7℃以下低温500～650小时，才能通过休眠。北高丛品种群适于黄河流域以南，喜冷凉气候，抗寒力强，可耐－30℃低温，果实大、品质佳、鲜食加工兼备，要求土壤有机质含量5%以上，7℃以下低温不少于650～850小时，生长季不短于160天，pH值为4.3～4.8，白天阳光充足，夜间气候凉爽，雨水充沛，能排能灌。

在我国主要品种有：

（1）蓝丰（Bluecrop） 1952美国育成，亲本为（Jersey×Pioneer）×（Stanley×June）。树姿半开张，树冠下部分枝较少，叶长圆形，微反卷，叶柄短，全缘，叶脉多而清晰，向叶背面凸显，使叶正面褶皱深而明显。果实扁圆形，中大，平均单果重2.5～2.9克，最大果重4.3克，纵横径1.22厘米×1.77厘米，深蓝色或浅蓝，果粉中或厚。果肉淡蓝色，肉质较硬，甜酸适中，无香气，可溶性固形物含量为12.5%～13.5%，含酸量为0.62%，（辽宁庄河1.76%），维生素C含量为430毫克/千克，pH值为3.1，含糖量为11.56%（辽宁庄河7.47%），糖酸比18.53，花色苷含量为1.85毫克/克。果蒂痕中大、湿、痕晕

第六章 水果用蔬菜

暗蓝色、中大，无裂果，中度撕裂。丰产品种，5年生单株产量山东超过7千克（辽宁庄河3.1千克）。成熟期6月15日～7月30日，连年丰产。

(2) 达柔（Darrow） 1965年美国育成，亲本为（Wareham×Pioneer）×Bluecrop。树冠上部直立，下部开张，侧生枝角度开张，基生枝生长势特强，树冠成层状分布，平均单果重1.5～1.93克，最大果重3克，纵横径1.16厘米×1.78厘米，果形果指0.65～0.67，果体积2立方厘米。果粉中厚，果蒂痕大、湿，果蒂痕晕暗蓝色，中大、果肉淡蓝色，外观漂亮。果肉质较硬或软，风味偏酸，可溶性固形物含量为11.4%～11.9%，总酸为0.5%～0.81%，含糖量为6.65%，糖酸比8.23，维生素C含量58.3毫克/千克，花色甙微量。无裂果，撕裂重。丰产性好，3年生株产1 208.76克，4年生1 234.35克，树冠体积产量1.4千克/立方米。5月上旬开花（山东胶南），果实7月中旬～8月上旬成熟。抗寒、抗旱，抗病性强，对茎溃疡病，念珠菌病和鞋带病毒病有较强抵抗性，花朵坐果率高，为78.2%，有5月和8～9月新梢有二次生长。各地反应不一，威海表现优质低产，青岛认为产量较高。

(3) 公爵（Duke） 又名都克，树势开张，枝条分布疏稀，粗壮。叶长卵圆形较大，纵横径1.22厘米×1.9厘米，果形指数0.64，果体积2.3立方厘米，平均单果重1.2克，最大果重3.1克，果色蓝或淡蓝，光亮，果粉中或厚、果蒂痕中大、湿，果蒂痕晕暗蓝、中、无裂果，撕裂轻。果肉较硬，甘甜，香气淡。可溶性固形物含量为12.19%～13%。4年生单株产1 447.89克，5年生为2 711.74克，产量比蓝丰低。盛花期5月7日，成熟期6月17～28日（胶南）或6月4日至7月6日（威海）。虽然产量低，但肉硬，糖酸比、色素含量高，早熟，市场价格较高。

(4) 埃利奥特（Elliott） 1974年美国育成，亲本为Burlington×［Oixi×（Jersey×Pioneer）］。树冠半开张，紧凑，枝

条粗壮，节间短。叶长卵圆形，全缘，平展至微反卷，叶脉多而清晰，叶面有皱，叶厚而光亮，叶柄短。果扁圆形，果纵横径 1.14 厘米×1.62 厘米，果形指数 0.7，果实体积 1.7 立方厘米，平均单果重 1.77～2 克，最大果重 4.2 克。果粉厚，果蒂痕中大、干，果蒂痕晕蓝色，小，果面亮蓝色，裂果极轻，撕裂轻。果肉质柔软，无香，味酸，可溶性固形物含量 12%～13.2%，果汁 pH 值 3.1，含酸量为 1.58%，含糖量为 10.93%，糖酸比 6.91，花色甙含量 3.71 毫克/克，4 年生株产量 1139.35 克，5 年生产量为 1 857.07 克，4～5 年生株高 130 厘米，冠幅 110 厘米×119 厘米，树冠体积 1.7 米^3。花期 5 月 8 日，果成熟期 7 月 25 日至 8 月 17 日（胶南）和 7 月 8 日至 9 月 10 日（威海）果酸。表面不光滑，适于作加工用。

(5) 布丽奇塔（Briggita） 树势直立，生长势旺，壮枝多，枝硬、抗风。4～5 年生树高 108 厘米，冠幅 115 厘米×109 厘米，树冠体积 1.35 立方米。叶长卵圆形，平展，微上叠，叶色光亮，叶脉稀而显。果面蓝色，扁圆形，果纵横径 1.26 厘米×1.85 厘米，果形指数 0.68，果体积 0.68 立方厘米。平均单果重 2.52 克，最大果重 3 克。果蒂痕小，干，果蒂痕晕暗蓝色，小，无裂果，撕裂轻。果肉质柔软，偏酸，可溶性固形物含量为 11.4%～12.2%，果汁 pH 值 3.3，含酸量为 1.32%，含糖量为 9.76%，糖酸比 7.39，花色甙含量为 3.25 毫克/克。4 年生株产 266.36 克，5 年生株产 320.43 克，花期 5 月 6 日，果成熟期 7 月 18 日～8 月 11 日。各地反应不一，威海表现优质低产，青岛表现产量较好。

(6) 瑞卡（Reka） 树姿直立，树势中等，5 年生树高 107 厘米，冠幅 109 厘米×106 厘米，树冠体积 1.25 立方米，枝条粗壮较硬。叶阔披针形，全缘、平展，叶尖微反卷，叶脉密而清晰。果扁圆形，纵横径 1.17 厘米×1.64 厘米，果形指数 0.71，果体积 1.6 厘米^3，单果重平均为 1.59～2.2 克，最大果重 2.8

克，深蓝色，果粉厚，果蒂痕小，湿，果蒂痕晕红色，大，无裂果，无撕裂。肉质细腻，酸甜适中，无香气。可溶性固形物含量 12.3%～14.9%，含酸量为 0.82%，含糖量为 9.65%，糖酸比 11.25，果汁 pH 值 3.1。4 年生株产 896.76 克，5 年生株产 1 482.69 克，花期 5 月 6 日，果成熟期 7 月 10～24 日（胶南）和 6 月 14 日至 7 月 16 日（威海）。果实大小中等，内在品质优良，产量较高，既可生食，又可加工，通过修剪控制产量，增大果个。

(7) 斯巴坦（Spartan）　美国用 Earliblue×Usn-93 杂交而成。树势开张，生长势中庸，枝条粗壮。5 年生树高 124 厘米，冠幅 104 厘米×103 厘米，树冠体积 1.33 立方米。叶长卵圆形，大而光亮，叶面平展，叶脉细小清晰，大部分全缘，少有细齿，叶变色早。果扁圆形，纵横径 1.28 厘米×1.83 厘米，果形指数 0.70，平均单果重 1.99～3.2 克，最大果重 4 克。果体积 2.6 立方厘米。果粉中或少，果蒂痕中大，湿，果蒂痕晕蓝色，中大，果暗蓝或深蓝色，无裂果，撕裂中，果肉质细腻，风味香甜，香气淡，可溶性固形物含量 13%～14.1%，含酸量山东为 0.53%（辽宁 1.35%），含糖量 11.26%（辽宁 11.48%），糖酸比 21.17，维生素 C 含量 300 毫克/千克，花色苷含量为 3.93 毫克/克，果汁 pH 值 4.1。4 年生株产 118.01 克，5 年生 321.06 克（辽宁 4.18～4.56 千克）。花期 5 月 7～16 日，果成熟期山东 6 月 18 日～7 月 8 日，辽宁 6 月 23 日～7 月 10 日。定植当年结果枝比率 50.3%，第三年 98.5%，每枝花芽数 5～10 个，每序花数 8～12 个，坐果率 98.1%。

(8) 北卫（Patriot）　树姿开张，树势中庸，5 年生树高 99 厘米，冠幅 93 厘米×80 厘米，树冠体积 0.73 立方米，丛生。果实较大，纵横径 1.11 厘米×1.72 厘米，果形指数 1.72，平均单果重 1.86 克，最大果重 4 克，果实体积 1.8 立方厘米。果粉中多，果蒂痕小，湿，果蒂痕晕暗蓝色，小，果面蓝色。肉质细腻，甜酸适中，无香气，可溶性固形物含量为13.1%，含酸量为1.09%，含糖量为7.65%，糖酸比7.01，花色苷含量为3.67毫克/克。果实成熟期6月14日～8月10日，（胶南）和6月14日～8月1日（威海），采收期长，连年丰产性好，4年生株产267.84克，5年生株产1 231.47克。成熟期较长，果较大，色好，甜酸适口，肉质细腻，市场前景看好。

(9) 蓝塔（Bluetta） 树势半开张，树势中庸，树冠矮、丛生。5年生树高99厘米，冠幅98厘米×99厘米，树冠体积0.96立方米。果实中大，纵横径1.19厘米×1.68厘米，果形指数0.71，果实体积1.6立方厘米，平均单果重1.77克，最大果重2.5克。果粉中厚，果蒂痕中大，湿，果蒂痕晕暗红色，小，果面蓝色淡香，无裂果，无撕裂。果肉质柔软，香甜，可溶性固形物含量为15.1%，含酸量为0.68%，含糖量为12.76%，糖酸比18.68，花色甙微量。4年生株产918.1克，5年生1 866.89克，6月11日～7月5日成熟（山东）连年丰产性好。果较大，色蓝，淡香，果实柔软香甜，糖酸比高，深受市场欢迎。

(10) 雷戈西（Legacy） 树姿半开张，树势较强，5年生树高124厘米，冠幅137厘米×114厘米，树冠体积1.93立方米。果实扁圆形，较大，纵横径1.2厘米×1.72厘米，果形指数0.7，果实体积0.7立方厘米，平均单果重2.14克，最大果重4.3克，果实淡蓝色，果蒂痕中大，湿，果蒂痕晕暗蓝色，中大，果粉中多，无裂果，无撕裂。肉质细绵、香甜，无香气，可溶性固形物含量13%，含酸量0.6%，含糖量10.99%，糖酸比18.17，花色苷含量1.6毫克/克。4年生株产703.42克，5年生2 783.93克。较丰产。中晚熟，成熟期6月30日～8月1日（山东）。连年丰产，果较大，淡蓝色，果味香甜，肉质细绵，糖酸比高，适于生食。

(11) 康维尔（Coville） 树姿直立，树势较强，树冠开张。5年生株高113厘米，冠幅113厘米×117厘米，树冠体积1.49

立方米。果实扁圆形,平均单果重 1.78 克,最大果重 2.4 克,纵横径 1.08 厘米×1.4 厘米,果形指数 0.78,果实体积 1.3 立方厘米。果蓝色,果粉中厚,果蒂痕中大,湿,果蒂痕晕中大,暗蓝色,裂果极轻,无撕裂。果肉质较软,甜,无香气,可溶性固形物含量 13.8%,含酸量为 0.82%,含糖量为 11.56,糖酸比 14.08,花色苷含量微量。产量中等,4 年生株产 359.03 克,5 年生株产 758.04 克。中晚熟。

(12) 蓝线(Blueray) 树姿直立,树势中等,树冠开张,极耐寒。5 年生株高 107 厘米,冠幅 111 厘米×113 厘米,树冠体积 1.33 立方米。果实扁圆形,纵横径 1.2 厘米×1.87 厘米,果形指数 0.64,果实体积 2.2 立方厘米,平均单果重 2.57 克,最大果重 3.6 克,果蓝色,果粉薄,果蒂痕中大,湿,果蒂痕晕蓝色,大,无裂果,撕裂轻。肉质细腻,风味香甜,香气浓,可溶性固形物含量 13.4%,含酸量为 0.77%,含糖量为 9.96,糖酸比 12.96,花色苷含量 4.17 毫克/克。4 年生株产 589.3 克,5 年生株产 1 637.04 克。中熟种。

(13) 喜莱(Sierra) 树姿半开张,树势较强,5 年生株高 111 厘米,冠幅 126 厘米×117 厘米。果实扁圆形,果纵横径 1.31 厘米×1.78 厘米,果形指数 0.74,果实体积 2.2 立方厘米,平均单果重 2.34 克,最大果重 3.4 克。果淡蓝色,果粉中多,果蒂痕小,干,果蒂痕晕红色,大,无裂果,无撕裂。果肉质柔软,风味淡甜,无香气。可溶性固形物含量 12.3%,含酸量为 0.75%,含糖量为 7.65%,糖酸比 10.21,花色苷微量,4 年生株产 3 003.63 克,5 年生 4 488.12 克。产量高。但果穗过于拥挤使果形挤压变形,影响生食品质,可作加工用,成熟期(辽宁)6 月 16 日至 8 月 4 日。极耐寒。

(14) 泽西(Jersey) 树势较强,树姿半开张,主枝直立,树冠开张。5 年生树高 131 厘米,冠幅 126 厘米×115 厘米。果实扁圆形,纵横径 1.07 厘米×1.46 厘米,果形指数

0.73，果实体积1.2立方厘米。平均单果重1.4克，最大果重2.9克。极晚熟种，产量较高，4年生株产1 276.38克，5年生株产2 373.83克，但果实小，耐贮性差，可作授粉树。极耐寒，抗僵果病。

(15) 赫伯特（Herbert） 树姿开张，树势较强，5年生树高118厘米，冠幅125厘米×125厘米，树冠体积1.83立方米。果扁圆形，果纵横径1.14厘米×1.77厘米，果形指数0.65，果体积2.0立方厘米，平均单果重2.04克，最大果重4.2克。果蓝色，果粉中多，果蒂痕小，干，果蒂痕晕暗蓝色，小，无裂果，无撕裂。果肉质柔软，酸甜适中，香气淡，可溶性固形物含量为12.1%，含酸量为0.71%，含糖量为6.35%，糖酸比8.72，花色苷微量。4年生株产675.85克，5年生株产1 615.76克。

(16) 日升（Sunrise） 树姿直立，树势中庸。5年生株高105厘米，冠幅124厘米×125厘米。果实扁圆形，纵横径1.17厘米×1.73厘米，果形指数0.67，果实体积1.9立方厘米。平均单果重2.01克，最大果重4.4克。果蓝色，果粉薄，果蒂痕中大，湿，果蒂痕晕暗蓝色，中，无裂果，无撕裂。果肉质柔软，香甜，无香气，可溶性固形物含量为12.8%，含酸量为1.48%，含糖量为10.96%，糖酸比7.42，花色苷含量为5.25毫克/克。4年生株产387.33克，5年生960.74克，产量增幅大，生长势强，果实形状优良。早中熟种，耐寒。

(17) 奈尔森（Nelson） 树姿直立，树势中等。5年生株高139厘米，冠幅99厘米×96厘米。果实扁圆形，果纵横径1.16厘米×1.64厘米，果形指数0.71，果实体积1.8立方厘米，平均单果重1.51克，最大果重3.4克。果淡蓝色，果粉中庸，果蒂痕中大，干、果蒂痕晕暗蓝色，中裂果极轻，撕裂中度。果肉质细腻，偏酸，无香气，可溶性固形物含量为11.5%，含酸量为0.88%，含糖量为10.54%，糖酸比12.03，花色苷含

第六章 水果用蔬菜

量为 4.18 毫克/克。4 年生株产 284.94 克,5 年生株产 1 256.3 克,中早熟种,产量较高,极耐寒。抗僵果病。

(18) 晚蓝 (Lateblue) 树姿半开张,树势中庸,5 年生树高 103 厘米,冠幅 105 厘米×101 厘米。果实扁圆形、纵横径 1.14 厘米×1.96 厘米,果形指数 0.68,果实体积 1.9 立方厘米。平均单果重 1.87 克,最大果重 2.3 克,果实深蓝色,果粉薄,果蒂痕大,湿,果蒂痕晕小,蓝色,无裂果,无撕裂。果肉质柔软,甜酸,无香气,可溶性固形物含量为 12%,含酸量为 1.52%,含糖量为 10.53%,糖酸比 6.91,花色苷含量为 4.25 毫克/克。4 年生株产 339.78 克,5 年生 839.63 克,中熟种,产量中等,耐寒。

(19) 夏普蓝 (Sharpblue) 中熟种,树体生长健壮,1 年生树高 0.65 米,抽生枝条 2.5 个,3 年生树高 1.52 米。单果重 2.1 克,在浙西平均单果重 1.89 克,最大果重 2.65 克,可溶性固形物含量 13.8%,6 月上中旬成熟。在长江流域用野生乌饭树作砧木嫁接夏普兰,提高了适应性,降低对 pH 值强酸性的要求,表现良好。3 年生株产 1.3 千克,果蒂痕湿,不耐贮运。在浙西叶芽萌动期在 2 月 22 日~3 月 2 日,盛花期为 1 月 27 日~2 月 10 日,果熟期 5 月 20 日~6 月 5 日。

(20) 顺华蓝莓 2 号 由北华大学林学院选育的中熟、抗病、丰产、稳产、果味独特的鲜食优良品种。树姿直立向上,3 年生枝灰绿色,1 年生枝绿色。总状花序长 6~10 厘米,5~8 朵花,子房下位。果实扁圆形,黑蓝色,单果重 1.61~2.25 克,果纵横径 1.1 厘米×1.3 厘米,可溶性固形物含量为 10%,含酸量为 0.22%,维生素 C 含量为 106.1 毫克/千克,灌丛高 122 厘米,冠径 85 厘米×81 厘米,萌芽率 91%,长、中、短果枝比例为 9:13:78,花序坐果率 80%。2 年生扦插苗 3 年生平均株产 1 172.08 克。抗病力强,耐寒力强。

(21) 蓝魁 吉林农业大学选育。原名 Puru,从波兰引进品种中选出。2010年命名。树冠半开张，属于高丛越橘品种，多年生枝灰褐色，新梢绿色。叶卵圆形，绿色有光泽。两性花，花乳白色。果穗紧密，平均单穗长3.5厘米，果球形至扁圆形，纵横径1.24～1.47厘米×1.47～1.65厘米，平均单果重1.9克，最大果重3.2克。果实蓝色，果粉中厚，果柄长7～9毫米，萼片直立向上抱合，果蒂暗红色，果蒂痕中，硬度中。果肉细，酸甜适口，有香气，品质上等，可溶性固形物含量12.8%，总糖含量8.9%，总酸含量0.6%，维生素C含量为150毫克/千克。在吉林7月下旬果实成熟。3年生亩产量126.3千克，4年生亩产340.2千克。丰产，抗寒。

（22）伯凯来（Berkeley） 中熟种，主枝直立，树冠开张，产量中等，平均株产2.58千克，结果枝数137.63/株，有效结果枝率53.72%，结果枝长14.23厘米。果实大，平均单果重2.6克和1.65克（辽宁熊岳），果实扁圆形，淡蓝色，果蒂痕大，干，果实风味较好，低酸，果肉硬，耐寒性差，易感染僵果病。

（23）红利（Bobus） 中熟种，主枝直立，树冠开张，产量中等，果实极大，平均单果重3.1克，淡蓝色，肉质硬，果蒂痕小，湿，风味好，耐寒，繁殖易，耐寒性好。

（24）蓝鸟（Bluejay） 早中熟种，产量中等或高，主枝直立，树冠开张，果实中大，平均单果重2.2克，果实浅蓝色，果蒂痕小、干，果实硬度很硬，品质中等，微酸，极耐寒冷，抗僵果病。

（25）布玲顿（Burlington） 晚熟种，枝条直立，产量中等或高。果实扁圆形，中大，平均单果重1.9克，淡蓝色，果蒂痕小，品质好，硬度硬，极耐寒，易感染僵果病。

（26）齐佩瓦（Chippewa） 中熟种，树势中等，枝条直立，产量中等。果实扁圆形，中大，平均单果重2.6克，浅蓝色，果蒂痕小或中等，硬度中等或硬，品质好，耐寒，僵果病抗

第六章 水果用蔬菜

性中等。

（27）可林（Collins） 早中熟种，主枝直立，树冠开张，产量中等。果实近圆形，大，平均单果重 2.4 克，淡蓝色，果蒂痕小，果实风味好，硬。耐寒性差，繁殖易。

（28）早蓝（Earliblue） 早熟种，产量低或中等，主枝直立，丛生。果实扁圆形，中大，平均单果重 1.7 克，蓝色，果蒂痕小，品质好，硬度高。耐寒冷，繁殖易，抗僵果病。

（29）小巨人（Little Giant） 晚熟种，主枝开张，丛生，产量高。果实扁圆形，极小，平均单果重 1.1 克，蓝色，果蒂痕中大，果实品质好，肉质中硬。繁殖易。

（30）爱国者（Patriot） 又名北卫。早中熟种，主枝开张，丛生，产量高。果实大，平均单果重 2.3 克，蓝色，果实扁圆形，肉质硬，风味极佳，果蒂痕小。极耐寒，易繁殖。

（31）来可卡斯（Rancocas） 中熟种，主枝直立，树冠开张，产量中等或高。果扁圆形，果形小，深蓝色，品质好，硬度大，果蒂痕中大。耐寒，繁殖易，易感染僵果病。

（32）罗贝尔又名红宝石（Rubel） 中熟种，主枝直立，树冠较开张，产量中等或高。果实扁圆形，小或中大，平均单果重 1.8 克，蓝色，风味较好，硬度大。耐寒，易感染僵果病。

（33）公牛（Toro） 中熟种，矮性树冠，丛生，产量中等。果实扁圆形，果实大，平均单果重 2.3 克，淡蓝色，品质好，硬度大，果蒂痕小。耐寒，繁殖易，易感染僵果病。

（34）威口（Weymouth） 极早熟种，产量中等。果实扁圆形，果中大或小，深蓝色，果蒂痕小，硬度较低，风味差。

（35）密斯梯（Misty） 又名云雾。生长势弱，1 年生株高 0.39 米，抽生枝条 2.5 个，3 年生株高 1.1 米。平均单果重 2.25 克，最大果重 3.75 克，可溶性固形物含量为 13.2%，不裂果，采前稍有落果。3 年生平均株产 0.5 千克。在浙西叶芽萌动期在 2 月 28 日至 3 月 10 日，盛花期 1 月 28 日～2 月 12 日，果熟期 5 月 23 日至 6 月 8 日。初花期易受低温霜冻影响，难形成商品果。

(36) 奥尼尔（O'Neal） 生长势弱，一年生树株高 0.35 米，3 年生株高 0.98 米，抽生枝条 2.3 条，果大，平均单果重 2.32 克，最大果重 3.89 克，可溶性固形物含量 13.6%，不裂果。在浙西，叶芽萌动期在 2 月 28～3 月 10 日，盛花期 2 月 6～13 日，果熟期 5 月 12～26 日，产量低，3 年生株产 0.4 千克。冬季集中落叶。

2. 半高丛越橘品种群 是高丛与矮丛越橘的杂交种，树体矮小，株高 50～100 厘米，果实重 0.7～2 克，抗寒力强，可耐 −35℃ 低温，如北陆、北蓝、北村、圣云、及北空等。

(1) 北陆（Northland） 1968 年美国密执安大学育成，亲本是 Berkeley×（Lor bush×Piobeer 实生苗）。树冠矮，丛生，5 年生树高 86 厘米，冠幅 89 厘米×91 厘米。果实扁圆形，果实纵横径 1.08 厘米×1.44 厘米，果形指数 0.75，果实体积 1.3 立方厘米。平均单果重威海 1.46 克，丹东 2.01 克，长春 1.78 克，最大果重 3 克。果淡蓝色，果粉中厚，果蒂痕中，湿，果蒂痕晕暗红色，大，无裂果，中撕裂。果肉质柔软，风味酸甜，在威海测定，可溶性固形物含量 13.2%，含酸量 1.23%（丹东 1.25%，长春 1.26%），含糖量 9.45%（丹东 8.67%，长春 10.45%），糖酸比 5.94。维生素 C56.8 毫克/100 克，早中熟种，7 月中旬成熟，产量高，4 年生株产 641.38 克，5 年生 1 128.45 克（丹东 3.3 千克，长春 3.58 千克），极耐寒，抗僵果病。

(2) 北村（Northcountry） 又名北春，1986 年美国明尼苏达大学用高丛越橘 B-6×矮丛越橘 P2P4 杂交而成。成龄树高 1 米，灌木。根系为纤维状须根，无主根。新梢呈褐红色，略弯曲生长，2 年生枝灰褐色。叶尖披针形，叶基楔形，互生，长宽

第六章 水果用蔬菜

3.5～5厘米×2～3厘米，革质，斜向上生长，表面有光。总状花序，每花序有5～9朵小花，单花坛状，乳白色。果实球形，被白色果粉，呈亮蓝色，平均单果重威海1.2克，丹东1.32克，长春1.13克，最大果重1.6克，质地较硬，风味极佳，可溶性固形物含量为14.3%，据在威海测定，含糖量为8.42%，（丹东5.76%，长春8.48%），含酸量0.84%，（丹东1.04%，长春0.97%），糖酸比10，维生素C含量381毫克/千克，（丹东53.3毫克/千克，长春45.5毫克/千克）。每1果实含种子19～20粒，种子极小，暗褐色。2年生枝条上抽生新梢80%中上部可形成3～8个花芽，自然坐果率97%，果蒂痕中大，干，5月中旬开花，7月中旬果实成熟，早中熟种，产量较低。成熟期不一致，可持续一个月时间。长春点3年生亩产116.7千克，4年生亩产313.2千克，第5年进入丰产期。丹东点4年生株产1.77千克，长春点2.69千克。抗寒性强。

（3）北蓝（Northblue） 1983年美国明尼达大学育成，亲本为Mn-36×（B-10×us-3），早熟品种，树体矮生，丛生，生长健壮，耐寒性好，可耐-30℃低温。果实大，果蒂痕中大，单果重2.34～2.56克，暗蓝色或深蓝色，肉质硬，风味佳，可溶性固形物含量13%，含糖量8.78%～11.36%，含酸量1.69%～1.79%，维生素C含量381～482毫克/千克。7月上旬成熟。丰产，单株产量为3.18千克，（4年生丹东2.13千克，长春4.34千克）。极耐寒，在长春点基生枝有5.3%受冻。

（4）圣云（St. Cloud） 果实扁圆形，蓝色，单果重丹东点2.34克，长春点2.12克，含糖量丹东点7.32%，长春点9.93%，含酸量丹东点1.01%，长春点1.23%，维生素C含量丹东点454毫克/100克，长春点479毫克/100克。产量4年生株产丹东点2.72千克，长春点3.10千克。成熟期丹东点7月上旬，长春7月中旬，开花期丹东点4月下旬，长春5月中旬。抗寒力弱，丹东基生枝受冻率5.6%，长春17.6%；花芽受冻率丹东12.5%，长春28.6%。

（5）北空（Northsky） 中熟种，树姿直立，树势中等，产量较低，果实扁圆形，小，淡蓝色，果蒂痕小～中大，果肉质软，风味好，甜。树姿直立，繁殖易。

（6）北极（Polaris） 早熟种，树姿直立，树势中等，产量中等。果实扁圆形，中大，平均单果重2.1克，淡蓝色，果蒂痕小，肉质较硬，风味极佳，极耐寒，繁殖易，僵果病中度感染。修剪量中到重。

3. 矮丛越橘品种群（*V. angustifolium* Aiten） 树体矮小，树高30～50厘米，抗寒且抗旱，冬季可耐-40℃低温，果实较小，适于加工，适于东北高寒地区栽培，如美登、斯卫克、芬蒂、坤兰、奥古斯塔（Augusta）、布隆斯威克（Bruns Wick）奇尼托（Chigneeto）。

（1）美登（Blomidon） 加拿大以野生矮丛越橘Augusta与451杂交选育。4年生株高30～40厘米，树姿开张，树体健壮，新梢、叶背及叶脉被细密白毛。花球近圆形，叶长卵圆形，表面有光泽。总状花序，每序具5～8朵小花，坐果率98%。果实近球形，被厚果粉，浅蓝色，单果重0.64克，最大果重0.89克，萼片宿存，种子极少。生长势强，80%当年生枝可形成花芽，每枝具花芽2～5个，坐果率97%，丰产性好，5～6年生产量6 436千克/公顷（黑龙江清河点6 150千克/公顷）。可溶性固形物含量16.7%，含酸量0.88%，出汁率70%。维生素C含量106.7毫克/千克，略酸，风味佳，种子极少。适于加工，中抗细菌性溃疡病，在东北5月上中旬开花，7月中下旬成熟，成熟期不一致，适于土壤pH值4.4～5.5中栽培，最适pH 4.3～4.5。

4. 兔眼越橘品种群（*V. ashei* Reade） 树体高大，寿命长，抗湿热，要求土壤有机质含量2%以上，pH值5.5以下，坡度

第六章 水果用蔬菜

10℃以下，对于土壤要求不严，抗旱，但不抗寒，-17℃低温可受冻，适于长江流域或以南地区，7.2℃低温要满足 450~850 小时。引入品种有梯夫蓝（Tifblue）、布列特蓝（Briteblue）、曼地托（Menditoo）、伍达德（Woodard）、乡铃（Homebell）、蓝铃（Blue Belle）、南地（Southland）、高潮（Cilimax）又名顶峰、亮壮（Bretewell）、总理（Premier）、蓝尘（Powberblue）、可伦布（Columbus）、阿索尼（Ochlockonee）、阿拉普哈（Alapaha）、慢进（Onslow）、百夫长（Centurion）、拉衣（Rahi）、玛鲁（Maru）、盖尔卫（Gallway）、园蓝（Gardenblue）、蓝金（Bluegold）、蓝天堂（Bluehaven）、芭尔德温（Baldwin）、精华（Choice）等。

(1) **布卢塔（Bluetta）** 极早熟，树冠丛生，矮性，产量中等或高。果实大小中等，果扁圆形，蓝色，果蒂痕中大，湿，风味较好，肉质硬度中等。耐寒性中等，易感染僵果病。

(2) **梯芙蓝（Tifblue）** 中熟种，平均单果重 1.4 克，最大果重 3.4 克，果实硬度大，果蒂痕小而干，丰产，7 年生株产 9.5 千克，树体直立，高约 2 米。

(3) **园蓝（Garden Blue）** 早中熟种，生长势强，1 年生株高 0.52 米，抽生枝条 3.9 个，3 年生株高 1.35 米。果实扁圆形，较小，平均单果重 1.52 克，最大单果重 1.85 克，深蓝色，果中大，肉质硬，风味佳，甜酸适口，果实含糖量 12.2% 或 16.2%（浙西），含酸量 0.6%，维生素 C 含量为 153.8 毫克/100 克、丰产、稳产，适于加工。3 年生株产 0.8 千克，遇雨轻微裂果，在浙西叶芽萌动期 2 月下旬至 3 月上旬，盛花期 3 月 5~15 日，果熟期 7 月 8~29 日。

(4) **粉蓝** 中晚熟种，果实坚实度高，味甜但无香味，在潮湿的土壤中不易裂果。1 年生树株高 0.54 米，抽生枝条 3.8 个，3 年后生长势加强，株高达 1.85 米。果实蓝色，平均单果重 1.88 克，最大果重 2.23 克，可溶性固形物 14.1%，果皮厚，耐贮运，3年生株产0.9千克，叶芽萌动期2月下旬至3月上旬，盛花期3月7~16日，果熟期7月8~29日。

（5）杰兔（Premier）　又名总理。早熟大果种，果实品质好。果大，平均单果重2.36克，最大果重3.1克，可溶性固形物13.7%，不裂果，生长势中等，1年生株高0.54米，抽生枝条3.6个，平均株产0.9千克，在浙西叶芽萌动期2月24日~3月5日，盛花期3月7~16日，果熟期6月20日~7月10日。

（6）蓝金（Bluegold）　晚熟种，树冠丛生，矮生，产量高。果实近圆形，中到大，平均单果重2.4克，淡蓝色，果蒂痕小，干，肉质硬度硬，风味好。耐寒，易感染僵果病。

（7）蓝天堂（Bluehaven）　早中熟种，产量中~低，树冠丛生，矮性。果实扁圆形，中等大小，平均单果重1.8克，淡蓝色，果蒂痕小，肉质硬，风味好。耐寒，抗僵果病。

（8）芭尔德温（Baldwin）　生长势强，1年生平均株高0.85米，3年生株高1.56米，抽生枝梢5.1条。平均单果重2.4克，最大果重3.65克，风味较淡，可溶性固形物含量为11.6%。3年生株产1.1千克，遇雨裂果较多。在浙西，叶芽萌动期3月14~20日，盛花期3月6~13日，果熟期7月15日~8月5日。幼树在春季叶芽萌动后集中落叶。

（9）精华（Choice）　生长势弱，发枝较多，枝条稍细，1年生株高0.42米，抽生枝条4条，3年生株高0.99米，冠幅1.32米。平均单果重1.9克，最大果重2.52克，可溶性固形物含量较高为13.2%，不裂果，平均株产0.6千克。在浙西叶芽萌动期3月14~20日，盛花期2月5~12日，果熟期7月11~26日。

5. 蔓越橘（*Vaccinium macrocarpon* Hook）　常绿匍行，小灌木，枝纤细，叶小，生长在强酸性沼泽地带，果球形，红色、味酸，果小，直径1~2厘米。主要品种有赛尔斯（Searles）、贝克维斯（Beckwith）、麦克法林（Mc. Farlin）、斯梯文斯（Stevens）、伯格曼（Bergman）、斑丽尔（Benleer）、克柔雷（Crowley）、西尔斯（Sels）、早生黑（Earlyblack）、豪斯（Hous）等。

(1) 西尔斯（Sels）　果实橄榄形，深红色，果实中等大小，平均单果重 1.5 克，总糖含量 4%，总酸含量 2.23%，糖酸比 1.79，6 年生亩产 1103.3 千克，在长春表现产量高，品质好。

(2) 早生黑（Earlyblack）　果实钟形，紫红色，近于黑色，果实中等偏小，平均单果重 1.3 克，总糖含量 2.2%～3.5%，总酸含量 2.81%～2.86%，糖酸比 0.78～1.22。6 年生亩产 870 千克。

(3) 豪斯（Hous）　果实近圆形，红色，果实中等偏小，平均单果重 1.4 克，总糖含量 1.8%～3.7%，总酸含量 2.61%～2.71%，糖酸比 0.68～1.37。6 年生亩产 864 千克。

(4) 麦克法林　果实近圆形，深红色，果实中等偏大，平均单果重 1.6 克，总糖含量 4.6%，总酸含量 2.35%，糖酸比 1.95。6 年生产量 830 千克/亩。

综上所述，我国南方地区适宜的品种以兔眼越橘中的粉蓝、灿烂、杰兔、顶峰、园蓝等品种，适应范围广，适应性好，其中灿烂、杰兔、顶峰属于早熟大果品种，果实品质好。粉蓝为中晚熟种，果实硬度高，味甜，无香气，不易裂果。园蓝为早中熟种，生长势极强，果实深蓝色坚实，风味佳，丰产、稳产，但果实较小，适于加工。南方引进南高丛越橘品种，虽皮薄，风味好，但根系分布浅，有机质含量要求高，栽培管理精细，水分供应要及时充分，但经济寿命为兔眼的一半，仅 8～15 年，因此，要选栽自行选育的品种较适宜。

辽东、山东半岛地区，适宜发展北高丛越橘品种，如蓝丰、瑞卡、斯巴达、达柔、公爵、埃利奥特及布里吉塔等，适应性强，丰产、稳产，果实品质优，3 年生亩产超过 1 000 千克。

东北地区，吉林适合选用北春、美登品种，蓝丰适应力强，在东北地区表现产量高，越冬能力强。辽宁地区适宜发展半高丛越橘品种。从果实品质、丰产性和冻害方面分析，北蓝、北陆表现较好。

（二）繁殖

不同越橘种类常根据其习性采用不同方法繁殖，而繁殖要求的技术条件似乎都较严格。高丛越橘主要用硬枝扦插法繁殖，插穗剪成 10~15 厘米长。最好使上端剪口正在芽的上侧；下端剪口靠近芽下。以 3 厘米×5 厘米左右的距离插入湿润的泥炭、沙或蛭石等基质中。床面上可以扣塑膜小拱棚保温，同时棚外用半透光的苇帘、竹帘等遮阴，减少光强度，使床内温度不致过高。插穗基部温度控制在 22~25℃，30~50 天即可生根，生根后及时移植到苗圃培育成苗。矮丛越橘美登用试管苗绿枝扦插，枝段长 2~3 芽，不去叶，5 月中旬进行，插前用 300 毫克/升的吲哚丁酸速蘸基部，基质为苔藓，生根率达 90％以上。

兔眼越橘容易发生根蘖，常用分株法繁殖；而硬枝扦插则生根困难。兔眼越橘在喷雾条件下用绿枝扦插效果尚好。插穗长度以带 3—4 片叶为宜，其他保湿、遮荫、控制温度以及移植入圃等措施同前述高丛越橘的硬枝扦插。矮丛越橘和蔓越橘根茎发达，根茎容易生根，可剪段扦插。扦插时要注意插穗上下方向，如果形态学的上端向下则生根不良。

（三）蓝莓的盆栽技术

1. 上盆 蓝莓成龄树高 2~3 米，冠幅 1.5~2 米，宜选较大一些的木桶、玻璃缸或栽培槽栽培为宜，越橘对土壤 pH 值要求 4.5~4.8 为最佳，因此，要尽量选用酸性土、据测算，每平方米施硫磺粉 300~1 100 克，可使 pH 值降低 1，因此，盆土除选疏松、肥沃，有机质含量达 2％以上的土壤外，还要用硫磺粉

第六章 水果用蔬菜

调节 pH 值,同时每盆追施堆厩肥 5～10 千克,复合肥 50～100 克。亦可选用泰林康泥炭、品氏托普泥炭(pH 值 4～5.5)或格陆谷椰糠(好易装栽培袋重 0.95 千克,脉水后尺寸为 23 厘米×18 厘米×18 厘米)每盆栽 2～3 丛,加土时要掺入粉碎的松树皮、锯屑或松针,可以一盆栽 2 个品种,以便授粉,栽后浇足定根水。

2. 肥水管理 蓝莓栽培要求有机质含量为 5%以上,在我国除大小兴安岭的森林土、草炭外,是很难做到的,因此,基肥宜用堆厩肥拌上草炭、锯末、松树皮,每年每次每盆 10～20 千克。最好用大盆放泰林康泥炭或品氏托普泥炭(pH 值 4)。多数试验表明蓝莓对氮、磷、钾三要素的吸收比例为 1∶1∶1,每亩施纯氮 4 千克,磷 8 千克,钾 4 千克。在花前、花后及果实生长期,追施 10-10-10 复合肥和尿素,前期以氮为主,中后期增加磷钾的使用量。

蓝莓对水分要求非常高,盆栽做到春秋季每 2～3 天一次水,夏季早晚浇一次水,7 月中旬～8 月中旬是果实生长或成熟季节,要注意水分的均衡供应,防止因供水不均而产生裂果。

3. 修剪 越橘是在上年生的有花芽的枝上结果。壮枝结果多且大。许多品种不论壮枝还是弱枝都容易形成花芽,如果不剪截枝条以减少一部分花芽,将造成当年结果过量,从而新梢细弱,花芽分化受到抑制,影响下年产量。直立生长的品种,可以把中心枝疏去几枝;开张树宜剪去一部分下垂枝。在花芽量有余的情况下,可以把弱小枝疏去,衰老枝给以更新。

较精细的修剪在夏季采果后,剪去细弱枝和采果枝,同时,根据树势,对部分枝梢短截更新。冬季修剪调节花芽数,根据树势确定留果量,剪去细弱花枝,对长花枝适当剪去顶端花芽,旺枝多留花芽,轻剪;弱小树少留或不留花芽重剪。并选一定枝条适度短截作更新枝。每丛保留 5～8 个多年生枝,8～12 个基生枝。

种菜有学问 这是一条真理

2011—2012年荣获美国专利的蓝莓新品种

品种	亲本	果形	果横径(毫米)	单果重(克)	果色	产量(千克/株)	果粉	果蒂痕(毫米)	含糖量(%)	含酸量(%)	硬度(克/毫米)	成熟期月/旬
天蓝(Sky Blue)	Canturion×Rehi	圆	17.3	2.4	蓝	4	厚	1.7	14.3	0.40	215	1/下(新)
F126	Reka×Lsland blue	扁圆	13.0	1.1	淡蓝	4	厚	1.8	14.2	0.70	260	11/下(新)
FL02-40	FL95-54×FL97-125	圆	17.0	2.3	蓝	2.7		1.5	13.1		220	4/上~5/上美
蓝月(Blue Moon)	努益×B7,8,1	扁圆	19.0	2.7	淡蓝	4.5	厚	2.0	13.0	0.60	230	12/上(新)
海蓝(Ocean bluee)	Centurion×Rahi		14.0	1.5	蓝	4	少	1.4	13.7	0.37	230	2/上(新)
日落蓝(Sunset blue)	瑞卡×13,7,8,1	扁圆	16.3	2.1	蓝	4	厚	1.8	11.4	0.65	190	12/上(新)
休伦(Huron)	Mu-6566×G-344	扁圆	17.5	1.7	蓝紫	高		1.8	11.5	0.65	210	7/11(美)
Hortblue Poppina	努益×1386	扁圆	12.6	1.2	淡蓝	1.2	厚	1.6	12.4	0.36	240	7/中(德)
南辉(Southern Splendour)	Reveille×Palmetto	近圆	16.5	1.6	蓝紫	2.3	中	1.4	13.2		270	5/中(美)
C97-41	F95-52×E12	扁圆	18.6	2.8	深蓝	3.9	少	1.0	12.0	0.40	205	9/中(澳)
Coo-09	F92-52×F84-38	扁圆	23.6	5.3	深蓝	3.2	少	1.25	12.4		210	10/中下(澳)

矮丛越橘在大田的修剪常采用"火剪",即连续收获两年烧林一次,秋后或冬初把地上部全烧掉,来春从地面再萌生新枝,当年形成花芽,下年结果。烧林兼有灭草和灭虫除病的效果,缺点是不能连年结果。盆栽时,将地上部剪去,明年再发枝开花结果。

4. 病虫害 越橘和其他果树一样,受多种病虫为害。其真菌性病害有僵果病、白粉病、腐烂病、枯萎病、炭疽病、茎腐病、根腐病、红叶病、丛枝病、叶锈病;细菌性病害有细菌性腐烂病、冠瘿病;线虫为害有根瘤线虫、根端瘿线虫、根线虫、剑形线虫;害虫有越橘芽螨、越橘潜叶虫、黑色夜盗虫、越橘蓟马、越橘跳甲、越橘叶甲、牯岭腹露蝗(4~9月若虫为害)短角外斑腿蝗、日本角蜡蚧、斑喙丽金龟子、伪圆斑象、越橘巢蛾、茶长卷蛾、蓑衣蛾、柔柄脉锦斑蛾、丽木科夜蛾、茸毒蛾、绿尾大蚕蛾及各种刺蛾等。要经常检查,及时防治。

5. 果实采收 鲜食用越橘多用手工采摘。美国大面积栽培用于加工的果实常用采收机收获。矮丛越橘人工采收用一个特制的带有梳齿的小型簸箕撮摘。加工用蔓越橘一般用"水采",即先将果实打入水面,然后用流水冲积于收集池,运送到加工车间。

十一、雪莲果

学名:*Smallanthus sanchifalius*

别名:晶薯、菊薯、神果、地参果。

英文名:"yacon"(亚贡,或阿贡),即"神果"之意,属菊科,葵花属植物,故又称为菊薯,原产自南美洲的安第斯山脉,是当地印第安人的一种传统块根食品,已有500年历史。

雪莲果是多年生草本植物。茎秆直立生长,圆形而中空,呈紫红色;叶对生,阔叶形如心状,叶上密生绒毛,叶基部各着生有一个腋芽,植株貌似菊芋,可生长到2~3米高。花顶生,有五朵,形如黄色葵花煞是可爱,蒴果,但不结籽。归属于薯芋类蔬菜。

雪莲果特别适应于生长在海拔1 000~2 300米之间的沙质土壤上,喜光照,喜欢湿润土壤,生长期约200多天,生长适温在20~30℃,在15℃以下生长停滞,不耐寒冷,遇霜冻茎枯死。雪莲果是长日照作物,在长日照条件下促进生长和开花,以种块无性繁殖为主。

我国1985从日本琦玉县引种成功,近年来通过多种途径引进,目前已在云南、福建、海南、贵州、湖南、湖北、山东、河南、河北引种栽培成功。生产示范面积逾96公顷。产品多用于出口,部分进入超市。适于居民庭院种植。

1. 整地与起垄　选择排灌方便的沙壤土,每亩施2 000~3 000千克的农家肥,撒施均匀后深耕,不施化肥,也不打农药,采用行距1米,株距0.6米,每亩定植1 111株,定植前要开沟起垄,将雪莲果种块定植在垄背上,为防止地下害虫的为害,可在定植穴内施入适量的生石灰进行预防。

为了获得雪莲果的优质高产,采用地膜覆盖和育苗移栽技术,提前播种育苗,延长植物生长期,增加光照时间,增强光合作用,保持土壤温度湿度,对于提高雪莲果的产量与质量,是一项有效得力的措施。

2. 地膜覆盖技术　施足底肥浇好底墒水,犁好耙平后,按行距85~100厘米,开沟作畦,畦高20~25厘米,做成鱼脊形。地整好后,覆膜时间掌握在早春断霜期前十天左右,选择暖头冷尾,无风晴天进行,覆盖70~80厘米的地膜,如果要搞早春套种西瓜、甜瓜等作物,可选用1.2~1.3米的地膜,覆盖地膜后,根据株距45~60厘米,打眼下种或挖孔栽苗,注意用土盖好膜孔,也可以先下种后覆膜,这样保湿保温的效果更好。

3. 育苗移栽　根据移栽时间提前一个半月下种育苗。春地

第六章 水果用蔬菜

移栽育苗，可在 2 月底 3 月初开始，利用大棚温室或普通房增温均可。育苗又分营养钵育苗和温床划块育苗两种。营养钵育苗，先配制营养土，选肥沃无病菌的两合土加少量腐熟厩肥为好，掌握湿度 50% 左右，即手握成团，落地就散为宜，然后装进 6~8 厘米的营养钵内，单芽下种（种子先用多菌灵消毒），撒土盖住芽眼之后，用喷雾器喷湿。控制温度 25℃ 左右，最低不能低于 15℃，高不要超过 35℃，一般 10 天左右发芽出苗。平时加强观察管理，移栽前 10 天放风炼苗，断霜期后移栽大田，地膜覆盖更好。温床划块育苗，首先准备塑料薄膜，竹片，草苫等物资，再挖苗床。根据亩栽 1 500 株，需苗床 30 平方米。苗床宽 2~3 米，长度按育苗多少而定，床土用营养土，下种后，扎上竹片，蒙好塑料膜，盖好草苫即可。不过草苫要早掀晚盖，以利于吸光增温。温床育苗发芽比营养钵晚几天，但苗壮而不旺。移栽前十天放风炼苗。移栽时用铁铲划块取苗，然后轻拿轻放，及时移栽大田，不管是大棚温室营养钵育苗，还是温床划块育苗，移栽大田最好都用地膜覆盖（先盖膜后栽苗）。以利于保温保湿。栽苗后及时浇水覆土。早春移苗，要点穴浇水或浇小水，切忌大水漫灌。

4. 定植 一般春季当 5 厘米地温稳定在 14~15℃ 时即可定植，保护地栽培可提前定植，定植方式可以大田直接栽植种块，也可用营养钵或营养袋在大棚内育苗后再栽入大田，夏季也可将分枝和地下萌生的侧枝进行扦插定植。

5. 管理 栽植后当苗高 20 厘米时要浇水保墒，并结合除草，对植株进行培土，如定植前施肥量不足，此时可追施适量土杂肥，注意不要施化肥、农药和除草剂。土壤干旱要浇水，雨后要及时排水，当茎秆生长到 1 米左右时，会在基部生出分蘖枝，如生长旺盛造成田间郁蔽可掰除分蘖枝，对长势一般的可适当选留 1~2 个分蘖枝生长，为了扩大繁殖，对掰下的分蘖枝可作为繁殖材料进行扦插，生长到晚秋将有大量的种球收获。

6. 采收 10月前后,植株茎尖的束状花朵开始凋谢,叶片开始黄化即开始采挖雪莲果,南方可以留在地里越冬,随时采挖出售,北方应在霜冻前采挖后入窖贮存,好像红薯一样保存,茎杆可做优质饲料,叶片和花朵具有很高的营养价值,可晒干泡茶或加工再利用,一般每株产果实3千克,最高株产10千克,亩产达3 000~4 000千克。

雪莲果采挖后,将果实上部的种球切下,将伤口凉干,用100倍的高锰酸钾溶液浸泡3分钟,捞出后用湿沙埋于地窖或无冻害的室内,来年春季即可作种。

7. 食用方法与保健功效 雪莲果的食用部分为块根,形似甘薯。薯块多汁,不含淀粉,生食、炒食或煮食,口感脆嫩、味甜、爽口。像甜味较重,而辣味较轻的白萝卜。薯块和叶可加工制作饮料。用于繁殖的芽块位于根颈处,形似姜块。

食用方法,既可以洗净削皮生吃,也可以炖鸡或排骨煲汤。

雪莲果含有单宁,切开和去皮后,暴露在空气中就会变成褐色。变色的原因是单宁中的酚类氧化产生醌的聚合物形成褐色素。为了防止变色,

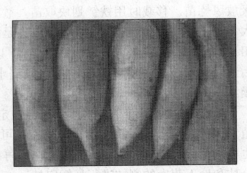

图6-3 雪莲果

可将去皮切开的雪莲果放在清水中浸泡,使其与空气隔绝,可防止氧化变色。

雪莲果的药用价值和保健功效:

①调理血液,能降低血糖、血脂和胆固醇,可预防和治疗高血压、糖尿病,对心脑血管疾病和肥胖症等也有一定疗效。

②帮助消化,调理和改善消化系统的不良状况。因雪莲果富

第六章 水果用蔬菜

含水溶性膳食纤维和果寡糖,能显著促进肠胃蠕动,润肠通便,能消除便秘,防治下痢,是肠胃道疾病的克星。最神妙之处在于它是肠内双岐菌的增殖因子,克服了由于生活节奏紧张,过量使用抗生素等原因造成的双岐杆菌等肠内有益菌减少失衡引起的系统疾病,可清除由食物带入人体内的环境污染物,是肠胃的清道夫和保护神。

③能抗氧化,消除自由基,可减少或避免结石症的发生。

④具有清肝解毒,降火降血压的功效,是有效的防治面痘、暗疮,养颜美容的天然保健品。雪莲果每100克可食部分含糖类10.6克,脂肪0.6克,蛋白质0.4～2克,纤维素0.3～1.7克,果寡糖6～12克,维生素C33毫克,胡萝卜素0.16微克、钙87毫克,钾230毫克,磷24毫克,钠0.7毫克,视黄醇2.7微克,硫胺素5微克,核黄素4微克,尼克酸0.3微克,还含20种氨基酸。经常食用可提高人体的免疫力;有强身健体的功效,也是男子壮阳增强性功能的作用。

雪莲果是当今吃出美丽的新潮果品,是一个横空出世的珍奇作物,它的出现,宣告一个新的保健水果时代的开始,它将在10年内会一直供不应求。它能让种植者生财致富,食用者壮身健身体。雪莲果:性大寒,肠胃不好者慎食。大量食用后会出现胃寒,便溏,狂泻不止等症状。

第七章

特 菜

一、蒌蒿

蒌蒿又名芦蒿、香艾、驴蒿、水艾等,为菊科蒿属多年生草本植物,我国东北、华北、华中和日本、朝鲜及西伯利亚东部均有野生种分布。原是湖荡草滩地上的一种杂草、在鄱阳湖 10 个县有成片群集,生活力强,耐湿耐旱、其嫩茎炒食,清香可口。早在明朝朱元璋于南京称帝时,就年年由高邮县,在清明节作为贡品进贡。自此后,南京、扬州等地在清明节前后逐渐形成了采食野生芦蒿的习惯。

芦蒿地下部根状茎呈棕色,根状茎上有节,节上着生隐芽和发生不定根。隐芽萌发可形成新的根状茎或伸出地面形成茎秆。发生的不定根形成发达的须根系,长约 15 厘米。

地上部茎秆直立,高 60~120 厘米,早春上部青绿色,下部青白色常带紫色,成熟后全茎褐色。其嫩茎是主要的食用器官。花多为头状花序。花管状,红褐色,外花雌性,6~7 朵,内花两性,8~10 朵。瘦果椭圆形。

性喜温暖湿润,日平均温度 4.5℃时开始萌发,嫩茎生长最适温度为 12~18℃,20℃以上茎秆迅速老化。在南京、金湖等地露地野生芦蒿一般于 2 月中旬开始萌发,4 月上旬到 4 月下旬营养生长明显加快,此间是露地野生芦蒿的上市高峰期。8 月中旬植株生长停止,9 月中下旬开花。12 月中旬遇重霜后地上部分枯死。

芦蒿喜湿、耐肥，在旱地和浅水中均可生长良好。根部耐旱，在夏季高温干旱条件下，植株生长不良，但不易死亡。

（一）类型与品种

芦蒿按叶型可分为3种：

（1）**大叶蒿** 又名柳叶蒿。叶羽状3裂，较耐寒，萌发较早。

（2）**碎叶蒿** 又名鸡爪蒿。叶羽状5裂，耐寒性略弱，萌发比大叶蒿稍迟。

（3）**嵌合型蒿** 在自然状态下，往往在同一植株上，同时存在两种以上叶型。

按嫩茎颜色分：

（1）**白芦蒿** 茎淡绿色，茎秆粗而柔嫩，一般属大叶蒿类型。

（2）**青芦蒿** 茎青色，香味略浓，一般属碎叶蒿类型。

（3）**红芦蒿** 茎紫红色，香味浓，纤维多。湖北荆沙市从云南昆明引进茎粗（0.4~0.5厘米）不易变红老化，再生力强，发芽早的品种。

芦蒿的茎色，香味和柔嫩程度是品种的重要性状，也与环境条件有很大关系。稀植、通风好，光照强，氮肥少，则颜色好，香味浓，纤维多。反之，则茎秆颜色浅，香味淡，质柔嫩。

（二）繁殖

1. 扦插 扦插时期，南方在4月下旬至5月上旬，湖北、浙江6月中下旬，南京7~8月。扦插过早，插条不充实，养分积累少，插后长势不旺，次春苗整齐度差，无效株数多；过晚生长期不足，影响次年产量。将露地当年未割过的茎，粗1厘米左右，剪成12~20厘米长，要求无病虫害，每段顶端至少留1~2

个饱满芽,下端靠节剪平,上端距最上芽剪成斜面。以株行距30厘米见方斜插土壤中,顶芽微露出地面。有些地方用宽窄行,宽行30厘米,窄行20厘米,株距10厘米,插后立即浇水,2~3日后再复浇一水。约一周后腋芽萌动,当新梢高3厘米以上时,每亩施稀粪水1 500千克,或尿素15千克或复合肥25~30千克。土壤湿度以见干见湿为度,中耕除草2~3次,植株封垄前,再用同量化肥追施1次。

2. 分株 清明后离地5~6厘米处剪去地上部,然后将根株连根挖起,分割成若干单株,但每一株都要带一定的根系,栽后比扦插易成活,早熟性好,产量较高。

3. 实生育苗 10月底至11月初,田间花序吐白时,摘下老熟的头状花序;晒干搓出种子,大棚育苗在2月中下旬至3月上旬,露地4月上旬至5月上旬,每克种子掺合5千克河沙土,均匀撒于苗床上,盖种子直径相似的细土,浮面覆盖草帘或无纺布。10天出苗,揭除草帘或无纺布,及时间苗追肥与浇水。40天后苗高10厘米时定植于大田。

(三) 盆栽技术

选直径20~30厘米的泥瓦盆,盆土用园土加10%堆厩肥,加10%沙,拌匀后,每盆栽入扦插苗或分株苗,每盆2~3株,深6~8厘米,一般8月~9月栽,栽后浇定根水,使其成活,放入阳台中。秋天每2~3天一次水。11月开始,覆膜保湿使晴天白天温度保持17~23℃,阴天12~16℃。从萌发到采收,约30~40天。

在适宜的温度下,12月开始采收,当嫩茎长到30~40厘米时,可用小刀割取长度在20厘米以上的幼嫩茎,不伤及长度在20厘米以下的茎,剔取的茎用较锋利的竹片人工去叶,这种方法比过去镰刀平地割增产25%~30%,割头刀后追肥,经一个月可割二刀,一年割1~2刀。

二、苣荬菜

苣荬菜也叫苦菜，苦麻子、取麻菜，属菊科苦苣属多年生草本，长期生长在地势较高的田间或荒野上，营养价值很高，其含维生素 C、钾、钙可防治贫血，其含蒲公英甾醇，胆碱，对球菌与杆菌有杀伤作用。性寒味苦，具清热解毒，活血化瘀，消肿止痢作用。可促进肝细胞再生，改善肝功能、消炎、抗癌的作用。嫩茎可作菜吃，味苦涩，食之清香爽口，风味独特、能增加食欲，倍受人们青睐，被称为"救命菜"。

茎中空，外有棱，叶互生，羽状深裂。茎生叶的叶柄有翅，有两枚尖叶耳。头状花序，总苞钟状，绿色，有多数小舌状花，花冠黄色，瘦果长椭圆形，红褐色，冠毛白色。根、花、种子入药。

种子发芽适温 15～18℃，幼苗生长期适温 12～25℃，茎叶生长适温 18～24℃，开花结果适温 22～29℃。播种后要适当水分，幼苗期不宜过干过湿，茎叶生长期要水分充足，结果期适当控制水分。

（一）繁殖

苣荬菜用种子或根状茎繁殖。在 9 月下旬～10 月中旬，瘦果冠毛变褐，种子呈棕色或黑色时，及时采收。

种子在 2～3 月或 9～10 月用浅盆播种，盆土用园土 6 份，堆厩肥 2 份，草木灰 2 份配制而成。为打破休眠，用 50 毫克/升赤霉素水溶液浸种 12 小时，捞出晾干，用种子与土 1∶10 混合后撒播，覆薄土盖草，浇小水 2～3 次，播后 15～20 天出苗，保持温度 15～25℃。出苗后，每隔 7～10 天追施 0.3%尿素液。

根状茎选品种纯正，生长健壮，在春秋季挖取根状茎，切成 10～15 厘米一段，开 5～8 厘米浅沟，将根茎顺沟平放，覆土镇压浇水。

(二) 盆栽技术

选直径 20 厘米的泥瓦盆，盆土用园土加 10% 厩肥配制而成。当苗长到 5~7 片叶时，进行上盆，每盆栽 2~2 株，栽后浇足定根水。盆栽巨荚菜直播后，2 片子叶先出土，经 7~10 天小苗长出真叶，在 2~3 片真叶时可进行间苗，株距 6~8 厘米，此时室温控制在 10~25℃，并适当降低湿度，以防止幼苗徒长。

在生长期中，为使生长健壮，可喷 100~150 毫克/千克喷施宝，0.3% 磷酸二氢钾或 0.2% 尿素。每次菜采收后要追施硫酸铵 15 千克/亩，磷酸二铵 6 千克/亩，追肥宜在午后进行，先干撒后喷水，反复冲洗叶片 2~3 次，以防止肥料烧伤叶片。如室内湿度很大，亦可将肥料均匀施入土中。头茬菜采收后，要增大昼夜温差，昼温保持 25~26℃，夜温 18~21℃。

苣荚菜的病害主要是叶霉病，发病时叶背长白粉，正面变黄色，严重影响菜的品质与产量。发现有病后要立即降温降湿，喷 54% 倍得利 1 000 倍液防治。

三、薄荷

薄荷属唇形科薄荷属的多年生宿根，嫩茎叶供食，含薄荷油，其主要成分为薄荷醇占 70%~90%，薄荷酮占 10%~20%，还有薄荷霜，樟脑萜、柠檬酸。薄荷具有多方面的作用。菜用因含有特殊的浓烈的清凉香味，除用凉拌可以解热外，还有去腥去膻作用，是食用牛羊肉必备的清凉调料。具有兴奋、解热、杀菌、止痛、发汗、驱风、消暑、化痰、止呕吐、醒脑等作用，自古用作药材。是清凉油、八卦丹、糕点、牙膏及香皂的添加剂。是一种开发前景很好的野生蔬菜，最适合于老人食用与种养。

薄荷根系发达。株高达 1 米左右，一般匍匐地面而生。茎四棱,赤色或青色,地下茎为白色,叶绿色或赤红色,对生,椭圆形或柳叶形,每一叶腋都可抽生侧枝。花淡紫色,很小,种子黄色。

薄荷耐热又耐寒,性喜湿润,但不耐涝。对土壤适应性广,除过于瘠薄或酸性太强外,都能栽培,为了高产质优,宜选肥沃的砂壤土或冲积土。比较耐荫,宜和其他作物间套作,如果园、桑园和玉米间作、生长茂盛;品质佳良,肥料以氮肥为主;钾肥次之,磷肥又次之。

(一)类型与品种

薄荷按花梗长短可分长花梗和短花梗两个类型。短花梗类花梗极短,轮伞花序,我国大多数栽培品种属于这一类型,主要品种有赤茎圆叶、青茎圆叶及青茎柳叶等;长花梗类型花梗很长,着生在植株之顶端;为穗状花序,含薄荷油很少,欧美各国栽培的品种多属此类,品种有欧洲薄荷、美国薄荷及荷兰薄荷等。薄荷依茎叶形状、颜色可分为青茎圆叶种、紫茎紫脉种、灰叶红边种、紫茎白脉种、青茎大叶尖齿种、青茎尖叶种、青茎小叶种等7种,鉴别不同品种的形态特征,主要根据茎色、叶形、茸毛有无和多少以及叶缘锯齿的深浅等。

(二)盆栽技术

薄荷大面积栽培多采用简单易行的分株繁殖法。栽培季节主要根据各地气候条件而定。广东、海南等省一年四季都可栽培;江浙一带清明前后,栽植后易于成活;并可采用小棚栽培。栽植一次,可连续采收2~3年。

选直径20~30厘米的泥瓦盆,盆土用园土加10%堆厩肥,拌匀后取茎段长7~10厘米,每盆栽2~3根,茎与地面接触后,每一节都能生不定根。

定植后要浇定根水,使土壤保持湿润。及时中耕除草,保持土面疏松无杂草。每次采收后每亩要追施一次清粪水或尿素液(0.3%)1 500千克,为了使地下茎和地上茎不过于拥挤,要做好地上和地下疏拔工作。发现病虫害要及时防治。

薄荷主茎高达20厘米左右,就可采摘嫩尖供食。

四、山葵

山葵属十字花科多年生草本半阴生植物,原产中国和日本,日本有悠久的栽培历史,我国台湾省山区广泛栽培。

山葵根茎磨成粉末(类似芥末),是日本人食用生鱼片不可缺少的佐料,并被广泛应用于食品加工。叶片可炒、炸及做汤,其独特的辛辣味道能促进食欲,并且有发汗、利尿、解毒、清血等食疗功效。根茎的营养成分为:水分41.9%、蛋白质18.4%、纤维2.6%、脂肪4.0%、糖类22.3%、灰分9.5%。作为香辛出口创汇蔬菜,已受到国内生产者的重视。

山葵全株主要由叶、叶柄、花轴、根茎及根5部分组成。叶片近圆形至心脏形,幼叶稍带紫色,成长叶绿色有光,叶脉掌状,在叶柄与叶片接合处呈放射状伸出。叶柄细长,基部扁平着生在根茎上。叶柄颜色因品种不同而异,一般有淡绿色、淡红色或紫红色。根茎肥大呈圆柱形,有表面凹凸不平之叶柄痕,长为5~30厘米,直径2~4厘米,绿色或淡绿色。由根茎长出的根,称大根,由大根再生出支根,支根上生有根毛。大根和支根表皮均具有芽点,切断后置于潮湿土壤中可发芽长成小苗。山葵种植一年后即可开花。花轴可长达1米,花轴上长满互生小叶,花蕾由叶腋长出,为总状花序。花白色,开花盛期在5月,花期长达1个月左右。

(一)对环境条件的要求

1. 温度 山葵喜阴凉多湿环境,生长适温为8~20℃,最适温度12~18℃，夏季平均气温超过28~30℃时，易引起软腐病等病害流行，冬季气温在零下3℃时，应加以保护措施，否则易发生冻害。

2. 土质 宜选择富含有机质，土层深厚（厚度不少于30厘米），通透性良好的砂壤土进行栽培。

3. 光照 山葵性喜阴湿冷凉，忌过强光照，否则易造成茎叶萎蔫，影响植株生长，并诱发多种病害。山地栽培，应选择在山北坡有树木遮荫的缓坡（遮荫率达60%~70%），一般应设置遮荫。

4. 雨量 要求雨量充沛、月平均雨量变化较小。若雨水不足，应在旱季及干旱时进行人工灌溉，并在雨季做好排水工作、以利植株生长。

（二）盆栽技术

选直径20~30厘米的泥瓦盆，如用水田式栽培，宜将盆底孔用水泥封严。盆土用水稻田土加堆厩肥1千克，磷酸二铵100克。在3~4月用根蘖苗，每盆栽2~3株，深5厘米，生长点露出土面，栽后浇定根水。如水栽，灌水深1~2厘米。栽后60天进入生长盛期，生长期中追尿素20~50克，追2~3次。每隔7~10天灌水一次。

山葵食用部分为膨大的根茎，根茎粗大，形状整齐美观，辣味强烈持久为优质。自种后2~3年收一次。地下根茎挖起后剪去叶柄，细根洗净装箱。主要病虫害有黑心病、软腐病与菜粉蝶，详见十字花科蔬菜病虫防治。

五、菊花脑

菊花脑、别名菊花叶，作为一年生或多年生蔬菜栽培，嫩茎、叶炒食，炎热高温季节作汤用。营养丰富，含有菊苷、胆碱、蛋白质、脂肪、纤维素和矿物盐类，尤是蛋白质、维生素 A 和矿物质含量高。还含有黄酮类和挥发油等芳香物质，所以有特殊的香味。具有清热凉血，抑制细菌、病毒作用，还可扩张冠状动脉，调中开胃，降血压及清热解毒等作用。

菊花脑为草本野菊花的近缘植物，冬季地上部分枯黄，早春又萌发的宿根植物。菊花脑适应性强，性耐寒冷，忌高温，耐瘠薄和干旱，不择土壤。一般房前屋后、沟边、河边、田间隙地皆可种植，而在土层深厚、肥沃、排水佳良的土壤中栽培，则产量高、品质好。菊花脑种子在 4℃ 以上就能发芽，生长适温 15～20℃，幼苗生长适温 12～20℃，成长植株在高温季节也能生长但供食部分品质差，20℃时采收的嫩茎叶品质最好。5～6月份和 9～10 月份为春秋采收的最佳季节。

（一）类型与品种

1. 小叶菊花脑 叶片小而先端尖，叶缘缺裂深裂，产量低。

2. 板叶菊花脑 又称大叶菊花脑，是从小叶菊花脑中选育而成。叶卵圆形，先端较钝，叶缘缺刻细而浅，产量较高，品质好，是目前生产栽培较多的一种。

（二）盆栽技术

1. 播种 选直径 20～30 厘米的塑料盆，盆土用园土加 20% 堆厩肥混合而成。在 2 月上中旬将种子与细砂拌匀撒播，播后压实浇透水，保持白天 15～20℃，夜温 10℃ 以上，7 天后出苗。出苗后每隔 7～10 天浇一次 10% 饼肥水，定植前 7～10 天降温炼苗，苗龄 30～40 天。

2. 上盆 选直径 10～40 厘米的花盆，盆土用园土加 10% 厩肥拌匀，在 3 月上中旬，选播种苗或老株分株苗或扦插苗，每盆栽 2～3 株，栽后浇足定根水，成活后，每隔 10～15 天追一次尿素。为了促进分枝，在 4～5 片叶时进行摘心，当腋芽长大后留

2~3片叶进行2次摘心，使多发嫩梢。

3. 采收 当株高15~20厘米时即可采收，剪取上部嫩梢，保留足够的刚萌发的嫩芽，10~15天可采收1次，每盆可采收50~100克，在棚内可采4~5次。

六、枸杞头

菜用枸杞系我国特产，自古作为药材和野生蔬菜，嫩茎叶和果实供食。其嫩茎叶可做汤、炒食，果实也可作菜。根、茎、叶、果均可入药。枸杞果实性甘平，含有甜菜碱，是一种强壮剂，有补肾益精、养肝明目、解热的疗效，枸杞子可提高肝脑器官中超氧化物歧化酶的活性，有抗氧化剂的能力，有延年益寿之功。枸杞头性甘凉。每100克鲜重含有蛋白质3.5~8克、脂肪1克、粗纤维2克、胡萝卜素3.9毫克、维生素B 0.33毫克、钙15.5毫克、磷67毫克、铁3.4毫克。还含有生物碱、甙类及胺类化合物。

落叶小灌木，枝条软弱弯曲下垂，小枝淡黄灰色，茎节上常有刺，叶互生或簇生于短枝上。叶柔软，色淡绿或鲜绿色。花1~4朵簇生于叶腋，淡紫色，有绿毛。浆果卵圆至长椭圆形，红色，艳丽，种子细小扁平，千粒重为2.56克。

性喜荫凉湿润和肥沃疏松的土壤，适应性强、耐寒、耐旱、抗风雨，不耐高温，有夏季休眠现象，以15~20℃生长最适，25℃以上生长不良，迅速落叶。

(一) 类型与品种

我国栽培的枸杞有两种，一为叶用枸杞，主要作为绿叶蔬菜栽培，分布在广东、广西两地，可分为细叶枸杞和大叶枸杞两种。

细叶枸杞株较高，茎嫩时青色，收获时青褐色。叶互生，卵状披针形，长5厘米，宽3厘米，较细小，叶肉较厚，叶面绿色，叶香浓，品质上等，叶腋有硬刺。由定植至初收约50~60天，可持续采收5个月左右。

大叶枸杞株较矮，茎青色。叶宽大，卵形，长8厘米，宽5厘米，叶肉较薄，色绿，叶较淡，产量高。无刺或有小软刺，定植至初收约60天，可持续采收5个月左右。

另一栽培种为宁夏枸杞，主要是采集种子和根皮供药用。最近有一种美国枸杞，果大、单果重6.4克，着果密，种子少，是少见良种。

作菜用的细叶和大叶枸杞不开花结籽，每年用插条繁殖，我国华南地区8~9月插，长江流域多在3月插种。

(二) 盆栽技术

选直径20~30厘米的塑料盆，盆土用园土、厩肥、沙按10:2:1配制而成。

枸杞繁殖力强，播种、扦插、分株繁殖都可用枝条扦插，长江流域在2月上旬至3月进行，亦可以在8月扦插。剪一年生生长枝中部或下部，长15~20厘米带3~5个芽作插穗，腋芽向上斜插入土2/3，地上部留2~3芽，扦插前可用30毫克/千克萘乙酸浸12~24小时，每盆插2~3穴，每穴插1~2根，穴距40厘米，9~15天可成活。

枸杞生长期间要保持土壤湿润，当长到60厘米高时要摘心打顶，侧枝50厘米摘心促分枝。生长期追肥2~4次，追速效氮、磷、钾肥，每月1次或每采一次浇水追肥一次。

病虫害有蚜虫、实蝇、二十八星瓢虫、瘿螨、病毒病、白粉病等，可用0.1~0.8度石硫合剂防治瘿螨、用粉锈灵防治白粉病。

扦播后40~50天开始采收，先采旺枝，新发枝长到40~50厘米时取嫩头食用，以后分次采嫩叶，夏季25℃以上停止采收，秋凉后再采。

七、绞股兰

又名七叶胆，小苦药。系葫芦科绞股兰属多年生草质藤本。主要分布在亚热带地区，含有 3.91%～7.69% 60 余种绞股兰皂苷，其中 4 种皂苷（3、4、8、12）与人参皂苷（Rb、R03、Rd、RF）相同，绞股兰皂苷 1-16，经酶水解产生人参皂苷 K。有第二代人参之称，还含有总糖 1.52%～4.24% 及多种微量元素，被誉为世界四大保健品之冠。是环保型绿色野菜新品种。

广西农科院蔬菜所从广西金秀大瑶山野生绞股兰中选出金秀 1 号，嫩茎叶中含皂苷 0.58%、糖苷 0.36%、维生素 C15.2 毫克/100 克，总黄酮 300 毫克/100 克。叶深绿色，叶柄光滑，叶长 4～8 厘米，宽 2～3 厘米，卵状小叶以七叶为主，掌状互生，膜质有柄，叶缘有齿。幼茎叶有浓郁甜味。耐热、耐寒、抗寒力强。

用种子或扦插繁殖，扦插时取健壮藤蔓，按株行距 25～35 厘米×25～35 厘米种植，平棚遮阳网覆盖，成活力很高。

选直径 30～40 厘米的花盆，盆土用园土加 20% 堆厩肥，每盆加缓释复合肥 80 克、缓释氮肥 25 克。拌匀，每盆栽 3～5 株。

由于绞股兰每年可采 8～10 次，要不断追施水溶性冲施肥，生物菌肥每盆 15～50 克，缓释性复合肥 10～15 克，由于金选 1 号喜荫喜湿，除人工浇水外，还应喷水冲淋。

金选 1 号病虫害较少，每季度要淋施石灰水进行消毒，叶部有白粉病发生，可用多菌灵 1 500 倍或 1∶1∶100 波尔多液进行防治。

金选 1 号为攀援性植物，一般采用爬地生长，故必须及时采收。当茎蔓长至 60 厘米时，从基部 10 厘米处用剪刀剪下，采收长度 50 厘米左右，顶部 20 厘米嫩芽可直接食用，其后半部采收藤上嫩叶食用。在南宁每年可采12次，每次每亩可采420千克。

八、金花菜

又名菜苜蓿、黄花草头。南方栽培较多，既是绿肥，又是一种绿叶菜。在浙江南部台州、宁波一带，将草头晒干，可与肉一起蒸非常好吃。金花菜为豆科二年生草本，匍匐生长，分枝性强，三出叶，小叶倒三角形，顶略凹陷，叶上部为锯齿状，叶面浓绿色，背面稍呈白色。花梗很短，花金黄色，花后结螺旋状荚，有毛状突起的刺，荚里有3~5粒肾脏形种子，黄色。

（一）品种与特性

金花菜在江浙沪皖栽培较多，各地都有地方品种，但差异不大。一般认为有江苏常熟苜蓿，上海苜蓿，浙南苜蓿3个类型品种。

金花菜喜冷凉气候，耐寒不耐热，生长适温为13~17℃，在17℃以上和10℃以下，生长缓慢。在短期的-5℃低温，叶片受冻，但温度回升后又能萌发生长。对土壤适应性强，以有机质多，保水肥能力强的水稻田土为好。在浙南山区的黄壤土中生长亦很好，常作留种用。

（二）栽培要点

金花菜分春秋两季栽培。春播于2月下旬至6月上旬分期播种，4月上旬至7月下旬采收，作蔬菜栽培用。秋播在7月中旬至9月下旬播种，8月中旬至翌年3月下旬陆续采收，蔬菜与绿肥兼用。

播种前进行选种，可用55~60℃温水浸种5分钟，去掉浮粒，再浸种8小时，亦可催芽后播种，将种子放在麻袋中，在夜间浸于河水中10小时，然后将种子摊放阴凉处2~3天，每隔3~4小时用喷壶浇凉水一次,使种子吸水后将萌动时播种。

盆栽选直径20~30厘米的花盆,盆土用园土、堆厩肥8:2配制而成,每盆加草本灰0.5千克,撒播或点播,深2厘米,上覆草木灰压实。庭院栽培将土深翻15厘米左右,每亩施入畜粪肥1 000千克,拌匀耙平,行条播,行距20~30厘米,沟深2厘米,播后镇压。

播后保持土壤湿润,促使早出苗。出苗后每天浇水一次,6~7天后停止浇水。当有2片真叶时开始追肥,前期可用腐熟稀畜粪水,每亩1 000千克,以用1%尿素液每亩5~6千克。每采收一次要追肥一次。

嫩茎采收,使茎叶留得短而整齐。第一次采收要掌握"低"和"平"的原则,使以后采收容易。早秋播种,出苗后30天即开始采收。可连采7~10天。

金花菜病害较少,在连作地与连阴雨会发生炭疽病,可用75%百菌清600倍液防治,4~5月和9~10月会发生蚜虫,可用2 000倍吡虫啉防治。

九、冬寒菜

又名滑菜。以幼苗或嫩茎叶供食。原产亚洲东部,在我国栽培历史悠久,是春季补缺蔬菜。每100克菜中含蛋白质3.9克,脂肪0.4克,糖类2.7克,膳食纤维2.2克。磷56毫克、钙82毫克。还含有维生素A、B_1、B_2、C及尼克酸。冬寒菜性寒味甘,具清热利水、清肺止咳、利胆滑肠之功。

冬寒菜为锦葵科一二年生草本。根系发达,茎直立分枝力极强,叶互生,叶柄长,叶片呈圆扇形,茎叶密生茸毛,叶脉基部茸毛更多。花具短柄,生于叶腋,花小,淡红或紫白色。果实扁圆形,种子肾形、扁平、淡棕色,表面粗糙。

(一) 品种

1. 紫梗 茎绿色，节间与主脉均为紫褐色、叶绿色，七角心脏形，叶大柄短，厚而有皱，生长势强，开花迟，较晚熟。如重庆大棋盘、福州紫梗。

2. 白梗 茎绿色，叶较薄而小，叶柄略长，耐热，早熟。如重庆小棋盘、福州白梗。

(二) 栽培要点

冬寒菜喜冷凉湿润，不耐高温，轻霜不受冻。发芽适温20～25℃，茎叶生长温度为15～20℃，30℃以上毛茸增加，品质变差。对土壤要求不严，在保水保肥力强的土壤中生长更好。

除高温、严寒外可随时播种。春播华南、西南2月开始，长江中下游4月开始。秋播华南、西南8月下旬至11月上旬均可，长江流域9月至10月上旬播种。盆栽选直径30厘米的花盆，盆土用园土加10%堆厩肥，穴播，每盆留2～3株。地栽可撒播或穴播，行距20～25厘米，每穴播种子4～5粒，出苗后每穴留一株。撒播，在苗具有4～5片真叶前间苗2次，定苗时苗距16～20厘米，以2～3苗为一丛，苗高18厘米时即可采收。割时留基部4～7厘米取上段叶梢，春季可采2～3次，7～10天一次。

冬寒菜较耐肥，需肥量大。在生产上播后浇盖籽肥，冬前生长慢、肥料不要太浓。春季旺盛生长期，每亩追速效氮肥15～20千克或尿素8～10千克，浓度为0.2%～0.4%。

冬寒菜病虫害少，偶有蚜虫发生，生产上不需防治。

十、茴香

茴香为伞形科多年生草本植物，以嫩茎叶供食，具有特殊的香味，可作调料。根可食，种子可作调料或入药。茴香茎直立，有分枝，无毛茸，有蜡粉。叶为羽状深裂细裂叶，小叶成丝状，深绿色。花为复伞状花序，果为双悬果。

（一）品种

茴香可分大茴香和小茴香。大茴香植株较高，一般为30~45厘米，5~6片叶，叶柄较长，叶距较大，生长快，抽薹迟。小茴香根据种子形状可分圆粒种与扁粒种，扁粒种适应性强，抽薹迟，再生能力强，栽培较多，如武汉小茴香，十堰小茴香。

（二）栽培要点

茴香性喜冷凉，耐寒亦耐热。种子发芽适温为16~24℃，生长适温为15~18℃，超过24℃生长不良，可耐短期-2℃低温，以春秋栽培为主。对土壤适应性广，以土壤肥沃，排水保水能力强的土壤，质优高产。

冬季可用设施栽培，春播在3月中下旬至4月上中旬进行，露地秋播7~9月播种，长江流域在4~10月随时播种栽培。

播种前将种子搓一遍，使每粒种子分离。然后用纱布将种子包好，放在18~20℃清水中浸24小时，漂除杂物及黏液，在16~23℃环境下催芽，5~6天出芽。

盆栽用20~30厘米花盆，盆土用园土加20%堆厩肥加1%磷酸二铵，拌匀浇足底水，将种子与细砂混匀直播，覆细土1厘米厚，覆膜保湿。

出苗后及时揭膜，使白天温度15~24℃，夜温10~13℃，保持盆土湿润，适当间苗，苗期稍控水，使根系下扎，待土表现干时才浇水，水量不宜大，苗高10厘米左右，浇施1%尿素液。

苗高40~50厘米，播后50~60天可开始采收，可一次收获或割后留茬，多次收获。

十一、叶蒸菜

叶蒸菜又名牛皮菜、莙荙菜。原产欧洲南部,适应性强、耐寒又耐热,栽培易,供应期长,是补伏缺的特色菜。

叶蒸菜属藜科一二年生蔬菜,主根发达,两列须根,叶卵圆形或长卵圆形。叶片肥厚有光,呈淡绿、绿或紫红色,叶柄发达。呈白、淡绿或紫红色。复总状花序,聚合果,内含种子2～3粒。

(一) 品种

按叶柄、叶片可分普通种,宽柄种和皱叶种。

1. 普通种 叶柄较窄,淡绿色,又称青梗种。叶较大,长卵形,淡绿、绿或深红色,叶缘无缺刻,叶肉厚,叶面光滑稍有皱。如绿蒸菜、长沙迟蒸菜、广州青梗莙荙菜、青梗歪尾、重庆四季牛皮菜等。

2. 宽柄种 叶柄宽而厚,白色,又称白梗种,叶片短而大,有波状皱褶,叶柔嫩多汁,如白梗莙荙菜、广州白梗黄叶莙荙菜、长沙早蒸菜及浙江披叶蒸菜等。

3. 皱叶种 叶柄稍狭长,叶面密生皱纹,如重庆白杆二平桩、云南卷心叶蒸菜等。

(二) 栽培要点

叶蒸菜发芽适温为22～25℃,生长适温14～20℃,温度降到2℃生长缓慢,-1℃停止生长,超过35℃生长受阻。低温长日照促进花芽分化。生长期需水较多,但根部忌积水。适于疏松、中性或微碱性的土壤。

以春秋两季栽培为主,长江流域及华北中南部可行设施春提早,秋延后栽培,亦可夏播,8～9月采收。

盆栽用直径20～30厘米的花盆,盆土用园土加10%堆厩肥，直撒播。地栽可条播，行距25～30厘米，间苗后株距20～25厘米，盆栽每盆栽1～2株。播前将聚合果搓散，播后50～60天即可采幼苗，如剥叶有6～7片大叶时，剥外层2～3片大叶，每隔10天可继续剥叶。

春播在3～5月，秋播在8～10月播种。早播年前剥叶采收，迟播翌年4月开始采收。

叶忝菜盆栽夏季每天早晚浇水一次，春秋2～3天浇水一次，浇则浇透，见干见湿。在2～3叶和6～7叶时，追1%尿素液，每采收一次后或7～8天追肥一次。

十二、豆瓣菜

又名西洋菜、水蔊菜、水田芥，属十字花科豆瓣菜属的一二年生水生草本。以嫩茎叶供食、脆嫩可口，有辣香味。最近研究表明，它能阻止卵子着床，干扰妊娠，有避孕的作用。

根为须根系，再生能力强，茎节易生不定根，茎圆、节间短1～3厘米，青绿色，腋芽萌发力强。叶为奇数羽状复叶，小叶1～4对，卵圆或近圆形，顶端小叶较大，深绿色，气温低时暗紫红色。花细小，花冠白色。总状花序、荚果，每荚含种子30～40粒，极细小，扁圆形，黄褐色，千粒重0.95～1克。在广州不开花结实。

（一）品种

豆瓣菜有2倍体（绿色西洋菜）和异源四倍体，还有褐色西洋菜为3倍体，不孕、不耐霜冻。我国栽培有开花与不开花两类，即使结籽采种量少，以营养繁殖为主。

1. 百色豆瓣菜 茎绿白色，幼苗粗壮，产量高，能开花结籽。单株重5克。

2. 广州豆瓣菜 株高50～70厘米，茎粗0.8厘米，叶卵圆形，小叶 5~7 片，茎低温变紫褐色。

3. 江西豆瓣菜　株高 40~50 厘米，茎粗 0.6 厘米，小叶 3~5 片，低温亦绿色不变。单株重 5~7 克。

4. 英国豆瓣菜　株高 40~50 厘米，茎粗 0.7 厘米，小叶圆形，3 枚，低温不变色，单株重 6 克。

（二）栽培要点

性系冷凉湿润和晴日天气，生长适温 15~25℃，水温以 14~15℃为适。0℃可在田间过冬，16℃可返青，30℃以上生长停滞。对土壤要求不严，但在肥力充足，晴朗天气生长良好，产量高。适于浅水栽培。

在华南地区，9 月下旬至 10 月上旬，长江流域 8 月下旬至 9 月上旬为栽插适期，插条从留种田选健壮种苗，茎粗，节短，带有绿叶，采用 6~7 厘米长，中上部。选直径 30~40 厘米的花盆，盆土用肥沃疏松的园土或水稻田土，每盆加腐熟堆厩 1~2 千克、三元复合肥 15~20 克，拌匀，阳面朝上，将茎部两节斜插于泥土中，3~4 株一穴，行距 10 厘米，株距 3 厘米。栽前要将排水孔用水泥堵住，栽后保持 1~3 厘米的水层。

定植成活后新芽萌动时，可追施尿素每盆 10~15 克，从定植到 30 天后采收，每采收一次追肥一次，追肥用 1％尿素液。要调节水层，栽后浅些，栽后半月水深 3~5 厘米。定植后株高 25~33 厘米时，开始采收，每 20~30 天可采收一次，采时成片齐泥收割，洗净，扎把。

豆瓣菜病虫害较少，主要有蚜虫、黄跳甲、小菜蛾，可用灌水法驱除。

十三、珍珠菜

又名角菜，菊科多年生草本，以嫩茎叶供食，有似茼蒿的芳香，可炒食、凉拌、烧汤，营养丰富。

成株直立分枝多，高1米，茎节易生根，叶互生，倒卵形，分为5小叶，小叶深裂，亦有3小叶，叶背淡绿色或绿色，头状花序，花小似珍珠，乳白色，外观雅美。

(一) 品种

1. 红梗 叶柄、叶脉鲜红紫色，叶浓绿，根颈部再生能力强，栽培易，耐肥、抗病、生长快，产量高，品质优良。

2. 青梗 叶绿带紫，叶较小，根颈再生力弱，不易抽薹，耐热性差，水多易染软腐病。

(二) 繁殖

以扦插繁殖为主，插穗长10～12厘米，2～3节，斜插于沙壤土中，深度为下部第一节入土，5～6天可开始生根，3周即可成苗。

(三) 栽培要点

选择肥沃、排水良好的沙壤土，选用直径20～40厘米的圆盆，盆土用园土6份，堆厩肥2份，沙2份配制而成，每盆栽2～4株，浅栽，边栽边浇定根水。

栽后每隔5～7天追施1‰尿素液，并经常保持畦面湿润。如要在秋冬栽培，应防寒保温。

当腋芽长出3～4节，3～4叶已展叶，未老前，离地1～2厘米收割。割后再追稀尿素液。

十四、千宝菜

千宝菜日本麒麟麦酒株式会社植物开发研究所和时田种苗株式会社1997年培育成功的，是甘蓝自交系"叶深"（中国台湾育成）和小白菜东京黑水菜经胚培、染色体加倍杂交选育而成，与白兰（白菜与甘蓝杂交种）有些相近。株高12.9厘米，叶圆形，全缘，浓绿色，叶肉厚而有皱，叶柄半圆形，绿色。种子圆形，黑褐色。耐热性极强，可耐38～40℃高温和-3～5℃低温，抗病，生育适温20～25℃，冬春栽培无未熟抽薹，一年四季可以栽培。

千宝菜有良好的结实性，可用种子播种，一般用浅盆播种，盆土用园土6份，堆厩肥2份，河沙2份配制而成，撒播、覆土厚1厘米，3天出苗，及时间苗，苗距5～8厘米。生长期间可用0.3%尿素液浇1～2次，春秋季2～3天浇水1次，夏季每天浇水1次。6～8片真叶为采收适期。夏季种植生长期25～30天，单株重14克左右。

千宝菜食用嫩植株，维生素C和U较丰富。性味甘，平、无毒，可作沙拉、生食、炒食、腌渍泡菜，适于作肉类的垫盘。

十五、罗勒

罗勒又名毛罗勒，兰香，属唇形科一年生草本作物。茎四棱形，分枝多，叶卵圆形，对生，原产我国。其嫩茎叶有浓烈芳香，是宾馆调味佐料。它具有消暑解毒、健胃的疗效。

（一）播种育苗

罗勒种子细小，价格昂贵，一般用育苗盘育苗，以湿砻糠灰作基质，将湿砻糠拍平压实后，上撒薄层培养土，播种用砻糠灰盖浸种子，盘上盖无纺布保湿，使温度保持25℃左右，7天左右可齐苗。播后14～20天，将秧苗移植在湿河泥块中，保温18～25℃，遮荫一个月后囤苗定植于花盆中。

（二）上盆

用圆盆栽植，盆土用菜园土与炉渣组成，每盆施腐熟堆厩肥200克，每盆一株，将带秧河泥块植入穴内，浇一次定根水，保温。为了均衡供应，在2月到10月均可播种，苗龄25～30天。

（三）管理

在生长前期，使温度保持18～25℃，随着气温的升高，当外界气温达到20℃时，可以利用自然温度生长。在7～8月高温栽培，上盖遮阳网，遮荫保湿降温。根据生长情况，结合浇水，天旱时追施速效稀肥，一般用1％尿素液，注意蚜虫防治及中耕除草。

（四）采收

植株高20～30厘米时，采嫩茎叶上市，可留下二节，以供不断采摘，如有花蕾要及时摘除，促进生长，增加上市量，每株可采250克左右。

罗勒食用嫩茎叶，全株有芳香气。茎、叶、花含芳香油，主要成分为罗勒烯、α-蒎烯、芳樟醇、柠檬烯、甲基胡椒酚、丁香油酚、丁香油酚甲醚、茴香醚、桂皮酸甲酯、糠醛等。

十六、京水菜

又名白茎千筋京水菜，20世纪90年代从日本引进。属十字花科芸薹属一二年生蔬菜，外观介于不结球白菜与花叶芥菜之间，风味似不结球白菜，是火锅的配料，可炒、煮、腌渍。

京水菜主根圆锥形，须根发达，再生力强，叶簇生于短缩茎上，分枝力特强，每叶腋能发生新侧株。叶柄长而细圆，有浅沟、白色、叶片较窄长，边缘齿状缺刻深裂至叶脉成羽状，绿色。冬季可用浅盆栽培。育苗移栽，每盆播种量0.1克（苗床2平方米），2～3片真叶分苗，6～8片叶上盆，株行距10厘米。上盆前用园土6份，河沙2份，腐熟堆厩肥2份配制而成，每盆栽1～3株，栽后浇足定根水。生长期追肥1～2次，定植后20多天，株高20厘米开始萌发侧株时，采叶片上市，可采60多天，每采2～3次追施速效氮肥一次，菜蚜和白粉虱要及时防治。

十七、百里香

百里香为唇形科多年生草木，原产南欧，在上海引种栽培。茎匍匐地面，分枝多。叶小，长卵形，对生，夏秋开红花，种子极小，圆形，咖啡色。茎叶有浓郁的芳香，有兴奋剂和杀菌作用，其花粉有和胸、镇咳、益智，加速血液循环等功效，成为香辛蔬菜的珍品，深受宾馆欢迎，是烹调时的佐料。

1. 育苗 3月中下旬，播于育苗盘内，盘内放入浸湿的砻糠灰，拍紧上覆一层培养土，刮平播种，再覆培养土，以盖没种子为度。在育苗盘上盖无纺布保湿，使温度白天保持25～30℃，夜温25℃。7天后出苗，20天后可移于湿河泥块内，温度保持22～25℃，并调节水分与光照，提高秧苗的素质。

2. 上盆 5月中旬将带河泥块的秧苗定植在花盆中。每盆1～2株。

3. 管理 要使温度保持22～28℃，空气相对湿度85%左右，盆土以稍湿为宜，使多见阳光，增强抗逆性。根据天气情况，及时浇水，每次采收后，应追1%尿素液或三元复合肥液。平时注意蚜虫的勤查勤防治。

4. 采收 苗高达30厘米以上，分枝生长旺健，可留下部2～3节采摘，采后待生长到茎叶繁茂时，再采摘。

百里香全株具有浓郁的芳香，芳香油占茎梢和叶的3%。主要成分为麝香草酚、贡蒿酚、胺油醇、草宁酸，皂角苷及苦味物质、钾、钙、锶的含量较高。百里香味辛香,可防止上呼吸道感染、镇咳、化黏液,可作肺气肿、气管痉挛、祛痰的辅助疗法。

十八、剪刀菜

又名钻形紫菀,减肥野菜,菊科一年生草本。株高25～80厘米,茎光滑肉质,基部略带红色,上稍有分枝。基部叶倒披针形,花后脱落,茎中部叶线状披针形,长6～10厘米,全缘,无柄,茎上部叶线形。头状花序排列成圆锥形,直径1厘米,总苞钟状,苞片3～4个,无毛,边缘膜质。舌状花红、紫色,管状花短于冠毛,瘦果略有毛。

产云南山坡灌木丛及四旁。嫩苗、嫩茎叶供食,春夏采集口味好。用沸水烫漂,泡洗,凉拌、炒食、煮汤或作火锅配料。

剪刀菜生命力强,感病极少,无污染,有一定的碱性,减肥效果明显。家庭可挖掘野生种苗,进行盆栽,作为家宴的火锅配料用。

十九、紫荆芥

紫荆芥是中国农科院蔬菜花卉所新选育的品种。富含芳香植物油,味鲜美,以嫩茎叶作蔬菜或佐料。

根系发达,分布浅,全株有稀毛,株高45～60厘米,叶茎紫色。茎钝四棱形,叶对生,全缘,叶片卵圆形,叶腋多分枝,花分层轮生,成轮伞花序。生育期短,适应性强,喜湿耐热,耐阴怕渍,耐旱、耐瘠。

在早春或伏秋直播于浅盆中,盆土用园土4份,腐叶土4份,沙2份配制而成,点播后细土覆盖,上盖草帘或薄膜,3～5天出苗,真叶出现后间苗1～2次。2～3片真叶时,栽植在盆径10～15厘米的瓦盆中。盆土用园土8份,堆厩肥1份,沙1份配制而成，平时浇水喷肥，苗高 6～7 厘米时开始采食，每次留 2～3 个侧芽，以后连续收获嫩茎叶，现蕾后仍可采摘嫩茎叶。

茎叶含多量的芳香油，其成分是香薷酮，倍半萜类。种子含油量 38%～40%，还含有薄荷酮和柠檬烯。

民间作调料拌菜生食，可解咽喉肿痛、感冒。

二十、车前草

又名车轮菜、猪肚菜、灰盆草、蛤蟆草、猪耳草、牛甜菜，为车前科多年生草本，生长在南方各省的山野、路旁、花圃、菜园以及池塘、河边。车前草营养丰富，富含钙、磷、铁及胆碱、桃叶珊瑚苷、车前苷等成分。

车前草每年 4～5 月采嫩幼苗，烫漂后拌、炝、炒、炖、蒸，质嫩略有苦味，亦可盆栽供食。但肾气虚脱，脾胃虚寒者不宜食用。

车前草味甘性寒，具有利水通淋、清热明目、清肺化痰、凉血止血的功效。适于小便不利、暑热泄泻、目红肿痛、血热出血等症。车前苷可治疗肺热咳嗽、痰多等症。车前子中的腺嘌呤的磷酸盐，有治疗白细胞减少症。所含硫璃酸对金黄色葡萄球菌、卡他球菌、绿脓杆菌、变形杆菌、伤寒、痢疾杆菌有抑制作用，还有抑制胃液分泌和抗溃疡作用，还有抗肿瘤作用。

二十一、芝麻菜

中国农科院蔬菜花卉所筛选出的新品种，可食部分为柔嫩的茎叶和花蕾，具有浓郁的芝麻香味。原产欧洲南部，是西餐中的生吃蔬菜。

直根发达，根系入土深，株高 30～40 厘米，茎高圆形，上有细茸毛，茎粗 0.2～0.4 厘米，叶羽状深裂，叶缘波状，叶长

10～15厘米，宽5～8厘米。花黄色，花瓣上有黑色纵条纹，角果。性喜温暖冷凉，抗盐碱，耐旱涝，耐寒性强。

在3～4月或8～11月播种，用浅盆播种，盆土要疏松、肥沃的沙壤土，亦可用园土6份，腐熟堆厩2份，河沙2份配制而成，播时用2～3倍细土与种子拌匀后播种，上覆稻草保湿，在15～18℃下播后7～10天出苗，苗高20厘米时可陆续采收。

芝麻菜的嫩叶中，以钾盐、钙质及硒的含量较多，含有苦味物质及芝麻香味的特殊芳香物质。具有较强的防癌抗癌活性。种子含油率达35%，可加工成食用油。种子可入药，具有降肺气，利肺水等功效。对久咳不愈及尿频疗效显著，嫩苗及嫩叶适于沙拉生食，煮后失去香味，味苦，不宜熟食。

二十二、沙姜

又名三奈、三赖、山辣，为姜科山柰属多年生草本。食用部分是块状根茎，外形似生姜，以肉色淡褐黄，香味浓郁者为佳。

沙姜含丰富的挥发油，主要成分是对甲氧基肉桂酸酯和肉桂酸乙酯，并含有龙脑、桉叶油、香豆酸乙酯、桂皮醛、对甲基桂皮酸，莒烯，苄烯，3对甲氧基苏合香烯等。性温、味辛香微辣，温中散寒，除湿辟秽。中医上用来治疗心腹冷痛，寒湿、吐泻、风牙痛等症。

沙姜切碎捣成末，加精盐、香油，可作白切鸡块蘸食。

沙姜局鸡，肉嫩清香，取嫩光鸡1 000克，菜心4棵，沙姜片1～2克。将沙姜片剁成末，与葱段、姜片、料酒一起盛于碗中。菜心截取有花部分长约12厘米，沸水焯一下。把嫩鸡晾干，用生抽将鸡皮涂抹一遍，把盘中生抽注入鸡腔中，将沙姜调料填入鸡腔内，用牙签将鸡腔扣合。把鸡置于瓷碟，盖上保鲜膜，膜上戳一小孔，放在微波炉中高火位蒸15～18分钟，取出拔去牙签，将鸡肚汁倒出留用。将鸡切块装碟，将鸡汁浇上，碟边放上焯熟的菜心，上桌。

二十三、羽衣甘蓝

羽衣甘蓝原产欧洲南部、地中海北岸，营养价值比普通甘蓝高，耐寒，耐热，生长势强，抗灾能力强，既可观赏，又可作菜用。

羽衣甘蓝含丰富的叶蛋白、维生素C，β-胡萝卜素及硒，是联合国卫生组织推荐的防治儿童夜盲症的食品，近来发现有很强的防癌作用。

盆栽羽衣甘蓝一般选绿色的矮生种，但近来彩色皱缩的品种亦已上了餐桌，常见的有苏格兰绿叶甘蓝、西伯利亚绿叶甘蓝及皱叶甘蓝的暖流品种，有许多杂种第一代。

一般6～8月播种育苗，10月至翌年2月上市，可以每户盆栽，亦可成批种植装盆成苗后出售。播种方法与一般甘蓝相似。6～8月育苗可在小棚上盖遮阳网或防虫网育苗，子叶苗进行间苗，苗距1厘米，2片真叶时移栽1次，5～6片真叶定植。

盆栽用圆瓦盆，直径15～20厘米，盆土用园土6份，腐叶土2份，堆厩肥2份配制而成，每盆加饼肥20～30克，定植后浇足定根水，保证很快成活。

生长期中追肥2～3次，每次追饼肥水50～100克，或1%尿素加0.2%磷酸二氢钾，病虫防治与抱子甘蓝同。

羽衣甘蓝以嫩叶供食，嫩叶的特征是大小如合起手指的一手掌般大，叶柄粗短，叶面皱褶细而多、厚、色泽嫩绿。可炒食、凉拌、涮火锅配料等。

二十四、守宫木

又称越南菜，中国台湾称之树仔菜，广东称天绿香、树枸杞。为大戟科龙足印属多年生常绿灌木，盛产于越南与云南南部。现台湾省与深圳市已开发生产。

守宫木以嫩梢供食，叶片两列，互生，卵形至披针形状卵形，茎浅绿色。雌雄同株异花，花黄色，果扁球形。

性喜温暖湿润，自然生长在冬天无霜冻，年平均气温 21～24℃，湿度大，雨量 1 000 毫米的地区。pH5.5～8，对光线要求不严格，较耐荫，不耐渍。

用 1～2 年生、生长健壮、充实饱满的生长枝，长 15 厘米，有 2～3 个芽，插入沙壤土 1/3～1/2，保持 15～20℃，2～3 周可生根。盆栽在 30 厘米左右浅盆中，盆土用沙壤土，每盆加堆厩肥 0.5 千克，栽后 30～40 天，开始采收嫩头，头长 12～15 厘米。

守宫木是一种高维生素、高钾、高钙、低钠盐的蔬菜，可做汤、炒或涮火锅用。

二十五、凤花菜

又名蔊菜、叶香菜，十字花科水田芥属二年生草本。我国东北、华北、西北及江浙等省均有野生。

凤花菜叶似芥菜，羽状深裂，有对生裂片 6～8 对，花黄色、微苦、味辛、凉、有清热利尿，解毒消炎的作用。其含蔊菜素，具有镇咳、祛痰、平咳作用，对球菌、杆菌有抑制作用。民间作为治黄疸、水肿、淋病、咽痛、关节炎等症。

人工栽培时到野外挖株丛大，叶宽的植株，栽在圆盆中，盆土用园土 8 份，堆厩肥 2 份配制而成，一盆可栽 1～3 株，经人工栽培后，苦味极轻，更适于食用。大量栽培时亦可采种播种，种子如白菜种，撒播或条播，5～7 天即可发芽，2～3 片真叶时可以上盆。

凤花菜含丰富的维生素 C、钾、钙、锶及胡萝卜素，用开水焯后可炒，凉拌及做汤。

二十六、地肤

又名扫帚菜、观音草、孔雀松。黎科地肤属植物，以嫩茎叶供食，是一种胡萝卜素、钾含量很高的半野生蔬菜，大都作观赏栽培。

地肤直根系，茎直立多分枝，成株高 1～1.5 米，叶线形，全缘，黄绿色秋后转暗红色，全株被绒毛。第一二对真叶对生，第三叶以上互生。第十至第十三叶腋处分枝，初生枝粉红色。花穗状，花被褐红色，花小，两性，单朵或数朵簇生于叶腋，淡绿至黄色。壶果，内有黑色横生种子 1 粒。

地肤喜阴、耐寒、耐热、耐旱、耐瘠，长江中下游地区 2 月中下旬发芽，4～6 月生长量最大，8 月中旬开花结果，10 月种子成熟。生长适温 15～25℃。

地肤有宽叶与细叶两类。2 月中旬后可种于浅盆中与细土混合撒播，3 月中旬苗高 15～20 厘米时，可齐根割断食用。

地肤以幼苗及嫩茎供食。可炒食或做馅，性味寒，有清热解毒、利尿的作用。地肤的种子，中药称肤子，含三萜皂苷、脂肪油，性味甘、苦、寒，含油 15%，清湿热，利尿，对膀胱炎、尿道炎有一定疗效。还可榨油、作糕点。国外生产鱼子酱亦有用地肤子作配料。地肤水浸剂对革兰氏黄癣菌等皮肤真菌有抑制作用。

二十七、明日叶

中国台湾省新兴蔬菜，别名碱草。为伞形花科二年生草本，以嫩茎叶供菜用。因含有锗、维生素 B_{12}、芸香甙、胆碱、生物素，具有增强人体免疫力、抗菌、抗溃疡、抗血栓、防癌之功效。故称之为抗癌长寿草，每日含三、五片，能强身健体。

植株高2米，黄绿色或稍带红色，断面圆形，切伤后会流出黄色汁液，根出叶为复叶，小叶具深裂刻，花白花。

性喜冷凉湿润，秋播，育苗后上盆，盆的直径以30厘米为宜，盆土用园土5份、腐熟堆厩肥3份、沙2份配制而成。每盆栽1~2株，要经常保持土壤湿润，生长期可追施稀的饼肥水或化肥，夏季用遮阳网遮阴，防止叶片灼伤。当植株繁茂时，可连续采摘叶片或嫩茎叶供食。

明日叶具独特的芳香，可解鱼、肉的腥膻味，茎叶经水煮后柔软可口，可炒食、炸食、余汤或做成菜汁，也可晒干粉碎成绿色菜粉，作汤或泡茶的饮料。

二十八、藤三七

又名洋落葵、川七、热带皇宫菜，为落葵科落葵属多年生蔓性草本，以叶片和嫩梢供食。是高温炎夏的新兴蔬菜。

嫩茎绿色，横断面圆形，地下着生块茎，外皮黄褐色、肉白色。叶互生，心脏形，肉质肥厚。叶腋着生瘤状珠芽，初呈绿色后褐色，花序穗状，花小，白绿色，不结实。

喜温暖湿润环境，生长适温25~30℃，抗热耐湿，不耐霜冻。以疏松、肥沃的砂壤土为好。

扦插繁殖，可栽在30~50厘米的圆盆中，盆土用园土6份，堆厩肥2份，沙2份配制而成，盆上搭人字架。生长初期进行摘心促分枝，栽后75天进入采收盛期，夏季在人字架上用遮阳网遮阴。采收期长达6个月，5℃时货架期7~10天。

藤三七富含维生素A（5 644微克），有滋补、保肝、降血糖、强壮腰膝、消肿散瘀、活血止痛作用。可炒、煲及火锅配料。

二十九、菊芹

又名昭和草、神仙草、飞机草,为菊科一年生草本。以嫩茎叶供食,含有较高的维生素A,具有清凉退热、明目的作用。

茎直立,高30~80厘米,基部叶片为羽状裂叶,叶脉暗红色,茎叶柔软多汁,头状花序,常下垂,瘦果,深褐色。

原产南美,喜高温多湿和光照充足的气候,生长适温20~30℃,最适温度为25℃,低于15℃生长缓慢,霜冻即枯死。

中国台湾周年进行生产,用板叶种,用72孔苗盘进行穴盘育苗,苗龄20天,苗高8~10厘米上盆,盆直径30厘米以上,株高15厘米时摘心,以促进侧芽生长。当侧枝长15~20厘米时进行采收,采收宜留基部1~2个叶片,10~14天后再次采收。

其风味类似茼蒿,可凉拌、炒食、煮汤,也可作火锅配菜。

三十、菜用甘薯叶

菜用甘薯叶品种必须柔嫩,适口性好,色艳,无茸毛,腋芽再生力强,生长旺盛,嫩梢和薯块都有较高的产量,专用的品种有:

1. 农林48号 日本培育的叶柄产量高,食味好,腋芽萌生力强。

2. 食20 福建龙岩市农科所育成。叶片绿色,深裂复缺刻,分枝多,嫩茎翠绿色,无苦涩味,适口性好,薯块纺锤形、红皮黄肉。生长势强、萌芽性好。

3. 福薯7-6 福建农科院育成,叶心脏形,叶、茎绿色,嫩梢毛茸少,茎、蔓半直立,基部分枝数10个,生长势强,嫩梢翠绿,食味清甜,无苦涩味,适口性好。薯块纺缍形,淡红皮橘红色肉。

4. 莆薯 5-3 福建莆田农科所育成,叶深裂复缺刻,嫩梢茸毛少、蔓短,半直立,基部分枝多,腋芽再生力强,嫩梢柔嫩、翠绿,口感清爽,薯块粉红皮淡黄色肉,萌芽性好,出苗早而多,生长势强,后期不早衰,适于盆栽。

5. 鲁薯 7 号 山东省农科院育成,叶心脏形,嫩梢茸毛少,嫩梢柔嫩、产量高,煮熟后嫩滑清香,无苦涩味,薯块紫红色淡黄色肉,萌芽性好,出苗多,生长势强,后期不早衰。

6. 福薯 18 号 抗性强,产量高。

可在庭前空地或阳台盆栽。盆栽用 25～50 厘米直径的花盆,盆土用园土 4 份,土杂肥 4 份,河沙 2 份加 1 千克复合肥配制而成。用小薯块育苗,每盆栽 1～4 株,栽后 1 个月开始采摘 6～10 厘米长的嫩梢,之后每 2 周可采摘一次,每次嫩梢采后,施少量的尿素,并补充水分,使地上部生长和腋芽再生。

采摘的嫩梢洗净,用沸水烫 1～2 分钟,控干水后切碎,或凉拌或清炒或氽汤或做饺子馅,凉拌或清炒时加入蒜末,食味更佳。

成年人每天进食 100 克嫩梢,可满足生命活动所需的 1/4 维生素 B_2,1/2 多的维生素 C 和铁,2 倍的维生素 A。嫩梢富含维生素、粗纤维、蛋白质,有助于减轻营养不良或营养不平衡引起的疾病。

三十一、蜂斗菜

别名款冬、蕗水斗菜、金石草。菊科款冬属多年生草本。原产欧洲北部,野生于中国东北及日本的山谷间。人工栽培以日本最多,自古以来利用具有特殊香气的叶柄和初出土花茎作香辛料食用。蜂斗菜性凉味苦、辛,具解毒、祛瘀、消肿止痛之功。适于扁桃体炎、痈肿疔毒、毒蛇咬伤,跌打损伤等症,其含蜂斗菜素有解痉作用。所含百里香酚甲醚,有杀菌消毒作用,对口腔、咽喉消毒杀菌效果好。促进气管纤毛运动，利于黏液分泌。有祛痰作用，可治气管炎、百日咳。含有丰富的咖啡酸，有抑菌，抗病毒活性，对牛痘、腺病毒、副流感 B 型病毒有抑制作用，还有抗蛇毒作用。所含山柰酚对金黄色葡萄球菌，绿脓杆菌，痢疾杆菌有抑制作用。还可治疗糖尿病性白内障。

有白款冬、红款冬及大款冬 3 个类型。白款冬叶柄绿色，叶肉肥厚，植株较矮，以采叶为主。红款冬叶柄微红、粗大、花薹肥大，以采薹为主。大款冬生长势强，叶柄长而粗，品质差。栽培上的优良品种有日本爱知早生、水款冬、秋田款冬等。

取无病、肥大根株的地下茎，2～3 节切成一株，在 1～2℃冷藏 60～70 天。按 20～30 厘米株行距浅植于畦上，深 3～5 厘米，浇定根水，覆草，冷库出库后放室外一天后再栽。定植分春秋两季。在定植后，地下茎生长期、在地上部生长期及采后要有充足的水分供应。在花茎抽生期、幼叶出土期、生长期及采收期。每亩追氮 30～40 千克，磷 20 千克，钾 30 千克。设施栽培保持棚温 25℃左右，生育初期切忌高温多湿。花茎抽生后及时摘除。第 1 片叶柄采收后约半个月，大棚幕要开放，促进第 2 叶的生长。在叶柄长 10～30 厘米时，可喷 25 毫克/升赤霉素，促进叶柄伸长。

采收时注意第 2 个芽的生长状况，秋季采收时，当第 2 芽伸长至 10 厘米时，可采收第 1 叶柄，大棚栽培第 1 叶要早采，以利以后叶的生长。可连续采收 3～5 年，以第 3 年产量最高。

三十二、凤仙花

凤仙花为凤仙花科凤仙属一年生草本，既可食用，又可观赏。植株直立，高 1 米，茎绿色，圆柱形，肉质，髓部发达，下部节膨大。花单瓣，白色。种子名急性子，茎秆名透枝草。凤仙花嫩茎煮熟后腌制供食用，是浙闽沿海一带，夏季的农民的家

第七章 特 菜

常菜。

凤仙花根肉质，根系分布在17～25厘米的土层内。3～7月播种。盆土用园土6份，堆厩肥3份，草木灰1份配制而成。将盆土整平，将种子均匀撒于盆内，播后覆草木灰，以盖没种子为度。

出苗后要及时间苗，间去弱苗、病苗，使每株分布均匀，定苗间距为5厘米。生长期间追肥2～3次。5月初每盆追尿素10～20克，5月中下旬施壮茎肥，每盆施复合肥10～15克，促进茎长高、长粗。浇水与追肥相结合，追肥后浇一次透水。5月上旬，主茎有分枝时，要及时摘除，一般打杈2～3次。促进主茎直立生长，无分枝。当株高1米时行摘心，促进加粗生长，摘心去杈宜在10时至下午3～4时进行。

凤仙花病虫害有霜霉病、黑斑病、蚜虫等，可用75％百菌清600倍防治。凤仙花食嫩茎，性甘温、活血通径、祛风止痛。种子名急性子，味苦，有小毒，活血通经，软坚消积，试用于治疗肿瘤。茎名透枝草、祛风湿、活血解毒。

腌制：将凤仙花嫩茎切成3～5厘米长的小段，洗净煮熟。即煮开后2～3分钟停火。再浸水1～2天，捞出沥干，拌上食盐，加盐为茎重的7％～10％，过1～2天后放入瓮中，以装满4/5为度，加入腌制凤仙花的陈卤水或盐水，水要淹没所有茎段，上用石块压住，用牛皮纸扎紧，经7～10天即可食用。味香醇可口，特适于炎热夏季作小菜用。

第八章

珍稀菇类

近年,食用菌发展迅猛,特别是一些珍稀菇类已搬上餐桌,又当菜,又当药。食用菌的新菇种、新技术、新模式不断涌现,利用房前搭建大小棚,地下室行层架栽培,或利用阳台进行箱式栽培,或利用庭院整畦搭棚栽培,使城乡居民能吃到新鲜的珍稀菇类品种,既饱口福,又饱眼福。

一、杏鲍菇

杏鲍菇 [*Pleurotus eryngii* (DC,: Fr) Quel.] 又名刺芹侧耳,日本称雪茸。属担子菌亚门,层菌纲,同隔担子菌亚纲,伞菌目,侧耳科,杏鲍菇属。

杏鲍菇是欧洲南部、非洲北部及中亚地区高山、草原、沙漠地带的一种品质优良的大型肉质菌。杏鲍菇营养十分丰富,蛋白质含量(占干品)高达25%,含18种氨基酸,并富含多糖和低聚糖。质地脆嫩,特别是菌柄色泽雪白、粗长,组织致密、结实,是味道最好的菇类之一。

杏鲍菇菌丝生长适宜温度为22~28℃。子实体发育的温度因菌株而异,一般为15~18℃。培养料含水量为60%~63%,菌丝生长期的空气相对湿度低于70%,子实体形成阶段的空气相对湿度为90%~95%。培养料的最适pH值为6.5~7.5,菌丝生长和子实体发育时均需要大量的新鲜空气,子实体的分化和生长需要 500~1 000 勒克斯的散射光。

(一) 培养料

配方一：棉籽壳 65%，木屑 18%，麸皮 15%，碳酸钙 2%。

配方二：棉籽壳 40%，木屑 38%，麸皮 20%，碳酸钙 2%。

配方三：棉籽壳 37%，木屑 37%，麸皮 24%，白糖 1%，碳酸钙 1%。

配方四：棉籽壳 35%，豆秸粉 30%，木屑 20%，麸皮 8%，玉米粉 5%，白糖 1%，碳酸钙 1%。

配方五：豆秸粉 30%，棉籽壳 22%，木屑 22%，麸皮 19%，玉米粉 5%，白糖 1%，碳酸钙 1%。

pH 值为 6.5~7.5，料水比为 1:1.2~1:1.3。

(二) 栽培技术

杏鲍菇出菇最适温度是 15~18℃，温度高于 22℃和低于 8℃均难以形成子实体，故以冬春和秋冬栽培为宜。春季栽培，应在 12 月到次年 1 月上旬接种栽培袋，2 月中下旬至 4 月上旬进行出菇管理。秋季在 11 月上旬至 12 月中旬栽培出菇。

选择近水源，环境清洁，无污染源的场所建菇房（棚）。室内菇房、塑料大、小棚均可栽培，室内菇室和塑料大棚菇房以层架式栽培为主，小棚栽培可在地面挖 15~20 厘米深的畦床，进行覆土栽培。菇房要设通风窗，有一定的散射光，使用前进行严格消毒。

家庭栽培可用地下室，车库或在庭院盖塑料大棚，设层架式栽培。少量还可在阳台用箱式栽培。

1. 制袋培菌 选用直径 17~20 厘米、长 33~35 厘米的低压高密度聚乙烯塑料袋装料，按常规进行灭菌、接种和菌丝培养。菌丝生长阶段，培养室要遮光保持黑暗，温度控制在 20~25℃，培养 50 天左右，菌丝长满袋。菌丝满袋后即搬入出菇房，直立排放在床架上,菌袋之间要留有间隙。给予 500～1 000 勒克斯的散射光诱导,在原基形成,长成幼蕾后开袋,将袋口向外翻卷下折至高于料面 2 厘米,袋口最好用无纺布覆盖保湿。

2. 出菇期管理

(1) 控制好菇房温度　先以较低的温度(10～15℃)刺激原基形成,出现原基后将栽培室的温度控制在 15～18℃,让子实体生长发育。

(2) 科学喷水调湿　原基发生和幼蕾阶段,菇房相对湿度要保持在 90%～95%。子实体生长发育和采收前期,空气相对湿度应控制在 85%左右,有利于杏鲍菇采后的贮存保鲜。增湿时,喷头应向空间和地面喷雾,尽量不要把水喷到菇体上,特别在气温比较高时,水直接喷在菇上,菇体易发黄,严重时还会感染细菌,造成菇体腐烂。

(3) 保持新鲜空气　菇房通风不良,子实体个头小,严重时会萎缩停止生长。若再碰上高温高湿,则会引起子实体腐烂。

(4) 注意预防病虫　气温高时,子实体易感染绿色木霉、细菌及菇蚊等。加强通风、调节好菇房温度,可有效地预防病虫害的发生。

3. 采收　从现蕾至采收一般需 15 天左右,当菇盖即将平展,孢子尚未弹射时为采收适期。采收标准为:菇盖直径 4～6 厘米,柄长 6～8 厘米。

杏鲍菇多以鲜菇在市场上直接销售。杏鲍菇菌盖肥厚,菌肉致密,比较耐运贮。在 4℃温度下,可存放 10 天;在 10℃温度下,可存放 5～6 天。

4. 转潮管理

(1) 正常管理　第一潮菇采完后,停水 4～5 天,加强通风,待菌丝休复后再进入正常管理。经 2 周左右又可发生第二潮菇。二潮菇一般朵形较小,菇柄短,产量低。栽培杏鲍菇的生物学效率为 60%～70%。

（2）覆土栽培　第一潮菇采收后，脱去塑料袋覆土栽培，可显著提高二潮菇的产量。在地面挖深 20 厘米、宽 80～90 厘米、长度不限的畦床，将菌棒卧着排放于畦床上，排与排之间留 4～5 厘米间隙，间隙处用经消毒处理过的肥土填满，以后喷水增湿。覆土栽培生物转化率可提高 20% 左右。

二、鲍鱼菇

鲍鱼菇（*Pleurotus abalonus* Han，Chen et Cheng）又名盖囊侧耳。属担子菌亚门，层菌纲，伞菌目，侧耳科，侧耳属。

鲍鱼菇是亚热带至热带地区的一种大型木生食用菌。鲍鱼菇营养丰富。富含蛋白质和适当的纤维素，脂肪含量低，肉质肥厚，脆嫩可口，风味独特，颇受人们的喜爱。该品种的特点是，在双核菌丝培养基上会形成黑头的分生孢子梗束，驱避了菇蚊（蝇）的干扰，使之成为夏季无蝇为害的绿色食品。

鲍鱼菇菌丝生长温度在 16～33℃ 之间，最适温度为 25～28℃。子实体发生温度为 20～34℃，最适温度为 25～30℃。当温度低于 18℃ 和高于 37℃ 时，不易产生菇蕾，因此菇棚要调节好温度，确保出菇正常。鲍鱼菇为喜湿性菇类，在夏季发菌由于温度较高，水分蒸发量大，因此在拌料时水分应保持在 70% 左右，即料水比以 1∶1.2 左右为宜。在发菌期间宜放黑暗处，出菇期在有散射光的屋内或大棚内开袋。一定量的散射光能诱导原基形成，促进子实体成长，使菌盖色泽加深。鲍鱼菇为好气性菌类，但在发菌期间在袋口有棉花扎口的情况下生长较快。出菇期，大棚菇量不宜偏多，要保持通风，防止菇柄伸长，影响品质。菌丝在 pH 值为 5.5～8 的培养基中均能生长，但以 pH 值 6～6.7 为适宜。夏季高温拌料可添加 1%～2% 的石灰，提高料中的碱性，控制细菌生长。

(一) 培养料

鲍鱼菇需要较丰富的速效性养分才能体现出高产性,在棉籽壳量多的地区应以棉籽壳为主,而木屑多的地区应适当增加辅料的含量,确保高产稳产。

配方一:棉籽壳85%,麸皮15%,另加磷酸二氢钾0.2%,硫酸镁0.2%。

配方二:棉籽壳40%,木屑35%,麸皮20%,玉米粉5%,微量元素同上。

配方三:棉籽壳40%,玉米芯40%,麸皮15%,玉米粉5%。

配方四:木屑65%,麸皮25%,玉米粉10%。

(二) 栽培方法

目前生产上使用的菌种均由福建三明真菌研究所提供,其种号为8120。

由于各地气温差异较大,栽培季节应选择当地气温达20~32℃之间的季节出菇。如江浙一带在4月下旬至7月上旬、8月下旬至10月下旬出菇,苏北鲁皖地区在5~10月中旬出菇为宜。

在夏天高温期,鲍鱼菇发菌场要求清洁、恒温和遮光,防止高温烧菌。出菇房要求能降温、保湿、通气,确保出菇正常。

鲍鱼菇以袋式栽培为主,一般用20厘米×40厘米的聚丙烯或聚乙烯筒袋,两头出菇,每袋装干料1千克,料内含水量在70%左右。由于菌丝发菌速度比平菇慢,在发菌培养过程中,要调节好发菌温度,温度低于20℃时宜适当加温,温度高于30℃要设法降温,使之加快发菌速度,减少污染而提高成品率。当菌丝发满袋后,袋口出现许多黑色孢子梗束时,即可开袋出菇。

将要出菇的菌袋搬至大棚或出菇房开袋,袋口撑开翻卷至料面,采用墙式排袋。在温度高于25℃的栽培房(棚)内,袋子之间需相隔2～3厘米让其通风降温；若温度偏低，可将袋子靠紧排密，以增加保温性能。适当降低菇场光线，增加通气量，保持空气湿度在90%左右。每天喷雾水2～3次，当菇蕾出现并逐步长大时，要增加喷水量，但不能造成菇盖积水，形成水斑，而影响菇体质量。一般从菇蕾出现到采收为6～8天，当子实体长到菇盖近平展、菇盖变薄但稍有内卷，孢子还未成熟，即7～8成熟时，就要及时采收。如果孢子弹射后再采收，那么，整个菇盖变色而松软，且稍带苦味。采收时，一手压住袋口培养料，一手握住菌柄轻轻转动，将菇体摘下。采收后清除袋口残留菇根，停止喷水1～2天，让菌丝恢复生长，之后再开始浇水保湿，约过10天后第二潮菇体开始生长、第一、二潮菇潮次明显，第三潮菇减少，产量主要在三批菇内。在适温范围内，出菇周期60～80天，生物效率70%～100%。

三、大肥菇

大肥菇〔*Agaricus bitorquis*（Quel.）Sacc,〕又名双环蘑菇、双层环伞菌、美味蘑菇。在分类学上属担子菌亚门、层菌纲，同隔担子菌亚纲，伞菌目，蘑菇科，双环蘑菇属。

大肥菇菌丝生长温度为4～37℃，适宜温度为27～31℃，24℃以下生长速度明显减慢。子实体生长温度10～28℃，适宜温度20～26℃，20℃以下出菇明显减少，若温度持续在26℃以上，则子实体原基不能分化。大肥菇栽培的主要特征是，能在较高温度和较高二氧化碳浓度下生长。在高温高湿条件下，容易受胡桃肉状菌侵染，但对引起死斑病的病毒具有较强的抗性。

（一）培养料

1. 菌种培养基配方 大肥菇一级种培养基采用PDA培养基（去皮马铃薯200克、葡萄糖20克、琼脂18～20克、水1 000

毫升)。二级种和栽培种的培养基配方的养分要适当增加。目前生产上应用的配方有：

配方一：发酵棉籽壳 90%，玉米粉 10%，拌料后含水量 63%。

配方二：发酵棉籽壳 70%，发酵干牛粪 20%，玉米粉 10%，拌料后含水量 63%。

配方三：麦粒（在 pH 值 14 的石灰水溶液中浸至无白心）81%，发酵干牛粪 15%，碳酸钙 4%。

2. 栽培料配方

配方一：稻草 1 500 千克，干牛粪 1 000 千克，菜籽饼 100 千克，尿素 15 千克，石膏粉 75 千克，过磷酸钙 40 千克，石灰 50 千克。

配方二：稻草 2 000 千克，干鸡粪 500 千克，菜籽饼 100 千克，尿素 15 千克，石膏粉 75 千克，过磷酸钙 40 千克，石灰粉 50 千克。

(二) 栽培方法

根据大肥菇的温度特性，在苏、浙、沪一带 1 月底至 2 月中旬生产一级种，3 月初生产二级种，5 月初至 6 月初生产栽培种。栽培一般在 7 月 10 日左右堆料，7 月底播种，8 月底覆土，9 月 20 日采收第一潮菇，10 月 1 日左右采收第二潮菇，10 月 12 日左右采收第三潮菇，10 月 15 日以后，由于气温下降至 20℃ 以下。大肥菇出菇明显减少。在自然温度条件下栽培大肥菇，秋菇一般采收 3 潮；翌年 5~6 月再收春菇。

大肥菇也可以在春季栽培，在其他蘑菇采收结束后的 5~6 月，大肥菇还能正常出菇，从而延长了新鲜蘑菇的供应时间。但是，春季栽培因发菌阶段气温偏低，不利于大肥菇菌丝的生长发育。最好能够在发菌阶段给予适当的加温，以促进菌丝生长，提高产量。

1. 堆料发酵 大肥菇在 7 月 10~25 日堆料,整个堆料期处在高温阶段。因此,建堆前需做好稻草的预湿工作,应在堆料前 3 天,将稻草充分预湿。前发酵期可缩短至 12 天,翻堆 3 次,每次间隔分别为 5 天、4 天、3 天。第一次翻堆后料堆要覆盖草帘,防止料堆水分过分散发,影响发酵。进房后发酵时间为 5~7 天。

2. 播种 大肥菇在 7 月底播种,正值高温时期,所以,在播种技术一是选择在早晚或阴雨天播种,防止因白天的温度过高导致菌种失水影响萌发,二是加大播种量,促进菌丝迅速生长占据优势,抑制杂菌感染。一般麦粒菌种每瓶(750 毫升)播 0.56 平方米,棉籽壳菌种每瓶播 0.33 平方米。播种时将 70% 的菌种与培养料混合,30% 的菌种撒在培养料表面。三是播种后,要将培养料拍紧,并在表面覆盖一层报纸。

3. 发菌管理 在菌丝生长阶段,若菇房温度在 30℃ 以上,则要以菇房的通气作为发菌管理的主要工作,开启背风门窗,晚上打开全部地脚窗,防止菇房长时间处在高温、闷湿的环境条件下。发菌 20~25 天,菌丝大部分已长至培养料底部,此时需对培养料打一次反扦。方法是用 2 厘米粗细的木棒或竹竿,从培养料底插入伸至培养料表面打洞,洞与洞的间隔在 15 厘米左右。目的是排除菌丝生长过程中产生的二氧化碳和其他废气,增加培养料中的氧气,促进菌丝从营养生长转入生殖生长。最后检查培养料含水量,如料过干,需在覆土前 2~3 天喷 pH 值为 8 左右的石灰清水。

4. 覆土和出菇管理 大肥菇的覆土层可以比蘑菇薄一些,一般为 2~3 厘米,但不能低于 2 厘米,否则对产量有明显影响。覆土材料宜采用发酵土或细泥砻糠土。

大肥菇从覆土到出菇及两潮菇的间隔时间均比蘑菇长,从覆土至始采收需 22 天左右,两潮菇间隔时间为 10~12 天。覆土层调水后,首先要求菌丝迅速长上土层,并整齐有力地向土层内伸展。管理上应采取紧闭门窗，开启屋顶气窗的方法。覆土调水结束后 6~7 天。部分菌丝开始露出覆土层时，进行第二次覆土，土粒要求黄豆粒大小，含一定水分。覆土厚度 1 厘米。覆土后要逐渐加大菇房通气量。

大肥菇在覆土调水后 14~16 天，菌丝在土层内已长足长好，即可促使菌丝扭结出菇，具体措施：一是在早晨和夜间打开菇房门窗，白天半开启避风窗，进行大通风。二是每天喷水 1 次，每次喷 0.9 千克/平方米左右，连续喷 3 天。切记，此时不可喷重水。待原基长至黄豆大小时，加大喷水量，每天给菇床大量喷水，使菇房的空气相对湿度保持在 85%~90%，喷水掌握的标准是菇床上第一批菇能产多少重量，就喷多少水。同时保持菇房空气流动。

5. 采收 大肥菇有效出菇期比蘑菇短，长到纽扣大小时就要及时采收，否则会很快开伞，使品质下降，影响销售价格。收获的鲜菇应当天包装上市，或放入冷库短期贮存。

四、姬松茸

姬松茸（*Agaricus blaze* Murr.）又名巴西蘑菇、小松菇。属担子菌亚门，层菌纲，同隔担子菌亚纲，伞菌目，蘑菇科，巴西蘑菇属。

姬松茸原产于北美南部和南美北部，是海岸地带草地上发生一种食用菌。姬松茸营养极其丰富，特别是多糖含量为食用菌之首，具有其他菇类无法比拟的抗癌作用。

姬松茸菌丝生长温度为 10~30℃，适宜温度为 22~26℃。子实体生长温度为 20~33℃，适宜温度为 22~25℃。培养料及覆土层的含水量为 60%~65%，菌丝生长期的空气相对湿度为 75%~85%，子实体形成阶段的空气相对湿度为 85%~95%。培养料的最适 pH 值为 6.5~6.8。子实体形成时需要大量新鲜空气和微弱光照，并有覆土出菇的习性。

（一）培养料

配方一：稻、麦草 2 500 千克，干牛粪或鸡粪 2 000～2 200 千克，石膏粉 50 千克，过磷酸钙 50 千克，石灰 25 千克，尿素 30～40 千克，黄豆粉 30～40 千克或豆饼 50～60 千克。

配方二：甘蔗渣 750 千克，稻草 750 千克，牛粪 1 300 千克，麸皮或菜籽饼 100 千克，尿素 18 千克，石膏粉 50 千克，过磷酸钙 50 千克，石灰粉 30 千克。

配方三：干稻草 1 200 千克，杂木屑 500 千克，干牛粪 950 千克、尿素 13.5 千克，石膏粉、石灰粉各 31.5 千克，过磷酸钙 27 千克，粪水 400 千克。

（二）栽培方法

目前用于生产上栽培的有 2 个品种，即小脚品种和大脚品种。大脚品种出菇密，产量高，菇质优，价格高。日本菌株比较理想，属大脚品种。

姬松茸属中温偏高温的菌类，出菇最适温度为 22～25℃，低于 20℃子实体生长不好。可春秋两季栽培，但以秋季栽培为主，秋季栽培一般安排在 7～8 月堆料，经二次发酵，8 月中下旬至 9 月播种，9 月下旬至 11 月采收。

可利用蘑菇棚、花菇高棚、闲置的民房、蔬菜大小棚栽培姬松茸。菇房顶部应有拔风筒，四面墙设通风窗。床架式栽培搭架 3～5 层，畦床栽培做成宽 1 米、长 5～10 米的槽状畦。使用前要严格消毒。

1. 堆料发酵

（1）一次发酵法　先将牛粪晒干粉碎，按粪水比 1∶1.2 比例加水拌匀，建堆预湿，堆置 48 小时。用 2% 石灰水浸泡草料 24 小时。

选择地势高,近水源,近菇房的场地建堆,整平地面,场地四周挖水沟,使料内流出的肥水积聚坑内再浇回料堆,避免养分流失。

料堆呈南北向,先在地面铺 1 层 15～20 厘米厚的湿稻草。宽约 1 米,长度不限。若长度在 2 米以上,每间隔 1 米垂直直插 1 根 1.7 米长的粗竹竿作通气孔。接着撒上 1 层 6～8 厘米厚的湿牛粪,如此一层草一层粪铺完为止。建堆时加入全部的黄豆粉、尿素和一半的石灰。均匀地撒布在第三层至第八层中间,堆高 1.5 米,堆顶呈龟背形。堆好后将四周溢出的水浇于草堆上,保持草堆表层湿润。建堆完毕后,拔出竹竿即为排气孔。插入温度计至料内约 40 厘米处,料堆四周与顶部须盖好草帘,下雨时应及时搭盖薄膜防雨。

在正常情况下,建堆 3 天左右,料堆发酵升温到 70℃ 以上,6 天后进行第一次翻堆,加入石膏和另一半石灰。复堆后 5～6 天,堆内温度达到 70℃ 以上,进行第二次翻堆,加入过磷酸钙。按翻堆间隔时间 6 天、5 天、4 天、4 天、3 天,共翻堆 4～5 次。每次翻堆时,将培养料上层翻到下层,内层翻到外层,使培养料发酵达到均匀一致。同时,在翻堆时要注意补充水分,调节培养料的含水量。最后一次翻堆调整含水量达到 55%,并用敌敌畏加清水杀虫。整个发酵期 22～24 天。

(2) 二次发酵法　二次发酵分室外前发酵和室内后发酵。前发酵的预湿、建堆、翻堆同一次发酵法,但整个发酵期为 14～15 天,翻堆 4 次,每次间隔时间为 6 天、4 天、3 天、2 天。将前发酵的培养料趁热进房上架,紧闭门窗,用蒸汽加热升温至 60～65℃,保持 12 小时后,降温至 50～55℃,让其继续保温发酵 3 天,每天小通风 1～2 次,每次数分钟。发酵完毕后,即可进行播种。

发酵结束,培养料的标准应达到:料褐棕色,腐熟均匀,富有弹性,草一拉即断,汁水浓。具有料香味,无臭味,无氨气。

培养料含水量65%,pH值为7.5。料内长满棉絮状白色伴生放线菌,无虫害和蛾类。

2. 播种 把发酵好的培养料均匀铺在栽培床(架)上,厚度约20厘米,并将堆料抖松、铺平,当料温降至25℃以下时即可播种。一般每平方米需菌种3瓶,将菌种掰成鸡蛋大小,每隔20厘米挖一深10厘米的穴,放入菌种,盖上培养料,整平床面。一般播后5天内,室内门窗紧闭,室外畦床上不揭膜,6天后开始揭膜通风,每天通风1~2次,务使里面空气新鲜。菌丝生长期间不喷水,第六天开始,如发现料面干燥,则可向空间和地面轻喷水,保持空气湿度为80%~85%。

(三) 覆土

覆土材料选用易保水、透气的沙壤土。播种15~20天后,菌丝长到整个培养料的2/3时进行覆土。覆土分2次进行,先覆厚约3厘米粗土(桂圆大小的土粒),并轻喷水调湿。土层中有菌丝布满时再1层细土(黄豆大小的土粒),轻喷水调湿,调节土粒含水量为60%~70%。当看到土层上有姬松茸菌丝并呈直立状生长时,即进入出菇期。

(四) 出菇管理

播种后40天左右,覆土面上的菌丝呈直立状或平伸交错蔓延时,喷出菇水,使覆土层充分吸足水,并保持棚内空气相对湿度为95%,1周内土面上出现白色米粒状菇蕾,3天后发育为直径2厘米左右的幼菇,此时,应停止向畦面上喷水,只需向空间喷水增湿。菇棚温度控制在22~25℃,并保持温度相对稳定,特别是菇蕾和幼菇对温度较敏感,温差变化大,可导致子实体发病和死亡。应根据天气变化及时调整棚顶的覆盖物和通风量。出菇阶段菇房的通风十分重要,每天通风2次,每次不少于30分钟,防止畸形菇和病害的发生。

（五）采收

当菇盖直径长至 4～6 厘米、含苞未开伞时，及时采收。采后 10 天左右又可长出第二潮菇，整个生长期可采收 4～5 潮。每潮菇采收结束后，应清理床面，浇透水分，为下一潮出菇作好准备。姬松茸采收后用剪刀去除基部杂质，随即分装入塑料袋鲜销，也可烘成干制品上市销售。

五、大球盖菇

大球盖菇（*Stropharia rugosoannulata* Farlow）又称酒红盖菇、思壮赤菇、皱球盖菇、裴氏球盖菇、裴氏假黑伞。属于担子菌亚门、层菌纲、伞菌目、球盖菇科、球盖菇属。原产欧洲，主要分布在欧洲、美洲及亚洲的温带地区，是联合国粮农组织推荐的食用菌之一。我国云南、四川、西藏、吉林有野生分布，目前浙江、福建、江西有人工栽培。思壮赤菇菇形圆整，色泽艳丽，营养丰富，享有山珍之誉。鲜菇肉质鲜嫩，柄脆、口感好。据现代药理研究，抗肿瘤与艾滋病毒，是国际上畅销的十大药食两用菇之一。

（一）形态特性

思壮赤菇子实体单生，个头偏大。菌盖肉质，近半球形，直径 5 厘米左右，湿时表面有粘性。嫩子实体白色，随着长大变暗褐色，菌盖边缘内卷，常附有菌木层片。菌褶直生，排列密集，颜色灰白。菌柄壮实，近圆柱形，柄基部稍膨大，柄长 5～10 厘米，粗 5 厘米，孢子光滑，椭圆形，有麻点。

（二）栽培条件

稻草、麦秆、木屑、棉籽壳为碳源、麸皮、米糠为氮源再加

2%碳酸钙。菌丝生长温度范围为5~36℃，最适温度为24~28℃，子实体形成所需温度为4~30℃，最适温度为12~25℃。菌丝在基质含水量为65%~75%能正常生长，出菇期培养基含水量达75%~80%，空气相对湿度为85%~95%。大球盖菇为好气性菌类，菌丝生长期间不要光线，子实体生长时需100~150勒克斯的弱光。大球盖菇适应微酸性环境，以pH值5~7为宜，覆土以菜园土为好，pH值为5.5~6.5。大球盖菇出菇温度范围比较广，在4~30℃的栽培场地均可出菇，长江流域栽培期为9月至翌年6月结束，9~12月安排第一批栽培，2~6月安排第二批栽培，冬季利用设施，1~2月温度达4~15℃，可正常出菇。

栽培场地用大小棚，菇房及地下室等，采用层架式栽培，室外可在地面做阳畦栽培。

(三) 栽培要点

1. 建堆 将麦秆、稻草（铡短至10厘米，压扁）、麦糠、麦麸、玉米秸秆用水浸透，使其含水量为70%~75%，用手抽取湿草一把，将其拧紧，水滴断线表明含水量适合，如不断线表示水分太高，如拧紧后无水渗出，表示太干。将基料堆成宽55厘米，高25厘米的龟背形，底部稍大，上部向内缩，堆置5~6天，中间翻堆一次，散堆后，将料摊开，边调水（65%）边降温，降温至28℃时可上床。

2. 播种 畦式栽培每平方米畦床用25千克干料，铺料方法有2种，一是整畦铺满，从畦床这头铺到另一头。另一种是铺成小方形，按1米长一段铺料，料与料间隔20厘米，这样利于散热保湿，增加出菇的边际效应。一般分3层铺料播种，厚约28厘米。先在畦床上铺料厚9厘米，播入1/4播种量，周边缩进3厘米，再铺9厘米厚的料，播入1/4菌种。周边再缩进3厘米，铺9~10厘米厚的料，将其余的菌种全部播于料面上。每层播完后，均用木板或铁锹稍压实，浮面盖一层新的地膜保湿。发菌期间，棚温控制在23～27℃，膜外盖草帘或遮阳网遮阳保湿。料温超过29℃时，要揭膜通风，空气相对湿度保持在70%～75%，菌丝生长期间切忌喷水，严防雨水渗入料内。

3. 覆土 播后40天，菌丝长满培养料可以覆土，以耕作层以下的田园土，pH5.5～6.5，覆土要消毒处理，将土充分曝晒后加入0.5%～1%石灰粉拌匀堆闷10天，再摊开喷洒1 000倍的多菌灵液，重新堆闷一周后可使用。二次覆土先覆直径0.5～0.8厘米的粗土，厚约3厘米，再覆直径0.3厘米以下的细土，厚约1～2厘米。覆土后喷水高湿，雾滴要细，使水只湿覆土层而不进入料内，2～3天后菌丝爬上覆土层。

4. 出菇管理 菌丝长满覆土后即进入结菇期，一般在覆土后15～20天。这时的管理主要是保湿与通气。出菇房空气相对湿度保持在90%～95%，可每天喷雾1～2次，如床土发白要适当喷水，一次喷水切勿过多，防止水分入料影响出菇。当菌床上出现大量子实体时要加强通风，并使温度保持15～20℃。从子实体现蕾到采收需5～7天，整个生长期可采三潮菇，每潮间隔10天左右，以第2潮产量最高。

如出现床含水量过高而霉烂时，应停止喷水，掀去覆盖物，加强通风，用消过毒直径5厘米的木棒从床面上打洞，20平方厘米打一个，使床内空气流通，使降湿后轻喷。

5. 采收 大球盖菇朵重60克左右，最重可达250克。当子实体的菌褶尚未破裂或刚破裂、菌盖呈钟形时为采收适期。采时用拇指、食指和中指抓住菇体基部，轻轻扭转一下，松动后再拔上来。注意避免松动周围小菇蕾。采后及时挑出菌索弃去，将料稍压实，补土填平，及时补水。一潮菇尽量一次采完。

采下鲜菇，去除残留泥土和培养料，剔除病虫菇、入箱或筐，在2～3℃温度下可贮藏2～3天。

六、牛舌菇

牛舌菌［*Fistulina hepatica*（Schaeff.）F.］又名肝色牛排菌，日本称之肝脏菌。属真菌门，担子菌亚门，褶菌目，牛舌菌科，牛舌菌属。

牛舌菌是寒温带至亚热带地区的一种珍贵食用菌，菇体形似牛舌头而得名。菇色艳红，菇肉肥厚，口感颇佳。其菇体的热水提取物对小白鼠皮下肉瘤 S-180，腹水型肿瘤抑制率达95%。

牛舌菌分布于北美洲、欧洲和亚洲诸国。牛舌菌属于木腐菌，在春秋季着生于木质较硬的栲树、米槠、橡树等老树的树桩上。

菌丝生长温度在9～30℃之间，最适温度在25～27℃之间，子实体发育的温度在18～24℃之间。在菌丝生长阶段，培养基中的含水量应达60%～70%，出菇期间需保持95%以上的空气湿度。菌丝生长阶段需要黑暗培养。在子实体形成期菇房需要有散射光，菇体的颜色才能有鲜艳的色彩，牛舌菌属好气性菌类，在发菌和出菇期间都需要有新鲜空气。在二氧化碳浓度偏高的状况下，菇体容易产生畸形。牛舌菌菌丝能耐较弱的酸性，在pH值为4.4～6.4的状况下，菌丝生长正常。

牛舌菌栽培时间较短，栽培面积较小，目前只有极少的菌株在使用之中，还未产生性状较多的菌株。

培养基应以硬杂木屑为主，含量达80%，另加麸皮16%，玉米粉3%，石膏1%。

牛舌菌出菇期适温范围较窄，因此宜提高菇房的恒温性。选用室内的出菇，温差较小，菇形也较为正常。

牛舌菌属中温型菌类，适宜于春夏和秋季出菇，因此出菇期宜在3～5月和9～10月。

牛舌菌在目前较少种植，其高产栽培的经验也较少。为使栽培较易成功,一般选用塑料袋熟料栽培的方式发菌,每袋装干料重约 300 克。经灭菌处理后,在无菌的条件下接入菌种。将菌袋置于 23~26℃的温度下发菌。发菌期菌袋要处于黑暗状况下。待菌丝长满后,即可移入菇房培养 1 周,待菌袋内菌丝转化形成原基时,在袋口处刺一小孔,让其沿着小孔分化原基,长出菇体。出菇期菇房保持通气状态,空气湿度控制在 85%~95%。

当菇体长大呈平展式样时,即可采收。鲜菇菇体鲜艳,可配菜用。

七、滑菇

滑菇 [*Pholiota nameko* (T. Ito) S. Ito et Imai],又名珍珠菇、光帽鳞伞、光帽黄伞、滑子菇,日本称纳美菇。在分类学上属担子菌亚门,层菌纲,同隔担子菌亚纲,伞菌目,球盖菇科,滑菇属。

滑菇是世界上五大类人工栽培的食用菌。日本是滑菇的主要生产国,我国 1979 年从日本引种试种,东北三省栽培较多。

滑菇菌丝生长温度为 5~32℃,最适温度为 22~28℃。菌丝在较低的温度(15℃)条件下,生长快于平菇、香菇菌丝,但在较高温度下,又比平菇、香菇菌丝生长慢。滑菇属低温、变温结实性菇类,出菇温度 6~20℃,在 7~10℃条件下子实体质量最好。目前经人工育种,培育出不同温型的菌株,低温型菌株在 15℃以下形成子实体,高温型菌株在 18~20℃时形成子实体。

菌丝生长适宜的培养基含水量在 60%~65%,子实体生长期间要保持较高的空气相对湿度,一般在 90%左右适宜。

菌丝生长期间不需要光线,子实体发生和生长阶段要求有明亮的光线。通常在延长光照条件下,滑菇色泽正常、肉厚、柄短。

滑菇是好气性真菌，在菌丝培养阶段和子实体生长阶段都应加强通风换气，避免产生畸形菇。

（一）培养料

滑菇属木腐菌类，人工栽培主要以木屑为培养料，其中：山毛榉、鹅耳枥、桐树、米槠、朴树的木屑最好，也可以用粉碎的农作物秸秆栽培。培养料中添加10%～15%的麸皮、米糠等补充氮素营养，可以获得较高产量。常用配方如下：

配方一：杂木屑90%，麸皮8%，玉米粉1%，石膏1%。

配方二：杂木屑50%，秸秆粉40%，麸皮10%。

配方三：杂木屑70%，针叶陈旧木屑（松衫树屑）20%，麸皮9%，石膏1%。

配方四：棉籽壳88%，麸皮10%，石膏1%，糖1%。

配方五：玉米芯粉70%，豆饼粉20%，麸皮10%。

滑菇生长适宜pH值范围在5～6，配制培养料时，pH值可调到6～7。菌丝生长后期，有机酸积累，pH值自然下降。

（二）菌种

经人工育种和野生驯化，选育出3种温度类型的菌株。即低温型（出菇温度5～15℃）、中温型（出菇温度8～15℃）及高温型（出菇温度8～20℃）等。中温型品种是目前国内滑菇熟料袋栽的当家品种，具有抗性强、发菌早、早出菇、易出菇、转潮快等优点。并且朵形大小均匀，商品性状好。

（三）熟料袋栽技术

长江流域地区栽培滑菇，晚秋到冬季这段时间是滑菇生产的最好季节，国庆节前后开始制作栽培袋，11月下旬至2月中旬排袋出菇。

1. 装袋、灭菌 按上述配方配制培养料，加水拌匀，控制培养料含水量在 60%～63%。用 17 厘米×33 厘米或 20 厘米×33 厘米低压、高密度聚乙烯塑料袋装料，每袋装料 0.4～0.5 千克（折干料重），封口后进行常压蒸汽灭菌。

2. 接种、培菌　按无菌操作规程接种栽培袋，每瓶菌种（750 毫升）接种 25～30 袋。接种后的菌袋呈"井"字形排放在培养室发菌，培养室温度控制在 24～25℃，最高不宜超过 30℃，空气相对湿度控制在 65% 左右。一般经 30～35 天，菌丝长透培养料，再继续培养 1 个多月，菌丝达到生理成熟。此时，培养料表面呈橙黄色并出现许多皱纹，用手按有弹性，即可准备开袋出菇。

3. 出菇管理　当外界气温降到 18℃ 以下，此时可以打开袋口，剪去袋口塑料膜使塑料袋与培养料齐平，然后用小刀在袋口的料面进行搔菌。即在培养料上划分成横竖的小方格，约为 3 厘米×3 厘米，深 1.5 厘米。以此划破菌膜，促进菌蕾形成。搔菌后，将栽培袋整齐排列在床架上。有条件的，可以在袋口覆盖一层无纺布保湿。每天用喷雾器向袋口喷雾增湿，并同时向菇房的地面、墙壁喷水，提高空气相对湿度到 90%～95%。每天通风 2 次，保持菇房内充足的氧气。经 6～7 天，袋口形成小菇蕾，再经 10 天左右，收获第一潮菇。

滑菇的采收标准是，菌盖下方的内菌膜未破裂时采收。若滑菇一旦开伞，菌盖呈铁锈色，品质严重下降。

4. 转潮管理　滑菇采收后，应及时将袋面的子实体残留物清理干净，然后停水 1 周，加大通风量，让菌丝恢复生长，同时使培养料部分失水。以后再提高空气的相对湿度到 90% 左右，经 7～10 天，可产生新的菌蕾。一共可采收 3～4 潮菇。

（四）箱式栽培

1. 培养料配制　一般用 9～10 份锯木屑和 1 份麸皮混合配制而成。除木屑外，棉籽壳、玉米芯、农作物秸秆、甘蔗渣和废棉等也可以用作滑菇的培养料。

2. 栽培箱制备 一般箱体尺寸长×宽×高为：50厘米×35厘米×10厘米，或为60厘米×40厘米×10厘米。

培养料经高温蒸料灭菌，出锅后趁热装箱，以减少杂菌污染。装箱方法为，将塑料薄膜先铺在箱底，把蒸过的培养料装入箱中，用压板稍压实，再用压孔器压出若干接种孔，然后严密覆盖薄膜，搬入接种室。

3. 接种方法 在无菌室内先将菌种从菌种瓶中掏出，装入灭过菌的小塑料袋内。接种时打开薄膜，将小塑料袋内的菌种均匀撒在接种孔和培养料表面弄平，立即盖好薄膜。操作时要减少薄膜打开的时间，以防杂菌污染。

4. 发菌管理 接种后的栽培箱成"品"字形堆叠起来发菌，堆高1~1.5米，每行之间留1米宽的走道，以便检查和翻箱。当菌丝布满培养料，手压有弹性，表面形成黄褐色皮膜时，可揭去塑料膜，将培养块按熟度、大小、厚度分级、分别排放在培养架上，用抓菌器将皮膜割成2厘米×2厘米小方格，然后浇水保湿。

5. 出菇管理 保持空气相对湿度85%左右，让每个培养块都能获得足够均匀的散射光，以使出菇整齐一致，在正常情况下，滑菇原基经4~5天就可以长成正常的子实体。

八、紫孢侧耳

紫孢侧茸［*Plteurote comucopiae*（Paul：pers）］又名秀珍菇、姬菇、小平菇及环柄侧茸等。属担子菌亚门、层菌纲、伞菌目、侧耳科、侧耳属。

秀珍菇是近几年来迅速发展起来的珍稀品种。秀珍菇菇形小巧玲珑，所以有袖珍菇之称。菇体营养丰富，含有人体所需的18种氨基酸、维生素和多种矿物质元素，菇肉鲜嫩清脆，容易烹调。产品易于运输、保鲜和贮藏，深受消费者和栽培者的欢迎。

经过几年的引种和驯化，目前有多种性状的秀珍菇菌株在种植。秀珍菇菌丝生长温度 5~33℃，最适温度 22~26℃；子实体生长温度 10~32℃，最适温度 15~28℃。菌丝发菌速度较普通平菇慢，培养料含水量应在 65% 左右，出菇期菇房湿度控制在 85%~95%。在菌丝生长期应控制光线强度，以黑暗环境下培养较适当。在菇体分化和生长时期，菇房需要有散射光。菌丝生长和子实体发育中都需要有新鲜的空气，在出菇期适当的二氧化碳浓度会使菇柄伸长，显示秀珍菇柄长盖小的特点。而通气状况下的菇体往往柄短，盖大而薄，失去了秀珍菇的特色。菌丝适宜于在中性的培养基中生长，一般配方中的自然 pH 值（6~6.5）即可满足菌丝的生长需要。

（一）培养料

配方一：杂木屑 50%，麸皮 20%，玉米粉 10%，玉米芯 20%，另加石膏 1%。

配方二：棉籽壳 40%，麸皮 20%，玉米粉 10%，杂木屑 30%，另加石膏 1%。

（二）栽培方法

目前栽培上使用的菌种较多，如小平 ND、台湾秀珍菇。小平 ND 子实体丛生，菌盖浅灰色，出菇温度为 15~28℃。台湾秀珍菇子实体丛生，菌盖红棕色，丛生、柄短，出菇温度为 15~32℃。另还有黑秀、白秀、冬秀、夏秀、凤秀等菌株。

秀珍菇栽培宜选用较为规格的栽培室、大棚、半地下室或人防工事。在这种环境条件下，二氧化碳和氧气浓度易于调节，从而可保持秀珍菇盖小柄长的特点。

秀珍菇有中低温型和中高温型菌株。一年中可安排 2 季生产,如7～9月制袋,9～12月出菇;2～3月制袋,4～7月出菇。

1. 制袋发菌 出菇袋宜用17厘米×35厘米×0.5毫米的丙烯袋或乙烯袋,每袋装干料1千克左右,一头接种。发菌前期宜加温或保温,发菌期要检查和翻堆,控制发菌温度在20～25℃,防止发菌后期产生的高温烧死菌丝引起杂菌污染。菌丝发满袋后,在袋口菌丝增厚,接种处分泌出褐色水珠,原基出现时及时排上出菇架,开袋出菇。

2. 出菇管理

(1) 小环境调节 在夏季高温期出菇,要避免出菇袋温度高于30℃以上。遇高温时可在菇房顶上淋水降温,使菇房温度保持在25～30℃之间,空气湿度保持在85%～90%,二氧化碳浓度控制在0.3%～0.5%。

(2) 温差刺激出菇 5～8月,温度日渐升高,没有低温气候出现,当长出一二潮菇后。菇体零星生长不成批次,出菇期延长,不易管理。因此大面积生产时可采用低温刺激,促进批次性出菇。低温刺激是将菇房内的有菌袋层架用薄膜围绕成单独的封闭小出菇房,再将移动式制冷机推入进行制冷,降低小菇房温度至0～5℃,保持低温时间24小时,推出制冷机。但小菇房内的温度尽量保持3天以上,待出菇口长出菇蕾时,拆除封闭的薄膜,开始对菇袋浇水。一般经3天后菇体长成,可以采收。整个大菇房被分隔成数个小菇房进行阶段性的低温催菇管理,周而复始,低温刺激1次便长1潮菇。

秀珍菇一般以卧式排放,单头出菇方式管理。在开袋口长了3潮菌菇后,出菇面上的培养料干缩,不易保水,因此可以在菇袋底部划出2道口子,使菇从底部长出。袋底长出2潮菇后,整个出菇期基本结束。

秀珍菇抗病性较弱,出菇期长,易出现黄菇病、黏菌、菇蚊和蚤蝇等为害,要及时防治。

九、紫花脸香菇

紫花脸香蘑 [*DePista sordida*（Schdida． Fr.）Sing.］又名花脸蘑、紫晶蘑、紫菌子和紫果汤菌。

紫花脸香蘑色泽艳丽，香味浓郁，口味鲜美，是近年来正在驯化的珍稀野生草腐菌。紫花脸香蘑含有各种氨基酸，尤其是胡萝卜素和烟酸含量丰富，还含有较多钙、铁等微量元素，常食具有养血、益神和补五脏的功效，并能治疗贫血、久病体虚、神经衰弱等症。

紫花脸香蘑属中高温型菌类，菌丝生长温度为8～35℃，最适温度为25℃，子实体发育温度为16～32℃，最适温度20～30℃。温度低于15℃和高于34℃，不易产生菇蕾。紫花脸香蘑是喜湿性菌类，适宜菌丝生长的培养料含水量为60%～70%。夏秋季节栽培，水分散失较快，发菌阶段培养料含水量应保持在70%左右，空气相对湿度以60%为宜。子实体生长发育期适宜的空气相对湿度应达到90%～98%。菌丝生长阶段对空气要求不严格，低浓度的二氧化碳能刺激菌丝生长。出菇阶段则需要大量的新鲜空气，通气不良子实体不能正常发育，容易形成畸形菇。菌丝生长阶段不需要光照，发菌期间应放黑暗处，光线越强菌丝长势越弱。出菇期应有散射光，光线太暗或太强都不利于子实体的色泽形成。菌丝在pH值为5.8～9的培养料中均能生长，最适pH值为6.8～8。堆料或拌料时可添加2%左右的石灰，将培养料的pH值提高到9左右，这有利于控制杂菌生长。

（一）培养料

紫花脸香蘑属较为典型的草腐菌类，在栽培基质上应选用以纤维素为主的有机质为原料，在生料栽培中，可选用双孢蘑菇的配方，熟料栽培中可选用棉籽壳、玉米芯、甘蔗渣等基质经发酵、灭菌熟化后栽培。生产上可选用的配方有：

配方一：稻草或麦秸58%，牛粪30%，菜籽饼8%，石膏1%，石灰3%（适宜于生料栽培）。

配方二：稻草57%，干鸡粪40%，石膏1%，石灰2%（适宜于生料栽培）。

配方三：稻草88%，饼肥10%，石灰2%（适宜于熟料栽培）。

配方四：棉籽壳或甘蔗渣83%，饼肥10%，麸皮5%，石灰2%（适宜于熟料栽培）。

（二）栽培方法

江浙地区一年可种两季，春夏季和秋冬季在设施大棚内都可以发菌出菇。

紫花脸香蘑的菌株由国内各产区野生菌株驯化育成。目前云南省农业科学院、昆明食用菌研究所、江苏省农业科学院等单位均对紫花脸香蘑的特性进行了研究。菌株类型按产地不同分为西南型和华南型菌株。

紫花脸香蘑可以室内栽培，也可在室外栽培；可以生料栽培，也可以熟料栽培；可以袋栽，也可床架式栽培。室外栽培可以在果园、菜地、休闲田中整畦搭棚进行栽培管理。室内栽培可以利用现有的蘑菇房搭床架进行栽培管理。

紫花脸香蘑的熟料栽培技术。

1. 栽培料发酵处理 春季栽培时应确保基质产热快，发酵彻底。在3月低温时建堆发酵，应在保温性强的大棚内操作，每堆料量宜在500千克以上。夏秋季高温期在7月初建堆发酵，宜选择阴凉通风的场所操作，每堆料量不应少于300千克。拌料时先将各组分的干料拌匀，再按料水比例逐步加入料内。因建堆期间水分损失较多，因此在建堆时要适当增加水分，料水比以1：1.4为宜。建堆时将料堆成梯形，料底宽1.5~2米，高1.5米，长度10米左右。料堆中部可打几个洞，促进通风，加速发酵进程。当料堆内温度上升到65℃时开始翻堆，发酵期15～20天，这期间翻堆5次，其熟化程度用手抓发酵料，以料质松软，富有弹性，料中充满灰白色的放线菌体，无氨味和粪臭味为标准。

2. 装袋灭菌 出菇袋用17厘米×35厘米的聚丙烯或聚乙烯袋，先将一端扎紧后用于装袋。装袋方法是：用手抓培养料入袋中，边装边用手压实，袋口留下5厘米长，收紧袋口扎个活结。培养料装好之后，将袋口及表面刷干净，以0.15兆帕蒸汽压力灭菌2小时或常压蒸汽灭菌在达100℃时保持10小时。灭菌后将菌袋趁热取出，搬入无菌室冷却。

3. 接种发菌 出菇袋在无菌箱内按无菌操作的要求进行接种。为加快发菌速度可采用袋口两端同时接种的方法。接种后将菌袋搬入发菌室发菌培养，发菌室温度控制在20～26℃，经20天左右袋口两端菌丝发到一起，再经30天的后熟作用，即可进入栽培管理阶段。

4. 覆土 紫花脸香蘑是土生菌，即不覆土不出菇。菌袋开袋后覆土管理，可参照蘑菇的覆土方法。

5. 出菇管理 覆土后15～20天，开始长菇，自见幼菇到采收需5～8天时间。出菇期间应保持栽培房的空气相对湿度在85%，温度20～30℃，并加强通风透气。紫花脸香蘑子实体成熟的速度较慢，在菇体完全长成、菇盖未开伞时采收。

目前紫花脸香蘑的产量较低，熟料栽培每平方米产量4～5千克，生物学效率25%左右。

十、长根菇

长根菇 [*Oudemansiella radicata* (Relh. ex Fr.) Sing] 又名长根金钱菌、露水鸡枞、茶树菌。属担子菌亚门，层菌纲，伞菌目，白蘑科，小奥德蘑属。

长根菇肉质细嫩,柄脆盖滑,味道鲜美。菇体富含蛋白质、氨基酸、碳水化合物、维生素、微量元素等多种营养成分,尤具是菇体中的长根菇素对自发性高血压的大白鼠腹腔注射有明显的降压作用。人们长期食用长根菇也有较明显的降压作用。长根菇提取物对小白鼠肉瘤S-180有抑制作用。因此,长根菇是一种高营养的安全降压抑瘤保健食品。长根菇属中温型的木腐菌,在每年的春秋季都可种植,木屑、棉籽壳和玉米芯等农副产品下脚料均可利用,栽培方式简单,成本低廉,是继茶树菇和杏鲍菇后的又一个优良的品种。

长根菇属中温结实型菌类,菌丝生长温度在10~30℃,最适温度为20~25℃。出菇温度在15~30℃,最适温度为18~25℃。培养基含水量在60%~70%时,菌丝生长旺盛。出菇时菇房要求空气湿度达85%~95%。如覆土栽培保湿性增强,其产量和质量都更加稳定。长根菇属好气性菌类,在菌丝生长和出菇的环境中都需要新鲜空气。菇房要保持通气状况。长根菇属喜光型菌类,菌丝生长期不需要光线,但出菇期菇房要求较为明亮,以保持一定的散射光为宜。在微酸性至中性的培养基和土壤(pH值为5.4~7.5)中皆可生长。

(一) 培养料

配方一:杂木屑77%,麸皮22%,石膏1%。
配方二:杂木屑50%,棉籽壳30%,麸皮19%,石膏1%。
配方三:杂木屑50%,玉米芯30%,麸皮19%,石膏1%。
料水比为1:1.2。

(二) 栽培方法

长根菇可在一年中的春秋季各栽培一批。春季在2~4月发菌,5~6月底出菇;秋季在6~8月发菌,9~11月出菇。

长根菇目前生产上所用菌株,均来自于福建三明真菌研究所的野生驯化品种。长根菇栽培均以熟料袋栽为主,其装袋和发菌方式等同于金针菇。用 18 厘米×33 厘米×0.5 毫米折角袋,每袋装干料 450~500 克。一头接种和出菇,也可两头接种,发好菌后剥袋覆土出菇。

由于长根菇发菌后生理成熟时间较长,发菌期在 60 天以上,因此制袋期要比出菇期提早 60 天左右。在 2~3 月生产菌袋,5~6 月出菇;7 月生产菇袋,10~11 月出菇。

经过 60 天以上的发菌期,袋内培养基表面出现黑褐色小菇蕾时,就可以开袋出菇。若在室外果园或林地内出菇,可采用剥袋覆土出菇。如在室内则可参照金针菇栽培法出菇,袋口覆盖无纺布,既保湿又透气。出菇期间菇房保持空气湿度在 85%~95%。当菇体长至 7~8 成熟时就应及时采摘。采菇时要挖出长于料中的残根,防止残根污染菇床。目前长根菇出菇批次只有 2 次,生物转化率达 60%~70%。

十一、金耳

金耳（*TremelLa aurantialba* Bandoni et Zang）又名黄木耳,属担子菌亚门,异隔担子菌纲,有隔担子菌亚纲,银耳目,银耳科,金耳属。

金耳是一种稀有的食用菌和药用菌。金耳富含胶质,滑润爽口,是高级宾宴上的名贵佳肴,也是补益身心、延年益寿的著名滋补品,能医治肺热、气喘、神经衰弱和高血压,对老年慢性气管炎效果尤佳。金耳畅销于我国港、澳和新加坡、马来西亚等地,每吨售价高达 25 000 美元。只有少量不符合出口要求的产品才能供应国内市场。野生金耳仅见于极少数树种,所以金耳的分布不广,产量有限。在福建以黄栎较为常见,在云南多见于黄刺栎和黄毛青杠,在麻栎、青杠栎、柞等壳斗科植物上,亦偶有生长。野生金耳通常生长在砍伐后 1~3 年小径木或3~5年的大径木的倒腐木上，偶尔生长在局部烧伤、机械伤以及濒死的活立木上。人工栽培金耳技术近年来有所突破，从段木栽培发展到代料栽培，目前在福建、云南等地有一定规模的栽培。

金耳菌丝生长的温度为5~34℃，最适温度为20~25℃，子实体生长的温度为6~25℃，适宜温度为12~18℃。低于10℃，子实体生长缓慢，高于22℃，则易感染杂菌，发生烂耳。培养基适宜含水量为60%~63%，段木含水量要求达到45%~65%。菌丝生长阶段，培养室空气相对湿度以65%~70%为宜，原基形成和膨大期，栽培室空气相对湿度宜增加到70%~75%，转色阶段，将空气湿度提高到85%~90%。金耳菌丝生长阶段对氧气不十分敏感，出耳阶段需氧量较高，应加强通风换气，保持栽培室空气新鲜。金耳在子实体形成、生长发育和子实体转色阶段均需要适量光照，出耳中后期，光照度一般掌握在100~800勒克斯。在低温及有散射光的条件下，子实体为橙红色，在无光条件下，子实体淡黄至白色。金耳适宜于中性偏酸培养基上生长，适宜菌丝生长的pH值为5~8，以pH值为6最合适。

（一）培养料

金耳的代料栽培一般在10月下旬至11月下旬接种栽培袋。段木栽培可在2月到4月接种，气温为15~18℃时进行。

代料栽培金耳的培养料最好以棉籽壳为主，再加约10%的硬质木屑，并配以适当比例的各种辅料混合后制成金耳专用培养基。常用配方为：棉籽壳78.5%，黄栎木屑（或其他阔叶树木屑）10%，米糠10%，石膏0.5%，糖1%。以木屑为主的培养基配方为：黄栎木屑（或其他阔叶树木屑）78.5%，米糠20%，石膏0.5%，糖1%。栽培金耳的段木可以取自麻栎、钟氏栎、米槠、千年桐等植物。

(二) 代料栽培金耳技术

1. 装料、灭菌、培养 按上述配方配置培养料，料水比 1∶1.1～1∶1.3，pH 值自然。17 厘米×33 厘米高压聚丙烯袋或低压、高密度聚乙烯塑料袋装料，装袋高度掌握在 12 厘米左右，每袋折干料重以 300～350 克为宜。经高压蒸汽灭菌后接种。

接种后的菌袋放置在清洁、通气良好的培养室发菌。培养温度宜控制在 15～20℃的较低温度下，有利于金耳菌丝的生长及子实体形成，对粗毛硬革菌丝生长有抑制作用。若培养温度过高，超过 24℃时，金耳菌丝的生长速度将显著慢于粗毛硬革菌丝，甚至原种块上已经形成的金耳原基会长出绒毛状的粗毛硬革菌丝，这种菌丝的出现会抑制金耳原基的生长发育，造成不出耳。但温度过低，也不利于出耳。培养室湿度控制在 65%～70%，遮光保持黑暗或微弱的散射光。常开门窗通风换气。菌丝生长正常的培养袋，应当是金耳菌丝生长旺盛，粗毛硬革菌丝虽布满全袋，但很纤细。在这种袋内，经 40～45 天，培养基上方出现扭结，逐渐形成小颗粒状胶质子实体原基，以后可发育成较大的脑状子实体。如栽培袋内只长浓密的革菌菌丝，橙红色或橙黄色，分泌黄色液体，后期在袋壁上形成浅盘状革菌子实体，这类菌袋将不能正常出耳，应剔除。

2. 出耳期管理 将发好菌的栽培袋移入栽培室，解开袋口包扎物。栽培室温度控制在 12～18℃，不宜超过 20℃，否则易遭受霉菌污染而减产，空气相对湿度提高到 85%左右。加强通风换气，使室内有充足的新鲜空气。保持 100～800 勒克斯的散射光。经 7～10 天，金耳菌丝在培养基上方扭结形成小颗粒状胶质，以后通过子实层发育，表面转色，长成金黄色或橙黄色的脑状子实体。此时即可采收。

3. 采收方法 采收时，将整个耳块一起拔下，用小刀将金耳与培养基接触部分残留的培养基削去，使整个耳体保持整洁。

然后用食品袋包装，每1～3个金耳装1袋，可直接运往市场以鲜品销售。鲜耳在4℃冷库中可贮存2～3周。或进行速冻处理，能保存1年以上，解冻后食用仍能保持新鲜金耳的风味和品质。

十二、鸡腿蘑

鸡腿蘑又名毛头鬼伞、鸡腿菇、毛鬼伞、大鬼伞。在分类学上属于担子菌纲，伞菌目，鬼伞科，鬼伞属。

鸡腿蘑是我国北方地区常见的一种野生菌。近几年来人工驯化栽培成功，逐渐由北方引向长江流域栽培。鸡腿蘑是一种适应性很强的土生菌、草腐菌、粪生菌，人工栽培原料广泛，秸秆、棉籽壳、畜粪以及栽培过食用菌的菌糠都可以用作栽培基质。种植成本低，且售价高，经济效益显著，具有很好的推广价值。并且鸡腿蘑还有菌丝长好后不覆土不出菇的特性，更有利于栽培者安排出菇上市的时间，调节淡季供应市场和异地出菇。近年来，鸡腿蘑无论是鲜菇、干菇、罐头均受到欢迎，是具有发展前景的食用菌新秀。

鸡腿蘑属中温型菌类，菌丝生长温度为10～35℃，适宜温度为22～25℃。菌丝的抗寒能力相当强，在零下30℃条件下，土中的菌丝可安全，而在35℃以上菌丝会自融。子实体生长适宜温度为16～22℃，在适宜温度范围内，温度越低，子实体生长越慢，菌盖大而厚，菌柄粗短结实，品质好，耐贮藏。在20℃以上，菌柄易伸长，菌盖易开伞。一般低于8℃，高于30℃时，子实体难以形成。

菌丝生长阶段，培养料含水量以60%～63%为宜，空气相对湿度低于70%。子实体生长阶段，空气相对湿度要求在85%～90%，低于60%菇盖表面鳞片反卷，高于95%且通风差，菌盖易发生斑点病。覆土湿度一般在20%～40%，应根据土质不同灵活掌握，要求控制在握之成团、触之能散的湿润状态。

鸡腿蘑是一种好气性腐生菌，菌丝生长期需要少量氧气，而子实体生长阶段需充足的氧气，所以出菇期要加大通风量。

菌丝体生长不需要光，菇蕾分化和子实体发育需要一定的光照。微弱的散射光，可使子实体生长肥嫩、厚实，菇体更白。强光照对子实体生长有抑制作用，菌盖鳞片增多。

鸡腿蘑为土生草腐菌类。子实体的发生及生长均离不开土壤，若无土壤刺激，菌丝即使长满培养料，也不会出菇。菌丝体耐老化能力强，在常温下避光保存的菌种，经数月后，再作覆土处理也能正常出菇。

（一）培养料

棉籽壳、木屑、稻草、玉米芯等农产品下脚料，以及栽培过金针菇、香菇的菌糠均可用作栽培鸡腿蘑。

常用配方有如下几种：

配方一：棉籽壳90%，玉米粉8%，过磷酸钙1%，石灰1%，含水量60%～65%。

配方二：棉籽壳40%，玉米芯38%，麸皮10%，玉米粉10%，过磷酸钙1%，石灰1%。

配方三：稻草（粉碎）50%，棉籽壳38%，玉米粉10%，尿素0.5%，石灰1%，过磷酸钙0.5%。

配方四：菌糠66.7%，棉籽壳20%，米糠8%，玉米粉3%，糖1%，磷酸氢二钾0.3%，石灰1%。

（二）品种

1. Cc168 由浙江衢县供销社驯化获得。子实体单生，圆整，个大一般单株重量在20～50克，最大的单株子实体重可达到400克以上。菇体乳白色，鳞片少，不易开伞，菇形好，适宜制罐。生物转化率80%～100%。

2. Cc173 由浙江衢县供销社驯化获得。子实体丛生，有十多个到几十个一丛,一般每丛重 0.5~1 千克,大的可达到 3 千克,丛生菇易分开,分开后的单个形态仍很好。该菌株肉厚朵大,开伞迟,质量好,相对菌柄较长,适宜鲜销。菌株适温广,抗性强,产量高,生物效率 100%~140%。

(三) 鸡腿蘑袋栽技术

野生鸡腿蘑自然发生的气温在 10℃ 以上,北方在春末 3 月至晚秋 10 月,适应温度范围比较广泛。人工栽培江浙地区一般安排在春季 3~5 月,秋季 9 月下旬至 11 月。栽培季节的选择,关键是让子实体生长处于 10~20℃ 的温度范围,若温度不适,菌丝长好后不要急于覆土,待温度合适后,再进行覆土出菇。

1. 室外畦栽

(1) 制袋发菌　用 17 厘米×30 厘米的塑料袋装料,每袋装料 0.25~0.3 千克(折干料重)。按常规进行高压或常压灭菌,冷却后接种。接种后的菌袋置于 20~25℃ 温度下发菌。一般培养 30~40 天,菌丝长满料袋。

(2) 排场出菇　菌丝长满袋后 5~6 天,视气温高低决定是否开袋,一般掌握在日平均气温 22℃ 以下即可埋土出菇。室外栽培时,要选择阴凉通风的地方南北向建筑畦床。床深 20~25 厘米,宽 60~80 厘米,长度不限,四周开好排水沟。先在畦床上撒一层石灰粉,然后排放菌袋。

用刀划开栽培袋薄膜,将脱袋后的菌棒竖立排放在畦床内,菌棒与菌棒之间留 4 厘米间隙,以免出菇时密度太高,影响菇的品质。袋间空隙用泥土填满,每平方米放置菌棒 25~30 个,排好后在菌棒的表面覆盖一层 3~5 厘米厚的肥土。覆土后立即用 1% 石灰水调节覆土层湿度至 25%~40%,最后用竹弓在畦床上搭 30~40 厘米高的小拱棚,拱棚上覆盖薄膜、草包或遮阳网遮阳保湿。

(3) 出菇管理　覆土后要注意保温,使温度达到 22~25℃,

有利于菌丝长入覆土层，一般10多天后菌丝可布满畦床。以后均匀喷清水调高湿度至85%～90%，温度控制在16～22℃，每天揭膜通气，刺激菌丝体迅速扭结。一般经20天左右形成菇蕾。菇蕾破土后，管理上以通风、增湿为主，每天打开拱棚的两头的塑料膜通风换气。喷水时要少喷勤喷，多向空间喷水增湿。出菇阶段，菇棚内光照强度以50～300勒克斯为宜，光照弱一些，子实体更加洁白，商品价值较高。现蕾后一般9～10天进入采菇期，正常情况下，第一潮菇较为集中，2～3天内即可全部采完。采收后应及时清理床面，勿留残菇，喷施1%石灰水、0.1%尿素或5%麸皮水，尽快用消毒处理过的土补覆床面，然后喷水保持覆土层湿润，直到第二潮菇出现。一共可采收三潮菇，生物转化率100%左右。

2. 室内床栽 菌丝长满后5～6天脱去塑料袋，将菌棒平放在室内的床架上，菌棒之间间隔4厘米左右，覆上无病虫的肥土，再喷水增湿，一般15天左右即可出菇。管理方法与室外畦栽相同。

（四）稻草料阳畦栽培鸡腿蘑技术

1. 建堆发酵 将稻草切成长15厘米，用2%石灰水浸泡24小时，使稻草软化后建堆发酵。将稻草与0.8%尿素、10%米糠、2%过磷酸钙和10%菜籽饼拌匀后，堆成一个高1.6米，宽1.6米，长度不限的长方形料堆，堆料时，隔1.5米放1个20～30厘米的通气筒，料堆建好后盖上塑料薄膜。当料堆中心温度达到65℃左右时，保持15小时翻堆，在翻堆的同时适当补充水分。共翻堆3次，最后1次翻堆时调节pH值至7～7.5，含水量65%。发酵后的稻草呈褐色，柔软，并有大量的放线菌。

2. 铺料播种 选择排灌方便、通风向阳的壤土地做畦床。畦床呈南北向，畦宽60～70厘米，深20厘米，长6～10米，畦床四周要开好排水沟。铺料前1～2天用敌敌畏和多菌灵喷雾消毒畦床，铺料前先在畦床底撒适量石灰粉，然后铺料厚 10～15 厘米，均匀点播 1 层菌种，占菌种总量的 1/3；拍平后再铺 1 层厚 5 厘米的料，撒播 1 层菌种，菌床四周的菌种量多于料面。生料床栽的菌种用量一般是干料的 10%～15%。播种结束，随即在料面覆 1 层 1 厘米的肥土，最后架拱棚覆盖薄膜保湿保温。

3. 管理 发菌期间要控制好菇床温度，做好通风换气，促进菌丝迅速生长。当料温达到 28℃时，要打开薄膜两头通风降温，通风的同时还要注意保湿，拱棚两头薄膜掀开后，要挂草帘防止风直接吹向菇床。播后 20 天左右菌丝长透培养料，此时，再加覆 2～3 厘米肥土，并喷雾水调湿，做到少量多次，保持畦面空气相对湿度 85%～90%，一般菌丝发满后 20 天左右出菇，生物转化率 70%～90%。

4. 采收

（1）采收适期 鸡腿蘑子实体成熟后，易发生自融，成墨汁状，失去商品价值，所以适期采收十分重要。当鸡腿蘑子实体发育到六七分成熟、菌环尚未松动脱落、菌盖未开伞前为采收适期。适期采收产量高，菇的品质好，不易破碎，耐运输，保鲜期长。

（2）采收方法 采收时，手持菇柄基部轻轻扭下，勿带出基部土层。对丛生菇等多数菇适合采收时，整丛一起采下，以免因采摘个别菇而造成大量幼菇死亡。采下的鲜菇要按顺序排放在浅筐内，不可随意放置，以防菇脚泥土粘在菌盖或菌柄上。

十三、茶薪菇

茶薪菇（Agrocybe）又名茶树菇、茶菇、油茶菇。属担子菌亚门、层菌纲、同隔担子菌亚纲、伞菌目、粪锈伞科、田蘑属。

茶薪菇夏秋季多野生于油茶树的枯干和枯死部位。茶薪菇味道鲜美，脆嫩可口，并含有 18 种氨基酸和多种矿物质元素。中医学认为茶薪菇性平甘温，有祛湿、利尿、健脾胃、明目等功效，是美味的珍稀食用菌之一。

菌丝生长适宜温度为 24～25℃，原基分化温度为 10～16℃，一定的温差刺激有利于子实体形成。子实体生长温度为 13～25℃，因菌株而异，有的菌株只有在 13～18℃才能正常生长。培养基含水量在 65% 左右菌丝生长较快，子实体分化时要求空气湿度达 100%，待出菇后降至 85%。茶薪菇生长对氧气的需求量较一般菇类大得多，在菌丝生长和出菇期间，应加强通风换气。菌丝生长阶段不需要光，光照会抑制菌丝的生长，原基形成和子实体生长发育时需 500～1 000 勒克斯光照，在完全黑暗的环境中不形成子实体。茶薪菇生长有明显的趋光性，实际生产中可采用套纸筒的方法，获得柄长盖小的优质产品。茶薪菇生长适宜 pH 值为 4～6.5。

(一) 培养料

生产中多利用阔叶树锯木屑、棉籽壳、甘蔗渣等栽培茶薪菇，培养基中适当添加一些含油脂较多的辅料，如茶籽饼粉、棉籽仁粉和花生饼粉等含挥发性香味的材料，可促进茶薪菇香气的形成。

常用配方有如下几种。

配方一：棉籽壳 78%，麸皮 10%，玉米粉 5%，石膏粉 2%，糖 0.5%，磷酸二氢钾 0.4%，硫酸镁 0.1%，棉籽饼粉或其他饼粉 4%。

配方二：棉籽壳 60%，木屑 20%，麸皮 10%，豆饼粉 5%，豆粕 2%，石膏粉 2%，白糖 0.6%，磷酸二氢钾 0.4%。

配方三：木屑 50%，棉籽壳 28%，麸皮 15%，豆饼粉 4%，石膏粉 1.5%，白糖 1%，磷酸二氢钾 0.4%，硫酸镁 0.1%。

配方四：甘蔗渣 40%，棉籽壳 30%，麸皮 15%，玉米粉

8%，花生饼粉 4%，石膏粉 1.5%，白糖 1%，磷酸二氢钾 0.4%，硫酸镁 0.1%。

（二）栽培方法

茶薪菇属中温型菌类，出菇适宜温度为 16~25℃，在自然气候条件下，长江流域可在春、秋栽培 2 次。春季栽培一般在 2 月下旬至 3 月接种栽培袋，4 月中旬至 6 月上旬出菇。秋季栽培，在 8 月下旬至 9 月制袋，10 月至 11 月出菇。

塑料大棚、室内菇房、地下室、防空洞和菜窖等均可用于栽培茶薪菇，生产中可采用层架式立体栽培，也可挖菌床埋土栽培，埋土栽培能显著提高茶薪菇产量。

1. 袋栽方法 用直径 15~17 厘米、长 30~33 厘米的低压高密度聚乙烯塑料袋装料，料装至袋高的 2/3，每袋装料量折合干料重 0.25~0.35 千克，按常规灭菌、接种。

（1）发菌管理 接种后的菌袋迅速移入培养室发菌，室内温度控制在 24~28℃，空气相对湿度保持在 70% 左右，室内保持黑暗，定期通风换气。菌丝培养一段时间后，料面上的菌丝常分泌大量的黄水，至菌丝长过半袋后会逐渐变干，在料面上留下褐色斑块。在适宜的温度条件下，培养 40 天左右，菌丝长满袋。但此时尚未达到生理成熟期，应搬入出菇房继续培养，并进行温差、干湿差和光差刺激。经 15 天左右，菌丝达到生理成熟，料面会出现大量的黄水，干燥后形成深褐色斑块，接着在斑块上长出子实体。当斑块大量形成，个别菌袋出现子实体原基时开袋出菇。

（2）出菇管理 开袋时，去除袋口包扎物，拉直袋口，直立排放在菌床上，浮面盖干净的无纺布或地膜保湿调气。每天向覆盖物、空中及地面喷水 2 次，使空气相对湿度提高到 85%~95%，喷水时应尽量避免将水直接喷在料面上。适当增加菇房通风量，保持空气新鲜，袋口用地膜覆盖的，要每天掀动地膜换气。并用散射光照射，刺激菇蕾形成。

茶薪菇一般在开袋后 6~14 天即可大量出现菇蕾，如果菇蕾太多太密，则可适当进行疏蕾，以保证出菇质量。在出菇季节，温度在 18~24℃时，子实体发育最好，质量最佳。如果温度偏高，子实体生长快，质地松弛，品质下降。因此，要注意控制菇房温度，在气温较高时，白天应关闭菇房，防止外界热空气对流，引起菇房温度快速升高，夜晚打开门窗，迅速让冷空气对流降温。特别要防止高温引起幼菇腐烂或枯萎。

（3）采收　在适宜的环境条件下，自原基分化到采收一般需 10 天以上，子实体长至菇盖转白，菌膜尚未破裂为采收适期。采收时应整丛一起采，不可采大留小。优质茶薪菇的标准是：菌盖暗红褐色，肥厚，大小一致，菌柄粗壮，未开伞，整齐。

茶薪菇以鲜菇和干菇销售为主，干菇的风味更佳。鲜菇采收后及时整理分成小包装，每袋装 100~250 克，封口后上市销售。

（4）转潮管理　一潮菇采完后及时清理料面，对被折断残留在料面的菇柄，用铁耙扒出。停止喷水，揭去覆盖物，加强通风，养菌 4~5 天。然后盖上覆盖物，向地面和空间喷水增湿。当再次出现新的菌蕾时，重复上述操作。二潮菇的子实体原基不一定发生在袋口的料面上，经常会发生在袋侧面，可破袋排放在菌床上，使菌蕾能顺利长大。采完二三潮菇后，菌袋失水较多，要进行补水，每袋灌水 50 毫升左右。或者去掉塑料袋，将菌棒排放在阳畦中，进行覆土栽培。袋式栽培的茶薪菇通常可以采收三四潮菇，生物学效率可达 80%~90%。

2. 覆土栽培方法

（1）建好畦床　选择保水性能好、易排灌的平地或稻田，按南北方向挖成宽 80~100 厘米、深 25~30 厘米、长度不限的菇床，床之间间距 50~60 厘米。四周床底拍实，分别喷 5% 石灰水和敌敌畏 800 倍液消毒和灭虫。菇床上支上竹弓，覆盖薄膜，整个场地用毛竹搭成棚架。春分过后，棚顶上加盖草帘或遮阳网，以"二分阳，八分阴"的遮阴为宜。

（2）脱袋覆土　选择菜园土或耕作层10厘米以下土用作覆土材料，其营养全面，颗粒形状好。使用前要喷洒杀虫剂与杀菌剂，调节含水量至65%左右，pH值为7~8。当菌丝长满袋后即可脱袋，不需要转色。脱袋后的茶薪菇菌棒，以接种的一头朝上，直立排放在畦床上，覆土2厘米厚。

（3）出菇管理　覆土2天后开始喷水，开始2~3天早晚各喷水1次，要轻喷、勤喷，使水分尽快渗透进土粒。待土粒全部湿透后，隔日喷水1次，保持土粒湿润。夜间全部敞开通风，第一潮菇采后喷1次淘米水补充营养。收2批菇后菇袋掉头出菇，可连续采收4~5批菇。

十四、阿魏菇

阿魏菇［*Pleurotus eryngii*（DC.）Quel. var. *ferulae* Lanzi（Pleurotus ferulae Lanzi）］学名阿魏侧耳，又名阿魏蘑、刺芹平菇，白色阿魏菇又称白令菇。在分类学上属担子菌亚门，层菌纲，同隔担子菌亚纲，伞菌目，侧耳科，阿魏侧耳属。

阿魏菇是一种肉质细嫩、味美可口的伞菌，原产自我国新疆，又称天山神菇。阿魏菇营养丰富，蛋白质含量达到14.7%，含有17种氨基酸和多种矿物质元素。栽培阿魏菇的原料广泛，生长周期短，产量高。子实体肉质肥厚，耐远距离运输，是一种非常具有开发前景的珍稀食用菌。

阿魏菇属中低温型菇类，菌丝体在5~32℃均能生长，最适温度为24~26℃，出菇温度为3~25℃，以13~20℃生长最好。菌丝生长期培养基含水量为60%~63%，出菇期空气相对湿度以85%~95%为宜，子实体有较强的耐干旱能力，空气相对湿度在65%时也能生长，高温高湿会引起子实体腐烂或死亡。菌丝生长阶段和子实体发育阶段，都需要新鲜的空气，出菇期二氧化碳浓度超过 0.5％时，易产生畸形菇，菌丝体生长不需要光线，子实体生长发育需 200～500 勒克斯散射光。菌丝生长最适 pH 值为 6.5 左右。

(一) 培养料

可利用阔叶树锯木屑、棉籽壳、玉米芯、甘蔗渣以及多种农作物秸秆栽培阿魏菇，最适 pH 值为 6.5 左右，料水比为 1：1.2～1：1.30。

配方一：棉籽壳 77％，麸皮 20％，红糖 1％，石膏粉 1％，碳酸钙 0.5％，磷酸二氢钾 0.5％。

配方二：棉籽壳 80％，玉米粒 10％，麸皮 8％，石膏粉 1％，石灰粉 1％（玉米粒预先用清水浸泡 10～12 小时，淘洗后加水煮至没有白心而表皮不烂）。

配方三：杂木屑 77％，麸皮 20％，红糖 1％，碳酸钙 1％，过磷酸钙 0.5％，硫酸铵 0.5％。

配方四：杂木屑 40％，棉籽壳 38％，麸皮 20％，红糖 1％，碳酸钙 1％。

配方五：玉米芯 49％，棉籽壳 30％，麸皮 17.5％，红糖 1％，石膏粉 1％，碳酸钙 1％，过磷酸钙 0.5％。

(二) 栽培方法

以冬春栽培产量高，质量最好，江浙地区 9 月初制袋接种，11 月至 12 月中旬出菇。春季栽培可在 1 月接种栽培袋，3 月上旬至 5 月上旬出菇。

塑料大小棚、室内菇房均可用来栽培阿魏菇，菇房要能保温保湿，通风换气，并有一定的散射光。为了提高菇房的空间利用率，可设计多层床架，使用前要打扫干净，并按常规进行消毒。

1. 装袋、接种和培菌 采用塑料袋熟料栽培阿魏菇，按以上配方称料，拌匀后调节含水量至 60％～63％。选用直径 18 厘米×35 或 17 厘米×33 厘米的低压高密度聚乙烯塑料袋装料，装紧压平后，用尖头木棒从料中心打接种穴至袋底，然后套上颈圈，用打孔的塑料膜和 1 层报纸封口。按常规方法灭菌，按无菌操作规程接种。接种后将菌袋搬入事先经清洁消毒的培养室遮光发菌，温度控制在 24~26℃，培养 35~45 天菌丝即可长满料袋。此时给予 200~500 勒克斯的散射光，诱导菌丝扭结形成子实体原基。

2. 出菇管理 菌袋内原基形成后，去掉袋口包扎物，直立排放出菇，也可码 3~4 层墙式出菇。待原基长至 2 厘米左右时，剪去菌袋上方多余的袋膜，让菇蕾迅速长大。菇房温度应控制在 13~20℃。温度低于 8℃时，原基难以形成；温度高于 25℃，菇柄变软，培养基表面组织块易萎缩腐烂。菇房空气相对湿度保持在 85%~95%，可在菇房的四周挂湿草帘保湿，或袋口覆盖无纺布保湿。每天用喷雾器在地面、草帘和墙壁上喷雾 3~4 次，切忌对着子实体喷，否则子实体变黄，严重时会造成菇体腐烂。应保持菇房空气新鲜和适宜的散射光。

3. 采收 当菇盖由内卷逐渐平展时即可采收。由于阿魏菇的蛋白质含量比较高，成熟后期易腐烂发臭，所以采收要及时。采收时用手握住菇柄基部旋转扭下，剪去带培养料的菇根。采收后应立即上市销售，常温下鲜菇保鲜期不宜超过 3 天。鲜菇严禁浸水，以免引起腐烂变质。一般采收 1~2 潮菇，生物转化率可达 70%~85%。

十五、真姬菇

真姬菇［*Hypsizygus marmoreus*（Peck）Bigelow］又名玉蕈、斑玉蕈。属担子菌亚门，层菌纲，同隔担子菌亚纲，伞菌目，白蘑科，斑玉蕈属。

真姬菇是适于北温带气候栽培的优良食用菌，其菌株来源于日本，目前在日本，真姬菇的产量仅次于香菇、金针菇和灰树花，为第四大菇类。真姬菇口味比平菇鲜，还具有独特的蟹香味，所以有人称它为蟹味菇。真姬菇营养丰富，鲜菇中含有17种氨基酸，还含有数种多糖。常食真姬菇可提高人体免疫力，延年益寿。

菌丝生长温度为15～27℃，最适温度为20～25℃，菇蕾分化温度为10～15℃，菇体发育温度为12～18℃。培养料含水量以65%为宜，因其菌丝生长速度慢，自接种至发满袋需60天以上，达到生理成熟需90天左右。出菇前应适当补充水分，使培养基含水量达到70%～75%，在菇蕾分化期，菇房相对湿度应调节到98%～100%，菇体生长期间菇房相对湿度应达到90%～95%。发菌阶段不需要光线，但在菇蕾分化期需要弱光刺激，子实体生长有明显的向光性，菇房应有较强的光照以满足其生长需要。真姬菇生长的各个阶段都需要充足的氧气，出菇期间，要加大菇房通风换气，防止发生畸形菇。菌丝生长最适pH值为5.5～6.5，在合适的培养料中不要随意加入石灰调节pH值。

（一）培养料

栽培真姬菇的原料比较广泛，用棉籽壳为主料栽培的产量最高。配制培养料时，料水比为1∶1.3～1∶1.4。真姬菇分解木质素的能力较弱，发菌期较长。为缩短发菌期，将培养料进行发酵处理，软化后再熟料培养，可显著提高菌丝生长速度，培养料中适当多增加氮素营养，可以提高真姬菇产量。

配方一：棉籽壳82.7%，米糠（或麸皮）15%，白糖1%，过磷酸钙0.2%，硫酸锌0.1%，石膏粉1%。

配方二：棉籽壳63.7%，木屑20%，玉米面8%，米糠（或麸皮）7%，石膏粉1%。过磷酸钙0.2%，硫酸锌0.1%。

配方三：木屑67.7%，米糠（或麸皮）30%，白糖1%，石膏粉1%，过磷酸钙0.2%，硫酸锌0.1%。

(二) 栽培方法

真姬菇是一种低温木腐菌。其出菇对温度条件的要求较苛刻，菇蕾分化阶段最适温度 10～15℃，菇体膨大期最适温度 14～16℃，在自然温度条件下，冬季栽培应于 8 月下旬至 10 月接种栽培袋，11 月中下旬至第二年 3 月出菇。

可利用塑料大棚和保温性能好的香菇房、民房栽培真姬菇，早期 11～12 月，可在温度比较低的室内菇房出菇，1 月以后温度下降，移入塑料大棚菇房出菇。塑料大棚用双层农膜，中间加遮阳网或草帘覆盖。

1. 装袋、灭菌、接种 按上述配方配制培养料，调节含水量 65%。用长 33 厘米、宽 17 厘米低压高密度聚乙烯塑料袋装料，料装至袋高的 2/3，每袋装料约折合干料 0.25 千克。袋口加颈圈，用 1 层带孔塑料膜和 3 层报纸封口，按常规灭菌。接种按无菌操作规程进行。真姬菇一般用原种接种栽培袋，以减少转扩次数，保持菌种具较高活力。

2. 发菌管理 接种后的菌袋，直立排放在培养架上，袋与袋之间要留有空隙。发菌阶段要控制培养温度在 23～24℃，最高不能超过 30℃。空气相对湿度低于 75%。要加强培养室通风，保持空气新鲜。菌丝生长阶段不需要光照，培养室要遮光，尽量保持黑暗。在适宜的培养条件下，菌丝生长 50 天即可满袋。

真姬菇菌丝发满袋后，菌丝尚未达到生理成熟，无出菇能力，仍需继续培养，称之为"二次发菌"的阶段。这一阶段主要应加大通风，并适当增加温差刺激和弱光刺激。空气相对湿度保持在 75% 左右，温度控制在 25℃ 以下。经 40～50 天后菌丝即可发育成熟。"二次发菌"是真姬菇不同于其他菇类的生理特征，这一阶段的管理十分重要，如管理不当会发生 3 种情况：一是菌袋严重失水，发生离壁现象，以后形成边壁畸形菇。二是袋口培养料严重脱水干缩，原基不能分化。三是二氧化碳浓度偏高，影响菌丝活力，导致杂菌污染。因此，"二次发菌"阶段的管理是影响真姬菇栽培成败的重要环节，不能掉以轻心。

3. 出菇管理 真姬菇主要收获第一潮菇，因此，通过加强管理，提高第一潮菇的出菇量、整齐度和菇质非常重要。具体管理措施应抓好搔菌和催蕾。

（1）搔菌 "二次发菌"结束后，菌袋移入出菇棚，打开袋口，用消过毒的锯齿状小铁片搔去料面的气生菌丝和厚菌皮，但要保留原来的接种块，以促使原基从料面中间接种块处成丛形成，长出的幼菇向四周伸长，形成菌柄粗壮、菌盖完整和菌肉肥厚的优质商品菇。搔菌结束后往菌袋内注入少量清水，2~3小时后再倒去多余的水，直立排放在菌床上，拉直袋口，浮面覆盖无纺布。向菇棚空中喷水增湿，空气相对湿度提高到90%~95%。

（2）催蕾育菇 菇棚温度降低到13~15℃，加大通风量，一般经10~15天，料面即可形成针头状的灰褐色菇蕾。此时，揭去覆盖物，向周围的空中和地面喷水保湿，切勿直接向菇蕾喷水。保持菇房500勒克斯左右的散射光，7天左右真姬菇发育成熟。

4. 采收 当菌盖长到1.5~4厘米时及时采收。采收时，抓住菌柄基部轻轻将整丛菇拧下。第一潮菇采完后，及时清除料面上残留的菌柄、碎片和死菇，停止喷水3~4天，加大通风量，促使菌丝尽快修复，以后进行补水管理，15天左右形成第二潮菇蕾。如此管理，一般可采收3~4潮菇。

根据菌盖直径真姬菇一般可分为3个等级。一级菇，菌盖直径1.5~2.5厘米；二级菇，菌盖直径2.6~3.5厘米；三级菇，菌盖直径3.6~4.5厘米。菌柄长均为4厘米以下。真姬菇一般鲜销，也可盐渍和制罐。

十六、灰树花

灰树花 [*Grifola frondosa* (Fr.) S. F. Gray] 又名贝叶多孔菌、栗蘑莲花菇,日本称为舞茸。属担子菌亚门,异隔担子菌纲,无隔担子菌亚纲,无褶菌目,多孔菌科,灰树花属。

灰树花是一种具有特殊风味的食用菌、菌盖肉质或半肉质,脆如玉兰,味如鸡丝,香气诱人。灰树花具有极高的药用价值,富含铁、铜、硒、铬和维生素 C、维生素 D、维生素 E 等,能预防贫血、败血症、动脉硬化和脑血栓的发生,有保护肝脏和胰脏、预防肝硬化和糖尿病的作用。灰树花是引人注目的抗癌药源,其多糖具有较高的抗癌作用。在日本,灰树花的销量仅次于香菇、金针菇,居第三位。灰树花生于亚热带至温带森林中的栎树及其他阔叶树伐桩上,野生灰树花在我国数量稀少。人工栽培主要从 20 世纪 90 年代开始,目前在浙江、四川有一定规模的栽培。

灰树花菌丝生长温度范围为 5~32℃,最适温度为 20~25℃,子实体生长温度为 10~25℃,最适温度为 15~20℃。培养基适宜含水量为 60%~63%,出菇阶段空气相对湿度应控制在 80%~90%。子实体生长阶段需氧量较高,通气不良,子实体不开片,或开片后呈珊瑚状畸形,甚至造成死菇。灰树花在原基形成和子实体生长期均需要一定的散射光,现蕾时,需 200 勒克斯以上光照,子实体生长期需 500~1 000 勒克斯。如光照不足,菇色浅,风味淡,品质差,产量低。灰树花适宜在 pH 值为 6 的微酸性培养基上生长,一般培养料的自然 pH 值能满足其生长需要。

(一) 培养料

灰树花为木腐真菌,但分解木质素的能力较差,在以木屑为主的培养基上发菌慢，出菇迟。在配方中增加纤维素类基质和高氮营养辅料，可加快发菌速度，提高产量。

常用配方有如下几种：

配方一：木屑 70%，麸皮 20%，玉米粉 8%，石膏粉 1%，过磷酸钙 1%。

配方二：棉籽壳 50%，木屑 28%，麸皮 20%，石膏粉 1%，过磷酸钙 1%。

配方三：棉籽壳 40%，木屑 20%，草筋 18.7%，麸皮 20%，磷酸氢二钾 0.3%，石膏 1%。

配方四：菌糠 40%，木屑 38%，麸皮 20%，石膏粉 1%，过磷酸钙 1%。

以上各配方料水比为 1∶1.1～1∶1.3，pH 值自然。

（二）栽培方法

灰树花是一种中温型的木腐菌，江浙一带可在春、秋两季栽培，出菇适期：春季在 4～5 月，秋季在 10～11 月，出菇期向前推 60～70 天为栽培袋制作适期。春季栽培应采用两段式栽培，选择保温性能好的房间作发菌室。

可利用室内菇房和蔬菜大棚栽培灰树花。塑料大棚可通过不同材料的覆盖，调节出菇温度，延长灰树花出菇期，提高产量和商品菇质量。栽培场地可搭架进行立体栽培，也可做畦覆土栽培。灰树花菌丝生长速度慢，菌丝抗杂能力差，培养室和出菇房使用前，一定要严格消毒，并保持环境清洁。

1. 装料、灭菌、培养 目前栽培方式采用小袋熟料栽培。即用 17 厘米×30 厘米的低压高密度聚乙烯塑料袋装料，每袋装干料约 0.25 千克，在 1 千克/平方厘米压力的高压下灭菌 3～3.5 小时，常压下灭菌 6～8 小时，冷却后按无菌操作规程接种。接种后迅速移入培养室发菌，培养室温度保持在 20～25℃，最高不得超过 30℃，空气相对湿度控制在 60%～65%。一般培养

40 天左右菌丝长满袋，此时应增加室内光照强度到 200 勒克斯，再继续培养 20 天左右，菌袋表面形成大量原基，呈灰黑色皱状突起，并分泌出淡黄色的水珠，这时移入菇房进行出菇管理。

灰树花栽培可采用床架立体栽培和覆土栽培两种方式，立体栽培能充分利用大棚空间，出菇完全，含水量偏低，且朵形圆正，商品价值高。覆土出菇则有利于水分管理，朵形肥大，产量高。

2. 架式立体栽培 床架上铺厚约 10 厘米的沙土用以保湿和固定菌袋，菌袋底部纵横各切一开口成"十"字形，竖立埋入沙土排放在床架上。继续加大光照刺激，促使原基加速分化。当灰黑色原基继续长大至袋口时，去掉袋口包扎物，浮面覆盖一层无纺布。提高棚内空气相对湿度至 90%，每天在无纺布上喷雾保湿，控制棚温在 15～20℃之间，光照强度调至 500 勒克斯，并保持棚内空气新鲜。很快珊瑚状幼菇长出袋口，并逐渐分化出朵片状菌盖。随着子实体不断长大，其朵形呈覆瓦状重叠，形如莲花盛开，菌盖颜色由灰黑色渐变为浅灰黑、浅灰至淡白。

3. 覆土栽培 在大棚内挖宽 80～100 厘米，深 15～20 厘米，长度不限的畦床，床间留 60～80 厘米的作业道。将培养料上方的菌袋剪去，并在菌袋四周划 3～5 道切口，将袋底塑料膜剪去，袋口的一头向上直立排放于畦床上，袋与袋之间间隔 3 厘米。覆土材料取栗树林地 3 厘米以上的腐殖层土，或多年生阔叶林地 3 厘米以上的地表土。覆土厚度约 2 厘米，以刚好盖严原基为度，其上再盖约 1 厘米厚的粗沙。覆沙后轻喷清水数次，使沙土湿润吃透水，注意不要有多余的水渗入。每天通风 4～6 次，使菇棚空气特别新鲜，加大光照强度至 700 勒克斯，正常保温保湿。覆土栽培可掌握七分成熟时采收。

4. 采收 应掌握菌盖边缘已无白色生长带（圈），子实体变为浅灰黑至浅灰时采收。采收过早影响产量，过迟子实体木质化则失去商品价值。从出现原基至采收需要 20 天左右，温度低时生长发育时间更长。

新鲜的灰树花应贮放在密闭的箱和筐内,每朵灰树花单层排放,需要密集排放时,应将菇盖面朝下,菇根朝上。贮藏温度 4～10℃。

十七、金福菇

金福菇（*Tricholoma lobyense* Heim）学名为洛巴依口蘑,又名大口蘑,日本称之为白色松茸。属担子菌亚门,层菌纲,伞菌目,白蘑科,口蘑属。

金福菇菇形肥大圆正,菇肉肥厚洁白,香味浓郁,清脆爽口,营养丰富。干菇中含粗蛋白 27%,脂肪 7.8%,总糖 38%,粗纤维 8%,还含有多种维生素和矿物质。金福菇是一种能快速分解利用未经发酵的作物秸秆的草腐菌,栽培方法简单,产量较为稳定,产品宜鲜销和干制。金福菇的种植在粮食产区已迅速地推广开来。

金福菇菌丝生长温度为 10～33℃,最适温度为 20～26℃。子实体生长温度为 15～32℃,最适温度为 18～28℃。在菌丝生长阶段,培养料含水量视成分不同而异。制种期间,麦粒、粪草培养基含水量宜调制在 60%～65%。出菇阶段,菇房空气湿度控制在 85% 左右,覆土表面保持湿润,确保菇体生长期的需水量。在菌丝生长阶段不需光照,需遮光培养。而进入子实体生长阶段、原基分化期需要光的诱导,菇房在散射光照射下,菇体潮次整齐,生长健壮。金福菇是好气性的菌类,在菌丝生长阶段和子实体生长阶段都需要有新鲜的空气,如二氧化碳浓度偏高,会导致菇柄伸长、菇盖薄小而畸形。在培养料 pH 值 5～9 的范围内,菌丝均可正常生长,因此在发菌期内,培养料可用石灰水浸泡,以杀菌和转化基质,加快菌丝吃料速度。金福菇需要覆土出菇,其土质宜用沙壤土,可使用果园土或林地腐殖土,也可用腐殖土70%,加煤灰30%,混合搅匀作为覆土材料,效果较好。

(一) 培养料

配方一:棉籽壳78%,麸皮或米糠20%,碳酸钙1%,石膏粉1%。

配方二:棉籽壳60%,香菇废菌棒料37%,生石灰2%,石膏粉1%。

配方三:杏鲍菇或金针菇废料40%,棉籽壳37%,麦麸20%,石膏粉1%,石灰2%。

配方四:棉籽壳66%,秸秆粉30%,石灰2%,石膏1%,过磷酸钙1%。

(二) 栽培方法

目前国内栽培的品种有从中国台湾引进的"台湾口蘑"和福建三明真菌研究所引进的"荆西口蘑"两个菌株。"荆西口蘑"表现为发菌较快,出菇早,子实体形态好,菇体组织较紧密,口感细嫩。

金福菇为中温偏高温型菌菇,多在夏秋季出菇。宜在2~3月制袋,5~6月出菇,此时温度适宜,出菇较快、产量也较高。

1. 培养料堆制发酵 先将麦麸、石膏粉、生石灰等辅料在干态下混合均匀,再与预湿24小时的棉籽壳和废菌糠等主料充分拌匀,加清水拌料,料中含水量调至65%,pH值为7.5~8.5。然后将培养料堆成宽1.5米、高1.5米左右、长度适宜的料堆,并在料堆中打透气孔,孔距30厘米,促进有氧发酵。当料温上升到60℃时开始翻堆,共翻堆2~3次,发酵时间7~10天。经过发酵处理的培养料呈褐色,质地疏松,不粘不朽无臭味,无酸败异味。用手紧握培养料,以指缝间有水珠但不下滴为宜。若水分偏少,则可喷0.5%的石灰清水,并翻拌均匀延长发酵2天。

2. 装袋灭菌接种 筒袋采用17厘米×55厘米×0.4微米的乙烯筒料，料装好后袋重2千克左右。装袋后及时进锅灭菌，以免培养料酸化变质。装入灭菌灶的菌筒呈叠堆式排列，堆与堆之间应留适当空隙以利蒸汽流通。以常压灭菌100℃维持13小时为宜。出锅后料温降至28℃以下接种。

3. 发菌管理 菌丝体生长期需遮光处理，在黑暗条件下菌丝生长旺盛。接种后将菌袋搬入清洁、通风较好、光线暗淡的培养室发菌。菌丝生长阶段室内湿度保持70%左右。气温较低时，菌袋紧密排放，适当增温至20℃发菌。发菌中后期，菌丝的新陈代谢加快，需氧量增加，应多开窗通气，或用细针在有菌丝处刺孔4~6个。在菌丝长满袋后，进行全面刺孔，加快菌丝成熟的后熟作用。但刺孔后，温度上升很快，室内要加强通风。

4. 覆土

（1）全脱袋覆土畦栽出菇 在适温下经40~50天，菌丝在培养料内长满，当料面呈白色，有少量原基形成时，便可排床或排畦覆土。将菌袋塑料膜剥去排放于地面畦上，间距1~2厘米，菌袋间用土壤填充，然后进行表面覆土。可选用沙壤土经曝晒后加入3%石灰或咪鲜胺1 000倍液喷洒拌匀后，再闷堆5天后使用，土层厚度以3~4厘米为宜。

（2）袋内覆土 菌丝长满袋后不用脱去塑料膜，将袋子整齐地排放出菇架上，袋口敞开撒上经消毒处理过的菜园土或河泥砻糠土，袋上喷水保湿，整个菇房也需喷水保湿，使菇房空气湿度达85%以上。

5. 出菇管理 覆土后适当减少通风换气，提高二氧化碳浓度，保持土壤湿润。待菌丝爬上土壤表面，较均匀分布于土表时，加强通风换气或喷水，促使菌丝倒伏，防止气生菌丝徒长影响出菇。覆土7天左右，菌丝爬上土面，待菌丝都布满土面时，加大湿差处理，增加通风次数，促使菌丝扭结原基分化，菇蕾形成。待金福菇菇蕾达米粒大小时，不能直接向菇蕾喷水，干燥天可向空中轻喷水雾，将空气湿度提高到80%～85%。同时加强通风换气和光照强度，避免产生柄长盖薄的劣质菇。当子实体长至3厘米左右时，应增加喷水次数，每天喷水2次，保持有足够的新鲜空气，提高覆土层含水量为70%左右，保持空气湿度85%～95%。

子实体形成时菇房温度20～30℃，此时出菇量大。在高温期要采取降温措施，进行温湿度控制，以增加产量和提高质量。

6. 采收 当子实体的菌柄高度达10～15厘米、菌盖尚未完全平展时采收。采收时，用刀片切下整丛菇的基部，可保留较小的菇体。采收后，清理料面，剔除老化菌丝和残留菌柄。将料面整干净，停水3天后，进行补水。2周内会形成第二批原基，一般可采收3～4潮菇，主要产量集中在1～2潮，生物学效率达70%以上。

十八、金针菇

金针菇［*Flammulina velutipes*（Curt.：Fr.）Sing.］又名冬菇、构菌、朴菇，在分类学上属担子菌亚门，伞菌目，白蘑科，金针菇属。

金针菇属于低温结实的耐寒菇类，无中温和高温结实品种。金针菇孢子在15～25℃时大量形成，并易萌发菌丝。菌丝在3～34℃范围内都能生长，最适温度为23℃左右；菌丝耐低温有能力很强，3℃以下也能缓慢生长；对高温的抵抗力较弱，34℃时菌丝就会停止生长。子实体形成的温度是5～20℃，原基形成的最适温度为12～15℃，在14～16℃时子实体分化最快，形成的数量多，但细小；9～10℃时，子实体分化慢，但较粗壮。

金针菇为喜湿性菌类，抗旱能力较弱。培养料含水量在60%～65%，空气相对湿度在60%左右时，菌丝生长最快，且不易染菌。出菇期，空气相对湿度应控制在80%～95%。

金针菇系好气性菇类。在菌丝生长阶段和子实体发生至菌盖开始形成阶段，要加强通风供氧，才能保证菌丝的健壮生长和子实体的正常分化与发育。较高的二氧化碳浓度可以抑制菌盖的生长，而对菌柄的生长没有影响。在栽培中，可利用这一特性，于子实体伸长期，人为地提高子实体生长小环境中的二氧化碳浓度，以便获得柄长、盖小且不开伞的优质商品菇。

金针菇属厌光性菌类，在菌丝生长阶段不需要光线，黑暗条件下能正常生长。子实体生长阶段，除在诱导原基发生至幼菇发育形成阶段需要适当给予弱光照刺激外，其余生长阶段要处于光线微弱或基本黑暗的生长环境中，这样可以有效地抑制菌柄基部绒毛的发生和菇体色素的形成，培育出黄白色或乳白色浅色型的优质商品菇。

金针菇喜弱酸性生长环境。在 pH 值 3～8.4 的范围内菌丝均可生长，最适 pH 值为 4～7。子实体生长时培养料的 pH 值以 5～6 为宜。在金针菇生产中一般都采用自然的 pH 值（6 左右），不需另作调整。

（一）主要品种

1. 三明 1 号　由福建三明真菌研究所从野生菌株中分离、驯化获得。子实体分枝较多，菌柄粗壮，呈黄棕色。菌盖大，伞形，浅黄色。适宜出菇温度为 8～18℃。早熟，产量高，可收三四潮菇。适宜鲜销。管理上要注意控制子实体伸长期的湿度，适时采收。

2. 杂交 19 号　由福建三明真菌研究所通过孢子杂交选育而成。整株子实体呈嫩黄色，菌柄细长，柄基部不易变褐。菌盖小、内卷、圆形，不易开伞。子实体分枝多、细密。适宜出菇温度为 8～18℃。早熟，接种后 35～40 天出菇。产量高，可以采收三四潮菇。宜鲜销、制罐。由于该品种外观好，早熟高产，因而近几年推广面积比较大。管理上注意加大催蕾阶段的通风量，防止产生针状畸形菇。

3. SFV-9 由上海食用菌研究所从日本引进。子实体呈乳白色，菌柄长短一般，粗细中等。菌盖内卷、圆形，不易开伞。适宜出菇温度为 8～13℃。迟熟，接种后 55 天左右可见子实体。该品种第一潮菇发生整齐、密集、产量高、外观好、商品价值高。二三潮出菇稀，畸形菇多，表现为菌盖增大，柄粗中空，表面产生鳞片状物，商品价值极低。该品种多用于制罐。管理上注意控制菇柄伸长期的湿度，防止菌盖上产生锈斑。

4. FV088 原始菌株由国外引进，为白色金针菇。子实体丛生，菇蕾在 200 朵以上，属细密型，生长整齐。菌盖乳白色，早期呈球形，不易开伞。菌肉厚 3～4 毫米、菌褶白色、离生。菌柄乳白色，纤维质，脆嫩，长 15～20 厘米，直径 2～4 毫米。菌柄大部分无绒毛，仅在近基部处有白色细密绒毛。

5. 金针 F12 原始菌株从日本引进，为白色金针菇。子实体纯白色，丛生，菌盖帽形，肉厚，不易开伞，成熟后孢子较少。菌柄粗 2～3 毫米，长 15～20 厘米，下部有稀疏绒毛。属低温型品种，子实体在 10～15℃生长发育最好，栽培季节较一般黄色品种推迟半个月左右为宜。抗逆性相对较弱，拌料时含水量要比黄色菌株略干。菌丝培养 40～50 天达到生理成熟，搔菌后出菇整齐。

6. F39 由华中农大选育。为白色金针菇，适宜出菇温度 10～15℃。特点是：柄略粗，出菇快，抗逆性较强，产量高，品质优，可作为当家品种。

（二）培养料

1. 棉籽壳 常用配方有以下几种：

配方一：棉籽壳 97%，尿素 1%，石膏粉 1%，过磷酸钙 1%。

配方二：棉籽壳 83%，麸皮（或米糠）15%，石膏粉 1%，过磷酸钙1%。

配方三：棉籽壳77%，木屑20%，尿素1%，石膏粉1%，过磷酸钙1%。

配方四：棉籽壳43%，木屑40%，米糠15%，石膏粉1%，过磷酸钙1%。

配方五：棉籽壳52%，废棉25%，木屑20%，尿素1%，石膏粉1%，过磷酸钙1%。

2. 木屑 常用配方：杂木屑75%～78%，麸皮（或米糠）20%～23%，石膏粉1%，过磷酸钙1%。

3. 废棉 常用配方：废棉77%，木屑20%，尿素1%，石膏粉1%，过磷酸钙1%。

4. 稻草 常用配方：稻草粉（或稻壳）44.5%，棉籽壳43%，玉米粉（或麸皮、米糠）10%，尿素0.5%，石膏粉1%，过磷酸钙1%。

5. 甘蔗渣 常用配方有以下几种：

配方一：甘蔗渣40%，棉籽壳35%，麸皮（或米糠）20%，玉米粉3%，石膏粉1%，碳酸钙1%。

配方二：甘蔗渣51%，棉籽壳17%，麸皮（或米糠）25%，玉米粉4.2%，石膏粉1%，碳酸钙1%，硫酸镁0.3%，过磷酸钙0.5%。

注意：以上凡是添加尿素的配方，均不适宜栽培金针菇白色种。

金针菇属低温菇，一般11月下旬开始出菇，从12月至第二年2月为最佳出菇期。这一阶段生长的金针菇品质优良，产量高。因此适宜的制袋时间应安排在10月上旬至11月上旬。

袋栽金针菇，早熟品种从接种至采收结束，需110天左右，采收三四潮。晚熟品种栽培周期需要70～90天，采收一二潮菇。生产上应先接种早熟种，后接种晚熟种。

金针菇栽培设施应具温度保持12℃，光照强度低于10勒克

第八章 珍稀菇类

斯,空气湿度85%~95%,有良好的通风条件,可用塑料大棚、室内菇房、人防地道来栽培。采用床架式栽培。床架的规格一般是:长5~10米,宽80厘米,层间距50厘米;层数3~5层,床架间通道宽60~80厘米。一般每100平方米栽培面积,袋栽数量为7 000~8 000袋,瓶栽可达13 000~15 000瓶。

(三) 金针菇袋栽技术

金针菇袋栽成本低,操作十分方便,非常适用于规模生产。袋内湿度充足,有较高的二氧化碳浓度,金针菇的产量高,品质好。

袋栽金针菇的工艺流程为:配料→装袋→灭菌→接种→培养→撑袋→补湿→盖膜→采收(头潮菇)→搔菌→灌水→盖膜→采收(二潮菇)。

1. 装料、灭菌、接种 通常采用长33~38厘米、宽17厘米的聚丙烯或低压高密度聚乙烯袋。每袋装料0.3~0.35千克(折干料重),装料高度约占袋长的3/5。要边装料边压实,袋边不留缝隙,料表面要平整。然后套上颈圈,用中间打孔的塑料膜和3层报纸封口。也可将袋口折两道,直接用塑料绳扎口。

按常规进行高压或常压蒸汽灭菌。冷却后接种。袋口套颈圈的,1瓶菌种可接30~40袋,接种后要用无菌、干燥的报纸换去潮湿的报纸。用绳直接封扎的栽培袋,要加大接种量,1瓶菌种接种20~25袋。接种后袋口仅折一道,绳子不要扎得太紧,以便发菌。

2. 菌丝培养 将栽培袋置于22~24℃条件下培养。培养室要求黑暗、干燥、通风。栽培袋袋口向上,单层排放,袋与袋之间应留有空隙。菌丝培养期间,应以保温为主,通气要在中午气温较高时进行。在适温下,接种后2~3天,菌丝开始萌发,30~40天菌丝即长满袋。用绳扎口的栽培袋,在接种后的7~8天,即菌丝已生长封住料面时,用缝衣针在袋子的扎口周围扎

20个微孔通气。在培养过程中，应注意调换栽培袋的位置，以加速菌丝蔓延，促使每个栽培袋内的菌丝均匀生长。此外要及时拣出染菌的栽培袋，并根据污染程度另行放置或销毁。

3. 催蕾 当菌丝长满袋或长至培养料的9/10、料面菌丝呈雪白色并分泌黄色水珠时，将栽培袋移到栽培棚（室），呈纵向整齐排放，每排横向紧排6~8袋，纵向因地方长短而定。每排之间留30~40厘米的走道，便于管理和采收。一般塑料大棚可纵向放4排。排袋后去掉颈圈或解开扎绳，敞开袋口，沿着袋子的四周将袋口向上拉，务必使袋壁拉直，严防"葫芦形"开袋。

催蕾阶段，栽培棚（室）温度应控制在13~15℃。采用自然温度栽培的，当环境温度偏高时，白天要严闭门窗，夜间要加强通风，以利用夜间低温降低棚（室）温。11月下旬，如果气温偏高，可以抢在寒流到来时，抓紧时间移袋进棚催蕾。当温度偏低时，应充分利用白天的较高气温提高室温，夜间则要关闭门窗防止室温下降。空气相对湿度要提高到80%~85%，可用喷雾器对着袋口喷雾补湿，至不积水为度，地面、架面都应喷湿。然后用一块宽2米的黑色地膜（或普通地膜）喷湿后覆盖在袋口上，地膜上面不能有破损。地膜四周下垂与边层菌袋外壁贴紧，创造有利现蕾的小环境气候。催蕾期间，要经常向地面和空间喷水保湿。通风应结合补湿进行，每日棚（室）通风2~3次，揭膜通风1次，使袋内保持一定的新鲜空气。为了不使风直接吹向袋内，操作时，应先开门通风30分钟，关门后再揭膜通风20分钟。此外，还要保证一定的散射光或间歇见光。一般经6~10天培养，料表面就会产生一层菇蕾。

4. 低温育菇 为了得到符合商品要求的金针菇，菇蕾发生后应进一步降低棚温至8~12℃。低温可以抑制菇体的发育速度，提高菇丛之间的整齐度和分枝的成形率。经低温培育的幼菇，组织紧密，菌柄粗壮，菌盖成形，能支撑菇体向上伸长。空气相对湿度要达到85%~90%，每天揭去膜通风1次，以保持菌袋内有充足的新鲜空气，促进菌盖的分化，避免"针状菇"的发生。要求采取遮光或弱光管理，防止菇体早着色。

低温育菇的幼菇标准是：菌盖成形不开伞，直径 0.2～0.5 厘米，菌柄坚挺，长 2～3 厘米，菇丛高度相对一致，菇体色淡。

5. 伸长期的管理　伸长期管理的关键：一是棚（室）温控制在 11～15℃。二是保持较高的空气湿度。三是增加袋内的二氧化碳浓度。这样可促使菌柄迅速伸长，抑制菌盖生长和开伞。管理措施上：一是寒冬季节要注意保温，避免降到 0℃ 以下，夜间、早晨不可通风。二是增加喷水次数，将栽培棚（室）的空气相对湿度提高到 90%～95%。喷水时多向地面喷洒，减少空间喷水量，更不可直接向子实体喷水。三是减少通风量，防止菌盖开伞。伸长期不能揭膜通风，应由 2 人沿着走道掀动振动通气，并随即盖好。可隔天掀膜通风 1 次。采收前 2～3 天应停止通风，减少喷水。

6. 采收　当菌柄长出袋口，柄长 18～20 厘米时，及时采收。采收偏早或过迟，对金针菇的产量、质量均有影响，适时采收才能获得高产优质的商品菇。优质商品菇的标准是：菌柄挺立、脆嫩、色白，长 18～20 厘米；菌盖小，不开伞。以棉籽壳为基质栽培的金针菇，从接种到采收一般需 50～60 天，第一潮菇每袋可产鲜菇 200 克左右。

7. 转潮管理　一般金针菇每栽培 1 次，可收 3～4 潮菇，产菇量主要集中在前 2 潮。转潮时间 15 天左右，转潮速度与转潮管理、栽培品种等因素有关，特别是环境温度影响较大。在出菇温度范围内，温度高转潮快，温度低转潮慢。转潮管理有以下几个方面。

（1）搔菌　鲜菇采收后要立即进行搔菌，即用消毒过的接种锄、匙子或专用半圆形耙子，把袋口的老菌种块和上表层老化衰退以及干缩死亡的菌丝扒掉，并清理、整平。搔菌是促进原基发生的重要措施之一，它能刺激菌丝较早扭结出菇，并能提高菇蕾的发生密度、整齐度和健壮程度，还能减少病虫害的发生。

搔菌操作要求是：除了夹生在袋边壁中的菇体不能扒去外，产菇表层的老菌丝和残留菇体都要除净，搔菌后的出菇表面要揿压平整。搔菌的厚薄深浅，一般以扒至新菌丝层部位即可。相对来说，晚生型品种搔菌可厚些，早生型品种稍薄些；低温季节搔菌可深些，高温季节搔菌稍浅些。此外，感染轻度病虫害的菌袋搔菌也宜厚不宜浅。搔菌后袋口要用地膜覆盖好，经保湿养菌后再进行调湿管理。

（2）调湿、补充养分　一潮菇采收后，培养料含水量下降。由于长菇阶段不能向培养料中补水，所以转潮时的补水调湿就显得非常重要。转潮期的补水调湿应在搔菌后3天左右开始，即表面菌丝恢复生长，且表面较干时进行。补水的方法是：先用粗铁丝在培养料上戳3～4个小洞，用1根细皮管向袋内注入少量清水，补入的水量，以菌块吸水1天后袋内无积水为度。如果袋内有积水，要及时倒净。也可以用喷头连续2～3天向袋内喷水，每次喷水量不要太大。补水后，盖好地膜进行催蕾，一般7～10天后，又能形成一潮菇。催蕾期和伸长期的管理方法同第一潮菇。

采收2～3潮菇后，培养料的含水量和养分都严重不足，此时要补充营养液。常用营养液配方为：

配方一：0.1%硫酸镁（$MgSO_4$）+0.2%磷酸氢二钾（K_2HPO_4）。

配方二：0.1%硫酸镁（$MgSO_4$）+0.2%磷酸氢二钾（K_2HPO_4）+0.2%糖水。

补液方法同上。第二至第四潮菇，每袋可分别收鲜菇约100克、70克和50克。

（3）调头出菇　出2～3潮菇后，可采用调换出菇面的方法，提高产菇能力。具体做法是：扎紧袋口上端用作袋底，打开袋底改作袋口，再将袋内菌块朝相反方向推移，然后拉直袋身。若菌块在袋内已松动,可直接倒出菌块。调个方向再放入原袋内。让菌块另一面出菇。

(四)纯白金针菇高产栽培技术

1. 栽培时间 纯白色金针菇属低温型品种,菌丝生长适温为18~20℃,菇蕾形成适温为10℃左右,子实体生长适温为5~8℃。一般适宜在11月接种,12下旬至翌年2月出菇。

2. 菇棚设置 菇棚坐北朝南,菇架排列顺风向,架间宽70厘米,走道两端应设通气孔。这样保温保湿性能好,换气缓慢而均匀,光线微弱而可调,非常利于发菌和出菇。

3. 培养料配方 白色金针菇栽培原料可采用棉籽壳、玉米芯粒屑、豆秸粒屑、木屑等作为主料,但单一原料不如多料生长好。含水量以60%~62%较适宜。一头出菇水分可大些,两头出菇水分可小些。主料在拌料前一定要预堆顶湿,为出菇贮存必要的水分。培养料配方的辅料可采用15%~20%的麸皮、米糠、玉米面多种组合(越新鲜越好),1%石膏,0.5%~1%糖,0.1%磷酸氢二钾,0.5%~1%碳酸钙。

4. 菌袋制备 塑料袋规格为17厘米×33厘米,用于一头出菇或两头出菇均可。一般每袋装干料350~400克。装袋要外紧内松,尤其端面一定要紧,以利于出菇和保湿及防止周壁出菇。一般常压灭菌10~12小时。发菌温度以18~20℃较宜,最低不低于15℃,发菌后期,温度以20~23℃为宜。在发菌期间,要注意通风换气,适时解绳通气,让菌丝发足吃透,强化菌丝生理成熟。

5. 出菇管理 发菌后要适时搔菌转入催蕾阶段。所谓适时,一是看气温能维持在10~12℃。二是看菌丝长到菌袋的2/3以上,至少不少于1/2。

从搔菌到菇蕾发生约经10天,此阶段袋口要半密封,光线要偏暗,空气相对湿度维持在88%~90%,温度控制在10℃左右，空气要新鲜，以全面促进菇蕾的发生。当菇蕾全面发生后，袋口可撑大些，以增加通风换气，并适当增加光线，空气相对湿度降低到85%左右，温度控制在5~8℃；当金针菇子实体长到2厘米时，可撑圆袋口，袋口过长的，可挽至离料面5~7厘米处，待子实体长到5厘米以上时全部拉长，以利于菌柄伸长，控制菌盖增大。

6. 采后管理 当菌柄长13~15厘米，菌盖直径0.5~1厘米时即可采收。采收后需及时平整料面，去掉残根，并视料内水分多少酌情补水（袋内不能缺水）。然后收拢袋口，待个别显蕾后，再重复上述管理方法，约经3周采收第二潮菇。

十九、双孢菇

双孢蘑菇 [*Agaricus bisporus* (lange) Sing.] 又名白蘑菇、洋蘑菇，简称蘑菇。在分类学上属担子菌亚门，层菌纲，同隔担子菌亚纲，伞菌目，蘑菇科，双孢蘑菇属。

双孢菇菌丝生长温度是3~34℃，最适温度为22~25℃，子实体分化形成的温度为5~22℃，子实体生长的最适温度为14~17℃。适温下生长的子实体，菌柄粗，肉厚，质量好，产量高；高于18℃时，子实体生长快，菌柄细长，皮薄易开伞，质量差；低于14℃时，子实体生长慢，产量低。子实体释放孢子的温度为14~27℃，最适温度为18~20℃。孢子萌发最适温度是23~25℃，培养料适宜的含水量为62%~63%。菌丝生长阶段要求菇房内空气相对湿度70%左右。子实体分化形成时期，要求粗土含水量16%左右，细土含水量18%左右，空气相对湿度90%。

双孢菇是好气性真菌，对二氧化碳十分敏感。菌丝生长阶段空气中适宜的二氧化碳浓度是0.1%~0.5%，不能超过2%。出菇阶段，原基形成和菇蕾长大，二氧化碳最适浓度是

$0.03\% \sim 0.1\%$。

双孢菇对氧气的需求是由少到多。播种初期，菌丝生长量少，积累二氧化碳较少，通风量可以少些。出菇阶段，菌丝量增多，氧气消耗量增加，通风量要适当增加，每天通风换气 3 次，每次 30 分钟左右，使培养室每个角落都有新鲜空气。

双孢菇菌丝体在 pH 值为 $5 \sim 8$ 之间都可以生长，最适 pH 值为 $6.8 \sim 7$。偏碱性的培养料对菌丝生长有利，并可抑制杂菌的生长，因此，播种时培养料的 pH 值应调节到 $7.5 \sim 8$ 之间，覆土层的 pH 值也应调节在 $7.5 \sim 8$ 之间。出菇阶段 pH 值降至 6.5 左右。

双孢菇在菌丝和子实体生长阶段，都不需要光线。在完全黑暗的环境条件下，长出的子实体颜色洁白，伞形圆整。

（一）优良品种

目前栽培的品种可以分为匍匐型、气生型、半气生型 3 种类型。

1. AS2796 是近几年生产重点推广的杂交品种之一。该菌株在 PDA 培养基上呈银白色，基内和气生菌丝均很发达，生长速度中等偏快，一般不结菌被。菌丝较耐肥、耐重水和高温，出菇期迟于一般菌株 $3 \sim 5$ 天。菌丝爬土能力中等偏强，扭结力强，成菇率高。多单生，20℃左右仍可出菇，适宜提前栽培。鲜菇圆正，无鳞片，菌盖厚，柄中粗、短、直，组织结实，无脱柄现象。菌褶紧密，色淡。该菌株要求投料量足和高含氮量，薄料或含氮量太低，可能产生薄皮菇和空腹菇。

2. 浙农大 1 号 由浙江农业大学以 176 品种为母本，通过紫外线诱变选育而成。属半气生型。菌丝粗壮，菇形圆正，洁白，菇顶圆凸。要求较高水肥。该品种制罐符合出口标准。

3. 苏锡 1 号 从英国引进，属半气生型。菇的外形与气生型相似，柄粗短，顶略平，转潮快，水分不足时会产鳞片。要求水肥充足，适时掌握水分。该品种出菇多而密，床面断根亦多，应及时做好剔根补土。品质与176相似。

4. 176 由香港中文大学张树庭教授赠送而引入内地，属匍匐型。菇形适中，洁白，圆正，菇顶平，略有凹陷，有鳞片。抗逆性强，对水肥要求较高。

5. AS3003 在PDA培养基上菌丝呈灰银色，基内和气生菌丝均很发达，生长较AS2796略差，在麦粒和粪草培养基上菌丝生长快。适应性广，最适生长温度为24～26℃，在含水量55%～70%的粪草中可正常生长。鲜菇色泽洁白，朵形圆正，菌盖厚，柄中厚较直，组织结实，菌褶紧密色淡，不易开伞。该菌株适用于二次发酵制备的培养料栽培，较耐肥，要求投料量足，每平方米投料量不少于30千克，含氮量应达1.4%以上。

6. 棕蘑1号 为棕色蘑菇，幼菇菇盖光滑，长大时菇盖长出棕色鳞片，菇盖呈棕褐色；菇形圆整，菌盖肥厚，菇肉白色；菇柄短小白色；低温下不易开伞，菌丝半气生型，菌丝生长温度6～30℃，出菇温度为4～25℃，出菇温度范围较广，耐低温，产量较高。适合于江浙地区冬季栽培。在欧美市场棕色蘑菇价常高出白色蘑菇20%以上。

（二）培养料

粪草培养料配方（以111平方米蘑菇栽培面积计算）

配方一：稻草1 500千克，干牛粪1 500千克，过磷酸钙35千克，尿素15千克，石膏50千克，石灰25千克。

配方二：干牛粪1 000千克，稻草1 000千克，大麦草1 000千克，菜籽饼250千克，过磷酸钙35千克，石膏粉40千克，石灰50千克。

配方三：干猪粪750千克，干牛粪750千克，稻草1 000千克，麦草1 000千克，菜籽饼150千克，尿素12.5千克，过磷酸钙50千克，石膏粉150千克，石灰50千克。

配方四：干猪、牛粪 2 750 千克，稻草或麦草 1 250 千克，菜籽饼 200 千克，过磷酸钙 25 千克，石膏 200 千克。

配方五：干水牛粪 2 500 千克，稻草 2 000 千克，尿素 30 千克，黄豆粉料（或饼肥）75 千克，过磷酸钙 50 千克，石膏 50 千克，碳酸钙 25 千克，石灰 25 千克。

配方六：干猪粪 1 000 千克，稻草 1 750 千克，大麦草、元麦草 750 千克，尿素 15 千克，菜籽饼 100 千克，石膏 75 千克，过磷酸钙 37.5 千克，石灰 10~15 千克。

配方七：稻草或麦草 2 000 千克，鸡粪 500 千克，尿素 30 千克，石膏 50 千克，过磷酸钙 25 千克。

配方八：干水牛粪 1 500 千克，湿猪粪 1 500 千克，稀人粪尿 1 500 千克，大麦草 1 100 千克，稻草 600 千克，尿素 15 千克，菜籽饼 250 千克，石灰 50 千克，石膏 50 千克，过磷酸钙 35 千克。

配方九：湿牛粪 4 000 千克，大麦草、元麦草 2 250 千克，菜籽饼 150 千克，尿素 25 千克，石灰 20 千克，石膏 50 千克。

配方十：干牛粪 2 500~3 000 千克，花生壳 500 千克，大麦草 1 000 千克，菜籽饼 100~200 千克，氨水 10 千克，人粪尿 500~1 000 千克，石膏 50 千克，过磷酸钙 15 千克，尿素 5~10 千克。

（三）合成培养料配方

配方一：稻草 1 000 千克，豆饼粉 60 千克，尿素 3 千克，硫酸铵 10 千克，过磷酸钙 18 千克，碳酸钙 20 千克。

配方二：稻草 1 500 千克，元麦草 1 000 千克，尿素 50 千克，石膏 60 千克，过磷酸钙 50 千克，石灰粉 50 千克。

配方三：元麦草 1 500 千克，棉籽壳 1 250 千克，菜籽饼 150 千克，尿素 17.5 千克，石灰 30 千克，石膏 60 千克。

配方四：稻草 2 000 千克，菜籽饼 250 千克，黄豆粉 5 千克，蚕豆粉 25 千克，尿素 30 千克，石膏 75 千克，人畜粪尿 500 千克，碳酸氢铵 25 千克。

配方五：稻草 1 500 千克，大麦草、元麦草 500 千克，菜籽饼 225 千克，尿素 30 千克，干蚕沙 150 千克，过磷酸钙 50 千克，石膏 50 千克。

（四）粪草培养料的堆制发酵

1. 场地 选择地势高燥、靠近菇房和水源较近的地方。地面最好是水泥地，泥地面要整平。场地四周开水沟，四角挖积水小坑，使料内流出的肥水积聚坑内再浇回料堆，以免养分流失。料堆呈南北向，使日照均匀，有利发酵。

2. 粪草预湿 堆料前 2~3 天，把麦草切成 30 厘米长小段，用粪水或清水浸透。稻草吸水性强，可以隔夜浸湿。干粪经粉碎后，兑清水或稀人畜粪水搅匀。草料湿度以能捏成团散得开为度。预湿后的草料堆在场上，堆高不超过 1 米。如添加菜籽饼、蚕沙等，则需在堆前 2 天预湿。

3. 堆料 堆制时，先在地面铺 1 层厚 13~17 厘米的草料，厚薄要均匀一致。草上铺 1 层薄粪，以盖没为度。这样 1 层草 1 层粪，铺 12~15 层，堆高 1.5 米。料堆顶部呈龟背形。

在堆料过程中，要边堆边浇水，一般从第三层开始浇，下层少浇，上层多浇。水要浇在草上，堆好后料周围应有少量水流出。

菜籽饼和尿素在建堆时加入，最好从第三层加至第八层，上下两头不放，以便充分发酵吸收。

料堆好后，用草片覆盖堆顶，以防日晒雨淋。大雨前要覆盖薄膜，防止雨水淋入料内。雨后要及时揭膜。料堆内要插入温度计，每天查看 3~4 次，以了解发酵是否正常。

4. 翻堆 从堆制到进房，一般要翻堆 5 次，每次间隔时间为 7 天、6 天、5 天、4 天、3 天，整个发酵过程为 25~27 天。

第一次翻堆：培养料堆好后，在正常情况下第二天堆温即上升，早晨或晚上可看到料堆顶部冒水蒸气，第三天料温可达75℃左右，6天后料温下降，这时应进行翻堆。翻堆时要浇足水分，手握料以能滴下6～7滴水为宜。并分层加入过磷酸钙和一半石膏粉。最后用草片覆盖料顶。

第二次翻堆：在第一次翻堆后5～6天，堆温由75℃左右开始下降就可进行第二次翻堆。翻堆时加水不可过多，用手握料以能滴下4～5滴水即可。第二次翻堆，再加入另一半石膏粉。

第三次翻堆：第三次翻堆是在第二次翻堆后的4～5天。这时粪草已变软腐熟。翻堆时应尽量将粪草抖松，防止厌气发酵。水分不足，还可喷水调整。料内水分以紧握料能下滴2～3滴为宜。加入石灰粉，使料的pH值为7.5～8。

第四次翻堆：在第三次翻堆后的4天左右进行。这次翻堆，要进一步把粪草抖松，增加通气，促进发酵腐熟。粪草含水量以手握料滴1～2滴水为好。料过湿，要翻开晾晒，散发多余水分，重新堆好；料过干，要抓紧调整水分。料内氨气重可加15～20千克过磷酸钙中和。

第五次翻堆：在第四次翻堆后的2～3天即进行第五次翻堆。此时不再补充水分。堆好后2～3天即可进房。

每次翻堆，体积逐渐缩小，堆高不变，长、宽应缩小，以减少水分散失。

常规发酵的优质培养料标准是：深咖啡色，无臭味、无氨味，生熟适中，草一拉即断，汁水浓，粪草均匀，料疏松，pH值为7～7.5。

（五）蘑菇培养料的二次发酵

其是近几年推广应用的一项高产技术，一般可增产30%左右。二次发酵，就是把培养料的发酵过程分成室外前发酵和室内后发酵2个部分。

1. 室外前发酵 粪草预湿、建堆与常规发酵相同。草料需充分湿透,以少调水为原则。尿素和菜籽饼在建堆时加入,石膏、石灰粉在第一次翻堆时加入,过磷酸钙在第二次翻堆时加入。堆制时间比常规发酵短,一般11~13天,翻堆3次,间隔分别为4天、3天、3天。翻堆时间可不受天数限制,当堆内温度达到70℃以上时,即可翻堆。第三次翻堆后,隔2天即可进房。

前发酵结束后,料的腐熟程度约五至六成,颜色呈浅咖啡色,草料有较强的抗拉力,弹性足,略有氨气。草料的含水量较足,进房时手握指缝间有6~7滴水,含水量约65%,pH值7.8~8。

2. 室内后发酵

(1) 升温阶段 首先通过室内加热使料温逐渐上升到62℃左右,维持4~6小时,杀死料中的杂菌和害虫。操作方法是,在第三次翻堆后2天,当料温上升到70~75℃,趁中午气温较高时,将料趁热突击进房,堆放在菇床的上层、中层,底层不放。堆成垄式,有利于自身发热,升高料温。料厚30~50厘米。料进房后,立即封闭菇房的所有门窗、拔风筒,使料温迅速回升。2~3小时后菇房的平均温度可达45~47℃。然后放入煤炉加温。每111平方米菇床面积用10~12只煤炉,分布要均匀。加温11~14小时,整个料温可达60~62℃,保持4~6小时。烧煤加温要防止煤气中毒,加煤前可略开部分门窗,补充新鲜空气,然后随即关好。一般每2~3小时加一次煤,加煤后人必须立即退出菇房,以防煤气中毒。

(2) 保温阶段 熄灭部分炉子,将料温降至50~55℃,维持3~4天。这段时间培养料中的有益微生物大量繁殖,是后发酵的主要阶段。

(3) 降温阶段 将料温逐渐降至45~50℃,保持12小时。当降到45℃以下时,开门窗使料温迅速下降。后发酵全过程结束。

（六）蘑菇房设置

1. 菇房构造 选择地势高燥，靠近水源，周围环境清洁而开旷，远离鸡棚、猪舍、牛舍、仓库和饲料房，并有可堆料的地方。菇房以坐北朝南稍偏东最好。

新建菇房一般地面至屋顶高约 5.3 米，进深 8.3 米左右，长度 10 米左右。菇房墙壁要用石灰水粉刷，屋顶铺芦帘，用石灰纸筋反托抹顶，使菇房能够密闭不透气，有利于保温、保湿。地面泥地、砖地、水泥地均可。

菇房的通风设备就是窗、门和拔风筒。蘑菇生长需要新鲜空气，要依靠菇房的通风设备进行调节和控制，保证菇房内空气流通均匀，新鲜空气能进入，有害气体能排出，并且风不直接吹到床上，保湿性好。

菇房在南北墙上各开数对上、下窗，若菇房较高，檐口高度在 3.5 米以上，可开上、中、下 3 扇窗（窗的对数与菇架排数一致）。上窗的上沿一般略低于屋檐，下窗要开得低，一般离地面 6.5 厘米，因二氧化碳比重大，下窗开高不易排出。窗户大小以宽 33 厘米、高 40 厘米为好。门朝南，以人进出操作方便为度，不宜太高太宽。在菇架间的屋顶上设置一个拔风筒，与窗成一条直线。拔风筒一般高 1~1.2 米。筒下口直径 40 厘米，上口 26 厘米，顶端装风帽。风帽直径为筒口直径的 2 倍，帽边应与筒口平，这样拔风好，又可防风雨倒灌。

2. 床架结构 床架呈南北向，排列在菇房的中间，四周留出走道。南北两边走道宽 66 厘米，东西两头走道宽 50 厘米，床架之间走道宽 66 厘米。床架必须坚固、平整，宽度 1~1.5 米，每层间隔 65 厘米，底层离地面 16 厘米，以 5 层为宜，顶层离屋顶 1.65 米左右。床架材料采用竹木，有条件可用钢筋水泥柱。柱与柱之间距离 1.2~1.6 米，扎上横档。在横档上铺竹片或芦帘，也可铺薄薄一层麦草。床架四周用废铁皮、芦帘或草辫围边，边高15～20厘米。

3. 简易薄膜菇棚 在房前屋后、零星空地利用薄膜、毛竹搭棚，投资少，不永久占地，并有保温保湿的优点。

（1）材料 以111平方米面积计算。竹梢130根，芦竹250千克，薄膜23千克，稻、麦草等1000千克。

（2）搭建方法 菇棚南北走向，用竹梢、芦竹为骨架搭成高2米、底宽3～3.5米的"人"字形菇棚。菇棚四周的里层分别用2米宽塑料膜覆盖，覆膜的方法是先用电熨斗将膜的一边烫粘成5厘米宽的管道，穿进一根较牢固的绳子（最好用压膜绳）。覆膜时，两侧用铁丝将膜固定在骨架上（注意铁丝的一头须穿在绳子的下面），边固定边将膜拉紧，在棚子的两头用这根绳子收紧固定。棚顶以及四周的外层用稻、麦草帘覆盖。门开在菇棚两端的中央。最后整个菇棚要用压膜绳固定，菇棚两边压泥土或砖石、以防大风掀棚。塑料膜的两边不要压住，便于通风换气。棚内各设两个边床，中央留一条40厘米宽的走道。菇棚的四周开排水沟。这种薄膜菇棚早期温度比较高，因而播种期要比室内菇房推迟15天左右。

4. 高架塑料大棚菇房 是目前生产上普遍采用的一种蘑菇房，具有投资少、节约用地、保温好、易消毒等优点。每亩可栽培蘑菇888～1111平方米。搭建1111平方米大棚菇房，需毛竹18000千克，一次投资9460元。

菇棚与床架搭建 用毛竹搭建，菇棚坐北朝南。棚长以7～15米为宜。床架呈南北向，宽1.2～1.5米，上下床架间距55～60厘米，搭6～7层，最上层床架离屋顶1.3～1.5米，柱与柱之间距离1.2～1.5米，菇床四周不要靠墙，留60厘米宽的过道，以利操作。床架搭建必须牢固，如果菇棚地基坚实，床架的柱子可直接立在地，如果是水稻田，立柱要入土20厘米。

通风设置。每条走道两端墙上各开上、中、下窗,上窗的上沿略低于屋檐,下窗离地面10厘米,中窗在上、下窗之间。窗长46厘米,宽40厘米。每条走道的屋顶上设置一只拔风筒,拔风筒高80~100厘米,下口直径60厘米,上口直径25厘米。顶端装风帽,风帽大小为筒口直径的2倍,帽檐应与筒口平齐。每隔2行走道开南北门一扇。开门、窗等要在培养料二次发酵结束后进行。用塑料膜覆盖保温保湿,用稻草帘覆盖遮阳。

(七)进房、消毒、翻格及播种

1. 进房 常规堆制发酵的料,在进房前一天,要在料四周表面喷0.4%的敌敌畏和0.4%的甲醛治虫灭菌。喷后立即用薄膜覆盖料堆,闷3~5小时,然后将料趁热进房,应避免冷进房。进料先从上层床架开始往下铺,铺料厚度15~16厘米。要求铺得均匀,厚薄一致。

2. 消毒 料全部进房后,关闭所有的门窗和拔风筒,有漏气的地方要堵上,每111平方米用2.5千克甲醛,1千克敌敌畏,用铁锅在煤炉上烧,使药液在室内蒸发,密闭熏蒸24小时,即可达到杀虫灭菌的效果。不能熏蒸的家庭小菇房,可用药物喷雾杀虫灭菌。方法是:用0.4%的敌敌畏或波尔多液喷床架、墙壁、房顶、地面等处。

3. 翻格 进行熏蒸消毒以及后发酵的菇房,要开窗通风,药味消失后,及时翻动料层,使粪草混合均匀,并拣去土块、石块、粪块等杂物。然后整平料面,稍加拍紧。将床架、地面打扫干净,准备播种。

4. 播种 当料温下降到28℃以下,料层中间的温度不高于当时室温时,即可下种。

一般111平方米的菇床面积,用栽培种400瓶左右。要计算好每一床的用种量,确保下种均匀。播种前要检查菌种,选用无杂菌,无虫害,菌丝浓密、旺盛,料呈红棕色并带有较浓蘑菇香味的菌种。凡菌丝断裂、吐黄水、结菌块、上部退菌的菌种,应拣出不用。下种前一天,拔开菌种瓶棉塞,蘸一点敌敌畏液后再塞回瓶口进行杀螨。

(1) 用具消毒 所有的用具(如钩子、面盆等)以及菌种瓶的瓶身、瓶口都要用0.1%高锰酸钾或0.5%漂粉精液洗涤消毒。菌种随挖随播。

(2) 播种方法 粪草料的菌种采用穴播。约8厘米见方间距,用竹竿插入料内,播下一撮菌种,随即填上培养料。下种时菌种要稍露出料面,一般播深2～3厘米,露出料面1厘米。气候干燥或料偏干,下种应深一些;若下雨天或料偏湿,下种则可浅些。下种后料面轻轻拍平,使菌种紧贴培养料。颗粒状、松散状的菌种,如麦粒种、棉籽壳种、河泥种,一般进行撒播。先用75%的菌种均匀地撒在料上,用手轻轻拍料,使菌种嵌入料内,再将25%的菌种撒在表面,轻轻拍平料面。一般麦粒菌种每瓶可播种0.67平方米,棉籽壳菌种每瓶可播种0.44 $米^2$。

(3) 下种后至覆土前的管理 蘑菇从种至覆土需14～20天,这一阶段的管理工作重点应该是抓好通风换气,让蘑菇菌丝迅速生长占领料层,使杂菌无法侵染、孳生。

播种后3天内,菇房以保湿为主,要关闭门窗少通风。此间,播下的菌种会迅速萌发恢复生长。正常情况下,1～2天菌种萌发出绒毛状新菌丝。第三天新菌丝开始吃料。如遇28～30℃以上的高温,则应在夜间和无风的阴雨天将门窗全部打开,通风降温,防止菌丝闷热不能萌发。

播种后4～6天,随着菌丝生长,应逐渐加大菇房通风量。白天温度较高,蒸发量大,不宜多通风,一般在夜晚进行通风。有风时只能开背风窗,阴雨天可把门窗打开。

播种后7～10天,菌丝已长满料面,称"封面"。此时应加大菇房通风,可昼夜打开全部门窗,要逐床检查菌丝生长和染菌情况。发现菌种块有绿霉菌应及时挖掉,重新补种;发现白霉菌应加强通风降温,控制其发展;发现菌丝生长不快,要分析原因,如果是料过湿或料内有氨臭气,则可在床架反面戳洞,散发水分和氨气。

一般情况下,播种后15～20天,菌丝吃料2/3以上,部分料底见菌丝时,进行覆土。

(八) 覆土

覆土材料主要采用稻田土、河泥土、麦地土。菜园土最好不用。

1. 细泥砻糠土 覆土前一周,在麦地或绿肥田中挖取表土层以下20～30厘米处的土,敲碎后用3厘米9目的筛子过筛,然后将过筛的细泥和未过筛的黄豆土均分别晒干备用。选用新鲜、无霉变砻糠,置于太阳光下曝晒2天,再放到pH值为8的石灰水中浸泡1天。覆土前1天将克螨特均匀喷洒在砻糠上,拌匀后用薄膜覆盖闷12小时。在覆土当天与细泥拌匀,再拌入适量的石灰粉,调节pH值至7.5。栽培111平方米蘑菇一般需细泥3 000千克,干砻糠125千克,石灰50千克。

2. 粗细土 先覆粗土,用粗土将料面盖满,土粒要排靠紧密,粗土缝隙用中细土填补,以防粗土调水时流入料面损伤菌丝。待粗土调水后,土上长出菌丝(一般需6～7天),再覆细土。覆土层要厚薄均匀,以保证出菇整齐。

覆土层的厚度以4厘米为宜,最厚不要超过5厘米,最薄应不少于3厘米左右。其中粗土厚度2.5厘米左右,细土厚度1.5厘米左右。

覆土前一天,将覆土调成半干半湿,即手捏可成团,落地可散开。

覆土后,要及时调整覆土层的水分,促使蘑菇菌丝在土层长足长好,并在粗细土之间的部位及时扭结形成菇蕾,为获得优质高产打下基础。

3. 砻糠河泥土 河泥 2 000 千克、砻糠 250 千克、拌和后堆积 2~3 小时,杀菌、灭虫后使用。覆土、调水要在通风条件下进行,调水时覆土层不能发糊板结,水分不能流入培养料内。覆土后 1~2 天内继续通风,待砻糠河泥土表面的水迹收掉并结皮时,关闭门窗 2~3 天,促使菌丝向覆土层生长。当河泥土缝中见到蘑菇菌丝时,补充第一次细土,以嵌平砻糠河泥土缝隙。然后继续关紧门窗,待菌丝再次长出土缝时,补第二次细土,以薄薄一层细土盖没原覆土层即可。以后可适当增加通风量,让菌丝体进入稳长阶段。当菌丝体长满整个覆土层并开始冒出土层时,加大通风,以降低土表湿度,让菌丝体扭结形成蘑菇原基,并由营养生长转入生殖生长。在用结菇水前,实体还需补上少量细土,以保护裸露的蘑菇子实体。

4. 发酵土 7~8 月,农田深挖 25~30 厘米,将土拍碎敲细,加入经粉碎的干牛粪 125 千克、砻糠 150 千克、过磷酸钙 20 千克,石灰 10 千克,pH 值调至 8,与细泥拌匀,灌水高出土面 5 厘米,上覆薄膜,经 7 天后捣土,将土上翻,再经 7 天行第二次捣土,发酵期 30 天后放水搁田到有裂缝,挖土,晾晒至半干,敲碎使土直粒不过超过 1 厘米,晒干。

(九) 秋菇管理

覆土后 15~18 天开始出菇。秋菇在 10 月上中旬出菇,至 12 月下旬结束,旺产期在 10 月下旬至 11 月下旬。气生型菇要比匍匐型菇推迟 7 天左右出菇。秋菇一般可采收 5~6 潮,占总产量的 70%~80%。因此,加强秋菇的管理是蘑菇丰产的关键。

水分管理主要应掌握看菇喷水的原则。菇多多喷,菇少少喷;前期多喷,后期少喷。具体的做法是:当每潮菇大批形成、长到黄豆大小时,都要喷 1 次重水,一般每天喷 0.675~0.9 千克/平方米,连续喷 2 天,使土粒捏得扁搓得圆,不粘手。以后每天喷 1~2 次轻水,补充蒸发掉的水分,一般每天喷 0.135~

0.225千克/平方米。秋菇前期喷水应在早晚温度较低时进行。每潮采菇高峰以后，床面菇少，喷水逐渐减少，每天喷1次，每次喷水量为0.135~0.225千克/平方米，使土层稍干，以利土层菌丝复壮。秋菇中后期，即第三批菇后，因温度下降，出菇量逐渐减少，喷水量也应随之减少，使粗细土比前期略干些。

菇房经常通风换气，保持空气新鲜，可促使菌丝旺盛，菇蕾生长快，秋菇前期气温高，出菇多，呼吸旺盛，需氧量多，要以通风为主，兼顾降温保湿，必须在早晚多进行通风，可以降低室内温度。出菇高峰时，要增加菇房空气湿度，保持空气湿度90%左右，可在地面、墙壁喷水，在走道间门窗上挂湿的草帘。空气湿度高，菇色洁白光亮，菇质好。高峰过后，室内减少喷雾，室内空气相对湿度降低到85%左右，以利菌丝恢复。

秋菇前期处于高温期，通风还应看天气行事，无风时在早晚打开全部南北窗，有风时开背风窗。晴天西南燥热风，一般开北面地窗。阴雨天、雾天全部打开大通风。秋菇中期气温适宜，通风保湿保温容易掌握，一般开地窗或半开窗来调节。秋菇后期气温下降，出菇量减少，管理上则应以保温、保湿为主，兼顾通风。一般在中午通风2~4小时，开少量南地窗，关北窗提高菇房温度。

采收。当菌盖长至3~4厘米，菌膜尚未破时及时采收。一级菇菌盖直径1.8~4厘米，菌柄长不超过1厘米，菇形完整，或略有畸形；二级菌盖直径1.3~4.5厘米，柄长不超过1.5厘米；三级菌盖直径1.8~5.5厘米，柄长超过1.5厘米。

（十）冬春菇的管理

气温下降到5℃以下，蘑菇停止生长，进入冬季管理阶段。一般从12月中旬至翌年3月初为越冬期。冬季管理的目的是使菌丝复壮更新，为春菇高产打好基础。冬季管理措施主要是清理床面，保温、保湿，通风。

春菇出菇水的调节一般可在3月中旬开始调水。春菇调水总的原则是"3月稳,4月准,5月狠"。3月调水时可先喷pH值为8~9的石灰清水3~4次,增加土层的碱性。每隔1~2天喷水1次,每次喷水230克/平方米,使细土能捏得扁,搓得碎,土层含水量达18%。春菇调水前期气温在15℃以下,可结合调水喷施葡萄糖、2号健壮素等营养液,增加菌丝活力。出菇前5~7天,还应喷施0.4%~0.5%的敌敌畏1次进行治虫。4月,气温逐渐升高,蘑菇大批出土,这时需增加水量,要达到和秋菇旺产期相同的土层湿度。一般每天喷水230~360克/平方米,保持细土搓得圆,捏扁有裂口。5月气温较高,常在25℃以上,床面耗水量多,此时土层湿度调到比秋菇旺产期还要大些,每天喷水量450~700克/平方米,使细土稍粘手,促使能结菇的土层菌丝加速结菇。春菇期间,要经常进行空中喷雾,以增加空气相对湿度。

春季菇房管理特别要注意前期防低温,后期抗高温。春菇前期气温忽高忽低,常受寒流袭击,所以前期调水切不能过湿,通气应在中午进行,以利提高和保持菇房温度。4月有时会出现25℃以上的高温,若遇高温天气,白天关窗避高温,夜晚开窗通风,控制菇房温度上升。5月气温常在20℃以上,白天高温不宜喷水,应在晚上喷水,夜间打开南北窗大通风。

二十、食用菌病虫害防治

(一)病虫害发生的特点

1. 营养丰富的栽培基质,为病虫繁殖提供良好的食源,许多病菌和害虫都以腐熟的有机质为食源,如跳虫、螨虫、瘿蚊、线虫、白蚁和跳蝇。熟化后基质能散发出特殊的气味,吸引害虫成虫在料里产卵,造成短期内暴发。熟化的基质亦是竞争性杂菌,如木霉、根霉、链孢霉菌孢子落入富含麸皮、玉米粉、棉籽

第八章 珍稀菇类

壳的基质内快速繁殖，而食用菌菌丝的生长速度只有根霉的1/30、木霉的1/20，熟化后的基质还能使曲霉菌丝快速繁殖，接种面被杂菌侵染后失去营养源而无法生长，导致接种失败，菌袋报废。

2. 适宜出菇环境也为病虫繁殖提供优越的条件，大部分食用菌的发菌温度为20～26℃，出菇温度为10～25℃，培养基含水量为65%左右，出菇场空气湿度在85%以上，亦适合病虫的生活条件，繁殖速度快，生长期缩短，繁殖代数增加，还消除越夏期和冬眠期，使病虫危害程度达最快值。

3. 食用菌与病菌在生理特性较一致。

4. 培养基质携带病虫源。病虫侵害面广，暴发性强。病虫同时侵入，交叉感染。

因此，必须采用生态调控、物理控制及化学防治相结合，木腐菌与草腐菌宜分场所制种和种植，换茬、轮作切断病虫食源。选用抗病品种，培育生活力强、高纯度的菌种。保持环境清洁干燥，同一菇房同一品种，同期播种，同期出菇。要强化基质灭菌或消毒处理，保证熟化菌袋达到纯无菌程度，常压灭菌100℃维持8～10小时，高压灭菌121℃，2.5～3小时。规范接种程序，严格无菌操作，安全发菌，防止杂菌害虫侵入菌袋。

在化学防治上，培养料可用500倍50%多菌灵处理可抑制绿霉的发菌速度，1 000倍的菇丰能有效抑制木霉、根霉、曲霉的发菌速度，保证食用菌菌丝的正常生长。覆土材料的前处理，水稻田可撒上5%石灰，曝晒几天后在使用前5～7天喷800倍菇丰和1 000倍菇净，建堆后覆膜闷5天后再使用。在出菇后及时进行药剂处理，防止出菇期遭受病虫为害。一个周期生产结束后，菇房内要彻底清扫洗刷，并用甲醛与敌敌畏熏蒸消毒，打开门窗通风降温。栽培场地要空置半月以上，才能投入下一轮生产。

在食用菌发菌期间或子实体生长过程中，常遭到一些真菌和细菌的侵染，这些菌类称之杂菌。这些杂菌能快速地在培养基中生长，并分泌毒素抑制食用菌菌丝生长。菌袋被侵染后导致报废和环境污染，并造成制种场重复污染；子实体被杂菌侵入后，造成菇体发黄、软化、畸形、褐变或死亡。在栽培上如不加防范，常常引起制种袋大批被杂菌污染而报废。而在出菇期菇体被侵染后则严重破坏了菇体的商品性，严重者达到颗粒无收的程度。竞争性杂菌包括真菌和细菌，真菌种类主要有木霉、根霉、毛霉、链孢霉、黄曲霉、放线菌、胡桃肉状菌、鬼伞等，细菌种类有假单孢杆菌、黄单孢杆菌等。

（二）木霉

木霉是侵害食用菌最严重的一种杂菌。凡是适合食用菌生长的培养基均适宜木霉菌丝的生长，其菌丝生长速度是食用菌菌丝生长速度的3～5倍。如菌种携带木霉或是接种过程中消毒不严格，接种室内木霉孢子浓度高的情况下，接种面上落上了木霉孢子，孢子能迅速萌发繁殖，将接种面覆盖，而食用菌菌丝则失去培养基而停止生长，导致接种失败。在出菇期，菇体在不良的环境下生长受阻，抗性降低，极易被木霉侵染。菇体被侵染后，生长停止，软化、溃水，进而菇体布满木霉菌丝。木霉能侵染所有种类食用菌菌丝和子实体，目前还未发现能抗木霉菌侵染的食用菌品种，因而每年都有大量的培养料和菌种及菇体受到木霉的侵害而报废，木霉已成为食用菌栽培中的第一大病原菌。

侵染食用菌的木霉又称绿霉。其种类很多，常见的种类有绿色木霉（*Trichoderma viride* Pers. Ex Fr.）和康氏木霉（*T. romingii* Oudem.）。木霉属半知菌亚门，丝孢纲，丝孢目，丛梗孢科，木霉属。

在PDA培养基上，菌落初为白色，以后呈绿色。

木霉是食用菌栽培过程中存在最普遍，又难以防治的致病力最强的病原菌。要将木霉的危害程度控制在最低限度以下，最主动又最有效的方法是用预防加防治相结合的方法，层层控制各生产环节中木霉侵染的途径，才能有效地降低绿霉污染率和发病率。

防治方法：

1. 要保持制种发菌场所环境清洁、干燥，无废料和污染料堆积。制袋车间应与无菌室有隔离，防止拌料时的尘埃污染和与灭过菌的菌棒接触。熟料处理的菌袋要厚，其厚度在 0.5～0.55 毫米，无微孔。减少破袋是防治污染的有效环节。

2. 在配制培养基配方时，要适当减少碳氮比，尽量不掺入糖分。培养基内水分控制在 60%～65%，过高水分极易引发木霉繁殖。大规模生产应在料中拌入高效低毒的消毒剂菇丰 1 500～2 000 倍，才能有效地控制发菌期的破袋污染程度。

3. 灭菌彻底。木霉分生孢子在 100℃下，能耐 4～6 小时的时间、因此，灭菌过程中应防止降温和灶内热循环不均匀现象。常温灭菌 100℃以下应保持 10 小时，高温灭菌 125℃下需保持 2.5 小时以上。灭菌冷却后及时接种，同时适当增加用种量，使菌种占优势地位，尽快覆盖料面，减少木霉侵染机会。保证菌种的纯度和活力。

4. 保证接种室和接种箱高度无菌程度，可有效地降低接种过程的污染程度。接种室应设有缓冲间，在菌袋进入之前要进行消毒。方法是用过氧乙酸喷雾或燃烧产生气体熏蒸，每立方米空间用量为 5%水剂 10 毫升。有条件的地方应尽量用超净工作台接种。

5. 低温接种，恒温发菌。保持出菇场所的卫生，加强发菌期的检查，及时采菇，摘除残菇、断根和病菇，清除污染菌棒。

（三）根霉

根霉是高温期间制袋生产的主要竞争性杂菌之一。在高温期间制种和制袋时根霉常大量发生，以其菌丝和孢子侵染熟料培养基。在 1～9 月袋式栽培香菇、平菇、茶树菇等食用菌制袋期，因无菌操作技术不过关常造成根霉大量污染,有的菌种场根霉污染率达40%以上。全国各地每年食用菌生产中遭受根霉侵染程度仅次于木霉。

根霉孢子或菌丝随空气进入接种口或菌袋破孔,在富含麸皮、米糠的木屑培养基中,根霉能迅速繁殖。在 25~35℃条件下,根霉只需3天就可长满整个菌袋,产生灰白色的杂乱无章的菌丝。木屑、麸皮培养基受根霉为害后,栽培基质表面形成许多圆球状颗粒体,初为灰白色或黄白色,再转变成黑色,到后期出现黑色颗粒状霉层。

根霉属于接合菌亚门,接合菌纲,毛霉目,毛霉科,根霉属。危害食用菌最常见的一种为黑根霉 [$Rhizopus\ stolonifer$ (Ehrenb. ex Fr.) Vuill]。

防治方法:适当降低制种发菌场所温度。当温度下降至20~25℃时接种和发菌,能有效地控制根霉的繁殖速度,降低危害程度。适当降低基质中速效性营养成分。高温期制袋制种,在配方中适当减少麸皮含量,不添加糖分,可降低根霉的危害程度。在培养料中拌入1 500倍菇丰,能有效地降低根霉菌丝的生长速度和生长量,使食用菌菌丝处于相对快速生长状态,从而抑制根霉菌丝的生长。

(四) 曲霉

在食用菌的制袋制种和发菌过程中,曲霉的污染量也很大。尤其在多雨季节,空气湿度偏高,瓶口棉花塞回潮时极易产生曲霉。在灭菌过程中,常因温度不稳定或保持时间不够,导致灭菌不彻底,基质中的曲霉孢子未杀死,经 10~15 天袋内出现斑斑点点的曲霉菌落,而导致全灶培养料报废。在南方多雨地区,曲霉污染周年发生,从试管种到栽培袋都会遭到不同程度的损失。在 PDA 琼脂培养基上,常因棉塞受潮后感染上黄曲霉进而污染,使试管菌种报废。在麦粒或其他培养基中,常因水分过多,麸皮、谷皮开裂，遭受曲霉侵染而报废。目前未发现曲霉侵染食用菌原基和菇体。

为害食用菌的曲霉主要有黄曲霉（*Aspergillus flavus* Link）、黑曲霉（*A. nigtr* Van Tieghem）、灰绿曲霉（*A. glaucus* Link）。曲霉均属半知菌亚门，丝孢纲，丝孢目，丛梗孢科，曲霉属。

防治方法：孢子较耐高温，在100℃时8～10小时的灭菌或121℃下维持2.5～3小时才能彻底杀灭基质内的曲霉孢子。防止无菌操作过程中棉花塞受潮，一旦发现，在接种箱内及时更换灭过菌的干燥棉塞。接种时严格检查棉塞上是否长有曲霉。接种前菌种或试管前端都需在酒精灯火焰上灼烧后才可使用。

（五）链孢霉

链孢霉又称脉孢霉，是高温季节菌种生产和栽培袋生产中的首要竞争性杂菌。

链孢霉（*Neurospora sitophilu* Shear et Dadge）属子囊菌亚门，子囊菌纲、粪壳菌目，粪壳菌科。无性阶段为丛梗孢属。

链孢霉菌在自然界中广泛分布，在富含淀粉和糖分的有机质上能快速生长，在高温期常见到潮湿的玉米芯表面长出链孢霉的孢子。链孢霉菌耐高温，在25～35℃条件下生长快速，培养基含水量在60%～70%之间长势良好，并快速形成孢子团。但在密闭的瓶内菌丝生长瘦弱，难以形成孢子。pH值在5～8时生长较好。

防治方法：强调菌种和发菌场所的清洁。一旦发现个别菌袋长出链孢霉菌，立即用塑料袋套上，放入灶膛烧毁。

（六）细菌

污染食用菌菌种和培养料的细菌种类很多，尤其在高温季节，试管培养基在灭菌和接种过程，常因无菌操作不当而被细菌侵入，很快地长满斜面，接入的食用菌菌丝种块被细菌包围，导致试管种报废。

细菌属原核生物，单细胞，其细胞核无核膜，主要有球形、杆形和螺旋形 3 种基本形状，相应称之为球菌、杆菌、螺旋体和螺旋菌几种。对食用菌危害较为常见的种类有：芽孢杆菌属（*Bacillus*），假单孢杆菌属（*Pseudomonas*）、黄单孢杆菌属（*Xanthomonas*）和欧文氏杆菌属（*Erwinnia*）等。芽孢杆菌在其细胞中能形成芽孢，菌落表面较干燥，成皱褶状，色黄白至灰白；假单孢杆菌和黄单孢杆菌均为端生鞭毛；欧文氏杆菌为周生鞭毛。

防治方法：在高温期制种时，可在培养料中加入 1 500 倍菇丰，或加入 2% 的石灰，用以控制装袋期间的细菌繁殖为害。母种或原种必须保证无细菌污染。接种时严格按照无菌操作规程进行。

（七）胡桃肉状菌

胡桃肉状菌又名狄氏裸囊菌、脑菌、假块菌，是高温期发生在蘑菇菇床上危害性很强的竞争性杂菌。

在高温状态下，胡桃肉状菌菌丝能快速萌发，其菌丝侵入蘑菇菌丝内吸收营养，并很快地在土层下面或表面形成白色菌块，继而菌块迅速增大形成不规则的形似胡桃肉状的菌团。菌团颜色由白色逐渐转变为红褐色，并散发出刺激性的漂白粉味道。

胡桃肉状菌（*Diehliomyces microsporus*）属子囊菌亚门，子囊菌纲，裸囊菌科。

防治方法：易发此病菌的老菇房宜实行与木腐菌类进行轮种。推广河泥砻糠土作覆土材料，可有效地减少病原。在二次发酵期间，保持菇房温度 70℃ 维持 7 小时以上，可杀死菇房内的子囊孢子。在覆土前用菇丰 500 倍液喷洒料面，及用于调菇水的处理，可以提高预防效果。一旦发病，菇房停止浇水，挖除病菌团块，并在病灶处撒上菇丰粉剂，再填补上干净的覆土材料，经过几天的处理，待下潮菇蕾冒出时再开始浇水。

（八）鬼伞

鬼伞是夏季高温期发生于粪草菌类培养料上的竞争性杂菌，在蘑菇、草菇、鸡腿蘑、大球盖菇甚至在平菇棉籽壳培养料上均可长出鬼伞的子实体，尤其在发酵期间堆料受到暴雨的袭击，料温下降或是稻草带菌，都将造成发菌期间鬼伞孢子的萌发。一般草菇播后 5 天左右，蘑菇播后 10 天左右就出现鬼伞子实体。在菇床见不到鬼伞菌丝，只见到鬼伞小蕾从中冒出，2 天就开伞，而后流出黑汁，很快就腐烂发臭，并诱发其他的杂菌危害。鬼伞发生严重时，菇的产量受到很大的影响，甚至绝收。

鬼伞属担子菌亚门，层菌纲，伞菌目，鬼伞科。侵害食用菌培养料的鬼伞主要有毛头鬼伞（*Coprinus comatus*）、长根鬼伞（*C. macrorhizus*），墨汁鬼伞（*C. atrameatarius*）和粪鬼伞（*C. sterquilinus*）。

选用新鲜无霉变的秸秆料，在高温期发酵加强通气性，防止雨淋，减少氮肥的使用量。在发生鬼伞时，在其开伞前就要及时拔除，防止孢子传播而污染栽培环境。

（九）鸡爪菌

鸡爪菌绝大多数寄生于鸡腿蘑菌丝上。在鸡腿蘑栽培场地，当鸡腿蘑出菇 2~3 潮后，鸡爪菌开始冒出。凡长鸡爪菌的地方，鸡腿蘑菌丝逐步消退。不再出菇。在老栽培场地连种鸡腿蘑的菇房，在较高温度下播种极易造成鸡爪菌生长，鸡腿蘑菌丝营养被鸡爪菌转化吸收，致使产量降低甚至绝收。此病已成为鸡腿蘑生产上的重要性杂菌。

鸡爪菌学名为总状炭角菌（*Xylaria pedunculata* Fr.），属子囊菌亚门，核菌纲，炭角菌目，炭角菌科，炭角菌属。子实体多丛生或簇生，分枝柱状或稍扁，上部呈紫色鹿角状、爪状或近似鸡冠状，以淡土黄色或黄褐色为主，顶钝或尖。

在老菇房内应相隔 1~2 年种植，防止连种而造成再侵染。覆土材料宜选用河泥砻糠土或水稻田的深层土。推广熟料栽培，适当推迟秋季栽培时间，在早春宜提早栽培，适温发菌出菇，可有效地降低发生率和危害程度。

（十）疣孢霉

有害疣孢霉侵染双孢蘑菇后，发病症状可分为四大类：其一是当病原孢子基数较大时，蘑菇菌丝在土中形成菌索时即被侵染，在菇床表面形成一堆堆白色绒状物，即是有害疣孢霉的菌丝和分生孢子，有时直径可达 15 厘米以上。绒状物由白色渐变为黄褐色，此时已产生厚垣孢子，表面渗出褐色水珠，最后在细菌的共同作用下腐烂，并有臭味产生。其二是子实体原基分化时被侵染，形成类似马勃状的组织块，初期白色，后变黄褐色，表面渗出水珠并腐烂。其三是子实体分化结束后被侵染，表现为菇体畸形，菇柄膨大，菇盖变小，菇体部分表面附有白色绒毛状菌丝，后变褐，产生褐色液滴。其四是子实体生长中后期被侵染，不表现畸形，仅子实体表面出现白色绒毛状菌丝，后期变为褐色病斑。有害疣孢霉不仅侵染蘑菇，还侵染香菇、草菇、平菇、灵芝、银耳、天麻等食用菌的菇体。

有害疣孢霉（*Mycogone pernciosa* Magn.）又名湿孢病、褐腐病，属半知菌亚门，丝孢目，丛梗孢科。

1. 菇房消毒 及时清除菇房废料，并彻底消毒处理，不要等要进新料时再清理前季废料。有条件的菇房可通蒸气消毒，70~75℃持续 4 小时，而后通风干燥。菇房床架材料宜用钢材和塑料等无机材料制成，经冲洗和消毒后，病菌孢子不易生存。

2. 覆土消毒 首先要选取不含有食用菌废料的土壤，应选取稻田中 20 厘米以下的中层土或河泥土，经太阳曝晒后使用。

在发病区土壤中宜用杀菌剂处理。如用菇丰配成 2 000 倍液喷雾，边喷边翻土，而后建堆盖膜闷 3 天后再使用。推广河泥砻糠土覆盖技术，可有效地降低土壤带菌的几率。

3. 培养料病菌处理　在发病区，培养料宜用杀菌剂拌料，如 1 500～2 000 倍的菇丰。当菇床出现症状时要及时挖除，撒上杀菌剂，让其干燥，病区内不要浇水，防止孢子、菌丝随水流传播。

（十一）干泡病

蘑菇干泡病又称轮枝霉病、褐斑病，是一种世界性的蘑菇真菌性病害。轮枝菌的侵染力较强，致使蘑菇各发育阶段致病。如在蘑菇未分化期感病，被害幼菇形成一团小的、干瘪的灰白色组织块，形成直径 2 厘米左右的干硬球状物，因而被称为干泡病。此症状与湿泡病相比，其颜色偏深，块体较小，质地较干，无液滴，无臭味，不腐烂。在子实体分化后感病，导致朵形不完整，菌盖小部分分化，或菌柄畸形，菌盖歪斜，病菇上着生 1 层细细的灰白色病原菌菌丝。病菇变褐，但干燥而不腐烂。分化完全的菇体感病，菌盖顶部长出丘疹状的小凸起，或在菌盖表面出现蓝灰色病斑。

干泡病的病原菌为真菌轮枝霉（*Verticillum fungicola* Preuss），属半知菌亚门，丝孢纲，丝孢目，从梗孢科，轮枝霉属。

参照蘑菇疣孢霉病的防治方法，及时用菇净 1 000 倍防治蚊、蝇和螨类。使用药效较高的杀菌剂。轮枝菌已对多菌灵、苯菌灵产生了抗性，因此以 500 倍的菇丰和代森锰锌、施保功交替使用。

（十二）细菌性斑点病

细菌性斑点病又称细菌性麻脸病、褐斑病，此病最典型的症状是菌盖表面发生暗褐色小点或病斑。发病初期颜色较浅淡，逐渐发展为暗褐色病斑。严重的导致菇体畸形，菌盖上发生斑点症状的地方会裂开。有时菌柄可发病。菌盖症状分布的部分通常都是菌盖上水分保持较长久的部分。在长期潮湿的状况下，其组织抗性降低而导致细菌侵入发病。

斑点病的病原菌为托拉斯假单孢杆菌（*Pseudomonas tolasii* Paine），属裂殖菌门，裂殖菌纲，假单孢菌目，假单孢菌属。

适当降低菇场内湿度，加大通风量，是减少细菌性斑点病的有效方法。出现病状选用菇丰500倍液或农用链霉素300～500倍液，施药前后菇床停水1天，用药量为每平方米药液100～150千克。间隔3～4天再用药，连续用3次以上，能有效地控制住病害的蔓延。

（十三）病毒病

蘑菇病毒病又名法兰西病、X病、褐色病，由美国的Sindon和Hanson首次发现。在欧洲，病毒对蘑菇的产量和品质造成很大损失。

蘑菇病毒所表现出的症状有：菌丝生长缓慢；子实体在覆土层内僵化、畸形，已长出的子实体菌柄伸长，菌盖小而僵；或是菇柄肥大，上有褐色斑，呈条纹状，挤压菇柄都是水。在严重的情况下，如果第一潮菇出现病斑，病害就会蔓延整个菇床，菌丝逐渐烂掉；有的菇床出现局部不出菇的区域。在出菇后期发病，对产量的危害相对较轻，但对品质的影响较大。蘑菇病毒形状有多种，如球状、杆状、多面体状。

香菇病毒颗粒非常普遍地存在于子实体中。出菇期症状则表现为菌柄肥大，菌盖球形，或是菇体细小而薄，提早开伞。据国外报道，香菇病毒分为球状、丝状和杆状病毒三大类。病毒主要靠菌丝和孢子传播。使用带毒的菌种接种，或是带毒的担孢子落到菇床上后，都可引起发病。

防治方法：目前对感病后的用药防治均无明显效果。对病毒病的防治，只有在栽培期的各个环节中采取预治措施，消除病原和减少发病几率，才能减少病害的发生或控制发病程度。

1. 选用抗病品种或无感病菌种。选用菌丝健壮、无病毒表现的菌种。目前所有的双孢蘑菇品系均不抗病，而大肥菇较抗病，在老产区可以将双孢蘑菇与大肥菇相互轮种，减轻发病机会。

2. 及时清理菇房废料，并将菇房用10%的过氧乙酸熏蒸或5%的浓度喷雾菇架，用2%的浓度浸泡工具箱等，可有效地杀灭病毒。

3. 及时防虫治病。菇床上的跳虫、菇蚊、菇蝇和病菌孢子均能传播病毒，因此及时用药防治虫害，可减少病毒的传播途径。

4. 在发病菇房视病情轻重状况采取控制措施，如全床发病，则停止浇水，洒上石灰，封闭菇房待全季出菇结束后再清床。如病情较轻，则采取局部控制方法，及时采摘病菇后烧毁或深埋；病区停止浇水，让其干燥。

（十四）虫害

1. 线虫 线虫属线形动物门、线虫纲。种类多，分布广，为害食用菌的线虫有杆形线虫、滑刃线虫、垫刃线虫中的蘑菇菌丝线虫。以蘑菇、银耳、木耳受害重，大球盖菇、鸡腿菇、茶新菇轻，菌丝受线虫侵害后变得稀疏，培养料下沉、变黑、发粘发臭，菌丝不出菇，幼菇受害后萎缩死亡。

线虫经过两性交配产卵，卵孵化为幼虫，幼虫经3～4次脱皮变成虫，在气温20～25℃含水量大的腐殖质料中都有线虫分布。在25℃左右繁殖快，10天一代，5℃以下，50℃干燥状态虫体进入休眠。当危害程度在10%时，症状不明显，30%以上防治困难，产量损失严重。

防治方法：降低培养料的水分和栽培场所的空气湿度，高温处理培养料和覆土材料。使用干净的水浇菇，喷 1 000 倍菇净或 1% 石灰水、漂白粉喷雾。

2. 多菌蚊　有古田山多菌蚊和中华多菌蚊（菇蛆），直接为害食用菌菌丝或菇体，成虫传播病原杂菌、螨类、线虫。幼虫虫体细长、白色，在低温环境中生活，在 15～25℃ 为活跃期，幼虫喜食多种食用菌菌丝和子实体，钻蛀幼嫩菇体，造成菇蕾萎缩发黄致死，幼虫为害茶新菇、灰树花，从柄基部蛀入，造成柄断，倒伏。

防治方法：减少糖分用量，增加木屑用量，多品种轮作，切断食源。在料面或菇床上喷 2 000 倍菇净或锐劲特 2 000 倍液，覆土后结合喷调菇水用菇净 1 000 倍再喷。发现成虫飞翔时，用 500～1 000 倍氯氰菊酯、菇净、锐劲特防治，但喷药前要将菇全部采收，并停止浇水一天，用药后再停止喷水一天。

3. 短脉异蚤蝇　为害食用菌蚤蝇有白翅蚤蝇、蘑菇虼蚤蝇、和短脉异蚤蝇。蚤蝇耐高温，在 15～35℃，3～11 月为为害期，7～10 月是为害高峰，以幼虫咬食菌丝，使菌丝消失，只剩黑色的培养基。幼虫蛀食菇体，形成孔洞和隧道，使菇体萎缩死亡。

防治方法：一旦发现成虫在袋口或菇床表面活动，可喷菇净或氯氰菊酯，在无菇时可喷菇净驱赶成虫。当幼虫钻入袋内时将菌袋浸泡于 3 000 倍菇净中。

4. 瘿蚊　为害食用菌的瘿蚊有真菌瘿蚊、异翅瘿蚊，主要为害期在秋冬低温期。幼虫有淡黄、淡褐、白色、橘黄及橘红等色。每周一代，幼虫咬食菌丝与菇体，降低商品性。虫体多时，结成球，在潮湿的培养基上爬行。干燥时失水死亡。

防治方法：在暴发期，在采菇后喷 1 000 倍的菇净，可减少虫口数量。

5. 食丝谷蛾　又名蛀枝虫，主要蛀食段木黑木耳培养基，香菇、灵芝、平菇、白木耳段木培养基,在平菇袋内蛀成隧道,将粪便覆盖在表面形成一条条黑色蛀道。一年发生二代,越冬幼虫3月活动取食,8~10月二代幼虫为害高峰。

防治方法:在成虫羽化期及幼虫孵化期的5~10天内,用2 000倍菇净喷2~4次,可减少虫口数量,进入菌袋的幼虫,将菌袋放入菇净中泡4~8小时。

6. 跳虫 俗称烟灰虫,有角跳虫、长角跳虫、等节跳虫。当气温达15℃以上开始活动,一年发生6~7代,4~11月是繁殖期。以蘑菇、鸡腿菇、大球盖菇为害重。

防治方法:在料及覆土中喷2 000倍菇净,可杀死跳虫。

7. 螨虫 有嗜木螨、有害长头螨、兰氏布伦螨木耳卢西螨及腐食酪螨等。为害使培养基发黑,潮湿,松散,只剩下菌索,还可取食根部,使菇体干枯死亡。

防治方法:选用无螨菌种,培养料严格发酵、彻底消毒,夏秋高温季节,可用菇净2 000倍液拌料。出菇期在采菇后喷2 000倍菇净,过5天再喷一次,共喷2~3次。

8. 星狄夜蛾 有平菇尖须夜蛾、平菇星狄夜蛾2种,以菌丝和菇体为食。杂食性强,在7~10月暴发。一年3代,幼虫分别在5~6月、7~8月、9~10月发生。

防治方法:可用人工捕捉幼虫,量大时可喷2 000倍菇净防治。

常见菇类的品种及其菌种质量标准:

1. 平菇 (1)秋季栽培品种,高温型的有苏平1号、凤尾菇、海南2号;中温型的有杂交3号、缅杂、杂交17号、人防20、农平13号;中低温型:兴平1012、PL-48、农平7号;低温型:糙皮侧耳、常州2号、黑平55。(2)冬季栽培品种:低温型、糙皮侧耳、常州2号、中低温型:PL-48、兴平1012;中温型:杂交3号、杂交17号。(3)春季栽培品种:中温型杂交3号、杂交17、缅杂;中高温型:苏平1号、凤尾菇。(4)

夏季栽培品种：杂交3号、缅杂、苏平1号。

2. 香菇 （1）中高温型：武香1号、Cr20、Cr04、8001；（2）中温型：Cr02、82-2、农1、Cr62、L26a、856、闽优1号、9508、科6；（3）中温偏低温型：SL-8815。

3. 草菇 V23（深灰）、VP（白）、906（白）、844（白）V20（深灰）以上由广东微生物所选育。粤诱1号（灰白）广东农科院选育。屏优2号（灰）福建屏南科委试验站选育，GV34（灰）河北微生物研究所选育。V19（黑）上海市植物生理生化研究所选育。银丝草菇（灰白）、耐低温、抗性强。

4. 猴头菇 常山99号（浙江常山微生物厂）猴头33号（福建三明真菌所）、H大球1号（福建古田科协）。

5. 黑木耳 陕耳1号（陕西省农科院）、冀杂10号、黑4（黑龙江地方品种）、沪耳1号（上海市农科院食用菌所）。

6. 银耳 Tr-05（粗花）福建三明真菌所、细花（上海农科院食用菌所）。

7. 竹荪 长裙竹荪、红托竹荪、棒竹荪。

8. 灵芝 南韩灵芝、泰山10号、泰山12号、日本赤芝、川芝。

9. 毛木耳 白背毛木耳、黄背毛木耳（台湾）。

菌种质量标准：

1. 平菇 菌丝粗壮、密集、洁白、呈棉毛状，有爬壁现象；菌丝长满瓶，菌丝分布均匀一致，刚形成少量珊瑚状的小菇蕾，是优良菌种。如珊瑚状子实体很多、表示太成熟，应赶快用掉。菌丝稀疏或成束生长，底部不长，表示培养基温度不适，菌种块收缩瓶底有积液，表示已老化，培养基中有绿、黄、红色，表示染杂菌、菌丝稀疏有酒味，表示感染酵母，应淘汰。

2. 香菇 菌丝洁白，生长均匀，旺盛，不易产生厚的菌被、易形成子实体，子实体发生多，抗病虫能力强。菌丝呈棉毛状，生长快,分泌酱油色液体,表示生长旺盛。以菌丝满瓶后10~15天内的菌种最好。瓶内菌种菌膜多而厚,还能见到木屑,菌丝柱与瓶壁脱离,表示不好。

3. 黑木耳 菌种纯,无杂菌感染,菌丝洁白、粗壮,生活力旺盛,培养一阶段,瓶壁出现菊花状或梅花状胶质原基,颜色褐色或黑褐色。

4. 猴头菇 菌丝洁白、粗壮,上下均匀、栽培试验表现子实体大,刺长,肉厚,产量高。

5. 银耳 包括银耳菌和香灰菌,银耳菌常用酵母状芽孢子菌种、在PDA培养基上呈灰白色粘糊状,不能形成菌丝,在26℃移植后2~3天布满斜面。香灰菌菌丝灰白色,呈棉絮状,4~6天布满斜面,同时分泌大量色素,可渗入培养基中使变黑色。优质菌种的标志是,银耳菌丝与香灰菌丝比例恰当,菌丝生长正常,无杂菌侵染,并出现白毛团或耳片。

6. 草菇 菌丝灰白色,稀疏有光泽似蚕丝、培养数天后产生厚垣孢子,呈链状,初期淡黄色,成熟后连接成深红褐色团块。优质标志菌丝旺盛,整齐、粗壮、均匀、洁白或淡黄。

表8-1 无公害平菇的感官要求

序号	项目	要求
1	外观	具平菇特有色泽:表面无萌生的菌丝,允许菌盖中央凹进处和菌柄基部有白色菌丝;菌褶无倒伏
2	气味	具平菇特有的清香味
3	手感	干爽无粘滑感
4	霉烂菇	无
5	虫蛀菇(虫孔数/千克)	≤30
6	水分(%)	≤91

表 8-2　无公害香菇的感官要求

项目		要求
外观		菇形完整，大小较均匀，棕色、黄褐色、褐色、茶色
气味		具香菇特有的香味、无异味
霉烂菇		无
虫蛀菇（%）（质量分数）		≤1
一般杂质（%）（质量分数）		≤0.5
有害杂质		无
水分	干香菇（%）	≤13
	普通鲜香菇（5）	≤91
	鲜花菇（%）	≤86

注：鲜香菇不检一般杂质和有害物质。

表 8-3　无公害双孢蘑菇的感官要求

项目	要求
外观	白色、乳白的、棕色、菇形圆整、饱满、不开伞，大小较均匀，无菌斑、褐斑
气味	双孢蘑菇或双环蘑菇特有的香味，无异味
霉烂菇	无
虫蛀菇（%）（质量分数）	≤0.5
水分（%）	≤91

表 8-4　无公害黑木耳的感官要求

项目	要求
外观	浅棕色至黑褐色，背面浅灰色，有光亮感，自然卷曲状，大小基本均匀一致
气味	具有本品特有清香味，无异味
霉烂耳	无

第八章 珍稀菇类

(续)

项　目	要　求
流失耳	无
虫蛀耳	无
干湿比	1：12以上
水分（%）	≤13
杂质（%）	≤1

注：本品不得着色，不得添加任何化学物质。

表8-5　食用菌无公害卫生指标

项　目	平菇 (毫克/千克)	蘑菇 (毫克/千克)	香菇 (毫克/千克)		黑木耳 (毫克/千克)
			干	鲜	
砷（以As计）	≤0.5	≤0.5	≤1	≤0.5	≤1
铅（以Pb计）	≤1	≤1	≤2	≤1	≤2
汞（以Hg计）	≤0.1	≤0.1	≤0.2	≤1	≤0.2
镉（以Cd计）	≤0.5	≤0.5	≤1	≤0.5	≤1
亚硫酸盐（以SO_2计）		≤50		≤50	
六六六（BHC）		≤0.1			
滴滴涕（DDT）		≤0.1			
多菌灵（Carbendazim）	≤0.5	≤0.5		≤0.5	≤0.5
敌敌畏（dichlorvoa）	≤0.5	≤0.5		≤0.5	≤0.5
百菌清（chlorothalonil）					≤1

图书在版编目（CIP）数据

种菜有学问这是一条真理/夏春森等编著. —北京：中国农业出版社，2013.8
ISBN 978-7-109-18102-1

Ⅰ.①种… Ⅱ.①夏… Ⅲ.①蔬菜园艺 Ⅳ.①S63

中国版本图书馆 CIP 数据核字（2013）第 158384 号

中国农业出版社出版
（北京市朝阳区农展馆北路 2 号）
（邮政编码 100125）
责任编辑　徐建华

中国农业出版社印刷厂印刷　新华书店北京发行所发行
2013 年 10 月第 1 版　2013 年 10 月北京第 1 次印刷

开本：850mm×1168mm 1/32　印张：20.25
字数：515 千字　印数：1～4 000 册
定价：30.00 元
（凡本版图书出现印刷、装订错误，请向出版社发行部调换）